国家林业局重点科学技术计划项目
“重大林业生态工程生态效益分析评价技术与应用”（2006-69）
国际科技合作项目
“北京密云水库水源保护林营建关键技术研究与示范”（2006DFA01780）
林业公益性行业科研专项
“典型区域森林生态系统健康维护与经营技术研究”（200804022）
资助出版

参加编写人员名单（按姓氏汉语拼音排序）

陈丽华　樊登星　谷建才　贾国栋　李春义　李钢铁
陆贵巧　彭志杰　秦富仓　史　宇　杨　燕　余新晓
岳永杰　张振明　昭日格　郑江坤

林业生态工程效益评价

余新晓　谷建才　岳永杰　张振明 等 著

科 学 出 版 社
北　京

内 容 简 介

本书运用生态服务功能评价与预测理论，根据全国森林资源清查资料和全国二类调查数据，针对重点林业生态工程生态效益评价中存在的关键问题，以天然林资源保护工程、退耕还林工程、“三北”及长江流域等重点防护林工程、京津风沙源治理工程等重点林业生态工程为研究对象，通过对重点林业生态工程生态服务功能的评价与预测和价值预测，介绍了重点林业生态工程的建设规划及工程完成情况，生态效益评价指标的筛选、界定及估算，精确地评价了重点林业生态工程所发挥的巨大生态效益。

本书可供林学、生态学、环境科学、地理学、水土保持学、森林经理和经营等专业的研究、管理人员及高等院校相关专业师生参考。

图书在版编目(CIP)数据

林业生态工程效益评价/余新晓等著. —北京：科学出版社，2010
ISBN 978-7-03-028761-8

Ⅰ.①林… Ⅱ.①余… Ⅲ.①森林-生态环境-环境工程-经济评价-研究 Ⅳ.①S718.5

中国版本图书馆CIP数据核字（2010）第164395号

责任编辑：朱 丽 王国华／责任校对：陈玉凤
责任印制：钱玉芬／封面设计：耕者设计工作室

科学出版社 出版
北京东黄城根北街16号
邮政编码：100717
http://www.sciencep.com

中国科学院印刷厂 印刷

科学出版社发行 各地新华书店经销

*

2010年8月第 一 版 开本：787×1092 1/16
2010年8月第一次印刷 印张：31 1/4
印数：1—1 200 字数：738 000

定价：128.00元

（如有印装质量问题，我社负责调换）

序

20 世纪后半期以来，在世界人口剧增和经济高速发展的过程中，人类赖以生存的生态环境发生了巨大的变化。全球性和区域性的生态环境问题不断加剧，如全球变暖、水资源短缺、水环境污染、土地退化与沙漠化、森林资源退化、生物多样性丧失等全球规模的环境问题越来越严重，所有这些变化均对当前生态系统的健康与安全构成了极大的威胁。在人类面对保护环境与经济发展中越来越多的两难境地的情况下，人们逐渐意识到自身赖以生存和发展的生态系统的重要性。因此，针对生态系统的各种研究也不断展开，如何正确地对生态、环境和资源危机做出必要的响应，已经成为当代生态学、环境学和资源科学研究的主题。

生态系统研究系列著作是余新晓教授及其科研团队多年研究成果的总结，是在国家科技支撑计划项目、北京市重大科技计划项目、国家林业局科技项目和国际科技合作等项目的支撑下完成的。该系列著作研究结果依托国家林业局首都圈森林生态系统定位观测研究站（CFERN）为主要研究平台，内容充实、观点新颖鲜明，解决了当前生态系统研究中一些重要科学问题，填补了目前该领域研究中的一些空白。余新晓教授始终坚持生态系统领域研究，以一丝不苟的工作态度和坚持不懈的科研精神，在这一领域不断前进，取得了显著的成果，此系列著作可略见一斑。

该系列著作从不同的尺度深入探讨了森林生态系统的结构和功能、流域森林景观格局的优化、森林生态系统评价、监测、预警等问题，并以北京山区典型流域为研究对象，分别对防护林体系植被类型进行了水平和垂直对位配置。该系列著作的内容均为生态系统领域热点问题，引领了该学科的发展方向，其不仅在理论框架、知识集成方面做了很多开创性的工作，而且吸收了国内外先进的研究方法，在推动生态系统关键技术研究方面进行了有益的探索，对我国进行生态系统管理研究起到了积极的推动作用，必将为我国生态环境建设提供一定的理论指导和技术支持。

书犹药也。该系列著作的出版是一剂良药问世，不仅为生态学、环境学、地理学、资源科学等学科的科研和教学工作者提供有益的参考，也是我国水土保持、林业等生态环境建设工作者的一部好的参考书。希望此书可以解答相关科研人员和工作者心中的疑惑，重现祖国的青山绿水。是以为序。

中国工程院院士

李文华

2010 年 3 月

序

前　　言

21世纪之初，我国从国民经济和社会发展对林业的客观需求出发，围绕新时期林业建设的总目标，对以往实施的林业生态工程进行了系统整合，相继实施了天然林资源保护工程、退耕还林工程、“三北”及长江流域等重点防护林工程、京津风沙源治理工程、野生动植物保护和自然保护区建设工程、重点地区速生丰产用材林基地建设工程等六大林业生态工程。六大林业生态工程无论是从工程范围、建设规模上，还是从投入资金额度上，都堪称世界级的大工程。六大林业生态工程的实施对中国生态建设起到巨大的推动作用，而且生态效益巨大。

林业生态工程属于庞大的系统工程，如何精确评价重点林业生态工程发挥的巨大生态效益，是林业生态工程建设急需解决的问题。本书针对重点林业生态工程生态效益评价中存在的关键问题，以天然林资源保护工程、退耕还林工程、“三北”及长江流域等重点防护林工程、京津风沙源治理工程等重点林业生态工程为研究对象，主要介绍了以下几方面内容：①重点林业生态工程的建设规划及工程完成情况。概述了重点林业生态工程建设的背景、指导思想与原则、建设目标及工程建设内容、工程完成的建设面积、工程资金投入等，全面阐述了我国重点林业生态工程的完成情况。②重点林业生态工程生态效益评价指标的筛选、界定及估算。针对我国重点林业生态工程的建设特点，借鉴国外林业生态工程生态效益评价的先进理念，筛选了适合于我国重点林业生态工程生态效益评价的指标，并对各项评价指标的概念及计算方法进行阐述。根据我国重点林业生态工程生态效益研究现状，确定了重点林业生态工程生态效益评价的合理的估算方法。③重点林业生态工程生态效益评价。基于已经确定的生态效益的估算方法，对我国重点林业生态工程的涵养水源、保育土壤、固碳释氧、净化环境等生态服务功能进行了估算与评价。④重点林业生态工程生态效益预测。基于幼龄林、中龄林、近熟林、成过熟林等不同林龄组森林资源面积动态变化数据，针对未来20年间重点林业生态工程涵养水源、保育土壤、固碳释氧、储养、吸收二氧化碳、吸收氟化物、吸收氮氧化物、滞尘等生态服务功能的物质量进行了预测，分析了重点林业生态工程生态效益的未来变化趋势。⑤重点林业生态工程生态服务功能价值量评估及预测。根据《森林生态系统服务功能评估规范》的要求，对我国重点林业生态工程未来20年间的生态服务功能价值量进行了评价及预测。

本书是在国家林业局重点科学技术计划项目“重大林业生态工程生态效益分析评价技术与应用”（2006-69）等研究基础上整理而成的。本书的出版得到了国家林业局、北京林业大学、河北农业大学、内蒙古农业大学和石家庄经济学院的大力支持，在此表示衷心感谢！在本书的写作过程中，课题组成员通力合作，进行了大量的资料整理和分析工作。考虑到全书的系统性，书中参阅了大量参考文献，借此机会著者向这些文献的作者表示衷心感谢！

鉴于我国林业生态工程生态效益评价的复杂性及作者知识、能力有限，书中难免存在不妥之处，敬请读者不吝赐教！

余新晓

2010 年 4 月于北京

目　　录

Contents

第1章 林业生态工程研究进展

1.1 林业生态工程的提出

1.1.1 林业生态工程的概念

1.1.1.1 生态工程的概念

1963年，美国著名生态学家 H. T. Odum 首先提出了生态工程这个概念，并定义为"为了控制系统，人类应用主要来自自然的能源作为辅助能对环境的控制"、"对自然的管理就是生态工程，更好的措辞是与自然结成伙伴关系"（马世骏，1983）。20世纪50年代初期，欧洲生态学家 Bhmauu、Straskraba 与 Guamck 提出了"生态工艺技术"，将它作为生态工程的同义语，并定义为"在环境管理方面，根据对生态学的深入了解，采用花最小代价措施，对环境的损坏又是最小的一些技术"。1959年由中国、美国、丹麦等国家的生态学家合著的 *Ecological Engineering*：*an Introduction to Ecotechnology* 一书在美国正式出版，较系统地阐述了生态工程研究对象、理论方法及一些问题，自此，生态工程学才成为一门学科。美国的 Mitsch 和 Jorgeesen（1989）联合将生态工程定义为"为了人类社会及自然环境二者的利益而对人类社会及其自然环境进行的设计"。1993年又修改为"为了人类社会及自然环境的利益，而对人类社会及自然环境加以综合的而且能持续的生态系统设计，它包括开发、设计、建立和维持新的生态系统，以期达到诸如污水处理（水质改善）、地面矿渣及废弃物的回收、海岸带保护等"（王礼先，1995，2000）。

生态工程是根据整体、协调、循环、再生生态控制论原理，系统设计、规划、调控人工生态系统的结构要素、工艺流程、信息反馈、控制机构，在系统范围内获取高的经济和生态效益，着眼于生态系统持续发展能力的整合工程和技术。世界上第一部生态工程专著将生态工程定义为：为了人类社会及自然环境二者的利益而对人类社会及自然环境进行设计，它提供了保护自然环境，同时又解决难以处理的环境污染问题的途径，这种设计包括应用定量方法和基础学科成就的途径。根据各行各业的生态工程建设实践，生态工程主要分为农业生态工程、林业生态工程、渔业生态工程、牧业生态工程等。1984年，我国著名生态学家马世骏为生态工程下的定义为："生态工程是应用生态系统中物种共生与物质循环再生原理、结构与功能协调原则，结合系统分析的最优化方法，设计的促进分层多级利用物质的生态工艺系统。生态工程的目标就是在促进自然界良性循环的前提下，充分发挥资源的生产潜力，防治环境污染，达到经济效益与生态效益同步发展。它可以是纵向的层次结构，也可以发展为纵向与横向联系而成的网状工程系统。"云正明和刘金铜（1998）在《中国林业生态工程》一书中指出："生态工程是应用生态学、经济学的有关理论和系统论的方法，以生态环境保持与社会经济协同发展为目的，对人工生态系统、人类社会生态环境和资源进行保护、改造、治理、调控、建设的综合工艺技术体系或综合工艺过程。”王如松教授1997年7月25日在《中国科学报》海外版发表的“生态工程与可持续发展”一文中指出：“生态工程是一门着眼于生态系统的持续发展能力的整合工程技术。它根据生态控制论原理去系统设计、规划和调控人工生态系统的结构要素、工艺流程、信息、反馈关系及控制机构，在系统范围内获取高的经济和生态效益。生态工程强调资源的综合利用、技术的系统组合、科学的边缘交叉和产业的横向结合，是中国传统文化与西方现代技术有机结合的产物。”

1.1.1.2　林业生态工程的概念

王礼先教授根据我国的林业生产实践和生态功能的概念提出初步的概念是：林业生态工程是生态工程的一个分支，是根据生态学、林学、生态控制论原理，设计、建设与调控以木本植物为主的人工复合生态系统的过程技术，其目的在于保护、改善和持续利用自然资源与环境（王礼先，1998，2000；向劲松，2002）。王志国（2000）教授等指出：林业生态工程主要是应用生态学原理、系统工程学原理、森林培育原理，结合科学研究和生产实践的经验，按照一定的规则规程，人工规划、设计、建设和调控以木本植物为主体的森林生态系统和复合生态系统，也包括对现有不良的天然或人工森林生态系统复合生态的改造及调控措施的规划设计。这样才符合国内外林业概念的发展和延伸，才能满足我国包括天然林保护在内的生态环境建设的需求。

综上所述，林业生态工程就是为了保护、改善和持续利用自然资源和生态环境，提高人们的生产、生活和生存质量，促进国民经济发展和社会全面进步，根据生态学、林学及生态控制理论，设计、建造与调控以森林植被为主体的复合生态系统。

林业生态工程综合效益评价主要指对生态工程的综合效益进行系统、客观的分析和评价，以确定工程建设体现出的综合效益、综合效益发挥的好坏程度以及发挥能力的大小等。从微观角度看，它是对单个林业生态工程的分析评价；从宏观角度看，它是对整体社会经济活动情况进行评价和反思。林业生态工程的综合效益评价主要包括生态效益、经济效益和社会效益三方面内容（刘勇等，2007）。

林业生态工程生态效益的内涵包含了三层含义：第一，生态效益是一种效用。这种效用可以是现实的，也可以是潜在的，既可以对其进行定量化经济测算，也可以对其进行定性描述。第二，生态效益是一种对人类有益的效用。这种效用的物质基础就是生态系统功能中，在特定条件下对人类社会有用的部分，因此在计量生态效益而选定指标及确定各指标权重时，要结合林业生态工程的建设目标予以确定。第三，林业生态工程生态效益是整个森林生态系统所具有的效用，具有整体性。因此，在进行生态效益计量研究时，要考虑林业生态工程所产生的综合效用（刘勇，2006）。

1.1.2　林业生态工程的类型

林业生态工程所包含的内容十分复杂，不同的学者有不同的意见。关君蔚和王礼先根据生态系统工程建设的区域目的、结构与功能，将林业生态工程划分为九大类：山丘区林业生态工程、平原区林业生态工程、风沙区林业生态工程、沿海林业生态工程、城市林业生态工程、水源区林业生态工程、复合农林业生态工程、防治山地灾害林业生态工程、自然保护区林业生态工程。王志国（2000）认为林业生态工程的类型包括生态保护型林业生态工程、生态防护型林业生态工程、生态经济型林业生态工程、环境改良型林业生态工程。

根据生态工程的系统构造、建设目的，即生态功能和经济功能，林业生态工程可划分为四大类：生态保护型林业生态工程，如天然林保护、次生林改造、水源涵养林营造、自然保护区、森林公园、特种用途林等；生态防护型林业生态工程，如水土保持林、农田防护林、防风固沙林、河岸河滩防护林、护路林、沿海防护林、盐碱地造林；生态经济型林业生态工程；环境改良型林业生态工程。

1.1.3　林业生态工程的特点

1.1.3.1　林业生态工程的自然属性

（1）林业生态工程是以林木为主体，多层次、多组分的优化组合，把不同高度、不同生长型、不同生活型的植物与草食性动物、微生物（如食用菌）与光、温、水、气、养分诸环境因子高度协调，使系统中各组分都占有各自的生长空间（即生态位），使生态位尽可能饱和，从而构成完整的生态系统。

（2）林业生态工程能大大提高光能利用率和生物量商品率。森林生态系统具有较大的生产潜力，人工森林生态系统具有复杂的食物链（网），能充分利用多层次输入功能，并可较快地完成能流、物流与价值流，而且能通过人为的调控，使能量集中在对人类最有用的部分，从而提高生物量商品率。

（3）林业生态工程建设的人工森林生态系统具有较高稳定性与自我修补能力，减少人为干预与化学污染。

（4）林业生态工程使森林生态系统的生态效益、经济效益、社会效益同步发展。

1.1.3.2　林业生态工程的社会属性

（1）综合性很强，涉及的专业知识领域很广，包括育苗、造林、抚育、管护等多个生产阶段，涉及生态、经济、管理等多方面知识内容。

（2）涉及的单位、主体很多，包括投资主体、领导组织机构、设计规划单位、施工单位、成果经营单位、后续产业开发企业等多个主体，给林业生态工程的管理带来一定的难度。

（3）涉及的劳动力范围广、作业面积较大，如在植树季节有可能是一个地区的全体居民或一个乡的全体干部职工参与，作业面积满山遍野，往往是低效率的粗放式生产。

（4）林业生态工程建设的所有制形式较多，包括国有、集体、个人、股份、股份合作等各种形式。

（5）林业生态工程效果、质量监督、评价指标表现出复杂性和多样性，这和其他工程要求尽快产生直接经济效益有明显区别。

由此可见，林业生态工程是系统工程，要维护和改善生态环境条件，就必须协调好各方面关系，合理把握各生产环节，以取得林业生态工程总体效益最优的效果。

1.1.4 林业生态工程对我国生态环境建设的意义

21世纪之初，我国从国民经济和社会发展对林业的客观需求出发，围绕新时期林业建设的总目标，对以往实施的林业重点工程进行了系统整合，相继实施了天然林保护工程、退耕还林工程、“三北”及长江流域等重点防护林体系建设工程、京津风沙源治理工程、野生动植物保护和自然保护区建设工程、重点地区速生丰产用材林基地建设工程等六大林业生态工程。这是对我国林业生产力布局进行的一次重大战略性调整，已被列入国家“十五”计划纲要大工程。覆盖了我国的主要水土流失区、风沙侵蚀区和台风盐碱危害区等生态环境最为脆弱的地区，构成我国林业生态建设的基本框架。六大林业生态工程无论是从工程范围、建设规模，还是从投入资金上，都堪称世界级的大工程，其实施将对中国生态建设起到巨大的推动作用，带动中国林业跨越式发展（陈世东和翟洪波，2002）。

林业生态工程在水土保持、防止荒漠化和沙漠化的扩大、缓解水资源危机、改善大气质量、保护生物多样性、减少噪声污染、资源保护、国土绿化、湿地保护和商品林基地建设等各个领域都发挥着重要作用。林业生态工程的实施，标志着中国林业建设结束了长期以来以木材生产为主的时代，进入了以生态建设为主的新时代。

1.2 林业生态工程生态效益评价的研究进展

1.2.1 六大林业生态工程生态效益评价的研究进展

我国对林业生态工程综合效益计量与评价的重要意义日益重视。自20世纪60年代开始，一些科研和教学单位相继开展了林业生态工程的定位监测与计量研究。

汪树生和杨光（2003）对安徽省林业重点工程效益进行了评价，结果表明：每年水源涵养效益经济值为18.75亿元，固土效益为1195.72万元；保肥效益为47 982.98万元；两者合计的固土保肥总效益为4.92亿元；释放O_2年效益为22.01亿元；固碳年效益为15.72亿元；全年净化空气效益为37.73亿元；每年土壤有机质含量比无林地增加10.4t/hm^2，水解氮增33.7kg/hm^2；土壤中有机质含量的效益为22.47亿元；水解氮的效益为1166.41万元；两者合计的提高土壤肥力效益为22.59亿元。

在“七五”期间，对“三北”及黄、淮海平原和黄土高原的防护林进行了防风、固沙、保土、改善农田小气候及其对农作物增产效益等研究。20世纪50年代后期，中国林学会组织了“森林效益的计量评价研究”，为推动我国开展森林综合效益评价研究提供了一个较为系统的可参考的开端（徐孝庆，1993）。高勇禄利用数量化理论的方法，研究了黑龙江省经度、纬度、海拔等因子与气候、水文因子变化的关系，进而定量评价了防护林的效能。进入90年代，程根伟和钟祥杰（1992）提出了防护林生态效益定量指标体系。朱金兆（1991）、孙立达和朱金兆（1995）提出了水土保持林生态效益评价指标体系。史立新和彭培好（1997，1999）研究了长江防护林（四川段）的初期水土保持效益，并对川中地区典型防护林类型的降水化学特征和群落多样性以及能量利用效率等进行了研究。雷效章等（1996，1999）对中国林业生态工程效益评价指标体系进行了初步研究。宫伟光（1997）对防护林体系区域性生态效益进行了定量评价。王珠娜等（2007）对退耕还林生态效益评价研究进展进行分析。在我国还将农业与防护林结合起来进行深入的研究，按生态经济学原理，实现了农、林、牧、副、渔业等与环境的水、土、光、气等非生物之间的协调发展，从而形成多种农林复合生态系统，并以小流域为单元，对防护林体系的作用和效益开展研究。关于森林尤其是防护林生态、经济效益的研究，目前多数林业发达的国家已发展为多效益、多功能研究，不仅着眼于经济效益，而且十分重视社会与环境效益，从研究防护林的单纯利用向研究防护林生态经济体系方面发展（慕长龙，1998）。近年来，国内一些生态公益定量化的研究开始逐渐增多（欧阳志云等，1999；陈仲新和张新时，2000；董全，1999）。所有这些研究成果为作者开展本项研究提供了许多有价值的借鉴和参考。

天然林资源保护工程生态效益巨大，生态效益评价方面的研究较多。庞恒才等（2001）对黑龙江省天然林资源保护工程生态效益进行评价，结果表明：新增造林更新面积 46.6 万 hm^2，所有林地面积将达到 791.8 万 hm^2，增长 6.2%，天然林拦蓄水量年平均为 5.6 亿 m^3，平均每公顷森林每年保土 60t，减少土壤流失 2796t，每公顷森林蓄水能力 375m^3，每年可增产粮食 11 万 t，每公顷森林每天可释放氧气 49kg、吸收二氧化碳 67kg。段绍光等（2002）运用森林生态环境效益评价的方法，对河南省天然林保护项目实施区域的现有森林效益进行评价，同时对实施天然林保护工程所增加森林的生态效益进行评价，得出结论：林地面积 15.75 万 hm^2，可增加森林土壤储水量 763.23 万 t；土壤每年涵养水源效益增加值 328.19 万元；固土效益为 435.79 万元；保肥效益为 16 802.76 万元；项目区内新造林成林地每年土壤有机质含量比无林地增加 10.4t/hm^2，水解氮增加 33.7kg/hm^2，按前述方法及折价可得效益共 759.62 万元；改善小气候与庇护农田的效益项目区耕地面积为 48.89 万 hm^2，每年增产效益为 1143.96 万元。裴卫国等（2008）以栾川县为例的研究表明，对天然林资源保护工程实施 7 年来，天然林的林木总蓄积与每公顷蓄积分别增长了 367.97 万 m^3 与 15.95m^3，森林覆盖率提高了 6.6%。武瑞霞等（2008）对乌兰察布市天然林资源保护工程效益进行了评价，得出：自 1999 年截止到 2003 年林草植被面积由 304 834hm^2 增加到 433 208hm^2，增加了 128 374hm^2；蓄积同步增长，由 2 974 607m^3 增加到 3 098 037m^3，增加了 123 430m^3；水土流失面积比 1999 年减少 45 587hm^2；风蚀沙化面积减少 28 600hm^2；土壤侵蚀模数以年均 5.7%的速度下降；输入黄河的泥沙量比 1999 年下降 105.28 万 t，年均下降 26 万 t，有效地控制了风沙、水旱、土壤侵蚀、水土流失的蔓延。

退耕还林工程是我国六大林业重点工程之一，是我国林业建设史上涉及面最广、任务最重的林业生态工程，该项工程发挥了巨大的生态效益。退耕还林工程的生态效益评价研究主要集中在省级、县级工程区生态效益的评价，针对退耕还林工程整体生态效益评价研究较少。周红等（2004）通过对贵州省退耕还林 10 个生态效益监测网络县观测数据的分析，得出退耕还林后监测区各生态指标的改善情况如下：退耕还林后 2 年内土壤侵蚀模数和流失量减少 78%，监测区植被覆盖率由 12.4%增加到 38.7%，平均综合生态效益指数已由 0.18 上升到 0.53。米文宝等（2008）利用主成分分析法，计算了近

5 年来宁南山区退耕还林还草产生的效益，结果表明宁南山区退耕还林还草工程 2004 年发挥的效益是 2000 年的近 2.2 倍，各年的平均增长率都达到 50%左右，生态效益逐步发挥，从时间序列上呈积累式增加趋势。杨旭东（2004）以湖北省秭归县中坝村为案例进行退耕还林工程生态效益评价，结果表明：该地区年均土壤保持量为 2152.98t，土壤保持价值为 2241.9 万元；固定 CO_2 434.89t，生产 O_2 368.16t，释放 O_2 效益为 38 656.8万元，固定 CO_2 效益为 226 142.8 万元。赖亚飞等（2006）使用市场价值法、影子工程法、机会成本法和替代法等方法，对吴旗县退耕还林六年来的生态效益进行了价值核算，结果表明：吴旗县退耕还林工程具有巨大的生态效益，核算后的总生态价值约为 24.8 亿元，其中拦蓄保护水资源价值为 6.4 亿元、保护土地资源退化价值为 6 亿元、净化空气价值为 5.3 亿元、改善小气候价值 0.3 亿元、保护农田价值为 0.02 亿元、增加生物多样性价值为 6.7 亿元。满明骏和罗剑朝（2006）运用生态经济学、环境经济学原理，以效益费用分析法为基础，结合陕西省退耕还林规划和各退耕还林地区自然生态条件，对工程可能带来的生态经济效益进行估算，结果表明：陕西省退耕还林工程生态总价值达 11 236 亿元，其中生态公益林释放 O_2 效益总计 257 670.2 万元；改良土壤的效益总计 49 732.12 万元；保肥效益总计 314.7075 万元；生物多样性的总价值为 13 767.72万元；防风固沙林保护土地价值总计 56 598.92 万元；改善水质的总收益为 44 694.89万元。贾晓娟等（2008）对吴起县退耕还林的生态效应进行了综合评价，1986～2003 年，吴起县土地利用类型发生了显著变化，林地、草地面积显著增加，耕地面积大幅度减少，其中，63.55%的耕地转换成林地和草地；生态环境指数从 0.507 上升到 0.747，生态环境指数明显增加。其中，林地对区域生态环境指数增长贡献明显，从 0.058 增长到 0.368，说明吴起县退耕还林还草带来了较好的生态效应，整体的生态环境质量得到了极大改善。

京津风沙源治理工程自实施以来，生态效益明显，但其生态效益评价方面的研究较少。郭磊等（2006）对正蓝旗京津风沙源治理工程综合效益的评价结果表明：通过治理，生态环境有了很大改善，植被覆盖率逐年稳步增长，正蓝旗京津风沙源治理工程年均生态效益为 93 918.51 万元，投入产出比为 1∶6.54。沙化土地治理直接经济效益为 47 368.49 万元，固碳放氧效益为 7696.1 万元，水源涵养的经济效益为 1329.78 万元，新增草地生态效益为 19 572.45 万元，固土保肥效益为 17 951.69 万元。植被覆盖率增长了 12%，其中森林覆盖率增长 4%。

总之，由于林业生态工程的复杂性，许多指标目前还难以量化和价值化，对其生态、社会和经济效益的评价还没有一个比较理想的方法，大部分的效益评价和预测仅限在某一单项效益。同时，经济评价原则和技术体系还受到各国不同的社会经济、林业生态工程实践历程及国内外研究进展体制、价值体系乃至哲学观念的很大影响，因而至今没有一个国家能在林业生态工程综合效益的研究工作上有重大突破。而林业生态工程生态效益是林业生态工程综合效益重中之重。

1.2.2　林业生态工程评价指标体系

1.2.2.1　大尺度林业生态工程评价体系

自从 1992 年联合国环境与发展大会后，对森林持续利用的标准与指标体系已展开了国际性的广泛的研讨和协调行动，一些国家制定了国家级标准与指标，少数国家开展了示范区的实验性研究。目前世界上主要的森林经营指标与标准有：①蒙特利尔行动纲要（温带与北方森林保护与可持续经营标准与指标），提出了 63 个指标；②亚马逊行动（Amaironia Process），国家水平的 41 个指标，经营单位水平的 23 个指标；③赫尔辛基行动，提出了 28 个指标；④国际热带木材组织（ITTO）指标，分两方面，即国际水平的指标 27 个、森林经营单位水平的指标 23 个。另外，还有森林政府间工作组（IWCF）、印度-英联邦活动、森林管理委员会（FSC）、森林和可持续发展的世界委员会（WSFSD）、国际林业研究中心（CIFOR），在 1991 年开展了森林可持续经营的国际对话，有世界各国 50 余名代表参加，发表了相应文件，还组织了在加拿大、印度尼西亚、巴西和非洲的森林可持续经营标准与指标的实施示范。

到目前为止，国内对森林效益的评价与指标体系研究刚刚起步。对森林综合效益定量研究进行了一定的探索，但尚不系统，分单项提出了部分评价指标，如“长江中上游防护林体系的生态、经济效益评价技术研究”、“黄土高原水土保持林体系综合效益研究”、“中国生态系统结构与功能规律研究”等（刘勇，2006）。彭培好（2003）针对林业生态工程及其效益评价系统为复杂软系统的特点，综合了软系统方法、综合集成法、定性研究中的广义归纳法和系统工程方法，创建了林业生态工程效益综合评价的软系统归纳集成法（SSMII）。并在 SSMII 方法论指导下，运用专家知识库，采用共同建构模式，建立了林业生态工程效益评价指标体系：A 级指标 3 个，包括生态效益、经济效益、社会效益；B 级指标 11 个，包括森林生态系统稳定性维持指标、森林改良小气候指标、森林水源涵养功能指标、森林保土作用指标、森林改良土壤作用指标、区域功能特异性指标、林业生产投入指标、林业生产产出指标、林业投资效益指标、森林公益效益、潜在的森林公益效益等；C 级指标 39 个。

1.2.2.2　中小尺度林业生态工程评价体系

退耕还林工程自 1999 年起到现在已初见成效，众多学者利用不同的评价指标体系进行退耕还林工程生态效益评价。周映梅（2005）针对退耕还林工程效益提出了土地利用、土壤、林间小气候、水文、沙化土地、灾害、物种变化等评价指标；王雷涛等（2005）选择土壤、水资源、气候环境、经济因素 4 个评价因素及 13 个参评因子构成评价体系；李哲敏等（2006）提出了从涵养水源效益、水土保持效益、大气质量改善效益、改善小气候效益 4 个方面进行退耕还林工程生态效应评价的指标体系；李世荣等（2006）选择了与生物、土壤养分、小气候和水文效益有密切关系的 12 项指标；赖亚飞等（2006）构建退耕还林工程生态效益评价指标体系，包括拦蓄保护水资源、保护土地资源退化、净化环境效益、改善小气候效益、保护农田效益、保护生物多样性效益等评价指标；宋富强等（2007）选取气候、土壤、植被和水文等生态效益指标和与水土流失有关的指标；李晓明等（2007）利用水源涵养指标、改良土壤指标、改良环境指标对退耕还林工程进行生态效益评价；贾晓娟等（2008）利用土地使用率和生态环境指数对吴起县退耕还林生态效应进行评价；米文宝等（2008）对退耕还林工程生态效益进行评价的指标有涵养水源、水土保持、改善土壤、改善环境等方面；尹少华等（2008）提出退耕还林工程生态效益评价指标包括土地资源分配、水源涵养、水土流失、净化空气、改善气候、生物多样性等。

天然林资源保护工程生态效益评价指标有减少水土流失、涵养水源、净化空气、改善小气候等指标。天然林资源保护工程生态效益评价指标体系中代表性的案例有：段绍光等（2002）利用涵养水源、固土保肥、提高土壤肥力、改善小气候、野生生物保护等生态效益评价指标，对河南省天然林资源保护工程进行评价；安和芳和张奎平（2001）利用水土流失、涵养水源、净化空气等评价指标，对黑龙江省天然林资源保护工程生态效益进行评价；裴卫国等（2008）利用森林资源、水土流失、野生动物多样性、改善生态环境等指标体系，对河南省栾川县天然资源林保护工程生态效益进行评价。

“三北”及长江流域等重点防护林体系建设工程生态效益评价指标体系研究较多，包括耕地泥土流失、涵养水源、保土保肥效益、庇护农田、固碳制氧等评价指标。张万里等（2006）运用耕地泥土流失、土壤有机质含量、土壤径流、风速、空气湿度等指标对“三北”及长江流域等重点防护林体系建设工程进行评价；支玲等（2007）运用构建森林景观、涵养水源、保土保肥效益、庇护农田、固碳制氧等指标构建的评价指标体系对“三北”及长江流域等重点防护林体系建设工程进行评价；于丽攻等（2008）运用土壤流失面积、涵养水源、农田防护林保护耕地面积、防护林保护草原面积等指标构建的评价体系，对宁夏“三北”防护林工程生态效益进行了评价；何婧娜等（2008）运用防风固沙、水土保持、调节气候效益、保田增产等评价指标体系对陕西省“三北”防护林体系工程生态效益进行了评价。

京津风沙源治理工程自2000年到现在，各学者利用不同指标对工程生态效益进行了评价。刘拓（2005）采用林草植被指数、土地改良标准、沙尘暴指标、防风固沙、净化大气指标、防护农田指标、涵养水源、保持水土等指标进行评价；郭磊等（2006）运用土地利用率、森林固碳放氧、水源涵养、草地生态效益、固土保肥等生态效益评价指标进行评价。钱贵霞和郭建军（2007）运用草地植被生物多样性、生态环境的改善、土壤的持水性、涵养水源、地表蒸发、水土流失等评价指标进行评价。吴旭实（2009）运用植物生长状况、水土保持、改良土壤、防风固沙等评价指标对京津风沙源治理工程进行评价。

综述以上研究表明，我国中小尺度林业生态工程的生态效益评价指标较多，指标基本上涵盖了多种生态效益，针对不同的林业生态工程，不同的学者根据自己的研究内容，提出了较多的生态效益评价指标体系，但是，中小尺度林业生态工程的生态效益评价指标体系缺乏整体性、统一性、科学性。针对某一种具体的生态效益所提出的指标不同，评价指标的界定、测算及指标标准的确立缺乏标准化。

1.2.3　林业生态工程评价方法

国外林业生态工程生态效益评价方面的研究，主要分为两个学派：一类是利用“替代市场”和“影子价格”来计算公共商品的经济价值，最著名的生态效益评价方法有市场价值法、机会成本法、替代成本法、费用支出法、旅行费用法等；另一类认为生态功能价值难以计算“总”价值，并且认为恰当的计量方法为支付意愿（willingness to pay，WTP）。国内学者郎奎建等（2000）建立了森林生态效益整体扩散模型，根据“全国森林资源统计”数据，对我国“三北”林业生态工程、太行山林业生态工程、长江中上游林业生态工程和沿海林业生态工程四大工程的10种森林生态效益的总体做出估计（刘勇，2006）。

1.2.3.1　退耕还林生态工程评价方法

近年来，我国学术界对退耕还林工程生态效应评价方法进行了广泛深入的研究，并进行了一定范围的实践计量。我国的退耕还林工程生态效益评价方法有很多，包括重置成本法、多元线性模型、市场价值法、机会成本法、恢复费用法、影子工程法、层次分析法（AHP）、德尔菲法（Delphi）、层次分析法（AHP）、标准分方法、常模标准分方法、随机抽样调查与统计数据相结合、效益费用分析法、定性分析与定量分析相结合的方法等。

李长胜等（2005）利用多元线性模型对我国森林的生态效益进行了计量；李蕾等（2004）、刘黎明等（2005）采用环境经济学中的市场价值法、机会成本法、恢复费用法、影子工程法等估算了退耕还林还草工程生态效益；古丽努尔·沙布尔哈孜等（2004）、李世荣等（2006）、尹少华等（2008），采用层次分析法（AHP）、德尔菲法（Delphi）建立了退耕还林生态效益评价指标体系和数学模型；杨建波和王丽（2003）利用环境效益层析法，对退耕还林生态功能进行分析；杨旭东（2004）通过生态监测、野外试验等手段，运用森林生态效益评价的原理和方法，对退耕还林生态效益进行评价研究。满明俊和罗剑朝（2006）运用生态经济学、环境经济学原理，以效益费用分析法为基础，给出退耕还林相关效益计量模型；赖亚飞等（2006）综合运用专家咨询、理论分析法和频度分析3种方法，建立了吴旗县退耕还林生态效益评价指标体系；李晓明等（2007）采取随机抽样调查与统计数据相结合、定性分析与定量分析相结合的方法，对退耕还林工程生态效益进行评价分析。

1.2.3.2　其他林业生态工程评价方法

我国天然林资源保护工程效益评价方法主要有层次分析法、参与式林业的方法、定性定量相结合的方法等。王启祥和张万才（2007）采用参与式林业的方法，对天然林保护工程的现状进行评价。

我国一些学者对除退耕还林工程、天然林资源保护工程以外的其他林业工程生态效益评价也有研究，运用的评价方法主要有层次分析法、综合对比法等。王辉和马立鹏（1994）利用综合对比分析法，对甘肃省“三北”防护林一期、二期工程建设的造林质量，林业直接生产效益和生态防护效益进行了评价分析；马国青和宋菲（2004）、林德荣等（2008）利用层次分析法对“三北”防护林工程区森林状况进行综合评价。支玲等（2007）用定性、定量相结合的方法，对“三北”防护林体系建设工程产生的影响进行系统分析与评价。

1.2.4　林业生态工程生态效益评价存在的问题及建议

1.2.4.1　存在的问题

1）林业生态工程评价指标复杂多样

林业生态工程综合效益指标体系错综复杂，还没有形成系统、完整的综合效益评价体系。林业生态工程评价方法还缺少灵活性、交互性和通用性，不同评价方法之间评价结果差异大，需要对方法进行深入研究和比较。理论研究与实际应用还需紧密结合。评价结论有待精准化。不同生态效益之间存在着一定的交叉和重叠，如何避免重复计算也是下一步的研究重点。

2）林业生态工程评价专业人才缺乏

专门的林业生态工程评价人才紧缺，相应的培训机制不够健全。林业生态工程评价人员水平低，工作方法简单，造成我国林业生态工程评价内容很有限，仅限于计划、财务等方面的评价，没有国民经济评价，尤其是没有影响评价和可持续性评价，因此很难掌握林业生态工程对整个社会和环境的影响，也无法掌握林业生态工程今后是否可持续发展。

3）林业生态工程评价反馈应用机制不健全

由于我国目前林业生态工程评价仍未纳入林业生态工程管理程序，未能形成评价制度，所以在林业生态工程建设中，一些投资者、管理部门不愿暴露问题，更有一些林业生态工程管理者因从中获取余利而害怕经评价暴露出问题，进而排斥评价工作在林业生态工程竣工以后验收，也无法检查是否进行了评价、有无林业生态工程评价报告。这导致：管理部门对林业生态工程评价工作的紧迫性认识不够，对林业生态工程评价成果反馈利用不足；基层部门对林业生态工程评价工作的重要性认识不足，理解不深，对评价成果的反馈应用不够；社会各界对林业生态工程评价工作的性质认识不到位，对评价成果的反馈应用不多，没有充分行使对林业生态工程建设与管理的知情权和监督权。

1.2.4.2　生态效益评价工作建议

1）理论研究

现有项目评价已有的理论研究中，较多地强调静态、定性化的研究，而对于动态的、考虑评价主体因素的研究仍显不够。结合林业生态工程评价的理论、方法及应用的研究，基于生态经济学理论、现代项目管理理论、系统科学理论和可持续发展理论的林业生态工程目标评价、实施过程后评价、综合效益评价、可持续性评价有待进一步深化研究。如何实现理论研究与实际应用的衔接，并进一步增加其可操作性，仍是今后需要研究的主题。

2）方法研究

目前，大多数学方法和评价软件在对林业生态工程评价的运用过程中缺少灵活性、交互性、通用性，在对林业生态工程评价问题定量化研究过程中，还需要对方法体系进行进一步研究（李毅等，2003）。由于林业生态工程后评价研究还处于探索阶段，如何将较成熟的数学方法应用于林业生态工程后评价领域以使林业生态工程评价结果更具科学性和合理性、如何将不同的数学方法结合使用、明确林业生态工程评价各因子间的相关性、如何构建综合后评价模型、保障评价结论的科学性和完整性，将是今后研究的重点。

3）应用研究

（1）理论研究与实际应用紧密结合有待加强。林业生态工程评价研究仍处于“具体理论方法加实际应用案例”阶段，有时理论研究过于理想化，脱离实际，实际应用研究又囿于单一林业生态工程实际情况的特殊性而缺乏通用性，导致出现理论与应用研究衔接效果不理想的情况。

（2）林业生态工程评价内容与指标体系的确定有待完善。我国林业生态工程类型较多，其建设各有侧重，加强林业生态工程共性的界定研究，确定综合评价内容和指标体系将是今后研究的重点内容。

1.3　林业生态工程生态服务功能价值评估

1.3.1　林业生态工程生态服务功能的提出

1.3.1.1　生态服务的概念

在西方生态系统服务功能研究标志性著作 *Nature's Service：Societal Dependence on Natural Ecosystem* 中对生态系统服务定义如下：生态系统服务是支持和满足人类生存的自然系统及其组成物种的条件和过程（Daily et al.，1997）。该定义强调三点，即生态系统服务对人类生存的支持、发挥服务的主体是自然生态系统、自然生态系统通过状况和过程发挥服务作用。该定义在前述三点的基础上，强调了生态系统状况和过程的广泛性、生物物种的生态系统性两个方面。

1999 年，董全将生态系统服务定义为：“自然生物过程产生和维持的环境资源方面的条件与服务”，该定义暗含了生态系统服务对人类生存的支持，同时指出是自然过程产生和维持的，并通过环境资源的条件和服务对人类社会起作用。

综合上述定义，生态系统服务功能是指自然生态系统的结构和功能的维持会生产出对人类的生存与发展有支持及满足作用的产品、资源和环境，称之为生态系统服务。

1.3.1.2　生态服务功能的内涵

生态系统服务功能一般指人类直接或间接从生态系统得到的利益，主要包括向社会经济系统输入有用物质和能量、接受和转化来自社会经济系统的废弃物，以及直接向人类社会成员提供服务。与传统经济学意义上的服务不同，生态系统服务只有一小部分能够进入市场被买卖，大多数生态系统服务是公共品或准公共品，无法进入市场。生态系统服务以长期服务流的形式出现，能够带来这些服务流的生态系统是自然资本（欧阳志云等，1999）。

生态系统服务是可以描述、测度和估价的，也可以有不同的分类，如可再生的生态系统服务和不可再生的生态系统服务（鲁绍伟，2006）。一般来讲，生态系统服务与生态系统功能有对应的关系。人们从总体上将生态系统服务功能分为三大类，即生活与生产物质的提供、生命支持系统的维持以及精神生活的享受。第一类是生态系统通过第一性生产与第二性生产为人类提供的直接商品或是将来有可能形成商品的部分，如食物、木材、燃料、工业原料、药品等人类所必需的产品；第二类是易被人们忽视的支撑与维持人类生存环境和生命支持系统的功能，如生物多样性、气候调节、传粉与种子扩散等；第三类是生态系统为人类提供娱乐消闲与美学享受，如登山、野游、渔猎、漂流、划船、滑雪等。

值得注意的是，生态服务是由生态系统功能产生的，但并不一定与生态系统功能一一对应，有些情况下一种生态系统服务是由两种或两种以上功能所共同产生的，在另外一些情况下，一种生态功能可以产生两种或两种以上的生态系统服务。生态系统服务功能具体如下：①太阳能的固定与转化；②有机质的生产与生态系统产品；③生物多样性的产生与维持；④调节气候；⑤减轻洪涝与干旱灾害；⑥维持土壤肥力；⑦传粉与种子的扩散；⑧有害生物的控制；⑨环境净化；⑩调节物质循环；⑪文化娱乐源泉。

1.3.1.3 林业生态工程生态服务功能的研究对我国生态建设的意义

1）进一步确立林业生态工程的生态主体地位

林业生态工程生态系统服务功能定量研究探讨了林业生态工程生态系统服务功能的特征、内涵和服务功能发生的系统过程，进一步确立了林业生态工程的生态地位，在充分发挥其生态作用方面将取得新的共识，有利于建立更加先进的林业生态工程管理思想，按照可持续发展的思想和原则，充分发挥林业生态工程的生态系统服务功能，保证国家的生态安全和国民经济的可持续发展。

2）提高全民的环境意识

生态系统服务评价研究以现行社会通行的和人们熟知的经济价值形式描述了生态系统服务的重要程度，使其从艰涩的科学术语变成民众易于接受的概念，并告诉人们生态系统服务与我们的生活和福利息息相关能并最终以货币的形式显示自然生态系统为人类提供的服务的价值，然后通过各种媒体对这种价值的宣传，有效地帮助人们定量地了解生态系统服务的价值，从而提高人们对生态系统服务的认识程度，进而提高人们的环境意识。

3）促进区域可持续发展

通过对各个区域生态系统服务的定量研究，能够确切地找出区域内各生态系统的重要性及其差异性，发现区域内生态系统敏感性空间分布特征，能科学合理地进行生态区划和生态规划，在时间尺度和空间尺度上实现资源的合理分配，保证区域内和区域间当代人的公平性和代际的公平性，最终实现区域可持续发展。

1.3.2　林业生态工程生态服务功能价值评估的研究进展

1.3.2.1　国外生态服务功能价值评估的研究进展

1978 年，日本林野厅利用数量化理论多变量解析方法对全国 7 种类型的森林生态效益进行了经济价值的评估，其价值为 910 亿美元，相当于 1972 年日本全国的经济预算。Tobias 和 Mendelsohn（1991）对热带雨林的生态旅游价值进行了研究；Groot（1994）的研究表明巴拿马每年每公顷森林的综合生态系统服务价值为 500 美元（包括使用价值和非使用价值）。

20 世纪 90 年代初期，国外的森林生态系统服务功能研究主要以案例研究为主，方法主要为旅行价值法和意愿调查法（Munasinghe，1992；Dixon et al.，1993；Perrings et al.，1992）。Constanza 等（1997）综合了国际上已经出版的用各种不同方法对生态系统服务价值的评估研究结果，在世界上最先开展了对全球生物圈生态系统服务价值的估算，将全球生态系统根据土地覆盖区分为远洋、海湾、海草、海藻、珊瑚礁、大陆架、热带森林、温带森林、草原、湿地、湖泊河流、荒漠、苔原、冰川　岩石、农田、城市等 15 类生物群落，以生态服务供求曲线为一条垂直直线为假定条件，逐项估计了各种生态系统的各项生态系统服务价值，其结果表明，目前全球生态系统服务的年度价值为 16 万亿～54 万亿美元，平均价值为 33 万亿美元，相当于同期全世界国民生产总值（GNP，约 18 万亿美元）的 1.8 倍。其中，海洋生态系统服务的价值约占 63%（20.9 万亿美元），陆地生态系统服务的价值约占 37%。海洋生态系统服务的价值主要来源于海岸生态系统，陆地生态系统服务的价值主要来源于森林和湿地；其中海岸生态系统服务价值为 577 美元/(a · hm^2)，陆地生态系统服务价值 804 美元/(a · hm^2)（表 1-1）。由于对某些类型的生态系统（如沙漠、冻土带和耕地等）知之甚少，因而缺乏对这些生态系统服务的估价。该研究成果的发表，不仅在国际上引起了广泛关注，而且掀起了对生态系统服务价值研究的热潮。

表 1-1　全球生态系统年服务价值

项　目			单位面积服务价值/[美元/(a · hm^2)]	总服务价值/($\times10^8$ 美元/a)	构成/%
海洋			577	20 949	62.97
	远洋		252	8381	25.91
	海岸		4052	12 568	37.78
		海湾	22 832	4110	12.35
		海草	19 004	3801	11.43
		珊瑚礁	6075	375	1.13
		大陆架	1610	4283	12.87
陆地			804	12 319	37.03
	森林		969	4706	14.15
		热带森林	2007	3813	11.46
		温带森林	302	894	2.69

续表

项　　目		单位面积服务价值/[美元/(a·hm^2)]	总服务价值/($\times 10^8$ 美元/a)	构成/%
草地		232	906	2.72
湿地		14 765	4879	14.67
	湖藻湿地	9990	1648	4.95
	沼泽湿地	19 580	3231	9.71
湖泊河流		8498	1700	5.11
农田		92	128	0.38
全球价值			33 268	100.00

资料来源：Costanza et al.，1997。

除了对林业生态工程生态系统现存服务价值的评估研究外，国外还开展了对受损生态系统恢复其生态系统服务的价值的评估研究，如 Loomis 等（2000）用条件评价法（CVM）对恢复美国普拉特河流域的废水处理、水的自然净化、侵蚀控制、鱼和野生生物生境、休闲旅游的经济价值的研究。这些研究对森林、湿地等重要生态系统的可持续管理具有重要意义。

1.3.2.2　国内生态服务功能价值评估的研究进展

我国自 20 世纪 80 年代开始森林生态系统服务功能评价工作，其大多数研究是借鉴于国外的一些方法。1982 年，张嘉宾等利用影子工程法、替代费用法估算云南怒江、福贡等县森林每年保护土壤和涵养水源的价值分别为 154 元/亩①和 142 元/亩。1983 年，中国林学会开展了森林综合效益的研究。1984 年，马世骏先生发表了名为“社会经济自然复合生态系统”的文章，它代表生态学家开始涉足经济学领域。1984 年吉林环境保护研究所等单位仿照日本的方法计算了长白山森林 7 项生态价值中的 4 项，其结果（92 亿元人民币）是当年所产 450 万 m^3 木材价值（6.67 亿元人民币）的 13.7 倍。侯元兆等（1995）第一次全面地对中国森林资源涵养水源、防风固沙、净化空气价值进行了评估，拉开了我国生态系统服务功能评价的帷幕。1996 年由胡涛等组织了中国环境经济学研讨班，已发表两册论文集，内容包括环境污染损失计量、环境效益评价自然资源定价、生物多样性生态价值等，所有这些都为生态系统服务功能价值研究提供了理论与实践基础。

随着国际上对生态系统服务功能及其价值评估的日益重视，20 世纪 90 年代中期，我国学者开始全面、系统地开展了对生态系统服务功能及其价值评估的研究工作，欧阳志云等（1999）在我国较早全面、系统地阐述了生态系统服务功能的概念、内涵、生态系统价值评估的分类与方法，并探讨了生态系统服务功能与可持续发展的关系，随后又对海南岛及其中国陆地生态系统服务功能进行了价值评估，为我国社会经济环境的综合决策提供了科学参考。李金昌（1999）在吸收、汇集前人经验的基础上出版了《生态价

① 1 亩≈666.67m^2，下同。

值论》一书，该书以环境价值特别是生态价值的量化为主，对环境的整体价值、环境的有形实体价值、环境的无形价值和各种生态功能的价值，都分别进行了论述并提供了可操作性强的计量方法，最后以我国森林生态系统为研究对象进行了价值评估。赵景柱（2000）、肖寒（2001）对生态系统服务的物质量评价和价值量评价这两类评价方法进行比较，分析了这两类评价方法的优点和缺点，提出了采用物质量和价值量两种不同的方法对同一个生态系统进行服务评价，往往会得出不同甚至相反的结论。对于不同的评价目的和不同的评价空间尺度，这两类评价方法的作用是有较大区别的，同时这两类评价方法在一定意义上又是互相促进和互为补充的理论。谢高地等（2001）就生态系统功能与服务的复杂性、价值的多重认识、市场失效及价格空缺、实证的困难与自然资本总价值的无限性至今还制约着生态系统服务价值研究的发展，提出了需要研究的领域及发展趋势是：①不同生态类型的各种服务价值研究；②生态系统服务空间异质性研究；③包含非线性及阈值的动态地区模型和全球模型；④改变账户系统和制订相应政策；⑤考虑生态系统服务损失的项目评估；⑥大规模的小幅度变化和小规模的大幅度变化边际研究。傅伯杰等（2001）认为，尽管目前很多学者对不同的生态系统服务功能进行了经济价值评估，但缺乏对生态系统的产品、服务、健康与管理之间关系的进一步探讨，导致难以指导生态系统评价行动及生态系统管理。

1.3.3　林业生态工程生态服务功能价值评估存在的问题及发展趋势

1.3.3.1　*存在的主要问题*

就我国目前的研究现状来看，林业生态工程生态系统服务功能的研究正处于发展阶段，存在的问题主要有以下几个方面。

1）缺乏对林业生态工程生态系统空间分布和动态变化研究

大多效益评价研究仅限于静态。由于林业工程生态效益对森林资源的依赖性，森林资源的空间分布也决定着森林生态效益的空间分布和动态变化。目前我国学者所进行的评估大多从土地利用变化方面着手，不能真正地反映森林资源的动态变化，这是现有评估的不足之处。

2）评估方法及其指标体系存在不确定性

在生态系统服务功能价值评估理论与方法方面，目前多直接利用国外的定价与方法，缺乏一个具有普遍意义的区域生态系统服务功能价值评价指标体系或评价框架，使得不同的研究者、不同的研究地点、不同的研究方法之间缺乏可比性，价值评价结果的严谨性无法衡量，使得生态系统服务的价值迟迟不能进入国民经济核算和决策体系，严重影响了生态系统服务的保护。

3）缺乏多学科有机结合

生态系统服务功能价值评估是一个多学科的综合研究领域，涉及生态学、经济学等多种学科，特别是生态系统过程及其相关数据是评估的基础，经济学理论与方法的创新应用是评估的主要手段。因此，这些学科的有机结合和集成创新是解决问题的关键。

4）评价指标体系过于庞大和主观

目前，国内外虽然提出了不少评价指标体系，但在评价标准方面仍然存在很多问题。一方面人们为追求指标体系的完备性，不断提出新指标，使指标数目不断增大；另一方面，由于缺乏科学有效的指标筛选方法，大都是靠评价者的经验或主观臆断选择指标，故存在很大的主观性。建立一套能客观、全面、准确并定量化反映生态服务功能的评价指标或指标体系，要求以生态经济理论和系统分析原理为指导，选择定性与定量相结合的原则和方法。

1.3.3.2 发展趋势

1）生态系统服务形成机制研究

生态系统服务是人类从生态系统维持自身的生境、生物、生态系统的特征或过程中直接或间接获得的利益，而生态系统的结构与过程是相互作用、相互影响的，研究这两方面的相互作用关系是弄清生态系统服务形成机制的基础，也可为生态系统服务功能的维持与保育提供方法与对策。

2）不同生态类型的各种服务价值研究

生态系统功能评价是区域规划的基础和重要依据，不同生态类型的各种生态服务价值均需进行深入研究，特别是农田生态系统、荒漠生态系统、冰川生态系统的各项服务价值至今没有太多的研究资料，一些生态系统的部分功能和服务价值也没有相关的研究成果。通过生态系统服务功能的评价，可以明确区域内生态系统重要性差异及其空间分布特征，确定生态系统不同类型服务功能重要地区及其分布，确定区域优先保护生态系统和优先保护地区，从而科学合理地进行区域生态区划和生态规划，在时间和空间尺度上实现资源的合理利用和区域可持续发展。

3）多学科有机结合和集成创新

生态系统服务价值的研究依赖于生态学的基础研究，应着眼于对地球生命支持系统具有特殊意义的生态系统的生态过程，加强自然研究与经济学、社会学等学科的交融。生态系统服务价值的实现与补偿不仅依赖于价值估算的技术发展，而且也有待于现有市场价格体系和人们价值观的改革。

4）探索不同尺度下的空间数据耦合和应用方法

区域服务功能评价过程中指标参数选取的精度和合理性是我们评价过程中不得不考虑的问题。目前所运用的利用小尺度外推到大尺度的方式是否合适，在何种尺度下生态系统服务功能评价最为合适，在评价过程中，不同尺度下的数据和参数如何转换和使用，这些问题亟待研究。此外，森林生态系统在不同的空间单元具有不同的生态功能，研究生态调节功能与各空间单元的自然条件、生态系统结构过程之间的关系，无论对于生态服务功能评价理论和评价方法研究，还是对于区域生态环境保护和资源开发，都具有重要意义。

5）对服务功能价值评估的方法和手段有待进一步加强

目前国外已开始采用 GUMBO、SWAT、UFORE 以及 CITY Green 等相关软件，并在地理信息系统支持下对森林服务功能进行了监测与评估，其精度与便捷性都得到了提高，然而目前国内对森林生态效益评价研究的技术支持手段还较为落后，大多采用NLCD，其精度较差，而且不能很好地分析、管理和应用评估所需的数据信息，更难以做到动态管理和评估。为此，在今后的研究中，关于生态系统服务功能评估的手段与方法有待进一步提高。

6）进一步加强对评估结果与实践中的应用

尽管目前很多学者提出评价指标体系并对各项服务功能进行了计算。但是，很多未能够对各地区出现价值差异的成因做出解释并将评估的结果用于森林的合理经营，今后有待于加强生态评价、规划、管理的结合，通过生态设计、生态工程等实现初步的社会经济效益，并摸索出一些维持和保护生态服务的土地政策、环境政策、经济政策、生态效益补偿政策等，促进生态系统服务的理论和应用研究。

1.4　研究内容及技术途径

1.4.1　研究总体思路

本书以天然林资源保护工程、退耕还林工程、“三北”及长江流域等重点防护林工程、京津风沙源治理工程等我国重点林业生态工程为研究对象，针对重点林业生态工程的建设特点，筛选适合于重点林业生态工程生态效益评价的指标，并根据全国各省（自治区、直辖市）重点林业生态工程建设进展及生态效益报告，确定不同林业生态工程生态效益的估算方法。在此基础上，对我国重点林业生态工程的多种生态效益进行评价及预测。实现林业生态工程生态效益精确计量，为林业生态工程建设的决策和管理提供科学依据，全面促进我国在新形势下林业生态工程建设的顺利实施。基于我国重点林业生态工程建设完成情况的统计资料和全国各省（自治区、直辖市）的生态效益监测报告，采用《森林生态系统服务功能评估规范》（LY/T 1721—2008）中的生态服务功能评价方法，对我国重点林业生态工程的生态服务功能的物质量和价值量进行分析、评价和预测。旨在通过科学、合理的生态效益评估及预测，为宏观决策提供量化科学依据。

1.4.2　研究内容

1.4.2.1　重点林业生态工程生态效益评价理论与估算方法研究

在林业生态工程生态效益评价的理论和方法研究的基础上，针对我国重点林业生态工程的建设特点，借鉴国外林业生态工程生态效益评价的先进理念，筛选适合于我国重点林业生态工程生态效益评价的指标。通过生态效益的估算方法的优选，确定重点林业生态工程生态效益评价的合理的估算方法。

1.4.2.2　重点林业生态工程生态效益评价研究

基于已经确定的生态效益评价的指标及估算方法，对我国重点林业生态工程的涵养水源效益、保育土壤效益、固碳释氧效益、净化环境效益等生态效益进行分析与评价。

1.4.2.3 重点林业生态工程生态服务功能的物质量预测

基于幼龄林、中龄林、近熟林、成熟林、过熟林等不同林龄组森林资源面积动态变化数据，针对未来 20 年间重点林业生态工程涵养水源功能、保育土壤功能、固碳释氧功能、储养功能、吸收二氧化碳功能、吸收氮氧化物功能、滞尘功能等生态服务功能的物质量进行了预测，分析了重点林业生态工程生态效益的未来变化趋势。

1.4.2.4 重点林业生态工程生态服务功能的价值量评估及预测

根据《森林生态系统服务功能评估规范》（LY/T 1721—2008）的要求，对我国重点林业生态工程未来 20 年间的生态服务功能价值量进行评价及预测，旨在探讨林业生态工程生态效益经济计量理论与估算方法。

1.4.2.5 重点林业生态工程生态效益综合评价

通过对我国重点林业生态工程生态服务功能的物质量、价值量评估及预测，定量、定性地分析我国重点林业生态工程生态效益及其发挥潜力，从而深入地了解我国林业生态工程的生态效能，旨在为林业生态工程的建设决策和管理提供科学依据。

1.4.3 技术路线

本书在搜集大量资料的基础上，通过运用生态学、生态经济学理论与方法，针对天然林资源保护工程、退耕还林工程、“三北”及长江流域等重点防护林工程、京津风沙源治理工程等我国重点林业生态工程，筛选我国重点林业生态工程生态效益评价的指标，并确定重点林业生态工程生态效益的估算方法，利用我国历次森林资源清查时的重点林业生态工程森林资源清查数据，参考各林业生态工程完成的造林面积、资金投入、生态效益监测等统计数据，并结合各种变化的价格参数，依据《森林生态系统服务功能评估规范》（LY/T 1721—2008），对我国重点林业生态工程多种生态效益及其变化进行评价与预测，定量、定性地评价林业生态工程的生态服务功能的物质量及其价值量。综合分析我国重点林业生态工程的生态总效益、生态服务功能的总体价值。本书总体技术路线见图 1-1。

1.4.4 资料来源

本书的数据来源包括四部分：一是中国统计数据；二是重点林业生态工程历次森林资源清查数据；三是全国各省（自治区、直辖市）林业生态工程生态效益报告；四是其他搜集数据。

1.4.4.1 中国统计数据

我国水库工程建设的单位库容量成本来源于 1989～1999 年《中国水利年鉴》等相关资料；我国化肥平均价格来源于 1989～2004 年《中国农村统计年鉴》；林副产品产值来自于《中国林业统计年鉴》（1988 年、2003 年）；净化空气价格及其能力来源于《中

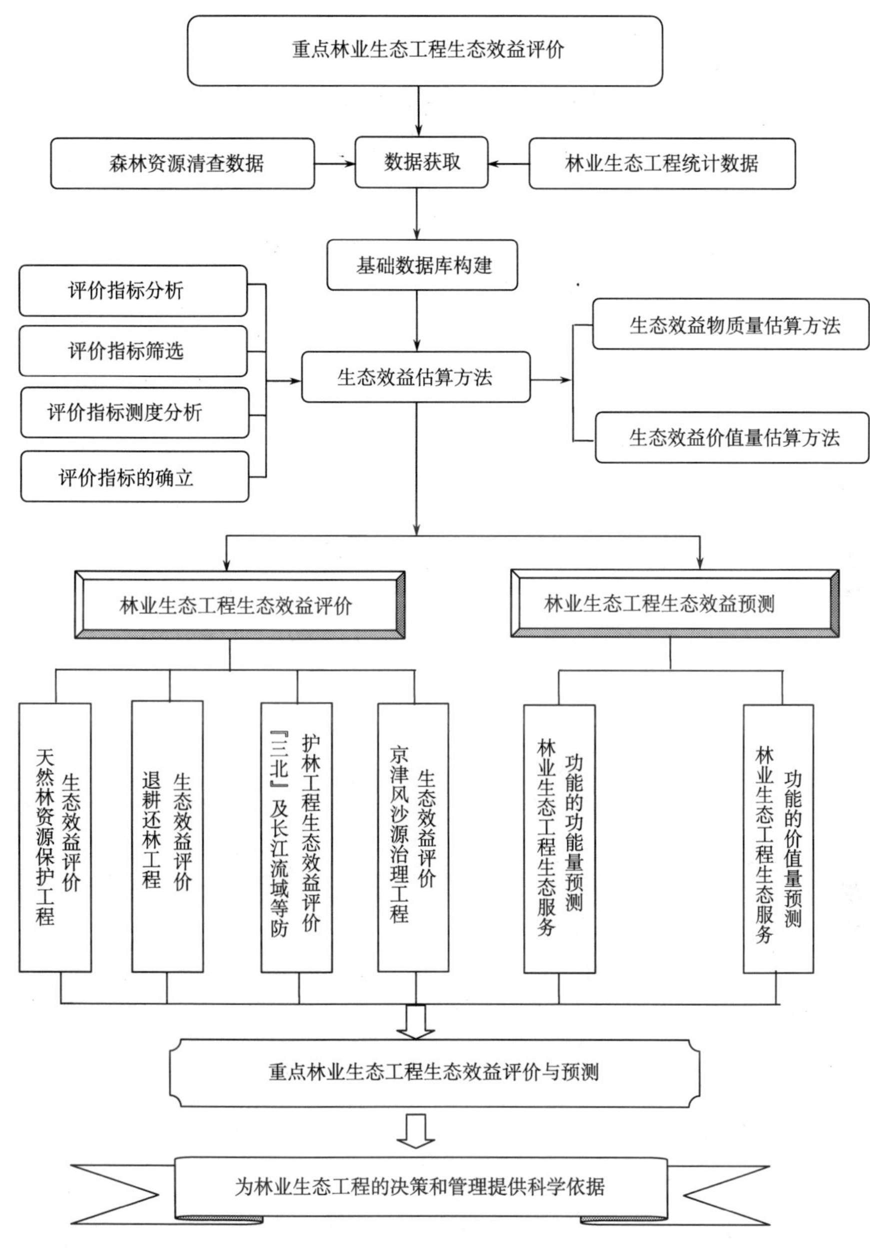

图1-1　研究技术路线

国生物多样性国情研究报告》(1998年)；中国人口数量来自于《中国统计年鉴》(1994年、2003年)、《世界人口预测》(1999年)；各年度造林、迹地更新、封山育林面积及其投资额来自于《中国林业统计年鉴》(1993～2003年)。

1.4.4.2　重点林业生态工程统计数据

重点林业生态工程数据主要来源于《全国森林资源统计》(1989～1993年、1994～

1998 年、1999～2003 年)、《中国森林资源》(雷加富，2005)、《林业发展“十一五”和中长期规划》(2006 年)、《六大林业重点工程统计公报》(2001～2008 年)、《中国林业发展报告》(2001～2008 年)、《中国国土绿化状况公报》(2001～2008 年)、国家林业局网站（http：//www. forestry. gov. cn）全国林业统计（2000～2008 年）等相关资料。

1.4.4.3 全国各省（自治区、直辖市）林业生态工程生态效益报告

重点林业生态工程所涉及的各省（自治区、直辖市）林业生态工程生态效益报告为本次评价提供了基础数据，根据报告中提供的单位面积生态效益物质量，采用林业行业标准《森林生态系统服务功能评估规范》（LY/T 1721—2008）中的评价方法，估算和预测重点林业生态工程的生态效益。

1.4.4.4 其他搜集数据

中国森林净生产力（NPP）通过周广胜和张新时（1996a；1996b）对我国净生产力的研究、《第六次全国森林资源清查森林资源专项分析》（2005 年）等整理获得。中国降水量、蒸散量数据来自于《中国自然地理图集》（1998 年）与《中国森林与生态环境》(周晓峰，1999)、《中国森林生态系统水文生态功能规律》(刘世荣，1996）等相关资料。中国不同森林类型潜在侵蚀模数、现实侵蚀模数、土壤营养元素含量来源于《中国陆地生态系统服务功能及其价值评估研究》(赵同谦，2004)。中国不同森林类型土壤容重来自于《中国森林生态系统服务功能价值评估》(靳芳等，2005a)。

第2章　重点林业生态工程建设基本情况

新中国成立以来，我国将绿化祖国、改善生态环境列为一项基本国策。自20世纪50年代启动西部防护林带建设以来，我国的造林质量不断提高，造林绿化工作不断走向制度化、规范化。尤其是1978年党中央和国务院决定建设“三北”防护林体系工程以来，相继启动了六大林业生态工程。至今，六大林业生态工程取了很大成绩，并积累了大量的宝贵经验，使我国的生态环境建设进入了新的发展阶段。本章概述了天然林资源保护工程、退耕还林工程、“三北”及长江流域等重点防护林工程和京津风沙源治理工程的基本情况，重点介绍了各工程的建设背景、建设指导思想和原则、工程范围、工程重点及工程建设内容，总结了各工程的实施及完成情况，为重点林业生态工程生态效益评价奠定基础。

2.1　天然林资源保护工程基本情况

2.1.1　工程建设概况

天然林是我国林业建设的骨干和重点，无论是经济效益、生态效益，还是社会效益，在我国林业建设中的地位和作用都是举足轻重的。在我国50多年的林业发展史上，党中央、国务院作出决定停止天然林采伐尚属首次，这是林业发展的历史性转折。天然林资源保护工程自1997年提出来之后，1999年在重点地区正式启动。到1999年底工程建设取得了良好效果。一是采取有力措施，在工程区内逐步停止或大幅度调减木材产量；二是加大森林资源的执法力度；三是加快森林植被恢复；四是妥善分流安置富余职工。

2.1.1.1　工程建设的背景和现状

截至2002年，我国天然林林分面积为8726万hm^2，占林分总面积的80%，蓄积为83.75亿m^3，占林分总蓄积的92%。其大体上处于三种状况：一是处于基本保护状态的天然林，主要包括932个自然保护区、874个森林公园、尚未开发的西藏林区、已实施保护的海南热带雨林等，面积约2000万hm^2，占天然林总面积的23%，这部分天然林以原始林为主；二是零散分布于全国各地的天然林，面积为1769万hm^2，占天然林总面积的20%；三是急需保护且集中连片分布于大江大河源头和重要山脉核心地带等重点地区的天然林，面积为4957万hm^2，占天然林总面积的57%。而这些天然林又主要分布在国有林区，目前基本上以天然次生林为主。这部分天然林资源对我国经济建设和生态环境建设发挥着巨大作用，我国的木材、林产品主要来自这部分天然林资源，已累计提供木材10多亿m^3，并为社会提供了多种多样的林副产品，天然林资源开发利用和培育为社会每年提供大约100万个就业机会（王九龄，2002）。

长期的不科学、不合理开采，再加上林区人口的过快增长、单一的消耗木材经济结构，对资源造成极大的破坏，天然林资源的自我调节能力和维护生态平衡、防御自然灾害的能力下降。天然成过熟林面积的减少和次生林质量的下降，不仅使森工企业陷入了森林资源危机和经济危困的境地，从根本上动摇了林业产业的基础，企业面临举步维艰的困难局面（例如，1995年全国国有木材采运业和加工业亏损7.2亿元）；而且使森林的防护功能逐渐减弱，使我国比较脆弱的生态环境进一步恶化，严重制约了国民经济和社会的可持续发展。因此必须尽快把这部分正在受到破坏的天然林资源保护起来。

2.1.1.2 指导思想和建设目标

天然林资源保护工程以从根本上遏制生态环境恶化，保护生物多样性，促进经济、社会可持续发展为宗旨，以对天然林的重新分类和区划，调整森林资源经营方向，促进天然林资源的保护、培育和发展为措施，以维护和改善生态环境，满足社会和国民经济发展对林产品的需求为根本目的。对划入生态公益林的森林实行严格管护，坚决停止采伐，对划入一般生态公益林的森林，大幅度调减森林采伐量；加大森林资源的保护力度，大力开展营造林建设；加强多资源综合开发利用，调整和优化林区经济结构；以改革为动力，用新思路、新方法，广辟就业门路，妥善分流安置富余人员，解决职工生活问题；进一步发挥森林的生态屏障作用，保障国民经济和社会的可持续发展。

天然林资源保护工程建设目标明确。

2000年以前以调减天然林木材产量、加强生态公益林建设和保护、妥善安置和分流富余人员等为主要实施内容。全面停止长江、黄河中上游地区划定的生态公益林的森林采伐；调减东北、内蒙古国有林区天然林资源的采伐量，严格控制木材消耗，杜绝超限额采伐。通过森林管护、造林和转产项目建设，安置因木材减产造成的富余人员，将离退休人员全部纳入省级养老保险社会统筹，使现有的天然林资源初步得到保护和恢复，缓减生态环境恶化趋势。

到2010年，以生态公益林建设与保护、建设转产项目、培育后备资源、提高木材供给能力、恢复和发展经济为主要实施内容，基本实现木材生产以采伐利用天然林为主向经营利用人工林方向的转变，人口、环境、资源之间的矛盾基本得到缓解。

到2050年，天然林资源得到根本恢复，基本实现木材生产以利用人工林为主，林区建立起比较完备的林业生态体系和合理的林业产业体系，充分发挥林业在国民经济和社会可持续发展中的重要作用。

2.1.1.3 工程建设的原则

天然林资源保护工程是一项庞大的、复杂的社会性系统工程。工程的实施要坚持以下原则。

1）量力而行原则

天然林资源保护工程的实施需要大量的财力和物力作保证，要根据我国国民经济发展状况和中央的财力来安排工程的进度与范围，并且各项基本工作要跟上工程进度，如种苗基地建设要跟上营林造林建设任务等；否则，就会因为资金不足或基础工作跟不上而影响整个工程进度和质量。各实施单位因木材停产或大幅度减产，使大批伐木工人成为富余人员，需要转产安置，并且对依靠木材生产经营作为财政收入主要来源的单位造成危机，使原本就负债累累的企业雪上加霜，所以各实施单位也要根据实际情况，量力而行。

2）突出重点原则

要把那些生态比较脆弱、天然林相对比较集中，正受到破坏，对区域环境、经济和社会可持续发展具有重大影响的地区，作为工程的重点。这样，首先就要对我国大江大河源头、库湖周围、水系干支流两侧及主要山脉脊部等地区实施重点保护。先期启动的省（自治区、直辖市）有位于长江、黄河中上游的云南省、贵州省、四川省和重庆市，东北、内蒙古主要国有林区以及典型热带林的海南省林区。突出重点还体现在打破现有行政区界限，以水系和山脉为重点单元。对集中连片、形成适度规模、便于集中管护和治理的地区，实施重点突破、整体推进。建立重点实验示范区，探索有效途径，积累实践经验，研究理论问题，推广实用科学技术。

3）事权划分原则

事权划分原则就是指按照现行财政体制，根据实施主体的隶属关系和行业性质进行划分，主要体现在投资和相关配套政策上中央与地方的关系。工程实施的主体有下面三种类型：①实施主体隶属于地方，如南方许多工程县，投资和配套相关政策主要以地方为主；②实施主体隶属于中央，但利税等归地方，如东北、内蒙古国有森工企业局，投资和相关配套政策由中央和地方共同负责；③实施主体隶属于中央，如大兴安岭森工集团，投资和相关配套政策由中央全部负责。

4）工程实施地方负全责原则

国家林业主管部门受国务院委托，行使中央的监管权力，负责工程实施的指导、检查、监督、协调和调控。指导思想就是根据国家的大政方针，对工程实施的有关原则、政策、法规、办法、规程等进行指示和指点，并加以引导，从而保证工程健康顺利进行；检查就是依据相关政策、法规和一定的办法、标准对工程实施任务完成的数量、质量和资金的使用等有关问题进行核查，及时纠正工程实施中出现的问题，总结经验，及时推广；监督就是对工程实施进行查看和督促，保证工程按照规划和统一部署要求实施；协调就是使工程实施单位与中央要求配合得当，促进工程上下一致、全面推进；调控就是根据工程实施的情况，从政策、资金和项目上对工程实施单位进行调节控制，引导工程实施的重点划入规范工程实施行为。国家林业主管部门作为工程实施的领导主体负有领导责任。地方负责工程的具体组织实施，包括工程实施的计划、任务的落实和完成、资金项目的管理等，地方工作的态度、方式、方法等直接影响到工程实施的效果，因此，地方作为工程实施的责任主体，应对工程的实施负全部责任。

5）森工企业由采伐森林向营造林转移原则

国有林区的开发建设是与新中国的建设和国民经济的发展紧密联系在一起的。森工企业的建立担负着满足国家建设对木材需要的重任。由于当时国民经济建设的需要和对森林生态功能的认识不足，多年来森工企业一直以森林采伐为主。天然林资源保护工程的实施，使企业失去了劳动对象，因此要转变企业的经营思想，充分发挥森林的多种效益，由采伐森林向营造林转变，企业职工大多数由采伐转向森林管护与营造林。

2.1.1.4 工程内容

1）工程范围

天然林资源保护工程范围为云南省、四川省、重庆市、贵州省、西藏自治区、湖北省、江西省、山西省、陕西省、甘肃省、青海省、宁夏回族自治区、新疆维吾尔自治区（含新疆生产建设兵团）、内蒙古自治区、吉林省、黑龙江省（含大兴安岭）、海南省、河南省等 17 省（自治区、直辖市）的重点国有森工企业及长江、黄河中上游等地区生态地位重要的地方森工企业、采育场和以采伐天然林为支柱的国有林业局（场）、集体林场。天然林资源保护工程范围见图 2-1。

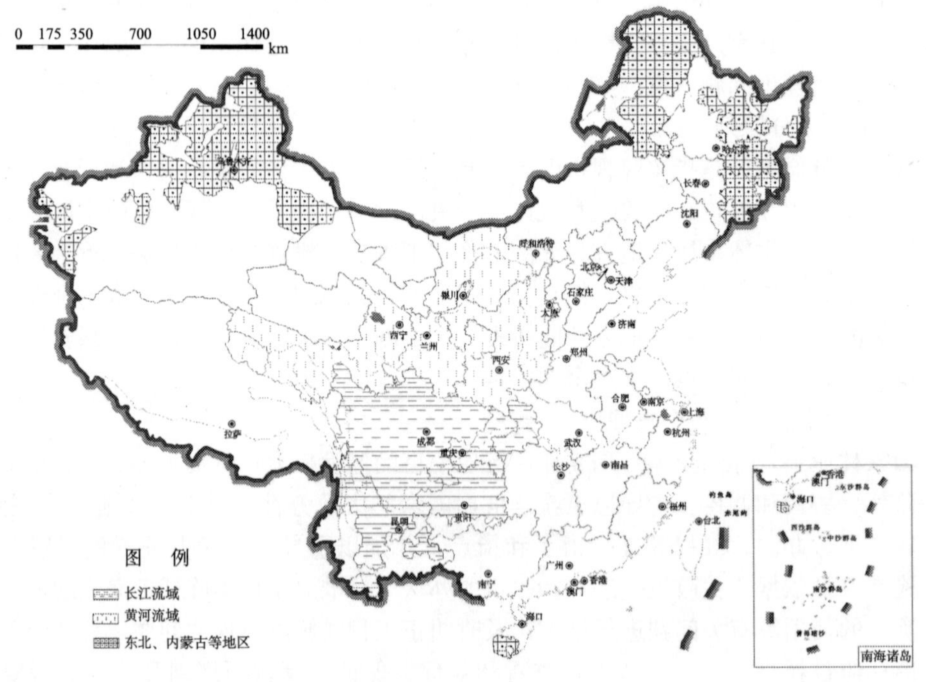

图 2-1 天然林资源保护工程示意图（肖兴威，2005）

2）工程重点

根据工程实施坚持突出重点的原则，在工程范围内也应确定重点实施地区。目前确定的工程重点是国有林区，即指分布于东北、西北和西南的黑龙江省、吉林省、内蒙古自治区、陕西省、甘肃省、新疆维吾尔自治区、青海省、四川省、重庆市和云南省等 10 个省（自治区、直辖市）归国家所有的成片天然林林区。

（1）国有林区的基本状况。国有林区经营面积约 4133 万 hm^2，占全国林业用地的 15.5%；活立木蓄积 27.1 亿 m^3，占全国活立木蓄积的 25.8%。在人烟稀少的原始林区，森工企业在开发建设生存性设施和进行木材生产的同时，也进行了生活性和社会性设施的建设。现已形成有 500 万人口，包括公检法、文化教育、医疗卫生、邮政电信、道路、商粮供销等社会管理和服务体系及基础设施齐全的林区社会。

（2）国有林区的地位和作用。国有林区无论在历史上，还是在今天乃至将来，都为国家的经济建设和人民生活发挥着其他林区、行业难以取代的重要作用：①国有林区是我国最大的森林后备资源培育基地和木材及林副产品供应基地；②国有林区是我国生态环境建设的重点；③国有林区是生物多样性保护最大的栖息地；④繁荣少数民族地区和边陲地区的经济发展。

（3）国有林区当前存在的问题：①森林资源结构性危机加剧，可采资源减少；②林区人口增加过快，对资源压力过大；③历史欠账过多，企业社会负担过重；④经济改革滞后，经济危机逐年加剧；⑤管理体制上的政企不分，造成企业社会负担过重。

（4）国有林区的有利条件。国有林区虽然面临着很多困难和问题，有些问题还很严重，但同时也存在着一些有利条件，面临着非常好的发展机遇：①党和国家的高度重视；②观念逐步转变；③资源优势显著；④市场需求旺盛；⑤发展基础较好。

综上所述，国有林区在我国国民经济和生态环境建设中均占有非常重要的位置，虽然存在着很多问题，但是也应看到有利条件，国家已经给予一定的政策扶持和资金投入，国有林区重新振兴大有希望。因此，长江、黄河中上游地区，东北、内蒙古国有林区，新疆维吾尔自治区的 135 个森工企业，海南省 4 个营林局，内蒙古自治区南部 8 个林业局，甘肃省小陇山林管局，陕西省宝鸡 2 个林业局以及新疆维吾尔自治区天山中东部 12 个林场等重点森工企业被确定为天然林保护工程实施的重点地区。

3）工程建设内容

（1）森林区划。以现代林业理论、“林业分工论”、可持续发展理论为指导思想，结合社会对森林的生态和经济的不同需求，以及森林多种功能主导利用方向的不同，按照自然条件、地理位置、水系、山脉特征将林业用地生态公益林和商品林两类。其中生态公益林又根据保护程度的不同将其划分为重点保护的生态公益林（简称重要公益林）和一般保护的生态公益林（简称一般公益林），并分别按照各自特点和规律确定其经营管理体制和发展模式，以充分发挥森林的多种功效：①重点公益林。将大江大河源头、干流、一级支流及生态环境脆弱的二级支流中的第一层山脊以内的范围，大型水库、湖泊周围和高山陡坡、山脉顶脊部位及破坏容易恢复难的森林划分为重点公益林，主要包括以水源涵养林、水土保持林等为主的防护林和以国防林、母树林、种子园和风景林为主的特殊用途林。②一般公益林。集生态需求与持续经营利用于一体的生态公益林划定为一般公益林，实施一般性保护。根据可采资源状况，进行适度的经营择伐及抚育伐，以促进林木生长及提高林木质量。③商品林。在地势较平缓、立地条件好，森林采伐后对生态环境不产生重大影响的地区划定为商品林经营区。

（2）生态公益林建设。我国西南、西北、东北、内蒙古自治区的九大重点国有林区和海南省林区的天然林资源，集中分布于大江大河的源头和重要山脉的核心地带，占我国天然林资源总量的 33%左右。这些森林是长江、黄河、澜沧江、松花江等大江大河的发源地；是三江平原、松嫩平原两大粮仓和呼伦贝尔草原牧业基地的天然屏障；是三峡水利枢纽工程等水利设施的天然蓄水库；是祁连山、阿尔泰山、天山地区牧业生产和人民生活用水的源泉；是我国野生动植物繁衍栖息的重要场所和生物多样性保护的重要基因库。由此构成了我国生态公益林重点保护体系。

(3) 商品林建设。重点地区实施天然林资源保护工程之后，木材产量将大幅度调减，致使木材供需缺口扩大，木材供给的矛盾加剧。通过高强度集约经营、定向培育、基地化建设、规模化生产，发展以速生丰产用材林、工业原料林及珍贵大径级用材林等为主的商品林基地建设，特别是提高现有中幼龄林的集约经营强度，为重点地区长期发挥木材基地的作用奠定基础，从根本上解决木材供需矛盾；通过提高森林资源利用率和木材综合利用率，加快以人工林、“三剩物”及“次、小、薪”材等为原料的林产工业建设，推广使用林产品替代物和适度开发海外资源，减轻对森林资源利用的压力，使工程区的森林尽快恢复和发展。

(4) 转产项目建设。天然林资源保护工程的实施，将在短期内影响到局部地区的财政和群众生活水平，因而，培育新的经济增长点、提高当地群众收入，是天然林资源保护工程的重要内容，是确保天然林资源保护工程成功的关键。转产项目建设是天然林资源保护工程建设的重要一环，是妥善分流和安置好富余人员的有效途径，是解决林区人口对森林资源过分依赖的有效措施，它不仅是实施天然林资源保护工程的必要保障，而且也直接关系到林区的经济可持续发展和社会的稳定。目前，林区现有的产业项目普遍存在布局重复、结构雷同、经济规模偏小、技术含量低、所有制单一等问题。因此，调整产业结构与布局、对现有企业进行改组和改造、增加科技含量、盘活不良资产是转产项目建设的当务之急。

(5) 人员分流。木材产量的大幅度调减，将有大量的富余职工需要分流和转产安置，做好林区再就业服务是天然林资源保护工程顺利实施的关键。

(6) 加强工程基础保障体系工作。为保证天然林资源保护工程中公益林建设的质量，充分发挥生态公益林体系的公益效能，在建立健全组织机构、完善法规制度和强化经营管理的基础上，要加强基础保障体系建设。

2.1.2 工程实施及完成情况

2.1.2.1 工程实施的状况

天然林资源保护工程于2000年10月24日经国务院正式批准实施。该工程包括长江上游、黄河上中游地区天然林资源保护工程和东北、内蒙古等重点国有林区天然林资源保护工程两部分。长江上游、黄河上中游地区天然林资源保护工程实施范围为长江上游地区（以三峡库区为界）的云南、四川、贵州、重庆、湖北和西藏6省（自治区、直辖市）和黄河上中游地区（以小浪底库区为界）的陕西、甘肃、青海、宁夏、内蒙古、山西、河南7省（自治区），总共13个省（自治区、直辖市）。2000～2005年为第一期，以停止天然林采伐、大力建设生态公益林、分流和安置下岗职工为主要内容。2006～2010年为第二期，以保护天然林资源、恢复林草植被为主要内容。工程需投资533亿元。东北、内蒙古等重点国有林区天然林资源保护工程实施范围包括内蒙古、吉林、黑龙江（含大兴安岭）、海南、新疆等5个省（自治区）及新疆生产建设兵团的86

个国有重点森工企业、16 个地方森工企业、23 个县、12 个县级林业局（场）。2000～2003 年为第一期，以调减木材产量、加大森林资源保护力度、妥善分流安置富余职工为主要内容。2004～2010 年为第二期，以保护天然林资源、恢复森林植被、促进经济和社会可持续发展为主要目标。工程需投资 429 亿元，两项工程共需投资 962 亿元。

2.1.2.2　天然保护林工程的投资和任务完成情况

天然林资源保护工程实施的任务完成情况详见表 2-1，工程完成的投资情况见表 2-2。

表 2-1　天然林资源保护工程任务完成情况（2001～2008 年）

项目		2001 年	2002 年	2003 年	2004 年	2005 年	2006 年	2007 年	2008 年
木材产量/m^3		12 023 099	11 402 161	9 234 670	12 505 033	12 485 657	13 516 865	14 513 490	16 792 844
造林面积/hm^2	人工造林	291 086	203 963	181 889	177 910	118 377	68 179	113 711	191 639
	飞播造林	656 995	652 114	506 368	463 536	306 431	156 020	70 004	66 735
	小计	948 081	856 077	688 257	641 446	424 808	224 199	183 715	258 374
封山育林面积/hm^2		1 883 554	5 416 257	181 889	5 218 082	5 461 491	5 465 954	5 480 946	—
森林管护面积/hm^2		88 605 100	90 268 229	506 368	—	—	—	—	—

注：数据来源于国家林业局网站。

表 2-2　天然林资源保护工程投资情况（2001～2008 年）（单位：万元）

项目		2001 年	2002 年	2003 年	2004 年	2005 年	2006 年	2007 年	2008 年
林业固定资产投资		949 319	933 712	679 020	681 985	620 148	643 750	820 496	973 000
国家投资	国债投资	887 717	881 617	149 137	126 750	104 376	604 120	58 627	122 084
	专项投资	—	—	501 167	514 233	480 402	514 574	607 869	801 416
	小计	887 717	881 617	650 304	640 983	584 778	1 118 694	666 496	923 500

注：数据来源于国家林业局网站。

截至 2001 年底，天然林资源工程经过四年（1998 年和 1999 年为试点阶段，2000 年和 2001 年为正式实施阶段）的建设，已取得显著成效。2001 年累计完成造林面积 948 081hm^2，其中人工造林 291 086hm^2、飞播造林 656 995hm^2；年末实有封山育林面积达到 1 883 554hm^2，年均森林管护面积 88 605 100hm^2。工程区木材产量为 12 023 099m^3。2001 年天然林资源保护工程建设完成投资 949 319 万元，其中国家投资 887 717万元。

2002 年，按照天然林资源保护工程实施方案，继续重点抓好停伐和木材减产、富余职工安置以及生态公益林管护建设，工程建设又取得了可喜进展。全年完成造林面积 856 077hm^2，其中人工造林 203 963hm^2、飞播造林 652 114hm^2；全年完成新封山育林面积 5 416 257hm^2，森林管护面积达到 90 268 229hm^2。工程区木材产量为 11 402 161m^3。2002 年天然林保护工程建设完成投资 933 712 万元，其中国家投资 881 617万元。

2003 年，天然林资源保护工程进展顺利。长江上游、黄河上中游工程区，在工程实施初期已全面停止了天然林的商品性采伐，东北重点国有林区木材减产任务已按规划完成，森林资源过度消耗的势头得到有效控制，森工企业富余人员分流安置取得重要进展，公益林建设稳步推进，林区经济、社会发展开始出现生机和活力。年完成造林面积 688 257hm^2，其中人工造林 181 889hm^2、飞播造林 506 368hm^2。工程区木材产量为 9 234 670m^3。2003 年，天然林资源保护工程完成投资 679 020 万元，其中国家投资 650 304万元。

2004 全年完成造林面积 641 446hm^2。在造林面积中，人工造林 177 910hm^2、飞播造林 463 536hm^2。全年完成新封山育林面积 5 218 082hm^2。2004 年工程区木材产量 12 505 033m^3。2004 年天然林保护工程完成投资 681 985 万元，其中国家投资 640 983 万元。

2005 全年完成造林面积 424 808hm^2。在造林面积中，人工造林 118 377hm^2、飞播造林 306 431hm^2。全年完成新封山育林面积 5 461 491hm^2。2005 年工程区木材产量完成 12 485 657m^3。2005 年，天然林保护工程完成投资 620 148 万元，其中国家投资 584 778万元。

2006 全年完成造林面积 224 199hm^2。在造林面积中，人工造林 68 179hm^2、飞播造林 156 020hm^2。全年完成新封山育林面积 5 465 954hm^2。2006 年工程区木材产量完成 13 516 865m^3。2006 年，天然林保护工程完成投资 643 750 万元，其中国家投资 1 118 694万元。

2007 全年完成造林面积 183 715hm^2。在造林面积中，人工造林 113 711hm^2、飞播造林 70 004hm^2。全年完成新封山育林面积 5 480 946hm^2，年工程区木材产量完成 14 513 490m^3。2007 年，天然林保护工程完成投资 820 496 万元，其中国家投资 666 496万元。

2008 全年完成造林面积 258 374hm^2。在造林面积中，人工造林 191 639hm^2、飞播造林 66 735hm^2，年工程区木材产量完成 16 792 844m^3。2008 年，天然林保护工程完成投资 973 000 万元，其中国家投资 923 500 万元。

2.2 “三北”及长江流域等重点防护林工程基本情况

2.2.1 工程建设概况

2.2.1.1 重点防护林工程的背景

我国把绿化祖国、改善生态环境列为一项基本国策。20 世纪 50 年代，启动了西部防护林带建设。因多种原因，成效甚微。80 年代开始，全国开展了一场有亿万人民群众参加的全民义务植树运动。10 多年来，全国累计有 30 多亿人次参加义务植树，共植树 150 多亿株。造林质量不断提高，造林绿化工作开始走向制度化、规范化。尤其是 1978 年党中央和国务院决定建设“三北”防护林体系工程以来，相继启动了“长江中上游防护林体系建设工程”、“全国沿海防护林体系建设工程”、“平原绿化工程”、“全国治河工程”。从沿海到内陆，从山区到平原，形成了不少多林种、多树种有机结合，带网片点合理配置，三大效益生态兼备的防护林体系。一道道绿色的生态屏障正在中国大地不断扩大发展，为改善生态环境作出巨大贡献，取得了很大成绩，并积累了宝贵的经验。经过多年的努力，“三北”防护林体系工程第一阶段规划造林任务为 1801.7 万 hm^2，实际累计完成造林保存面积为 2212.7 万 hm^2，为规划任务数的 122%，“三北”防护林体系工程第一阶段造林取得了重大成果，详情见表 2-3。

表 2-3　“三北”防护林体系工程第一阶段造林成果统计表（单位：万 hm^2）

第一阶段	合计	按造林方式分			按林种分									
					防护林						用材林	经济林	薪炭林	特用林
		人工造林	封山育林	飞播造林	小计	防风固沙林	水土保持林	水源涵养林	农田牧场防护林	其他防护林				
一期	543.7	459.1	71.8	3.8	360	105.6	164.6	18.9	61.1	9.8	111.6	29.9	30.8	2.5
二期	1077.6	726.7	305.4	45.5	665.8	267.3	248.1	59.7	74.3	16.4	132.8	231.7	42.7	4.6
三期	591.4	352.8	199.7	38.9	400.5	103.1	139.8	31.4	114.4	11.8	63.3	107.6	17.7	2.2
合计	2212.7	1538.6	576.9	88.2	1426.4	476.4	552.6	110	250	38.1	307.8	369.2	91.2	9.2

从 2001 年开始建设的四期“三北”防护林建设工程，既是第一阶段的延续，更是贯彻落实国家的西部大开发战略方针的具体体现。四期工程范围基本保持了“三北”防护林体系的完整性，根据《全国生态环境建设规划》的总体布局和国务院批准的其他生态工程，四期工程共计 598 个县（旗、市）。四期工程建设的主要目标确定为防沙治沙。

2.2.1.2　重点防护林建设工程范围

1）“三北”防护林体系建设四期工程区

“三北”防护林体系建设四期工程是一项正在我国北方实施的宏伟生态建设工程，工程建设区地跨东北西部、华北北部和西北大部分地区，包括我国北方 13 个省（自治区、直辖市）、590 个县（市、区、旗），东起黑龙江省抚远县，西至新疆维吾尔自治区乌孜别里山口，北抵国界，南沿海河、汾河、渭河、洮河下游、布尔汉不达山和喀喇昆仑山。总面积 40 373.31 万 hm^2，占国土面积的 42.04%。“三北”防护林体系建设四期与京津风沙源治理工程区见图 2-2。

2）长江流域防护林体系建设二期工程区

长江流域防护林体系建设二期工程区域包括长江、渭河、钱塘江流域，范围涉及青海、西藏、甘肃、四川、云南、贵州、重庆、陕西、湖北、湖南、江西、安徽、河南、山东、江苏、浙江、上海等 17 省（自治区、直辖市）、1035 个县，总面积 21 615.29 万 hm^2，占国土面积的 22.51%。长江、珠江和沿海防护林体系建设及太行山绿化二期工程范围见图 2-3。

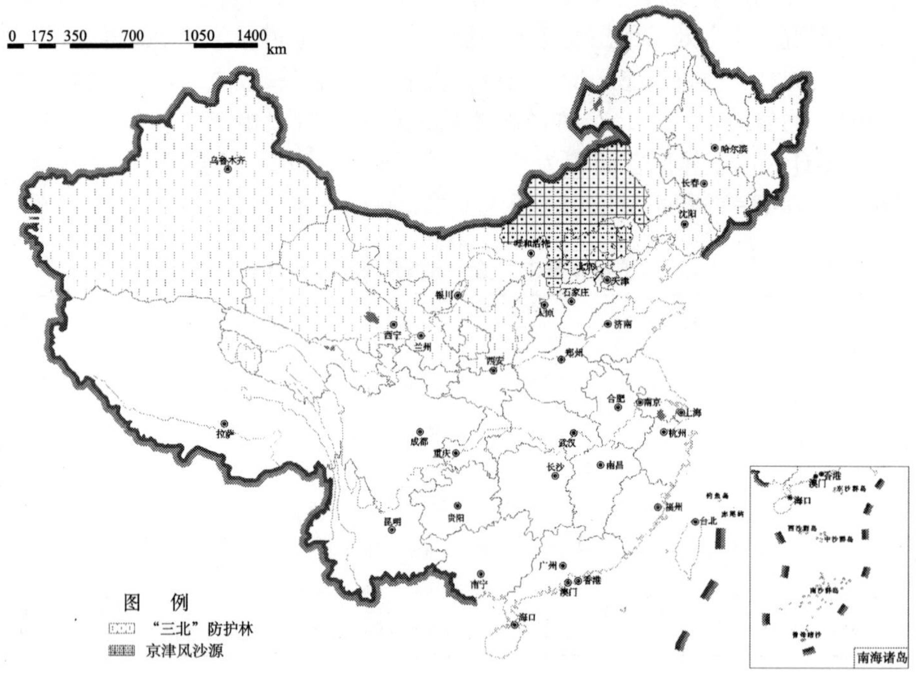

图 2-2　"三北"防护林体系建设四期与京津风沙源治理工程示意图（肖兴威，2005）

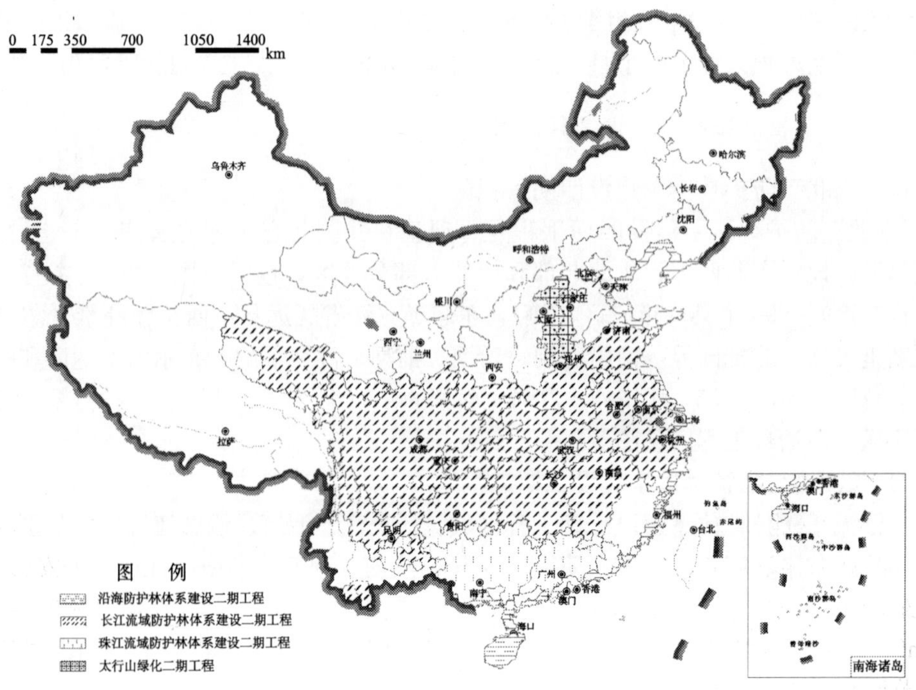

图 2-3　长江、珠江和沿海防护林体系及太行山绿化二期工程示意图（肖兴威，2005）

3）沿海防护林体系建设二期工程区

沿海防护林建设二期工程区范围北起辽宁的鸭绿江口，南至广西的北仑河口，大陆海岸线长 1.8 万 km，行政区包括辽宁、河北、天津、山东、江苏、上海、浙江、福建、广州、广西、海南等 11 个省（自治区、直辖市）、220 个县（其中岛屿县 17 个），总面积 2598.22 万 hm^2，占国土面积的 2.71%。

4）珠江流域防护林体系建设二期工程区

珠江流域防护林工程区范围包括江西、湖南、云南、贵州、广西和广东 6 个省（自治区）的 187 个县，总面积为 4049.19 万 hm^2，占国土总面积的 4.22%。流域周缘为山地环绕，北有南岭和苗岭，西北有乌蒙山，西有梁王山等与长江流域分界；西南以袁牢山余脉与红河流域分界；南以十万大山、六万大山、云开大山、云雾山脉与桂粤诸河分界；东以武夷山脉、莲花山脉与韩江流域分界。

5）太行山绿化二期工程区

太行山南起黄河，北至桑干河，东接华北平原，是我国东部华北平原向西的第一个台阶，山峦重叠，沟壑纵横，整个地势北高南低。太行山绿化二期工程涉及北京、河北、河南和山西 4 个省（直辖市）的 74 个县，工程区域土地总面积为 839.54 万 hm^2，占国土面积的 0.87%。

6）平原绿化二期工程区

平原绿化二期建设工程区涉及北京、天津、河北、山西、山东、河南、江苏、安徽、陕西、上海、福建、江西、浙江、湖北、湖南、广东、广西、海南、四川、辽宁、吉林、黑龙江、甘肃、内蒙古、宁夏、新疆 26 个省（自治区、直辖市），共 944 个县，其中平原县 623 个、半平原县 188 个、部分平原县 133 个。工程区总面积 21 432.06 万 hm^2，占国土面积的 22.32%。

2.2.1.3　防护林体系的战略意义

“三北”防护林体系是在“三北”这一特定地区，即自然条件严酷，灾害频繁，农、林、牧比例失调，生态环境遭受严重破坏，群众生活贫困的条件下进行规划和建设的。它的特定功能目标一是防风固沙，保持水土，涵养水源，改善生态环境，促进农林牧业全面发展；二是满足社会对林业及其林产品日益增长的需求；三是提高人民物质文明和精神文明建设的水平。因此，“三北”防护林体系建设就是在这个特定的空间范围内，通过人为的能动作用，建立一个符合“三北”地区自然和经济规律，高生产力的自然与人工相结合的以木本植物为主题的庞大生物群体，即绿色综合体。这个生物群体，是由相互作用、相互依存和相互制约，有机联系的若干单元所组成的一个统一体。在这一整体结构中，其外延包括农、林、牧各个产业之间，土、水、林三者之间的相互地位和相互关系，也就是相互协调发展的数量与范围，即协调的比例和合理的布局。其内涵包括防护林的体系内部各组成要素的相互联结和相互作用，即体系的本身结构性。具体地讲，由以下几个结合构成：针对不同整治对象和需求实行防护林与用材林、经济林、薪炭林、特用林因地制宜，各有侧重地多林种结合；根据自然条件和建设需求实行林带、林网和片林结合；分别不同地区和立地条件，实行乔木、灌木和草本植物结合；本着适地适树原则，实行多种造林树种结合与配置；本着科学造林、集约经营原则实行造林、封育和林木管护结合；在功能上实施生态效益与经济效益、社会效益相结合；在全面发展林业生产的同时，合理利用林业资源，开展深层加工，发展林业商品经济，实行林工商结合，产供销一条龙。

2.2.1.4 重点防护林工程的建设指导思想

“三北”防护林体系是以生态经济学理论为指导的生态经济建设工程。既要求以森林树木为武器抵御风沙危害、控制水土流失，改善城乡生产和生活环境；又需要把林业作为一种独立的产业，生产木材和其他林产品，繁荣经济，增加收入。一方面要在造林、森林经营和保护各个环节中，尽可能采用先进实用技术；另一方面要根据建设时间跨度大的特点，有计划地建立科学实验基地与科研体系，推动防护林建设发展。“三北”防护林体系建设范围内，多数县（市）是我国的贫困县（市），在建设中要与扶贫工作结合起来，以利于充分调动当地政府与广大人民群众的积极性。

由于工程量大、建设期长，需要经过几代人坚持不懈的努力才能完成。因此建设的指导思想应是：在社会主义初级阶段基本路线的指引下，树立建成一个独立林业产业的思想，进行全面规划，综合治理，依靠全社会力量和科技进步，统一筹划，协调配合，积极扎实地开展，坚忍不拔地进行，实现生态效益、经济效益、社会效益兼顾，整体利益和局部利益兼顾，长远利益和当前利益兼顾，不断提高防护林的整体效益。所有的林业生产活动，都要从这一指导思想出发来考虑问题，采取对策。

2.2.1.5 重点防护林工程的建设方针和原则

“三北”防护林体系建设是一项社会性、公益性很强的事业，然而又是一项以造林为主，包括全部林业生产过程的全部经营内容在内的独立林业产业，具有建设时期长、设计范围广、造林任务重、自然条件差、施工难度大、需要投入多等特点。因此应该采取“在保护现有森林植被的基础上，大力育林造林，建成防护林体系；同时，合理利用林业资源，开展多种经营，有计划地发展林业商品经济”的建设方针。

依据上述指导思想和建设方针，在“三北”防护林体系建设中，应遵循下述原则进行：

（1）按不同类型区的自然和经济特点，进行统一规划，综合治理，简称多层次、多种模式的农林牧结合的复合生态经济体系。

（2）实行以群众造林为主，积极发展国营造林，国家、集体、个人一起上。

（3）建设布局和建设顺序要从实际情况出发，贯彻因地制宜、因害设防、因需造林和先易后难、先急后缓、由近及远、突出重点的原则。有重点、有步骤地按山系或流域首先建成一批区域性的防护林体系，占有阵地，逐步推进。对于暂时尚不具备造林条件的沙漠、戈壁以及高原寒漠地区，从我国目前的经济和技术条件出发，只在沙漠边缘地带和居民环境周围进行防御性的保护造林，把整个建设设置于可靠稳妥的基础上。把目前与长远、重点与一般很好地结合起来。

（4）充分调动各方面的积极因素，加快防护林体系建设步伐。各行各业各部门和地方驻军，按照统一规划，协同共建，“各负其责，各付其费，各受其益，限期完成”，做到责、权、利相结合。

(5) 建设的资金投入，实行国家专项扶持、多方集资、地方财政配套和群众投劳相结合的办法，对资金的使用要突出重点，集中投放，择优扶持，注重效益，加强监督。

(6) 更新林业传统概念，树立生态经济林业的观点，生态效益与经济、社会效益相结合；树立生态建设必须在价值形态、物质形态上得到劳动补偿的观点，征收生态资源培育费，用于防护林体系建设的扩大再生产；树立发展林业商品经济的观点，大力开展多种经营，长短结合，以短养长。

(7) 贯彻执行谁造谁有谁收益、长期不变、允许继承、允许折价转让等有关林业政策。防护林体系建设工程需要长期经营，永续利用，要实行以专业经营为主、专业经营与兼业经营相结合，巩固乡、村林场，积极发展集体、联户、合作、农户、个人和集体入股等多层次、多种林业经营形式。

(8) 实行工程造林、集约经营，不断提高建设质量和综合效益。

(9) 尊重科学、务求扎实，加强基础工作建设。一是按总体规划确定的各项任务指标，做好分期工程的实施规划，具体落实到基层单位和山头地块；二是加强种苗基地建设，做好良种选育，使种苗工作向专业化、基地化、良种化方向发展；三是建立林业的管理体系，提高科学管理水平；四是加强资源管理，建立造林技术档案，实行任期目标责任制；五是加强技术推广和科学实验活动，广泛开展技术培训工作，提高林业职工队伍的业务素质；六是健全林业法规，加强法律监督，实行以法治林。

(10) 在建设中要贯彻长远建设与群众当前利益相结合，贯彻建设与保护和开发利用相结合，积极开展多种经营，发展林业商品经济，尽快把资源优势转化为经济优势，增强建设的自我积累、自我发展能力。

2.2.2　工程实施及完成情况

2001 年 7 月，“三北”防护林体系建设四期工程规划正式批复。工程建设范围包括东北西部、华北北部和西北大部分地区的北京、天津、河北、山西、内蒙古、辽宁、吉林、黑龙江、陕西、甘肃、青海、宁夏、新疆等 13 个省（自治区、直辖市）的 590 个县（旗、市、区）和新疆生产建设兵团。2001 年，“三北”防护林工程共完成造林 1 034 924hm^2，其中人工造林 939 651hm^2、飞播造林 95 273hm^2。全年投入资金 303 066万元，其中国家投资 145 743 万元。重点防护林建设工程的任务完成和资金投入情况见表 2-4、表 2-5。

表 2-4　重点防护林工程任务完成情况（2001～2008 年）（单位：hm^2）

年份	项　目	合　计	“三北”防护林四期工程	长江防护林二期工程	沿海防护林二期工程	珠江防护林二期工程	太行山绿化二期工程	平原绿化二期工程
2001	人工造林	939 651	507 815	158 654	89 240	27 053	85 656	71 233
	飞播造林	95 273	33 899	4065	1664	—	55 633	12
	造林总面积	1 034 924	541 714	162 719	90 904	27 053	141 289	71 245

续表

年份	项　目	合　计	“三北”防护林四期工程	长江防护林二期工程	沿海防护林二期工程	珠江防护林二期工程	太行山绿化二期工程	平原绿化二期工程
2002	人工造林	703 053	423 152	109 191	55 047	46 549	35 953	33 161
	飞播造林	72 572	30 611	1100	666	—	40 195	—
	造林总面积	775 625	453 763	110 291	55 713	46 549	76 148	33 161
2003	人工造林	486 922	261 963	105 469	38 557	44 712	20 043	16 178
	飞播造林	46 622	13 333	3283	—	—	30 006	—
	造林总面积	533 544	275 296	108 752	38 557	44 712	50 049	16 178
2004	人工造林	438 319	229 008	113 280	30 179	31 756	24 248	9848
	飞播造林	10 001	3334	—	—	—	6667	—
	造林总面积	448 320	232 342	113 280	30 179	31 756	30 915	9848
2005	人工造林	345 533	207 891	30 671	15 855	2502	345 533	207 891
	飞播造林	22 669	10 000	—	12 669	—	22 669	100 00
	造林总面积	368 202	217 891	30 671	28 524	2502	368 202	217 891
2006	人工造林	343 364	244 176	49 933	15 973	11 728	20 686	868
	飞播造林	17 335	3333	—	—	—	14 002	—
	造林总面积	360 699	247 509	49 933	15 973	11 728	34 688	868
2007	人工造林	417 009	313 795	48 403	22 918	6590	24 206	1097
	飞播造林	13 334	3333	—	—	—	10 001	—
	无林地和疏林地新封山育林	143 876	64 401	27 993	934	10 826	39 722	—
	造林总面积	574 219	381 529	76 396	23 852	17 416	73 929	1097
2008	人工造林	628 614	455 991	48 425	72 340	20 251	27 534	4073
	飞播造林	13 332	3333	—	—	—	9999	—
	无林地和疏林地新封山育林	123 824	38 623	23 825	1905	16 722	42 749	—
	造林总面积	765 770	497 947	72 250	74 245	36 973	80 282	4073

表 2-5　重点防护林工程投资完成情况表（2001～2008 年）（单位：万元）

年份	项　目	合　计	“三北”防护林四期工程	长江防护林二期工程	沿海防护林二期工程	珠江防护林二期工程	太行山绿化二期工程	平原绿化二期工程
2001	实际投资	303 066	102 468	53 406	40 026	10 678	16 169	80 319
	其中：国家投资	145 743	56 163	22 736	14 425	6499	8832	37 088
2002	实际投资	316 711	139 272	45 837	41 164	17 657	17 151	55 630
	其中：国家投资	157 582	66 512	27 942	13 839	15 481	10 920	22 888

续表

年份	项　目	合　计	“三北”防护林四期工程	长江防护林二期工程	沿海防护林二期工程	珠江防护林二期工程	太行山绿化二期工程	平原绿化二期工程
2003	实际投资	232 083	85 437	41 442	29 155	13 136	10 436	52 477
	其中：国家投资	136 239	49 105	27 758	20 127	11 083	8097	20 069
2004	实际投资	352 661	86 645	109 028	51 946	11 922	13 048	80 072
	其中：国家投资	135 782	44 014	26 017	29 705	9797	11 268	14 981
2005	实际投资	192 556	85 231	53 607	23 029	9134	14 620	6936
	其中：国家投资	91 292	41 252	12 808	19 704	7039	10 095	394
2006	实际投资	179 501	84 328	24 386	42 553	6509	13 949	7776
	其中：国家投资	85 398	38 539	8262	20 637	4647	13 108	205
2007	实际投资	165 879	94 026	13 912	37 819	3994	13 213	2915
	其中：国家投资	91 273	48 202	9964	23 290	2811	6541	465
2008	实际投资	337 349	184 078	34 916	94 009	7142	16 804	400
	其中：国债资金	108 325	83 060	7731	13 149	3165	1160	60

2002 年，重点防护林建设工程继续加强。为提高工程建设质量和效益，在项目安排上，把防沙治沙放在了突出位置；在造林方式上，加大了封育比重；在林种树种结构上，实行了以灌木为主、乔灌草结合的模式。2002 年完成造林 775 625hm²，其中人工造林 703 053hm²、飞播造林 72 572hm²。全年投入资金 316 711 万元，其中国家投资 157 582 万元。“三北”防护林体系是我国北方的绿色万里长城。完成“三北”防护林四期工程规划任务，将初步遏制我国北方地区风沙侵害的扩展，在荒漠绿洲和东北地区建成较为完备的防护林体系，进一步改善“三北”地区的生态环境和生产条件，它将与退耕还林工程、京津风沙源治理工程一道共同构建起北方万里风沙线上的绿色屏障，促进区域经济的协调发展。

2003 年，长江流域等重点地区防护林体系建设工程（包括长江、珠江流域和沿海地区防护林体系建设二期工程以及太行山绿化和平原绿化二期工程）共造林 533 544hm²，其中长江流域防护林工程 108 752hm²、沿海防护林工程 38 557hm²、珠江防护林工程 44 712hm²、太行山绿化工程 50 049hm²、平原绿化工程 16 178hm²。五项防护林工程实际完成投资 232 083 万元，其中国家投资 136 239 万元。

2004 年共完成造林面积 448 320hm²，其中长江流域防护林工程 113 280hm²、沿海防护林工程 30 179hm²、珠江防护林工程 31 756hm²、太行山绿化工程 30 915hm²、平原绿化工程 9848hm²。在全部造林面积中，人工造林完成 438 319hm²，飞播造林 10 001hm²。2004 年重点防护林工程完成投资 352 661 万元，其中国家投资 135 782 万元。

2005 年共完成造林面积 368 202hm²，其中长江流域防护林工程 30 671hm²、沿海防护林工程 28 524hm²、珠江防护林工程 2502hm²、太行山绿化工程 368 202hm²、平原绿化工程 217 891hm^2。在全部造林面积中，人工造林完成 345 533hm^2、飞播造林 22 669hm^2。2005 年，5 项防护林工程实际完成投资 192 556 万元，在总投资中，国家投资完成 91 292 万元。

2006 年共完成造林面积 360 699hm^2，其中长江流域防护林工程 49 933hm^2、沿海防护林工程 15 973hm^2、珠江防护林工程 11 728hm^2、太行山绿化工程 34 688hm^2、平原绿化工程 868hm^2。在全部造林面积中，人工造林完成 343 364hm^2、飞播造林 17 335hm^2。重点防护林工程完成投资 179 501 万元，其中国家投资 85 398 万元。

2007 年“三北”防护林四期工程建设已进入以防沙治沙为重点的攻坚阶段，建设模式由以面积扩张为主，向开发林业的多种功能、满足社会对林业的多种需求转变。2007 年共完成造林面积 574 219hm^2，其中长江流域防护林工程 76 396hm^2、沿海防护林工程 23 852hm^2、珠江防护林工程 17 416hm^2、太行山绿化工程 73 929hm^2、平原绿化工程 1097hm^2。在全部造林面积中，人工造林完成 417 009hm^2、飞播造林 13 334hm^2。“三北”防护林工程完成投资 165 879 万元，其中国家投资 91 273 万元。

2008 年共完成造林面积 765 770hm^2，其中长江流域防护林工程 72 250hm^2、沿海防护林工程 74 245hm^2、珠江防护林工程 36 973hm^2、太行山绿化工程 80 282hm^2、平原绿化工程 4073hm^2。在全部造林面积中，人工造林完成 628 614hm^2、飞播造林 13 332hm^2。“三北”防护林工程完成投资 337 349 万元，其中国债投资 108 325 万元。

2.2.3 防护林工程建设的经验

多年的防护林体系建设，不断实践，不断总结，走出一条适合我国国情的防护林体系建设的新路。在思想和做法上，实现了三个转变。即从单一保护型生产方式向造林经营型生产方式转变；从单一林业生产向以林为主多种经营型转变；从粗放经营型向集约经营型转变。通过生产建设也积累了丰富的经验，主要有以下 5 条。

(1) 从体系建设和林业思想出发，宏观指导，建设生态经济型防护林体系。在防护林体系工程规划和实施时，要求做到农、林、牧相结合；多种树种相结合；带、网、片相结合；乔、灌、草相结合；造、封、管相结合。既使林业促进了农业的整体建设，也把防护林建设纳入当地经济发展计划当中，长远的生态效益与近期的经济收益兼顾，与群众的脱贫致富紧密结合起来，提高了营造防护林体系的积极性。

(2) 国家、集体、个人一起上，协同共建。“三北”防护林体系建设是一项社会性、公益性很强的事业，而三北地区大多数地方是“老、少、边、穷”，从实际情况出发采取国助民办的形式，广大群众投劳，各级地方政府、有关部门多方集资，协同共建，使防护林体系建设得以顺利进行。如一期工程造林 730 万 hm^2，折合投资 40 亿元，其中，国家专项投资 3 亿元、地方财政和各种渠道筹集 14.2 亿元、群众投劳 7 亿个工日，国家专项投资尚不足总投入的 1/10。

(3) 放宽林业政策，多层次多形式地发展林业。“三北”地区多数地方地广人稀，造林条件差，难度大，收益慢，因此，只要群众或单位有要求，有能力，就将宜林地划分到户、到单位承包造林。面积不限，谁早谁有，长期不变，允许继承，允许转让。从而涌现出一批林业专业户、小林场、小果园、小苗圃、林联社和长年作业的专业队，给防护林体系建设带来了生机和活力，给广大群众带来了希望和实惠。如个体和家庭承包造林的比重，1982 年以前不足 10%，1984 年以后上升到 60%以上。

（4）突出重点，典型示范，建设一批区域性防护林体系工程。本着先易后难、由远及近、重点先建设的原则，在战略布局上，对风沙危害和水土流失严重的地区，重点安排了东北西部，内蒙古东部沿冀北、京郊向西，经晋向黄土高原沟壑区、毛乌素沙地、渭北黄土高原，至子午岭、关山一带的主体工程，松嫩平原和南疆盆地农田防护林工程；在西北地区安排了宁夏黄灌区、甘肃河西走廊、青海湟水灌区和新疆塔克拉玛干沙漠边缘等区域性工程。这些工程的任务和投资均占总数的 70%以上，起到保证重点、带动一般、占有阵地、逐步推进的作用。

（5）实行工程造林，加强项目管理，提高防护林体系建设质量。在建设中，普遍推广工程造林的办法，即每公顷造林工程必须按区划进行规划，按规划进行设计，按设计进行施工，按施工进行验收，按验收建档并给予投资。因而保证了建设速度，提高了建设质量，既能保证重点工程的实施，又能推广实用技术，效果很好。如山西省近 10 年来重点工程造林面积 27.9 万 hm^2，实际保存面积 23.0 万 hm^2，占 82.5%。

除上述经验外，各省、自治区、直辖市普遍推行了人工绿化目标责任制，并且已经建立了一整套管理服务体系，初步完善了管理制度，有比较健全的机构和职工队伍。

2.3　退耕还林工程基本情况

2.3.1　工程建设概况

退耕还林工程是中国六大林业重点工程之一，是我国林业建设史上涉及面最广、政策性最强、任务最重、群众参与度最高的生态工程。实施退耕还林是改善生态环境、根治长江和黄河水患刻不容缓的紧迫任务，是改善传统的耕种方式、增加农民收入、调整农业产业结构、促进地方经济发展和农民脱贫致富的有效途径，是拉动内需、保持国民经济增长的重大战略举措，是西部大开发的根本切入点。

2.3.1.1　退耕还林工程提出的背景

长期以来，由于农业技术落后和生产力低下，单位面积土地产量低，人们迫于生计不得不毁林造田，以追求粮食的生产总量，尤其是西部地区为解决温饱问题而开垦坡地种植粮食的情况非常严重。坡地的开垦虽然增加了一些粮食产量，但带来了严重的环境问题。

据统计，全国共有大于 25°的坡耕地 610 万 hm^2，其中 413 万 hm^2 分布在长江中上游地区，这些坡耕地基本上都是毁林毁草开荒后的产物，这些地区洪涝灾害严重，1998 年长江洪灾的主要原因之一，就是森林植被破坏和陡坡地垦种；另外，干旱缺水也一直制约着北方农业发展。土地是不可再生的重要的自然生态资源，是人类社会存在和发展的物质基础，在以往的生产建设中造成了大量的土地丧失植被，引起生态环境恶化，主要成因是水土流失、土地过垦造成的土地退化，土地的有机质丧失殆尽，基岩裸露，出现大面积石质荒漠化土地的现象，尤以西北、东北、华北等 13 个省（自治区、直辖市）

为重，干旱、高温、沙尘暴等灾害性天气时有发生，几乎年年有灾害。近些年来，我国高度重视生态环境建设，实施退耕还林工程，采取“以粮食换生态”的办法，彻底改变“越垦越穷、越牧越荒”的恶性循环。

2.3.1.2 退耕还林工程的战略意义

退耕还林工程是党中央、国务院针对我国西部生态环境状况，站在国家和民族长远发展的高度，着眼于经济社会可持续发展全局做出的重大决策，是实施西部大开发的根本和切入点。加快西部生态环境建设，可以大大改善这一地区的生存环境，拓展中华民族的生存空间；可以为西部开发创造良好的生产建设条件和投资环境，加速推进西部大开发的进程；可以推动西部地区农业生产要素优化配置和农村经济结构调整，促进西部地区脱贫致富，增进民族团结，巩固国防；也是防治水土流失，从根本上扭转长江黄河流域水患灾害的治本之策。

2.3.1.3 退耕还林工程的原则

退耕还林是国家经济社会发展的一项重大战略决策。退耕还林工程是为了合理利用土地资源，增加森林植被，再造秀美山川，实现人与自然和谐共处而实施的一项重大战略工程。退耕还林工程的实施，标志着我国基本上结束了几千年来毁林开荒的历史，标志着我国由向土地索取转向促进人与自然的和谐，走上生态文明之路。

实施退耕还林工程，充分利用宜林荒山荒坡发展生态林，既可以提高森林覆盖率，防治水土流失，又能在劣质低产的坡耕地上发展经济林，有效地增加农民收入，促进农村经济可持续发展。退耕还林是大型的社会工程，为了其预期目标，退耕还林必须遵守客观规律，坚持退耕还林的基本原则，进行科学合理的布局。退耕还林工程必须遵循的基本原则包括以下几个方面（张美华，2005）。

1）在目标的确立上要坚持的原则

（1）生态与经济兼顾的原则。西部大开发是以生态安全性和经济有效性的有机结合来实现的。由于西部经济发展的实际载体是土地生态经济系统，它必然受到经济和生态两种客观规律的制约。在统一的生态经济系统的运行工程中，经济有效性与生态安全性的有机结合，实质是在发展经济的进程中，局部利益与整体利益、目前利益与长远利益的结合。如果在西部大开发过程中，使经济和生态目标配置得当，经济有效性和生态安全性得到有效保障，则两者的作用相得益彰；反之，当两者的配置不合理时，只能是互为障碍。事实证明，西部地区严重的生态恶化和经济落后，其实质是生态经济系统结构失调、功能降低、平衡破坏的结果。

从土地的生态利用上来说，通过生态公益林的合理配置，使实施区的生态环境状况明显改善。如水土流失基本得到控制、林草覆盖率上升等。从土地的经济利用率上来说，把退耕还林与农业产业结构调整结合起来，通过适度地发展商品林资源，夯实产业发展的基础，培植发展农村新的经济增长点，使实施区的产业结构有所调整，后续产业有所发展，主导产业逐步建立，农业劳动生产率有所提高，农民的收入有所增加，农业剩余劳动力得到妥善解决，贫困现象有所缓解等。

（2）公平性原则。退耕还林，减少水土流失，涵养水源，能改变受益地区的生态环境，提高受益地区的环境容量，增强受益地区的经济发展实力，促进受益地区人民生活质量的改善。但退耕还林直接涉及实施地区农户的眼前利益、地方的发展进程，确定林种比例时兼顾国家、地方、农民三者之间的利益关系，退耕还林才能持久地开展下去；反之，只强调生态效益而不考虑农户、地区的经济利益，退耕还林就难以开展下去。如果只考虑农户、地方的经济利益，生态环境继续恶化，威胁农户和地区的生存，也会危及下游地区的发展，三方面利益都将受到损害。

（3）有效性原则。国家、地方、农民利益的体现最终要以生态效益和经济效益的形式表现出来，两种效益相互协调是退耕还林的目标选择，因此在林（草）种搭配上，既要尊重自然规律，适地适树，科学地选择造林树（草）种，以较少劳动投入，获得较多的林草资源，提高地区的林草覆盖率，最大限度地发挥保持水土、涵养水源的作用；又要尊重经济规律，因需布局，发展名特优新商品林（草）产品，达到既增产又增收的目的。

（4）持续性原则。协调发展是可持续发展的基础，协调发展必须以持续发展作为目标。因此在树（草）种的选择和配置上考虑土地生态系统的承受能力，注意保护地力，使林（草）地有持久的生产力。在林（草）种安排上，要考虑经济系统的承受能力，适度发展，避免造林不见林、成活不成林、成林不见效的现象发生。

2）在规划时应坚持的原则

（1）坚持因地制宜的原则。退耕还林（还草）工程是一项十分艰巨和复杂的工程，涉及面广，政策性强，要周密筹划，针对主要问题，确定主攻方向，先易后难，因地制宜。树种选择要充分考虑退耕还林区域的自然条件，特别是退耕还林地的立地条件，合理确定适宜的造林树（草）种，当地树种与引进的树种相互结合。在植被的配置上，宜乔则乔，宜灌则灌，宜草则草，乔、灌、草相互结合。在植被恢复方式上，宜封则封，宜飞则飞，宜造则造，封、飞、造相互结合。在实施中要突出分流域，分不同海拔、地理、气候条件，合理实现规划林树种布局。生态建设如果不讲科学，盲目进行不切实际的建设，不仅浪费有限的资金，损害建设者的热情，而且会遭到大自然的无情报复。在天然水分条件不足以养树育林的地区，最科学的办法应是种植灌木和草类，成本低、见效快。在干旱或半干旱地区，种草是生态建设的最佳和唯一选择，生态环境建设只能依靠草和部分灌木。草不仅是畜牧业的基础，也是生态环境建设的重要组成部分，在生态环境脆弱和恶化区，种草尤为迫切，这些地区只能先种草，恢复植被，才能进一步综合治理。

（2）坚持解放思想、实事求是的原则。退耕还林（还草）工程是一项系统的复杂的生态建设工程，因此必须坚持解放思想、实事求是的原则。各区（市、县）、乡（镇）、村、社，按照国家的有关政策，本着生态和经济双重目的确定工作目标。对于本地区应退多少耕地、如何退耕还林，都必须在广泛调研的基础上，实事求是地确定，制定符合实际的实施方案。对有条件的地方，只要有利于生态建设和经济发展，就尽可能地退耕还林。不仅 25°以上的坡耕地要退出来，就是平川的一些旱地、薄地，也可以在尊重群众意愿的基础上退出来。

(3) 坚持积极引导与农民自愿相结合的原则。退耕还林工程政策性强，但又必须尊重农民意愿。因此应加强政策宣传，把政策引导同群众的意愿结合起来。退耕还林，主体是农民。抓好退耕还林工作，首先，必须解决好农民的认识问题。要充分利用各种宣传形式和宣传媒体，有针对性地广泛宣传国家实施退耕还林还草的目的意义和政策方针，做到退耕还林还草的各项具体政策家喻户晓、深入人心。其次，无论是从大局，还是从局部乃至整个农户来看，退耕还林工程都是功盖全局的德政，必须在具体实施中充分尊重群众的意愿，使农户的短期利益、长远利益得到充分体现，在具体任务的确定和落实方面，一定要尊重群众意愿，不搞强迫命令。要坚持自上而下的原则，在总体规划的前提下，坚持农民申报、村乡两级综合平衡的原则。群众的意愿在很大程度上也反映出群众长期积累的生产经验和形成的栽培和经营习惯。

3) 在推动促进上应遵循的原则

(1) 坚持示范带动、稳步推进的原则。退耕还林是一项全新的工作，有很多政策和措施需要通过试点不断总结与完善。因此，要通过试点示范，积累经验，以试点为样板，带动整个面上的工作的展开。

(2) 自力更生、艰苦奋斗的原则。自力更生、艰苦奋斗是中华民族的传统美德，也是退耕还林必须坚持的一条基本原则。退耕还林工程是一项利国利民的工程，国家在政策上给予了极大的支持，在经济上给予了极大的投入，对退耕还林者给予粮食补助、生活补助，发放种苗费，并实行部分税费减免政策。由于历史原因和地理因素，退耕地区大多经济文化比较落后。各地退耕还林工作要从中国国情和区情出发，充分发挥社会主义制度的优越性，调动地方和群众的积极性，组织动员广大农民投工投劳，发扬自力更生、艰苦奋斗精神，积极投身到这项改善自身生产生活条件的工作中来。

(3) 利益主体原则。国务院颁布的退耕还林条例明确规定“谁退耕、谁造林、谁经营、谁受益”的政策。这一政策已经把退耕还林的责、权、利落实于一体。

4) 在工程管理上应遵循的原则

(1) 坚持坡耕地综合治理的原则。25°以上的陡坡地需要退耕还林，25°以下的坡耕地也必须综合治理。这是因为25°以下的坡耕地的水土流失虽没有25°以上的陡坡地那样严重，但它的面积则要比25°以上的陡坡地面积大得多，水土流失的总量仍然很大。因此，陡坡地和缓坡地要同时综合治理。前者退耕还林，后者则需要坡改梯，加强农田基本建设。为了解决坡耕地退耕后农民的收入减少和生活困难问题，需要在缓坡耕地上建造部分高标准基本农田，提高粮食单产量，以弥补退耕后减少的产量，并争取实现粮食增产，保证农民增收。

(2) 坚持退耕还林（草）与保护并重。保护好建设成果必须采取法律、法规、行政手段、责任制等综合措施。项目区牲畜实行圈养是保护好退耕还林（草）成果的关键。

2.3.1.4 退耕还林工程的范围

退耕还林工程主要解决重点地区的水土流失和土地沙化问题。1999年四川、陕西、甘肃3省率先试点，2002年在北京、天津、河北、山西、内蒙古、辽宁、吉林、黑龙江、安徽、江西、河南、湖北、湖南、广西、海南、重庆、四川、贵州、云南、西藏、陕西、甘肃、青海、宁夏等 24 个省（自治区、直辖市）和新疆建设兵团全面启动，工程区包括 1897 个县（其中工程建设重点县 856 个）。根据因害设防的原则，按水土流失和风蚀沙化危害程度、水热条件和地形地貌特征，将工程区划分为 10 个类型区，即西南高山峡谷区、川渝鄂湘山地丘陵区、长江中下游低山丘陵区、云贵高原区、琼桂丘陵山地区、长江黄河源头高寒草原草甸区、新疆干旱荒漠区、黄土丘陵沟壑区、华北干旱半干旱区、东北山地及沙地区。退耕还林工程区见图 2-4。

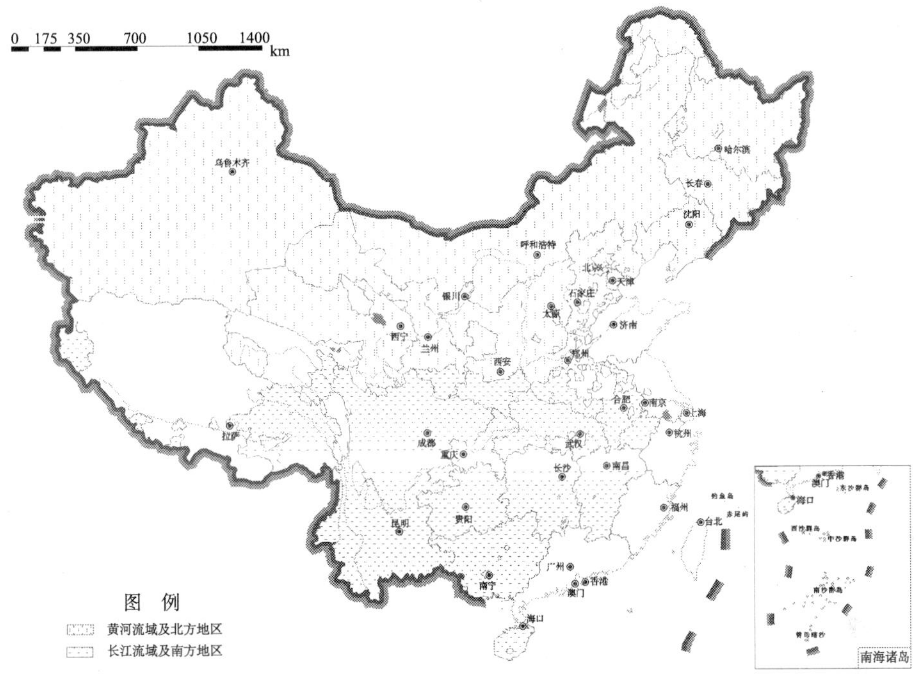

图 2-4　退耕还林工程建设示意图（肖兴威，2005）

2.3.1.5　退耕还林工程的建设内容

退耕还林工程是中央实施西部大开发战略的需要，是治理水土流失、保证三峡工程长期安全运行的需要，是改善西部地区生态环境、创造良好的生产条件、促进西部地区农业生产要素的优化配置、加快农村经济结构调整的步伐和农民脱贫致富的需要。

退耕还林工程建设的目标和任务是：初步规划工程建设期为 2001～2010 年，分两个阶段进行。第一阶段 2001～2005 年，退耕地还林 667 万 hm^2，宜林荒山荒地造林 867 万 hm^2；第二阶段 2006～2010 年，退耕地还林 800 万 hm^2，宜林荒山荒地造林 867 万 hm^2。到 2010 年，陡坡耕地基本退耕还林，严重沙化耕地基本得到治理，工程区林草覆盖率大幅增加，工程治理地区的生态状况得到较大改善。退耕还林的范围主要是指在 25°以上的坡耕地必须逐年退耕（王敏，2005）。

退耕还林工程树种对土壤的选择要求是按照“适地适树，尊重民意”的原则。凡属土层厚度不足 30cm 的退耕林，应当栽植适宜的防护林、薪炭林、用材林或经济草种。

土层厚度在30cm以上的退耕地可栽植适宜的、有市场前景的经济林木。应当纳入退耕还林规划的耕地包括水土流失严重的耕地，沙化、盐碱化、石漠化严重的耕地以及生态地位重要、粮食产量低而不稳的耕地。应当优化安排退耕还林的耕地包括江河源头及其两侧耕地、湖库周围的陡坡耕地以及水土流失和风沙危害严重等生态地位重要区域的耕地。

对退耕还林工程，国务院明确了五条主要的扶持政策：①国家向退耕户无偿提供粮食。每退耕667m²，长江流域每年补助粮食150kg，黄河流域每年补助粮食100kg；补助年限，营造经济林的为5年，营造生态林的为8年。②国家对退耕户给予适当的现金补助，每退耕还林667m²，每年补助20元，补助年限与粮食补助年限相同。③国家向退耕户提供种苗补助费，每造林667m²，补助50元。④鼓励个体承包和其他多种形式推进工程建设。⑤采取中央财政转移支付方式，对因退耕还林还草造成的地方财政减收给予适当补偿。

退耕还林（还草）工程总的要求是“退耕还林（草），封山绿化，以粮代赈，个体承包”。国家的目标是“以粮食换生态”，以追求生态效益为主。

《中国可持续发展林业战略总论》中论及关于退耕还林的战略问题时指出：退耕还林应以恢复林草植被、治理水土流失为重点，与生态移民、能源建设、结构调整、乡村发展相结合，宜乔则乔，宜灌则灌，宜草则草，完善相关政策，逐步建立长期稳定的生态效益补偿机制，确保“退得下，还得上，稳得住，能致富”。按照“退耕还林，封山绿化，以粮代赈，个体承包”的总体思路，中西部地区将对粮食产量低而不稳、水土流失和风沙危害严重的坡耕地和沙化耕地实施退耕还林。到2020年，对急需退耕的0.15亿hm²坡耕地和沙化耕地实施退耕还林；宜林荒山荒地造林0.173亿hm²，实现陡坡耕地基本退耕还林、30%的沙化耕地得到治理。现有退耕还林工程规划之外的低产耕地退耕还林的，也应享受同等政策。到2020年，需要退耕的陡耕地和沙化耕地基本实现退耕还林，工程区的生态环境得到明显改善。林业将在退耕区农村经济结构调整中发挥更加重要的作用。

退耕还林工程是林业六大重点工程之一，退耕还林的实施效果如何对林业的发展有着至关重要的作用。中国可持续发展林业战略研究报告提出，到2050年我国的森林覆盖率要达到28%，需净增森林面积约1.1亿hm²。退耕还林工程的实施实现了由毁林开垦向退耕还林的改变。退耕还林规划任务完成后将新增林草面积0.32亿hm²，其中，退耕地造林约0.15亿hm²、宜林荒山荒地造林约0.173亿hm²，工程区林草覆盖被率平均增加4.5%。

2.3.2 工程实施及完成情况

退耕还林工程是我国林业建设史上涉及面最广、政策性最强、群众参与度最高的生态环境建设工程。退耕还林工程任务完成情况见表2-6，工程资金完成情况见表2-7。

表 2-6　退耕还林工程任务完成情况（2001～2008 年）（单位：hm^2）

项　目	2001 年	2002 年	2003 年	2004 年	2005 年	2006 年	2007 年	2008 年
造林面积	890 292	4 911 053	6 840 890	3 568 185	2 192 908	1 048 469	1 124 735	1 306 693
耕地造林	504 659	2 284 475	3 418 116	1 016 557	861 187	268 853	85 294	12 030
荒山荒地造林	405 442	2 626 578	3 422 774	2 551 628	1 331 721	779 616	1 002 525	939 110
无林地和疏林地新封山育林	484 850	—	—	—	—	—	36 916	355 553
小计	1 394 951	4 911 053	6 840 890	3 568 185	2 192 908	1 048 469	1 124 735	1 306 693

表 2-7　退耕还林投资完成情况（2001～2008 年）（单位：万元）

项目		2001 年	2002 年	2003 年	2004 年	2005 年	2006 年	2007 年	2008 年
全部林业投资完成额		321 425	1 210 004	2 259 879	2 357 412	2 681 188	2 580 965	2 351 366	2 750 283
国家投资	国债投资	149 530	389 142	592 445	465 217	426 036	248 786	278 939	173 307
	财政专项投资	75 370	724 708	1 497 443	1 665 609	2 035 697	2 232 227	1 899 675	2 279 702
	小计	224 900	1 013 840	2 089 888	2 130 826	2 461 733	2 481 013	2 178 614	2 453 009
粮食折资		203 622	683 315	1 397 135	1 735 481	2 028 036	2 188 029	1 948 649	2 014 919
种苗费		73 737	370 259	548 093	298 063	267 977	106 276	87 820	131 240
粮食调运费		1146	3252	58 426	27 587	231 511	234 460	249 215	299 591
其他费用		42 920	153 178	256 225	296 281	1826	52 200	65 682	304 533

2001 年退耕还林工程完成造林面积 890 292hm^2，其中退耕地造林面积 504 659hm^2、荒山荒地造林面积 405 442hm^2，全年完成投资 321 425 万元，其中国家投资 224 900 万元，粮食折资 203 622 万元、种苗费 73 737 万元、粮食调运费 1146 万元及其他费用 42 920 万元。

2002 年，退耕还林工程在前三年试点的基础上全面启动并取得重大进展。国务院出台了《关于进一步完善退耕还林政策措施的若干意见》，颁布了《退耕还林条例》，为工程建设走上规范化、法制化轨道提供了重要保证。国家林业局会同国家计委与各工程省、自治区、直辖市人民政府签订了工程建设任务和质量责任书，并颁布了一系列管理办法和技术标准。各级林业部门狠抓了规划设计、种苗准备、宣传发动、组织实施、核查验收、政策兑现等工作，保证了工程建设的顺利推进。2002 年完成造林面积 4 911 053hm^2，其中退耕地造林面积 2 284 475hm^2、荒山荒地造林面积 2 626 578hm^2，全年完成投资 1 210 004 万元，其中粮食折资 683 315 万元、种苗费 370 259 万元、粮食调运费 3252 万元及其他费用 153 178 万元。

2003 年完成造林面积 6 840 890hm^2，其中退耕地造林面积 3 418 116hm^2、荒山荒地造林面积 3 422 774hm^2，全年完成投资 2 259 879 万元，其中粮食折资 1 397 135 万元、种苗费 548 093 万元、粮食调运费 58 426 万元及其他费用 256 225 万元。

2004 年，国家对退耕还林任务进行了结构性、适应性调整，按照“巩固成果，确保质量，完善政策，稳步推进”的总体要求，狠抓规范管理、政策落实和后续产业发展等方面，退耕还林工程稳步推进。2004 年完成造林面积 3 568 185hm^2，其中退耕地造林面积 1 016 557hm^2、荒山荒地造林面积 2 551 628hm^2，全年完成投资 2 357 412 万元，其中粮食折资 1 735 481 万元、种苗费 298 063 万元、粮食调运费 27 587 万元及其他费用 296 281 万元。

2005 年，按照国务院关于退耕还林工作的总体部署，进一步加强政策落实和后续产业发展，退耕还林工程稳步推进。2005 年完成造林面积 2 192 908hm^2，其中退耕地造林面积 861 187hm^2、荒山荒地造林面积 1 331 721hm^2，全年完成投资 2 681 188 万元，其中粮食折资 2 028 036 万元、种苗费 267 977 万元、粮食调运费 231 511 万元及其他费用 1826 万元。

2006 年完成造林面积 1 048 469hm^2，其中退耕地造林面积 268 853hm^2、荒山荒地造林面积 779 616hm^2，全年完成投资 2 580 965 万元，其中粮食折资 2 188 029 万元、种苗费 106 276 万元、粮食调运费 234 460 万元及其他费用 52 200 万元。

2007 年，退耕还林工程向着完善政策、巩固成果、确保质量的方向稳步推进，造林任务重点转向荒山荒地造林。全年完成造林 1 124 735hm^2，其中退耕地造林 85 294hm^2、配套荒山荒地造林 1 002 525hm^2、无林地和疏林地新封山育林 36 916hm^2。2007 年退耕还林工程完成投资达到 2 351 366 万元，其中粮食折资 1 948 649 万元、种苗费 87 820 万元、粮食调运费 249 215 万元及其他费用 65 682 万元。

2008 年，全年完成造林 1 306 693hm^2，其中退耕地造林 12 030hm^2、配套荒山荒地造林 939 110hm^2、无林地和疏林地新封山育林 355 553hm^2。2008 年退耕还林工程完成投资达到 2 750 283 万元，其中粮食折资 2 014 919 万元、种苗费 131 240 万元、粮食调运费 299 591 万元及其他费用 304 533 万元。

2.4　京津风沙源治理工程基本情况

2.4.1　工程建设概况

2.4.1.1　工程建设的背景

京津风沙源治理工程是党中央、国务院为改善和优化京津及周边地区生态环境状况、减轻风沙危害，紧急启动实施的一项具有重大战略意义的生态建设工程。近年来，京津乃至华北地区多次遭受风沙危害，特别是 2000 年春季，我国北方地区连续 12 次发生较大的浮尘、扬沙和沙尘暴天气，其中有多次影响首都。其频率之高、范围之广、强度之大，为 50 年来所罕见，引起党中央、国务院高度重视，备受社会关注。国务院领导在听取了国家林业局对京津及周边地区防沙治沙工作思路的汇报后，亲临河北、内蒙古视察治沙工作，指示“防沙止漠刻不容缓，生态屏障势在必建”，并决定实施京津风沙源治理工程。

2.4.1.2　工程建设的指导思想

认真贯彻党中央、国务院关于防沙治沙的指示精神，以《全国生态环境建设规划》

为指导，依据《中华人民共和国防沙治沙法》、《中华人民共和国水土保持法》、《中华人民共和国草原法》，加强现有林草植被保护，大力封沙封山育林育草、植树造林种草，有计划、有步骤地实行退耕还林，恢复沙区植被，建立乔、灌、草相结合的防风固沙体系；综合治理退化草原，实行禁牧舍饲，恢复草原生态及生产功能；搞好水土流失综合治理，合理开发利用水资源，提高土地生产力，充分发挥生态系统的自我调节能力，加快植被建设，改善北京及周围地区的生态环境，缓解风沙危害，促进北京及周边地区的国民经济和社会的可持续发展。

2.4.1.3　工程建设的原则

1）坚持预防为主、保护优先的原则

要切实吸取长期存在的边治理、边破坏，治理速度赶不上破坏速度的教训，采取坚决有力的措施杜绝一切破坏行为，全面保护好现有植被，切实使治理工作在妥善保护的基础上扎扎实实地推进。

2）坚持统筹规划、综合治理、因地制宜、分类指导的原则

实行林业措施、农牧业措施和水利措施有机结合，多管齐下，综合治理。针对不同地区的主要问题，确定主攻方向，因地制宜地采取治理措施。

3）坚持生态优先，生态、经济和社会效益相结合的原则

生态建设必须与当地经济发展和农牧民脱贫致富相结合，与调整农业结构相结合，切实解决好群众最为关心的吃饭、花钱、增收等实际问题。

4）坚持政策引导与农民群众自愿相结合的原则

实施生态治理，尤其是实行退耕还林，关系到广大农牧民的切身利益，一定要尊重群众意愿，不搞强迫命令。要通过政策引导，使农牧民群众认识到国家采取的措施，既是改善生态环境的需要，也是调整经济结构、增加收入的必然选择，符合农牧民的根本利益，使生态治理逐步成为群众自觉行动。

5）坚持国家、集体、个人一起上的原则

采取国家投入为主的投资机制，同时也要制定积极有效的承包机制，鼓励集体、个人进行承包，“谁承包，谁受益”，充分调动广大群众参与防沙治沙工程建设的积极性。

2.4.1.4　工程建设的范围

京津风沙源治理工程区西起内蒙古的达茂旗，东至内蒙古的阿鲁科尔沁旗，南起山西的代县，北至内蒙古的东乌珠穆沁旗，涉及北京、天津、河北、山西及内蒙古等五省（自治区、直辖市）的 75 个县（旗）。工程区总人口 1958 万人，总面积 45.8 万 km^2，沙化土地面积 10.12 万 km^2。工程区分为四个治理区，即北部干旱草原沙化治理区、浑善达克沙地治理区、农牧交错地带沙化土地治理区和燕山丘陵山地水源保护区，治理总任务为 14 819.5 万 hm^2，初步匡算投资 558 亿元。京津风沙源治理工程布局见图 2-5。

2.4.1.5　工程治理措施及目标任务

京津风沙源治理工程采取以林草植被建设为主的综合治理措施。具体措施有：①林

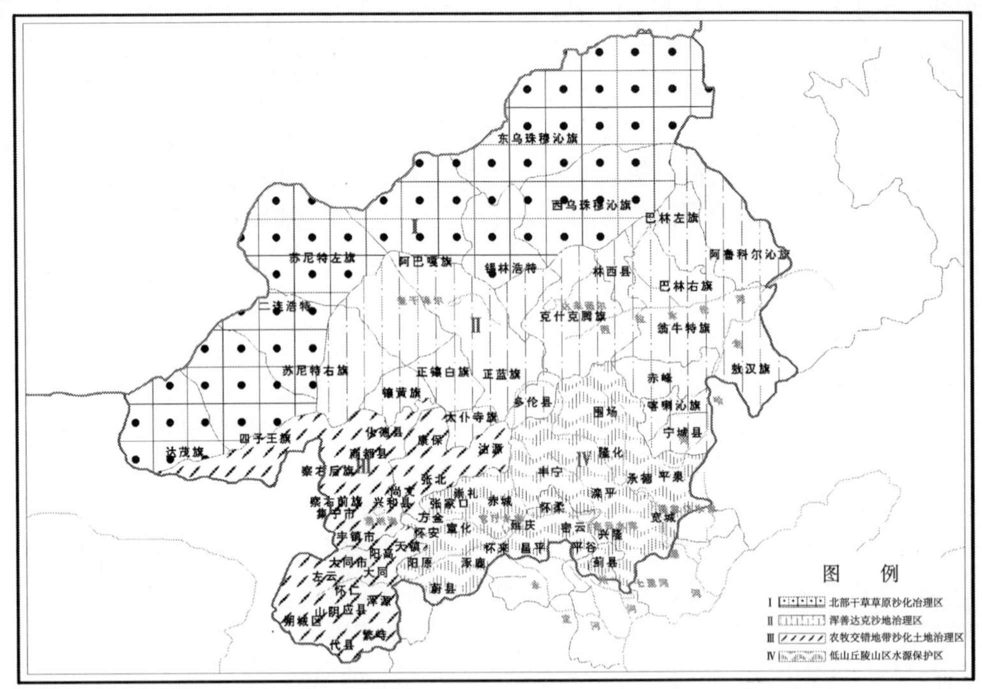

图 2-5　京津风沙源治理工程示意图（引自国家林业局网站）

业措施，包括退耕还林 3943.61 万亩，其中退耕地造林 2013 万亩；匹配荒山荒地荒沙造林 1931 万亩；营造林 7416 万亩，其中，人工造林 1962 万亩、飞播造林 2788 万亩、封山育林 2666 万亩。②农业措施，包括人工种草 2224 万亩，飞播牧草 428 万亩，围栏封育 4190 万亩，基本草场建设 515 万亩，草种基地 59 万亩，禁牧 8527 万亩，建暖棚 286 万平方米，购买饲料机械 23 100 套。③水利措施，包括水源工程 66 059 处，节水灌溉 47 830 处，小流域综合治理 23 445km²。生态移民 18 万人。

到 2010 年，通过对现有植被的保护，封沙育林，飞播造林、人工造林、退耕还林、草地治理等生物措施和小流域综合治理等工程措施，使工程区可治理的沙化土地得到基本治理，生态环境明显好转，风沙天气和沙尘暴天气明显减少，从总体上遏制沙化土地的扩展趋势，使北京及周围生态环境得到明显改善。

2.4.1.6　工程建设的内容

1）工程内容与规模

项目建设期 10 年，即 2001～2010 年，分两个阶段进行：2001～2005 年为第一阶段，2006～2010 年为第二阶段。在切实加强现有林草植被保护和管理的基础上，京津风沙源治理工程本着因地制宜，因害设防，宜乔则乔、宜灌则灌、宜草则草的原则和生物、工程措施相结合的方式进行建设，以实现区域生态环境的良性循环。建设内容分为造林营林、草地治理、水利配套设施建设和小流域综合治理三个方面①。

（1）造林营林。

退耕还林：2001～2010 年，退耕还林 3943.61 万亩，其中退耕 2012.57 万亩、荒山荒地荒沙造林 1931.04 万亩。退耕还林 5 年（2002～2006 年）完成，2002～2005 年退耕还林 3169.19 万亩，其中退耕 1600.19 万亩、荒山荒地荒沙造林 1569.00 万亩。

造林营林：2001～2010 年总规模 7416.19 万亩，其中人工造林 1962.28 万亩、封山育林 2665.54 万亩、飞播造林 2788.37 万亩。2001～2005 年规模为 4848.54 万亩，其中封山育林 2665.54 万亩全部完成；飞播造林 2183.00 万亩，不安排人工造林。在荒山荒地荒沙造林、营林的同时，要大力营造农田、草场林网，其中农田裸露土地面积大，要营造宽林带小网格林网；草场植被覆盖度大，营造宽林带大网格林网，以抵御风沙对农田、草场的侵袭。

种苗基地及设施建设：2001～2010 年种苗基地建设，包括示范基地 0.48 万亩、良种基地新建和改建 2.39 万亩、采种基地新建和改建 44.48 万亩、国有苗圃新建和改建 1.18 万亩；2001～2010 年设施建设，包括种子加工设施 27 套、种子常温库 16 座、种子质量监督检查站（室）新建和改建 30 处、种苗信息化建设 34 套。所有建设内容在 2001～2005 年全部完成。

（2）草地治理。2001～2010 年草地治理总面积 15 941.70 万亩，建设暖棚 286 万 m^2，购买饲料机械 23 100 台（套）。其中人工种草 2223.50 万亩、飞播牧草 428.00 万亩、围栏封育 4190.00 万亩、基本草场建设 515.00 万亩、草种基地 58.50 万亩、禁牧 8526.7 万亩。2001～2005 年草地治理面积为 9011.54 万亩，建设暖棚 286 万 m^2，购买饲料机械 23 100 台（套）。其中人工种草 1232.64 万亩、飞播牧草 232.40 万亩、围栏封育 1901.60 万亩、基本草场建设 298.00 万亩、草种基地 35.20 万亩、禁牧 5311.70 万亩。

（3）水利措施。2001～2010 年建立水源工程 66 059 处，节水灌溉 47 830 处，小流域综合治理 23 445km^2。2001～2005 年建立水源工程 30 548 处，节水灌溉 19 912 处，小流域综合治理 10 485.2km^2。

（4）生态移民。2001～2010 年完成生态移民 18 万人，其中 2002～2006 年完成生态移民 8 万人。

2）治理分区与布局

建设区东西横跨近 700km，南北纵跨约 600km；海拔从东南部的不足 50m 向西北方向急剧升高，至阴山山脉，升至 2000m 以上，然后向北又呈递降趋势，至二连浩特尚不足 1000m，悬殊的地貌类型形成不同的气候、土壤、植被地带。为了合理布局工程建设内容，将建设区域划分为四个类型区。

（1）北部干旱草原沙化治理区。该区位于北京上风向的西部和西北部，包括内蒙古锡林郭勒盟、乌兰察布盟、包头市等辖区 7 个旗（县、市），总人口 54.8 万人，人口密度 3.12 人/km^2。国土总面积 175 613km^2（26 342 万亩），沙化土地面积 4172.40 万亩，

① 《京津风沙源治理工程规划》（2001～2010 年）。

全部可以治理。

治理对策：强化草原管理，加强草场建设，改进牧业生产方式，把恢复植被雨水资源开发利用统筹考虑，以水定需，以草定需，扭转草原退化、沙化加剧的趋势。采取的主要治理措施：第一，落实草原承包责任制，调动广大牧民的积极性。第二，改良草场，培育优良高产牧草，实行以草定畜，实现草畜平衡。第三，合理利用水资源，加大水利设施建设力度，发展浅井汲水灌溉和拦蓄集水工程，配套节水灌溉设施，大力发展节水型家庭草库仑牧草基地。推行围栏、轮牧、舍饲等措施，提高草场生产力。第四，积极营造草原灌木林网和农田林网，保护牧场、农田免受风沙危害。

（2）浑善达克沙地治理区。该区位于北京上风向的北部，包括内蒙古锡林郭勒盟和赤峰市辖区的 17 个旗（县、市、区），总人口 514 万人，人口密度 33.3 人/km^2。国土总面积 154 333km^2（23 150 万亩），沙化土地面积 7284.70 万亩，全部可以治理。

治理对策：在保护好现有林草植被基础上，固定活化沙丘，遏制沙地的活化趋势；加快草原建设，扩大林草植被。采取的主要治理措施：第一，在沙丘重度活化地段，采用建设人工沙障与种植灌木林相结合的措施固定沙丘，改变地表环境，为发展人工草场创造条件。第二，在沙丘轻度活化地区，通过飞播和人工种植、封育相结合的措施，恢复固沙能力强的灌草复合植被。第三，在草原退化地区，积极保护和改良草场，增加草原植被，提高植被覆盖度。第四，合理配置水资源，发展以水为中心的家庭草库仑建设，大力推广"种植一点，改良一块，保护一片"的治理模式。第五，营造草场、农田林网，建设保护屏障。

（3）农牧交错地带沙化土地治理区。该区主要是指内蒙古乌盟阴山南北、山西雁北及河北坝上西部地区，具体包括内蒙古乌兰察布市、山西大同、朔州，河北张家口市等辖区的 24 个旗（县）。总人口 525 万人，人口密度 96.4 人/km^2。国土总面积 54 452km^2（8167.76 万亩），沙化土地面积 2056.69 万亩，其中可治理面积 2046.7 万亩，占 99.5%。

治理对策：禁垦限牧、扩大植被。该区采取的主要治理措施：第一，严禁再开垦土地，避免新的植被破坏。第二，对沙化严重、粮食产量低而不稳地段的耕地实行退耕还林，全部退耕的由种田户转为造林专业户，国家为其无偿提供口粮和饲料粮。第三，大力推广以小流域为单元的综合治理，因地制宜，搞好川地、缓坡地农田基本建设，对荒山荒沙地区建设谷坊、塘坝等拦沙蓄水工程，水池、水窖等集雨节灌工程，推广草田轮作、免耕法、留茬等农耕措施，加大封育治理力度，积极推行封山封沙育林，加快恢复植被。第四，改变传统的牧业方式，变放养为圈养，减轻植被破坏的压力。第五，大力营造农田林网和草场林网，建设防风沙屏障。

（4）燕山丘陵山地水源保护区。该区主要是指河北张家口坝下及其以东的山地丘陵区，具体包括北京、天津、张家口地区南部和承德地区共 27 个县，是官厅、密云和潘家口三大水库的水源地。该区以丘陵山地为主，总人口 863.9 万人，人口密度 117.0 人/km^2。国土总面积 73 820km^2（11 073.00 万亩），沙化土地面积 1761.70 万亩，其中可治理面积 1671.50 万亩，占 94.9%。

治理对策：保护和建设好丘陵山地的防护林体系，提高保持水土、涵养水源、防风固沙的功能。采取的主要治理措施是：第一，封禁保护现有的森林，杜绝一切经营性的采伐活动。第二，对流域内的陡坡耕地和库区周围的坡耕地，积极实行退耕还林。第三，加强水土流失预防监督，加快水土流失综合防治步伐，减少入库泥沙。第四，对现有荒山荒地，通过飞、封、造等措施，营造乔、灌、草结合的复层水源涵养林。第五，大力营造防风和固沙林，形成防风阻沙固沙体系，治理风口、风道地区和活化沙丘。第六，调整畜种结构，改变牧业生产方式，变放牧为圈养。第七，营造农田林网和牧场林网。

2.4.2　工程实施及完成情况

京津风沙源治理工程的任务完成情况和工程资金的投入情况详见表 2-8 和表 2-9。

表 2-8　京津风沙源治理工程任务完成情况表（2001～2008 年）（单位：hm^2）

项目		2001 年	2002 年	2003 年	2004 年	2005 年	2006 年	2007 年	2008 年
造林面积	人工造林	172 322	591 552	716 944	386 358	333 953	135 914	133 966	198 163
	飞播造林	44 998	84 823	107 483	86 914	74 293	83 800	33 866	66 664
	小计	217 320	676 375	824 427	473 272	408 246	219 714	167 832	264 827
无林地和疏林地新封山育林		0	0	0	0	0	0	147 300	204 215

表 2-9　京津风沙源治理工程投资完成情况表（2001～2008 年）（单位：万元）

项目	2001 年	2002 年	2003 年	2004 年	2005 年	2006 年	2007 年	2008 年
全部投资	44 988	123 238	258 781	267 666	332 625	327 666	320 929	323 871
其中：国家投资	41 925	120 022	122 507	82 050	81 585	59 828	48 157	74 594

2001 年，京津风沙源治理工程共完成造林面积 217 320hm^2，其中人工造林 172 322hm^2、飞播造林 44 998hm^2。全年实际完成总投资 44 988 万元，其中国家投资 41 925 万元。

2002 年工程全面启动以来，各方面工作都取得了明显进展。《京津风沙源治理工程建设规划》得到国务院批准，新增的农田牧场林网建设和生态移民任务，丰富和完善了工程建设内容。以林业部门为主体，林、农、水各负其责的工程建设管理体制进一步完善，工程建设责任制得到有效落实。通过全面实施“退耕还林、舍饲禁牧、轮牧休牧、生态移民”等项目，以及兑现“谁承包、谁治理，谁管护、谁受益”的政策，调动了广大农牧民参与工程建设的积极性。工程区严格推行“禁垦、禁牧、禁樵”措施，使林草植被得到有效保护，巩固了工程建设成果。2002 年，京津风沙源治理工程共完成造林面积 676 375hm^2，其中人工造林 591 552hm^2、飞播造林 84 823hm^2。全年实际完成总投资 123 238 万元，其中国家投资 120 022 万。

2003 年，京津风沙源治理工程共完成造林面积 824 427hm^2，其中人工造林 716 944hm^2、飞播造林 107 483hm^2。全年实际完成总投资 258 781 万元，其中国家投资 122 507 万元。为促进工程区生态建设与后续产业的协调发展，为工程建设长久发挥效益创造条件，国家林业局颁发了《关于加快京津风沙源治理工程区沙产业发展的指导意见》。

2004 年工程区完成总造林面积 473 272hm^2，其中，完成人工造林 386 358hm^2、飞播造林 86 914hm^2。为解决工程区内生态退化和农牧民生活困难等问题，2004 年 5 省（直辖市）生态移民人数达到 1.84 万人，涉及户数 6712 户。2004 年完成林业总投资 267 666 万元，其中国家投资 82 050 万元。对 20 个京津风沙源治理工程样本县（旗、市）开展的社会经济效益监测结果显示，林业用地面积呈扩大趋势，森林覆盖率增长明显。

2005 年，在继续加强工程建设的同时，国家林业局发出了《关于切实做好京津风沙源治理工程区林分抚育和管护工作的通知》，对工程区林分抚育和管护工作作出了安排部署，巩固了工程的建设成果。2005 年工程区共完成造林面积 408 246hm^2，其中人工造林 333 953hm^2、飞播造林 74 293hm^2。2005 年完成林业总投资 332 625 万元，其中国家投资 81 585 万元。

2006 年工程范围内共完成营造林 219 714hm^2，其中人工造林 135 914hm^2、飞播造林 83 800hm^2。2006 年工程建设完成水利配套设施 1.40 万处，生态移民人数达到 2.85 万人，涉及 5063 户。2006 年完成全部林业投资 327 666 万元，其中国家投资 59 828 万元。

2007 年，京津风沙源治理工程建设质量效益明显提高，工程范围内共完成造林 167 832hm^2，其中人工造林 133 966hm^2、飞播造林 33 866hm^2、无林地和疏林地新封山育林 147 300hm^2。2007 年工程完成林业投资总额 320 929 万元，国家投资 48 157 万元。

2008 年，京津风沙源治理工程完成投资 323 871 万元，国家投资 74 594 万元。全年工程范围内总造林面积 264 827hm^2，其中人工造林 198 163hm^2、飞播造林 66 664hm^2、无林地和疏林地新封造林 204 215hm^2。

第3章 重点林业生态工程评价指标体系及评价方法

林业生态工程生态效益研究的重点主要集中在重点林业生态工程基础理论研究、评价指标体系研究和应用、评价方法研究及案例研究等方面。

林业生态工程是以改善优化生态环境、提高人民生活质量、实现经济社会的可持续发展为目标，以大江大河流域、重点风沙区、生态脆弱区和森林植被功能低下区为重点，在一定区域开展的以植树造林（种草）、现有森林生态群落保育为主要内容的工程建设。它紧紧围绕我国生态环境面临的突出矛盾，遵循自然和经济规律，统筹规划，合理布局，突出重点，科学实施，广泛组织社会力量，实行保护、治理、开发相结合，大力植树造林（种草）和森林保育，控制水土流失，防治荒漠化，保护生物多样性，抵御自然灾害，构建结构完整、功能强大、良性循环的区域森林生态系统，从而建立我国的林业生态体系，从根本上解决我国生态环境问题，实现人与自然的生态和谐。

重点林业生态工程的有益功能是多方面的，概括起来可分为两大类：一类是有形的直接效益，就是看得见、摸得着的，即为人类提供木材、牧草及各种丰富的物产；另一类是无形的、不易被人们看得见的间接效益，即重点林业生态工程的生态效益。目前，重点林业生态工程生态效益研究工作一般包括涵养水源、固土保肥、改良土壤、固碳释氧、防风固沙、改变小气候、改善环境、减轻噪声、防治污染、保护生物多样性、森林游憩等多种功能。

3.1 重点林业生态工程生态效益评价指标筛选现状

目前，我国林业生态工程的评价工作仍处于起步阶段，对林业生态工程评价理论尚缺少系统性研究，还未真正形成一套适合我国国情、林情的评价理论方法，还缺乏相应的法律政策支持、科学的评价方法、完善的评价指标体系以及相应的培训机制、管理机制、信息反馈机制等。在福建省森林的综合效益研究中，将指标体系分为自然社会背景、经济效益指标、生态效益指标、社会效益指标、成本指标、综合效益指标六大类，将福建省森林划分为三大类计量其生态效益。在密云水库上游水源涵养林与防止土壤侵蚀效益研究中，对不同树种、不同森林类型的生态经济效益进行了评价。在长江中上游防护林体系综合效益评价研究中，对不同类型林地均与无林地比较计算保土保肥效益。

由于林业生态工程生态系统服务功能的多样性，在评价其效益时就不能采用单一的标准或指标，而必须采用能够反映各个工程本质、行为轨迹的“量化特征组合”和衡量系统变化、质量优劣的“比较尺度标准”等一系列指标构成的指标体系，以便科学、全面、准确地评价林业生态工程的各种生态效益，为林业生态工程建设与宏观决策等提供科学依据和准确的数据信息。

林业生态工程生态效益评价的指标是进行评估的基础和工具。指标将林业生态系统所提供的效益作为动态系统来探讨，提供了描述、监测和评价林业生态工程生态系统服务与价值的基本框架，并确定其理论与实践意义。

“指标”是可以测量或描述的定量或定性变量，并可定期检测其变化的趋势。指标通常是指标准的某一方面的度量或描述，如可以用蒸散量来度量或描述森林生态系统涵养水源的功能价值，用林木C、N、K含量（%）来反映林业生态工程生态系统积累营养物质的价值。

3.2 重点林业生态工程评价指标体系构建

3.2.1 构建评估指标体系的基本原则

在众多指标中，要筛选出一套科学、合理并具有可操作性的林业生态工程生态效益评价指标体系。综合有关研究，必须遵循以下原则。

1）科学性原则

林业生态工程生态效益评价内容丰富，过程复杂，涉及自然环境以及其他影响因素多种多样，在具体评价过程中，要针对不同的内容选择不同的评价指标体系，所以确定林业生态工程评价指标体系要建立在科学的评价指标体系的基础上，能够反映、评价对象的本质，每个指标应该含义明确，简便易算，并建立在已有统计指标体系和调查资料的基础上。为了防止指标间信息的重叠分配而影响评价的科学性，选取尽量少而具有典型代表性的指标。

2）定量分析与定性分析相结合原则

在林业生态工程生态效益评价过程中，有些内容可以定量化分析评价，有些只能定性化分析评价，所以，对于目前有条件能够量化的因子尽量实行定量分析；不能定量的，要规范出定性分析的标准，并按要求进行定性分析；最后定量分析和定性分析的结果均应纳入综合评价体系中。

3）通用指标与专用指标相结合原则

林业生态工程时间长、范围广、内容多，为了兼顾不同地区之间的共性和特性，应该将工程建设的总体目标和分区目标分成不同类型，然后根据林业生态工程自然属性、经济属性和社会属性设置通用评价指标，此外再根据不同林业生态工程的特性以及不同地区林业生态工程的特点设置专用指标。

4）统一性与灵活性相结合原则

林业生态工程的生态效益与影响涉及面广，非常复杂，即使是发达国家目前应用的理论和方法也不成熟。在研究这些问题时，不可能做到面面俱到。在对林业生态工程进行生态效益评价的过程中，既要从林业生态工程建设的全局出发，又要考虑林业生态工程建设内容的差异性；既要考虑林业生态工程评价工作的统一性要求，又要考虑不同类型区实施条件的差异性。做到统一性与灵活性相结合，这样有利于理论和方法不断完善，同时，最终的评价结果也更符合我国林业生态工程建设的实际情况。

5）综合性与全面性原则

工程评价指标体系应能反映工程区生态经济系统运用的全过程，林业生态工程的生态效益是多种效益的综合，包括生物效益、土壤养分效益、小气候效益和水文效益等。林业生态工程生态效益的指标体系既要反映某区域工程实施的总体特征，又要反映该区域的经济、社会和生态的改善情况，应当包含经济指标、社会指标和生态指标。

6）可比性原则

林业生态工程生态效益评价指标内容应简单明了，便于测定、调查或搜集，其评价指数计算方法应简捷、快速、方便。从时空观点看，指标体系的各指标，应具有统一量纲，以便对系统时间演变和空间分布规律进行研究。

7）简便性与可操作性原则

林业生态工程指标体系要简单明了，选择的指标尽可能地少，评价方法尽可能地简单，表达的意义要尽可能地通俗易懂，各项指标的具体数据要容易获得，便于随时进行综合效益的评价和预测。可操作性原则即针对评价指标体系的评价方法选择是否可以操作，指标是否可以量化、资料是否可以获取等，指标可操作性强，便于选择统计方法和一定的数学模型进行量化分析。

8）层次性与主导性原则

根据林业生态工程区生态系统层次性和评价区域的差异性，应各设置不同的生态指标体系。林业生态工程综合效益受自然、社会、经济等影响因素的制约，在众多的因子中，各种因子的作用过程及作用方式是不同的。因此，应选择具有代表性的、能直接反映工程生态类型区综合效益主要特征的主导性指标，退耕还林工程生态效益评价要遵守本原则。

9）稳定性原则

稳定性原则是指在一定时期内指标内容相对稳定，这样有利于分析和比较评价系统发展的过程，同时指标应选择一些综合指标、主要指标和辅助指标，内容不宜过多变动，应保持相对的稳定性。

10）目标性原则

林业生态工程指标要既能全面真实反映林业生态建设的成绩，又能标识生态安全和生态环境改善程度。

3.2.2　指标体系筛选的思路和方法

建立科学、合理的指标体系关系到评价结果的正确性，是重点林业生态工程生态效益评价工作的重要内容和基础工作。目前，国内外虽然提出不少林业生态工程生态效益指标体系，但在评价标准方面仍存在一些问题：一方面人们为追求指标体系的完备性，不断提出新指标，使指标体系数目不断增大；另一方面，缺乏科学有效的指标筛选方法。

1）指标筛选的思路

筛选重点林业生态工程生态效益评价指标时，遵循科学性、定量分析与定性分析相结合、通用指标与专用指标相结合、统一性与灵活性相结合、综合性等原则。不能仅由某一原则决定指标的取舍，而要综合考虑。重点林业生态工程指标筛选的思路一方面吸收了前人的研究成果中的优良指标，主要选取了目前大家比较公认、有比较成熟评价方法的指标，同时，根据不同工程的结构、功能以及区域特性，提出了反映其本质内涵的指标，以便科学、公正地进行评价工作。

2）指标体系的筛选方法

目前，筛选指标的方法主要有理论分析法、专家咨询法和频度分析法等。通常采取这三种方法的综合，首先采取理论分析法，分析重大林业生态工程生态效益的机理过程，对目前存在的评价方法进行优缺点分析，选取那些目前相关领域专家比较公认、评估方法成熟、使用频度较高的指标，同时，结合各个工程生态系统的背景特征、主要问题以及不同区域的生态条件等，进行分析、比较、综合，选择那些针对性较强的指标。在此基础上，多次征询有关专家意见，对指标进行调整，最终得到重大林业生态工程生态效益评价指标体系。

3.2.3　重点林业生态工程评价指标体系框架

1）重点林业生态工程类型

经国务院批准，国家林业局决定在一个时期内集中力量实施六大林业生态工程，为实现林业跨越式发展奠定基础。六大林业生态工程的实施，不仅是对我国林业建设工程

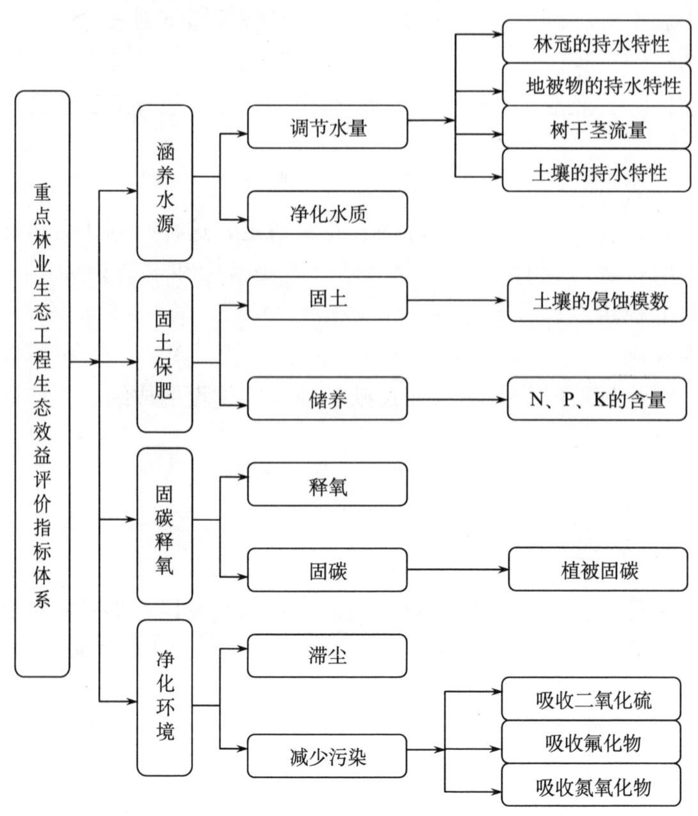

图 3-1　重点林业生态工程生态效益评价指标体系

的系统整合，也是对林业生产力的一次战略性调整。六大林业生态工程包括天然林资源保护工程、退耕还林工程、“三北”及长江中下游地区等重点防护林工程、京津风沙源治理工程、野生动植物保护及自然保护区建设工程、重点地区速生丰产用材林基地建设工程。

2）指标体系框架

在总结前人研究的基础上，根据重大林业生态工程生态效益指标体系评价原则，指标体系筛选思路、方法，认真分析国内外各种评价指标体系，结合我国生态环境背景特征，采用频度分析法结合专家咨询法，筛选出涵养水源、固土保肥、固碳释氧、净化环境、防风固沙、生物物种资源保护、森林游憩等指标，提出重点林业生态工程生态效益评价指标体系框架（图 3-1）。

科学的林业生态工程生态效益评价指标体系，不仅是林业生态工程生态效益评价所必需的标准和尺度，更是对林业生态工程进行可持续经营管理与实施林业生态工程可持续发展战略的重要工具。在对国内外有关研究综述的基础上，研究人员探索性地提出了具有一定参考价值的评价指标体系。评价指标体系的建立对于我国林业生态工程建设具有重大意义。

3.3　重点林业生态工程评价指标研究

3.3.1　涵养水源效益

重点林业生态工程的主体是森林。森林是巨大的物质资源宝库，是全球维持生态平衡的主体和人类赖以生存的重要自然资源，对调节生物圈、地圈和大气圈生态平衡具有重要的不可替代的作用。森林（草地）能有效地截留和吸收大气降水，减少地表径流、降低风速、土壤蒸发量、缓洪补枯和净化水质，可以提高土壤含水量，因而具有良好的水源涵养效益。主要表现为截留降水、涵蓄土壤水分、补充地下水、抑制蒸发、调节河川流量、缓和地表径流、改善水质和调节水温变化等。当前国内外估测其效益的方法主要有截留计算法、径流计算法、蒸腾率计算法、土壤蓄水计算法、河川径流量法等。

3.3.1.1　拦蓄降水

1）林冠层对降雨的截留

林冠截留作用是指降水到达林冠层时，有一部分被林冠树叶和枝干临时容纳，而后又蒸发返回大气中去的作用。森林的复杂立体结构能对降水截持，不但使降水发生再分配，而且减弱了降水对地面侵蚀的动能；林冠的枝叶可以拦截和保留降落在树冠上的一些雨水，随森林类型和降水量的变化，树冠拦截的雨水量也不同（陈步峰等，2000；范世香等，2001）。林冠截留量大小取决于降水量和降水强度，并与森林类型、林分组成、林龄、郁闭度等有关。国外一些学者认为温带针叶林林冠截留率在 20%～40%（王彦辉，2001）。我国主要森林生态系统年林冠截留量平均值在 134～626mm 变动，林冠截留率平均值在 11.4%～34.4%变动，平均为 21.64%。多年研究证明，针叶树因为枝叶茂密，层次多，树枝水平或轮状重叠排列，枝叶总面积大，截留量大；阔叶树较针叶树枝叶稀疏，层次少，枝叶总面积小，截留量也较小；灌木的截留量则居于针叶树和阔叶树之间。

2）森林枯枝落叶层截留作用

森林枯枝落叶层具有较大的水分截持能力从而影响到穿透降雨对土壤水分的补充和植物的水分供应，因此，它对森林资源的保护和永续利用起着重大作用，而且还对涵养水源和水土保持具有重要意义。

森林地面的枯枝落叶层处于松软状态，具有很大的孔隙度和持水力，吸收和渗透降水很快。所以，林地枯落物的水分截留功能很强。枯落物的存在，不仅能直接截留降水，减少输入林地的雨量，更重要的是它能减少水土流失；枯落物的截持能力和水分蓄持能力取决于枯落物的现存量及其最大持水能力。枯落物的最大持水能力通常与树种、枯落物厚度、干燥程度、分解程度及枯落物组成成分等有密切关系。一个良好的枯枝落叶层能吸持 10mm 以上的降水，其下渗力每小时 100mm 以上。通常森林枯枝落叶层吸水的能力是自身质量的 40%～400%，森林枯枝落叶层转化成的腐殖质吸水的能力是自身质量的 2～4 倍。穿过枯枝落叶层的降水又被土壤吸收，枯枝落叶层的持水量和渗透率越大，产生的地表径流就越少。有关研究说明，林地只要有 1cm 以上厚度的枯枝落叶层，就能使地表径流减少到只相当于裸地的 1/10 以下。相关研究表明，枯枝落叶层最大持水量可以保持在 10～20mm。

森林通过林冠及枯枝落叶拦蓄水量，从全年来讲，是可观的（其年截拦量可达 15%～35%），但从一次降水过程来看，其截留水量是不大的，为几毫米至数十毫米，只能减少一部分径流量。而林冠和枯枝落叶通过对降水的再分配和削弱降雨功能，影响了流域的水循环过程。

3）草地对降水的截留作用

在重点林业生态工程的退耕还林还草工程中，除森林外，草地也使降水发生再分配，而且减弱了降水对地面侵蚀的动能，草地截留量大小取决于降水量和降水强度，并与草地类型、种类组成等有关。草本植物层拦截并保留的雨水更多，而且可以分散、减弱降水动能，减缓降水对地面的直接冲击。

4）林下土壤层涵养水源作用

土壤是林地水分蓄持的主体。林地土壤多孔疏松，物理性质好，孔隙度高，具有较强的透水性，是森林生态系统截流降水的主要场所。林地土壤的水分蓄持能力与土壤的厚度和土壤的孔隙度状况密切相关。其中，土壤非毛管孔隙度是土壤重力水移动的主要通道，与土壤蓄水能力关系密切，不同林地蓄水能力差异较大。根据我国森林土壤 0～60cm 土层的蓄水量观测结果，非毛管空隙度变动值在 36.42～142.17mm，平均值为 89.57mm，变动系数为 31.06%；最大蓄水量变化值在 286.32～486.6mm，平均值为 382.22mm，变动系数为 17.19%。不同区域森林土壤蓄水量以热带、亚热带地区的阔叶林较高，其中非毛管孔隙蓄水量均在 100mm 以上。在大雨、暴雨时，土壤的水文性能是以滞留储存水分为体现，这种特性延长了水分渗透到下层的时间，起到了调蓄径流的作用。

土壤渗透性能是林分涵养水源功能的重要指标之一。良好的土壤渗透性能有利于地表径流转变为土内径流，可有效地削弱地表径流，减少地表的水土流失。

由于森林枯枝落叶层的良好作用（避免雨滴直接击打、增加有机质等），林木根系对土壤结构的改良（穿插切割、细根死亡、根系分泌物）等，林地表层和深层土壤的孔隙度，特别是非毛管孔隙度均较高，林地土壤有较高的入渗能力。在自然条件下，林地土壤的透水性取决于森林类型、林分组成、林龄等。一般未受干扰的天然林土壤具有最高的水分渗透性，老龄林较幼龄林的土壤渗透率高，未放牧的林地比放牧地高，森林土壤比无林的农田、牧地、草地的土壤类型入渗率高，良好的森林土壤其稳定入渗率高达 8.0cm/h。

由以上分析可见，森林以其林冠层、林下灌草层、枯枝落叶层、林地土壤层等通过拦截、吸收、蓄积了降水，并通过“整存零取”的作用，减少地表径流，以水分暂时贮存的方式防止水土流失，暂时贮存水分的一部分以土内径流的形式或通过渗透以地下水的方式补充给河川，调节河川径流，真正做到“雨多能吞，雨少能吐”，从而产生良好的水源涵养作用。

3.3.1.2　调节径流、消洪减灾

森林（草地）调节径流、消洪减灾的作用表现在两个方面：一是当降雨透过林冠后，直接进入枯枝落叶层。枯枝落叶层吸收水分并达到饱和后产生积水，一部分渗入土壤，另一部分沿土壤表面在重力作用下产生流动，形成地表径流。然而这种地表径流不同于裸露地面上的水流，它受到了枯枝落叶的阻拦，不仅量减少，而且汇流速度降低。二是由于森林土壤具有很强的透水性和持水性，所以会对入渗水分进行第二次调蓄。

中国科学院安塞站径流观测表明，裸露地的年径流量平均为 25 590$m^3/(km^2 \cdot a)$，而有草本植物覆盖的地块年平均径流量为 10 000～13 000$m^3/(km^2 \cdot a)$，灌木覆盖地块年平均径流量为 11 434$m^3/(km^2 \cdot a)$。表明退耕还林（草）恢复了植被，可使径流量减少 1/2～2/3。

森林（草地）依靠其径流和水源涵养能力，可以削减洪峰流量，推迟洪峰到来时间，增加枯水期流量，推迟枯水期到来时间，减少枯洪比，提高水资源的有效利用效率。研究表明，小流域森林覆盖率每增加 2%时，约可以削减洪峰 1%，当流域森林覆盖率达到最大值 100%时，森林削减洪峰极限值为 40%～50%。

美国、日本、前苏联及我国的许多研究都得出了洪峰模数与森林覆盖率呈非线性负相关的结论，前苏联学者分析了 175 个流域的资料，得出在森林覆盖率为 100%条件下，森林可减少洪峰模数最大值为 0.4；据罗马尼亚的资料，当森林覆盖率 100%时，洪峰值削减 50%。

一般认为，较之无林地，有林地可削减洪水流量 70%～95%。森林的综合削洪能力为 70～270mm，这就是说，一场 50mm 左右的暴雨，森林可轻而易举地吞下去。

3.3.1.3　补给河水

森林（草地）可以将涵养的水转变为地下水，防止河流断流。森林（草地）通过土壤和生物组织吸收大量降雨来减少多雨季节时的水流量，同时又提供持久的溪水来降低

旱季时的缺水现象。森林内地表径流量小，大部分降水渗入地下，贮存在土壤或岩石中，化为涓涓细流，使水流均匀进入河流或水库，以丰补欠，在枯水期仍能维持一定量的水注入河川，使河川水流量在一年内均匀分配，能增加枯水季节流量，缩短枯水期长度，缩小洪枯比，稳定江河一年中的长水位，具有较大的调节地表径流和江河流量的作用。同时，保障了水力发电、居民生活和灌溉用水，从而避免了洪水季节大量降水的无效流失，使更多的降水得到有效的利用，在一定程度上能缓解水资源的短缺，减少旱季缺水造成的损失。

3.3.1.4　净化水质

大气降水经过森林、草地的过滤和吸附后，水质得到净化，更适合人或生物饮用，所以净化水质是森林涵养水源的一个重要指标。

当降水到达林冠表面产生第一次降水分配时，同时也伴随着其中化学元素的冠层交换过程。由于雨水对树木表体分泌物的溶解，枝叶对降水中离子的吸收以及雨水对枝叶表面粉尘、微粒等悬浮沉降物的淋洗，穿透雨和径流中的化学成分发生变化，从而净化了水质。

当降水到达林地时，一部分被地被物层和土壤截留而失散；另一部分被渗入到土壤深层，成为地下水，以地下径流形式输出森林生态系统。当净降水量超过林地土壤的渗透能力时，则还有一部分降水流经地被物与土壤界面后，以地表径流形式输出森林生态系统。携带着各种物质的雨水，流经地被物和土壤层时，也与流经林冠层相似，同样发生着两种相反的结果，即淋溶和截留过滤。地被物和土壤的净化功能主要源于：活地被物和枯枝落叶层的截留；微生物对化合物的分解；对离子的摄取；土壤颗粒的物理吸附作用；土壤对金属元素的化学吸附及沉淀。而土壤层作用的大小，是与土壤结构、温湿条件及地被物种类紧密相关。因此，有林地与空旷地相比，林地土壤具有良好的团粒结构，利于微生物生长的温湿条件，完整的地被物层，使得森林林地比空旷地具有更强的净化功能。

刘煊章（1995）通过对杉木林大气降水和穿透水中污染物质与营养物质的质量的比较分析表明，穿透水中各有机化合物和 Pb 的质量，总体趋势都小于大气降水中的质量，各物质被净化的程度均大于 56%，有的可达 100%，充分表明林冠层对这些污染物质的截留作用非常明显。林冠层对大气降水中的 N、P、K、Ca、Mg、Fe、Zn、Mn、Cu 的作用，正好与对大气降水中污染物质的作用相反。除 Cu 元素外，其余元素在穿透水中的质量均大于大气降水中的质量，尤以 Zn 元素明显，它在穿透水中的质量增加了 281.4%。这是由上述元素参与了植物的新陈代谢过程，在植物叶面或叶表面细胞内相对活跃，容易被雨水淋溶而致。由集水区杉木林生态系统输出的水中，有机污染物的浓度均远远低于生活饮用水质标准。除 Fe 外，其他营养元素亦同样低于饮用水的最高浓度。由此可见，森林生态系统对通过水文学过程的水质具有较高的净化效益。

在杉木林生态系统中，林冠层对大气降水中携带物质的截留过滤作用的大小，与物质本身性质有关，就有机污染物和重金属元素 Pb 而言，林冠层的这种作用非常明显，可使这些物质降低 56%以上。而雨水对林冠层中营养元素的淋溶作用也十分显著，可引起这些元素在穿透水中的含量上升，如 Zn 的上升率达 281%。雨水流经地被物和土壤层时，不仅外界输入系统的污染物得到进一步净化，而且雨水从生态系统内淋溶的各类物质也被不同程度地过滤。可见，森林（草地）生态系统通过水文过程对水质具有较高的净化效益。

综上所述，重点林业生态工程生态效益评价选取调节水量和净化水质两个指标并进行其物质量和价值量计量，从而反映林业生态工程涵养水源效益。

3.3.2　固土保肥效益

森林的活地被物层和枯枝落叶层的存在，基本消除了雨滴对表土的溅蚀和地表径流的侵蚀作用，存在显著的固土保肥效能。该效益可从两个方面考虑，即因减少泥沙流失而保持土壤的效益以及因此而保持了原有土壤中肥力的效益。土壤的肥力一般可用其中的 N、P、K 分别换算成碳酸氢铵、过磷酸钙和硫酸钾表示。主要表现在减少土壤侵蚀、保持土壤肥力、防沙治沙、防灾减灾（如山崩、滑坡、泥石流）、改良土壤等方面。水土流失会造成土地资源的破坏，导致生态环境恶化、生态平衡失调，从而影响国民经济和社会的发展。

3.3.2.1　森林固土

关于森林在水土保持中的作用，国内外已取得了大量的研究成果，普遍认为，森林调节地表径流、防止土壤侵蚀、减少径流泥沙的效益是显著的。

森林可以通过林地下根系，与土壤牢固地盘结在一起，从而起到有效的固土作用，同时林冠层、枯枝落叶层对大气降水进行截留，减小了进入林地的雨量和雨强，从而直接影响土壤侵蚀的主要动力原因和地表径流的形成及其数量。尤其是林地内的枯枝落叶层，它不仅能吸收、涵养大量的水分，而且增加了地表层的粗糙度，影响地表径流的流动，延缓径流的流出时间。

森林类型对森林水土保持功能有很大影响。杨吉华（1993）对山东省山丘地区 9 种主要人工林的水土保持功能对比分析，周国逸等（1999）对广东省小良水土保持站的混交林、桉树人工林与裸地地表侵蚀对比研究，结果都表明混交林较纯林对水土保持更有效益。

相关研究表明，森林植被覆盖度与水土流失面积之间存在着明显的反比关系，森林植被覆盖度越大，则水土流失面积占土地面积比例越小。大致可分为三个数量级：森林植被覆盖度在 30%以下，水土流失面积＞30%；森林植被覆盖度在 30%～50%，水土流失面积为 10%～30%；森林植被覆盖度在 55%以上时，水土流失面积＜10%。可见，森林植被覆盖度越大，则水土保持作用越显著。

3.3.2.2　提高土壤肥力

由大量的凋落物与土壤动物以及微生物组成土壤养分循环系统，使森林土壤具有很高的维持及增加土壤肥力的效能。以有林地与无林地土壤中养分的差异来计算森林的保肥效益。林木的根系可以改善土壤结构、孔隙度和通透性等物理形状，有助于土壤形成团粒结构。在养分循环过程中，枯枝落叶层不仅减弱了降水的冲刷和径流，而且还是森林生态系统归还的主要途径，可以增加土壤的有机质、营养元素（N、P、K 等）和土壤碳库的积累，提高土壤肥力。另外能够促使土壤孔隙度和入渗率增大，森林使土壤的结构变得更加疏松，因而能够吸收、渗透更多的水分，使更多的地表径流下渗转为地下径流。

3.3.2.3 森林减轻水旱灾害

森林减轻水旱灾害是指在控制水旱灾害中，森林只起到减灾作用，而不是达到治本作用。由于各地区的水旱灾不一定每年都发生，所以森林减轻水旱灾效益与森林水土保持的效益独立。有研究指出，每年长江中下游单位面积森林减轻水旱灾效益为 65 元/(hm^2 · a)。

可见，根据固土和保肥是重点林业生态工程生态系统的主要效益，所以选取固持土壤量和保持肥力两个指标来反映此项功能。

3.3.3 固碳释氧效益

森林（草地）净化大气和维持大气平衡的巨大作用主要体现在森林（草地）绿色植物吸收 CO_2，放出 O_2。

3.3.3.1 森林固碳

森林在全球陆地碳循环中起着决定作用，是非常重要的碳汇。森林不仅可以消减温室气体，而且对缓解全球温室效应也起着重要作用（王效科和冯宗炜，2000）。工业革命以来，大气中 CO_2 浓度的不断增长，导致大气温室效应增强，全球气候变暖。联合国政府间气候变化委员会（IPCC）的报告指出，近百年来地球已增温 0.3～0.6℃，预计到 21 世纪中期 CO_2 浓度倍增后全球可能增温 1.5～4.5℃，这将导致海平面上升，旱涝灾害频繁。因此，控制大气中 CO_2 的浓度已刻不容缓。其主要措施有二：一是提高能源利用率，研究新能源和再生能源；二是保护和发展植被。因第一项措施在技术、资金、时间上有一定限制性，从而使保护和发展植被更为重要。

多项长期研究表明，森林在光合作用下所固定的碳被重新分配到森林生态系统的 4 个碳库：生物量碳库、土壤有机碳库、枯落物碳库和动物碳库。森林生态系统是地球陆地生态系统的主体，是陆地碳的主要储存库。目前，虽然全球森林面积仅占地球陆地面积的约 26%，但是有机碳储量占整个陆地植被碳储量的 76%～98%，而且森林每年的碳固定量约占整个陆地生物碳固定量的 2/3，因此，森林对现在及未来的气候变化、碳平衡都具有重要影响。1997 年联合国气候变化框架公约东京会议以后，已确认 CO_2 排放是温室效应的主要原因之一，CO_2 的排放和污染成为国际社会的热点问题之一，各国政府承诺减少导致温室效应的气体 CO_2 的排放。

3.3.3.2 森林制氧

氧气对人类有着巨大的和多用途的使用价值，是人类赖以生存和不可替代的物质。

细胞代谢、人类呼吸、燃料燃烧等都需要氧气，它是人类生理活动、日常生活、工业生产活动必不可少的物质。而绿色植物对人类的生存基础——大气中氧气的形成贡献是巨大的。

森林是地球生物圈的支柱，植物通过光合作用吸收空气中的二氧化碳，利用太阳能生成糖类（碳水化合物），同时释放出氧气。由光合作用方程式可知，植物每利用28.3kJ 的太阳能，吸收 264g 二氧化碳和 108g 水，产生 180g 葡萄糖和 192g 氧气，再以 180g 葡萄糖转化为 162g 多糖（纤维素或淀粉）。其呼吸作用与光合作用相反。

林木生长每产生 162g 干物质，需吸收（固定）264g 二氧化碳，并释放 192g 氧气。则林木每形成 1t 干物质，需吸收（固定）1.63t 二氧化碳，释放 1.19t 氧气。森林是陆地生态系统的主体，也成为陆地上干物质生产量最大的生态系统，它有着巨大的制氧能力。研究表明，每公顷森林（阔叶林）每天可吸收 1000kg 的二氧化碳，释放 730kg 的氧气，也就是说每公顷森林可供 1000 人呼吸氧气之用。这一功能对于人类社会、整个生物界以及全球大气平衡，都具有重要的意义。

所以，重点林业生态工程生态效益评价选取森林（草地）植被固碳和森林制氧两个指标来反映此项效益。

3.3.4　净化环境效益

森林（草地）生态系统对人类的生活环境具有净化功能，它不仅固碳制氧，也可以调节气体、气候环境，而且能够有效阻滞大气颗粒物、吸收大气中有毒有害物质、杀灭细菌以及减弱噪声对人类的影响（蒋有绪，1992）。森林对环境净化功能包括提供负离子，吸收二氧化硫、氟化物、氮氧化物，滞留粉尘，降低噪声、释放植物杀菌素以及降低病虫害发生等。

3.3.4.1　提供负离子

空气是由多种气体组成的气体混合物，在正常情况下，气体分子及原子内的正负电荷相等，呈现中性。但在宇宙射线、太阳光线、森林、瀑布以及各种能量作用下，气体分子中某些原子的外层电子会离开轨道。由于组成空气的“捕获”自由电子能力较强的二氧化碳和氧气在空气中所占的比例较大，因此，空气电离产生的自由电子大部分被二氧化硫和氧气分子“捕获”，形成负离子（钟林生等，1998）。

负离子是一种无色、无味的物质，负离子在不同的环境下存在的“寿命”不等。在洁净空气中，负离子的寿命有几分钟到 20 多分钟，而在灰尘多的环境中仅有几秒钟。负离子被吸入人体后，能调节神经中枢的兴奋状态、改善肺的换气功能、改善血液循环、促进新陈代谢、增强免疫系统能力等。它还对高血压、气喘、流感、失眠、关节炎等许多疾病有一定的治疗作用，所以称负离子为“空气中的维生素”。

在有森林和各种绿地的地方，空气负离子浓度会大大提高。这是因为森林多生长在山区，山地岩石中含放射性物质较多；森林的树冠、枝叶的尖端放电以及光合作用过程的光电效应均会促使空气电解，产生大量的空气负离子。研究证明：针叶树种林分高于阔叶树种林分，针叶树种林分的负离子平均为 1507 个/cm^3，阔叶树林分为 1161 个/cm^3，针叶树种林分之所以高于阔叶树种林分，是由于树叶呈针状等曲率半径较小的树种，具有“尖端放电”的功能，使空气发生电离，因而能改善空气中的负离子水平。

3.3.4.2 森林吸收污染物

树叶树枝表面粗糙不平、多绒毛、能分泌黏性油脂和汁液等，所以能吸附、粘着一部分粉尘，降低大气中的含尘量。环境科学研究显示，大气中主要存在二氧化硫、氯气、氟化氢、氮氧化物等有毒有害气体，这些污染物直接或间接对人体健康及其生存的环境产生影响。森林可以依靠生态系统其特殊的结构和功能，通过吸收、过滤、阻隔、分解等生理生化过程将人类向环境排放的部分废弃物利用或作用后，使之得到降解和净化，从而达到净化环境的目的。

1）吸收二氧化硫

二氧化硫是目前存在最普遍、危害最大的一重大气污染物，它不仅直接对人体健康产生严重影响，而且还可以形成酸雨，对农作物、森林、湖泊和建筑物等形成危害。但树木对其有一定的吸收作用，从而可以净化空气，减少危害。首先，硫是树木所需要的营养元素之一，所以树木中都含有一定量的硫，在正常条件下树体中的含量为干重的0.1%～0.3%。当空气被 SO_2 污染时，树木体内的含量可为正常含量的5～10倍。二氧化硫被叶片吸收后便形成亚硫酸盐，然后再氧化成硫酸盐。只要大气中二氧化硫不超过一定的限度（即吸收 SO_2 的速度不超过亚硫酸盐转化成硫酸盐的速度），植物就不会被伤害并能不断吸收 SO_2。

树木叶片吸收二氧化硫的能力为其所占土地面积的吸收能力8倍以上，且随着树木叶片的衰老凋落，它所吸收的二氧化硫也一同落到地上，树木年年长，树叶年年落，所以它可以不断地净化大气，是大气的天然“净化器”。

2）吸收氟化物

氟化物是一种累积性毒物，即使在大气中浓度很低，也可以经植物的富集，然后通过食物链影响人体健康，但森林对大气中的氟化物净化能力较强。

自然界中的绿色植物组织中都含有一定量的氟化物，植物中氟的质量分数一般为 1.0×10^{-5}～2.0×10^{-5}，空气中的氟化物主要被植物叶片所吸收，植物对低浓度的HF具有很强的净化作用，大气中的氟化物通过树木气孔进入叶片组织，以可溶的形式保留下来，再通过扩散由维管束把氟化物从叶肉转移到其他细胞中，随水分的蒸腾转运到叶尖或叶缘积累起来，很少转入到其他组织器官中去。

植物吸收HF的能力和忍受限度各不相同。在正常情况下，树木体中的氟含量为0.5～25mg/L。但在氟污染地区，树木叶片含氟量可为正常叶片含氟量的几百倍至数千倍，研究表明，树木的吸氟能力与抗氟能力是一致的，抗性强的树种有黑松、白皮松、侧柏、冷杉、柑橘、油茶等。

3）吸收氮氧化物

氮氧化物主要来自矿物燃料燃烧和汽车尾气，包括一氧化氮、二氧化氮和硝酸雾，能够与碳氢化合物及臭氧等发生化学反应，形成光化学烟雾。林草通过叶片吸收氮氧化物，在光照条件下，进入叶片的氮氧化物被转氨酶还原成氨，然后参与蛋白质的合成，固定在植物体内。枝叶繁茂的森林，成为氮氧化物的固定储藏库。据韩国科学技术处测定，当氮氧化物的发生量为 1 067 000t 时，森林的吸收量为 6.0kg/hm^2，可能吸收率为 3.5%。

3.3.4.3　森林滞尘

森林对大气中的烟雾粉尘具有很强的阻滞、过滤和吸附作用，主要表现在：①森林的枝叶可以阻挡气流和降低风速，随着风速的降低，烟尘在大气中失去移动的动力而降落；②树木叶片有一个较强的蒸腾面，晴天要蒸腾大量的水分，而树冠周围和森林表面保持较大的湿度，烟尘湿润后会增加质量，加上湿润的树木叶片吸附能力强，所以烟尘被吸附在叶片表面；③树木的花、果、叶、枝等能分泌多种黏性汁液，同时表面粗糙多毛，空气中的烟尘经过森林时便会附于叶面及枝干的下凹部分。据预算，针叶林滞尘能力为 33.2t/hm^2，阔叶林为 10.11t/hm^2，针阔混交林滞尘能力可取针叶林和阔叶林的平均值 21.66t/hm^2。

重点林业生态工程生态效益评价指标选取森林（草地）净化大气环境的主导因子——吸收污染物（主要是吸收 SO_2、氟化物、氮氧化物）和滞尘两项指标来反映其生态效能。由于林业生态工程提供负离子功能的数据有限，本次评价未对此项功能进行评价。

3.4　重点林业生态工程生态效益物质量评估方法

目前，我国森林生态系统服务功能的估算，执行林业行业标准《森林生态系统服务功能评估规范》(LY/T 1721—2008)。本次重点林业生态工程生态效益物质量的估算，也是基于该规范进行，各项物质量的估算均采用该规范中的规定方法。

3.4.1　涵养水源物质量

涵养水源主要是指森林（草地）对降水的截留、吸收、储存作用而产生的调节径流、削洪补枯、增加可利用水资源和净化水质等功能。根据涵养水源特点，选取调节水量和净化水质两个指标进行其物质量和价值量计量。

关于涵养水源功能评估一般采用两种方法：一是非毛管孔隙度蓄水量法；二是水量平衡法。非毛管孔隙度蓄水量法反映的是土壤蓄水的最大潜力，而且每一次降水不能保证非毛管孔隙都能全部蓄满，降水强度大还可能造成超渗产流，一年蓄满几次不好确定，不能反映森林土壤调节水量的真实情况。水量平衡法是森林林分一年的降水分配情况，能反映森林一年调节水量大小，因此采用水量平衡法计算森林涵养水源功能。

1）年调节水量

调节水量采用如下公式计算：

$$G_{调} = 10A(P - E - C) \tag{3-1}$$

式中：$G_{调}$——林分调节水量功能，单位为 m^3/a；

P——降水量，单位为 mm/a；

E——林分蒸散量，单位为 mm/a；

C——地表径流量，单位为 mm/a；

A——林分面积，单位为 hm^2。

2）年净化水量

由于林业生态工程在调节水量的同时也一定程度上净化了水质，所以生态系统每年净化水量就是调节的水量，采用计算公式为

$$G_{净} = 10A(P - E) \tag{3-2}$$

式中：$G_{净}$——林分净化水量功能，单位为 m^3/a；

P——降水量，单位为 mm/a；

E——林分蒸散量，单位为 mm/a；

A——林分面积，单位为 hm^2。

3.4.2 固土保肥物质量

森林保育土壤价值可分为森林固土效益和森林保肥效益两个方面（张颖，2004）。

因为森林的固土功能是从地表土壤侵蚀程度表现出来的，所以可以通过无林地土壤侵蚀程度和有林地土壤侵蚀程度之差来估算森林的保土量，目前，该评估方法是目前大家比较认可的。国外也普遍利用有林地与无林地的侵蚀差异来计算森林减少土壤侵蚀总量的。例如，日本在 1972 年、1978 年和 1991 年评估森林防止土壤泥沙侵蚀效能时，都采用了有林地与无林地之间侵蚀对比的方法。

1）森林年固土能力

由于森林活地被层和凋落物层使大气降水层层截留，消除了对土壤表层的冲蚀，水土流失大大降低。按照我国主要流域的泥沙运动规律，全国土壤侵蚀的泥沙有 24%淤积于水库、江河和湖泊，因此森林每年固土的吨数为

$$G_{固土} = A(X_2 - X_1) \tag{3-3}$$

式中：$G_{固土}$——林分年固土量，单位为 t/a；

X_1——林地土壤侵蚀模数，单位为 $t/(hm^2 \cdot a)$；

X_2——无林地土壤侵蚀模数，单位为 $t/(hm^2 \cdot a)$；

A——林分面积，单位为 hm^2。

2）森林年保肥能力

同有林地对照，无林地每年随土壤侵蚀不仅会带走大量表土以及表土中的大量营养物质，如 N、P、K、有机质等，而且也会带走下层土壤中的部分可溶解物质。表土和下层土壤中的营养物质的损失，会引起土壤肥力下降，因此，通过计算有林地比无林地每年减少土壤侵蚀量中 N、P、K、有机质的含量，再按市场上相应的化肥量，根据化肥平均价格即可计算森林的保肥价值。国内外许多相关研究采取了以上评价方法。此评估方法也比较成熟，而且土壤 N、P、K、有机质的含量也比较容易通过野外试验获得。

森林水土保持作用减少的土壤肥力损失折合为磷酸二铵吨数的公式为

$$G_P = AP(X_2 - X_1) \tag{3-4}$$

式中：G_P——减少的磷流失量，单位为 t/a；

X_1——林地土壤侵蚀模数，单位为 t/(hm^2 · a)；

X_2——无林地土壤侵蚀模数，单位为 t/(hm^2 · a)；

A——林分面积，单位为 hm^2；

P——土壤含磷量，单位为%。

3.4.3　固碳释氧物质量

森林固碳制氧功能是指森林生态系统通过森林植被、土壤动物和微生物固定碳元素及制造氧气的功能。本书主要对森林的植被固碳与土壤固碳功能和制氧功能两个指标进行计量。

固碳制氧功能是森林生态系统服务功能的重要指标，目前已有大量研究实例。碳占有机体干重的 49%是重要的生命物质。除海洋以外，森林对全球碳循环的影响最大。森林生态系统中，树木和土壤是两个重要碳库，为此应分别计算。

（1） 森林植被年固碳量

根据光合作用化学方程式，森林植被每积累 1g 干物质，可以固定 1.63g CO_2，释放 1.19g O_2。在 CO_2 中，C 比例为 27.29%。因此，森林植被固碳能力采用以下公式计算：

$$G_{植被固碳} = 1.63R_{碳} AB_{年} \tag{3-5}$$

式中：$G_{植被固碳}$——植被固碳量，单位为 t/a；

$R_{碳}$——CO_2 中碳的含量，单位为 27.27%；

$B_{年}$——林分净生产力，单位为 t/(hm^2 · a)；

A——林分面积，单位为 hm^2。

（2） 氧气年释放量

根据植物光合作用化学反应式，森林植被每积累 1g 干物质，可以固定 1.63g CO_2，制造 1.19g O_2。所以，森林氧气释放量采用以下公式计算：

$$G_{氧气} = 1.19AB_{年} \tag{3-6}$$

式中：$G_{氧气}$——林分年释氧量，单位为 t/a；

$B_{年}$——林分净生产力，单位为 t/(hm^2 · a)；

A——林分面积，单位为 hm^2。

3.4.4　净化环境物质量

植被恢复对 SO_2 具有一定抵抗能力，通过叶片的气孔和枝条的皮孔吸收和转化有害物质，在体内通过氧化还原转化为无毒物质（降解作用），或积累于某一器官，或由根系排出体外。林木对大气污染物的这种吸收、降解、积累和迁移过程就是对大气的净化作用。

森林净化环境功能包括吸收二氧化硫能力、吸收氟化物能力、吸收氮氧化物能力和滞尘能力 4 个指标（周冰冰，2000）。森林的二氧化硫年吸收量、氟化物年吸收量、氮氧化物年吸收量、年阻滞降尘量从全国各省（自治区、直辖市）的林业生态工程生态效益报告中计算获得。

树木可以截获空气中的灰尘和杂质微粒，提高空气质量，有利人类健康，因此滞尘功能是森林生态系统中重要的服务功能之一。森林的滞尘功能的基础数据采用各省（自治区、直辖市）的林业生态工程生态效益报告中的数据，根据各工程的实施及完成情况进行综合估算。

3.5 重点林业生态工程生态服务功能价值量计量

3.5.1 涵养水源价值量

1）调节水量价值

计量森林涵养水源的价值量大小主要取决于森林涵养水源的定价标准，目前，国内外关于森林涵养水源的定价标准争议很大，综合有关文献，归纳起来主要分为两大类：

一是通过河川调节径流、降低洪枯比等对灌溉、发电等部门增加的效益。例如，根据电能生产成本来确定。森林涵养水源的结果是减少了雨季的洪水能源浪费，增加了流域的电能生产。

二是达到与森林同等涵养水源作用的其他措施（如修建水库）所需的费用（称为替代工程法），即用其他措施可以产生同样效益的费用作为森林涵养水源的货币值。例如：①根据水库工程的蓄水成本来代替。因为森林涵养水源与水库蓄水的本质类似，其蓄水价值可以根据蓄积 $1m^3$ 水的建水库花费为标准。②根据居民用水的价格来确定。居民用水价格是水的商品价格，森林涵养水源的价值当然可以根据水的商品价格来确定。③根据海水淡化费来确定。因为如果没有森林的蓄积，降水将在雨季直接进入江河并流入大海。

由于森林调节水量与水库蓄水的本质类似，采用水库工程的蓄水成本来确定森林涵养水源的经济价值比较合理。因此，根据水库工程的蓄水成本（替代工程法）来确定，从而计算出森林生态系统每年调节水量的价值。

森林生态系统调节水量价值根据水库工程的蓄水成本（影子工程法）来确定（周冰冰等，2000），采用如下公式计算：

$$U_{调} = 10C_{库} A(P - E - C) \tag{3-7}$$

式中：$U_{调}$——林分年调节水量价值，单位为元/a；

$C_{库}$——水库建设单位库容投资，单位为元/m^3；

P——降水量，单位为 mm/a；

E——林分蒸散量，单位为 mm/a；

A——林分面积，单位为 hm^2。

2）净化水质价值

由于森林净化水质与自来水净化原理一致，所以，本书认为，在评估净化水质经济价值时，单位参照费用可取水的商品价格，即居民用水平均价格，从而计算出森林生态系统每年净化水质的价值。这样也可以在一定程度上引起公众对森林净化水质的物质化和价值化的感性认识。

本书中，森林生态系统净化水质单位费用采用通过网格法得到的全国城市居民用水平均价格，经计算，采用网格法得到2007年全国各大中城市的居民用水价格的平均值，为2.09元/t。从而计算出森林生态系统每年净化水质的价值。公式为

$$U_{水质} = 10KA(P - E - C) \tag{3-8}$$

式中：$U_{水质}$——林分年净化水质价值，单位为元/a；

K——水的净化费用，单位为元/t；

P——降水量，单位为 mm/a；

E——林分蒸散量，单位为 mm/a；

A——林分面积，单位为 hm^2。

3.5.2　固土保肥价值量

1）森林固土功能价值

有些研究通过计算减少土壤侵蚀而后转换成较少林地土地面积，再依据土地价值来评估损失价值，由于区域的土层厚度相差太大，而且不是损失土壤的物质量，所以不能很好地反映森林固土的实际价值。本书认为，通过无林地土壤侵蚀程度和有林地土壤侵蚀程度之差来估算森林的保土量，然后，将其转化为其他适当土方工程，再根据相应工程的造价，来计算森林的固持土壤价值比较合理。

采用无林地土壤侵蚀模数与森林林地土壤侵蚀模数的差值乘以修建水库的成本来计算森林固土价值。根据蓄水成本来计算森林固土功能的经济效益，公式（罗传秀等，2005）为

$$U_{固土} = AC_{土}(X_2 - X_1)/\rho \tag{3-9}$$

式中：$U_{固土}$——林分年固土价值，单位为元/a；

X_1——林地土壤侵蚀模数，单位为 $t/(hm^2 \cdot a)$；

X_2——无林地土壤侵蚀模数，单位为 $t/(hm^2 \cdot a)$；

A——林分面积，单位为 hm^2；

ρ——林地土壤容重，单位为 t/m^3；

$C_{土}$——挖取和运输单位体积土方所需费用，单位为元/m^3。

2）森林减少土壤肥力损失价值

森林保肥价值采用侵蚀土壤中的主要营养元素 N、P、K 和有机质量折合成磷酸二铵、氯化钾和有机质的价值来体现。森林减少土壤肥力损失价值采用如下公式计算：

$$U_{肥} = A(X_2 - X_1)(NC_1/R_1 + PC_1/R_2 + KC_2/R_3 + MC_3) \tag{3-10}$$

式中：$U_{肥}$——林分年保肥价值，单位为元/a；

X_1——林地土壤侵蚀模数，单位为 $t/(hm^2 \cdot a)$；

X_2——无林地土壤侵蚀模数，单位为 $t/(hm^2 \cdot a)$；

A——林分面积，单位为 hm^2；

N——土壤平均含氮量，单位为%；
P——土壤平均含磷量，单位为%；
K——土壤平均含钾量，单位为%；
M——土壤有机质平均含量，单位为%；
R_1——磷酸二铵含氮量，单位为%；
R_2——磷酸二铵含磷量，单位为%；
R_3——氯化钾含钾量，单位为%；
C_1——磷酸二铵 3 年平均价格，单位为元/t；
C_2——氯化钾 3 年平均价格，单位为元 t；
C_3——有机质 3 年平均价格，单位为元/t。

3.5.3 固碳释氧价值量

国内外对如何计算森林固定和储存的碳的经济价值争议比较大，主要方法有碳税法、造林成本法、人工固定 CO_2 成本法、变化的碳税法、避免损害费用法和温室效应损失法等。其中，碳税法和造林成本法应用较广。目前被较多采用的碳税率是由瑞典政府提出的 150 美元/t C。造林成本在不同国家、地区存在差异，侯元兆等（1995）计算的我国固定 CO_2 的造林成本为 273.3 元/t C（1990 年不变价）。人工固定 CO_2 成本法是根据建造工厂来固定 CO_2 的成本来计算的，但是用这种方法得出的固定 CO_2 成本高昂，而且这种做法也不现实。变化的碳税法虽具有可操作性，但要根据所燃烧燃料的含碳量制定出合理可行的碳税标准有一定难度。运用避免损害费用法计算森林固定 CO_2 价值时有很多因素难以确定，因此应用也不多。运用温室效应损失法时首先要判定研究区是温室效应的受损区还是受益区，只有受损区才能运用，因此，该方法也具有一定的局限性。

各种统计方法或模型得出的结果差别也很大，每固定 1t 碳的成本，低的只有几美元，高的则达数百美元。差异来源主要是计算方法、价值观念和经济水平的不同，如有的考虑了资金贴现、机会成本等，有的则没有。如中国环境规划院 2006 年发布的《中国环境政策专题研究报告》中所做的研究“神农架林区绿色财富指标及其政策建议”中，采用碳税法对每吨碳的价值进行了估算，并在相关研究中进行了阐述。

本书认为，虽然碳税法影响因素很多，但由于欧美发达国家正在实施温室气体排放税收制度，并对 CO_2 的排放征税。为了与国际接轨，便于在外交谈判中有可比性，采用国际上通用的碳税法进行评估还是比较合适的。碳税率可以参考国家权威部门公布的价格，如环境经济学家们常使用瑞典的碳税率为 150 美元/t C（折合人民币为 1200 元/t），在《中国生物多样性国情研究报告》（1998 年）中使用了此碳税价格。

1）固碳价值

森林植被和土壤固碳价值的计算公式为

$$U_{碳} = AC_{碳}(1.63R_{碳}\ B_{年} + F_{土壤碳}) \tag{3-11}$$

式中：$U_{碳}$——林分年固碳价值，单位为元/a；
$B_{年}$——林分净生产力，单位为 kg/(hm·a)；

$C_{碳}$——固碳价格，单位为元/kg；

$R_{碳}$——CO_2 中碳的含量，单位为 27.27%；

$F_{土壤碳}$——单位面积林分土壤年固碳量，单位为 kg/(hm^2 · a)；

A——林分面积，单位为 hm^2。

2）释放氧气价值

制造氧气价格可根据造林成本、氧气的商品价格和人工生产氧气的成本等方法来计算。采用国家权威部门公布的氧气商品价格比较适合，因为价值量的评估是经济的范畴，是市场化、货币化的体现，这样才能体现其经济价值的一面。

森林释放氧气价值采用以下公式计算：

$$U_{氧} = 1.19C_{氧}AB_{年} \tag{3-12}$$

式中：$U_{氧}$——林分年释氧价值，单位为元/a；

$C_{氧}$——氧气价格，单位为元/kg；

$B_{年}$——林分净生产力，单位为 kg/(hm^2 · a)；

A——林分面积，单位为 hm^2。

3.5.4　净化环境价值量

对森林净化大气环境价值量的计量价格参数，不同研究参照数值各有不同，价格参数应该采用权威机构或部门公布的制造成本、治理费用、清理费用等数据，这样才能有一个市场化、价值化的衡量标准。

1）吸收二氧化硫价值

森林吸收二氧化硫价值用以下公式计算：

$$U_{二氧化硫} = K_{二氧化硫}Q_{二氧化硫}A \tag{3-13}$$

式中：$U_{二氧化硫}$——林分年吸收二氧化硫价值，单位为元/a；

$Q_{二氧化硫}$——单位面积林分年吸收二氧化硫量，单位为 kg/(hm^2 · a)；

$K_{二氧化硫}$——二氧化硫治理费用，单位为元/kg；

A——林分面积，单位为 hm^2。

2）吸收氟化物价值

森林植被吸收氟化物价值的公式为

$$U_{氟} = K_{氟化物}Q_{氟化物}A \tag{3-14}$$

式中：$U_{氟}$——林分年吸收氟化物价值，单位为元/a；

$Q_{氟化物}$——单位面积林分年吸收氟化物量，单位为 kg/(hm^2 · a)；

$K_{氟化物}$——氟化物治理费用，单位为元/kg；

A——林分面积，单位为 hm^2。

3）吸收氮氧化物价值

森林吸收氮氧化物价值的公式为

$$U_{氮氧化物} = K_{氮氧化物}Q_{氮氧化物}A \tag{3-15}$$

式中：$U_{氮氧化物}$——林分年吸收氮氧化物价值，单位为元/a；

$Q_{氮氧化物}$——单位面积林分年吸收氮氧化物量，单位为 kg/(hm^2 · a)；

$K_{氮氧化物}$——氮氧化物治理费用，单位为元/kg；

A——林分面积，单位为 hm^2。

4）阻滞降尘价值

森林植被阻滞降尘价值的公式如下：

$$U_{滞尘} = K_{滞尘} Q_{滞尘} A \tag{3-16}$$

式中：$U_{滞尘}$——林分年滞尘价值，单位为元/a；

$Q_{滞尘}$——单位面积林分年滞尘量，单位为 kg/(hm^2 · a)；

$K_{滞尘}$——降尘清理费用，单位为元/kg；

A——林分面积，单位为 hm^2。

第 4 章　重点林业生态工程生态服务功能评价

生态服务功能是指自然生态系统与生态过程所形成及所维持人类赖以生存的自然环境条件与效用，它支撑和维护了地球的生命支持系统、生命物质的地化循环与水文循环、生物多样性、大气化学成分的平衡与稳定等（Costanza et al.，1997；项雅娟和陆雍森，2004）。2001～2005 年开展的国际合作项目——千年生态系统评估（Millennium Ecosystem Assessment，MA），重点关注生态系统与人类福祉之间的联系，尤其重视对生态系统服务的评估。

我国重点林业生态工程在水土保持、荒漠化防治、缓解水资源危机、改善大气质量、保护生物多样性、减少噪声污染、国土绿化、湿地保护和商品林基地建设等各个领域都发挥着重要作用。林业生态工程生态系统服务功能定量评价有利于精确估算林业生态工程的生态效益，进一步确立林业生态工程的生态地位，在森林的生态作用方面取得新的共识，有利于建立更加先进的林业生态工程管理思想，充分发挥林业生态工程的生态系统服务功能，保证国家的生态安全和国民经济的可持续发展。

林业生态工程以森林生态系统为主体。森林生态系统是陆地生物的重要栖息地，是生物地球化学系统的核心部分之一。森林生态系统提供的服务在不同时空尺度表现得多种多样，主要包括生产、调节、文化和支持等功能。近年来，我国学者对森林生态系统服务功能的研究有了较大进展（靳芳等，2005b；吴钢等，2001；余新晓等，2002；关文彬等，2002；段晓峰和许学工，2006），其目的都是通过获得总价值数据来提高公众对区域生存环境与森林生态效应的认识程度，并为政府林业主管部门决策提供依据。

本章针对天然林资源保护工程、“三北”及长江流域等重点防护林工程、退耕还林工程和京津风沙源治理工程的生态效益功能量进行估算，分析了不同林业生态工程中的用材林、防护林、薪炭林和特用林的涵养水源功能、保育土壤功能、固碳释氧功能和净化环境功能，综合分析了重点林业生态工程的总体生态效益，为重点林业生态工程生态效益功能量和价值量预测提供基础数据支持。

4.1　天然林资源保护工程生态服务功能评价

1998 年洪涝灾害后，针对长期以来我国天然林资源过度消耗而引起的生态环境恶化的现实，党中央、国务院从我国社会经济可持续发展的战略高度，做出了实施天然林资源保护工程的重大决策。该工程旨在通过天然林禁伐和大幅减少商品木材产量、有计划分流安置林区职工等措施，主要解决我国天然林的休养生息和恢复发展问题，实现林区生态建设与经济、社会的协调发展。天然林资源保护工程范围包括长江上游、黄河上中游地区和东北、内蒙古等重点国有林区的 17 个省（自治区、直辖市）的 734 个县和 163 个森工局。工程区总面积为 26 479.75 万公顷，占国土面积的 27.58%。

根据天然林资源保护工程的工程范围，将该工程区分为长江上游、黄河上中游地区和东北、内蒙古等重点国有林区两个天然林资源保护工程重点区域，估算并评价了不同区域天然林资源保护工程生态服务功能，综合分析了天然林资源保护工程发挥的总体生态效益。

4.1.1 长江上游、黄河中上游地区天然林资源保护工程生态服务功能评价

长江上游工程区以三峡库区为界，包括云南、四川、贵州、重庆、湖北、西藏6省（自治区、直辖市）；黄河上中游工程区以小浪底库区为界，包括陕西、甘肃、青海、宁夏、内蒙古、山西、河南7省（自治区）。工程区的建设目标是全面停止长江上游、黄河上中游工程区天然林的商品性采伐，大幅度调减长江上游、黄河上中游地区木材产量。随着天然林资源保护工程的实施，该区域用材林、防护林、薪炭林和特用林发挥着重要的生态效益。

4.1.1.1 用材林

1）用材林各龄级涵养水源功能评价

本次评价的涵养水源功能包括森林调节水量功能和净化水源功能之和。从表4-1可以看出：长江上游黄河上中游地区天然林资源保护工程中的用材林涵养水源功能年效益值为2.56×10^8t。其中，天然用材林涵养水源功能年效益值为2.04×10^8t，占79.69%；人工用材林涵养水源功能年效益值为5.18×10^7t，占20.31%。

表4-1 长江上游、黄河中上游地区天然林资源保护工程用材林各龄级涵养水源功能表

类别		涵养水源功能年效益值/10^7t				
		幼龄林	中龄林	近熟林	成熟林	过熟林
天然用材林	国有	0.26	1.50	2.01	2.64	4.05
	集体	2.58	3.66	1.65	1.12	1.20
人工用材林	国有	0.12	0.43	0.34	0.55	0.06
	集体	0.63	1.82	0.72	0.42	0.09
合计	国有	0.38	1.93	2.35	3.19	4.11
	集体	3.21	5.48	2.37	1.54	1.29

在天然林的涵养水源功能年效益中，国有林的年效益值为1.02×10^8t，占天然林的涵养水源效益的50%；集体林的年效益值为1.02×10^8t，占50%。除幼龄林和中龄林的效益值是国有林小于集体林外，其余各龄级林的效益值均是国有林大于集体林。

在人工林的涵养水源功能年效益中，国有人工林涵养水源功能年效益值为1.5×10^7t，占人工林的28.96%；集体人工林为3.68×10^7t，占71.04%。

2）用材林各龄级保育土壤功能

森林保育土壤功能包括森林固持土壤总量和保持土壤肥力总量两项功能之和。由表4-2可知：用材林保育土壤功能的年效益值为2.03×10^6t。总体上看，国有用材林保育

土壤功能年效益值为 9.41×10^5t，占 46.35%；集体用材林保育土壤功能年效益值为 1.09×10^6t，占 53.65%。分析表明国有用材林保育土壤功能年效益值小于集体用材林。对于各龄级的林分，天然林的效益值均大于人工林，天然用材林保育土壤功能年效益值为 1.63×10^6t，占 80.3%；人工用材林保育土壤功能年效益值为 4.08×10^5t，占 19.7%。

表 4-2　长江上游、黄河中上游地区天然林资源保护工程用材林各龄级保育土壤功能表

类别		保育土壤功能年效益值/10^5t				
		幼龄林	中龄林	近熟林	成熟林	过熟林
天然用材林	国有	0.20	1.18	1.58	2.08	3.18
	集体	2.02	2.88	1.30	0.88	0.95
人工用材林	国有	0.10	0.34	0.27	0.43	0.05
	集体	0.49	1.43	0.57	0.33	0.07
合计	国有	0.30	1.52	1.85	2.51	3.23
	集体	2.51	4.32	1.87	1.21	1.02

在天然用材林中，国有林保育土壤的年效益值为 8.22×10^5t，占天然林的 50.43%；集体林保育土壤的年效益值为 8.03×10^5t，占 49.67%。说明国有用材天然林和集体用材天然林的保育土壤功能基本相等，差异不大。由天然用材林各龄级林分的效益值比较可知，除幼龄林和中龄林外，其余各龄级林分的效益值均为国有林大于集体林。

在人工用材林中，国有林保育土壤年效益值为 1.19×10^5t，占人工用材林的 29.17%；集体林保育土壤年效益值为 2.9×10^5t，占 70.93%，集体人工用材林的保育土壤功能明显高于国有人工用材林。

3）用材林各龄级固碳释氧储养功能

本次评价的森林固碳释氧储养功能包括森林固碳功能，森林制氧功能和森林储存 N、P、K 功能之和。由表 4-3 可知：该区用材林固碳释氧储养功能年效益值总和为 6×10^5t，其中，国有用材林年效益值为 2.8×10^5t、集体用材林年效益值为 3.2×10^5t，集体用材林年效益值为国有用材林的 1.14 倍；天然用材林固碳释氧储养功能年效益值为 4.8×10^5t，人工用材林年效益值为 1.2×10^5t，天然用材林固碳释氧储养功能是人工用材林的 3.98 倍，天然林在各龄级林分的固碳释氧储养功能年效益值均大于人工林。

在天然用材林中，国有天然林和集体天然林的固碳释氧储养总效益值差距较小，国有天然林的年效益值为 2.4×10^5t，占天然林的 50%；集体天然林为 2.4×10^5t，占 50%。国有天然林固碳释氧储养效益值随林龄的增大呈逐渐增加的趋势，过熟林年效益值最大，集体天然林固碳释氧储养年效益值随林龄的增大呈双峰波动变化，中龄林年效益值最大。

在人工用材林中，国有人工林年效益值为 3.6×10^4t，集体人工林为 8.6×10^4t，集体人工林固碳释氧储养功能为国有人工林的 2.45 倍。

表 4-3 长江上游黄河中上游地区天然林资源保护工程用材林各龄级固碳释氧储养功能表

类别		固碳释氧储养功能年效益值/10^5t				
		幼龄林	中龄林	近熟林	成熟林	过熟林
天然用材林	国有	0.06	0.35	0.47	0.63	0.94
	集体	0.60	0.85	0.38	0.26	0.28
人工用材林	国有	0.03	0.10	0.08	0.13	0.02
	集体	0.15	0.42	0.17	0.10	0.02
合计	国有	0.09	0.45	0.55	0.74	0.96
	集体	0.75	1.27	0.55	0.36	0.30

4）用材林各龄级净化环境功能

本次评价中的重点林业生态工程森林的净化环境功能是森林吸收二氧化硫、森林吸收氟化物、森林吸收氮氧化物和森林滞尘功能的总和。通过表 4-4 可以看出：用材林净化环境功能年效益值为 19.2×10^5t。其中，天然用材林净化环境功能年效益值为15.3×10^5t，占 79.69%；人工用材林净化环境功能年效益值为 3.9×10^5t，占 20.31%。国有用材林净化环境功能年效益值为 8.83×10^5t，占 46.2%；集体用材林净化环境功能年效益值为 10.3×10^5t，占 53.8%。国有用材林净化环境功能年效益值略小于集体用材林。

表 4-4 长江上游、黄河中上游地区天然林资源保护工程用材林各龄级净化环境功能表

类别		净化环境功能年效益值/10^5t				
		幼龄林	中龄林	近熟林	成熟林	过熟林
天然用材林	国有	0.19	1.11	1.49	1.96	3.00
	集体	1.91	2.71	1.22	0.83	0.89
人工用材林	国有	0.09	0.32	0.25	0.41	0.05
	集体	0.47	1.35	0.53	0.31	0.07
合计	国有	0.28	1.43	1.74	2.37	3.05
	集体	2.38	4.06	1.75	1.14	0.96

在天然用材林中，国有用材林年效益值为 7.75×10^5t，占天然林的 50.65%；集体林为 7.56×10^5t，占 49.35%。国有用材林和集体用材林的净化环境功能相差不大。国有用材林的净化环境功能随林龄的增大呈逐渐增加的趋势，过熟林年效益值最大；集体用材林的净化环境功能随林龄的增大呈单峰变化模式，中龄林年效益值最大。由相同龄级林分净化环境年效益值对比可知，除国有幼龄林和中龄林的年效益值小于集体幼龄林和中龄林外，其余国有用材林的各龄级林分的年效益值均大于集体用材林。

在人工用材林中，国有林净化环境的年效益值为 1.12×10^5t，占人工林的 28.72%；集体林净化环境年效益值为 2.73×10^5t，占 71.28%。

4.1.1.2　防护林

1）防护林各龄级涵养水源功能评价

由表 4-5 可以看出，长江上游、黄河上中游地区天然林资源保护工程中的防护林涵养水源功能年效益值为 7.64×10^8t。其中，天然防护林涵养水源功能年效益值为7.34×10^8t，占 96.45%；人工防护林涵养水源功能年效益值为 3.05×10^7t，占 3.55%。国有防护林涵养水源功能年效益值大于集体防护林。国有防护林涵养水源功能年效益值为 4.90×10^8t，占 64.1%；集体防护林涵养水源功能年效益值为 2.74 × 10^8t，只占 35.9%。

表 4-5　长江上游、黄河中上游地区天然林资源保护工程防护林各龄级涵养水源功能表

类别		涵养水源功能年效益值/10^7t				
		幼龄林	中龄林	近熟林	成熟林	过熟林
天然防护林	国有	1.63	6.90	5.98	15.18	18.64
	集体	5.39	6.02	3.45	4.60	5.56
人工防护林	国有	0.10	0.21	0.19	0.14	0.02
	集体	0.43	0.99	0.41	0.44	0.11
合计	国有	1.73	7.11	6.17	15.32	18.68
	集体	5.82	7.01	3.86	5.04	5.67

在天然林的涵养水源功能年效益中，国有林的年效益值为 4.83×10^8t，占天然林的涵养水源效益的 65.8%；集体林的年效益值为 2.50×10^8t，占 34.2%。除幼龄林的效益值是国有林小于集体林外，其余各龄级林的效益值均是国有林大于集体林。

在人工林的涵养水源功能年效益中，国有人工林涵养水源功能年效益值为 0.67×10^7t，占人工林的 21.97%；集体人工林为 0.24×10^7t，占 78.03%。在各龄级林分上，国有林涵养水源功能年效益值均小于集体林。

2）防护林各龄级保育土壤功能

由表 4-6 可知，防护林保育土壤功能的年效益值为 6.00×10^6t。总体上看，国有防护林保育土壤功能年效益值为 3.85×10^6t，占 59.67%；集体防护林保育土壤功能年效益值为 2.15×10^6t，占 30.33%。表明国有防护林保育土壤功能年效益值大于集体防护林。对于各龄级的林分，天然林的效益值均大于人工林，天然防护林保育土壤功能年效益值为 5.76×10^6t，占 96.0%；人工防护林保育土壤功能年效益值为 0.24×10^6t，占 4.0%。

在天然防护林中，国有林保育土壤的年效益值为 3.80×10^6t，占天然林的 65.9%；集体林保育土壤的年效益值为 1.97×10^6t，只占 34.1%。国有林防护林效益值大于集体林。

在人工防护林中，国有林保育土壤年效益值为 0.53 × 10^5t，占人工防护林的 22.08%；集体林保育土壤年效益值为 0.19×10^6t，占 77.92%。集体人工防护林的保育土壤功能明显高于国有人工防护林。

表 4-6　长江上游、黄河中上游地区天然林资源保护工程防护林各龄级保育土壤功能表

类别		保育土壤功能年效益值/10^5t				
		幼龄林	中龄林	近熟林	成熟林	过熟林
天然防护林	国有	1.28	5.42	4.70	11.93	14.65
	集体	4.23	4.73	2.71	3.61	4.37
人工防护林	国有	0.08	0.17	0.15	0.11	0.02
	集体	0.34	0.78	0.33	0.35	0.08
合计	国有	1.36	5.59	4.85	12.04	14.67
	集体	4.57	5.51	3.04	3.96	4.45

3）防护林各龄级固碳释氧储养功能

由表 4-7 可知：该区防护林固碳释氧储养功能年效益值总和为 1.78×10^6t。其中，国有防护林年效益值为 1.14×10^6t，集体防护林年效益值为 0.64×10^6t，国有防护林年效益值为集体防护林的 1.78 倍；天然防护林固碳释氧储养功能年效益值为 1.71×10^6t，人工防护林年效益值为 0.7×10^5t，天然防护林固碳释氧储养功能是人工防护林的 24.43 倍。天然林在各龄级林分的固碳释氧储养功能年效益值均大于人工林。

表 4-7　长江上游、黄河中上游地区天然林资源保护工程防护林各龄级固碳释氧储养功能表

类别		固碳释氧储养功能年效益值/10^5t				
		幼龄林	中龄林	近熟林	成熟林	过熟林
天然防护林	国有	0.38	1.61	1.39	3.54	4.34
	集体	1.26	1.40	0.80	1.07	1.30
人工防护林	国有	0.02	0.05	0.04	0.03	0.01
	集体	0.10	0.23	0.10	0.10	0.02
合计	国有	0.40	1.66	1.43	3.57	4.35
	集体	1.36	1.63	0.90	1.17	1.32

在天然防护林中，国有天然林和集体天然林的固碳释氧储养总效益值差距较小，国有天然林的年效益值为 1.13×10^6t，占天然林的 66.08%；集体天然林为 0.58×10^6t，占 33.92%。在人工防护林中，集体林固碳释氧储养年效益值大于国有林。国有人工林年效益值为 0.15×10^5t，占人工林的 21.43%；集体林为 5.55×10^5t，占 78.57%。从不同龄级林分的固碳释氧储养效益值来看，国有人工林年效益值随林龄的增大呈波动变化，除过熟林外，其他龄级林分的效益值变化较小。

4）防护林各龄级净化环境功能

防护林净化环境功能年效益值为 5.66×10^6t。通过表 4-8 可以看出：天然防护林净化环境年效益值远大于人工防护林。天然防护林净化环境功能年效益值为 5.43×10^6t，占 95.94%；人工林净化环境功能年效益值为 0.23×10^6t，只占 4.06%。国有防护林净化环境功能年效益值为 3.63×10^6t，占 64.1%；集体防护林净化环境功能年效益值为 2.03×10^6t，只占 35.9%。国有防护林净化环境功能年效益值大于集体防护林。

表 4-8　长江上游、黄河中上游地区天然林资源保护工程防护林各龄级净化环境功能表

类别		净化环境功能年效益值/10^5t				
		幼龄林	中龄林	近熟林	成熟林	过熟林
天然防护林	国有	1.20	5.11	4.43	11.24	13.81
	集体	3.99	4.46	2.56	3.41	4.12
人工防护林	国有	0.08	0.16	0.14	0.10	0.02
	集体	0.32	0.74	0.31	0.33	0.08
合计	国有	1.28	5.27	4.57	11.34	13.83
	集体	4.31	5.20	2.87	3.74	4.20

在天然防护林中，国有林年效益值为 3.58×10^6t，占天然林的 65.9%；集体林为 1.85×10^6t，只占 34.1%。国有防护林净化环境效益值大于集体防护林。

在人工防护林中，国有林净化环境的年效益值为 0.5×10^5t，占人工林的 21.8%；集体林净化环境年效益值为 0.18×10^6t，占 78.2%。集体林净化环境功能明显大于国有林。

4.1.1.3　薪炭林

1）薪炭林各龄级涵养水源功能

由表 4-9 可以看出：薪炭林涵养水源功能年效益值为 5.75×10^6t。其中，天然薪炭林涵养水源功能年效益值为 5.53×10^6t，占 96.1%；人工薪炭林涵养水源功能年效益值为 0.23×10^6t，占 3.9%。国有薪炭材林涵养水源功能年效益值远小于集体薪炭林。国有薪炭林涵养水源功能年效益值为 0.56×10^6t，只占 9.7%；集体薪炭林涵养水源功能年效益值为 5.20×10^6t，占 90.3%。从总体来看，集体薪炭林涵养水源效益值中，幼龄林效益值最大。

表 4-9　长江上游、黄河中上游地区天然林资源保护工程薪炭林各龄级涵养水源功能表

类别		涵养水源功能年效益值/10^5t				
		幼龄林	中龄林	近熟林	成熟林	过熟林
天然薪炭林	国有	0.31	2.71	0.64	0	0.87
	集体	28.16	19.17	2.31	1.10	0
人工薪炭林	国有	1.04	0	0	0	0
	集体	0.84	0	0.38	0	0
合计	国有	1.35	2.71	0.64	0	0.87
	集体	29.00	19.17	2.69	1.10	0

在天然林的涵养水源功能年效益中，国有林的年效益值为 0.45×10^6t，占天然林的涵养水源效益的 8.13%；集体林的年效益值为 5.08×10^6t，占 91.87%。除过熟林外，其余各龄级林的效益值均是集体林大于国有林。

在人工林的涵养水源功能年效益中，国有人工林涵养水源功能年效益值为 0.10×10^6t，占人工林的 43.48%；集体人工林为 0.12×10^6t，占 56.52%。

2）薪炭林各龄级保育土壤功能

由表 4-10 可以看出：薪炭林保育土壤功能年效益值为 4.52×10^4t。其中，天然薪炭林保育土壤功能年效益值为 4.34×10^4t，占 96.0%；人工薪炭林保育土壤功能年效益值为 0.18×10^4t，仅占 4.0%。

表 4-10 长江上游、黄河中上游地区天然林资源保护工程薪炭林各龄级保育土壤功能表

类别		保育土壤功能年效益值/10^3t				
		幼龄林	中龄林	近熟林	成熟林	过熟林
天然薪炭林	国有	0.24	2.13	0.50	0	0.68
	集体	22.13	15.06	1.82	0.86	0
人工薪炭林	国有	0.82	0	0	0	0
	集体	0.66	0	0.29	0	0
合计	国有	1.06	2.13	0.50	0	0.68
	集体	22.79	15.06	2.11	0.86	0

在天然林的保育土壤功能年效益中，国有林的年效益值为 0.36×10^4t，占天然林的保育土壤效益的 8.2%；集体林的年效益值为 3.99×10^4t，占 91.8%。除过熟林外，其余各龄级林的效益值均是集体林大于国有林。

在人工林的保育土壤功能年效益中，国有人工林保育土壤功能年效益值为 0.82×10^3t，占人工林的 46.0%；集体林为 0.95×10^3t，占 54.0%。人工用材林中，各龄级林分分布不完整，仅有幼龄林和近熟林，国有林中仅有幼龄林，其效益值略大于集体林；集体林中，幼龄林的效益值大于近熟林。

3）薪炭林各龄级固碳释氧储养功能

由表 4-11 可以看出：薪炭林固碳释氧储养功能年效益值为 1.34×10^4t。其中，天然薪炭林固碳释氧储养功能年效益值为 1.29×10^4t，占 96.3%；人工薪炭林固碳释氧储养功能年效益值为 0.53×10^3t，仅占 3.7%。国有薪炭林固碳释氧储养功能年效益值远小于集体薪炭林。国有薪炭林固碳释氧储养功能年效益值为 0.24×10^3t，只占 1.8%；集体薪炭林固碳释氧储养功能年效益值为 1.21×10^3t，占 98.2%。

在天然林的固碳释氧储养功能年效益中，国有林的年效益值为 0.11×10^4t，仅占天然林的 8.5%；集体林的年效益值为 1.18×10^4t，占 91.5%。除过熟林外，其余各龄级林的效益值均是集体林大于国有林。

在人工林的固碳释氧储养功能年效益中，国有人工林固碳释氧储养功能年效益值为 0.24×10^3t，占人工林的 45.3%；集体林为 0.29×10^3t，占 54.7%。人工用材林中，各龄级林分分布不完整，仅有幼龄林和近熟林，国有林中仅有幼龄林，其效益值略大于集体林；集体林中，幼龄林的效益值大于近熟林。

表 4-11　长江上游、黄河中上游地区天然林资源保护工程薪炭林各龄级固碳释氧储养功能表

类别		固碳释氧储养功能年效益值/10^3t				
		幼龄林	中龄林	近熟林	成熟林	过熟林
天然薪炭林	国有	0.07	0.63	0.15	0	0.20
	集体	6.56	4.47	0.54	0.26	0
人工薪炭林	国有	0.24	0	0	0	0
	集体	0.20	0	0.09	0	0
合计	国有	0.31	0.63	0.15	0	0.20
	集体	6.76	4.47	0.63	0.26	0

4）薪炭林各龄级净化环境功能

由表 4-12 可以看出：薪炭林固碳释氧储养净化环境功能年效益值为 4.26×10^4t。其中，天然薪炭林固碳释氧储养净化环境功能年效益值为 4.09×10^4t，占 96%；人工薪炭林固碳释氧储养净化环境功能年效益值为 0.17×10^4t，仅占 4%。国有薪炭材林固碳释氧储养净化环境功能年效益值远小于集体薪炭林。国有薪炭林固碳释氧储养净化环境功能年效益值为 0.41×10^4t，仅占 9.7%；集体薪炭林固碳释氧储养净化环境功能年效益值为 3.85×10^4t，占 90.3%。从总体来看，集体幼龄林固碳释氧储养净化环境的效益值最大。

表 4-12　长江上游、黄河中上游地区天然林资源保护工程薪炭林各龄级净化环境功能表

类别		净化环境功能年效益值/10^3t				
		幼龄林	中龄林	近熟林	成熟林	过熟林
天然薪炭林	国有	0.23	2.01	0.47	0	0.64
	集体	20.87	14.20	1.71	0.81	0
人工薪炭林	国有	0.77	0	0	0	0
	集体	0.63	0	0.28	0	0
合计	国有	1.00	2.01	0.47	0	0.64
	集体	21.50	14.20	1.99	0.81	0

在天然林的固碳释氧储养净化环境功能年效益中，国有林的年效益值为 0.34×10^4t，占天然林的固碳释氧储养净化环境效益的 8.3%；集体林的年效益值为 3.76×10^4t，占 91.7%。除过熟林外，其余各龄级林的效益值均是集体林大于国有林。

在人工林的固碳释氧储养净化环境功能年效益中，国有人工林固碳释氧储养净化环境功能年效益值为 0.8×10^3t，占人工林的 47.0%；集体林为 0.9×10^4t，占 53.0%。人工用材林中，各龄级林分分布不完整，仅有幼龄林和近熟林，国有林中仅有幼龄林，其效益值略大于集体林；集体林中，幼龄林的效益值大于近熟林。

4.1.1.4 特用林

1）特用林各龄级涵养水源功能

由表4-13可以看出：该区特用林涵养水源功能年效益值为1.16×10^8t。其中，天然特用林涵养水源功能年效益值为1.13×10^8t，占97.4%；人工特用林涵养水源功能年效益值为0.31×10^7t，占2.6%。国有特用林涵养水源功能年效益值远大于集体特用林。国有特用林涵养水源功能年效益值为1.06×10^8t，占93.8%；集体特用林涵养水源功能年效益值为0.10×10^8t，只占6.2%。

表4-13 长江上游、黄河中上游地区天然林资源保护工程特用林各龄级涵养水源功能表

类别		涵养水源功能年效益值/10^7t				
		幼龄林	中龄林	近熟林	成熟林	过熟林
天然特用林	国有	0.33	1.78	1.47	2.83	3.94
	集体	0.10	0.19	0.08	0.10	0.49
人工特用林	国有	0.01	0.07	0.02	0.08	0.09
	集体	0.01	0.01	0.01	0.01	0
合计	国有	0.34	1.85	1.49	2.92	4.03
	集体	0.11	0.20	0.10	0.11	0.49

在天然林的涵养水源功能年效益中，国有林的年效益值为1.04×10^8t，占天然林的涵养水源效益的92%；集体林的年效益值为0.96×10^7t，只占8%。国有林在各龄级林分的效益值均远大于集体林。

在人工林的涵养水源功能年效益中，国有人工林涵养水源功能年效益值为0.27×10^7t，占人工林的87.1%；集体人工林为0.04×10^7t，占12.9%。在各龄级林分上，除幼龄林相同，国有林涵养水源功能年效益值均大于集体林。

2）特用林各龄级保育土壤功能

由表4-14可以看出：该区特用林保育土壤功能年效益值为9.13×10^5t。其中，天然特用林保育土壤功能年效益值为8.9×10^5t，占97.48%；人工特用林保育土壤功能年效益值为2.46×10^4t，仅占2.52%。国有特用林保育土壤功能年效益值远大于集体特用林。国有特用林保育土壤功能年效益值为8.4×10^5t，占92.0%；集体特用林保育土壤功能年效益值为7.84×10^4t，仅占8.0%。

在天然林的保育土壤功能年效益中，国有林的年效益值为8.1×10^5t，占天然林的保育土壤效益的91%；集体林的年效益值为7.57×10^4t，只占9%。国有林在各龄级林分的效益值均远大于集体林。

在人工林的保育土壤功能年效益中，国有人工林保育土壤功能年效益值为2.20×10^4t，占人工林的89.4%；集体人工林为0.26×10^4t，占10.6%。在各龄级林分上，国有林保育土壤功能年效益值均大于集体林。国有人工林保育土壤效益值随林龄的增长呈波动变化，过熟林效益值最大；集体人工林保育土壤效益值随林龄的增大呈单峰变化，龄级中无过熟林，近熟林效益值最大，幼龄林效益值最小。

表 4-14　长江上游、黄河中上游地区天然林资源保护工程特用林各龄级保育土壤功能表

类别		保育土壤功能年效益值/10^4t				
		幼龄林	中龄林	近熟林	成熟林	过熟林
天然特用林	国有	2.56	13.99	11.57	22.27	30.94
	集体	0.78	1.51	0.64	0.77	3.87
人工特用林	国有	0.10	0.59	0.16	0.64	0.71
	集体	0.04	0.05	0.11	0.06	0
合计	国有	2.66	14.58	11.73	22.91	31.65
	集体	0.82	1.56	0.75	0.83	3.87

3）特用林各龄级固碳释氧储养功能

由表 4-15 可以看出：该区特用林固碳释氧储养功能年效益值为 2.7×10^5t。其中，天然特用林固碳释氧储养功能年效益值为 2.6×10^5t，占 96.3%；人工特用林固碳释氧储养功能年效益值为 0.73×10^4t，占 3.7%。国有特用林固碳释氧储养功能年效益值远大于集体特用林。国有特用林固碳释氧储养功能年效益值为为 2.5×10^5t，占 92.5%；集体特用林固碳释氧储养功能年效益值为 2.32×10^4t，只占 7.5%。从总体来看，国有特用林固碳释氧储养效益值中，过熟林效益值最大；集体特用林固碳释氧储养效益值中，亦是过熟林效益值最大。

表 4-15　长江上游、黄河中上游地区天然林资源保护工程特用林各龄级固碳释氧储养功能表

类别		固碳释氧储养功能年效益值/10^4t				
		幼龄林	中龄林	近熟林	成熟林	过熟林
天然特用林	国有	0.76	4.15	3.43	6.60	9.17
	集体	0.23	0.45	0.19	0.23	1.15
人工特用林	国有	0.03	0.17	0.05	0.19	0.21
	集体	0.01	0.01	0.03	0.02	0
合计	国有	0.79	4.32	3.48	6.79	9.38
	集体	0.24	0.46	0.22	0.25	1.15

在天然林的固碳释氧储养功能年效益中，国有林的年效益值为 2.4×10^5t，占天然林的固碳释氧储养效益的 92.3%；集体林的年效益值为 2.25×10^4t，仅占 7.7%。国有林在各龄级林分的效益值均远大于集体林。

在人工林的固碳释氧储养功能年效益中，国有人工林固碳释氧储养功能年效益值为 0.65×10^4t，占人工林的 89%；集体人工林为 0.07×10^4t，占 11%，在各龄级林分上，国有林固碳释氧储养功能年效益值均大于集体林。

4）特用林各龄级净化环境功能

由表 4-16 可以看出：该区特用林净化环境功能年效益值为 8.6×10^5t。其中，天然特用林净化环境功能年效益值为 8.4×10^5t，占 97.67%；人工特用林净化环境功能年效益值为 2.32×10^4t，占 2.33%。国有特用林净化环境功能年效益值远大于集体特用林。国有特用林净化环境功能年效益值为 7.9×10^5t，占 92.0%；集体特用林净化环境功能年效益值为 7.39×10^4t，只占 8.0%。从总体来看，国有特用林净化环境效益值中，过熟林效益值最大；集体特用林净化环境效益值中，亦是过熟林效益值最大。

表 4-16 长江上游、黄河中上游地区天然林资源保护工程特用林各龄级净化环境功能表

类别		净化环境功能年效益值/10^4t				
		幼龄林	中龄林	近熟林	成熟林	过熟林
天然特用林	国有	2.42	13.19	10.91	20.99	29.17
	集体	0.74	1.43	0.61	0.72	3.65
人工特用林	国有	0.10	0.56	0.15	0.61	0.67
	集体	0.04	0.04	0.10	0.06	0
合计	国有	2.52	13.75	11.06	21.60	29.84
	集体	0.78	1.47	0.71	0.78	3.65

在天然林的净化环境功能年效益中，国有林的年效益值为 7.7×10^5t，占天然林的净化环境效益的 91.6%；集体林的年效益值为 7.14×10^4t，只占 8.4%，国有林在各龄级林分的效益值均远大于集体林。

在人工林的净化环境功能年效益中，国有人工林净化环境功能年效益值为 2.09×10^4t，占人工林的 90%；集体人工林为 0.25×10^4t，占 10%，在各龄级林分上，国有林净化环境功能年效益值均大于集体林。

4.1.1.5 天然林资源保护工程总功能效益分析

由图 4-1 可以看出：长江上游黄河上中游地区天然林资源保护工程区域中，防护林所发挥的生态服务功能效益最大，占到总生态服务功能效益的 66.85%；其次为用材林，占 22.58%；特用林和薪炭林的生态服务效益则相对较小，分别占 10.07% 和 0.50%。

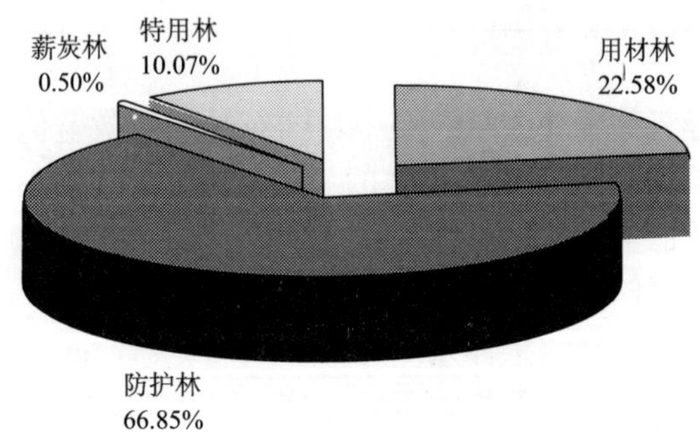

图 4-1 长江上游、黄河中上游地区天然林资源保护工程总功能效益分析

4.1.2　东北、内蒙古等重点国有林区天然林资源保护工程功能评价

4.1.2.1　用材林

1）用材林各龄级涵养水源功能

由表 4-17 可以看出：东北、内蒙古等重点国有林区天然林资源保护工程用材林发挥涵养水源功能的都是天然国有林分，天然集体林发挥效益很小，国有和集体人工林的年效益只占很小的比例。用材林涵养水源功能年效益值为 5.77×10^{8}t，国有中龄林涵养水源年效益值最大，值为 2.32×10^{8}t，占天然用材林涵养水源功能效益的 40%。国有天然林涵养水源功能年效益值为 5.76×10^{8}t，占用材林效益值的 99.8%。

表 4-17　东北、内蒙古等重点国有林区天然林资源保护工程用材林各龄级涵养水源功能表

类别		净化环境功能年效益值/10^{7}t				
		幼龄林	中龄林	近熟林	成熟林	过熟林
天然用材林	国有	4.38	22.60	11.81	11.83	4.72
	集体	0.01	0.05	0.01	0	0.01
人工用材林	国有	0.82	0.57	0.61	0.22	0
	集体	0.01	0	0.01	0	0
合计	国有	5.20	23.17	12.42	12.05	4.72
	集体	0.02	0.06	0.02	0.00	0.01

2）用材林各龄级保育土壤功能

由表 4-18 可以看出，该区用材林保育土壤功能年效益值为 4.53×10^{6}t。总体上，天然国有林分保育土壤的年效益值最大，天然集体林发挥效益很小，天然国有林保育土壤功能年效益值为 4.35×10^{6}t，占用材林总效益值的 96.0%，而国有和集体人工林的年效益仅占很小的比例。总体上看，国有林随龄级的增加呈单峰变化，国有中龄林保育土壤年效益值最大，为 1.8202×10^{6}t，占天然用材林保育土壤功能效益的 41.8%。

表 4-18　东北、内蒙古等重点国有林区天然林资源保护工程用材林各龄级保育土壤功能表

类别		保育土壤功能年效益值/10^{4}t				
		幼龄林	中龄林	近熟林	成熟林	过熟林
天然用材林	国有	34.39	177.54	92.81	92.94	37.07
	集体	0.06	0.42	0.08	0	0.08
人工用材林	国有	6.41	4.48	4.83	1.69	0
	集体	0.11	0.04	0.10	0	0
合计	国有	40.80	182.02	97.64	94.63	37.07
	集体	0.18	0.47	0.18	0	0.08

3）用材林各龄级固碳释氧储养功能

由表 4-19 可以看出：该区用材林发挥固碳释氧储养功能的主要是天然国有林分，天然集体林发挥效益很小，人工国有林和集体林发挥的年效益只占很小的比例。用材林固碳释氧储养功能年效益值为 1.34×10^{6}t，其中，天然国有林固碳释氧储养功能年效益值为 1.29×10^{6}t，占用材林效益的 96.26%。总体上看，国有林随龄级增加呈单峰变化，国有中龄林固碳释氧储养年效益值最大，为 0.54×10^{6}t，占天然用材林固碳释氧储养功能效益的 41.9%。

表 4-19　东北、内蒙古等重点国有林区天然林资源保护工程用材林各龄级固碳释氧储养功能表

类别		固碳释氧储养功能年效益值/10^{4}t				
		幼龄林	中龄林	近熟林	成熟林	过熟林
天然用材林	国有	10.20	52.64	27.52	27.56	10.99
	集体	0.02	0.13	0.03	0	0.03
人工用材林	国有	1.90	1.33	1.43	0.50	0
	集体	0.03	0.01	0.03	0	0
合计	国有	12.10	53.97	28.95	28.06	10.99
	集体	0.05	0.14	0.06	0	0.03

4）用材林各龄级净化环境功能

通过表 4-20 可以看出：该区用材林发挥净化环境功能的大多是天然国有林分，天然集体林发挥效益很小，而人工林发挥的年效益只占很小的比例，该工程用材林净化环境功能年效益总值为 4.27×10^{6}t。天然国有林净化环境功能年效益值为 4.10×10^{6}t，占用材林效益的 96.0%，发挥着主要的净化环境效益。总体来看，国有林净化环境效益值随林龄的增加呈单峰变化，中龄林净化环境年效益值最大，为 1.72×10^{6}t，占天然用材林净化环境功能效益的 41.9%。

表 4-20　东北、内蒙古等重点国有林区天然林资源保护工程用材林各龄级净化环境功能表

类别		净化环境功能年效益值/10^{4}t				
		幼龄林	中龄林	近熟林	成熟林	过熟林
天然用材林	国有	32.42	167.40	87.51	87.63	34.95
	集体	0.06	0.40	0.08	0	0.08
人工用材林	国有	6.04	4.22	4.56	1.59	0
	集体	0.11	0.03	0.09	0	0
合计	国有	38.46	171.62	92.07	89.22	34.95
	集体	0.17	0.43	0.17	0	0.08

4.1.2.2　防护林

1）防护林各龄级涵养水源功能

由表 4-21 可以看出，东北、内蒙古等重点国有林区天然林资源保护工程中防护林涵养水源功能年效益值为 2.30×10^{8}t。其中，天然国有林涵养水源功能年效益值为 2.27×10^{8}t，占防护林效益的 98.69%。在国有林中，天然国有林效益值呈波动变化，中龄林效益值最大，其次是成熟林，最小为幼龄林。由表 4-21 中数据可以看出，该区防护林发挥涵养水源功能的大多是天然国有林分，天然集体林发挥效益很小，而人工国有林和集体林发挥的涵养水源的效益值只占很小的比例。

表 4-21　东北、内蒙古等重点国有林区天然林资源保护工程防护林各龄级涵养水源功能表

类别		涵养水源功能年效益值/10^{6}t				
		幼龄林	中龄林	近熟林	成熟林	过熟林
天然防护林	国有	13.00	70.35	42.18	63.37	38.04
	集体	0.01	0.08	0.04	0	0
人工防护林	国有	1.07	1.05	0.49	0.02	0
	集体	0	0.03	0.00	0	0
合计	国有	14.07	71.40	42.67	63.40	38.04
	集体	0.01	0.11	0.04	0	0

2）防护林各龄级保育土壤功能

由表 4-22 可以看出：东北、内蒙古等重点国有林区天然林资源保护工程防护林发挥保育土壤功能的主要是天然国有林分，天然集体林发挥效益很小，国有和集体人工林发挥的年效益只占很小的比例。防护林保育土壤功能的年效益值为 1.81×10^{6}t，其中，天然国有林保育土壤功能年效益值为 1.78×10^{6}t，占防护林效益的 98.34%；在国有林中，随龄级的增加其效益值呈双峰变化，中龄林和成熟林保育土壤年效益值均较大，分别为 0.56×10^{6}t 和 0.50×10^{6}t，分别占天然防护林保育土壤功能效益的 31.5%和 28%。

表 4-22　东北、内蒙古等重点国有林区天然林资源保护工程防护林各龄级保育土壤功能表

类别		保育土壤功能年效益值/10^{4}t				
		幼龄林	中龄林	近熟林	成熟林	过熟林
天然防护林	国有	10.22	55.27	33.14	49.80	29.89
	集体	0.01	0.06	0.03	0	0
人工防护林	国有	0.84	0.83	0.39	0.02	0
	集体	0	0.02	0	0	0
合计	国有	11.06	56.10	33.53	49.82	29.89
	集体	0.01	0.08	0.03	0	0

3）防护林各龄级固碳释氧储养功能

由表 4-23 可以看出：该区防护林发挥固碳释氧储养功能的主体是天然国有林分，天然集体林发挥效益很小，而人工国有林和集体林发挥的年效益只占很小的比例。防护林固碳释氧储养功能年效益值为 5.4×10^5t。其中，天然国有林固碳释氧储养功能年效益值为 5.3×10^5t，占防护林效益的 98.14%，发挥着主要的固碳释氧储养功能。总体来看，各龄级林分中，国有中龄林和成熟林固碳释氧储养年效益值较大，分别为0.16×10^6t 和 0.15×10^6t，分别占天然防护林固碳释氧储养功能效益的 31.0%和 27.9%。

表 4-23　东北、内蒙古等重点国有林区天然林资源保护工程防护林各龄级固碳释氧储养功能表

类别		固碳释氧储养功能年效益值/10^4t				
		幼龄林	中龄林	近熟林	成熟林	过熟林
天然防护林	国有	3.03	16.39	9.83	14.77	8.86
	集体	0	0.02	0.01	0	0
人工防护林	国有	0.25	0.25	0.12	0.01	0
	集体	0	0.01	0	0	0
合计	国有	3.28	16.64	9.95	14.78	8.86
	集体	0	0.02	0.01	0	0

4）防护林各龄级净化环境功能

由表 4-24 中可以看出，该区防护林发挥净化环境功能主体是天然国有林分，天然集体林发挥效益很小，而人工林发挥的年效益只占很小的比例，工程防护林净化环境功能年效益值为 1.70×10^6t。天然国有林净化环境功能效益值呈波动变化，其年效益值为 1.68×10^6t，占防护林效益的 98.8%，发挥着主要净化环境功能。总体来看，国有林的效益值呈波动变化，中龄林和成熟林净化环境年效益值较大，分别为 0.53×10^6t 和 0.47×10^6t，分别占天然防护林净化环境功能效益的 31.5%和 27.9%。

表 4-24　东北、内蒙古等重点国有林区天然林资源保护工程防护林各龄级净化环境功能表

类别		净化环境功能年效益值/10^4t				
		幼龄林	中龄林	近熟林	成熟林	过熟林
天然防护林	国有	9.63	52.12	31.25	46.95	28.18
	集体	0.01	0.06	0.03	0	0
人工防护林	国有	0.79	0.78	0.37	0.02	0
	集体	0	0.02	0	0	0
合计	国有	10.42	52.90	31.62	46.97	28.18
	集体	9.63	52.12	31.25	46.95	28.18

4.1.2.3　薪炭林

1）薪炭林各龄级涵养水源功能

由表 4-25 中可以看出：该区仅有天然薪炭林，国有薪炭林涵养水源的年效益值远大于集体林，发挥着重要涵养水源功能。薪炭林涵养水源功能年效益值为 4.14×10^5 t，其中，国有林涵养水源功能年效益值为 4.13×10^5 t，占薪炭林效益的 99.75%。在国有林中，国有成熟林涵养水源年效益值最大为 2.30×10^5 t，占天然薪炭林涵养水源功能效益的 55.56%。

表 4-25　东北、内蒙古等重点国有林区天然林资源保护工程薪炭林各龄级涵养水源功能表

类别		涵养水源功能年效益值/10^4 t				
		幼龄林	中龄林	近熟林	成熟林	过熟林
天然薪炭林	国有	7.15	4.81	6.33	23.00	0
	集体	0.12	0	0	0	0
合计	国有	7.15	4.81	6.33	23.00	0
	集体	0.12	0	0	0	0

2）薪炭林各龄级保育土壤功能

由表 4-26 中可以看出：该区仅有天然薪炭林，国有薪炭林保育土壤的年效益值远大于集体林。薪炭林保育土壤功能年效益值为 3.25×10^4 t，其中，国有林保育土壤功能年效益值为 3.24×10^4 t，占薪炭林效益的 96.0%。在国有林中，国有成熟林保育土壤年效益值最大为 1.81×10^4 t，占天然薪炭林保育土壤功能效益的 55.69%。

表 4-26　东北、内蒙古等重点国有林区天然林资源保护工程薪炭林各龄级保育土壤功能表

类别		保育土壤功能年效益值/10^3 t				
		幼龄林	中龄林	近熟林	成熟林	过熟林
天然薪炭林	国有	5.62	3.78	4.97	18.07	0
	集体	0.09	0	0	0	0
合计	国有	5.62	3.78	4.97	18.07	0
	集体	0.09	0	0	0	0

3）薪炭林各龄级固碳释氧储养功能

由表 4-27 中可以看出：该区仅有天然薪炭林，国有薪炭林固碳释氧储养的年效益值远大于集体林。从龄级分布上，集体林中仅有幼龄林，国有林中无过熟林。薪炭林固碳释氧储养功能年效益值为 9.65×10^3 t，其中，国有林年效益值为 9.62×10^3 t，占薪炭林效益的 99.7%。在国有林中，国有成熟林固碳释氧储养年效益值最大为 5.36×10^3 t，占天然薪炭林固碳释氧储养功能效益的 55.9%。

表 4-27 东北、内蒙古等重点国有林区天然林资源保护工程薪炭林各龄级固碳释氧储养功能表

类别		固碳释氧储养功能年效益值/10^3t				
		幼龄林	中龄林	近熟林	成熟林	过熟林
天然薪炭林	国有	1.67	1.12	1.47	5.36	0
	集体	0.03	0	0	0	0
合计	国有	1.67	1.12	1.47	5.36	0
	集体	0.03	0	0	0	0

4）薪炭林各龄级净化环境功能

由表 4-28 可以看出：该区仅有天然薪炭林，国有薪炭林净化环境的年效益值远大于集体林。薪炭林净化环境功能年效益值为 3.07×10^4t，其中，国有林净化环境功能年效益值为 3.06×10^4t，占薪炭林效益的 99.7%。从龄级分布上看，在国有林中，国有成熟林净化环境年效益值较大为 1.70×10^4t，占天然薪炭林净化环境功能效益的 55.6%。

表 4-28 东北、内蒙古等重点国有林区天然林资源保护工程薪炭林各龄级净化环境功能表

类别		净化环境功能年效益值/10^3t				
		幼龄林	中龄林	近熟林	成熟林	过熟林
天然薪炭林	国有	5.29	3.56	4.69	17.04	0
	集体	0.09	0	0	0	0
合计	国有	5.29	3.56	4.69	17.04	0
	集体	0.09	0	0	0	0

4.1.2.4 特用林

1）特用林各龄级涵养水源功能

由表 4-29 可以看出：该区仅分布有天然林，国有特用林涵养水源的年效益值远大于集体林。特用林涵养水源功能年效益值为 6.81×10^7t，其中，国有林涵养水源功能年效益值为 6.73×10^7t，占特用林年效益的 98.82%。从龄级分布上看，集体林中仅有

表 4-29 东北、内蒙古等重点国有林区天然林资源保护工程特用林各龄级涵养水源功能表

类别		涵养水源功能年效益值/10^6t				
		幼龄林	中龄林	近熟林	成熟林	过熟林
天然特用林	国有	1.41	14.35	16.71	21.19	14.07
	集体	0.25	0.13	0	0	0
合计	国有	1.41	14.35	16.71	21.19	14.07
	集体	0.25	0.13	0	0	0

幼龄林和中龄林；国有林效益值随龄级的增加呈单峰变化，成熟林效益值最大。在国有林中，成熟林涵养水源年效益值最大为 0.21×10^7t，占天然林涵养水源功能效益值的 31.11%。

2）特用林各龄级保育土壤功能

由表 4-30 可以看出：该区仅分布有天然特用林，国有特用林保育土壤的年效益值远大于集体林。特用林保育土壤功能年效益值为 5.40×10^5t，其中，国有林保育土壤功能年效益值为 5.37×10^5t，占特用林效益的 99.45%。从龄级分布上看，集体林中仅有幼龄林和中龄林；国有林效益值随龄级的增加呈单峰变化，成熟林效益值最大。在国有林中，成熟林保育土壤年效益值最大为 1.67×10^5t，占天然林保育土壤功能效益值的 30.99%，幼龄林发挥功能效益最小为 0.12×10^5t，仅占天然特用林保育土壤功能效益的 2.3%。

表 4-30　东北、内蒙古等重点国有林区天然林资源保护工程特用林各龄级保育土壤功能表

类别		保育土壤功能年效益值/10^4t				
		幼龄林	中龄林	近熟林	成熟林	过熟林
天然特用林	国有	1.18	11.72	13.13	16.65	11.05
	集体	0.20	0.10	0	0	0
合计	国有	1.18	11.72	13.13	16.65	11.05
	集体	0.20	0.10	0	0	0

3）特用林各龄级固碳释氧储养功能

由表 4-31 可以看出，该区仅有天然特用林，国有特用林固碳释氧储养的年效益值远大于集体林。特用林固碳释氧储养功能年效益值为 0.16×10^6t，其中，国有林固碳释氧储养功能年效益值为 0.159×10^6t，占特用林效益的 99.45%。在国有林中，国有成熟林固碳释氧储养年效益值最大为 4.94×10^4t，占天然特用林固碳释氧储养功能效益的 30.99%；幼龄林发挥功能效益最小为 0.35×10^4t，仅占天然特用林固碳释氧储养功能效益的 2.19%。

表 4-31　东北、内蒙古等重点国有林区天然林资源保护工程特用林各龄级固碳释氧储养功能表

类别		固碳释氧储养功能年效益值/10^4t				
		幼龄林	中龄林	近熟林	成熟林	过熟林
天然特用林	国有	0.35	3.48	3.89	4.94	3.28
	集体	0.06	0.03	0	0	0
合计	国有	0.35	3.48	3.89	4.94	3.28
	集体	0.06	0.03	0	0	0

4）特用林各龄级净化环境功能

由表 4-32 可以看出：该区仅有天然特用林，国有特用林净化环境的年效益值远大于集体林，发挥主要净化环境的效益。从龄级分布上，集体林中仅有幼龄林和中龄林；国有林随龄级的增加呈单峰变化，成熟林效益值最大。特用林净化环境功能年效益值为 5.09×10^5 t，其中，国有林净化环境功能年效益值为 5.06×10^5 t，占特用林效益的 98.5%。对于不同龄级的林分，在国有林中，成熟林净化环境年效益值最大为 1.57×10^5 t，占天然特用林净化环境功能效益的 31.1%；幼龄林发挥功能效益最小为 0.11×10^5 t，仅占天然特用林净化环境功能效益的 2.6%。

表 4-32 东北、内蒙古等重点国有林区天然林资源保护工程特用林各龄级净化环境功能表

类别		净化环境功能年效益值/10^5 t				
		幼龄林	中龄林	近熟林	成熟林	过熟林
天然特用林	国有	0.11	1.06	1.24	1.57	1.04
	集体	0.02	0.01	0	0	0
合计	国有	0.11	1.06	1.24	1.57	1.04
	集体	0.02	0.01	0	0	0

4.1.2.5 工程总功能效益分析

由图 4-2 可以看出：东北、内蒙古等重点国有林区天然林资源保护工程区域中，用材林所发挥的生态服务功能效益最大，占到总生态服务功能效益的 65.58%；其次为防护林，占 26.13%；特用林和薪炭林的生态服务效益则相对较小，分别只占 7.82% 和 0.47%。

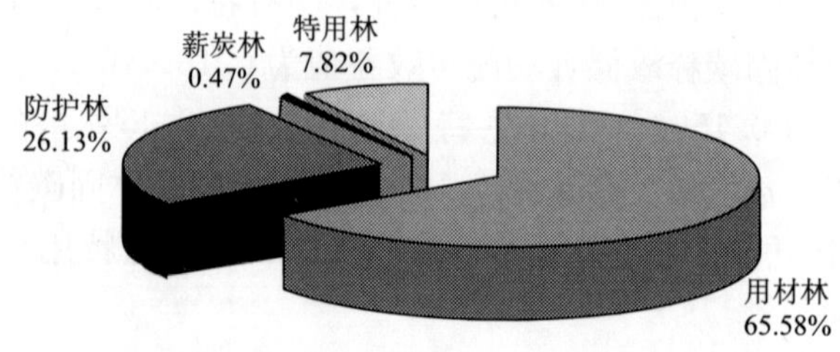

图 4-2 东北、内蒙古等重点国有林区天然林资源保护工程总功能效益分析

4.1.3 工程总功能效益评价

4.1.3.1 用材林

1）用材林各龄级涵养水源功能

由表 4-33 可以看出，天然林资源保护工程中的用材林涵养水源功能年效益值为 8.35×10^8 t。其中，天然用材林涵养水源功能年效益值为 7.61×10^8 t，占 91.2%；人工用材林涵养水源功能年效益值为 0.74×10^8 t，占 8.8%。国有用材林涵养水源功能年效益值远大于集体用材林。国有用材林涵养水源功能年效益值为 6.95×10^8 t，占 83.2%；

集体用材林涵养水源功能年效益值为 1.40×10^{8}t，仅占 16.8%。从总体来看，国有用材林涵养水源效益值随林龄的增大呈单峰变化，中龄林效益值最大；集体用材林的中龄林效益值最大。

表 4-33　天然林资源保护工程用材林各龄级涵养水源功能表

类别		涵养水源功能年效益值/10^{5}t				
		幼龄林	中龄林	近熟林	成熟林	过熟林
天然用材林	国有	463.71	2409.31	1382.69	1447.09	876.52
	集体	258.36	371.75	166.19	111.90	121.52
人工用材林	国有	94.00	99.68	95.44	70.78	6.49
	集体	64.37	182.58	73.34	42.09	8.89
合计	国有	557.71	2508.99	1478.13	1517.87	883.01
	集体	322.73	554.33	239.53	153.99	130.41

在天然林的涵养水源功能年效益中，国有林的年效益值为 6.58×10^{8}t，占天然林的涵养水源效益的 86.5%；集体林的年效益值为 1.03×10^{8}t，占 13.5%。各龄级林分的效益值均是国有林大于集体林。

在人工林的涵养水源功能年效益中，国有人工林涵养水源功能年效益值为 0.36×10^{8}t，占人工林的 49.7%；集体人工林为 0.37×10^{8}t，占 50.3%。除国有中龄林和过熟林的效益值小于集体林外，其余国有林分的效益值均大于集体林。

2）用材林各龄级保育土壤功能

由表 4-34 可知：天然林资源保护工程中用材林保育土壤功能的年效益值为 6.56×10^{6}t。总体上看，国有用材林保育土壤功能年效益值大于集体用材林。国有用材林保育土壤功能年效益值为 5.46×10^{6}t，占 83.2%；集体用材林保育土壤功能年效益值为 1.10×10^{6}t，仅占 16.8%。对于各龄级的林分，天然林的效益值均大于人工林。天然用材林保育土壤功能年效益值为 5.98×10^{6}t，占 91.2%；人工用材林保育土壤功能年效益值为 0.58×10^{6}t，仅占 8.8%。

表 4-34　天然林资源保护工程用材林各龄级保育土壤功能表

类别		保育土壤功能年效益值/10^{5}t				
		幼龄林	中龄林	近熟林	成熟林	过熟林
天然用材林	国有	3.64	18.93	10.86	11.37	6.89
	集体	2.03	2.92	1.31	0.88	0.95
人工用材林	国有	0.74	0.78	0.75	0.56	0.05
	集体	0.51	1.43	0.58	0.33	0.07
合计	国有	4.38	19.71	11.61	11.93	6.94
	集体	2.54	4.35	1.89	1.21	1.02

在天然用材林中，国有林保育土壤的年效益值为 5.17×10^8t，占天然林的 86.5%；集体林保育土壤的年效益值为 0.81×10^6t，占 13.5%。国有用材林保育土壤的效益值大于集体林。各龄级林分的效益值均为国有林大于集体林。国有林随龄级的增加呈单峰变化，中龄林效益值最大。

在人工用材林中，国有林保育土壤年效益值为 0.28×10^6t，占人工林的 49.7%；集体林保育土壤年效益值为 0.29×10^6t，占 50.3%。国有林和集体林保育土壤的效益值相差不大。

3）用材林各龄级固碳释氧储养功能

由表 4-35 可以看出：天然林资源保护工程中用材林固碳释氧储养功能年效益值总和为 1.94×10^6t。其中，国有用材林年效益值为 1.62×10^6t，集体用材林年效益值为 0.33×10^6t，国有用材林年效益值为集体用材林的 4.91 倍。

表 4-35 天然林资源保护工程用材林各龄级固碳释氧储养功能表

类别		固碳释氧储养功能年效益值/10^5t				
		幼龄林	中龄林	近熟林	成熟林	过熟林
天然用材林	国有	1.08	5.61	3.22	3.37	2.04
	集体	0.60	0.87	0.39	0.26	0.28
人工用材林	国有	0.22	0.23	0.22	0.16	0.02
	集体	0.15	0.43	0.17	0.10	0.02
合计	国有	1.30	5.84	3.44	3.53	2.06
	集体	0.75	1.30	0.56	0.36	0.30

在天然用材林中，国有天然林和集体天然林的固碳释氧储养总效益值差距较小。国有天然林的年效益值为 1.53×10^6t，占天然林的 86.5%；集体天然林为 0.24×10^6t，占 13.5%。国有天然林固碳释氧储养效益值随林龄的增大呈波动变化，中龄林年效益值最大，集体天然林固碳释氧储养年效益值随林龄的增大呈单峰变化趋势，中龄林年效益值最大。

在人工用材林中，国有林年效益值为 8.54×10^4t，占人工林的 49.7%；集体林为 8.65×10^4t，占 50.3%。从不同龄级林分的固碳释氧储养效益值来看，国有人工林年效益值随林龄的增大呈波动变化，中龄林年效益值最大；集体人工林年效益值随林龄的增大呈单峰变化模式，中龄林年效益值最大，过熟林年效益值最小。

4）用材林各龄级净化环境功能

由表 4-36 可以看出：天然林资源保护工程中用材林净化环境功能年效益值为 6.18×10^6t。天然林净化环境的年效益值远大于人工林。天然用材林年效益值为 5.64×10^6t，占 91.2%；人工用材林年效益值为 0.55×10^6t，仅占 8.8%。国有用材林净化环境功能年效益值为 5.15×10^6t，占 83.2%；集体用材林净化环境功能年效益值为 1.04×10^6t，只占 16.8%。国有用材林净化环境功能年效益大于集体用材林。

表 4-36　天然林资源保护工程用材林各龄级净化环境功能表

类别		净化环境功能年效益值/10^5t				
		幼龄林	中龄林	近熟林	成熟林	过熟林
天然用材林	国有	3.44	17.85	10.24	10.72	6.49
	集体	1.91	2.75	1.23	0.83	0.90
人工用材林	国有	0.70	0.74	0.71	0.52	0.05
	集体	0.48	1.35	0.54	0.31	0.07
合计	国有	4.14	18.59	10.95	11.24	6.54
	集体	2.39	4.10	1.77	1.14	0.97

在天然用材林中，国有用材林年效益值为 4.87×10^6t，占天然林的 86.5%；集体林为 0.76×10^6t，占 13.5%。国有用材林各龄级林分净化环境功能均大于天然集体用材林。国有用材林的净化环境功能随林龄的增大呈单峰变化趋势，中龄林年效益值最大；集体用材林的净化环境功能随林龄的增大亦呈单峰变化，中龄林年效益值最大。在各龄级林分上，国有用材林的年效益值均大于集体用材林。在人工用材林中，国有林净化环境的年效益值为 0.27×10^6t，占人工林的 49.7%；集体林净化环境年效益值为 0.28×10^6t，占 50.3%。国有林和集体林净化环境效益值相差不大。

4.1.3.2　防护林

1）防护林各龄级涵养水源功能

由表 4-37 可以看出：天然林资源保护工程中的防护林涵养水源功能年效益值为 9.94×10^8t。其中，天然防护林涵养水源功能年效益值为 9.61×10^8t，占 96.7%；人工防护林涵养水源功能年效益值为 0.33×10^8t，占 3.3%。国有防护材林涵养水源功能年效益值大于集体防护林。国有防护林涵养水源功能年效益值为 7.20×10^8t，占 72.4%；集体防护林涵养水源功能年效益值为 2.74×10^8t，只占 27.6%。

表 4-37　天然林资源保护工程防护林各龄级净化环境功能表

类别		净化环境功能年效益值/10^5t				
		幼龄林	中龄林	近熟林	成熟林	过熟林
天然防护林	国有	292.57	1393.35	1020.23	2151.46	2244.83
	集体	538.88	602.82	345.41	459.96	556.47
人工防护林	国有	20.83	32.12	23.54	14.18	2.26
	集体	42.66	99.56	41.47	43.99	10.62
合计	国有	313.40	1425.47	1043.77	2165.64	2247.09
	集体	581.54	702.38	386.88	503.95	567.09

在天然林的涵养水源功能年效益中，国有林的年效益值为 7.10×10^8t，占天然林的涵养水源效益的 73.9%；集体林的年效益值为 2.50×10^8t，占 26.1%。除幼龄林的效

益值是国有林小于集体林外，其余各龄级林的效益值均是国有林大于集体林。

在人工林的涵养水源功能年效益中，国有人工林涵养水源功能年效益值为 9.29×10^6t，占人工林的 28.1%；集体人工林为 0.24×10^8t，占 71.9%。在各龄级林分上，国有林涵养水源功能年效益值均小于集体林。

2）防护林各龄级保育土壤功能

由表 4-38 可知：天然林资源保护工程中防护林保育土壤功能的年效益值为 7.81×10^6t。总体上看，国有防护林保育土壤功能年效益值为 5.65×10^6t，占 72.4%；集体防护林保育土壤功能年效益值为 2.15×10^6t，只占 27.6%。国有防护林保育土壤功能年效益值大于集体防护林。对于各龄级的林分，天然林的效益值均大于人工林。天然防护林保育土壤功能年效益值为 7.55×10^6t，占 96.7%；人工防护林保育土壤功能年效益值为 0.26×10^6t，仅占 3.3%。

表 4-38　天然林资源保护工程防护林各龄级保育土壤功能表

类别		保育土壤功能年效益值/10^5t				
		幼龄林	中龄林	近熟林	成熟林	过熟林
天然防护林	国有	2.30	10.95	8.02	16.91	17.64
	集体	4.23	4.74	2.71	3.61	4.37
人工防护林	国有	0.16	0.25	0.18	0.11	0.02
	集体	0.34	0.78	0.33	0.35	0.08
合计	国有	2.46	11.20	8.20	17.02	17.66
	集体	4.57	5.52	3.04	3.96	4.45

在天然防护林中，国有林保育土壤的年效益值为 5.58×10^6t，占天然林的 73.9%；集体林保育土壤的年效益值为 1.97×10^6t，占 26.1%。国有林保育土壤年效益大于集体林。对比国有林和集体林在各龄级上的效益值，除幼龄林保育土壤功能年效益值略小于集体防护林外，其余各龄级林分保育土壤功能均大于集体林。

在人工防护林中，国有林保育土壤年效益值为 7.30×10^4t，占人工林的 28.1%；集体林保育土壤年效益值为 0.19×10^6t，占 71.9%。集体林保育土壤功能明显高于国有林。在各个龄级上，集体林的效益值均高于国有林；在国有林和集体林中，中龄林的效益值均为最大。

3）防护林各龄级固碳释氧储养功能

由表 4-39 可知：天然林资源保护工程中防护林固碳释氧储养功能年效益值总和为 2.32×10^6t。其中，国有防护林年效益值为 1.68×10^6t，集体防护林年效益值为 0.64×10^6t，国有防护林年效益值为集体防护林的 2.63 倍。天然防护林固碳释氧储养功能年效益值为 2.24×10^6t，占 96.7%；人工防护林年效益值为 7.72×10^4t，仅占 3.3%。天然林在各龄级林分的固碳释氧储养功能年效益值均大于人工林。

表 4-39　天然林资源保护工程防护林各龄级固碳释氧储养功能表

类别		固碳释氧储养功能年效益值/10^5t				
		幼龄林	中龄林	近熟林	成熟林	过熟林
天然防护林	国有	0.68	3.25	2.38	5.01	5.23
	集体	1.26	1.40	0.80	1.07	1.30
人工防护林	国有	0.05	0.07	0.05	0.03	0.01
	集体	0.10	0.23	0.10	0.10	0.02
合计	国有	0.73	3.32	2.43	5.04	5.24
	集体	1.36	1.63	0.90	1.17	1.32

在天然防护林中，国有天然林的年效益值为 1.65×10^6t，占天然林的 73.9%；集体林为 0.58×10^6t，占 26.1%。除国有幼龄林固碳释氧储养功能年效益值小于集体林外，其余国有防护林各龄级林分固碳释氧储养功能均大于集体林。国有天然林固碳释氧储养效益值随林龄的增大呈逐渐增加的趋势，集体林固碳释氧储养年效益值随林龄的增大呈波动变化，中龄林年效益值最大。

在人工防护林中，国有林年效益值为 2.16×10^4t，占人工林的 28.1%；集体林为 5.55×10^4t，占 71.9%。集体人工林固碳释氧储养功能为国有人工林的 2.57 倍。从不同龄级林分的固碳释氧储养效益值来看，国有人工林年效益值随林龄的增大呈单峰变化，中龄林年效益值最大；集体人工林年效益值随林龄的增大呈波动变化，中龄林年效益值最大，过熟林年效益值最小。

4）防护林各龄级净化环境功能

通过表 4-40 可以看出：天然林资源保护工程中防护林净化环境功能年效益值为 7.36×10^6t，天然防护林净化环境年效益值远大于人工林。天然林年效益值为 7.12×10^6t，占 96.7%；人工林年效益值为 0.25×10^6t，仅占 3.3%。国有防护林净化环境功能年效益值为 5.33×10^6t，占 72.4%；集体防护林净化环境功能年效益值为 2.03×10^6t，只占 27.6%。国有防护林净化环境功能年效益值大于集体防护林。

表 4-40　天然林资源保护工程防护林各龄级净化环境功能表

类别		净化环境功能年效益值/10^5t				
		幼龄林	中龄林	近熟林	成熟林	过熟林
天然防护林	国有	2.17	10.32	7.56	15.94	16.63
	集体	3.99	4.47	2.56	3.41	4.12
人工防护林	国有	0.15	0.24	0.17	0.11	0.02
	集体	0.32	0.74	0.31	0.33	0.08
合计	国有	2.32	10.56	7.73	16.05	16.65
	集体	4.31	5.21	2.87	3.74	4.20

在天然防护林中，国有防护林年效益值为 5.26×10^6t，占天然林的 73.9%；集体

林为 1.85×10⁶t，占 26.1%。国有防护林净化环境效益值大于集体防护林。国有防护林的净化环境功能随林龄的增大呈波动变化，过熟林年效益值最大；集体防护林的净化环境功能随林龄的增大亦呈波动变化，中龄林年效益值最大。相同龄级林分净化环境年效益值对比可知，除国有防护幼龄林净化环境功能年效益值略小于天然集体防护幼龄林外，其余国有防护林各龄级林分净化环境功能均大于集体防护林。

在人工防护林中，国有林净化环境的年效益值为 6.88×10^4t，占人工林的 28.1%；集体林净化环境年效益值为 0.18×10^6t，占 71.9%。集体林净化环境功能明显大于国有林。相同龄级林分净化环境年效益值对比可知，各龄级林分的年效益值均为国有林小于集体林。

4.1.3.3 薪炭林

1）薪炭林各龄级涵养水源功能

由表 4-41 可以看出，天然林资源保护工程中的薪炭林涵养水源功能年效益值为 9.89×10^6t。人工林中，仅有幼龄林和近熟林，天然林发挥主要涵养水源的功能。集体薪炭林涵养水源功能略大于国有薪炭林。国有薪炭林涵养水源功能年效益值为 4.68×10^6t，占 47.4%；集体薪炭林涵养水源功能年效益值为 5.21×10^6t，占 52.6%。从总体来看，集体幼龄林效益值最大，龄级中无集体过熟林，国有过熟林效益值最小。

表 4-41 天然林资源保护工程防护林各龄级涵养水源功能表

类别		涵养水源功能年效益值/10^5t				
		幼龄林	中龄林	近熟林	成熟林	过熟林
天然薪炭林	国有	7.46	7.52	6.97	23.00	0.87
	集体	28.28	19.17	2.31	1.10	0
人工薪炭林	国有	1.04	0	0	0	0
	集体	0.84	0	0.38	0	0
合计	国有	8.50	7.52	6.97	23.00	0.87
	集体	29.12	19.17	2.69	1.10	0

在天然林的涵养水源功能年效益中，国有林涵养水源效益值随林龄的增长呈波动变化，成熟林涵养水源的效益值最大，为 2.3×10^6t；集体林涵养水源效益值随林龄的增大而减小，龄级中无过熟林，幼龄林效益值最大。

在人工林的涵养水源功能年效益中，各龄级林分分布不完整，仅有幼龄林和近熟林，国有林中仅有幼龄林，其效益值大于集体林；集体林中，幼龄林的效益值大于近熟林。

2）薪炭林各龄级保育土壤功能

天然林资源保护工程中的薪炭林保育土壤功能年效益值为 7.77×10^4t。由表 4-42 可以看出：人工林中，仅有幼龄林和近熟林，天然林发挥主要保育土壤的功能。集体薪炭林保育土壤功能略大于国有薪炭林，国有薪炭林为 3.68×10^4t，占 47.4%；集体薪炭林为 4.09×10^4t，占 52.6%。从总体来看，集体幼龄林效益值最大，龄级中无集体过熟林，国有过熟林效益值最小。

表 4-42　天然林资源保护工程防护林各龄级保育土壤功能表

类别		保育土壤功能年效益值/10^4t				
		幼龄林	中龄林	近熟林	成熟林	过熟林
天然薪炭林	国有	0.59	0.59	0.55	1.81	0.07
	集体	2.22	1.51	0.18	0.09	0
人工薪炭林	国有	0.08	0	0	0	0
	集体	0.07	0	0.03	0	0
合计	国有	0.67	0.59	0.55	1.81	0.07
	集体	2.29	1.51	0.21	0.09	0

在天然林的保育土壤功能年效益中，国有林保育土壤效益值随林龄的增长呈波动变化，成熟林最大，为 1.81×10^4t；集体林随林龄的增大而减小，龄级中无过熟林，幼龄林效益值最大。

在人工林的保育土壤功能年效益中，各龄级林分分布不完整，仅有幼龄林和近熟林，国有林中仅有幼龄林，其效益值大于集体林；集体林中，幼龄林的效益值大于近熟林。

3）薪炭林各龄级固碳释氧储养功能

天然林资源保护工程中的薪炭林固碳释氧储养功能年效益值为 2.30×10^4t。由表 4-43可以看出：人工林中，仅有幼龄林和近熟林，天然林发挥主要固碳释氧储养的功能。集体薪炭林固碳释氧储养功能略大于国有薪炭林，国有薪炭林为 1.09×10^4t，占 47.4%；集体薪炭林为 1.21×10^4t，占 52.6%。从总体来看，集体幼龄林效益值最大，龄级中无集体过熟林，国有过熟林效益值最小。

表 4-43　天然林资源保护工程防护林各龄级固碳释氧储养功能表

类别		固碳释氧储养功能年效益值/10^4t				
		幼龄林	中龄林	近熟林	成熟林	过熟林
天然薪炭林	国有	0.17	0.18	0.16	0.54	0.02
	集体	0.66	0.45	0.05	0.03	0
人工薪炭林	国有	0.02	0	0	0	0
	集体	0.02	0	0.01	0	0
合计	国有	0.19	0.18	0.16	0.54	0.02
	集体	0.68	0.45	0.06	0.03	0

在天然林的固碳释氧储养功能年效益中，国有林随林龄的增长呈波动变化，成熟林最大，为 0.54×10^4t；集体林随林龄的增大而减小，龄级中无过熟林，幼龄林效益值

最大。

在人工林的固碳释氧储养功能年效益中，各龄级林分分布不完整，仅有幼龄林和近熟林，国有林中仅有幼龄林，其效益值大于集体林；集体林中，幼龄林的效益值大于近熟林。

4）薪炭林各龄级净化环境功能

天然林资源保护工程中的薪炭林净化环境功能年效益值为 7.33×10^{4}t。由表 4-44 可以看出：人工林中，仅有幼龄林和近熟林，天然林发挥主要净化环境的功能。集体薪炭林净化环境功能略大于国有薪炭林，国有薪炭林为 3.47×10^{4}t，占 47.4%；集体薪炭林为 3.86×10^{4}t，占 52.6%。从总体来看，集体幼龄林效益值最大，龄级中无集体过熟林，国有过熟林效益值最小。

表 4-44　天然林资源保护工程防护林各龄级净化环境储养功能表

类别		净化环境储养功能年效益值/10^{4}t				
		幼龄林	中龄林	近熟林	成熟林	过熟林
天然薪炭林	国有	0.55	0.56	0.52	1.70	0.06
	集体	2.10	1.42	0.17	0.08	0
人工薪炭林	国有	0.08	0	0	0	0
	集体	0.06	0	0.03	0	0
合计	国有	0.63	0.56	0.52	1.70	0.06
	集体	2.16	1.42	0.20	0.08	0

在天然林的净化环境功能年效益中，国有林净化环境效益值随林龄的增长呈波动变化，成熟林最大，为 1.7×10^{4}t；集体林随林龄的增大而减小，龄级中无过熟林，幼龄林效益值最大。

在人工林的净化环境功能年效益中，各龄级林分分布不完整，仅有幼龄林和近熟林，国有林中仅有幼龄林，其效益值大于集体林；集体林中，幼龄林的效益值大于近熟林。

4.1.3.4　特用林

1）特用林各龄级涵养水源功能

天然林资源保护工程中的特用林涵养水源功能年效益值为 1.85×10^{8}t。由表 4-45 可以看出：天然特用林涵养水源功能年效益值为 1.81×10^{8}t，占 98.0%；人工特用林为 3.79×16^{8}t，占 2.0%。国防护材林涵养水源功能年效益值远大于集体特用林。国有特用林为 1.75×10^{8}t，占 94.4%；集体特用林为 0.10×10^{8}t，只占 5.6%。从总体来看，国有特用林涵养水源效益值中，过熟林效益值最大；集体特用林涵养水源效益值中，亦是过熟林效益值最大。

在天然林的涵养水源功能年效益中，国有林的年效益值为 1.71×10^{8}t，占天然林的涵养水源效益的 94.5%；集体林的年效益值为 0.10×10^{8}t，只占 5.5%。国有林在各龄

表 4-45　天然林资源保护工程特用林各龄级涵养水源储养功能表

类别		涵养水源储养功能年效益值/10^4t				
		幼龄林	中龄林	近熟林	成熟林	过熟林
天然特用林	国有	46.69	321.62	314.30	495.28	534.41
	集体	12.44	20.53	8.21	9.77	49.21
人工特用林	国有	2.20	13.14	2.06	8.17	8.99
	集体	0.57	0.60	1.39	0.77	0
合计	国有	48.89	334.76	316.36	503.45	543.40
	集体	13.01	21.13	9.60	10.54	49.21

级林分的效益值均远大于集体林。国有林涵养水源效益值随林龄的增长呈增加的趋势，过熟林最大；集体林随林龄的增大呈波动变化，过熟林效益值最大，近熟林效益值最小。

在人工林的涵养水源功能年效益中，国有人工林涵养水源功能年效益值为 3.46×10^6t，占人工林的 91.2%；集体人工林为 0.33×10^6t，占 8.8%。在各龄级林分上，国有林涵养水源功能年效益值均大于集体林。国有人工林涵养水源效益值随林龄的增长呈波动变化，中龄林效益值最大；集体人工林随林龄的增大呈单峰变化，龄级中无过熟林，近熟林效益值最大，幼龄林效益值最小。

2）特用林各龄级保育土壤功能

天然林资源保护工程中的特用林保育土壤功能年效益值为 1.45×10^6t。由表 4-46 可以看出：天然特用林保育土壤功能年效益值为 1.42×10^6t，占 98.0%；人工特用林为 2.98×10^4t，占 2.0%。国防护材林保育土壤功能年效益值远大于集体特用林。国有特用林为 1.37×10^6t，占 94.4%；集体特用林为 8.13×10^4t，只占 5.6%。从总体来看，国有特用林保育土壤效益值中，过熟林效益值最大；集体特用林中，亦是过熟林效益值最大。

表 4-46　天然林资源保护工程特用林各龄级保育土壤储养功能表

类别		保育土壤储养功能年效益值/10^4t				
		幼龄林	中龄林	近熟林	成熟林	过熟林
天然特用林	国有	3.67	25.27	24.70	38.92	41.99
	集体	0.98	1.61	0.64	0.77	3.87
人工特用林	国有	0.17	0.10	0.16	0.64	0.71
	集体	0.04	0.04	0.11	0.06	0
合计	国有	3.84	26.37	24.86	39.56	42.70
	集体	1.02	1.65	0.75	0.83	3.87

在天然林的保育土壤功能年效益中，国有林的年效益值为 1.35×10^4t，占天然林的 94.5%；集体林为 7.87×10^2t，只占 5.5%。国有林在各龄级林分的效益值均远大于集

体林。国有林保育土壤效益值随林龄的增长呈增加的趋势，过熟林最大；集体林随林龄的增大呈波动变化，过熟林效益值最大，近熟林效益值最小。

在人工林的保育土壤功能年效益中，国有人工林保育土壤功能年效益值为 2.72×10^4t，占人工林的 91.2%；集体人工林为 0.26×10^4t，占 8.8%。在各龄级林分上，国有林保育土壤功能年效益值均大于集体林。国有人工林保育土壤效益值随林龄的增长呈波动变化，幼龄林效益值最大；集体人工林随林龄的增大呈单峰变化，龄级中无过熟林，近熟林效益值最大，幼龄林与中龄林效益值相同。

3）特用林各龄级固碳释氧储养功能

天然林资源保护工程中的特用林固碳释氧储养功能年效益值为 0.43×10^6t。由表 4-47可以看出：天然特用林固碳释氧储养功能年效益值为 0.42×10^6t，占 98.0%；人工特用林年效益值为 0.88×10^4t，占 2.0%。国防护材林固碳释氧储养功能年效益值远大于集体特用林。国有特用林固年效益值为 0.41×10^6t，占 94.4%；集体特用林年效益值为 2.41×10^4t，只占 5.6%。从总体来看，国有特用林固碳释氧储养效益值中，过熟林效益值最大；集体特用林固碳释氧储养效益值中，亦是过熟林效益值最大。

表 4-47　天然林资源保护工程特用林各龄级固碳释氧储养功能表

类别		固碳释氧储养功能年效益值/10^4t				
		幼龄林	中龄林	近熟林	成熟林	过熟林
天然特用林	国有	1.09	7.49	7.32	11.54	12.45
	集体	0.29	0.48	0.19	0.23	1.15
人工特用林	国有	0.05	0.31	0.05	0.19	0.21
	集体	0.01	0.01	0.03	0.02	0
合计	国有	1.14	7.80	7.37	11.73	12.66
	集体	0.30	0.49	0.22	0.25	1.15

在天然林的固碳释氧储养功能年效益中，国有林的年效益值为 0.40×10^6t，占天然林的固碳释氧储养效益的 94.5%；集体林的年效益值为 2.33×10^4t，只占 5.5%。国有林在各龄级林分的效益值均远大于集体林。国有林固碳释氧储养效益值中，过熟林的固碳释氧储养的效益值最大；集体林中，过熟林效益值最大，近熟林效益值最小。

在人工林的固碳释氧储养功能年效益中，国有人工林年效益值为 0.81×10^4t，占人工林的 91.2%；集体人工林为 0.08×10^4t，占 8.8%。在各龄级林分上，国有林年效益值均大于集体林。国有人工林固碳释氧储养效益值中，中龄林效益值最大；集体人工林效益值中，近熟林效益值最大，幼龄林与中龄林效益值相同。

4）特用林各龄级净化环境功能

天然林资源保护工程中的特用林净化环境功能年效益值为 1.37×10^6t。由表 4-48 可以看出：天然特用林净化环境功能年效益值为 1.34×10^6t，占 98.0%；人工特用林净化环境功能年效益值为 2.81×10⁴t，占 2.0%。国防护材林净化环境功能年效益值远大于集体特用林。国有特用林净化环境功能年效益值为 1.29×10^6t，占 94.4%；集体特用林净化环境功能年效益值为 7.67×10^4t，只占 5.6%。从总体来看，国有特用林净化环境效益值中，过熟林效益值最大；集体特用林净化环境效益值中，亦是过熟林效益值最大。

表 4-48　天然林资源保护工程特用林各龄级净化环境功能表

类别		净化环境功能年效益值/10^4t				
		幼龄林	中龄林	近熟林	成熟林	过熟林
天然特用林	国有	3.46	23.83	23.28	36.69	39.59
	集体	0.92	1.52	0.61	0.72	3.65
人工特用林	国有	0.16	0.97	0.15	0.61	0.67
	集体	0.04	0.04	0.10	0.06	0
合计	国有	3.62	24.80	23.43	37.30	40.26
	集体	0.96	1.56	0.71	0.78	3.65

在天然林的净化环境功能年效益中，国有林的年效益值为 1.27×10^6t，占天然林的净化环境效益的 94.5%；集体林的年效益值为 7.42×10^4t，只占 5.5%。国有林在各龄级林分的效益值均远大于集体林。

在人工林的净化环境功能年效益中，国有人工林净化环境功能年效益值为 2.56×10^4t，占人工林的 91.2%；集体人工林为 0.25×10^4t，占 8.8%。在各龄级林分上，国有林净化环境功能年效益值均大于集体林。

4.1.3.5　天然资源保护工程总功能效益分析

由图 4-3 可以看出：天然林资源保护工程区域中，用材林和防护林所发挥的生态服务功能效益最大，分别占到总生态服务功能效益的 41.25%和 49.11%；特用林和薪炭林的生态服务效益则相对较小，分别只占 9.15%和 0.49%。

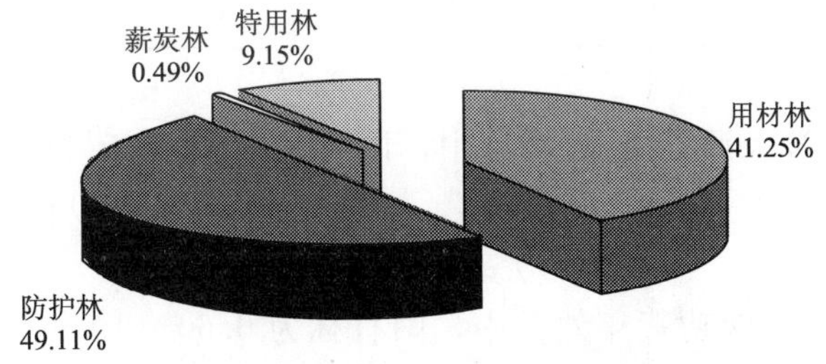

图 4-3　天然林资源保护工程总功能效益分析

4.2 “三北”及长江流域等重点防护林工程生态服务功能效益评价

“三北”及长江流域等重点防护林建设工程是我国六大林业重点工程之一，范围几乎涉及全国，工程区总面积71 130.28万hm^2，占国土面积的74.09%。它包括“三北”防护林体系建设四期工程、长江流域防护林体系建设二期工程、沿海防护林体系建设二期工程、珠江流域防护林体系建设二期工程、太行山绿化二期工程、平原绿化二期工程六个子工程。

4.2.1 “三北”防护林体系建设四期工程功能效益评价

4.2.1.1 用材林

1）用材林各龄级涵养水源功能

由表4-49可以看出：“三北”防护林体系建设四期工程中的用材林涵养水源功能年效益值为6.45×10^8t。其中，天然用材林涵养水源功能年效益值为5.53×10^8t，占85.8%；人工用材林年效益值为0.92×10^8t，占14.2%。国有用材林涵养水源功能年效益值要远远大于集体用材林，国有用材林年效益值为5.67×10^8t，占87.9%；集体用材林年效益值为0.78×10^8t，只占12.1%。

表4-49 “三北”防护林体系建设四期工程用材林各龄级涵养水源功能表

类别		涵养水源功能年效益值/10^5t				
		幼龄林	中龄林	近熟林	成熟林	过熟林
天然用材林	国有	496.64	2219.57	1056.64	819.62	472.87
	集体	100.55	234.14	78.88	38.13	13.68
人工用材林	国有	170.84	252.81	132.73	40.08	5.66
	集体	73.25	124.55	70.15	37.99	9.60
合计	国有	667.48	2472.38	1189.37	859.70	478.53
	集体	173.80	358.69	149.03	76.12	23.28

在天然林的涵养水源功能年效益中，国有用材林为5.07×10^8t，占天然林的91.6%；集体林为0.47×10^8t，只占8.4%。国有用材林各龄级林分涵养水源功能年效益值均大于集体林。

在人工林的涵养水源功能年效益中，国有林为0.60×10^8t，占人工林的65.6%；集体林为0.32×10^8t，占34.4%。人工林中的国有用材林的幼龄林、中龄林、近熟林、成熟林功能年效益值均大于集体林，过熟林却小于集体林中的过熟林的年效益值，但总体上，人工国有用材林的涵养水源功能效益还是大于人工集体林的。

2）用材林各龄级保育土壤功能

由表 4-50 可以看出，“三北”防护林体系建设四期工程中的用材林保育土壤功能年效益值为 4.68×10^6t。其中天然用材林保育土壤功能年效益值为 4.02×10^6t，占 85.8%；人工用材林为 0.67×10^6t，占 14.2%。国有用材林保育土壤功能年效益值达到了 4.12×10^6t，占 87.9%；集体用材林年效益值为 0.57×10^6t，只占 12.1%。

表 4-50　“三北”防护林体系建设四期工程用材林各龄级保育土壤功能表

类别		保育土壤功能年效益值/10^5t				
		幼龄林	中龄林	近熟林	成熟林	过熟林
天然用材林	国有	3.61	16.13	7.68	5.95	3.44
	集体	0.73	1.70	0.57	0.28	0.10
人工用材林	国有	1.24	1.84	0.96	0.29	0.04
	集体	0.53	0.90	0.51	0.28	0.07
合计	国有	4.85	17.97	8.64	6.24	3.48
	集体	1.26	2.60	1.08	0.56	0.17

在天然林的保育土壤功能年效益中，国有用材林为 3.68×10^6t，占天然林的 91.6%；集体林为 0.34×10^6t，只占 8.4%。国有用材林各龄级林分保育土壤功能年效益值均大于集体林。国有天然林保育土壤效益值中，中龄林效益值最大；集体天然林中，中龄林效益值最大，过熟林效益值最小。

在人工林的保育土壤功能功能年效益中，国有林为 0.44×10^6t，占人工林的 65.6%；集体林为 0.23×10^6t，占 34.4%。人工林中的国有用材林的幼龄林、中龄林、近熟林、成熟林功能年效益值均大于集体林，过熟林的年效益值却小于集体林中的过熟林的年效益值，但总体上，人工国有用材林的保育土壤功能效益还是大于人工集体林的。国有人工林中，中龄林效益值最大；集体人工林中，中龄林效益值最大，过熟林效益值最小。

3）用材林各龄级固碳释氧储养功能

由表 4-51 可以看出：“三北”防护林体系建设四期工程中的用材林固碳释氧储养年效益值为 1.38×10^8t。其中天然用材林固碳释氧储养功能年效益值为 1.18×10^6t，占 85.8%；人工用材林固碳释氧储养功能年效益值为 0.20×10^6t，占 14.2%。国有用材林固碳释氧储养功能年效益值要远远大于集体用材林。国有用材林固碳释氧储养功能年效益值为 1.21×10^6t，占 87.9%；集体用材林固碳释氧储养功能年效益值为 0.17×10^6t，只占 12.1%。

在天然林的固碳释氧储养年效益中，国有用材林固碳释氧储养功能年效益值为 1.08×10^6t，占天然林的 91.6%；集体林为 0.10×10^6t，只占 8.4%。国有用材林各龄级林分固碳释氧功能年效益值均大于集体林。国有天然林固碳释氧效益值中，中龄林的固碳释氧的效益值最大；集体天然林固碳释氧效益值中，中龄林效益值最大，过熟林效益值最小。

表 4-51 "三北"防护林体系建设四期工程用材林各龄级固碳释氧储养功能表

类别		固碳释氧储养功能年效益值/10^5 t				
		幼龄林	中龄林	近熟林	成熟林	过熟林
天然用材林	国有	1.06	4.74	2.26	1.75	1.01
	集体	0.21	0.50	0.17	0.08	0.03
人工用材林	国有	0.36	0.54	0.28	0.09	0.01
	集体	0.16	0.27	0.15	0.08	0.02
合计	国有	1.42	5.28	2.54	1.84	1.02
	集体	0.37	0.77	0.32	0.16	0.05

在人工林的固碳释氧储养功能年效益中，国有林固碳释氧储养功能年效益值为 0.13×10^6 t，占人工林的 65.6%；集体林为 6.74×10^4 t，占 34.4%。人工林中的国有用材林的幼龄林、中龄林、近熟林、成熟林功能年效益值均大于集体林，过熟林的年效益值却小于集体林中的过熟林的年效益值，但总体上，人工国有用材林的固碳释氧功能效益还是大于人工集体林的。国有人工固碳释氧效益值中，中龄林效益值最大；集体人工林固碳释氧效益值中，中龄林效益值最大，过熟林效益值最小。

4）用材林各龄级净化环境功能

由表 4-52 可以看出："三北"防护林体系建设四期工程中的用材林净化环境年效益值为 4.11×10^6 t。其中天然用材林净化环境功能年效益值为 3.53×10^6 t，占 85.8%；人工用材林净化环境功能年效益值为 0.58×10^6 t，占 14.2%。国有用材林净化环境功能年效益值为 3.61×10^6 t，占 87.9%。集体用材林净化环境功能年效益值为 0.50×10^6 t，只占 12.1%。

表 4-52 "三北"防护林体系建设四期工程用材林各龄级净化环境功能表

类别		净化环境功能年效益值/10^5 t				
		幼龄林	中龄林	近熟林	成熟林	过熟林
天然用材林	国有	3.17	14.15	6.74	5.23	3.01
	集体	0.64	1.49	0.50	0.24	0.09
人工用材林	国有	1.09	1.61	0.85	0.26	0.04
	集体	0.47	0.79	0.45	0.24	0.06
合计	国有	4.26	15.76	7.59	5.49	3.05
	集体	1.11	2.28	0.95	0.48	0.15

在天然林的净化环境年效益中，国有用材林净化环境功能年效益值为 3.23×10^6 t，占天然林的 91.6%；集体林为 0.30×10^6 t，只占 8.4%。国有用材林各龄级林分净化环境功能年效益值均大于集体林。国有天然林中，中龄林的净化环境的效益值最大；集体天然林中，中龄林效益值最大，过熟林效益值最小。

在人工林的净化环境功能年效益中，国有林净化环境功能年效益值为 0.38×10^6 t，占人工林的 65.6%；集体林为 0.20×10^{6}t，占 34.4%。人工林中的国有用材林的幼龄林、中龄林、近熟林、成熟林功能年效益值均大于集体林，过熟林的年效益值却小于集体林中的过熟林的年效益值，但总体上，人工国有用材林的净化环境功能效益还是大于人工集体林。国有人工林净化环境效益值随林龄的增长呈单峰曲线变化趋势，中龄林效益值最大；集体人工林净化环境效益值随林龄的增大呈单峰曲线变化模式，中龄林效益值最大，过熟林效益值最小。

4.2.1.2　防护林

1）防护林各龄级涵养水源功能

由表 4-53 可以看出："三北"防护林体系建设四期工程中的防护林涵养水源功能年效益值为 5.64×10^{8}t。天然防护林涵养水源功能年效益值为 4.93×10^{8}t，占 87.3%；人工防护林涵养水源功能年效益值为 0.72×10^{8}t，占 12.7%；国有防护林涵养水源功能年效益值为 4.98×10^{8}t，占 88.3%；集体防护林涵养水源功能年效益值为 0.66×10^{8}t，只占 11.7%。

表 4-53　"三北"防护林体系建设四期工程防护林各龄级涵养水源功能表

类别		涵养水源功能年效益值/10^{5}t				
		幼龄林	中龄林	近熟林	成熟林	过熟林
天然防护林	国有	350.90	1712.64	885.31	1130.04	675.86
	集体	30.24	60.78	40.90	40.98	0
人工防护林	国有	50.39	78.56	52.95	36.91	9.07
	集体	90.13	133.98	111.59	135.36	17.27
合计	国有	401.29	1791.20	938.26	1166.95	684.93
	集体	120.37	194.76	152.49	176.34	17.27

在天然林的涵养水源功能年效益中，国有防护林涵养水源功能年效益值为 4.75×10^{8}t，占天然林的 96.5%；集体林为 0.17×10^{8}t，只占 3.5%。国有用材林各龄级林分涵养水源功能年效益值均大于集体林。国有天然林涵养水源效益值中，中龄林的涵养水源的效益值最大，幼龄林最小；集体天然林涵养水源效益值随林龄的增大变化不大，中龄林效益值最大，过熟林效益值最小。

在人工林的涵养水源功能年效益中，国有林涵养水源功能年效益值为 0.23×10^{8}t，占人工林的 31.8%；集体林为 0.49×10^{8}t，占 68.2%。人工林中的国有用材林各龄级涵养水源功能年效益值均小于集体林的年效益值。国有人工林涵养水源效益值随林龄的增长呈单峰曲线变化趋势中龄林效益值最大，过熟林最小；集体人工林涵养水源效益值随林龄的增大呈双峰曲线变化趋势，成熟林效益值最大，过熟林效益值最小。

2）防护林各龄级保育土壤功能

由表 4-54 可以看出："三北"防护林体系建设四期工程中的防护林保育土壤功能年

效益值为 4.10×10^6t。天然防护林保育土壤功能年效益值为 3.58×10^6t，占 87.3%；人工防护林保育土壤功能年效益值为 0.52×10^6t，占 12.7%。其中国有防护林保育土壤功能年效益值达到了 3.62×10^6t，占 88.3%，远远大于集体防护林年效益值(0.48×10^6t，只占 11.7%)。

表 4-54 "三北"防护林体系建设四期工程防护林各龄级保育土壤功能表

类别		保育土壤功能年效益值/10^5t				
		幼龄林	中龄林	近熟林	成熟林	过熟林
天然防护林	国有	2.55	12.44	6.43	8.21	4.91
	集体	0.22	0.44	0.30	0.30	0
人工防护林	国有	0.37	0.57	0.38	0.27	0.07
	集体	0.65	0.97	0.81	0.98	0.13
合计	国有	2.92	13.01	6.81	8.48	4.98
	集体	0.87	1.41	1.11	1.28	0.13

在天然林的保育土壤功能年效益中，国有防护林保育土壤功能年效益值为 3.45×10^6t，占天然林的 96.5%；集体林为 0.13×10^6t，只占 3.5%。国有用材林各龄级林分保育土壤功能年效益值均大于集体林。国有天然林保育土壤效益值中，中龄林的保育土壤的效益值最大，幼龄林最小；集体天然林保育土壤效益值随林龄的增大变化不大，中龄林效益值最大，过熟林效益值最小。

在人工林的保育土壤功能年效益中，国有林保育土壤功能年效益值为 0.17×10^6t，占人工林的 31.8%；集体林为 0.35×10^6t，占 68.2%。人工林中的国有用材林各龄级保育土壤功能年效益值均小于集体林的年效益值。国有人工林保育土壤效益值中，中龄林效益值最大，过熟林最小；集体人工林保育土壤效益值中，成熟林效益值最大，过熟林效益值最小。

3）防护林各龄级固碳释氧储养功能

由表 4-55 可以看出："三北"防护林体系建设四期工程中的防护林固碳释氧储养功能年效益值为 1.21×10^6t。天然防护林固碳释氧储养功能年效益值为 1.05×10^6t，占 87.3%；人工防护林固碳释氧储养功能年效益值为 0.15×10^6t，占 12.7%。国有防护林固碳释氧储养功能年效益值为 1.07×10^6t，占 88.3%；集体防护林固碳释氧储养功能年效益值为 0.14×10^6t，只占 11.7%。

在天然林的固碳释氧储养功能年效益中，国有防护林固碳释氧储养功能年效益值为 1.02×10^6t，占天然林的 96.5%；集体林为 3.69×10^4t，只占 3.5%。

在人工林的固碳释氧储养功能年效益中，国有林固碳释氧储养功能年效益值为 4.87×10^4t，占人工林的 31.8%；集体林为 0.10×10^6t，占 68.2%。人工林中的国有防护林各龄级固碳释氧储养功能年效益值均小于集体林的年效益值。

表 4-55　“三北”防护林体系建设四期工程防护林各龄级固碳释氧储养功能表

类别		固碳释氧储养功能年效益值/10^5t				
		幼龄林	中龄林	近熟林	成熟林	过熟林
天然防护林	国有	0.75	3.66	1.89	2.41	1.44
	集体	0.06	0.13	0.09	0.09	0
人工防护林	国有	0.11	0.17	0.11	0.08	0.02
	集体	0.19	0.29	0.24	0.29	0.04
合计	国有	0.86	3.83	2.00	2.49	1.46
	集体	0.25	0.42	0.33	0.38	0.04

4）防护林各龄级净化环境功能

由表 4-56 可以看出：“三北”防护林体系建设四期工程中的防护林净化环境功能年效益值为 3.60×10^6t。天然防护林净化环境功能年效益值为 3.14×10^6t，占 87.3%；人工防护林净化环境功能年效益值为 0.47×10^6t，占 12.7%；国有防护林净化环境功能年效益值为 3.18×10^6t，占 88.3%；集体防护林净化环境功能年效益值为 0.42×10^6t，只占 11.7%。

表 4-56　“三北”防护林体系建设四期工程防护林各龄级净化环境功能表

类别		净化环境功能年效益值/10^5t				
		幼龄林	中龄林	近熟林	成熟林	过熟林
天然防护林	国有	2.24	10.92	5.64	7.20	4.31
	集体	0.19	0.39	0.26	0.26	0
人工防护林	国有	0.32	0.50	0.34	0.24	0.06
	集体	0.57	0.85	0.71	0.86	0.11
合计	国有	2.56	11.42	5.98	7.44	4.37
	集体	0.76	1.24	0.97	1.12	0.11

在天然林的净化环境功能年效益中，国有防护林净化环境功能年效益值为 3.03×10^6t，占天然林的 96.5%；集体林为 0.11×10^6t，只占 3.5%。国有用材林各龄级林分净化环境功能年效益值均大于集体林。国有天然林净化环境效益值中，中龄林的涵养水源的效益值最大，幼龄林最小；集体天然林中，中龄林效益值最大，过熟林效益值最小。

在人工林的净化环境功能年效益中，国有防护林各龄级林分净化环境功能的年效益值均小于集体林。其中，国有林为 0.15×10^6t，占人工林的 31.8%；集体林为 0.31×10^6t，占 68.2%。国有防护林各龄级净化环境功能年效益值均小于集体林的年效益值。国有防护林净化环境效益值中，中龄林效益值最大，过熟林最小；集体人工林中，成熟林效益值最大，过熟林效益值最小。

4.2.1.3 特用林

1）特用林各龄级涵养水源功能

由表 4-57 可以看出："三北"防护林体系建设四期工程中的特用林涵养水源功能年效益值为 0.86×10⁸t。天然特用林涵养水源功能年效益值为 0.83×10⁸t，占 96.8%；人工防护林为 0.03×10⁸t，占 3.2%。国有特用林涵养水源功能年效益值为 0.82×10⁸t，占 96.2%；集体特用林值为 0.04×10⁸t，只占 3.7%。

表 4-57 "三北"防护林体系建设四期工程特用林各龄级涵养水源功能表

类别		涵养水源功能年效益值/10^5t				
		幼龄林	中龄林	近熟林	成熟林	过熟林
天然特用林	国有	32.77	239.05	225.39	153.34	146.34
	集体	4.46	10.45	14.41	1.54	0
人工特用林	国有	3.27	15.35	5.62	0	1.62
	集体	0.18	0.63	0	0	0.79
合计	国有	36.04	254.40	231.01	153.34	147.96
	集体	4.64	11.08	14.41	1.54	0.79

在天然林的涵养水源功能年效益中，国有特用林涵养水源功能年效益值为 0.80×10⁸t，占天然林的 96.3%；集体林为 0.03×10⁸t，只占 3.7%。国有特用林各龄级林分涵养水源功能年效益值均大于集体林。国有天然林涵养水源效益值中龄林最大，幼龄林最小；集体天然林涵养水源效益值中，近熟林效益值最大，过熟林效益值最小。

在人工林的涵养水源功能年效益中，国有林涵养水源功能年效益值为 0.03×10⁸t，占人工林的 94.2%；集体林为 0.002×10⁸t，占 5.8%。人工林中的国有特用林各龄级涵养水源功能年效益值均大于集体林。国有人工林各龄级涵养水源效益值中龄林最大；集体人工林涵养水源效益值随林龄的增大呈单峰曲线变化模式，过熟林效益值最大。

2）特用林各龄级保育土壤功能

由表 4-58 可以看出，"三北"防护林体系建设四期工程中的特用林保育土壤功能年效益值为 0.62×10⁶t。天然特用林为 0.60×10⁶t，占 96.8%；人工特用林为 0.02×10⁶t，占 3.2%。国有特用林保育土壤功能年效益值达到了 0.60×10⁶t，占 96.2%，远远大于集体特用林年效益值（0.02×10⁶t，只占 3.7%）。

在天然林的保育土壤功能年效益中，国有特用林保育土壤功能年效益值为 0.58×10⁶t，占天然林的 96.3%；集体林为 0.02×10⁶t，只占 3.7%。国有特用林各龄级林分保育土壤功能年效益值均大于集体林。国有天然林保育土壤效益值中龄林最大，幼龄林最小；集体天然林中，近熟林效益值最大，过熟林效益值最小。

表 4-58 “三北”防护林体系建设四期工程特用林各龄级保育土壤功能表

类别		保育土壤功能年效益值/10^5t				
		幼龄林	中龄林	近熟林	成熟林	过熟林
天然特用林	国有	0.24	1.74	1.64	1.11	1.06
	集体	0.03	0.08	0.10	0.01	0
人工特用林	国有	0.02	0.11	0.04	0	0.01
	集体	0	0	0	0	0.01
合计	国有	0.26	1.85	1.68	1.11	1.07
	集体	0.03	0.08	0.10	0.01	0.01

在人工林的保育土壤功能年效益中，国有林保育土壤功能年效益值为0.02×10^6t，占人工林的94.2%；集体林为0.001×10^6t，占5.8%。人工林中的国有特用林各龄级保育土壤功能年效益值均大于集体林。国有人工林各龄级保育土壤效益值中龄林最大；集体人工林中，过熟林效益值最大。

3）特用林各龄级固碳释氧储养功能

由表4-59可以看出：“三北”防护林体系建设四期工程中的特用林固碳释氧储养功能年效益值为0.18×10^6t。天然特用林固碳释氧储养功能年效益值为0.177×10^6t，占96.8%；人工特用林为0.59×10^4t，占3.2%。国有特用林固碳释氧储养功能年效益值为0.176×10^6t，占96.2%；集体特用林为0.70×10^4t，只占3.7%。

表 4-59 “三北”防护林体系建设四期工程特用林各龄级固碳释氧储养功能表

类别		固碳释氧储养功能年效益值/10^4t				
		幼龄林	中龄林	近熟林	成熟林	过熟林
天然特用林	国有	0.70	5.11	4.81	3.28	3.13
	集体	0.10	0.22	0.31	0.03	0
人工特用林	国有	0.07	0.33	0.12	0	0.03
	集体	0.04	0.01	0	0	0.02
合计	国有	0.77	5.44	4.93	3.28	3.16
	集体	0.14	0.23	0.31	0.03	0.02

在天然林的固碳释氧储养功能年效益中，国有特用林固碳释氧储养功能年效益值为0.17×10^6t，占天然林的96.3%；集体林为0.66×10^4t，只占3.7%。国有特用林各龄级林分固碳释氧储养功能年效益值均大于集体林。国有天然林固碳释氧储养效益值中龄林最大，幼龄林最小；集体天然林中，近熟林效益值最大，过熟林效益值最小。

在人工林的固碳释氧储养功能年效益中，国有林固碳释氧储养功能年效益值为0.55×10^4t，占人工林的94.2%；集体林为0.03×10^4t，占5.8%。人工林中的国有特用林各龄级固碳释氧储养功能年效益值均大于集体林。国有人工林各龄级固碳释氧储养效益值中，中龄林最大；集体人工林固碳释氧储养效益值中，过熟林最大。

4）特用林各龄级净化环境功能

由表 4-60 可以看出："三北"防护林体系建设四期工程中的特用林净化环境功能年效益值为 0.55×10^6t。天然特用林净化环境功能年效益值为 0.53×10^6t，占 96.8%；人工特用林为 0.02×10^6t，占 3.2%。国有特用林净化环境功能年效益值为 0.52×10^6t，占 96.2%；集体特用林为 0.02×10^6t，只占 3.7%。

表 4-60　"三北"防护林体系建设四期工程特用林各龄级净化环境功能表

类别		净化环境功能年效益值/10^4t				
		幼龄林	中龄林	近熟林	成熟林	过熟林
天然特用林	国有	2.09	15.24	14.37	9.78	9.33
	集体	0.28	0.67	0.92	0.10	0
人工特用林	国有	0.21	0.98	0.36	0	0.10
	集体	0.01	0.04	0	0	0.05
合计	国有	2.30	16.22	14.73	9.78	9.43
	集体	0.29	0.71	0.92	0.10	0.05

在天然林的净化环境功能年效益中，国有特用林净化环境功能年效益值为 0.51×10^6t，占天然林的 96.3%；集体林为 0.02×10^6t，只占 3.7%。国有特用林各龄级林分净化环境功能年效益值均大于集体林。

在人工林的净化环境功能年效益中，国有林净化环境功能年效益值为 0.02×10^6t，占人工林的 94.2%；集体林为 0.001×10^6t，占 5.8%。人工林中的国有特用林各龄级净化环境功能年效益值均大于集体林。

4.2.1.4　工程总功能效益分析

由图 4-4 可以看出："三北"防护林体系建设四期工程区域中，用材林所发挥的生态服务功能效益最大，占总生态服务功能效益的 49.77%；其次为防护林，占 43.56%；特用林和薪炭林的生态服务效益则相对较小，分别只占 6.60%和 0.06%。

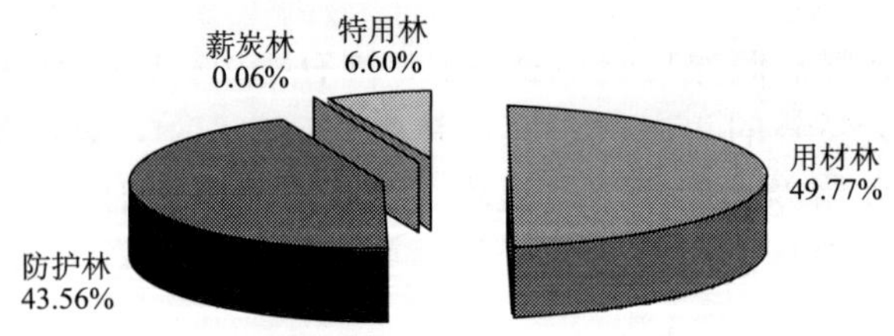

图 4-4　"三北"防护林体系建设四期工程总功能效益

4.2.2 长江流域防护林体系建设二期工程功能效益评价

4.2.2.1 用材林

1）用材林各龄级涵养水源功能

由表 4-61 可以看出：长江流域防护林体系建设二期工程中的用材林涵养水源功能年效益值为 6.76×10^{10} t。天然用材林涵养水源功能年效益值为 4.38×10^{10} t，占 64.9%；人工用材林为 2.38×10^{10}t，占 35.1%。国有用材林涵养水源功能年效益值为 1.53×10^{10}t，占 22.6%；集体用材林为 5.23×10^{10}t，占 77.4%。

表 4-61 长江流域防护林体系建设二期工程用材林各龄级涵养水源功能表

类别		涵养水源功能年效益值/10^7t				
		幼龄林	中龄林	近熟林	成熟林	过熟林
天然用材林	国有	27.95	189.24	155.43	221.21	350.08
	集体	761.01	1520.08	564.42	358.02	233.70
人工用材林	国有	56.12	259.81	122.61	127.55	16.63
	集体	341.65	954.29	320.04	157.93	17.65
合计	国有	84.07	449.05	278.04	348.76	366.71
	集体	1102.66	2474.36	884.47	515.95	251.35

在天然林的涵养水源功能年效益中，国有用材林涵养水源功能年效益值为 0.94×10^{10}t，占天然林的 21.5%；集体林为 3.44×10^{10}t，占 78.5%。天然用材林中除国有过熟林的涵养水源功能年效益值大于集体过熟林以外，其余各龄级林分涵养水源的年效益值均小于集体用材林。国有天然林涵养水源效益值随林龄的增长而增长，过熟林的涵养水源的效益值最大，幼龄林最小；集体天然林中，中龄林效益值最大，过熟林效益值最小。

在人工林的涵养水源功能年效益中，国有林涵养水源功能年效益值为 0.58×10^{10}t，占人工林的 24.5%；集体林为 1.79×10^{10}t，占 75.5%。人工林中的国有用材林各龄级林分涵养水源功能的年效益值均小于集体林。国有人工林涵养水源效益值中龄林最大，过熟林最小；集体天然林涵养水源效益值中，中龄林效益值最大，过熟林效益值最小。

2）用材林各龄级保育土壤功能

由表 4-62 可以看出：长江流域防护林体系建设二期工程中的用材林保育土壤功能年效益值为 4.91×10^8t。天然用材林保育土壤功能年效益值为 3.18×10^8t，占 64.9%；人工用材林为 1.73×10^8t，占 35.1%。国有用材林保育土壤功能年效益值达到了 0.60×10^8t，占 96.2%；集体用材林值为 0.02×10^8t，只占 3.7%。

在天然林的保育土壤功能年效益中，国有用材林保育土壤功能年效益值为 0.69×10^8t，占天然林的 21.5%；集体林为 2.50×10^8t，占 78.5%。天然用材林中除国有过熟林的保育土壤功能年效益值大于集体过熟林以外，其余各龄级保育土壤水源的年效益

表 4-62 长江流域防护林体系建设二期工程用材林各龄级保育土壤功能表

类别		保育土壤功能年效益值/10^7 t				
		幼龄林	中龄林	近熟林	成熟林	过熟林
天然用材林	国有	0.20	1.37	1.13	1.61	2.54
	集体	5.53	11.04	4.10	2.60	1.70
人工用材林	国有	0.41	1.89	0.89	0.93	0.12
	集体	2.48	6.93	2.33	1.15	0.13
合计	国有	0.61	3.26	2.02	2.53	2.66
	集体	8.01	17.98	6.43	3.75	1.83

值均小于集体用材林。国有天然林保育土壤效益值随林龄的增长而增长，过熟林的保育土壤的效益值最大，幼龄林最小；集体天然林保育土壤效益值中，中龄林效益值最大，过熟林效益值最小。

在人工林的保育土壤功能年效益中，国有林保育土壤功能年效益值为 0.43×10^8t，占人工林的 24.5%；集体林为 1.30×10^8t，占 75.5%。人工林中的国有用材林各龄级林分保育土壤功能的年效益值均小于集体林。国有人工林保育土壤效益值中龄林最大，过熟林最小；集体天然林中，中龄林效益值最大，过熟林效益值最小。

3）用材林各龄级固碳释氧储养功能

由表 4-63 可以看出：长江流域防护林体系建设二期工程中的用材林固碳释氧储养功能年效益值为 1.44×10^8t。天然用材林固碳释氧储养功能年效益值为 0.94×10^8t，占 64.9%；人工用材林为 0.50×10^8t，占 35.1%。国有用材林固碳释氧储养功能年效益值为 0.33×10^8t，占 22.6%；集体用材林为 1.12×10^8t，占 77.4%。

表 4-63 长江流域防护林体系建设二期工程用材林各龄级固碳释氧储养功能表

类别		固碳释氧储养功能年效益值/10^7 t				
		幼龄林	中龄林	近熟林	成熟林	过熟林
天然用材林	国有	0.06	0.40	0.33	0.47	0.75
	集体	1.63	3.25	1.21	0.76	0.50
人工用材林	国有	0.12	0.55	0.26	0.27	0.04
	集体	0.73	2.034	0.68	0.34	0.04
合计	国有	0.18	0.96	0.59	0.74	0.78
	集体	2.36	5.29	1.89	1.10	0.54

在天然林的固碳释氧储养功能年效益中，国有用材林固碳释氧储养功能年效益值为 0.20×10^8t，占天然林的 21.5%；集体林为 0.74×10^8t，占 78.5%。天然用材林中除国有过熟林的固碳释氧储养功能年效益值大于集体过熟林以外，其余各龄级均小于集体用材林。国有天然林固碳释氧储养效益值随林龄的增长而增长，过熟林的固碳释氧储养的效益值最大，幼龄林最小；集体天然林中，中龄林效益值最大，过熟林效益值最小。

在人工林的固碳释氧储养功能年效益中，国有林固碳释氧储养功能年效益值为 0.12×10^8t，占人工林的 24.5%；集体林为 0.38×10^8t，占 75.5%。人工林中的国有用材林各龄级林分固碳释氧储养功能的年效益值均小于集体林。国有人工林固碳释氧储养效益值中龄林最大，过熟林最小；集体天然林中，中龄林效益值最大，过熟林效益值最小。

4）用材林各龄级净化环境功能

由表 4-64 可以看出：长江流域防护林体系建设二期工程中的用材林净化环境功能年效益值为 4.31×10^8t。天然用材林净化环境功能年效益值为 2.79×10^8t，占 64.9%；人工用材林为 1.52×10^8t，占 35.1%。国有用材林净化环境功能年效益值为 0.97×10^8t，占 22.6%；集体用材林为 3.34×10^8t，占 77.4%。

表 4-64　长江流域防护林体系建设二期工程用材林各龄级净化环境功能表

类别		净化环境功能年效益值/10^7t				
		幼龄林	中龄林	近熟林	成熟林	过熟林
天然用材林	国有	0.18	1.21	0.99	1.41	2.23
	集体	4.85	9.69	3.60	2.28	1.49
人工用材林	国有	0.36	1.66	0.78	0.81	0.11
	集体	2.18	6.08	2.04	1.01	0.11
合计	国有	0.54	2.86	1.77	2.22	2.34
	集体	7.03	15.78	5.64	3.29	1.60

在天然林的净化环境功能年效益中，国有用材林净化环境功能年效益值为 0.60×10^8t，占天然林的 21.5%；集体林为 2.19×10^8t，占 78.5%。天然用材林中除国有过熟林的净化环境功能年效益值大于集体过熟林以外，其余各龄级均小于集体用材林。国有天然林净化环境效益值随林龄的增长而增长，过熟林的净化环境的效益值最大，幼龄林最小；集体天然林中，中龄林效益值最大，过熟林效益值最小。

在人工林的净化环境功能年效益中，国有林净化环境功能年效益值为 0.37×10^8t，占人工林的 24.5%；集体林为 1.14×10^8t，占 75.5%。人工林中的国有用材林各龄级林分净化环境功能的年效益值均小于集体林。国有人工林净化环境效益值中龄林最大，过熟林最小；集体天然林中，中龄林效益值最大，过熟林效益值最小。

4.2.2.2　防护林

1）防护林各龄级涵养水源功能

由表 4-65 可以看出：长江流域防护林体系建设二期工程中的防护林涵养水源功能年效益值为 8.47×10^{10}t。其中，天然防护林涵养水源功能年效益值为 7.91×10^{10}t，占 93.4%；人工防护林为 0.56×10^{10}t，占 6.6%。国有防护林涵养水源功能年效益值为 4.57×10^{10}t，占 54.0%；集体防护林为 3.90×10^{10}t，占 46.0%。

表 4-65 长江流域防护林体系建设二期工程用材林各龄级涵养水源功能表

类别		涵养水源功能年效益值/10^7t				
		幼龄林	中龄林	近熟林	成熟林	过熟林
天然用材林	国有	143.63	618.62	564.78	1575.47	1536.13
	集体	704.75	970.69	443.01	606.24	746.53
人工用材林	国有	22.08	40.80	27.82	33.44	5.27
	集体	105.96	201.32	73.17	32.71	13.23
合计	国有	165.71	659.43	592.60	1608.90	1541.41
	集体	810.72	1172.01	516.18	638.95	759.76

在天然林的涵养水源功能年效益中，国有防护林涵养水源功能年效益值为 4.44×10^{10}t，占天然林的 56.1%；集体林为 3.47×10^{10}t，占 43.9%。天然防护林中国有幼龄林和中龄林涵养水源功能年效益值小于集体幼龄林和中龄林，但国有近熟林、成熟林及过熟林则大于集体近熟林、成熟林及过熟林。国有天然林涵养水源效益值成熟林最大，幼龄林最小；集体天然林中龄林效益值最大，近熟林效益值最小。

在人工林的涵养水源功能年效益中，国有林涵养水源功能年效益值为 0.58×10^{10}t，占人工林的 24.5%；集体林为 1.79×10^{10}t，占 75.5%。人工林中的国有用材林各龄级林分涵养水源功能的年效益值均小于集体林。国有人工林涵养水源效益值中龄林最大，过熟林最小；集体天然林中，中龄林效益值最大，过熟林效益值最小。

2）防护林各龄级保育土壤功能

由表 4-66 可以看出：长江流域防护林体系建设二期工程中的防护林保育土壤功能年效益值为 6.15×10^8t。天然防护林保育土壤功能年效益值为 5.75×10^8t，占 93.4%；人工防护林为 0.40×10^8t，占 6.6%。国有防护林保育土壤功能年效益值为 3.32×10^8t，占 54.0%；集体防护林为 2.83×10^8t，占 46.0%。

表 4-66 长江流域防护林体系建设二期工程用材林各龄级保育土壤功能表

类别		保育土壤功能年效益值/10^7t				
		幼龄林	中龄林	近熟林	成熟林	过熟林
天然用材林	国有	1.04	4.49	4.10	11.45	11.16
	集体	5.12	7.05	3.22	4.40	5.42
人工用材林	国有	0.16	0.30	0.20	0.24	0.04
	集体	0.77	1.46	0.53	0.24	0.10
合计	国有	1.20	4.79	4.31	11.69	11.20
	集体	5.89	8.51	3.75	4.64	5.52

在天然林的保育土壤功能年效益中，国有防护林保育土壤功能年效益值为 3.23×10^8t，占天然林的 56.1%；集体林为 2.52×10^8t，占 43.9%。天然防护林中国有幼龄林和中龄林保育土壤功能年效益值小于集体幼龄林和中龄林，但国有近熟林、成熟林及

过熟林则大于集体近熟林、成熟林及过熟林。国有天然林保育土壤效益值成熟林最大，幼龄林最小；集体天然林保育土壤效益值中龄林效益值最大，近熟林效益值最小。

在人工林的保育土壤功能年效益中，国有林保育土壤功能年效益值为 0.09×10^8t，占人工林的 23.3%；集体林为 0.31×10^8t，占 76.7%。人工林中的国有防护林各龄级林分保育土壤功能的年效益值均小于集体林。国有人工林保育土壤效益值中龄林最大，过熟林最小；集体天然林中，中龄林效益值最大，过熟林效益值最小。

3）防护林各龄级固碳释氧储养功能

由表 4-67 可以看出：长江流域防护林体系建设二期工程中的防护林固碳释氧储养功能年效益值为 1.81×10^8t。天然防护林固碳释氧储养功能年效益值为 1.69×10^8t，占 93.4%；人工防护林为 0.12×10^8t，占 6.6%。国有防护林固碳释氧储养功能年效益值为 0.96×10^8t，占 54.0%；集体防护林为 0.83×10^8t，占 46.0%。

表 4-67　长江流域防护林体系建设二期工程用材林各龄级固碳释氧储养功能表

类别		固碳释氧储养功能年效益值/10^7t				
		幼龄林	中龄林	近熟林	成熟林	过熟林
天然用材林	国有	0.31	1.32	1.21	3.37	3.28
	集体	1.51	2.07	0.95	1.29	1.59
人工用材林	国有	0.05	0.09	0.06	0.07	0.01
	集体	0.23	0.43	0.16	0.07	0.03
合计	国有	0.35	1.41	1.27	3.44	3.29
	集体	1.73	2.50	1.10	1.36	1.62

在天然林的固碳释氧储养功能年效益中，国有防护林固碳释氧储养功能年效益值为 0.95×10^8t，占天然林的 56.1%；集体林为 0.74×10^8t，占 43.9%。天然防护林中国有幼龄林和中龄林固碳释氧储养功能年效益值小于集体幼龄林和中龄林，但国有近熟林、成熟林及过熟林则大于集体近熟林、成熟林及过熟林。国有天然林固碳释氧储养效益值成熟林最大，近熟林最小；集体天然林中龄林效益值最大，幼龄林效益值最小。

在人工林的固碳释氧储养功能年效益中，国有林固碳释氧储养功能年效益值为 2.76×10^6t，占人工林的 23.3%；集体林为 9.11×10^6t，占 76.7%。人工林中的国有防护林各龄级林分固碳释氧储养功能的年效益值均小于集体林。国有人工林固碳释氧储养效益值中龄林最大，过熟林最小；集体天然林固碳释氧储养效益值中，中龄林效益值最大，过熟林效益值最小。

4）防护林各龄级净化环境功能

由表 4-68 可以看出：长江流域防护林体系建设二期工程中的防护林净化环境功能年效益值为 5.40×10^8t。天然防护林净化环境功能年效益值为 5.04×10^8t，占 93.4%；人工防护林为 0.36×10^8t，占 6.6%。国有防护林净化环境功能年效益值为 2.91×10^8t，占 54.0%；集体防护林为 2.49×10^8t，占 46.0%。

表 4-68 长江流域防护林体系建设二期工程用材林各龄级净化环境功能表

类别		净化环境功能年效益值/10^7t				
		幼龄林	中龄林	近熟林	成熟林	过熟林
天然用材林	国有	0.92	3.94	3.60	10.04	9.79
	集体	4.49	6.19	2.82	3.87	4.76
人工用材林	国有	0.14	0.26	0.18	0.21	0.03
	集体	0.68	1.28	0.47	0.21	0.08
合计	国有	1.06	4.20	3.78	10.26	9.83
	集体	5.17	7.47	3.29	4.07	4.84

在天然林的净化环境功能年效益中，国有防护林净化环境功能年效益值为 2.83×10^8t，占天然林的 56.1%；集体林为 2.21×10^8t，占 43.9%。天然防护林中国有幼龄林和中龄林净化环境功能年效益值小于集体幼龄林和中龄林，但国有近熟林、成熟林及过熟林则大于集体近熟林、成熟林及过熟林。国有天然林净化环境效益值成熟林最大，幼龄林最小；集体天然林净化环境效益值中龄林效益值最大，近熟林效益值最小。

在人工林的净化环境功能年效益中，国有林净化环境功能年效益值为 0.08×10^8t，占人工林的 23.3%；集体林为 0.27×10^8t，占 76.7%。人工林中的国有防护林各龄级林分净化环境功能的年效益值均小于集体林。国有人工林净化环境效益值中龄林最大，过熟林最小；集体天然林中，中龄林效益值最大，过熟林效益值最小。

4.2.2.3 薪炭林

1）薪炭林各龄级涵养水源功能

由表 4-69 可以看出：长江流域防护林体系建设二期工程薪炭林涵养水源功能总的年效益值为 0.13×10^{10}t。薪炭林中绝大多数为天然林，人工林很少。其中，国有薪炭林各龄级林分涵养水源功能年效益值为 0.007×10^{10}t，只占 5.9%；集体薪炭林各龄级林分年效益值为 0.12×10^{10}t，占 94.1%。国有薪炭林涵养水源功能年效益值远远小于集体林的。各龄级薪炭林中幼龄林的涵养水源功能最高。

表 4-69 长江流域防护林体系建设二期工程用材林各龄级涵养水源功能表

类别		涵养水源功能年效益值/10^7t				
		幼龄林	中龄林	近熟林	成熟林	过熟林
天然用材林	国有	0.77	3.98	0.86	0	0
	集体	61.58	36.06	4.51	6.62	1.31
人工用材林	国有	1.70	0	0	0	0
	集体	2.37	2.25	0.56	1.44	0
合计	国有	2.46	3.98	0.86	0	0
	集体	63.95	38.30	5.07	8.07	1.31

2）薪炭林各龄级保育土壤功能

由表 4-70 可以看出：长江流域防护林体系建设二期工程薪炭林保育土壤功能总的年效益值为 0.09×10^{8} t。薪炭林中绝大多数为天然林，人工林很少。国有薪炭林各龄级林分保育土壤功能年效益值为 0.005×10^{8} t，只占 5.9%。集体薪炭林各龄级林分保育土壤功能年效益值为 0.08×10^{8} t，占 94.1%。国有薪炭林保育土壤功能年效益值远远小于集体林的。各龄级薪炭林中幼龄林的保育土壤功能最高。

表 4-70　长江流域防护林体系建设二期工程用材林各龄级保育土壤功能表

类别		保育土壤功能年效益值/10^{7} t				
		幼龄林	中龄林	近熟林	成熟林	过熟林
天然用材林	国有	0.01	0.03	0.01	0	0
	集体	0.45	0.26	0.03	0.05	0.95
人工用材林	国有	0.01	0	0	0	0
	集体	0.02	0.02	0.41	0.01	0
合计	国有	0.02	0.03	0.62	0	0
	集体	0.46	0.28	3.68	0.06	0.95

3）薪炭林各龄级固碳释氧储养功能

由表 4-71 可以看出：长江流域防护林体系建设二期工程薪炭林固碳释氧功能总的年效益值为 2.65×10^{6} t。薪炭林中绝大多数为天然林，人工林很少。国有薪炭林各龄级林分固碳释氧储养功能年效益值为 0.16×10^{6} t，只占 5.9%；集体薪炭林各龄级林分固碳释氧储养功能年效益值为 2.49×10^{6} t，占 94.1%。国有薪炭林固碳释氧功能年效益值远远小于集体林的。各龄级薪炭林中幼龄林的固碳释氧功能最高。

表 4-71　长江流域防护林体系建设二期工程用材林各龄级固碳释氧功能表

类别		固碳释氧功能年效益值/10^{5} t				
		幼龄林	中龄林	近熟林	成熟林	过熟林
天然用材林	国有	0.16	0.85	0.18	0	0
	集体	13.15	7.70	0.96	1.41	0.28
人工用材林	国有	0.36	0	0	0	0
	集体	0.51	0.48	0.12	0.31	0
合计	国有	0.53	0.85	0.18	0	0
	集体	13.66	8.18	1.08	1.72	0.28

4）薪炭林各龄级净化环境功能

由表 4-72 可以看出：长江流域防护林体系建设二期工程薪炭林净化环境功能总的年效益值为 0.08×10^{8} t。薪炭林中绝大多数为天然林，人工林很少。国有薪炭林各龄级林分净化环境功能年效益值为 0.005×10^{8} t，只占 5.9%；集体薪炭林各龄级林分净化环境功能年效益值为 0.07×10^{8}t，占 94.1%。国有薪炭林净化环境功能年效益值远远小于集体林的。各龄级薪炭林中幼龄林的净化环境功能最高。

表 4-72 长江流域防护林体系建设二期工程用材林各龄级固碳释氧功能表

类别		固碳释氧功能年效益值/10^{5}t				
		幼龄林	中龄林	近熟林	成熟林	过熟林
天然用材林	国有	0.49	0.03	0.55	0	0
	集体	39.26	0.23	2.87	0.04	0.01
人工用材林	国有	1.08	0	0	0	0
	集体	1.51	0.01	0.36	0.01	0
合计	国有	1.57	0.03	0.55	0	0
	集体	40.77	0.24	3.23	0.05	0.01

4.2.2.4 特用林

1）特用林各龄级涵养水源功能

由表 4-73 可以看出：长江流域防护林体系建设二期工程中的特用林涵养水源功能年效益值为 1.55×10^{10}t。其中，天然特用林涵养水源功能年效益值为 1.48×10^{10}t，占 95.0%；人工特用林为 0.07×10^{10}t，占 5.0%。国有特用林涵养水源功能年效益值为 1.35×10^{10}t，占 86.9%；集体特用林为 0.20×10^{10}t，只占 13.1%。

表 4-73 长江流域防护林体系建设二期工程特用林各龄级涵养水源功能表

类别		涵养水源功能年效益值/10^{7}t				
		幼龄林	中龄林	近熟林	成熟林	过熟林
天然特用林	国有	50.31	196.84	163.24	332.73	543.72
	集体	31.80	69.09	7.45	23.02	56.99
人工特用林	国有	1.10	22.76	10.99	9.83	17.96
	集体	2.61	5.31	3.76	3.59	0
合计	国有	51.41	219.60	174.23	342.55	561.68
	集体	34.41	74.39	11.21	26.61	56.99

在天然林的涵养水源功能年效益中，国有特用林涵养水源功能年效益值为 1.29×10^{10}t，占天然林的 87.2%；集体林为 0.19×10^{10}t，占 12.8%。天然特用国有林各龄级林分涵养水源功能年效益值均大于集体林各龄级林分。国有天然林涵养水源效益值随林龄增大大体上呈不断增加趋势，过熟林最大，幼龄林最小；集体天然林涵养水源效益值中龄林效益值最大，近熟林效益值最小。

在人工林的涵养水源功能年效益中，国有林涵养水源功能年效益值为 0.06×10^{10}t，占人工林的 80.4%；集体林为 0.01×10^{10}t，占 19.6%。人工特用林除国有幼龄林涵养水源功能的年效益小于集体幼龄林外，其他各龄级林分涵养水源的年效益值均大于集体林各龄级林分。国有人工林涵养水源效益值中龄林最大，幼龄林最小；集体天然林涵养水源效益值随林龄的增大呈单峰曲线分布趋势，中龄林效益值最大。

2）特用林各龄级保育土壤功能

由表 4-74 可以看出：长江流域防护林体系建设二期工程中的特用林保育土壤功能年效益值为 1.13×10^8t。其中，天然特用林保育土壤功能年效益值为 1.07×10^8t，占 95.0%；人工特用林为 0.06×10^8t，占 5.0%。国有特用林保育土壤功能年效益值达到了 0.98×10^8t，占 86.9%；集体特用林为 0.15×10^8t，只占 13.1%。

表 4-74　长江流域防护林体系建设二期工程特用林各龄级保育土壤功能表

类别		保育土壤功能年效益值/10^7t				
		幼龄林	中龄林	近熟林	成熟林	过熟林
天然特用林	国有	0.37	1.43	1.19	2.42	3.95
	集体	0.23	0.50	0.05	0.17	0.41
人工特用林	国有	0.01	0.17	0.08	0.07	0.13
	集体	0.02	0.04	0.03	0.02	0
合计	国有	0.37	1.60	1.27	2.49	4.08
	集体	0.25	0.54	0.08	0.19	0.41

在天然林的保育土壤功能年效益中，国有特用林保育土壤功能年效益值为 0.93×10^8t，占天然林的 87.2%；集体林为 0.14×10^8t，占 12.8%。天然特用国有林各龄级林分保育土壤功能年效益值均大于集体林各龄级林分。国有天然林保育土壤效益值随林龄增大大体上呈不断增加趋势，过熟林最大，幼龄林最小；集体天然林保育土壤效益值中龄林效益值最大，近熟林效益值最小。

在人工林的保育土壤功能年效益中，国有林保育土壤功能年效益值为 0.05×10^8t，占人工林的 80.4%；集体林为 0.01×10^8t，占 19.6%。人工特用林除国有幼龄林保育土壤功能的年效益小于集体幼龄林外，其他各龄级林分保育土壤的年效益值均大于集体林各龄级林分。国有人工林保育土壤效益值中龄林最大，幼龄林最小；集体天然林保育土壤效益值随林龄的增大呈单峰曲线分布趋势，中龄林效益值最大。

3）特用林各龄级固碳释氧储养功能

由表 4-75 可以看出：长江流域防护林体系建设二期工程中的特用林固碳释氧储养功能年效益值 0.33×10^8t。其中，天然特用林固碳释氧储养功能年效益值为 0.32×10^8t，占 95.0%；人工特用林为 1.66×10^6t，占 5.0%。国有特用林固碳释氧储养功能年效益值为 0.29×10^8t，占 86.9%；集体特用林为 4.35×10^6t，只占 13.1%。

在天然林的固碳释氧储养功能年效益中，国有特用林固碳释氧储养功能年效益值为 0.27×10^8t，占天然林的 87.2%；集体林为 4.02×10^6t，占 12.8%。天然特用国有林各龄级林分固碳释氧储养功能年效益值均大于集体林各龄级林分。国有天然林固碳释氧

表 4-75　长江流域防护林体系建设二期工程特用林各龄级固碳释氧储养功能表

类别		固碳释氧储养功能年效益值/10^7t				
		幼龄林	中龄林	近熟林	成熟林	过熟林
天然特用林	国有	10.75	0.42	0.35	0.71	1.16
	集体	6.79	0.15	0.02	0.05	0.12
人工特用林	国有	0.24	0.05	0.02	0.02	0.04
	集体	0.56	0.01	0.01	0.01	0
合计	国有	10.98	0.47	0.37	0.73	1.20
	集体	7.35	0.16	0.02	0.06	0.12

储养效益值幼龄林最大，近熟林最小；集体天然林固碳释氧储养效益值幼龄林效益值最大，近熟林效益值最小。

在人工林的固碳释氧储养功能年效益中，国有林固碳释氧储养功能年效益值为 1.34×10^6t，占人工林的 80.4%；集体林为 0.33×10^6t，占 19.6%。人工特用林除国有幼龄林固碳释氧储养功能的年效益小于集体幼龄林外，其他各龄级林分固碳释氧储养的年效益值均大于集体林各龄级林分。国有人工林固碳释氧储养效益值幼龄林最大，近熟林、成熟林最小；集体天然林固碳释氧储养效益值随林龄的增大呈单峰曲线分布趋势，幼龄林效益值最大。

4）特用林各龄级净化环境功能

由表 4-76 可以看出：长江流域防护林体系建设二期工程中的特用林净化环境功能年效益值 0.99×10^8t。其中，天然特用林净化环境功能年效益值为 0.94×10^8t，占 95.0%；人工特用林为 0.05×10^8t，占 5.0%。国有特用林净化环境功能年效益值为 0.86×10^8t，占 86.9%；集体特用林为 0.13×10^8t，只占 13.1%。

表 4-76　长江流域防护林体系建设二期工程特用林各龄级净化环境功能表

类别		净化环境功能年效益值/10^7t				
		幼龄林	中龄林	近熟林	成熟林	过熟林
天然特用林	国有	0.32	1.25	1.04	2.12	3.47
	集体	0.20	0.44	0.05	0.15	0.36
人工特用林	国有	0.01	0.15	0.07	0.06	0.11
	集体	0.02	0.03	0.02	0.02	0
合计	国有	0.33	1.40	1.11	2.18	3.58
	集体	0.22	0.47	0.07	0.17	0.36

在天然林的净化环境功能年效益中，国有特用林净化环境功能年效益值为 0.82×10^8t，占天然林的 87.2%；集体林为 0.12×10^8t，占 12.8%。天然特用国有林各龄级林分净化环境功能年效益值均大于集体林各龄级林分。国有天然林净化环境效益值随林龄增大大体上呈不断增加趋势，过熟林最大，幼龄林最小；集体天然林净化环境效益值

中龄林效益值最大，近熟林效益值最小。

在人工林的净化环境功能年效益中，国有林净化环境功能年效益值为 0.04×10^8t，占人工林的 80.4%；集体林为 0.01×10^8t，占 19.6%。人工特用林除国有幼龄林净化环境功能的年效益小于集体幼龄林外，其他各龄级林分净化环境的年效益值均大于集体林各龄级林分。国有人工林净化环境效益值中龄林最大，幼龄林最小；集体天然林净化环境效益值随林龄的增大呈单峰曲线分布趋势，中龄林效益值最大。

4.2.2.5　工程总功能效益分析

由图 4-5 可以看出：长江流域防护林体系建设二期工程区域中，防护林所发挥的生态服务功能效益最大，占总生态服务功能效益的 50.10%；其次为用材林，占 39.98%；特用林和薪炭林的生态服务效益则相对较小，分别只占 9.19%和 0.74%。

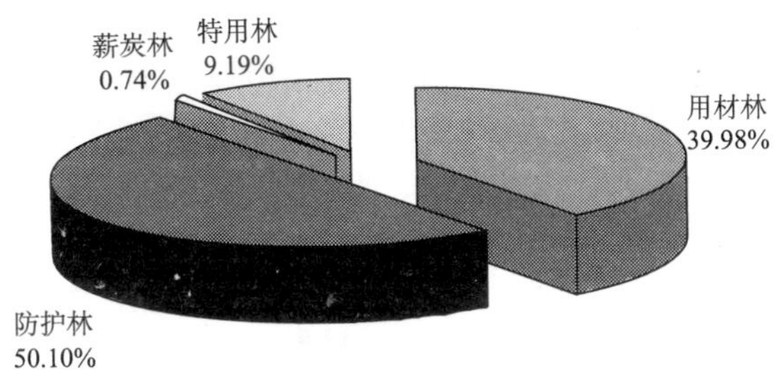

图 4-5　长江流域防护林体系建设二期工程总功能效益

4.2.3　沿海防护林建设二期工程功能效益评价

4.2.3.1　用材林

1）用材林各龄级涵养水源功能

由表 4-77 可以看出：沿海防护林建设二期工程中的用材林涵养水源功能年效益值为 0.33×10^{10}t。其中，天然用材林涵养水源功能年效益值为 0.11×10^{10}t，占 33.5%；人工用材林为 0.22×10^{10}t，占 66.5%。国有用材林涵养水源功能年效益值为 4.53×10^8t，占 13.6%；集体用材林为 0.29×10^{10}t，占 86.4%。

在天然林的涵养水源功能年效益中，国有用材林涵养水源功能年效益值为 0.65×10^8t，占天然林的 5.8%；集体林为 0.10×10^{10}t，占 94.2%。天然林中国有用材林各龄级林分涵养水源功能的年效益值均小于集体林。国有天然林涵养水源效益值中，中龄林的涵养水源的效益值最大；集体天然林涵养水源效益值中龄林效益值最大。

在人工林的涵养水源功能年效益中，国有林涵养水源功能年效益值为 3.89×10^8t，占人工林的 17.5%；集体林为 0.18×10^{10}t，占 82.5%。人工林中的国有用材林各龄级林分涵养水源功能的年效益值除过熟林外均小于集体林。国有人工林涵养水源效益值中，近熟林的涵养水源的效益值最大，过熟林最小；集体天然林涵养水源效益值中，中龄林效益值最大，过熟林效益值最小。

表 4-77 沿海防护林建设二期工程用材林各龄级涵养水源功能表

类别		涵养水源功能年效益值/10^7t				
		幼龄林	中龄林	近熟林	成熟林	过熟林
天然用材林	国有	0	4.75	0.84	0.91	0
	集体	27.00	51.66	21.13	5.48	0
人工用材林	国有	4.16	12.87	14.30	4.62	2.90
	集体	31.93	88.70	43.17	17.10	2.55
合计	国有	4.156	17.62	15.14	5.53	2.90
	集体	58.93	140.36	64.30	22.59	2.55

2）用材林各龄级保育土壤功能

由表 4-78 可以看出：沿海防护林建设二期工程中的用材林保育土壤功能年效益值为 0.24×10^8t。其中，天然用材林保育土壤功能年效益值为 0.08×10^8t，占 33.5%；人工用材林为 0.16×10^8t，占 66.5%。国有林保育土壤功能年效益值为 0.03×10^8t，占人工林的 17.5%；集体林为 0.13×10^8t，占 82.5%。

表 4-78 沿海防护林建设二期工程用材林各龄级保育土壤功能表

类别		保育土壤功能年效益值/10^7t				
		幼龄林	中龄林	近熟林	成熟林	过熟林
天然用材林	国有	0	0.03	0.01	0.01	0
	集体	0.20	0.37	0.15	0.04	0
人工用材林	国有	0.03	0.09	0.10	0.03	0.02
	集体	0.23	0.64	0.31	0.12	0.02
合计	国有	0.03	0.13	0.11	0.04	0.02
	集体	0.43	1.02	0.47	0.16	0.02

在天然林的保育土壤功能年效益中，国有用材林保育土壤功能年效益值为 0.47×10^6t，占天然林的 5.8%；集体林为 0.08×10^8t，占 94.2%。天然林中国有用材林各龄级林分保育土壤功能的年效益值均小于集体林。国有天然林保育土壤效益值中，中龄林的保育土壤的效益值最大；集体天然林保育土壤效益值中龄林效益值最大。

在人工林的保育土壤功能年效益中，国有林保育土壤功能年效益值为 0.03×10^8t，占人工林的 17.5%；集体林为 0.13×10^8t，占 82.5%。人工林中的国有用材林各龄级林分保育土壤功能的年效益值除过熟林外均小于集体林。国有人工林保育土壤效益值中，中龄林的保育土壤的效益值最大，过熟林最小；集体天然林保育土壤效益值中，中龄林效益值最大，过熟林效益值最小。

3）用材林各龄级固碳释氧储养功能

由表 4-79 可以看出：沿海防护林建设二期工程中的用材林固碳释氧储养功能年效

益值为 7.14×10^{6}t。其中，天然用材林固碳释氧储养功能年效益值为 2.39×10^{6}t，占 33.5%；人工用材林为 4.75×10^{6}t，占 66.5%。国有用材林固碳释氧储养功能年效益值为 0.97×10^{6}t，占 13.6%；集体用材林为 6.17×10^{6}t，占 86.4%。

表 4-79　沿海防护林建设二期工程用材林各龄级固碳释氧储养功能表

类别		固碳释氧储养功能年效益值/10^{7}t				
		幼龄林	中龄林	近熟林	成熟林	过熟林
天然用材林	国有	0	0.04	0.01	0.01	0
	集体	0.24	0.47	0.19	0.05	0
人工用材林	国有	0.01	0.03	0.03	0.01	0.01
	集体	0.07	0.19	0.09	0.04	0.01
合计	国有	0.01	0.04	0.03	0.01	0.01
	集体	0.13	0.30	0.14	0.05	0.01

在天然林的固碳释氧储养功能年效益中，国有用材林固碳释氧储养功能年效益值为 0.14×10^{6}t，占天然林的 5.8%；集体林为 2.25×10^{6}t，占 94.2%。天然林中国有用材林各龄级林分固碳释氧储养功能的年效益值均小于集体林。国有天然林固碳释氧储养效益值中，中龄林的固碳释氧储养的效益值最大；集体天然林固碳释氧储养效益值中龄林效益值最大。

在人工林的固碳释氧储养功能年效益中，国有林固碳释氧储养功能年效益值为 0.83×10^{6}t，占人工林的 17.5%；集体林为 3.92×10^{6}t，占 82.5%。人工林中的国有用材林各龄级林分固碳释氧储养功能的年效益值除过熟林外均小于集体林。国有人工林固碳释氧储养效益值中，中龄林最大，过熟林最小；集体天然林固碳释氧储养效益值中，中龄林最大，过熟林最小。

4）用材林各龄级净化环境功能

由表 4-80 可以看出：沿海防护林建设二期工程中的用材林净化环境功能年效益值为 0.21×10^{8}t。其中，天然用材林净化环境功能年效益值为 0.07×10^{8}t，占 33.5%；人工用材林为 0.14×10^{8}t，占 66.5%。国有用材林净化环境功能年效益值为 0.03×10^{8}t，占 13.6%；集体用材林为 0.18×10^{8}t，占 86.4%。

在天然林的净化环境功能年效益中，国有用材林净化环境功能年效益值为 0.41×10^{6}t，占天然林的 5.8%；集体林为 0.07×10^{8}t，占 94.2%。天然林中国有用材林各龄级林分净化环境功能的年效益值均小于集体林。国有天然林净化环境效益值中，中龄林最大；集体天然林净化环境效益值中，中龄林效益值最大。

在人工林的净化环境功能年效益中，国有林净化环境功能年效益值为 0.03×10^{8}t，占人工林的 17.5%；集体林为 0.11×10^{8}t，占 82.5%。人工林中的国有用材林各龄级林分净化环境功能的年效益值除过熟林外均小于集体林。国有人工林净化环境效益值中，近熟林最大，过熟林最小；集体天然林净化环境效益值中，中龄林最大，过熟林最小。

表 4-80 沿海防护林建设二期工程用材林各龄级净化环境功能表

类别		净化环境功能年效益值/10^7t				
		幼龄林	中龄林	近熟林	成熟林	过熟林
天然用材林	国有	0	0.03	0.01	0.01	0
	集体	0.17	0.33	0.13	0.03	0
人工用材林	国有	0.03	0.08	0.09	0.03	0.02
	集体	0.20	0.57	0.28	0.11	0.02
合计	国有	0.03	0.11	0.10	0.04	0.02
	集体	0.38	0.89	0.41	0.14	0.02

4.2.3.2 防护林

1）防护林各龄级涵养水源功能

由表 4-81 可以看出：沿海防护林建设二期工程中的防护林涵养水源功能年效益值为 0.48×10^{10}t。其中，天然防护林涵养水源功能年效益值为 0.35×10^{10}t，占 72.1%；人工防护林涵养水源功能年效益值为 0.13×10^{10}t，占 27.9%。国有防护林涵养水源功能年效益值为 0.30×10^{10}t，占 63.1%；集体防护林涵养水源功能年效益值为 0.18×10^{10}t，占 36.9%。

表 4-81 沿海防护林建设二期工程防护林各龄级涵养水源功能表

类别		涵养水源功能年效益值/10^7t				
		幼龄林	中龄林	近熟林	成熟林	过熟林
天然防护林	国有	36.69	109.57	64.15	51.96	5.78
	集体	32.82	38.28	7.54	1.80	0
人工防护林	国有	7.61	14.75	11.05	2.43	1.15
	集体	24.93	41.29	14.32	8.95	8.47
合计	国有	44.30	124.32	75.20	54.39	6.93
	集体	57.75	79.57	21.87	10.75	8.47

在天然林的涵养水源功能年效益中，国有防护林涵养水源功能年效益值为 0.27×10^{10}t，占天然林的 76.9%；集体林为 0.08×10^{10}t，占 23.1%。天然林中国有用材林各龄级林分涵养水源功能的年效益值均大于集体林。国有天然林涵养水源效益值中，中龄林最大，过熟林最小；集体天然林涵养水源效益值中，中龄林最大。

在人工林的涵养水源功能年效益中，国有林涵养水源功能年效益值为 0.04×10^{10}t，占人工林的 27.4%；集体林为 0.10×10^{10}t，占 72.6%。人工林中的国有用材林各龄级林分涵养水源功能的年效益值均小于集体林。国有人工林涵养水源效益值中，中龄林最大，过熟林最小；集体天然林涵养水源效益值中，中龄林最大，过熟林最小。

2）防护林各龄级保育土壤功能

由表 4-82 可以看出：沿海防护林建设二期工程中的防护林保育土壤功能年效益值为 0.35×10⁸t。其中，天然防护林保育土壤功能年效益值为 0.25×10⁸t，占 72.1%；人工防护林保育土壤功能年效益值为 0.10×10⁸t，占 27.9%。国有防护林保育土壤功能年效益值为 0.22×10⁸t，占 63.1%；集体防护林保育土壤功能年效益值为 0.13×10⁸t，占 36.9%。

表 4-82 沿海防护林建设二期工程防护林各龄级保育土壤功能表

类别		保育土壤功能年效益值/10^7t				
		幼龄林	中龄林	近熟林	成熟林	过熟林
天然防护林	国有	0.27	0.80	0.47	0.38	0.04
	集体	0.24	0.28	0.05	0.01	0
人工防护林	国有	0.06	0.11	0.08	0.02	0.01
	集体	0.18	0.30	0.10	0.07	0.06
合计	国有	0.32	0.90	0.55	0.40	0.05
	集体	0.42	0.58	0.16	0.08	0.06

在天然林的保育土壤功能年效益中，国有防护林保育土壤功能年效益值为 0.19×10⁸t，占天然林的 76.9%；集体林为 0.06×10⁸t，占 23.1%。天然林中国有用材林各龄级林分保育土壤功能的年效益值均大于集体林。国有天然林保育土壤效益值中，中龄林最大，过熟林最小；集体天然林保育土壤效益值中，中龄林最大。

在人工林的保育土壤功能年效益中，国有林保育土壤功能年效益值为 0.03×10⁸t，占人工林的 27.4%；集体林为 0.07×10⁸t，占 72.6%。人工林中的国有用材林各龄级林分保育土壤功能的年效益值均小于集体林。国有人工林保育土壤效益值中，中龄林最大，过熟林最小；集体天然林保育土壤效益值中，中龄林最大，过熟林最小。

3）防护林各龄级固碳释氧储养功能

由表 4-83 可以看出：沿海防护林建设二期工程中的防护林固碳释氧储养功能年效益值为 0.10×10⁸t。其中，天然防护林固碳释氧储养功能年效益值为 7.45×10⁶t，占 72.1%；人工防护林固碳释氧储养功能年效益值为 2.88×10⁶t，占 27.9%。国有防护林固碳释氧储养功能年效益值为 6.52×10⁶t，占 63.1%；集体防护林固碳释氧储养功能年效益值为 3.81×10⁶t，占 36.9%。

在天然林的固碳释氧储养功能年效益中，国有防护林固碳释氧储养功能年效益值为 5.73×10⁶t，占天然林的 76.9%；集体林为 1.72×10⁶t，占 23.1%。天然林中国有用材林各龄级林分固碳释氧储养功能的年效益值均大于集体林。国有天然林固碳释氧储养效益值中，过熟林最大，幼龄林最小；集体天然林固碳释氧储养效益值中，中龄林的固碳释氧储养的效益值最大。

在人工林的固碳释氧储养功能年效益中，国有林固碳释氧储养功能年效益值为 0.79×10⁶t，占人工林的 27.4%；集体林为 2.09×10⁶t，占 72.6%。人工林中的国有

表 4-83 沿海防护林建设二期工程防护林各龄级固碳释氧储养功能表

类别		固碳释氧储养功能年效益值/10^7 t				
		幼龄林	中龄林	近熟林	成熟林	过熟林
天然防护林	国有	0.33	0.99	0.58	0.47	5.24
	集体	0.30	0.35	0.07	0.02	0
人工防护林	国有	0.02	0.03	0.02	0.01	2.45
	集体	0.05	0.09	0.03	0.02	1.81
合计	国有	0.09	0.27	0.16	0.12	1.48
	集体	0.12	0.17	0.05	0.02	1.81

用材林除过熟林外各龄级林分固碳释氧储养功能的年效益值均小于集体林。国有人工林固碳释氧储养效益值中，过熟林最大，成熟林最小；集体天然林固碳释氧储养效益值中，过熟林最大，幼龄林最小。

4）防护林各龄级净化环境功能

由表 4-84 可以看出：沿海防护林建设二期工程中的防护林净化环境功能年效益值为 0.31×10^8t。其中，天然防护林净化环境功能年效益值为 0.22×10^8t，占 72.1%；人工防护林净化环境功能年效益值为 0.09×10^8t，占 27.9%。国有防护林净化环境功能年效益值为 0.19×10^8t，占 63.1%；集体防护林净化环境功能年效益值为 0.12×10^8t，占 36.9%。

表 4-84 沿海防护林建设二期工程防护林各龄级净化环境功能表

类别		净化环境功能年效益值/10^7 t				
		幼龄林	中龄林	近熟林	成熟林	过熟林
天然防护林	国有	0.23	0.70	0.41	0.33	0.04
	集体	0.21	0.24	0.05	0.01	0
人工防护林	国有	0.05	0.09	0.07	0.02	0.01
	集体	0.16	0.26	0.09	0.06	0.05
合计	国有	0.28	0.79	0.48	0.35	0.04
	集体	0.37	0.51	0.14	0.07	0.05

在天然林的净化环境功能年效益中，国有防护林净化环境功能年效益值为 0.17×10^8t，占天然林的 76.9%；集体林为 0.05×10^8t，占 23.1%。天然林中国有用材林各龄级林分净化环境功能的年效益值均大于集体林。国有天然林净化环境效益值中，中龄林最大，过熟林最小；集体天然林净化环境效益值中，中龄林的净化环境的效益值最大。

在人工林的净化环境功能年效益中，国有林净化环境功能年效益值为 0.02×10^8t，占人工林的 27.4%. 集体林为 0.06×10^8t，占 72.6%。人工林中的国有用材林各龄级林分净化环境功能的年效益值均小于集体林。国有人工林净化环境效益值中，中龄林最大，过熟林最小；集体天然林净化环境效益值中，中龄林最大，过熟林最小。

4.2.3.3　薪炭林

1）薪炭林各龄级涵养水源功能

由表 4-85 可以看出：沿海防护林建设二期工程区域薪炭林涵养水源功能年效益值为 1.03×10^8 t。沿海防护林建设二期工程区域中国有薪炭林涵养水源功能主要是成熟林和过熟林，而集体薪炭林各龄级林分均发挥了涵养水源功能作用。其中，国有薪炭林涵养水源功能年效益值为 0.51×10^8 t，占 48.8%；集体薪炭林涵养水源功能年效益值为 0.53×10^8 t，占 51.2%。

表 4-85　沿海防护林建设二期工程薪炭林各龄级涵养水源功能表

类别		涵养水源功能年效益值/10^7 t				
		幼龄林	中龄林	近熟林	成熟林	过熟林
天然薪炭林	国有	0	0	0	0.63	0
	集体	0.51	0.03	0.03	0.34	0.08
人工薪炭林	国有	0	0	0	0	4.43
	集体	0.46	0.20	1.15	1.73	0
合计	国有	0	0	0	0.63	4.43
	集体	0.97	0.23	1.18	2.07	0.08

2）薪炭林各龄级保育土壤功能

由表 4-86 可以看出：沿海防护林建设二期工程区域薪炭林保育土壤功能年效益值为 0.75×10^6 t。沿海防护林建设二期工程区域中国有薪炭林保育土壤功能主要是成熟林过熟林，而集体薪炭林各龄级林分均发挥了保育土壤功能作用。其中，国有薪炭林保育土壤功能年效益值为 0.37×10^6 t，占 48.8%；集体薪炭林保育土壤功能年效益值为 0.38×10^6 t，占 51.2%。

表 4-86　沿海防护林建设二期工程薪炭林各龄级保育土壤功能表

类别		保育土壤功能年效益值/10^5 t				
		幼龄林	中龄林	近熟林	成熟林	过熟林
天然薪炭林	国有	0	0	0	0.46	0
	集体	0.37	0.19	0.02	0.24	0.06
人工薪炭林	国有	0	0	0	0	3.21
	集体	0.33	1.44	0.83	1.26	0
合计	国有	0	0	0	0.46	3.21
	集体	0.70	1.63	0.85	1.50	0.63

3）薪炭林各龄级固碳释氧储养功能

由表 4-87 可以看出：沿海防护林建设二期工程区域薪炭林固碳释氧储养功能年效益值为 0.22×10^{6}t。沿海防护林建设二期工程区域中国有薪炭林保育固碳释氧储养主要是成熟林和过熟林，而集体薪炭林各龄级林分均发挥了固碳释氧储养功能作用。其中，国有薪炭林固碳释氧储养功能年效益值为 0.107×10^{6}t，占 48.8%；集体薪炭林固碳释氧储养功能年效益值为 0.113×10^{6}t，占 51.2%。

表 4-87　沿海防护林建设二期工程薪炭林各龄级固碳释氧储养功能表

类别		固碳释氧储养功能年效益值/10^{5}t				
		幼龄林	中龄林	近熟林	成熟林	过熟林
天然薪炭林	国有	0	0	0	0.13	0
	集体	0.11	0	0	0.07	0.18
人工薪炭林	国有	0	0	0	0	9.46
	集体	0.10	0.42	0.24	0.37	0
合计	国有	0	0	0	0.13	9.46
	集体	0.21	0.48	0.25	0.44	1.85

4）薪炭林各龄级净化环境功能

由表 4-88 可以看出：沿海防护林建设二期工程区域薪炭林净化环境功能年效益值为 0.66×10^{6}t。沿海防护林建设二期工程区域中国有薪炭林净化环境主要是成熟林和过熟林，而集体薪炭林各龄级林分均发挥了净化环境功能作用。其中，国有薪炭林净化环境功能年效益值为 0.32×10^{6}t，占 48.8%；集体薪炭林净化环境功能年效益值为 0.34×10^{6}t，占 51.2%。

表 4-88　沿海防护林建设二期工程薪炭林各龄级净化环境功能表

类别		净化环境功能年效益值/10^{5}t				
		幼龄林	中龄林	近熟林	成熟林	过熟林
天然薪炭林	国有	0	0	0	0.40	0
	集体	0.32	0.17	0.18	0.21	0.05
人工薪炭林	国有	0	0	0	0	2.82
	集体	0.30	1.26	7.31	1.10	0
合计	国有	0	0	0	0.40	2.82
	集体	0.62	1.43	7.48	1.32	0.55

4.2.3.4　特用林

1）特用林各龄级涵养水源功能

由表 4-89 可以看出：沿海防护林建设二期工程中的特用林涵养水源功能年效益值

为 0.09×10^{10}t。其中，天然特用林涵养水源功能年效益值为 0.08×10^{10}t，占 90.8%；人工特用林涵养水源功能年效益值为 0.83×10^{8}t，占 9.2%。国有特用林涵养水源功能年效益值为 0.07×10^{10}t，占 79.7%；集体特用林涵养水源功能年效益值为 0.02×10^{10}t，只占 20.3%。

表 4-89　沿海防护林建设二期工程特用林各龄级涵养水源功能表

类别		涵养水源功能年效益值/10^{7}t				
		幼龄林	中龄林	近熟林	成熟林	过熟林
天然特用林	国有	1.98	15.69	12.61	32.49	4.84
	集体	2.04	5.30	0.51	3.03	3.49
人工特用林	国有	0.09	1.31	0.44	2.54	0
	集体	0.15	2.91	0.88	0	0
合计	国有	2.06	17.00	13.06	35.03	4.84
	集体	2.19	8.21	1.39	3.03	3.49

在天然林的涵养水源功能年效益中，国有特用林涵养水源功能年效益值为 0.07×10^{10}t，占天然林的 82.5%；集体林为 0.01×10^{10}t，占 17.5%。天然国有特用林除幼龄林涵养水源功能年效益值小于天然集体幼龄林外，其余各龄级林分涵养水源功能年效益值均大于国有集体特用林各龄级林分。国有天然林成熟林的涵养水源的效益值最大，幼龄林最小；集体天然林中龄林的涵养水源的效益值最大，近熟林最小。

在人工林的涵养水源功能年效益中，国有林涵养水源功能年效益值为 0.44×10^{8}t，占人工林的 52.6%；集体林为 0.39×10^{8}t，占 47.4%。而人工集体特用幼龄林、中龄林及近熟林涵养水源功能年效益值均大于人工国有特用林。国有人工林成熟林的涵养水源的效益值最大；集体天然林中龄林的涵养水源的效益值最大。

2）特用林各龄级保育土壤功能

由表 4-90 可以看出：沿海防护林建设二期工程中的特用林土壤功能年效益值为 6.56×10^{6}t。其中，天然特用林保育土壤功能年效益值为 5.96×10^{6}t，占 90.8%；人工特用林保育土壤功能年效益值为 0.61×10^{6}t，占 9.2%。国有特用林保育土壤功能年效益值 5.23×10^{6}t，占 79.7%，大于集体特用林（1.33×10^{6}t，只占 20.3%）。

在天然林的土壤功能年效益中，国有特用林保育土壤功能年效益值为 4.92×10^{6}t，占天然林的 82.5%；集体林为 1.04×10^{6}t，占 17.5%。天然国有特用林除幼龄林土壤功能年效益值小于天然集体幼龄林外，其余各龄级林分土壤功能年效益值均大于国有集体特用林各龄级林分。国有天然林近熟林的土壤功能的效益值最大，中龄林最小；集体天然林幼龄林的土壤功能的效益值最大，成熟林最小。

在人工林的土壤功能年效益中，国有林保育土壤功能年效益值为 0.32×10^{6}t，占人工林的 52.6%；集体林为 0.29×10^{6}t，占 47.4%。而人工集体特用幼龄林、中龄林及近熟林土壤功能年效益值均大于人工国有特用林。国有人工林近熟林的土壤功能的效益值最大；集体人工林近熟林的土壤功能的效益值最大。

表 4-90　沿海防护林建设二期工程特用林各龄级保育土壤功能表

类别		保育土壤功能年效益值/10^5t				
		幼龄林	中龄林	近熟林	成熟林	过熟林
天然特用林	国有	1.44	0.11	9.16	0.24	0.04
	集体	1.48	0.04	0.37	0.02	0.03
人工特用林	国有	0.07	0.01	0.32	0.02	0
	集体	0.11	0.02	0.64	0	0
合计	国有	1.50	0.12	9.49	0.25	0.04
	集体	1.59	0.06	1.01	0.02	0.03

3）特用林各龄级固碳释氧储养功能

由表 4-91 可以看出：沿海防护林建设二期工程中的特用林固碳释氧储养功能年效益值为 1.93×10^4t。其中，天然特用林固碳释氧储养功能年效益值为 1.75×10^4t，占 90.8%；人工特用林固碳释氧储养功能年效益值为 0.18×10^4t，占 9.2%。国有特用林固碳释氧储养功能年效益值为 1.54×10^4t，占 79.7%；集体特用林固碳释氧储养功能年效益值为 0.39×10^4t，只占 20.3%。

表 4-91　沿海防护林建设二期工程特用林各龄级固碳释氧储养功能表

类别		固碳释氧储养功能年效益值/10^5t				
		幼龄林	中龄林	近熟林	成熟林	过熟林
天然特用林	国有	0.04	0.34	0.27	0.69	0.10
	集体	0.04	0.11	0.01	0.06	0.07
人工特用林	国有	0.0002	0.03	0.01	0.05	0
	集体	0.0003	0.06	0.02	0	0
合计	国有	0.0402	0.37	0.28	0.74	0.10
	集体	0.0403	0.17	0.03	0.06	0.07

在天然林的固碳释氧储养功能年效益中，国有特用林固碳释氧储养功能年效益值为 1.44×10^4t，占天然林的 82.5%；集体林为 0.31×10^4t，占 17.5%。天然国有特用林除幼龄林固碳释氧储养功能年效益值小于天然集体幼龄林外，其余各龄级林分固碳释氧储养功能年效益值均大于国有集体特用林各龄级林分。国有天然林成熟林的固碳释氧储养的效益值最大，幼龄林最小；集体天然林中龄林的固碳释氧储养的效益值最大，近熟林最小。

在人工林的固碳释氧储养功能年效益中，国有林固碳释氧储养功能年效益值为0.09×10^4t，占人工林的 52.6%；集体林为 0.08×10^4t，占 47.4%。而人工集体特用幼龄林、中龄林及近熟林固碳释氧储养功能年效益值均大于人工国有特用林。国有人工林成熟林的固碳释氧储养的效益值最大；集体天然林中龄林的固碳释氧储养的效益值最大。

4）特用林各龄级净化环境功能

由表 4-92 可以看出：沿海防护林建设二期工程中的特用林净化环境功能年效益值

为 5.76×10^5t。其中，天然特用林净化环境功能年效益值为 5.23×10^5t，占 90.8%；人工特用林净化环境功能年效益值为 0.53×10^5t，占 9.2%。国有特用林净化环境功能年效益值为 4.59×10^5t，占 79.7%；集体特用林净化环境功能年效益值为 1.17×10^5t，只占 20.3%。

表 4-92　沿海防护林建设二期工程薪炭林各龄级净化环境功能表

类别		净化环境功能年效益值/10^5t				
		幼龄林	中龄林	近熟林	成熟林	过熟林
天然特用林	国有	0.13	1.00	0.80	2.07	0.31
	集体	0.13	0.34	0.03	0.19	0.22
人工特用林	国有	0.01	0.08	0.03	0.16	0
	集体	0.01	0.18	0.06	0	0
合计	国有	0.14	1.08	0.83	2.23	0.31
	集体	0.14	0.52	0.09	0.19	0.22

在天然林的净化环境功能年效益中，国有特用林净化环境功能年效益值为 4.31×10^6t，占天然林的 82.5%；集体林为 0.92×10^6t，占 17.5%。天然国有特用林除幼龄林净化环境功能年效益值小于天然集体幼龄林外，其余各龄级林分净化环境功能年效益值均大于国有集体特用林各龄级林分。国有天然林成熟林的净化环境的效益值最大，幼龄林最小；集体天然林中龄林的净化环境的效益值最大，近熟林最小。

在人工林的净化环境功能年效益中，国有林净化环境功能年效益值为 0.28×10^6t，占人工林的 52.6%，集体林为 0.25×10^6t，占 47.4%。而人工集体特用幼龄林、中龄林及近熟林净化环境功能年效益值均大于人工国有特用林。国有人工林成熟林的净化环境的效益值最大；集体人工林中龄林的净化环境的效益值最大。

4.2.3.5　工程总功能效益分析

由图 4-6 可以看出：沿海防护林建设二期工程区域中，防护林所发挥的生态服务功能效益最大，占总生态服务功能效益的 52.66%，其次为用材林，占 36.38%；特用林和薪炭林的生态服务效益则相对较小，分别只占 9.83%和 1.13%。

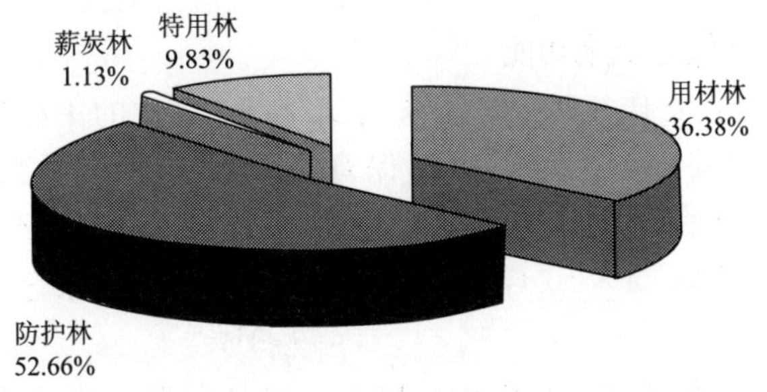

图 4-6　沿海防护林建设二期工程各林种功能总值所占比例图

4.2.4 珠江防护林体系建设二期工程功能效益评价

4.2.4.1 用材林

1）用材林各龄级涵养水源功能

由表 4-93 可以看出：珠江防护林体系建设二期工程中的用材林涵养水源功能年效益值为 2.50×10^8t。其中，天然用材林涵养水源功能年效益值为 1.38×10^8t，占 55.3%；人工用材林涵养水源功能年效益值为 1.12×10^8t，占 44.7%。国有用材林涵养水源功能年效益值为 0.33×10^8t，占 13.2%；集体用材林涵养水源功能年效益值为 2.17×10^8t，占 86.8%。

表 4-93 珠江防护林体系建设二期工程用材林各龄级涵养水源功能表

类别		涵养水源功能年效益值/10^6t				
		幼龄林	中龄林	近熟林	成熟林	过熟林
天然用材林	国有	24.89	58.16	39.35	16.60	20.41
	集体	258.80	562.88	201.30	142.18	57.31
人工用材林	国有	30.60	61.91	30.99	46.67	0
	集体	205.82	420.69	217.35	100.92	3.32
合计	国有	55.49	120.07	70.34	63.27	20.41
	集体	464.62	983.57	418.65	243.10	60.63

在天然林的涵养水源功能年效益中，国有用材林涵养水源功能年效益值为 0.16×10^8t，占天然林的 11.5%；集体林为 1.22×10^8t，占 88.5%。天然国有用材林各龄级林分涵养水源功能年效益值均小于国有集体用材林各龄级林分。国有天然林涵养水源的效益值中，中龄林最大，成熟林最小；集体天然林涵养水源的效益值中，中龄林最大，过熟林最小。

在人工林的涵养水源功能年效益中，国有林涵养水源功能年效益值为 0.17×10^8t，占人工林的 15.2%；集体林为 0.95×10^8t，占 84.8%。人工国有用材各龄级林分涵养水源功能年效益值也均小于人工集体林用材林。国有人工林涵养水源的效益值中，中龄林最大，幼龄林最小；集体人工中龄林涵养水源的效益值最大。

2）用材林各龄级保育土壤功能

由表 4-94 可以看出：珠江防护林体系建设二期工程中的用材林保育土壤功能年效益值为 1.82×10^6t。其中，天然用材林保育土壤功能年效益值为 1.01×10^6t，占 55.3%；人工用材林保育土壤功能年效益值为 0.81×10^6t，占 44.7%。国有用材林保育土壤功能年效益值为 0.24×10^6t，占 13.2%；集体用材林保育土壤功能年效益值为 1.58×10^6t，占 86.8%。

在天然林的保育土壤功能年效益中，国有用材林保育土壤功能年效益值为 0.12×10^6t，占天然林的 11.5%；集体林为 0.89×10^6t，占 88.5%。天然国有用材林各龄级

表 4-94　珠江防护林体系建设二期工程用材林各龄级保育土壤功能表

类别		保育土壤功能年效益值/10^5 t				
		幼龄林	中龄林	近熟林	成熟林	过熟林
天然用材林	国有	0.18	0.42	0.29	0.12	0.15
	集体	1.88	4.09	1.46	1.03	0.42
人工用材林	国有	0.22	0.45	0.23	0.34	0
	集体	1.50	3.06	1.58	0.73	0.02
合计	国有	0.40	0.87	0.52	0.46	0.15
	集体	3.38	7.15	3.04	1.76	0.44

林分保育土壤功能年效益值均小于国有集体用材林各龄级林分。国有天然林保育土壤的效益值中，中龄林最大，成熟林最小；集体天然林保育土壤的效益值中，中龄林最大，过熟林最小。

在人工林的保育土壤功能年效益中国有林保育土壤功能年效益值为 0.12×10^6 t，占人工林的 15.2%；集体林为 0.69×10^6 t，占 84.8%。人工国有用材各龄级林分保育土壤功能年效益值也均小于人工集体林用材林。国有人工林保育土壤的效益值中，中龄林最大，过熟林最小；集体人工林中龄林保育土壤的效益值最大。

3）用材林各龄级固碳释氧储养功能

由表 4-95 可以看出：珠江防护林体系建设二期工程中的用材林固碳释氧储养功能年效益值为 0.53×10^6 t。其中，天然用材林固碳释氧储养功能年效益值为 0.30×10^6 t，占 55.3%；人工用材林固碳释氧储养功能年效益值为 0.24×10^6 t，占 44.7%。国有用材林固碳释氧储养功能年效益值要远远小于集体用材林。国有用材林固碳释氧储养功能年效益值为 7.04×10^6 t，占 13.2%；集体用材林固碳释氧储养功能年效益值为 0.46×10^6 t，占 86.8%。

表 4-95　珠江防护林体系建设二期工程用材林各龄级固碳释氧储养功能表

类别		固碳释氧储养功能年效益值/10^5 t				
		幼龄林	中龄林	近熟林	成熟林	过熟林
天然用材林	国有	0.05	0.12	0.08	0.04	0.04
	集体	0.55	1.20	0.43	0.30	0.12
人工用材林	国有	0.07	0.13	0.07	0.10	0
	集体	0.44	0.90	0.46	0.22	0.01
合计	国有	0.12	0.25	0.15	0.14	0.04
	集体	0.99	2.10	0.89	0.52	0.13

在天然林的固碳释氧储养功能年效益中，国有用材林固碳释氧储养功能年效益值为 3.41×10^6 t，占天然林的 11.5%；集体林为 0.26×10^6 t，占 88.5%。天然国有用材林各龄级林分固碳释氧储养功能年效益值均小于国有集体用材林各龄级林分。国有天然林

固碳释氧储养的效益值中，中龄林最大，过熟林最小；集体天然林固碳释氧储养的效益值中，中龄林最大，过熟林最小。

在人工林的固碳释氧储养功能年效益中，国有林固碳释氧储养功能年效益值为3.63×10^6^t，占人工林的15.2%；集体林为0.20×10^6^t，占84.8%。人工国有用材各龄级林分固碳释氧储养功能年效益值也均小于人工集体林用材林。国有人工林固碳释氧储养的效益值中，中龄林最大，过熟林最小；集体人工林中龄林固碳释氧储养的效益值最大。

4）用材林各龄级净化环境功能

由表4-96可以看出：珠江防护林体系建设二期工程中的用材林净化环境功能年效益值为1.59×10^6t。其中，天然用材林净化环境功能年效益值为0.88×10^6t，占55.3%；人工用材林净化环境功能年效益值为0.72×10^6t，占44.7%。国有用材林净化环境功能年效益值为0.21×10^6t，占13.2%；集体用材林净化环境功能年效益值为1.38×10^6t，占86.8%。

表4-96　珠江防护林体系建设二期工程用材林各龄级净化环境功能表

类别		净化环境功能年效益值/10^5t				
		幼龄林	中龄林	近熟林	成熟林	过熟林
天然用材林	国有	0.16	0.37	0.25	0.11	0.13
	集体	1.65	3.59	1.28	0.91	0.37
人工用材林	国有	0.20	0.39	0.20	0.30	0
	集体	1.31	2.68	1.39	0.64	0.02
合计	国有	0.36	0.76	0.45	0.41	0.13
	集体	2.96	6.27	2.67	1.55	0.39

在天然林的净化环境功能年效益中，国有用材林净化环境功能年效益值为0.10×10^6t，占天然林的11.5%；集体林为0.78×10^6t，占88.5%。天然国有用材林各龄级林分净化环境功能年效益值均小于国有集体用材林各龄级林分。国有天然林净化环境的效益值中，中龄林最大，成熟林最小；集体天然林净化环境的效益值中，中龄林最大，过熟林最小。

在人工林的净化环境功能年效益中，国有林净化环境功能年效益值为0.11×10^6t，占人工林的15.2%；集体林为0.61×10^6t，占84.8%。人工国有用材各龄级林分净化环境功能年效益值也均小于人工集体用材林。国有人工林净化环境的效益值中，中龄林最大，过熟林最小；集体人工林中龄林净化环境的效益值最大。

4.2.4.2　防护林

1）防护林各龄级涵养水源功能

由表4-97可以看出，珠江防护林体系建设二期工程中的用材林涵养水源功能年效益值为1.07×10^8t。天然防护林涵养水源功能年效益值为1.01×10^8t，占94.5%；人工防护林涵养水源功能年效益值为 0.06×10^{8}t，占 5.5%。国有防护林涵养水源功能年效益值为 0.18×10^{8}t，占 16.4%；集体防护林涵养水源功能年效益值为 0.89×10^{8}t，占 83.6%。

表 4-97　珠江防护林体系建设二期工程防护林各龄级涵养水源功能表

类别		涵养水源功能年效益值/10^{5}t				
		幼龄林	中龄林	近熟林	成熟林	过熟林
天然防护林	国有	19.04	39.29	40.54	37.14	32.74
	集体	273.52	233.06	159.11	113.32	62.70
人工防护林	国有	0.65	1.83	1.40	2.45	0
	集体	28.75	16.85	5.68	0.79	0
合计	国有	19.69	41.12	41.94	39.59	32.74
	集体	302.27	249.91	164.79	114.11	62.70

在天然林的涵养水源功能年效益中，国有防护林涵养水源功能年效益值为 0.17×10^{8}t，占天然林的 16.7%；集体林为 0.84×10^{8}t，占 83.3%。天然国有防护林各龄级林分涵养水源功能年效益值均小于国有集体防护林各龄级林分。国有天然林涵养水源的效益值中，近熟林最大，幼龄林最小；集体天然林涵养水源的效益值幼龄林最大，过熟林最小。

在人工林的涵养水源功能年效益中，国有林涵养水源功能年效益值为 0.63×10^{8}t，占人工林的 10.9%；集体林为 5.21×10^{8}t，占 89.1%。人工国有防护幼龄林、中龄林和近熟林涵养水源功能年效益值也均小于人工集体防护幼龄林、中龄林和近熟林。

2）防护林各龄级保育土壤功能

由表 4-98 可以看出：珠江防护林体系建设二期工程中的用材林保育土壤功能年效益值为 0.78×10^{6}t。天然防护林保育土壤功能年效益值为 0.74×10^{6}t，占 94.5%；人工防护林保育土壤功能年效益值为 0.04×10^{6}t，占 5.5%。国有防护林保育土壤功能年效益值为 0.13×10^{6}t，占 16.4%；集体防护林保育土壤功能年效益值为 0.65×10^{6}t，占 83.6%。

在天然林的保育土壤功能年效益中，国有防护林保育土壤功能年效益值为 0.12×10^{6}t，占天然林的 16.7%；集体林为 0.62×10^{6}t，占 83.3%。天然国有防护林各龄级林分保育土壤功能年效益值均小于国有集体防护林各龄级林分。国有天然林保育土壤的效益值中，近熟林最大，幼龄林最小；集体天然林保育土壤的效益值幼龄林最大，过熟林最小。

在人工林的保育土壤功能年效益中，国有林保育土壤功能年效益值为 0.46×10^{6}t，占人工林的 10.9%；集体林为 3.78×10^{6}t，占 89.1%。人工国有防护幼龄林、中龄林和近熟林保育土壤功能年效益值也均小于人工集体防护幼龄林、中龄林和近熟林。

表 4-98 珠江防护林体系建设二期工程防护林各龄级保育土壤功能表

类别		保育土壤功能年效益值/10^5t				
		幼龄林	中龄林	近熟林	成熟林	过熟林
天然防护林	国有	1.38	2.85	2.95	2.70	2.38
	集体	19.87	16.93	11.56	8.23	4.56
人工防护林	国有	0.05	0.13	0.10	0.17	0
	集体	2.09	1.22	0.41	0.06	0
合计	国有	1.43	2.98	3.05	2.87	2.38
	集体	21.96	18.15	11.97	8.29	4.56

3）防护林各龄级固碳释氧储养功能

由表 4-99 可以看出：珠江防护林体系建设二期工程中的用材林固碳释氧储养功能年效益值为 0.23×10^6t。天然防护林固碳释氧储养功能年效益值为 0.22×10^6t，占 94.5%；人工防护林固碳释氧储养功能年效益值为 1.25×10^6t，占 5.5%。国有防护林固碳释氧储养功能年效益值为 3.74×10^6t，占 16.4%；集体防护林固碳释氧储养功能年效益值为 0.19×10^6t，占 83.6%。

表 4-99 珠江防护林体系建设二期工程防护林各龄级固碳释氧储养功能表

类别		固碳释氧储养功能年效益值/10^5t				
		幼龄林	中龄林	近熟林	成熟林	过熟林
天然防护林	国有	0.41	0.84	0.87	0.79	0.70
	集体	5.84	4.98	3.40	2.42	1.34
人工防护林	国有	0.01	0.04	0.03	0.05	0
	集体	0.61	0.36	0.12	0.02	0
合计	国有	0.42	0.88	0.90	0.84	0.70
	集体	6.45	5.34	3.52	2.44	1.34

在天然林的固碳释氧储养功能年效益中，国有防护林固碳释氧储养功能年效益值为 3.60×10^6t，占天然林的 16.7%；集体林为 0.18×10^6t，占 83.3%。天然国有防护林各龄级林分固碳释氧储养功能年效益值均小于国有集体防护林各龄级林分。国有天然林固碳释氧储养的效益值中，近熟林最大，幼龄林最小；集体天然林固碳释氧储养的效益值幼龄林最大，过熟林最小。

在人工林的固碳释氧储养功能年效益中，国有林固碳释氧储养功能年效益值为 0.14×10^6t，占人工林的 10.9%；集体林为 1.11×10^6t，占 89.1%。人工国有防护幼龄林、中龄林和近熟林固碳释氧储养功能年效益值也均小于人工集体防护幼龄林、中龄林和近熟林。

4）防护林各龄级净化环境功能

由表 4-100 可以看出：珠江防护林体系建设二期工程中的用材林净化环境功能年效

益值为 0.68×10^6t。天然防护林净化环境功能年效益值为 0.64×10^6t，占 94.5%；人工防护林净化环境功能年效益值为 0.04×10^6t，占 5.5%。国有防护林净化环境功能年效益值为 0.11×10^6t，占 16.4%；集体防护林净化环境功能年效益值为 0.57×10^6t，占 83.6%。

表 4-100　珠江防护林体系建设二期工程防护林各龄级净化环境功能表

类别		净化环境功能年效益值/10^5t				
		幼龄林	中龄林	近熟林	成熟林	过熟林
天然防护林	国有	0.12	0.25	0.26	0.24	0.21
	集体	1.74	1.49	1.01	0.72	0.40
人工防护林	国有	0	0.01	0.01	0.02	0
	集体	0.18	0.11	0.04	0.01	0
合计	国有	0.12	0.26	0.27	0.26	0.21
	集体	1.92	1.60	1.05	0.73	0.40

在天然林的净化环境功能年效益中，国有防护林净化环境功能年效益值为 0.11×10^6t，占天然林的 16.7%；集体林为 0.54×10^6t，占 83.3%。天然国有防护林各龄级林分净化环境功能年效益值均小于国有集体防护林各龄级林分。国有天然林净化环境的效益值中，近熟林最大，幼龄林最小；集体天然林净化环境的效益值幼龄林最大，过熟林最小。

在人工林的净化环境功能年效益中，国有林净化环境功能年效益值为 0.40×10^6t，占人工林的 10.9%；集体林为 0.04×10^6t，占 89.1%。人工国有防护幼龄林、中龄林和近熟林净化环境功能年效益值也均小于人工集体防护幼龄林、中龄林和近熟林。

4.2.4.3　特用林

1）特用林各龄级涵养水源功能

由表 4-101 可以看出：珠江防护林体系建设二期工程中的集体特用幼龄林、中龄林及近熟林涵养水源功能年效益值均大于国有特用幼龄林、中龄林及近熟林，而国有成熟

表 4-101　珠江防护林体系建设二期工程特用林各龄级涵养水源功能表

类别		涵养水源功能年效益值/10^5t				
		幼龄林	中龄林	近熟林	成熟林	过熟林
天然特用林	国有	7.88	14.63	4.45	23.05	0
	集体	24.33	19.25	7.89	6.88	2.93
人工特用林	国有	0.79	0.00	0.00	0.00	0.00
	集体	3.11	3.50	0.00	0.00	0.00
合计	国有	8.67	14.63	4.45	23.05	0
	集体	27.44	22.75	7.89	6.88	2.93

林涵养水源功能年效益值则大于集体成熟林。总体看，珠江防护林工程国有特用林涵养水源功能年效益值要小于集体特用林。珠江防护林工程特用林涵养水源功能年效益值为 0.12×10^8 t。其中，国有特用林涵养水源功能年效益值为 0.05×10^8 t，占 42.8%；集体特用林涵养水源功能年效益值为 0.07×10^6 t，占 57.2%。

2）特用林各龄级保育土壤功能

由表 4-102 可以看出：珠江防护林体系建设二期工程中的集体特用幼龄林、中龄林及近熟林保育土壤功能年效益值均大于国有特用幼龄林、中龄林及近熟林，而国有成熟林保育土壤功能年效益值则大于集体成熟林。总体看，珠江防护林工程国有特用林保育土壤功能年效益值要小于集体特用林。珠江防护林工程特用林保育土壤功能年效益值为 8.62×10^4 t。其中，国有特用林保育土壤功能年效益值为 3.69×10^4 t，占 42.8%；集体特用林保育土壤功能年效益值为 4.93×10^4 t，占 57.2%。

表 4-102　珠江防护林体系建设二期工程特用林各龄级保育土壤功能表

类别		保育土壤功能年效益值/10^5 t				
		幼龄林	中龄林	近熟林	成熟林	过熟林
天然特用林	国有	0.06	0.11	0.03	0.17	0
	集体	0.18	0.14	0.06	0.05	0.02
人工特用林	国有	0.01	0.00	0.00	0.00	0.00
	集体	0.02	0.03	0.00	0.00	0.00
合计	国有	0.07	0.11	0.03	0.17	0
	集体	0.20	0.17	0.06	0.05	0.02

3）特用林各龄级固碳释氧储养功能

由表 4-103 可以看出：珠江防护林体系建设二期工程中的集体特用幼龄林、中龄林及近熟林固碳释氧储养功能年效益值均大于国有特用幼龄林、中龄林及近熟林，而国有成熟林固碳释氧储养功能年效益值则大于集体成熟林。总体看，珠江防护林工程国有特用林固碳释氧储养功能年效益值要小于集体特用林。珠江防护林工程特用林固碳释氧储

表 4-103　珠江防护林体系建设二期工程特用林各龄级固碳释氧储养功能表

类别		固碳释氧储养功能年效益值/10^5 t				
		幼龄林	中龄林	近熟林	成熟林	过熟林
天然特用林	国有	1.68	3.12	0.95	4.92	0.00
	集体	5.20	4.11	1.69	1.47	0.63
人工特用林	国有	0.17	0.00	0.00	0.00	0.00
	集体	0.67	0.75	0.00	0.00	0.00
合计	国有	1.85	3.12	0.95	4.92	0.00
	集体	5.86	4.86	1.69	1.47	0.63

养功能年效益值为 0.11×10^6t。其中，国有特用林固碳释氧储养功能年效益值为0.05×10^6t，占 42.8%；集体特用林固碳释氧储养功能年效益值为 0.06×10^6t，占 57.2%。

4）特用林各龄级净化环境功能

由表 4-104 可以看出：珠江防护林体系建设二期工程中的集体特用幼龄林、中龄林及近熟林净化环境功能年效益值均大于国有特用幼龄林、中龄林及近熟林，而国有成熟林净化环境功能年效益值则大于集体成熟林。总体看，珠江防护林工程国有特用林净化环境功能年效益值要小于集体特用林。珠江防护林工程特用林净化环境功能年效益值为 2.54×10^4t。其中，国有特用林净化环境功能年效益值为 1.09×10^4t，占 42.8%；集体特用林净化环境功能年效益值为 1.45×10^4t，占 57.2%。

表 4-104　珠江防护林体系建设二期工程特用林各龄级净化环境功能表

类别		净化环境功能年效益值/10^5t				
		幼龄林	中龄林	近熟林	成熟林	过熟林
天然特用林	国有	0.05	0.09	0.03	0.15	0
	集体	0.16	0.12	0.05	0.04	0.02
人工特用林	国有	0.01	0	0	0	0
	集体	0.02	0.02	0	0	0
合计	国有	0.06	0.09	0.03	0.15	0
	集体	0.18	0.14	0.05	0.04	0.02

4.2.4.4　工程总功能效益分析

由图 4-7 可以看出：珠江防护林体系建设二期工程区域中，用材林所发挥的生态服务功能效益最大，占总生态服务功能效益的 67.25%；其次为防护林，占 28.75%；特用林和薪炭林的生态服务效益则相对较小，分别只占 3.19%和 0.81%。

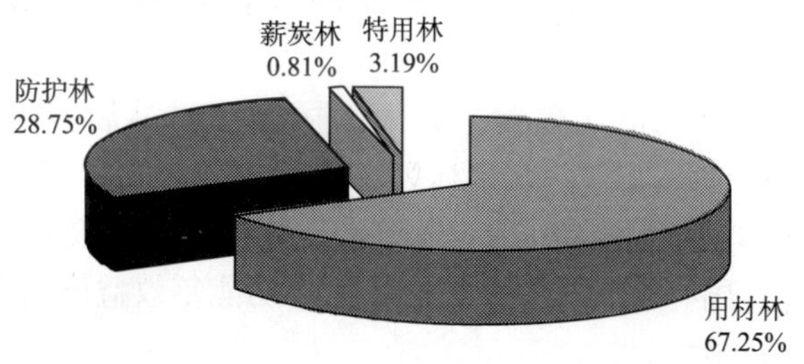

图 4-7　珠江防护林体系建设二期工程各林种功能总值所占比例图

4.2.5　太行山绿化二期建设工程功能效益评价

目前，可持续发展已经成为人类的必然选择和世界经济发展的主流。保护和发展森林资源，改善生态环境是国家对林业的主导需求。太行山绿化二期建设工程区域内植被稀少，森林覆盖率低，生态环境脆弱，工矿企业多，水土流失严重。太行山绿化二期建设工程实施的目的是为了解决太行山地区的生态环境问题和森林资源问题，实现区域社会经济可持续发展。

4.2.5.1 用材林

1）用材林各龄级涵养水源功能

由表4-105可以看出：太行山绿化二期建设工程用材林发挥涵养水源功能的龄级林分主要集中在幼龄林、中龄林和近熟林。涵养水源功能年效益值为3.01×10^6t。其中，天然用材林涵养水源功能年效益值为1.37×10^6t，占45.4%；人工用材林涵养水源功能年效益值为1.64×10^6t，占54.6%。国有用材林涵养水源功能年效益值为0.90×10^6t，占29.8%；集体用材林涵养水源功能年效益值为2.11×10^6t，占70.2%。

表4-105 太行山绿化二期建设工程用材林各龄级涵养水源功能表

类别		涵养水源功能年效益值/10^5t				
		幼龄林	中龄林	近熟林	成熟林	过熟林
天然用材林	国有	0.46	3.89	0.65	0	0
	集体	6.27	2.17	0.20	0	0
人工用材林	国有	0.29	3.20	0.47	0	0
	集体	6.05	2.11	1.64	2.67	0
合计	国有	0.75	7.09	1.12	0	0
	集体	12.32	4.28	1.84	2.67	0

在天然林的涵养水源功能年效益中，天然国有用材林涵养水源功能年效益值为0.50×10^6t，占天然林的36.7%；集体林为0.86×10^6t，占63.3%。天然国有防护林中龄林和近熟林涵养水源功能年效益值大于集体林，幼龄林小于集体林。国有天然林涵养水源的效益值中，中龄林最大；集体天然林涵养水源的效益值幼龄林最大，近熟林最小。

在人工林的涵养水源功能年效益中，人工国有用材林涵养水源功能年效益值为0.40×10^6t，占人工林的24.1%；集体林为1.25×10^6t，占75.9%。人工国有防护幼龄林、近熟林和成熟林涵养水源功能年效益值均小于人工集体防护林，国有中龄林年效益值大于集体中龄林。国有人工林中龄林涵养水源功能年效益值最大；集体人工林幼龄林涵养水源的年效益值最大。

2）用材林各龄级保育土壤功能

由表4-106可以看出：太行山绿化二期建设工程用材林发挥保育土壤功能的龄级林分主要集中在幼龄林、中龄林和近熟林。涵养水源功能年效益值为2.18×10^4t。其中，天然用材林保育土壤功能年效益值为0.99×10^4t，占45.4%；人工用材林保育土壤功能年效益值为1.19×10^4t，占54.6%。国有用材林保育土壤功能年效益值为0.65×10^4t，占29.8%；集体用材林保育土壤功能年效益值为1.53×10^4t，占70.2%。

表 4-106　太行山绿化二期建设工程用材林各龄级保育土壤功能表

类别		保育土壤功能年效益值/10^5t				
		幼龄林	中龄林	近熟林	成熟林	过熟林
天然用材林	国有	0.03	0.28	0.05	0	0
	集体	0.46	0.16	0.01	0	0
人工用材林	国有	0.02	0.23	0.03	0	0
	集体	0.44	0.15	0.12	0.19	0
合计	国有	0.05	0.51	0.08	0	0
	集体	0.90	0.31	0.13	0.19	0

在天然林的保育土壤功能年效益中，天然国有用材林保育土壤功能年效益值为0.36×10^4t，占天然林的 36.7%；集体林为 0.63×10^4t，占 63.3%。天然国有防护林中龄林和近熟林保育土壤功能年效益值大于集体林，幼龄林小于集体林。国有天然林保育土壤的效益值中，中龄林最大；集体天然林保育土壤的效益值幼龄林最大，近熟林最小。

在人工林的保育土壤功能年效益中，人工国有用材林保育土壤功能年效益值为0.29×10^4t，占人工林的 24.1%；集体林为 0.90×10^4t，占 75.9%。人工国有防护幼龄林、近熟林和成熟林保育土壤功能年效益值均小于人工集体防护林，国有中龄林年效益值大于集体中龄林。国有人工林中龄林保育土壤功能年效益值最大；集体人工林幼龄林保育土壤的年效益值最大。

3）用材林各龄级固碳释氧储养功能

由表 4-107 可以看出：太行山绿化二期建设工程用材林发挥固碳释氧储养功能的龄级林分主要集中在幼龄林、中龄林和近熟林。涵养水源功能年效益值为 0.64×10^4t。其中，天然用材林固碳释氧储养功能年效益值为 0.29×10^4t，占 45.4%；人工用材林固碳释氧储养功能年效益值为 0.35×10^4t，占 54.6%。国有用材林固碳释氧储养功能年效益值为 0.19×10^4t，占 29.8%；集体用材林固碳释氧储养功能年效益值为 0.45×10^4t，占 70.2%。

表 4-107　太行山绿化二期建设工程用材林各龄级固碳释氧储养功能表

类别		固碳释氧储养功能年效益值/10^5t				
		幼龄林	中龄林	近熟林	成熟林	过熟林
天然用材林	国有	0.01	0.08	0.01	0	0
	集体	0.13	0.05	0	0	0
人工用材林	国有	0.01	0.07	0.01	0	0
	集体	0.13	0.05	0.04	0.06	0
合计	国有	0.02	0.15	0.02	0	0
	集体	0.26	0.10	0.04	0.06	0

在天然林的固碳释氧储养功能年效益中，天然国有用材林固碳释氧储养功能年效益值为0.11×10⁴t，占天然林的36.7%；集体林为0.18×10⁴t，占63.3%。天然国有防护林中龄林和近熟林固碳释氧储养功能年效益值大于集体林，幼龄林小于集体林。国有天然林固碳释氧储养的效益值中，幼龄林最大；集体天然林固碳释氧储养的效益值幼龄林最大，近熟林最小。

在人工林的固碳释氧储养功能年效益中，人工国有用材林固碳释氧储养功能年效益值为0.08×10⁴t，占人工林的24.1%；集体林为0.27×10⁴t，占75.9%。人工国有防护幼龄林、近熟林和成熟林固碳释氧储养功能年效益值均小于人工集体防护林，国有中龄林年效益值大于集体中龄林。国有人工林中龄林固碳释氧储养功能年效益值最大；集体人工林幼龄林固碳释氧储养的年效益值最大。

4）用材林各龄级净化环境功能

由表4-108可以看出：太行山绿化二期建设工程用材林发挥净化环境功能的龄级林分主要集中在幼龄林、中龄林和近熟林。其中，天然用材林净化环境功能年效益值为0.87×10⁴t，占45.4%；人工用材林净化环境功能年效益值为1.05×10⁴t，占54.6%。国有用材林净化环境功能年效益值为0.57×10⁴t，占29.8%；集体用材林净化环境功能年效益值为1.35×10⁴t，占70.2%。

表4-108　太行山绿化二期建设工程用材林各龄级净化环境功能表

类别		净化环境功能年效益值/10^5t				
		幼龄林	中龄林	近熟林	成熟林	过熟林
天然用材林	国有	0.03	0.25	0.04	0	0
	集体	0.40	0.14	0.01	0	0
人工用材林	国有	0.02	0.20	0.03	0	0
	集体	0.39	0.13	0.10	0.17	0
合计	国有	0.05	0.45	0.07	0	0
	集体	0.79	0.27	0.11	0.17	0

在天然林的净化环境功能年效益中，天然国有用材林净化环境功能年效益值为0.32×10⁴t，占天然林的36.7%；集体林为0.55×10⁴t，占63.3%。天然国有防护林中龄林和近熟林净化环境功能年效益值大于集体林，幼龄林小于集体林。国有天然林净化环境的效益值中，中龄林最大；集体天然林净化环境的效益值幼龄林最大，近熟林最小。

在人工林的净化环境功能年效益中，人工国有用材林净化环境功能年效益值为0.25×10⁴t，占人工林的24.1%；集体林为0.80×10⁴t，占75.9%。人工国有防护幼龄林、近熟林和成熟林净化环境功能年效益值均小于人工集体防护林，国有中龄林年效益值大于集体中龄林。国有人工林中龄林净化环境功能年效益值最大；集体人工林幼龄林净化环境的年效益值最大。

4.2.5.2　防护林

1）防护林各龄级涵养水源功能

由表 4-109 可以看出：太行山绿化二期建设工程防护林发挥涵养水源功能的龄级林分主要集中在幼龄林、中龄林和近熟林。涵养水源功能年效益值为 3.57×10^{6}t。其中，天然防护林涵养水源功能年效益值为 2.29×10^{6}t，占 64.2%；人工防护林涵养水源功能年效益值为 1.28×10^{6}t，占 35.8%。人工用材林涵养水源功能年效益值为 1.64×10^{6}t，占 54.6%。国有防护林涵养水源功能年效益值为 1.70×10^{6}t，占 47.5%；集体防护林涵养水源功能年效益值为 1.87×10^{6}t，占 52.5%。

表 4-109　太行山绿化二期建设工程防护林各龄级涵养水源功能表

类别		涵养水源功能年效益值/10^{5}t				
		幼龄林	中龄林	近熟林	成熟林	过熟林
天然防护林	国有	3.47	5.09	3.26	0	0
	集体	8.80	1.87	0.42	0	0
人工防护林	国有	1.93	3.18	0	0	0.02
	集体	4.32	1.52	0.33	1.46	0
合计	国有	5.40	8.27	3.26	0	0.02
	集体	13.12	3.39	0.75	1.46	0

在天然林的涵养水源功能年效益中，天然国有防护林涵养水源功能年效益值为 1.18×10^{6}t，占天然林的 51.6%；集体林为 1.11×10^{6}t，占 48.4%。天然国有防护林中龄林和近熟林涵养水源功能年效益值大于集体林，幼龄林小于集体林。国有天然林涵养水源的效益值中，中龄林最大；集体天然林涵养水源的效益值幼龄林最大，近熟林最小。

在人工林的涵养水源功能年效益中，人工国有防护林涵养水源功能年效益值为 0.51×10^{6}t，占人工林的 40.2%；集体林为 0.76×10^{6}t，占 59.8%。国有人工林中龄林涵养水源功能年效益值最大；集体人工林幼龄林涵养水源的年效益值最大。

2）防护林各龄级保育土壤功能

由表 4-110 可以看出：太行山绿化二期建设工程防护林发挥保育土壤功能的龄级林分主要集中在幼龄林、中龄林和近熟林。保育土壤功能年效益值为 2.59×10^{4}t。其中，天然防护林保育土壤功能年效益值为 1.66×10^{4}t，占 64.2%；人工防护林保育土壤功能年效益值为 0.93×10^{4}t，占 35.8%。国有防护林保育土壤功能年效益值小于集体用材林。国有防护林保育土壤功能年效益值为 1.23×10^{4}t，占 47.5%；集体防护林保育土壤功能年效益值为 1.36×10^{4}t，占 52.5%。

在天然林的保育土壤功能年效益中，天然国有防护林保育土壤功能年效益值为 0.86×10^{4}t，占天然林的 51.6%；集体林为 0.81×10^{4}t，占 48.4%。天然国有防护林中龄林和近熟林保育土壤功能年效益值大于集体林，幼龄林小于集体林。国有天然林保

表 4-110 太行山绿化二期建设工程防护林各龄级保育土壤功能表

类别		保育土壤功能年效益值/10^5t				
		幼龄林	中龄林	近熟林	成熟林	过熟林
天然防护林	国有	0.25	0.37	0.24	0	0
	集体	0.64	0.14	0.03	0	0
人工防护林	国有	0.14	0.23	0	0	0
	集体	0.31	0.11	0.02	0.11	0
合计	国有	0.39	0.60	0.24	0	0
	集体	0.95	0.25	0.05	0.11	0

育土壤的效益值中，中龄林最大；集体天然林保育土壤的效益值幼龄林最大，近熟林最小。

在人工林的保育土壤功能年效益中，人工国有防护林保育土壤功能年效益值为 0.37×10^4t，占人工林的 40.2%；集体林为 0.56×10^4t，占 59.8%。国有人工林中龄林保育土壤功能年效益值最大；集体人工林幼龄林保育土壤的年效益值最大。

3）防护林各龄级固碳释氧储养功能

由表 4-111 可以看出：太行山绿化二期建设工程防护林发挥固碳释氧储养功能的龄级林分主要集中在幼龄林、中龄林和近熟林。固碳释氧储养功能年效益值为 0.76×10^4t。其中，天然防护林固碳释氧储养功能年效益值为 0.49×10^4t，占 64.2%；人工防护林固碳释氧储养功能年效益值为 0.27×10^4t，占 35.8%。国有防护林固碳释氧储养功能年效益值为 0.36×10^4t，占 47.5%；集体防护林固碳释氧储养功能年效益值为 0.40×10^4t，占 52.5%。

表 4-111 太行山绿化二期建设工程防护林各龄级固碳释氧储养功能表

类别		固碳释氧储养功能年效益值/10^5t				
		幼龄林	中龄林	近熟林	成熟林	过熟林
天然防护林	国有	0.01	0.01	0.01	0	0
	集体	0.02	0	0	0	0
人工防护林	国有	0	0.01	0	0	0
	集体	0.01	0	0	0	0
合计	国有	0.01	0.02	0.01	0	0
	集体	0.03	0	0	0	0

在天然林的固碳释氧储养功能年效益中，天然国有防护林固碳释氧储养功能年效益值为 0.25×10^4t，占天然林的 51.6%；集体林为 0.24×10^4t，占 48.4%。天然国有防护林中龄林和近熟林固碳释氧储养功能年效益值大于集体林，幼龄林小于集体林。国有天然林固碳释氧储养的效益值中，幼龄林最大；集体天然林固碳释氧储养的效益值中龄林最大，近熟林最小。

在人工林的固碳释氧储养功能年效益中，人工国有防护林固碳释氧储养功能年效益值为 0.11×10^{4}t，占人工林的 40.2%；集体林为 0.16×10^{4}t，占 59.8%。国有人工林中龄林固碳释氧储养功能年效益值最大；集体人工林幼龄林固碳释氧储养的年效益值最大。

4）防护林各龄级净化环境功能

由表 4-112 可以看出：太行山绿化二期建设工程防护林发挥净化环境功能的龄级林分主要集中在幼龄林、中龄林和近熟林。净化环境功能年效益值为 2.27×10^{4}t。其中，天然防护林净化环境功能年效益值为 1.46×10^{4}t，占 64.2%；人工防护林净化环境功能年效益值为 0.81×10^{4}t，占 35.8%。国有防护林净化环境功能年效益值为 1.08×10^{4}t，占 47.5%；集体防护林净化环境功能年效益值为 1.19×10^{4}t，占 52.5%。

表 4-112　太行山绿化二期建设工程防护林各龄级净化环境功能表

类别		净化环境功能年效益值/10^{5}t				
		幼龄林	中龄林	近熟林	成熟林	过熟林
天然防护林	国有	2.21	3.24	2.08	0	0
	集体	5.61	1.19	0.27	0	0
人工防护林	国有	1.23	2.02	0	0	0
	集体	2.75	0.97	0.21	0.93	0.01
合计	国有	3.44	5.26	2.08	0	0
	集体	8.36	2.16	0.48	0.93	0.01

在天然林的净化环境功能年效益中，天然国有防护林净化环境功能年效益值为 0.75×10^{4}t，占天然林的 51.6%；集体林为 0.71×10^{4}t，占 48.4%。天然国有防护林中龄林和近熟林净化环境功能年效益值大于集体林，幼龄林小于集体林。国有天然林净化环境的效益值中，中龄林最大；集体天然林净化环境的效益值幼龄林最大，近熟林最小。

在人工林的净化环境功能年效益中，人工国有防护林净化环境功能年效益值为 0.25×10^{4}t，占人工林的 40.2%；集体林为 0.49×10^{4}t，占 59.8%。国有人工林中龄林净化环境功能年效益值最大；集体人工林幼龄林净化环境的年效益值最大。

4.2.5.3　工程总功能效益分析

由图 4-8 可以看出：太行山绿化二期建设工程区域中，防护林所发挥的生态服务功能效益最大，占总生态服务功能效益的 53.67%；其次为用材林，占 45.25%；特用林和薪炭林的生态服务效益则相对较小，分别只占 0.79%和 0.29%。

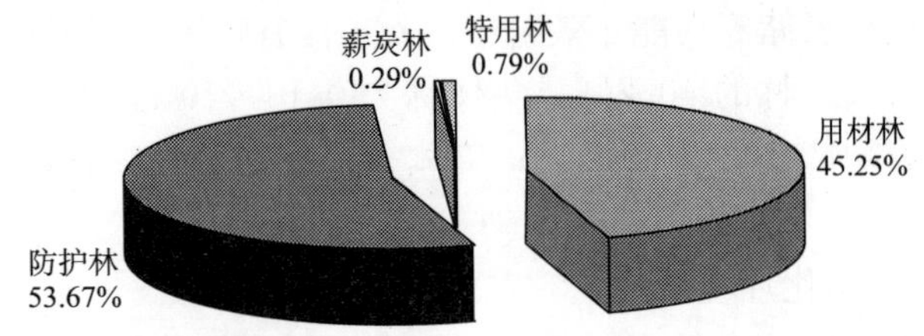

图 4-8　太行山绿化二期建设工程各林种功能总值所占比例图

4.2.6　平原绿化二期建设工程功能效益评价

4.2.6.1　用材林

1）用材林各龄级涵养水源功能

由表 4-113 可以看出：平原绿化二期建设工程中的用材林涵养水源功能年效益值为 1.63×10^8t。其中，天然用材林涵养水源功能年效益值为 0.78×10^8t，占 47.8%；人工用材林涵养水源功能年效益值为 0.85×10^8t，占 52.2%。国有用材林涵养水源功能年效益值为 0.70×10^8t，占 43.2%；集体用材林涵养水源功能年效益值为 0.92×10^8t，占 56.8%。

表 4-113　平原绿化二期建设工程用材林各龄级涵养水源功能表

类别		涵养水源功能年效益值/10^5t				
		幼龄林	中龄林	近熟林	成熟林	过熟林
天然用材林	国有	41.00	216.03	87.70	66.71	40.33
	集体	82.00	151.24	69.25	17.04	5.48
人工用材林	国有	33.90	93.45	67.71	48.96	6.97
	集体	158.07	274.03	105.82	55.34	4.92
合计	国有	74.90	309.48	155.41	115.67	47.30
	集体	240.07	425.27	175.07	72.38	10.40

在天然林的涵养水源功能年效益中，国有用材林涵养水源功能年效益值为 0.45×10^8t，占天然林的 58.2%；集体林为 0.33×10^8t，占 41.8%。在天然林中，除天然国有用材幼龄林涵养水源功能年效益值小于天然集体幼龄林外，其余天然国有用材林各龄级林分涵养水源功能年效益值均大于天然集体用材林各龄级林分。国有天然林涵养水源的效益值中，中龄林最大，过熟林最小；集体天然林涵养水源的效益值中，中龄林最大，过熟林最小。

在人工林的涵养水源功能年效益中，国有林涵养水源功能年效益值为 0.17×10^8t，占人工林的 15.2%；集体林为 0.95×10^8t，占 84.8%。人工国有用材林除过熟林外各龄级林分涵养水源功能年效益值均小于人工集体用材林。国有人工林涵养水源的效益值中，中龄林最大，过熟林最小；集体人工林涵养水源的效益值中，中龄林最大，过熟林最小。

2）用材林各龄级保育土壤功能

由表4-114可以看出，平原绿化二期建设工程中的用材林保育土壤功能年效益值为1.18×10^6t。其中，天然用材林保育土壤功能年效益值为0.56×10^6t，占47.8%；人工用材林保育土壤功能年效益值为0.62×10^6t，占52.2%。国有用材林保育土壤功能年效益值为0.51×10^6t，占43.2%；集体用材林保育土壤功能年效益值为0.67×10^6t，占56.8%。

表4-114 平原绿化二期建设工程用材林各龄级保育土壤功能表

类别		保育土壤功能年效益值/10^5t				
		幼龄林	中龄林	近熟林	成熟林	过熟林
天然用材林	国有	0.30	1.57	0.64	0.48	0.29
	集体	0.60	1.10	0.50	0.12	0.04
人工用材林	国有	0.25	0.68	0.49	0.36	0.05
	集体	1.15	1.99	0.77	0.40	0.04
合计	国有	0.55	2.25	1.13	0.84	0.34
	集体	1.75	3.09	1.27	0.52	0.08

在天然林的保育土壤功能年效益中，国有用材林保育土壤功能年效益值为0.33×10^6t，占天然林的58.2%；集体林为0.24×10^6t，占41.8%。在天然林中，除天然国有用材林幼龄林保育土壤功能年效益值小于天然集体幼龄林外，其余天然国有用材林各龄级林分保育土壤功能年效益值均大于天然集体用材林各龄级林分。国有天然林保育土壤的效益值中，中龄林最大，过熟林最小；集体天然林保育土壤的效益值中，中龄林最大，过熟林最小。

在人工林的保育土壤功能年效益中，国有林保育土壤功能年效益值为0.18×10^6t，占人工林的29.6%；集体林为0.44×10^6t，占70.4%。人工国有用材林除过熟林外各龄级林分保育土壤功能年效益值均小于人工集体用材林。国有人工林保育土壤的效益值中，中龄林最大，过熟林最小；集体人工林保育土壤的效益值中，中龄林最大，幼龄林最小。

3）用材林各龄级固碳释氧储养功能

由表4-115可以看出：平原绿化二期建设工程中的用材林固碳释氧储养功能年效益值为0.35×10^6t。其中，天然用材林固碳释氧储养功能年效益值为0.17×10^6t，占47.8%；人工用材林固碳释氧储养功能年效益值为0.18×10^6t，占52.2%。国有用材林固碳释氧储养功能年效益值为0.15×10^6t，占43.2%；集体用材林固碳释氧储养功能年效益值为0.20×10^6t，占56.8%。

在天然林的固碳释氧储养功能年效益中，国有用材林固碳释氧储养功能年效益值为9.65×10^6t，占天然林的58.2%；集体林为6.94×10^6t，占41.8%。在天然林中，除天然国有用材林幼龄林固碳释氧储养功能年效益值小于天然集体幼龄林外，其余天然国有用材林各龄级林分固碳释氧储养功能年效益值均大于天然集体用材林各龄级林分。国有

表 4-115 平原绿化二期建设工程用材林各龄级固碳释氧储养功能表

类别		固碳释氧储养功能年效益值/10^5t				
		幼龄林	中龄林	近熟林	成熟林	过熟林
天然用材林	国有	0.09	0.46	0.19	0.14	0.09
	集体	0.18	0.32	0.15	0.04	0.01
人工用材林	国有	0.07	0.20	0.14	0.10	0.01
	集体	0.34	0.59	0.23	0.12	0.01
合计	国有	0.16	0.66	0.33	0.24	0.10
	集体	0.52	0.91	0.38	0.16	0.02

天然林固碳释氧储养的效益值中，中龄林最大，幼龄林最小；集体天然林固碳释氧储养的效益值中，中龄林最大，过熟林最小。

在人工林的固碳释氧储养功能年效益中，国有林固碳释氧储养功能年效益值为 5.36×10^6t，占人工林的 29.6%；集体林为 0.13×10^6t，占 70.4%。人工国有用材林除过熟林外各龄级林分固碳释氧储养功能年效益值均小于人工集体用材林。国有人工林固碳释氧储养的效益值中，中龄林最大，过熟林最小；集体人工林固碳释氧储养的效益值中，中龄林最大，过熟林最小。

4）用材林各龄级净化环境功能

由表 4-116 可以看出：平原绿化二期建设工程中的用材林净化环境功能年效益值为 1.04×10^6t。其中，天然用材林净化环境功能年效益值为 0.50×10^6t，占 47.8%；人工用材林净化环境功能年效益值为 0.54×10^6t，占 52.2%。国有用材林净化环境功能年效益值为 0.45×10^6t，占 43.2%；集体用材林净化环境功能年效益值为 0.59×10^6t，占 56.8%。

表 4-116 平原绿化二期建设工程用材林各龄级净化环境功能表

类别		净化环境功能年效益值/10^5t				
		幼龄林	中龄林	近熟林	成熟林	过熟林
天然用材林	国有	0.26	1.38	0.56	0.43	0.26
	集体	0.52	0.96	0.44	0.11	0.03
人工用材林	国有	0.22	0.60	0.43	0.31	0.04
	集体	1.01	1.75	0.67	0.35	0.03
合计	国有	0.48	1.98	0.99	0.74	0.30
	集体	1.53	2.71	1.11	0.46	0.06

在天然林的净化环境功能年效益中，国有用材林净化环境功能年效益值为 0.29×10^6t，占天然林的 58.2%；集体林为 0.21×10^6t，占 41.8%。在天然林中，除天然国有用材林幼龄林净化环境功能年效益值小于天然集体幼龄林外，其余天然国有用材林各龄级林分净化环境功能年效益值均大于天然集体用材林各龄级林分。国有天然林净化环

境的效益值中，中龄林最大，幼龄林最小；集体天然林净化环境的效益值中，中龄林最大，过熟林最小。

在人工林的净化环境功能年效益中，国有林净化环境功能年效益值为 0.16×10^6t，占人工林的 29.6%；集体林为 0.38×10^6t，占 70.4%。人工国有用材林除过熟林外各龄级林分净化环境功能年效益值均小于人工集体用材林。国有人工林净化环境的效益值中，中龄林最大，过熟林最小；集体人工林净化环境的效益值中，中龄林最大，过熟林最小。

4.2.6.2　防护林

1）防护林各龄级涵养水源功能

由表 4-117 可以看出：平原绿化二期建设工程中的防护林涵养水源功能年效益值为 1.39×10^8t。其中，天然防护林涵养水源功能年效益值为 0.70×10^8t，占 50.5%；人工防护林涵养水源功能年效益值为 0.69×10^8t，占 49.5%。国有防护林涵养水源功能年效益值为 0.73×10^8t，占 52.2%；集体防护林涵养水源功能年效益值为 0.66×10^8t，占 47.8%。

表 4-117　平原绿化二期建设工程防护林各龄级涵养水源功能表

类别		涵养水源功能年效益值/10^5t				
		幼龄林	中龄林	近熟林	成熟林	过熟林
天然防护林	国有	27.51	119.88	110.11	178.27	118.78
	集体	44.28	55.65	23.46	20.68	1.71
人工防护林	国有	22.73	57.15	41.47	42.58	6.26
	集体	111.03	174.15	107.65	102.94	20.85
合计	国有	50.24	177.03	151.58	220.85	125.04
	集体	155.31	229.80	131.11	123.62	22.56

在天然林的涵养水源功能年效益中，国有防护林涵养水源功能年效益值为 0.55×10^8t，占天然林的 79.2%；集体林为 0.15×10^8t，占 20.8%。在天然林中，除天然国有防护林幼龄林涵养水源功能年效益值小于天然集体幼龄林外，其余天然国有防护林各龄级林分涵养水源功能年效益值均大于天然集体防护林各龄级林分。国有天然林涵养水源的效益值中，成熟林最大，幼龄林最小；集体天然林涵养水源的效益值中，中龄林最大，过熟林最小。

在人工林的涵养水源功能年效益中，国有林涵养水源功能年效益值为 0.17×10^8t，占人工林的 24.8%；集体林为 0.52×10^8t，占 75.2%。人工国有防护林各龄级林分涵养水源功能年效益值均小于人工集体防护林。国有人工林涵养水源的效益值中，中龄林最大，过熟林最小；集体人工林涵养水源的效益值中，中龄林最大，过熟林最小。

2）防护林各龄级保育土壤功能

由表 4-118 可以看出：平原绿化二期建设工程中的防护林保育土壤功能年效益值为

1.01×10^6t。其中，天然防护林保育土壤功能年效益值为 0.51×10^6t，占 50.5%；人工防护林保育土壤功能年效益值为 0.50×10^6t，占 49.5%。国有防护林保育土壤功能年效益值为 0.53×10^6t，占 52.2%；集体防护林保育土壤功能年效益值为 0.48×10^6t，占 47.8%。

表 4-118 平原绿化二期建设工程防护林各龄级保育土壤功能表

类别		保育土壤功能年效益值/10^5t				
		幼龄林	中龄林	近熟林	成熟林	过熟林
天然防护林	国有	0.20	0.87	0.80	1.30	0.86
	集体	0.32	0.40	0.17	0.15	0.01
人工防护林	国有	0.17	0.42	0.30	0.31	0.05
	集体	0.81	1.27	0.78	0.75	0.15
合计	国有	0.37	1.29	1.10	1.61	0.91
	集体	1.13	1.67	0.95	0.90	0.16

在天然林的保育土壤功能年效益中，国有防护林保育土壤功能年效益值为 0.40×10^6t，占天然林的 79.2%；集体林为 0.11×10^6t，占 20.8%。在天然林中，除天然国有防护林幼龄林保育土壤功能年效益值小于天然集体幼龄林外，其余天然国有防护林各龄级林分保育土壤功能年效益值均大于天然集体防护林各龄级林分。国有天然林保育土壤的效益值中，成熟林最大，幼龄林最小；集体天然林保育土壤的效益值中，中龄林最大，过熟林最小。

在人工林的保育土壤功能年效益中，国有林保育土壤功能年效益值为 0.13×10^6t，占人工林的 24.8%；集体林为 0.38×10^6t，占 75.2%。人工国有防护林各龄级林分保育土壤功能年效益值均小于人工集体防护林。国有人工林保育土壤的效益值中，中龄林最大，过熟林最小；集体人工林保育土壤的效益值中，中龄林最大，过熟林最小。

3）防护林各龄级固碳释氧储养功能

由表 4-119 可以看出：平原绿化二期建设工程中的防护林固碳释氧储养功能年效益值为 0.30×10^6t。其中，天然防护林固碳释氧储养功能年效益值为 0.150×10^6t，占 50.5%；人工防护林固碳释氧储养功能年效益值为 0.147×10^6t，占 49.5%。国有防护林固碳释氧储养功能年效益值为 0.155×10^6t，占 52.2%；集体防护林固碳释氧储养功能年效益值为 0.141×10^6t，占 47.8%。

在天然林的固碳释氧储养功能年效益中，国有防护林固碳释氧储养功能年效益值为 0.12×10^6t，占天然林的 79.2%；集体林为 3.11×10^4t，占 20.8%。在天然林中，除天然国有防护林幼龄林固碳释氧储养功能年效益值小于天然集体幼龄林外，其余天然国有防护林各龄级林分固碳释氧储养功能年效益值均大于天然集体防护林各龄级林分。国有天然林固碳释氧储养的效益值中，成熟林最大，幼龄林最小；集体天然林固碳释氧储养的效益值中，中龄林最大，过熟林最小。

在人工林的固碳释氧储养功能年效益中国有林固碳释氧储养功能年效益值为 3.64×10^4t，占人工林的 24.8%；集体林为 0.11×10^6t，占 75.2%。人工国有防护林各龄级

表 4-119　平原绿化二期建设工程防护林各龄级固碳释氧储养功能表

类别		固碳释氧储养功能年效益值/10^5t				
		幼龄林	中龄林	近熟林	成熟林	过熟林
天然防护林	国有	0.59	2.56	2.35	3.81	2.54
	集体	0.95	1.19	0.50	0.44	0.04
人工防护林	国有	0.49	1.22	0.89	0.91	0.13
	集体	2.37	3.72	2.30	2.20	0.45
合计	国有	1.08	3.78	3.24	4.72	2.67
	集体	3.32	4.91	2.80	2.64	0.49

林分固碳释氧储养功能年效益值均小于人工集体防护林。国有人工林固碳释氧储养的效益值中，中龄林最大，过熟林最小；集体人工林固碳释氧储养的效益值中，中龄林最大，过熟林最小。

4）防护林各龄级净化环境功能

由表 4-120 可以看出：平原绿化二期建设工程中的防护林净化环境功能年效益值为 0.88×10^6t。其中，天然防护林净化环境功能年效益值为 0.45×10^6t，占 50.5%；人工防护林净化环境功能年效益值为 0.44×10^6t，占 49.5%。国有防护林净化环境功能年效益值为 0.46×10^6t，占 52.2%；集体防护林净化环境功能年效益值为 0.42×10^6t，占 47.8%。

表 4-120　平原绿化二期建设工程防护林各龄级净化环境功能表

类别		净化环境功能年效益值/10^5t				
		幼龄林	中龄林	近熟林	成熟林	过熟林
天然防护林	国有	0.18	0.76	0.70	1.14	0.76
	集体	0.28	0.35	0.15	0.13	0.01
人工防护林	国有	0.14	0.36	0.26	0.27	0.04
	集体	0.71	1.11	0.69	0.66	0.13
合计	国有	0.32	1.12	0.96	1.41	0.80
	集体	0.99	1.46	0.84	0.79	0.14

在天然林的净化环境功能年效益中，国有防护林净化环境功能年效益值为 0.36×10^6t，占天然林的 79.2%；集体林为 0.09×10^6t，占 20.8%。在天然林中，除天然国有防护林幼龄林净化环境功能年效益值小于天然集体幼龄林外，其余天然国有防护林各龄级林分净化环境功能年效益值均大于天然集体防护林各龄级林分。国有天然林净化环境的效益值中，成熟林最大，幼龄林最小；集体天然林净化环境的效益值中，中龄林最大，过熟林最小。

在人工林的净化环境功能年效益中，国有林净化环境功能年效益值为 0.11×10^6t，占人工林的 24.8%；集体林为 0.33×10^6t，占 75.2%。人工国有防护林各龄级林分净化环境功能年效益值均小于人工集体防护林。国有人工林净化环境的效益值中，中龄林最大，过熟林最小；集体人工林净化环境的效益值中，中龄林最大，过熟林最小。

4.2.6.3 薪炭林

1）薪炭林各龄级涵养水源功能

由表 4-121 可以看出：平原绿化二期建设工程中，除国有薪炭过熟林涵养水源功能年效益值略大于集体薪炭过熟林外，其余的国有薪炭各龄级林分涵养水源年效益值均小于集体薪炭各龄级林分。薪炭林涵养水源功能年效益值为 1.68×10^{6}t。其中，国有薪炭林涵养水源功能年效益值为 0.47×10^{6}t，只占 28.1%；集体薪炭林涵养水源功能年效益值为 1.21×10^{6}t，占 71.9%。

表 4-121 平原绿化二期建设工程薪炭林各龄级涵养水源功能表

类别		涵养水源功能年效益值/10^{5}t				
		幼龄林	中龄林	近熟林	成熟林	过熟林
天然薪炭林	国有	0	0	0	0.57	0
	集体	4.65	0.80	1.00	2.24	0.73
人工薪炭林	国有	0	0.13	0	0	4.02
	集体	0.60	0.96	0.84	0.23	0
合计	国有	0	0.13	0	0.57	4.02
	集体	5.25	1.75	1.84	2.47	0.73

2）薪炭林各龄级保育土壤功能

由表 4-122 可以看出：平原绿化二期建设工程中，除国有薪炭过熟林保育土壤功能年效益值略大于集体薪炭过熟林外，其余的国有薪炭各龄级林分保育土壤年效益值均小于集体薪炭各龄级林分。薪炭林保育土壤功能年效益值为 1.22×10^{4}t。其中，国有薪炭林保育土壤功能年效益值为 0.34×10^{4}t，只占 28.1%；集体薪炭林保育土壤功能年效益值为 0.88×10^{4}t，占 71.9%。

表 4-122 平原绿化二期建设工程薪炭林各龄级保育土壤功能表

类别		保育土壤功能年效益值/10^{5}t				
		幼龄林	中龄林	近熟林	成熟林	过熟林
天然薪炭林	国有	0	0	0	0.04	0
	集体	0.33	0.06	0.07	0.16	0.05
人工薪炭林	国有	0	0	0	0	0.29
	集体	0.04	0.07	0.06	0.02	0
合计	国有	0	0	0	0.04	0.29
	集体	0.37	0.13	0.13	0.18	0.05

3）薪炭林各龄级固碳释氧储养功能

由表 4-123 可以看出：平原绿化二期建设工程中，除国有薪炭过熟林固碳释氧储养功能年效益值略大于集体薪炭过熟林外，其余的国有薪炭各龄级林分固碳释氧储养年效益值均小于集体薪炭各龄级林分。薪炭林固碳释氧储养功能年效益值为 0.36×10^4t。其中，国有薪炭林固碳释氧储养功能年效益值为 0.10×10^4t，只占 28.1%；集体薪炭林固碳释氧储养功能年效益值为 0.26×10^4t，占 71.9%。

表 4-123　平原绿化二期建设工程薪炭林各龄级固碳释氧储养功能表

类别		固碳释氧储养功能年效益值/10^5t				
		幼龄林	中龄林	近熟林	成熟林	过熟林
天然薪炭林	国有	0	0	0	0.01	0
	集体	0.10	0.02	0.02	0.04	0.02
人工薪炭林	国有	0	0	0	0	0.09
	集体	0.01	0.02	0.02	0.01	0
合计	国有	0	0	0	0.01	0.09
	集体	0.11	0.04	0.04	0.05	0.02

4）薪炭林各龄级净化环境功能

由表 4-124 可以看出：平原绿化二期建设工程中，除国有薪炭过熟林净化环境功能年效益值略大于集体薪炭过熟林外，其余的国有薪炭各龄级林分净化环境年效益值均小于集体薪炭各龄级林分。薪炭林净化环境功能年效益值为 1.07×10^4t。其中，国有薪炭林净化环境功能年效益值为 0.30×10^4t，只占 28.1%；集体薪炭林净化环境功能年效益值为 0.77×10^4t，占 71.9%。

表 4-124　平原绿化二期建设工程薪炭林各龄级净化环境功能表

类别		净化环境功能年效益值/10^5t				
		幼龄林	中龄林	近熟林	成熟林	过熟林
天然薪炭林	国有	0	0	0	0.04	0
	集体	0.30	0.05	0.06	0.14	0.05
人工薪炭林	国有	0	0	0	0	0.26
	集体	0.04	0.06	0.05	0.01	0
合计	国有	0	0	0	0.04	0.26
	集体	0.34	0.11	0.11	0.15	0.05

4.2.6.4　特用林

1）特用林各龄级涵养水源功能

由表 4-125 可以看出：平原绿化二期建设工程中的特用林涵养水源功能年效益值为

0.18×10^8t。其中，天然特用林涵养水源功能年效益值为0.13×10^8t，占74.2%；人工特用林涵养水源功能年效益值为0.05×10^8t，占25.8%。国有特用林涵养水源功能年效益值为0.15×10^8t，占84.2%；集体特用林涵养水源功能年效益值为0.03×10^8t，只占15.8%。

表 4-125　平原绿化二期建设工程特用林各龄级涵养水源功能表

类别		涵养水源功能年效益值/10^5t				
		幼龄林	中龄林	近熟林	成熟林	过熟林
天然特用林	国有	1.94	17.21	28.80	34.72	36.93
	集体	4.94	5.05	0.53	0	3.36
人工特用林	国有	1.25	10.56	10.22	7.51	2.49
	集体	0.95	6.67	2.55	3.94	0.34
合计	国有	3.19	27.77	39.02	42.23	39.42
	集体	5.89	11.72	3.08	3.94	3.70

在天然林的涵养水源功能年效益中，国有特用林涵养水源功能年效益值为0.12×10^8t，占天然林的89.6%；集体林为0.01×10^8t，占10.4%。在天然林中，除天然国有特用幼龄林涵养水源功能年效益值小于天然集体幼龄林外，其余天然国有特用林各龄级林分涵养水源功能年效益值均大于天然集体特用林各龄级林分。国有天然林涵养水源的效益值中，过熟林最大，幼龄林最小；集体天然林涵养水源的效益值中龄林最大。

在人工林的涵养水源功能年效益中，国有林涵养水源功能年效益值为0.03×10^8t，占人工林的68.9%；集体林为0.02×10^8t，占31.1%。人工国有特用林各龄级林分涵养水源功能年效益值均大于人工集体特用林。国有人工林涵养水源的效益值随着林龄的增加呈单峰曲线分布趋势，中龄林最大，幼龄林最小；集体人工林涵养水源的效益值随着林龄的增加呈双峰波动趋势，中龄林最大，过熟林最小。

2）特用林各龄级保育土壤功能

由表4-126可以看出：平原绿化二期建设工程中的特用林保育土壤功能年效益值为0.13×10^6t。其中，天然特用林保育土壤功能年效益值为9.70×10^4t，占74.2%；人工特用林保育土壤功能年效益值为3.38×10^4t，占25.8%。国有特用林保育土壤功能年效益值为0.11×10^6t，占84.2%；集体特用林保育土壤功能年效益值为2.06×10^4t，只占15.8%。

在天然林的保育土壤功能年效益中，国有特用林保育土壤功能年效益值为8.69×10^4t，占天然林的89.6%；集体林为1.01×10^4t，占10.4%。在天然林中，除天然国有特用幼龄林保育土壤功能年效益值小于天然集体幼龄林外，其余天然国有特用林各龄级林分保育土壤功能年效益值均大于天然集体特用林各龄级林分。国有天然林保育土壤的效益值中，过熟林最大，幼龄林最小；集体天然林保育土壤的效益值中龄林最大。

在人工林的保育土壤功能年效益中，国有林保育土壤功能年效益值为2.33×10^4t，占人工林的68.9%；集体林为1.05×10^4t，占31.1%。人工国有特用林各龄级林分保育土壤功能年效益值均大于人工集体特用林。国有人工林保育土壤的效益值随着林龄的增加呈单峰曲线分布趋势，中龄林最大，幼龄林最小；集体人工林保育土壤的效益值随着林龄的增加呈双峰波动趋势，中龄林最大，过熟林最小。

表 4-126　平原绿化二期建设工程特用林各龄级保育土壤功能表

类别		保育土壤功能年效益值/10^5 t				
		幼龄林	中龄林	近熟林	成熟林	过熟林
天然特用林	国有	0.14	1.25	2.09	2.52	2.68
	集体	0.36	0.37	0.04	0	0.24
人工特用林	国有	0.09	0.77	0.74	0.55	0.18
	集体	0.07	0.48	0.19	0.29	0.02
合计	国有	0.23	2.02	2.83	3.07	2.86
	集体	0.43	0.85	0.23	0.29	0.26

3）特用林各龄级固碳释氧储养功能

由表 4-127 可以看出：平原绿化二期建设工程中的特用林固碳释氧储养功能年效益值为 3.84×10^4t。其中，天然特用林固碳释氧储养功能年效益值为 2.85×10^4t，占 74.2%；人工特用林固碳释氧储养功能年效益值为 0.99×10^4t，占 25.8%。国有特用林固碳释氧储养功能年效益值为 3.24×10^4t，占 84.2%；集体特用林固碳释氧储养功能年效益值为 0.61×10^4t，只占 15.8%。

表 4-127　平原绿化二期建设工程特用林各龄级固碳释氧储养功能表

类别		固碳释氧储养功能年效益值/10^5 t				
		幼龄林	中龄林	近熟林	成熟林	过熟林
天然特用林	国有	0.04	0.37	0.62	0.74	0.79
	集体	0.11	0.11	0.01	0	0.07
人工特用林	国有	0.03	0.23	0.22	0.16	0.05
	集体	0.02	0.14	0.05	0.08	0.01
合计	国有	0.07	0.60	0.84	0.90	0.84
	集体	0.13	0.25	0.06	0.08	0.08

在天然林的固碳释氧储养功能年效益中，国有特用林固碳释氧储养功能年效益值为 2.55×10^4t，占天然林的 89.6%；集体林为 0.30×10^4t，占 10.4%。在天然林中，除天然国有特用幼龄林固碳释氧储养功能年效益值小于天然集体幼龄林外，其余天然国有特用林各龄级林分固碳释氧储养功能年效益值均大于天然集体特用林各龄级林分。国有天然林固碳释氧储养的效益值中，过熟林最大，幼龄林最小；集体天然林固碳释氧储养的效益值幼龄林最大。

在人工林的固碳释氧储养功能年效益中，国有林固碳释氧储养功能年效益值为

0.68×10^4t，占人工林的68.9%；集体林为0.31×10^4t，占31.1%。人工国有特用林各龄级林分固碳释氧储养功能年效益值均大于人工集体特用林。国有人工林固碳释氧储养的效益值随着林龄的增加呈单峰曲线分布趋势，中龄林最大，幼龄林最小；集体人工林固碳释氧储养的效益值随着林龄的增加呈双峰波动趋势，中龄林最大，过熟林最小。

4）特用林各龄级净化环境功能

由表4-128可以看出：平原绿化二期建设工程中的特用林净化环境功能年效益值为0.11×10^6t。其中，天然特用林净化环境功能年效益值为8.51×10^4t，占74.2%；人工特用林净化环境功能年效益值为2.96×10^4t，占25.8%。国有特用林净化环境功能年效益值为9.67×10^4t，占84.2%；集体特用林净化环境功能年效益值为1.81×10^4t，只占15.8%。

表4-128 平原绿化二期建设工程特用林各龄级净化环境功能表

类别		净化环境功能年效益值/10^5t				
		幼龄林	中龄林	近熟林	成熟林	过熟林
天然特用林	国有	0.12	1.10	1.84	2.21	2.35
	集体	0.32	0.32	0.03	0	0.21
人工特用林	国有	0.08	0.67	0.65	0.48	0.16
	集体	0.06	0.42	0.16	0.25	0.02
合计	国有	0.20	1.77	2.49	2.69	2.51
	集体	0.38	0.74	0.19	0.25	0.23

在天然林的净化环境功能年效益中，国有特用林净化环境功能年效益值为7.63×10^4t，占天然林的89.6%；集体林为0.89×10^4t，占10.4%。在天然林中，除天然国有特用幼龄林净化环境功能年效益值小于天然集体幼龄林外，其余天然国有特用林各龄级林分净化环境功能年效益值均大于天然集体特用林各龄级林分。国有天然林净化环境的效益值中，过熟林最大，幼龄林最小；集体天然林净化环境的效益值幼龄林最大。

在人工林的净化环境功能年效益中，国有林净化环境功能年效益值为2.04×10^4t，占人工林的68.9%；集体林为0.92×10^4t，占31.1%。人工国有特用林各龄级林分净化环境功能年效益值均大于人工集体特用林。国有人工林净化环境的效益值随着林龄的增加呈单峰曲线分布趋势，中龄林最大，幼龄林最小；集体人工林净化环境的效益值随着林龄的增加呈双峰波动趋势，中龄林最大，过熟林最小。

4.2.6.5 工程总功能效益分析

由图4-9可以看出：平原绿化二期建设工程区域中，防护林所发挥的生态服务功能效益最大，占总生态服务功能效益的54.93%；其次为用材林，占29.02%；特用林和薪炭林的生态服务效益则相对较小，分别只占14.48%和1.58%。

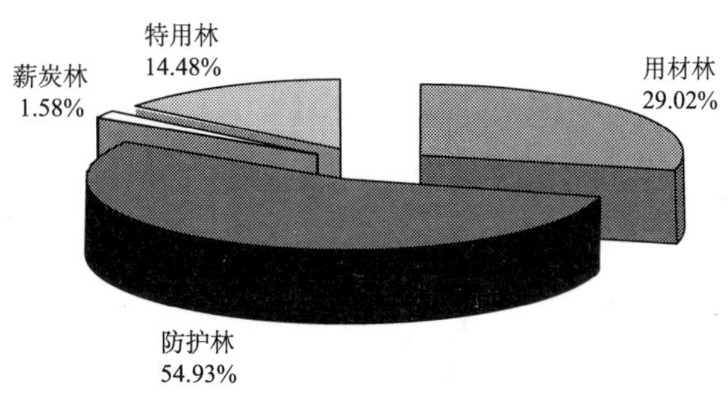

图 4-9　平原绿化二期建设工程总功能效益

4.2.7　工程总功能效益评价

4.2.7.1　用材林

1）用材林各龄级涵养水源功能

通过表 4-129 可以看出："三北"及长江流域等重点防护林体系建设工程区域中的用材林涵养水源功能年效益值为 15.78×10⁸t。其中，天然用材林涵养水源功能年效益值为 11.13×10⁸t，占 70.5%；人工用材林涵养水源功能年效益值为 4.65×10⁸t，占 29.5%。国有用材林涵养水源功能年效益值为 7.18×10⁸t，占 45.5%；集体用材林涵养水源功能年效益值为 8.60×10⁸t，占 54.5%。

表 4-129　"三北"及长江流域等重点防护林建设工程用材林各龄级涵养水源功能表

类别		涵养水源功能年效益值/10^5t				
		幼龄林	中龄林	近熟林	成熟林	过熟林
天然用材林	国有	517.99	2372.58	1178.04	991.73	773.72
	集体	1172.43	2391.95	877.50	544.17	308.71
人工用材林	国有	241.59	566.90	294.48	219.02	25.37
	集体	671.74	1605.38	670.33	324.34	33.23
合计	国有	759.58	2939.48	1472.52	1210.75	799.09
	集体	1844.17	3997.33	1547.83	868.51	341.94

在天然林的涵养水源功能年效益中，其中，国有用材林涵养水源功能年效益值为 5.84×10⁸t，占天然林的 52.4%；集体林为 5.29×10⁸t，占 47.6%。在天然林中，除天然国有用材林幼龄林涵养水源功能年效益值小于天然集体幼龄林外，其余天然国有用材林各龄级林分涵养水源功能年效益值均大于天然集体用材林各龄级林分。国有天然林涵养水源的效益值中，中龄林最大，幼龄林最小；集体天然林涵养水源的效益值中，中龄林最大，过熟林最小。

在人工林的涵养水源功能年效益中，国有林涵养水源功能年效益值为 1.35×10⁸t，占人工林的 29.0%；集体林为 3.31×10⁸t，占 71.0%。而在人工林中，人工国有用材林各龄级林分涵养水源功能年效益值均小于人工集体用材林。国有人工林涵养水源的效益值中，中龄林最大，过熟林最小；集体人工林涵养水源的效益值中，中龄林最大，过熟林最小。

2）用材林各龄级保育土壤功能

通过表 4-130 可以看出："三北"及长江流域等重点防护林体系建设工程区域中的用材林保育土壤功能年效益值为 11.47×10^6t。其中，天然用材林保育土壤功能年效益值为 8.09×10^6t，占 70.5%；人工用材林保育土壤功能年效益值为 3.38×108t，占 29.5%。国有用材林保育土壤功能年效益值为 5.22×10^6t，占 45.5%；集体用材林保育土壤功能年效益值为 6.25×10^6t，占 54.5%。

表 4-130　"三北"及长江流域等重点防护林建设工程用材林各龄级保育土壤功能表

类别		保育土壤功能年效益值/10^5t				
		幼龄林	中龄林	近熟林	成熟林	过熟林
天然用材林	国有	3.76	17.24	8.56	7.20	5.62
	集体	8.52	17.38	6.38	3.95	2.24
人工用材林	国有	1.76	4.12	2.14	1.59	0.18
	集体	4.88	11.66	4.87	2.36	0.24
合计	国有	5.52	21.36	10.70	8.80	5.81
	集体	3.76	17.24	8.56	7.20	5.62

在天然林的保育土壤功能年效益中，其中，国有用材林保育土壤功能年效益值为 4.24×10^6t，占天然林的 52.4%；集体林为 3.85×10^6t，占 47.6%。在天然林中，除天然国有用材林幼龄林和中龄林保育土壤功能年效益值小于天然集体林外，其余天然国有用材林各龄级林分保育土壤功能年效益值均大于天然集体用材林各龄级林分。国有天然林保育土壤的效益值中，中龄林最大，幼熟林最小；集体天然林保育土壤的效益值中，中龄林最大，过熟林最小。

在人工林的保育土壤功能年效益中，国有林保育土壤功能年效益值为 0.98×10^6t，占人工林的 29.0%；集体林为 2.40×10^6t，占 71.0%。而在人工林中，人工国有用材林各龄级林分保育土壤功能年效益值均小于人工集体用材林。国有人工林保育土壤的效益值中，中龄林最大，幼龄林最小；集体人工林保育土壤的效益值中，中龄林最大，过熟林最小。

3）用材林各龄级固碳释氧储养功能

通过表 4-131 可以看出："三北"及长江流域等重点防护林体系建设工程区域中的用材林固碳释氧储养功能年效益值为 3.37×10^6t。其中，天然用材林固碳释氧储养功能年效益值为 2.37×10^6t，占 70.5%；人工用材林固碳释氧储养功能年效益值为 0.99×10^6t，占 29.5%。国有用材林固碳释氧储养功能年效益值为 1.53×10^6t，占 45.5%；集体用材林固碳释氧储养功能年效益值为 1.84×10^6t，占 54.5%。

表 4-131　“三北”及长江流域等重点防护林建设工程用材林各龄级固碳释氧储养功能表

类别		固碳释氧储养功能年效益值/10^5t				
		幼龄林	中龄林	近熟林	成熟林	过熟林
天然用材林	国有	1.11	5.07	2.52	2.12	1.65
	集体	2.50	5.11	1.87	1.16	0.66
人工用材林	国有	0.52	1.21	0.63	0.47	0.05
	集体	1.43	3.43	1.43	0.69	0.07
合计	国有	1.63	6.28	3.15	2.59	1.70
	集体	3.93	8.54	3.30	1.85	0.73

在天然林的固碳释氧储养功能年效益中，其中，国有用材林固碳释氧储养功能年效益值为 1.25×10^6t，占天然林的 52.4%；集体林为 1.13×10^6t，占 47.6%。在天然林中，除天然国有用材林幼龄林和中龄林固碳释氧储养功能年效益值小于天然集体林外，其余天然国有用材林各龄级林分固碳释氧储养功能年效益值均大于天然集体用材林各龄级林分。国有天然林固碳释氧储养的效益值中，中龄林最大，幼龄林最小；集体天然林固碳释氧储养的效益值中，中龄林最大，过熟林最小。

在人工林的固碳释氧储养功能年效益中，国有林固碳释氧储养功能年效益值为 0.29×10^6t，占人工林的 29.0%；集体林为 0.71×10^6t，占 71.0%。集体特用林固碳释氧储养功能年效益值为 0.61×10^4t，只占 15.8%。而在人工林中，人工国有用材林各龄级林分固碳释氧储养功能年效益值均小于人工集体用材林。国有人工林固碳释氧储养的效益值中，中龄林最大，过熟林最小；集体人工林固碳释氧储养的效益值中，中龄林最大，过熟林最小。

4）用材林各龄级净化环境功能

通过表 4-132 可以看出：“三北”及长江流域等重点防护林体系建设工程区域中的用材林净化环境功能年效益值为 10.06×10^6t。其中，天然用材林净化环境功能年效益值为 7.10×10^6t，占 70.5%；人工用材林净化环境功能年效益值为 2.97×10^6t，占 29.5%。国有用材林净化环境功能年效益值为 4.58×10^6t，占 45.5%；集体用材林净化环境功能年效益值为 5.48×10^6t，占 54.5%。

表 4-132　“三北”及长江流域等重点防护林建设工程用材林各龄级净化环境功能表

类别		净化环境功能年效益值/10^5t				
		幼龄林	中龄林	近熟林	成熟林	过熟林
天然用材林	国有	3.30	15.13	7.51	6.32	4.93
	集体	7.47	15.25	5.59	3.47	1.97
人工用材林	国有	1.54	3.61	1.88	1.40	0.16
	集体	4.28	10.24	4.27	2.07	0.21
合计	国有	4.84	18.74	9.39	7.72	5.09
	集体	11.75	25.49	9.86	5.54	2.18

在天然林的净化环境功能年效益中，其中，国有用材林净化环境功能年效益值为 3.72×10^6t，占天然林的 52.4%；集体林为 3.38×10^6t，占 47.6%。在天然林中，除天然国有用材林幼龄林和中龄林净化环境功能年效益值小于天然集体林外，其余天然国有用材林各龄级林分净化环境功能年效益值均大于天然集体用材林各龄级林分。国有天然林净化环境的效益值中，中龄林最大，幼龄林最小；集体天然林净化环境的效益值中，中龄林最大，过熟林最小。

在人工林的净化环境功能年效益中，国有林净化环境功能年效益值为 0.86×10^6t，占人工林的 29.0%；集体林为 2.11×10^6t，占 71.0%。集体特用林固碳释氧储养功能年效益值为 0.61×10^4t，只占 15.8%。而在人工林中，人工国有用材林各龄级林分净化环境功能年效益值均小于人工集体用材林。国有人工林净化环境的效益值中，中龄林最大，过熟林最小；集体人工林净化环境的效益值中，中龄林最大，过熟林最小。

4.2.7.2 防护林

1）防护林各龄级涵养水源功能

通过表 4-133 可以看出："三北"及长江流域等重点防护林体系建设工程区域中的防护林涵养水源功能年效益值为 15.69×10^8t。其中，天然防护林涵养水源功能年效益值为 14.16×10^8t，占 90.2%；人工防护林涵养水源功能年效益值为 1.53×10^8t，占 9.8%。国有防护林涵养水源功能年效益值为 9.93×10^8t，占 63.3%；集体防护林涵养水源功能年效益值为 5.76×10^8t，占 36.7%。

表 4-133 "三北"及长江流域等重点防护林建设工程防护林各龄级涵养水源功能表

类别		涵养水源功能年效益值/10^5t				
		幼龄林	中龄林	近熟林	成熟林	过熟林
天然防护林	国有	541.45	2434.56	1533.39	2773.97	2244.45
	集体	1078.42	1317.60	659.47	762.24	810.91
人工防护林	国有	83.58	138.20	92.25	75.38	16.29
	集体	270.46	414.71	214.57	185.52	43.59
合计	国有	625.03	2572.76	1625.64	2849.35	2260.74
	集体	1348.88	1732.31	874.04	947.76	854.50

在天然林的涵养水源功能年效益中，其中，国有防护林涵养水源功能年效益值为 9.53×10^8t，占天然林的 67.3%；集体林为 4.63×10^8t，占 32.7%。在天然林中，除天然国有防护林幼龄林涵养水源功能年效益值小于天然集体幼龄林外，其余天然国有防护林各龄级林分涵养水源功能年效益值均大于天然集体防护林各龄级林分。国有天然林涵养水源的效益值随着林龄的增加呈双峰波动趋势，成熟林最大，幼龄林最小；集体天然林涵养水源的效益值中，中龄林最大，近熟林最小。

在人工林的涵养水源功能年效益中，国有林涵养水源功能年效益值为 0.41×10^8t，占人工林的 26.4%；集体林为 1.13×10^8t，占 73.6%。而在人工林中，人工国有防护林各龄级林分涵养水源功能年效益值均小于人工集体防护林。国有人工林涵养水源的效益值中，中龄林最大，过熟林最小；集体人工林涵养水源的效益值中，中龄林最大，过熟林最小。

2）防护林各龄级保育土壤功能

通过表 4-134 可以看出："三北"及长江流域等重点防护林体系建设工程区域中的防护林保育土壤功能年效益值为 11.40×10^6t。其中，天然防护林保育土壤功能年效益值为 10.28×10^6t，占 90.2%；人工防护林保育土壤功能年效益值为 1.12×10^6t，占 9.8%。国有防护林保育土壤功能年效益值要略大于集体防护林。国有防护林保育土壤功能年效益值为 7.22×10^6t，占 63.3%。集体防护林保育土壤功能年效益值为 4.18×10^6t，占 36.7%。

表 4-134　"三北"及长江流域等重点防护林建设工程防护林各龄级保育土壤功能表

类别		保育土壤功能年效益值/10^5t				
		幼龄林	中龄林	近熟林	成熟林	过熟林
天然防护林	国有	3.93	17.69	11.14	20.15	16.31
	集体	7.83	9.57	4.79	5.54	5.89
人工防护林	国有	0.61	1.00	0.67	0.55	0.12
	集体	1.96	3.01	1.56	1.35	0.32
合计	国有	4.54	18.69	11.81	20.70	16.43
	集体	9.79	12.58	6.36	6.89	6.21

在天然林的保育土壤功能年效益中，其中，国有防护林保育土壤功能年效益值为 6.92×10^6t，占天然林的 67.3%；集体林为 3.36×10^6t，占 32.7%。在天然林中，除天然国有防护林幼龄林保育土壤功能年效益值小于天然集体幼龄林外，其余天然国有防护林各龄级林分保育土壤功能年效益值均大于天然集体防护林各龄级林分。国有天然林保育土壤的效益值中，成熟林最大，幼龄林最小；集体天然林保育土壤的效益值中，中龄林最大，近熟林最小。

在人工林的保育土壤功能年效益中，国有林保育土壤功能年效益值为 0.29×10^8t，占人工林的 26.4%；集体林为 0.82×10^8t，占 73.6%。而在人工林中，人工国有防护林各龄级保育土壤水源功能年效益值均小于人工集体防护林。国有人工林保育土壤的效益值中，中龄林最大，过熟林最小；集体人工林保育土壤的效益值中，中龄林最大，过熟林最小。

3）防护林各龄级固碳释氧储养功能

通过表 4-135 可以看出："三北"及长江流域等重点防护林体系建设工程区域中的防护林固碳释氧储养功能年效益值为 3.35×10^6t。其中，天然防护林固碳释氧储养功能年效益值为 3.02×10^6t，占 90.2%；人工防护林固碳释氧储养功能年效益值为 0.33×10^6t，占 9.8%。国有防护林固碳释氧储养功能年效益值为 2.12×10^6t，占 63.3%；集体防护林固碳释氧储养功能年效益值为 1.23×10^6t，占 36.7%。

在天然林的固碳释氧储养功能年效益中，其中，国有防护林固碳释氧储养功能年效益值为2.04×10^6t，占天然林的67.3%；集体林为0.99×10^6t，占32.7%。在天然林中，除天然国有防护林幼龄林固碳释氧储养功能年效益值小于天然集体幼龄林外，其余天然国有防护林各龄级林分固碳释氧储养功能年效益值均大于天然集体防护林各龄级林分。国有天然林固碳释氧储养的效益值中，成熟林最大，过熟林最小；集体天然林固碳释氧储养的效益值中，中龄林最大，近熟林最小。

在人工林的固碳释氧储养功能年效益中，国有林固碳释氧储养功能年效益值为8.67×10^4t，占人工林的26.4%；集体林为0.24×10^6t，占73.6%。而在人工林中，人工国有防护林各龄级固碳释氧储养水源功能年效益值均小于人工集体防护林。国有人工林固碳释氧储养的效益值中，中龄林最大，过熟林最小；集体人工林固碳释氧储养的效益值中，中龄林最大，过熟林最小。

表4-135 "三北"及长江流域等重点防护林建设工程防护林各龄级固碳释氧储养功能表

类别		固碳释氧储养功能年效益值/10^5t				
		幼龄林	中龄林	近熟林	成熟林	过熟林
天然防护林	国有	1.16	5.20	3.28	5.93	4.79
	集体	2.30	2.81	1.41	1.63	1.73
人工防护林	国有	0.18	0.30	0.20	0.16	0.03
	集体	0.58	0.89	0.46	0.40	0.09
合计	国有	1.34	5.50	3.48	6.09	4.82
	集体	2.88	3.70	1.87	2.03	1.82

4）防护林各龄级净化环境功能

通过表4-136可以看出："三北"及长江流域等重点防护林体系建设工程区域中的防护林净化环境功能年效益值为10.00×10^6t。其中，天然防护林净化环境功能年效益值为9.03×10^6t，占90.2%；人工防护林净化环境功能年效益值为0.98×10^6t，占9.8%。国有防护林净化环境功能年效益值为6.33×10^6t，占63.3%；集体防护林净化环境功能年效益值为3.67×10^6t，占36.7%。

表4-136 "三北"及长江流域等重点防护林建设工程防护林各龄级净化环境功能表

类别		净化环境功能年效益值/10^5t				
		幼龄林	中龄林	近熟林	成熟林	过熟林
天然防护林	国有	3.45	15.52	9.78	17.69	14.31
	集体	6.88	8.40	4.20	4.86	5.17
人工防护林	国有	0.53	0.88	0.59	0.48	0.10
	集体	1.72	2.64	1.37	1.18	0.28
合计	国有	3.98	16.40	10.37	18.17	14.41
	集体	8.60	11.04	5.57	6.04	5.45

在天然林的净化环境功能年效益中，其中，国有防护林净化环境功能年效益值为 6.07×10⁶t，占天然林的 67.3%；集体林为 2.95×10⁶t，占 32.7%。在天然林中，除天然国有防护林幼龄林净化环境功能年效益值小于天然集体幼龄林外，其余天然国有防护林各龄级林分净化环境功能年效益值均大于天然集体防护林各龄级林分。国有天然林净化环境的效益值中，成熟林最大，过熟林最小；集体天然林净化环境的效益值中，中龄林最大，近熟林最小。

在人工林的净化环境功能年效益中，国有林净化环境功能年效益值为 0.26×10⁶t，占人工林的 26.4%；集体林为 0.72×10⁶t，占 73.6%。而在人工林中，人工国有防护林各龄级净化环境水源功能年效益值均小于人工集体防护林。国有人工林净化环境的效益值中，中龄林最大，过熟林最小；集体人工林净化环境的效益值中，中龄林最大，过熟林最小。

4.2.7.3　薪炭林

1）薪炭林各龄级涵养水源功能

通过表 4-137 可以看出："三北"及长江流域等重点防护林体系建设工程区域中的集体薪炭林涵养水源功能年效益值要远远大于国有薪炭林，而且薪炭林发挥涵养水源功能的龄级林分主要是幼龄林和中龄林。工程区中薪炭林涵养水源功能年效益值为0.18×10⁸t。其中，国有薪炭林涵养水源功能年效益值为 1.27×10⁶t，占 7.2%；集体防护林涵养水源功能年效益值为 0.17×10⁸t，占 92.8%。

表 4-137　"三北"及长江流域等重点防护林建设工程薪炭林各龄级涵养水源功能表

类别		涵养水源功能年效益值/10^5t				
		幼龄林	中龄林	近熟林	成熟林	过熟林
天然薪炭林	国有	0.90	4.11	0.86	0.61	0
	集体	91.60	41.81	5.92	6.92	2.14
人工薪炭林	国有	1.70	0.00	0.00	0.00	4.54
	集体	5.33	3.42	2.56	3.11	0.00
合计	国有	2.60	4.11	0.86	0.61	4.54
	集体	96.93	45.23	8.48	10.03	2.14

2）薪炭林各龄级保育土壤功能

通过表 4-138 可以看出："三北"及长江流域等重点防护林体系建设工程区域中的集体薪炭林保育土壤功能年效益值要远远大于国有薪炭林，而且薪炭林发挥保育土壤功能的龄级林分主要是幼龄林和中龄林。工程区中薪炭林保育土壤功能年效益值为0.13×10⁶t。其中，国有薪炭林保育土壤功能年效益值为 0.92×10⁴t，占 7.2%；集体防护林保育土壤功能年效益值为 0.12×10⁶t，占 92.8%。

表 4-138　“三北”及长江流域等重点防护林建设工程薪炭林各龄级保育土壤功能表

类别		保育土壤功能年效益值/10^5 t				
		幼龄林	中龄林	近熟林	成熟林	过熟林
天然薪炭林	国有	0.07	0.30	0.06	0.04	0
	集体	6.65	3.04	0.43	0.50	0.16
人工薪炭林	国有	0.12	0.00	0.00	0.00	0.33
	集体	0.39	0.25	0.19	0.23	0.00
合计	国有	0.19	0.30	0.06	0.04	0.33
	集体	7.04	3.29	0.62	0.73	0.16

3）薪炭林各龄级固碳释氧储养功能

通过表 4-139 可以看出：“三北”及长江流域等重点防护林体系建设工程区域中的集体薪炭林固碳释氧储养功能年效益值要远远大于国有薪炭林，而且薪炭林发挥固碳释氧储养功能的龄级林分主要是幼龄林和中龄林。工程区中薪炭林固碳释氧储养功能年效益值为 3.75×10^4t。其中，国有薪炭林固碳释氧储养功能年效益值为 0.27×10^4t，占 7.2%；集体防护林固碳释氧储养功能年效益值为 3.48×10^6t，占 92.8%。

表 4-139　“三北”及长江流域等重点防护林建设工程薪炭林各龄级固碳释氧储养功能表

类别		固碳释氧储养功能年效益值/10^5 t				
		幼龄林	中龄林	近熟林	成熟林	过熟林
天然薪炭林	国有	0.02	0.09	0.02	0.01	0
	集体	1.96	0.89	0.13	0.15	0.05
人工薪炭林	国有	0.04	0.00	0.00	0.00	0.10
	集体	0.11	0.07	0.05	0.07	0.00
合计	国有	0.06	0.09	0.02	0.01	0.10
	集体	2.07	0.96	0.18	0.22	0.05

4）薪炭林各龄级净化环境功能

通过表 4-140 可以看出：“三北”及长江流域等重点防护林体系建设工程区域中的集体薪炭林净化环境功能年效益值要远远大于国有薪炭林，而且薪炭林发挥净化环境功能的龄级林分主要是幼龄林和中龄林。工程区中薪炭林净化环境功能年效益值为 0.11×10^6t。其中，国有薪炭林净化环境功能年效益值为 0.81×10^4t，占 7.2%；集体防护林净化环境功能年效益值为 0.10×10^6t，占 92.8%。

表 4-140 "三北"及长江流域等重点防护林建设工程薪炭林各龄级净化环境功能表

类别		净化环境功能年效益值/10^5t				
		幼龄林	中龄林	近熟林	成熟林	过熟林
天然薪炭林	国有	0.06	0.26	0.05	0.04	0
	集体	5.84	2.67	0.38	0.44	0.14
人工薪炭林	国有	0.11	0.00	0.00	0.00	0.29
	集体	0.34	0.22	0.16	0.20	0.00
合计	国有	0.17	0.26	0.05	0.04	0.29
	集体	6.18	2.89	0.54	0.64	0.14

4.2.7.4 特用林

1）特用林各龄级涵养水源功能

通过表 4-141 可以看出："三北"及长江流域等重点防护林体系建设工程区域中的特用林涵养水源功能年效益值为 2.68×10^8t。其中，天然特用林涵养水源功能年效益值为 2.54×10^8t，占 94.7%；人工特用林涵养水源功能年效益值为 0.14×10^8t，占 5.3%。国有特用林涵养水源功能年效益值为 2.35×10^8t，占 87.5%；集体特用林涵养水源功能年效益值为 0.33×10^8t，只占 12.5%。

表 4-141 "三北"及长江流域等重点防护林建设工程特用林各龄级净化环境功能表

类别		净化环境功能年效益值/10^5t				
		幼龄林	中龄林	近熟林	成熟林	过熟林
天然特用林	国有	93.06	471.22	402.59	558.70	717.17
	集体	64.96	105.82	30.67	34.30	63.32
人工特用林	国有	5.67	41.85	21.06	17.12	20.01
	集体	6.71	15.38	4.81	7.40	0.93
合计	国有	98.73	513.07	423.65	575.82	737.18
	集体	71.67	121.20	35.48	41.70	64.25

在天然林的涵养水源功能年效益中，其中，国有特用林涵养水源功能年效益值为 2.24×10^8t，占天然林的 88.2%；集体林为 0.30×10^8t，占 11.8%。在天然林中，国有特用林各龄级林分涵养水源功能年效益值均大于天然集体特用林各龄级林分。各龄级国有天然林中，涵养水源的效益值过熟林最大，幼龄林最小；各龄级集体天然林中，涵养水源的效益值中龄林最大，近熟林最小。

在人工林的涵养水源功能年效益中，国有林涵养水源功能年效益值为 0.11×10^8t，占人工林的 75.0%；集体林为 0.04×10^8t，占 25.0%。而在人工林中，除人工国有特用林幼龄林涵养水源年效益值略小于集体特用幼龄林外，其余各龄级林分涵养水源功能年效益值均大于人工集体特用林。各龄级国有人工林中，涵养水源的效益值中龄林最大，幼龄林最小；各龄级集体人工林中，涵养水源的效益值中龄林最大，过熟林最小。

2）特用林各龄级保育土壤功能

通过表 4-142 可以看出："三北"及长江流域等重点防护林体系建设工程区域中的特用林保育土壤功能年效益值为 1.95×10^6t。天然特用林保育土壤功能年效益值为 1.85×10^6t，占 94.7%；人工特用林保育土壤功能年效益值为 0.10×10^6t，占 5.3%。国有特用林保育土壤功能年效益值为 1.71×10^6t，占 87.5%；集体特用林保育土壤功能年效益值为 0.24×10^6t，只占 12.5%。

表 4-142 "三北"及长江流域等重点防护林建设工程特用林各龄级保育土壤功能表

类别		保育土壤功能年效益值/10^5t				
		幼龄林	中龄林	近熟林	成熟林	过熟林
天然特用林	国有	0.68	3.42	2.92	4.06	5.21
	集体	0.47	0.77	0.22	0.25	0.46
人工特用林	国有	0.04	0.30	0.15	0.12	0.15
	集体	0.05	0.11	0.03	0.05	0.01
合计	国有	0.72	3.72	3.07	4.18	5.36
	集体	0.52	0.88	0.25	0.30	0.47

在天然林的保育土壤功能年效益中，其中，国有特用林保育土壤功能年效益值为 1.63×10^6t，占天然林的 88.2%；集体林为 0.22×10^6t，占 11.8%。在天然林中，国有特用林各龄级保育土壤功能年效益值均大于天然集体特用林各龄级林分。各龄级国有天然林中，保育土壤的效益值过熟林最大，幼龄林最小；各龄级集体天然林中，保育土壤的效益值中龄林最大，近熟林最小。

在人工林的保育土壤功能年效益中，国有林保育土壤功能年效益值为 7.68×10^4t，占人工林的 75.0%；集体林为 2.56×10^4t，占 25.0%。而在人工林中，除人工国有特用林幼龄林保育土壤年效益值略小于集体特用幼龄林外，其余各龄级林分保育土壤功能年效益值均大于人工集体特用林。各龄级国有人工林中，保育土壤的效益值中龄林最大，幼龄林最小；各龄级集体人工林中，保育土壤的效益值中龄林最大，过熟林最小。

3）特用林各龄级固碳释氧储养功能

通过表 4-143 可以看出："三北"及长江流域等重点防护林体系建设工程区域中的特用林固碳释氧储养功能年效益值为 0.57×10^6t。天然特用林固碳释氧储养功能年效益值为 0.54×10^6t，占 94.7%；人工特用林固碳释氧储养功能年效益值为 3.01×10^4t，占 5.3%。国有特用林固碳释氧储养功能年效益值为 0.50×10^6t，占 87.5%；集体特用林固碳释氧储养功能年效益值为 7.14×10^4t，只占 12.5%。

在天然林的固碳释氧储养功能年效益中，其中，国有特用林固碳释氧储养功能年效益值为 0.48×10^6t，占天然林的 88.2%；集体林为 6.39×10^4t，占 11.8%。在天然林

表 4-143　"三北"及长江流域等重点防护林建设工程特用林各龄级固碳释氧储养功能表

类别		固碳释氧储养功能年效益值/10^5t				
		幼龄林	中龄林	近熟林	成熟林	过熟林
天然特用林	国有	0.20	1.01	0.86	1.19	1.53
	集体	0.14	0.23	0.07	0.07	0.14
人工特用林	国有	0.01	0.09	0.04	0.04	0.04
	集体	0.01	0.03	0.01	0.02	0
合计	国有	0.21	1.10	0.90	1.23	1.57
	集体	0.15	0.26	0.08	0.09	0.14

中，国有特用林各龄级固碳释氧储养功能年效益值均大于天然集体特用林各龄级林分。各龄级国有天然林中，固碳释氧储养的效益值过熟林最大，幼龄林最小；各龄级集体天然林中，固碳释氧储养的效益值中龄林最大，近熟林最小。

在人工林的固碳释氧储养功能年效益中，国有林固碳释氧储养功能年效益值为 2.26×10^4t，占人工林的 75.0%；集体林为 0.75×10^4t，占 25.0%。而在人工林中，除人工国有特用林幼龄林固碳释氧储养年效益值略小于集体特用幼龄林外，其余各龄级林分固碳释氧储养功能年效益值均大于人工集体特用林。各龄级国有人工林中，固碳释氧储养的效益值中龄林最大，幼龄林最小；各龄级集体人工林中，固碳释氧储养的效益值中龄林最大，过熟林最小。

4）特用林各龄级净化环境功能

通过表 4-144 可以看出："三北"及长江流域等重点防护林体系建设工程区域中的特用林净化环境功能年效益值为 1.71×10^6t。其中，天然特用林净化环境功能年效益值为 1.62×10^6t，占 94.7%；人工特用林净化环境功能年效益值为 0.09×10^6t，占 5.3%。国有特用林净化环境功能年效益值为 1.50×10^6t，占 87.5%；集体特用林净化环境功能年效益值为 0.21×10^6t，只占 12.5%。

表 4-144　"三北"及长江流域等重点防护林建设工程特用林各龄级净化环境功能表

类别		净化环境功能年效益值/10^5t				
		幼龄林	中龄林	近熟林	成熟林	过熟林
天然特用林	国有	0.59	3.00	2.57	3.56	4.57
	集体	0.41	0.67	0.20	0.22	0.40
人工特用林	国有	0.04	0.27	0.13	0.11	0.13
	集体	0.04	0.10	0.03	0.05	0.01
合计	国有	0.63	3.27	2.70	3.67	4.70
	集体	0.45	0.77	0.23	0.27	0.41

在天然林的净化环境功能年效益中，其中，国有特用林净化环境功能年效益值为 1.43×10^6t，占天然林的 88.2%；集体林为 0.19×10^6t，占 11.8%。在天然林中，国

有特用林各龄级净化环境功能年效益值均大于天然集体特用林各龄级林分。各龄级国有天然林中，净化环境的效益值过熟林最大，幼龄林最小；各龄级集体天然林中，净化环境的效益值中龄林最大，近熟林最小。

在人工林的净化环境功能年效益中，国有林净化环境功能年效益值为 6.74×10^4t，占人工林的 75.0%；集体林为 2.25×10^4t，占 25.0%。而在人工林中，除人工国有特用林幼龄林净化环境效益值略小于集体特用幼龄林外，其余各龄级林分净化环境功能年效益值均大于人工集体特用林。各龄级国有人工林中，净化环境的效益值中龄林最大，幼龄林最小；各龄级集体人工林中，净化环境的效益值中龄林最大，过熟林最小。

4.2.7.5 工程总功能效益分析

由图 4-10 可以看出："三北"及长江流域等重点防护林体系建设工程中，用材林和防护林发挥的功能效益在最大，分别占工程总生态服务功能的 45.97%和 45.71%；特用林和薪炭林的生态服务效益则相对较小，分别只占 7.81%和 0.51%。

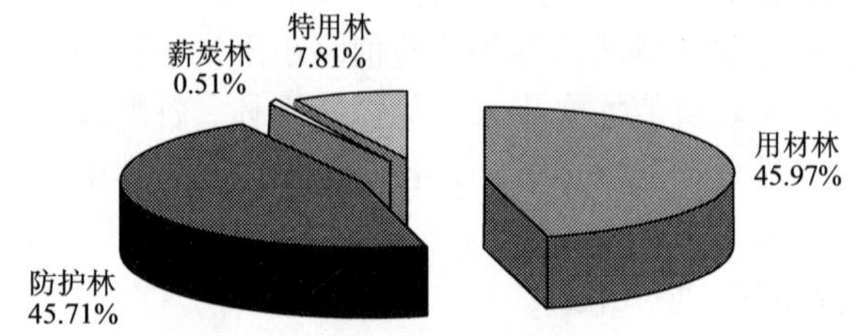

图 4-10 "三北"及长江流域等重点防护林建设工程总功能效益分析

4.3 退耕还林工程生态服务功能效益评价

4.3.1 用材林

1）用材林各龄级涵养水源功能

由表 4-145 可以看出：退耕还林工程中的用材林涵养水源功能年效益值为 13.59×8^{10}t。其中，天然用材林涵养水源功能年效益值为 8.32×10^8t，占 75.9%；人工用材林涵养水源功能年效益值为 3.28×10^8t，占 24.1%。国有用材林涵养水源功能年效益值要略小于集体用材林，国有用材林涵养水源功能年效益值为 6.78×10^8t，占 49.9%；集体用材林涵养水源功能年效益值为 6.81×10^8t，占 50.1%。

在天然林的涵养水源功能年效益中，国有林的年效益值为 5.76×10^8t，占天然林的涵养水源效益的 55.8%；集体林的年效益值为 4.56×10^8t，占 44.2%。

表 4-145　退耕还林工程用材林各龄级涵养水源功能表

类别		涵养水源功能年效益值/10^5t				
		幼龄林	中龄林	近熟林	成熟林	过熟林
天然用材林	国有	384.63	1619.16	926.96	1408.42	1417.88
	集体	995.21	2011.67	775.02	496.37	281.18
人工用材林	国有	176.62	443.09	216.93	167.26	19.19
	集体	484.23	1102.92	427.36	213.18	26.95
合计	国有	561.24	2062.25	1143.88	1575.68	1437.07
	集体	1479.44	3114.59	1202.37	709.55	308.13

2）用材林各龄级保育土壤功能

由表 4-146 可以看出：退耕还林工程中的用材林保育土壤功能年效益值为 9.88×10^6t。其中，天然用材林保育土壤功能年效益值为 7.49×10^6t，占 75.9%；人工用材林保育土壤功能年效益值为 2.38×10^6t，占 24.1%。国有用材林保育土壤功能年效益值要略小于集体用材林。国有用材林保育土壤功能年效益值为 4.93×10^6t，占 49.9%；集体用材林保育土壤功能年效益值为 4.95×10^6t，占 50.1%。

表 4-146　退耕还林工程用材林各龄级保育土壤功能表

类别		保育土壤功能年效益值/10^5t				
		幼龄林	中龄林	近熟林	成熟林	过熟林
天然用材林	国有	2.79	11.76	6.73	10.23	10.30
	集体	7.23	14.61	5.63	3.61	2.04
人工用材林	国有	1.28	3.22	1.58	1.22	0.14
	集体	3.52	8.01	3.10	1.55	0.20
合计	国有	4.08	14.98	8.31	11.45	10.44
	集体	10.75	22.63	8.74	5.15	2.24

从总体来看，国有用材林保育土壤效益值随林龄的增大呈波动变化，中龄林效益值最大；集体用材林保育土壤效益值随林龄的增大呈单峰变化模式，中龄林效益值最大。

在天然林的保育土壤功能年效益中，国有用材林保育土壤功能年效益值为 4.18×10^6t，占天然林的 55.8%；集体林为 3.31×10^6t，占 44.2%。除幼龄林、中龄林保育土壤功能年效益值小于集体林外，其余各龄级林的效益值均是国有林大于集体林。国有天然林保育土壤效益值随林龄的增长呈波动变化，中龄林的保育土壤的效益值最大；集体天然林保育土壤效益值随林龄的增大呈单峰变化模式，中龄林效益值最大，过熟林效益值最小。

在人工林的保育土壤功能年效益中，国有林保育土壤功能年效益值为 0.74×10^6t，占人工林的 31.2%；集体林为 1.64×10^6t，占 68.8%。国有人工林各龄级的效益值均小于集体人工林。国有人工林保育土壤效益值随林龄的增长呈单峰变化模式，中龄林效益值最大；集体人工林涵养水源效益值随林龄的增大呈单峰变化模式，中龄林效益值最大，过熟林效益值最小。

3）用材林各龄级固碳释氧储养功能

由表 4-147 可以看出：退耕还林工程中的用材林固碳释氧储养功能年效益值为 2.90×10^6t。其中，天然用材林固碳释氧储养功能年效益值为 2.20×10^6t，占 75.9%；人工用材林固碳释氧储养功能年效益值为 0.70×10^6t，占 24.1%。国有用材林保育土壤功能年效益值要略小于集体用材林。国有用材林固碳释氧储养功能年效益值为 1.45×10^6t，占 49.9%；集体用材林固碳释氧储养功能年效益值为 1.46×10^6t，占 50.1%。从总体来看，国有用材林固碳释氧效益值随林龄的增大呈波动变化，中龄林效益值最大；集体用材林固碳释氧效益值随林龄的增大呈单峰变化模式，中龄林效益值最大。

表 4-147　退耕还林工程用材林各龄级固碳释氧储养功能表

类别		固碳释氧储养功能年效益值/10^5t				
		幼龄林	中龄林	近熟林	成熟林	过熟林
天然用材林	国有	0.82	3.46	1.98	3.01	3.03
	集体	2.13	4.30	1.66	1.06	0.60
人工用材林	国有	0.38	0.95	0.46	0.36	0.04
	集体	1.03	2.36	0.91	0.46	0.06
合计	国有	1.20	4.41	2.44	3.37	3.07
	集体	3.16	6.65	2.57	1.52	0.66

在天然林的固碳释氧功能年效益中，国有用材林固碳释氧储养功能年效益值为 1.23×10^6t，占天然林的 55.8%；集体林为 0.97×10^6t，占 44.2%。除幼龄林、中龄林固碳释氧功能年效益值小于集体林外，其余各龄级林的效益值均是国有林大于集体林。国有天然林固碳释氧效益值随林龄的增长呈波动变化，中龄林的保育土壤的效益值最大；集体天然林固碳释氧效益值随林龄的增大呈单峰变化模式，中龄林效益值最大，过熟林效益值最小。

在人工林的固碳释氧功能年效益中，国有林固碳释氧储养功能年效益值为 0.22×10^6t，占人工林的 31.2%；集体林为 0.48×10^6t，占 68.8%。国有人工林各龄级的效益值均小于集体人工林。国有人工林固碳释氧储养效益值随林龄的增长呈单峰变化模式，中龄林效益值最大；集体人工林固碳释氧储养效益值随林龄的增大呈单峰变化模式，中龄林效益值最大，过熟林效益值最小。

4）用材林各龄级净化环境功能

由表 4-148 可以看出：退耕还林工程中的用材林净化环境功能年效益值为 8.67×10^6t。其中，天然用材林净化环境功能年效益值为 6.58×10^6t，占 75.9%；人工用材林净化环境功能年效益值为 2.09×10^6t，占 24.1%。国有用材林净化环境功能年效益值为 4.32×10^6t，占 49.9%；集体用材林净化环境功能年效益值为 4.35×10^6t，占 50.1%。，国有用材林净化环境功能年效益值略小于集体用材林。

在天然用材林中，国有用材林净化环境功能年效益值为 3.67×10⁶t，占天然林的 55.8%；集体林为 2.91×10⁶t，占 44.2%，国有用材林净化环境功能大于集体用材林的净化环境功能。国有用材林的净化环境功能随林龄的增大呈波动变化，中龄林年效益值最大；集体用材林的净化环境功能随林龄的增大呈单峰变化模式，中龄林年效益值最大。相同龄级林分净化环境年效益值对比可知，除国有幼龄林和中龄林的年效益值小于集体幼龄林和中龄林外，其余国有用材林的各龄级林分的年效益值均大于集体用材林。

在人工用材林中，国有林净化环境功能年效益值为 0.65×10⁶t，占人工林的 31.2%；集体林为 1.44×10⁶t，占 68.8%。，说明集体林净化环境功能明显大于国有林。相同龄级林分净化环境年效益值对比可知，国有用材林各龄级林分的年效益值均小于集体用材林。

表 4-148　退耕还林工程用材林各龄级净化环境功能表

类别		净化环境功能年效益值/10^5t				
		幼龄林	中龄林	近熟林	成熟林	过熟林
天然用材林	国有	2.45	10.32	5.91	8.98	9.04
	集体	6.35	12.83	4.94	3.16	1.79
人工用材林	国有	1.13	2.82	1.38	1.07	0.12
	集体	3.09	7.03	2.72	1.36	0.17
合计	国有	3.58	13.15	7.29	10.05	9.16
	集体	9.43	19.86	7.67	4.52	1.96

4.3.2　防护林

1）防护林各龄级涵养水源功能

由表 4-149 可以看出：退耕还林工程中的防护林涵养水源功能年效益值为 18.47×10⁸t。其中，天然防护林涵养水源功能年效益值为 17.42×10⁸t，占 94.3%；人工防护林涵养水源功能年效益值为 1.05×10⁸t，占 5.7%；国有用材林涵养水源功能年效益值

表 4-149　退耕还林工程防护林各龄级涵养水源功能表

类别		涵养水源功能年效益值/10^5t				
		幼龄林	中龄林	近熟林	成熟林	过熟林
天然防护林	国有	562.49	2468.69	1932.01	3587.52	3927.53
	集体	1120.77	1386.15	728.43	843.99	864.16
人工防护林	国有	65.28	110.81	64.89	49.64	9.95
	集体	159.33	268.88	147.67	129.24	37.92
合计	国有	627.78	2579.50	1996.91	3637.16	3937.49
	集体	1280.11	1655.03	876.10	973.23	902.08

要远大于集体用材林，国有防护林涵养水源功能年效益值为 12.78×10⁸t，占 69.2%；集体防护林涵养水源功能年效益值为 5.69×10⁸t，只占 30.8%。从总体来看，国有用材林涵养水源效益值随林龄的增大呈逐渐增加的趋势，过熟林效益值最大；集体用材林涵养水源效益值随林龄的增大呈单峰变化模式，中龄林效益值最大。

在天然林的涵养水源功能年效益中，国有防护林涵养水源功能年效益值为 12.48×10⁸t，占天然林的 71.6%；集体林为 4.94×10⁸t，占 28.4%。除幼龄林的效益值是国有林小于集体林外，其余各龄级林的效益值均是国有林大于集体林。国有天然林涵养水源效益值中，过熟林最大；集体天然林涵养水源效益值中，中龄林效益值最大，近熟林效益值最小。

在人工林的涵养水源功能年效益中，国有林涵养水源功能年效益值为 0.30×10⁸t，占人工林的 28.8%；集体林为 0.75×10⁸t，占 71.2%。国有人工林各龄级的效益值均小于集体人工林。国有人工林涵养水源效益值中，中龄林最大；集体人工林涵养水源效益值中，中龄林最大，过熟林最小。

2）防护林各龄级保育土壤功能

由表 4-150 可知：退耕还林工程中的防护林保育土壤功能年效益值为 13.42×10⁶t。其中，天然防护林保育土壤功能年效益值为 12.66×10⁶t，占 94.3%；人工防护林保育土壤功能年效益值为 0.76×10⁶t，占 5.7%。国有用材林保育土壤功能年效益值大于集体用材林，国有防护林保育土壤功能年效益值为 9.28×10⁶t，占 69.2%；集体防护林保育土壤功能年效益值为 4.13×10⁶t，只占 30.8%。从总体来看，国有用材林林保育土壤效益值随林龄的增大呈逐渐增加的趋势，过熟林效益值最大；集体用材林林保育土壤效益值随林龄的增大呈单峰变化模式，中龄林效益值最大。

表 4-150 退耕还林工程防护林各龄级保育土壤功能表

类别		保育土壤功能年效益值/10^5t				
		幼龄林	中龄林	近熟林	成熟林	过熟林
天然防护林	国有	4.09	17.93	14.04	26.06	28.53
	集体	8.14	10.07	5.29	6.13	6.28
人工防护林	国有	0.47	0.81	0.47	0.36	0.07
	集体	1.16	1.95	1.07	0.94	0.28
合计	国有	4.56	18.74	14.51	26.42	28.61
	集体	9.30	12.02	6.36	7.07	6.55

在天然防护林中，国有防护林保育土壤功能年效益值为 9.07×10⁶t，占天然林的 71.6%；集体林为 3.59×10⁶t，占 28.4%。说明国有用材天然林远大于集体用材天然林的保育土壤功能。

在人工防护林中，国有林保育土壤功能年效益值为 0.22×10⁶t，占人工林的 28.8%；集体林为 0.54×10⁶t，占 71.2%，集体人工用材林的保育土壤功能明显高于国有人工用材林。国有林中，中龄林的年效益值最大；集体林中，中龄林的年效益值最大。

3）防护林各龄级固碳释氧储养功能

由表 4-151 可知：退耕还林工程中的防护林固碳释氧储养功能年效益值为 3.94×10^6t，其中，国有防护林固碳释氧储养功能年效益值为 2.72×10^6t，占 69.2%；集体防护林固碳释氧储养功能年效益值为 1.21×10^6t，只占 30.8%。天然防护林固碳释氧储养功能年效益值为 3.72×10^6t，占 94.3%；人工防护林固碳释氧储养功能年效益值为 0.22×10^6t，占 5.7%。天然用材林固碳释氧储养功能是人工用材林的 16 倍，天然林在各龄级林分的固碳释氧储养功能年效益值均大于人工林。

表 4-151　退耕还林工程防护林各龄级固碳释氧储养功能表

类别		固碳释氧储养功能年效益值/10^5t				
		幼龄林	中龄林	近熟林	成熟林	过熟林
天然防护林	国有	1.20	5.27	4.13	7.66	8.39
	集体	2.39	2.96	1.56	1.80	1.85
人工防护林	国有	0.14	0.24	0.14	0.11	0.02
	集体	0.34	0.57	0.32	0.28	0.08
合计	国有	1.34	5.51	4.27	7.77	8.41
	集体	2.73	3.54	1.87	2.08	1.93

在天然防护林中，国有天然林和集体天然林的固碳释氧储养总效益值差距较大，国有防护林固碳释氧储养功能年效益值为 2.67×10^6t，占天然林的 71.6%；集体林为 1.06×10^6t，占 28.4%。国有天然林固碳释氧储养效益值中，过熟林最大，集体天然林固碳释氧储养年效益值中，中龄林最大。

在人工防护林中，国有林固碳释氧储养功能年效益值为 6.42×10^6t，占人工林的 28.8%；集体林为 0.16×10^6t，占 71.2%。从不同龄级林分的固碳释氧储养效益值来看，国有人工林年效益值中，中龄林最大；集体人工林年效益值中，中龄林最大，过熟林最小。相同龄级林分的固碳释氧储养效益值对比可知，国有人工林的年效益值均小于集体人工林。

4）防护林各龄级净化环境功能

通过表 4-152 可以看出：退耕还林工程中的防护林净化环境功能年效益值为 11.78×10^6t。其中，天然防护林净化环境功能年效益值为 11.11×10^6t，占 94.3%；人工防护林净化环境功能年效益值为 0.67×10^6t，占 5.7%。在天然林中，除国有防护幼龄林净化环境功能年效益值小于集体防护幼龄林外，其余国有防护中龄林、近熟林、成熟林、过熟林净化环境年效益值均大于集体防护林中龄林、近熟林、成熟林、过熟林。其中，国有防护林净化环境功能年效益值为 7.96×10^6t，占天然林的 71.6%；集体林为 3.15×10^6t，占 28.4%。而在人工林中，国有防护林各龄级林分净化环境功能年效益值均小于集体防护林各龄级林分。其中，国有林净化环境功能年效益值为 0.19×10^6t，占人工林的 28.8%；集体林为 0.47×10^6t，占 71.2%。

总体来看，退耕还林工程国有防护林净化环境功能年效益值要略大于集体防护林。

国有防护林净化环境功能年效益值为 8.15×10^{6}t，占 69.2%；集体防护林净化环境功能年效益值为 3.63×10^{6}t，只占 30.8%。

表 4-152 退耕还林工程防护林各龄级净化环境功能表

类别		净化环境功能年效益值/10^{5}t				
		幼龄林	中龄林	近熟林	成熟林	过熟林
天然防护林	国有	3.59	15.74	12.32	22.87	25.04
	集体	7.15	8.84	4.64	5.38	5.51
人工防护林	国有	0.42	0.71	0.41	0.32	0.06
	集体	1.02	1.71	0.94	0.82	0.24
合计	国有	4.00	16.45	12.73	23.19	25.10
	集体	8.16	10.55	5.59	6.20	5.75

4.3.3 薪炭林

1）薪炭林各龄级涵养水源功能

由表 4-153 可以看出：退耕还林工程中的薪炭林涵养水源功能年效益值为 18.20×10^{6}t。其中，天然薪炭林涵养水源功能年效益值为 17.05×10^{6}t，占 93.7%；人工薪炭林涵养水源功能年效益值为 1.15×10^{6}t，占 6.3%。国有薪炭林涵养水源功能年效益值为 1.37×10^{6}t，占 7.5%；集体薪炭林涵养水源功能年效益值为 16.83×10^{6}t，占 92.5%。从总体来看，国有薪炭林涵养水源效益值随林龄的增大而迅速递减，幼龄林效益值最大；集体薪炭林涵养水源效益值随林龄的增大呈先下降后上升趋势，近熟林效益最小。

表 4-153 退耕还林工程薪炭林各龄级涵养水源功能表

类别		涵养水源功能年效益值/10^{5}t				
		幼龄林	中龄林	近熟林	成熟林	过熟林
天然薪炭林	国有	5.10	5.80	1.11	0.10	0.00
	集体	100.78	44.60	4.86	7.36	0.62
人工薪炭林	国有	1.40	0.00	0.00	0.00	0.00
	集体	5.30	2.87	0.73	1.19	0.00
合计	国有	6.50	5.80	1.11	0.10	0.00
	集体	106.08	47.46	5.60	8.55	0.62

在天然林的涵养水源功能年效益中，国有薪炭林涵养水源功能年效益值为 1.23×10^{6}t，占天然林的 7.2%；集体林为 15.82×10^{6}t，占 92.8%。各龄级林的效益值均是集体林大于国有林。国有天然林涵养水源效益值随林龄的增长大体呈逐渐减小的趋势，中龄林的涵养水源的效益值最大；集体天然林涵养水源效益值随林龄的呈双峰波动变化。

在人工林的涵养水源功能年效益中，国有林涵养水源功能年效益值为 0.14×10^{6}t，占人工林的12.2%；集体林为1.01×10^6t，占87.8%，国有人工林各龄级的效益值均小于集体人工林。国有人工林涵养水源效益值随林龄的增长呈逐渐递减趋势，幼龄林效益值最大。

2）薪炭林各龄级保育土壤功能

由表4-154可知：薪炭林保育土壤功能年效益值为13.22×10^4t。其中，对于各龄级的林分，天然薪炭林保育土壤功能年效益值为12.39×10^4t，占93.7%；人工薪炭林保育土壤功能年效益值为0.83×10^4t，占6.3%。国有薪炭林保育土壤功能年效益值为1.00×10^4t，占7.5%；集体薪炭林保育土壤功能年效益值为12.23×10^4t，占92.5%。从总体来看，国有薪炭林保育土壤效益值随林龄的增大而迅速递减，幼龄林效益值最大；集体薪炭林保育土壤效益值随林龄的增大保持平稳，近熟林效益最小。

表4-154　退耕还林工程薪炭林各龄级保育土壤功能表

类别		保育土壤功能年效益值/10^4t				
		幼龄林	中龄林	近熟林	成熟林	过熟林
天然薪炭林	国有	0.37	0.42	0.08	0.01	0.00
	集体	7.32	3.24	0.35	0.53	0.04
人工薪炭林	国有	0.10	0.00	0.00	0.00	0.00
	集体	0.38	0.21	0.05	0.09	0.00
合计	国有	0.47	0.42	0.08	0.01	0.00
	集体	7.71	3.45	0.41	0.62	0.04

在天然薪炭林中，国有薪炭林保育土壤功能年效益值为0.90×10^4t，占天然林的7.2%；集体林为11.49×10^4t，占92.8%，说明国有天然薪炭林远小于集体天然薪炭林的保育土壤功能。天然用材林各龄级林分的效益值比较可知，各龄级林分的效益值均为国有林小于集体林。

在人工薪炭林中，国有林保育土壤功能年效益值为0.10×10^4t，占人工林的12.2%；集体林为0.73×10^4t，占87.8%，集体人工薪炭林的保育土壤功能明显高于国有人工薪炭林。国有林和集体林在各龄级上的保育土壤效益值差异较大，集体林随林龄的增大呈逐渐递减，幼龄林的年效益值最大。

3）薪炭林各龄级固碳释氧储养功能

由表4-155可知：薪炭林固碳释氧储养功能年效益值为3.89×10^4t。其中，天然薪炭林固碳释氧储养功能年效益值为3.64×10^4t，占93.7%；人工薪炭林固碳释氧储养功能年效益值为0.25×10^4t，占6.3%；国有薪炭林固碳释氧储养功能年效益值为0.29×10^4t，占7.5%；集体薪炭林固碳释氧储养功能年效益值为3.60×10^4t，占92.5%。从总体来看，国有薪炭林在各龄级林分固碳释氧储养功能年效益值要远远小于集体薪炭林。

表 4-155 退耕还林工程薪炭林各龄级固碳释氧储养功能表

类别		固碳释氧储养功能年效益值/10^4t				
		幼龄林	中龄林	近熟林	成熟林	过熟林
天然薪炭林	国有	0.11	0.12	0.02	0.002	0.00
	集体	2.15	0.95	0.10	0.16	0.01
人工薪炭林	国有	0.03	0.00	0.00	0.00	0.00
	集体	0.11	0.06	0.02	0.03	0.00
合计	国有	0.14	0.12	0.02	0.002	0.00
	集体	2.27	1.01	0.12	0.19	0.01

在天然薪炭林中，国有薪炭林在各龄级林分固碳释氧储养功能年效益值要远远小于集体薪炭林，国有薪炭林固碳释氧储养功能年效益值为 0.26×10^4t，占天然林的 7.2%；集体林为 3.38×10^4t，占 92.8%；国有薪炭林固碳释氧储养效益值随林龄的增大波动不大，集体薪炭林固碳释氧储养年效益值随林龄的增大呈逐渐递减趋势，中龄林年效益值最大。

在人工薪炭林中，国有林固碳释氧储养功能年效益值为 0.03×10^4t，占人工林的 12.2%；集体林为 0.22×10^4t，占 87.8%。从不同龄级林分的固碳释氧储养效益值来看，集体人工林年效益值随林龄的增大呈递减趋势，幼龄林年效益值最大；相同龄级林分的固碳释氧储养效益值对比可知，幼龄林年效益值为国有人工林小于集体人工林。

4）薪炭林各龄级净化环境功能

通过表 4-156 可以看出：薪炭林净化环境功能年效益值为 11.61×10^6t。其中，天然薪炭林净化环境功能年效益值为 10.87×10^6t，占 93.7%；人工薪炭林净化环境功能年效益值为 0.73×10^6t，占 6.3%；国有薪炭林净化环境功能年效益值为 0.88×10^6t，占 7.5%；集体薪炭林净化环境功能年效益值为 10.73×10^6t，占 92.5%。国有薪炭林净化环境功能年效益值远小于集体薪炭林。

在天然薪炭林中，国有薪炭林各龄级林分净化环境年效益值均小于集体薪炭林各龄级林分。其中，国有薪炭林净化环境功能年效益值为 0.79×10^6t，占天然林的 7.2%；集体林为 10.09×10^6t，占 92.8%。国有薪炭林的净化环境功能远小于集体薪炭林。集体薪炭林的净化环境功能随林龄的增大逐渐减小，幼龄林年效益值最大。相同龄级林分净化环境年效益值对比可知，国有薪炭林的各龄级林分的年效益值均小于集体薪炭林。

在人工薪炭林中，国有薪炭林各龄级林分净化环境功能年效益值均小于集体薪炭林各龄级林分。其中，国有林净化环境功能年效益值为 0.09×10^6t，占人工林的 12.2%；集体林为 0.64×10^6t，占 87.8%。相同龄级林分净化环境年效益值对比可知，国有薪炭幼龄林的年效益值远小于集体薪炭幼龄林。

表 4-156 退耕还林工程薪炭林各龄级净化环境功能表

类别		净化环境功能年效益值/10^4t				
		幼龄林	中龄林	近熟林	成熟林	过熟林
天然薪炭林	国有	0.59	0	0	0	0
	集体	4.33	8.53	0	0	0
人工薪炭林	国有	0	0	0	0	0
	集体	0.69	0.52	0.30	0	0
合计	国有	0.59	0	0	0	0
	集体	5.02	9.05	0.30	0	0

4.3.4 特用林

1）特用林各龄级涵养水源功能

由表 4-157 可以看出：退耕还林工程中的特用林涵养水源功能年效益值为 3.37×10^{10}t。其中，天然特用林涵养水源功能年效益值为 3.28×10^{10}t，占 97.2%；人工特用林涵养水源功能年效益值为 9.42×10^7t，占 2.8%。国有特用林涵养水源功能年效益值要远远大于集体特用林。国有特用林涵养水源功能年效益值为 2.97×10^{10}t，占 88.1%；集体特用林涵养水源功能年效益值为 0.30×10^{10}t，只占 8.9%。从总体来看，国有特用林涵养水源效益值随林龄的增大呈逐渐增加的趋势，中龄林效益值最大；集体特用林涵养水源效益值随林龄的增大呈波动变化，成熟林效益值最大。

表 4-157 退耕还林工程特用林各龄级涵养水源功能表

类别		涵养水源功能年效益值/10^7t				
		幼龄林	中龄林	近熟林	成熟林	过熟林
天然特用林	国有	5.90	31.81	0.39	0	0
	集体	0.57	0.871	0	0	0
人工特用林	国有	0.44	1.88	9.85	1.71	0.46
	集体	0.49	5.57	0.19	9.09	0
合计	国有	6.34	33.69	10.24	1.71	0.46
	集体	1.06	6.45	0.19	9.09	0

在天然林的涵养水源功能年效益中，国有特用林涵养水源功能年效益值为 3.00×10^{10}t，占天然林的 91.5%；集体林为 0.28×10^{10}t，占 8.5%。各龄级林的效益值均是国有林大于集体林。国有天然林涵养水源效益值随林龄的增长呈逐渐增加的趋势，中龄林的涵养水源的效益值最大；集体天然林涵养水源效益值随林龄的增大呈波动变化，中龄林效益值最大，成熟林效益值最小。

在人工林的涵养水源功能年效益中，国有林涵养水源功能年效益值为 7.26×10^7t，占人工林的 77.1%；集体林为 2.16×10^7t，占 22.9%。除国有特用幼龄林涵养水源功能年效益值略小于集体特用幼龄林外，其余国有特用林各龄级林分涵养水源功能年效益值均大于集体特用林各龄级林分。国有人工林涵养水源效益值随林龄的增长呈波动变化，近熟林效益值最大；集体人工林涵养水源效益值随林龄的增大波动不大，成熟林效益值最大，过熟林效益值最小。

2）特用林各龄级保育土壤功能

由表 4-158 可知：退耕还林工程中的特用林保育土壤功能年效益值为 2.45×10^7t。总体上看，国有特用林保育土壤功能年效益值为 2.23×10^7t，占 88.1%；集体特用林保育土壤功能年效益值为 0.22×10^7t，只占 8.9%。分析表明国有特用林保育土壤功能年效益值要远远大于集体特用林。对于各龄级的林分，天然林的效益值均大于人工林，天然特用林保育土壤功能年效益值为 2.38×10^7t，占 97.2%；人工特用林保育土壤功能年效益值为 6.84×10^6t，占 2.8%。

表 4-158 退耕还林工程特用林各龄级保育土壤功能表

类别		保育土壤功能年效益值/10^5t				
		幼龄林	中龄林	近熟林	成熟林	过熟林
天然特用林	国有	5.93	0.32	0.39	0	0
	集体	0.57	0.01	0	0	0
人工特用林	国有	0.44	0.02	9.90	0.02	0.46
	集体	0.50	0.06	0.19	0.09	0
合计	国有	6.38	0.34	10.29	0.02	0.46
	集体	1.07	0.06	0.19	0.09	0

在天然特用林中，国有特用林保育土壤功能年效益值为 2.18×10^7t，占天然林的 91.5%；集体林为 0.20×10^7t，占 8.5%，说明国有特用天然林的保育土壤功能远大于集体特用天然林。特用天然林各龄级林分的效益值比较可知，各龄级林分的效益值均为国有林大于集体林。

在人工特用林中，国有林保育土壤功能年效益值为 5.28×10^6t，占人工林的 77.1%；集体林为 1.57×10^6t，占 22.9%，国有人工特用林的保育土壤功能明显高于集体人工特用林。国有林和集体林在各龄级上的保育土壤效益值差异较大，国有林随林龄的增大波动变化不大，近熟林效益值最大；集体林随林龄的增大呈单峰变化模式，中龄林的年效益值最大；除幼龄林的效益值为国有林略小于集体林外，其余各龄级林的效益值均大于集体林。

3）特用林各龄级固碳释氧储养功能

由表 4-159 可知：退耕还林工程中的特用林固碳释氧储养功能年效益值为 0.72×10^7t。其中，国有特用林固碳释氧储养功能年效益值为 0.63×10^7t，占 88.1%；集体特用林固碳释氧储养功能年效益值为 6.45×10^6t，只占 8.9%；天然特用林固碳释氧储养功能年效益值为 0.70×10^7t，占 97.2%；人工特用林固碳释氧储养功能年效益值为 2.01×10^6t，占 2.8%。天然林在各龄级林分的固碳释氧储养功能年效益值均大于人工林。

表 4-159　退耕还林工程特用林各龄级固碳释氧储养功能表

类别		固碳释氧储养功能年效益值/10^5 t				
		幼龄林	中龄林	近熟林	成熟林	过熟林
天然特用林	国有	1.26	6.79	0.86	0	0
	集体	0.12	0.19	0	0	0
人工特用林	国有	0.09	0.40	21.04	0.37	0.97
	集体	0.11	1.19	0.41	1.94	0
合计	国有	1.35	7.20	21.87	0.37	0.97
	集体	0.23	1.38	0.41	1.94	0

在天然特用林中，国有特用林各龄级林分固碳释氧储养年效益值均大于集体特用林各龄级林分。其中，国有特用林固碳释氧储养功能年效益值为 0.64×10^7t，占天然林的 91.5%；集体林为 5.99×10^6t，占 8.5%。国有天然林固碳释氧储养效益值中，中龄林最大，集体天然林固碳释氧储养年效益值中，中龄林最大。

在人工特用林中，国有林固碳释氧储养功能年效益值为 1.55×10^6t，占人工林的 77.1%；集体林为 0.46×10^6t，占 22.9%。从不同龄级林分的固碳释氧储养效益值来看，国有人工林年效益值随林龄的增大呈单峰波动变化，近熟林年效益值最大；集体人工林年效益值中，成熟林最大，近熟林最小。

4）特用林各龄级净化环境功能

通过表 4-160 可以看出：退耕还林工程中的特用林净化环境功能年效益值为 2.15×10^7t。其中，天然特用林净化环境功能年效益值为 2.09×10^7t，占 97.2%；人工特用林净化环境功能年效益值为 6.01×10^6t，占 2.8%。国有特用林净化环境功能年效益值为 1.96×10^7t，占 88.1%；集体特用林净化环境功能年效益值为 0.19×10^7t，只占 8.9%。国有特用林净化环境功能年效益值远大于集体特用林。

表 4-160　退耕还林工程特用林各龄级净化环境功能表

类别		净化环境功能年效益值/10^5 t				
		幼龄林	中龄林	近熟林	成熟林	过熟林
天然特用林	国有	3.41	0.18	0.22	0	0
	集体	0.33	0.01	0	0	0
人工特用林	国有	0.26	0.01	5.70	0.01	0.26
	集体	0.28	0.03	0.11	0.05	0
合计	国有	3.67	0.19	5.92	0.0	0.26
	集体	0.62	0.04	0.11	0.05	0

在天然用材林中，国有特用林净化环境功能年效益值为 1.91×10^7t，占天然林的 91.5%；集体林为 0.18×10^7t，占 8.5%。国有特用林的净化环境功能远大于集体用材林。在人工特用林中，国有林净化环境功能年效益值为 4.63×10^6t，占人工林的

77.1%；集体林为 1.37×10^{6}t，占 22.9%，说明国有林净化环境功能明显大于集体林。

4.3.5 工程总功能效益评价

由图 4-11 可以看出：退耕还林工程中，防护林发挥的生态服务功能效益在最大，占总工程生态服务功能的 51.85%；其次是用材林，占 38.17%；特用林和薪炭林的生态服务效益则相对较小，分别只占 9.47%和 0.51%。

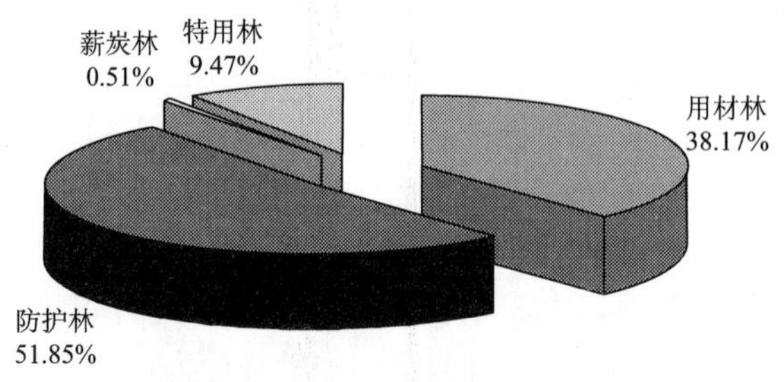

图 4-11 退耕还林工程各林种生态服务功能效益比例

4.4 京津风沙源治理工程生态服务功能效益评价

4.4.1 用材林

1）用材林各龄级涵养水源功能

由表 4-161 可以看出，退耕还林工程中的用材林涵养水源功能年效益值为 13.59×10^{10}t。其中，天然用材林涵养水源功能年效益值为 10.32×10^{10}t，占 75.9%；人工用材林涵养水源功能年效益值为 3.28×10^{10}t，占 24.1%。国有用材林涵养水源功能年效益值要略小于集体用材林，国有用材林涵养水源功能年效益值为 6.78×10^{10}t，占 49.9%；集体用材林涵养水源功能年效益值为 6.81×10^{10}t，占 50.1%。从总体来看，国有用材林涵养水源效益值随林龄的增大呈单峰变化模式，中龄林效益值最大；集体用材林涵养水源效益值随林龄的增大呈波动变化模式，中龄林效益值最大。

在天然林的涵养水源功能年效益中，国有林的年效益值为 5.76×10^{10}t，占天然林的涵养水源效益的 55.8%；集体林的年效益值为 4.56×10^{10}t，占 44.2%，幼龄林、中龄林和成熟林的效益值是国有林小于集体林外，而近熟林和过熟林的效益值均是国有林大于集体林。

在人工林的涵养水源功能年效益中，国有人工林涵养水源功能年效益值为 1.02×10^{10}t，占人工林的 31.2%；集体人工林为 2.25×10^{10}t，占 68.8%，国有人工林的中龄林和近熟林的效益值大于集体林，其余各龄级国有林效益值小于集体林。

表 4-161　京津风沙源治理工程用材林各龄级涵养水源功能表

类别		涵养水源功能年效益值/10^7t				
		幼龄林	中龄林	近熟林	成熟林	过熟林
天然用材林	国有	36.53	59.25	10.85	7.34	14.48
	集体	56.16	93.53	7.20	11.67	10.85
人工用材林	国有	13.67	74.98	57.39	7.87	1.65
	集体	37.29	47.68	28.33	29.25	8.07
合计	国有	50.20	134.24	68.24	15.21	16.13
	集体	93.45	141.21	35.53	40.93	18.92

2）用材林各龄级保育土壤功能

由表 4-162 可以看出，退耕还林工程中的用材林保育土壤功能年效益值为 9.88×10^7t。其中，天然用材林保育土壤功能年效益值为 7.49×10^7t，占 75.9%；人工用材林保育土壤功能年效益值为 2.38×10^7t，占 24.1%。国有用材林保育土壤功能年效益值要略小于集体用材林。国有用材林保育土壤功能年效益值为 4.93×10^7t，占 49.9%；集体用材林保育土壤功能年效益值为 4.95×10^7t，占 50.1%。从总体来看，国有用材林保育土壤效益值随林龄的增大呈波动变化，中龄林效益值最大；集体用材林保育土壤效益值随林龄的增大呈单峰变化模式，中龄林效益值最大。

表 4-162　京津风沙源治理工程用材林各龄级保育土壤功能表

类别		保育土壤功能年效益值/10^7t				
		幼龄林	中龄林	近熟林	成熟林	过熟林
天然用材林	国有	0.37	0.60	0.11	0.07	0.15
	集体	0.56	0.94	0.07	0.12	0.11
人工用材林	国有	0.14	0.75	0.58	0.08	0.02
	集体	0.37	0.48	0.28	0.29	0.08
合计	国有	0.50	1.35	0.69	0.15	0.16
	集体	0.94	1.42	0.36	0.41	0.19

在天然林的保育土壤功能年效益中，国有用材林保育土壤功能年效益值为 4.18×10^7t，占天然林的 55.8%；集体林为 3.31×10^7t，占 44.2%。除国有幼龄林、中龄林和成熟林保育土壤功能年效益值小于集体林外，其余各龄级林的效益值均是国有林大于集体林。

在人工林的保育土壤功能年效益中，国有林保育土壤功能年效益值为 0.74×10^7t，占人工林的 31.2%；集体林为 1.64×10^7t，占 68.8%。除中龄林和近熟林外国有人工林各龄级的效益值均小于集体人工林。

3）用材林各龄级固碳释氧储养功能

由表 4-163 可以看出：京津风沙源治理工程中的用材林固碳释氧储养功能年效益值为 1.31×10^5t。其中，天然用材林固碳释氧储养功能年效益值为 0.66×10^5t，占 50.14%；

人工用材林固碳释氧储养功能年效益值为 0.65×10^{5}t，占 49.86%。国有用材林保育土壤功能年效益值要略小于集体用材林。国有用材林固碳释氧储养功能年效益值为 0.61×10^{5}t，占 46.25%；集体用材林固碳释氧储养功能年效益值为 0.70×10^{5}t，占 53.75%。从总体来看，国有用材林固碳释氧效益值随林龄的增大呈波动变化，中龄林效益值最大；集体用材林固碳释氧效益值随林龄的增大呈波动变化模式，中龄林效益值最大。

表 4-163 京津风沙源治理工程用材林各龄级固碳释氧储养功能表

类别		固碳释氧储养功能年效益值/10^{4}t				
		幼龄林	中龄林	近熟林	成熟林	过熟林
天然用材林	国有	0.78	1.27	0.23	0.16	0.31
	集体	1.20	2.00	0.15	0.25	0.23
人工用材林	国有	0.29	1.60	1.23	0.17	0.04
	集体	0.80	1.02	0.61	0.62	0.17
合计	国有	1.07	2.87	1.46	0.33	0.35
	集体	2.00	3.02	0.81	0.87	0.40

在天然林的固碳释氧功能年效益中，国有用材林固碳释氧储养功能年效益值为 0.27×10^{5}t，占天然林的 41.72%；集体林为 0.38×10^{5}t，占 58.28%。除幼龄林、成熟林和过熟林固碳释氧功能年效益值小于集体林外，其余各龄级林的效益值均是国有林大于集体林。

在人工林的固碳释氧功能年效益中，国有林固碳释氧储养功能年效益值为 0.33×10^{5}t，占人工林的 49.19%；集体林为 0.32×10^{5}t，占 50.81%。除过熟林外国有人工林各龄级的效益值均小于集体人工林。

4）用材林各龄级净化环境功能

由表 4-164 可以看出：京津风沙源治理工程中的用材林净化环境功能年效益值为 3.55×10^{5}t。其中，天然用材林净化环境功能年效益值为 1.78×10^{5}t，占 50.14%；人工用材林净化环境功能年效益值为 1.77×10^{5}t，占 49.86%。国有用材林净化环境功能年效益值为 1.64×10^{5}t，占 46.25%；集体用材林净化环境功能年效益值为 1.91×10^{5}t，占 53.75%。国有用材林净化环境功能年效益值略小于集体用材林。

表 4-164 京津风沙源治理工程用材林各龄级净化环境功能表

类别		净化环境功能年效益值/10^{5}t				
		幼龄林	中龄林	近熟林	成熟林	过熟林
天然用材林	国有	0.21	0.34	0.06	0.04	0.08
	集体	0.32	0.54	0.04	0.07	0.06
人工用材林	国有	0.08	0.43	0.33	0.05	0.01
	集体	0.22	0.28	0.16	0.17	0.05
合计	国有	0.29	0.77	0.39	0.09	0.09
	集体	0.54	0.82	0.20	0.24	0.11

在天然用材林中，国有用材林净化环境功能年效益值为 0.74×10^5t，占天然林的 41.72%；集体林为 1.04×10^5t，占 58.28%。国有用材林净化环境功能小于集体用材林的净化环境功能。国有用材林的净化环境功能随林龄的增大呈波动变化，中龄林年效益值最大；集体用材林的净化环境功能随林龄的增大呈波动变化模式，中龄林年效益值最大。相同龄级林分净化环境年效益值对比可知，除国有幼龄林、中龄林和成熟林的年效益值小于集体外，其余国有用材林的各龄级林分的年效益值均大于集体用材林。

在人工用材林中，国有林净化环境功能年效益值为 0.90×10^5t，占人工林的 50.81%；集体林为 0.87×10^5t，占 49.19%。说明集体林净化环境功能小于国有林。相同龄级林分净化环境年效益值对比可知，国有用材中龄林和近熟林的年效益值大于集体用材林外，其余国有用材林各龄级林分的年效益值均小于集体用材林。

4.4.2　防护林

1）防护林各龄级涵养水源功能

由表 4-165 可以看出：京津风沙源治理工程的防护林涵养水源功能年效益值为 0.50×10^8t。其中，天然防护林涵养水源功能年效益值为 0.27×10^8t，占 54.07%；人工防护林涵养水源功能年效益值为 0.23×10^8t，占 45.93%。国有用材林涵养水源功能年效益值要大于集体用材林，国有防护林涵养水源功能年效益值为 0.23×10^8t，占 45.93%；集体防护林涵养水源功能年效益值为 0.27×10^8t，只占 54.07%。从总体来看，国有用材林涵养水源效益值中龄林效益值最大；集体用材林涵养水源效益值随林龄的增大呈单峰变化模式，中龄林效益值最大。

表 4-165　京津风沙源治理工程防护林各龄级涵养水源功能表

类别		涵养水源功能年效益值/10^5t				
		幼龄林	中龄林	近熟林	成熟林	过熟林
天然防护林	国有	33.56	121.34	17.08	6.33	0
	集体	39.10	45.56	3.22	0.96	3.17
人工防护林	国有	9.00	12.10	4.62	12.81	13.28
	集体	19.37	24.04	51.41	53.18	30.85
合计	国有	42.56	133.44	21.70	19.14	13.28
	集体	58.47	69.60	54.63	54.14	34.02

在天然林的涵养水源功能年效益中，国有防护林涵养水源功能年效益值为 0.18×10^8t，占天然林的 65.96%；集体林为 0.09×10^8t，占 34.04%。，除幼龄林和过熟林的效益值是国有林小于集体林外，其余各龄级林的效益值均是国有林大于集体林。国有天然林涵养水源效益值中龄林的涵养水源的效益值最大；集体天然林涵养水源效益值随林龄的增大呈波动变化，中龄林效益值最大，成熟林效益值最小。

在人工林的涵养水源功能年效益中，国有林涵养水源功能年效益值为 0.05×

10^8t，占人工林的 22.46%；集体林为 0.18×10^8t，占 77.54%。国有人工林各龄级的效益值均小于集体人工林。国有人工林涵养水源效益值过熟林效益值最大；集体人工林涵养水源效益值随林龄的增大呈单峰变化模式，成熟林效益值最大，中龄林效益值最小。

2）防护林各龄级保育土壤功能

由表 4-166 可知：京津风沙源治理工程中的防护林保育土壤功能年效益值为 5.04×10^5t。其中，天然防护林保育土壤功能年效益值为 2.72×10^5t，占 53.06%；人工防护林保育土壤功能年效益值为 2.32×10^5t，占 46.04%。国有用材林保育土壤功能年效益值小于集体用材林，国有防护林保育土壤功能年效益值为 2.31×10^5t，占 45.94%；集体防护林保育土壤功能年效益值为 2.72×10^5t，只占 54.06%。从总体来看，国有用材林涵养水源效益值随林龄的增大呈单峰变化的趋势，中龄林效益值最大；集体用材林涵养水源效益值随林龄的增大呈单峰变化模式，中龄林效益值最大。

表 4-166　京津风沙源治理工程防护林各龄级保育土壤功能表

类别		保育土壤功能年效益值/10^5t				
		幼龄林	中龄林	近熟林	成熟林	过熟林
天然防护林	国有	0.34	1.22	0.17	0.06	0
	集体	0.39	0.46	0.03	0.01	0.03
人工防护林	国有	0.09	0.12	0.05	0.13	0.13
	集体	0.19	0.24	0.52	0.53	0.31
合计	国有	0.43	1.34	0.22	0.19	0.13
	集体	0.58	0.70	0.55	0.54	0.34

在天然防护林中，国有防护林保育土壤功能年效益值为 1.78×10^5t，占天然林的 53.96%；集体林为 0.92×10^5t，占 46.04%，说明国有用材天然林远大于集体用材天然林的保育土壤功能。天然用材林各龄级林分的效益值比较可知，除幼龄林和过熟林外，其余各龄级林分的效益值均为国有林大于集体林。

在人工防护林中，国有林保育土壤功能年效益值为 0.52×10^5t，占人工林的 22.46%；集体林为 0.76×10^5t，占 77.54%。集体人工用材林的保育土壤功能明显高于国有人工用材林。国有林随林龄的增大呈波动变化模式，成熟林和过熟林效益值最大；集体林随林龄的增大呈单峰变化模式，成熟林的年效益值最大。

3）防护林各龄级固碳释氧储养功能

由表 4-167 可知：京津风沙源治理工程中的防护林固碳释氧储养功能年效益值为 1.07×10^5t，其中，国有防护林固碳释氧储养功能年效益值为 0.49×10^5t，占 45.94%；集体防护林固碳释氧储养功能年效益值为 0.58×10^5t，只占 54.06%。天然防护林固碳释氧储养功能年效益值为 0.58×10^5t，占 54.06%；人工防护林固碳释氧储养功能年效益值为 0.49×10^5t，占 45.94%。天然林在各龄级林分的固碳释氧储养功能年效益值均大于人工林。

表 4-167　京津风沙源治理工程防护林各龄级固碳释氧储养功能表

类别		固碳释氧储养功能年效益值/10^4t				
		幼龄林	中龄林	近熟林	成熟林	过熟林
天然防护林	国有	0.72	2.59	0.36	0.14	0
	集体	0.84	0.97	0.07	0.02	0.07
人工防护林	国有	0.19	0.26	0.10	0.27	0.28
	集体	0.41	0.51	1.10	1.14	0.66
合计	国有	0.91	2.85	0.46	0.41	0.28
	集体	1.25	1.48	1.17	1.16	0.73

在天然防护林中，国有天然林和集体天然林的固碳释氧储养总效益值差距较大，国有防护林固碳释氧储养功能年效益值为 0.38×10^5t，占天然林的 65.96%；集体林为 0.20×10^5t，占 34.04%。

在人工防护林中，国有林固碳释氧储养功能年效益值为 0.11×10^5t，占人工林的 22.46%；集体林为 0.38×10^5t，占 77.54%。从不同龄级林分的固碳释氧储养效益值来看，国有人工林年效益值中，过熟林最大；集体人工林年效益值中，成熟林最大，幼龄林最小。

4）防护林各龄级净化环境功能

通过表 4-168 可以看出：京津风沙源治理工程用材林净化环境功能年效益值为 2.90×10^5t。其中，天然防护林净化环境功能年效益值为 1.56×10^5t，占 53.96%；人工防护林净化环境功能年效益值为 1.33×10^5t，占 46.04%；国有防护林净化环境功能年效益值为 1.57×10^5t，占 53.96%；集体防护林净化环境功能年效益值为 1.33×10^5t，只占 46.04%。国有用材林净化环境功能年效益值大于集体用材林。

表 4-168　京津风沙源治理工程防护林各龄级净化环境功能表

类别		净化环境功能年效益值/10^5t				
		幼龄林	中龄林	近熟林	成熟林	过熟林
天然防护林	国有	0.19	0.70	0.10	0.04	0
	集体	0.23	0.26	0.02	0.01	0.02
人工防护林	国有	0.05	0.07	0.03	0.07	0.08
	集体	0.11	0.14	0.30	0.31	0.18
合计	国有	0.24	0.77	0.13	0.11	0.08
	集体	0.34	0.40	0.32	0.32	0.20

在天然防护林中，国有防护林净化环境功能年效益值为 1.03×10^5t，占天然林的 65.96%；集体林为 0.53×10^5t，占 34.04%。国有用材林远大于集体用材林的净化环境功能。国有用材林的净化环境功能中龄林年效益值最大；集体用材林的净化环境功能中，中龄林年效益值最大。相同龄级林分净化环境年效益值对比可知，除国有幼龄林和

过熟林年效益值小于集体幼龄林外，其余国有用材林的各龄级林分的年效益值均大于集体用材林。

在人工防护林中，国有林净化环境功能年效益值为 0.30×10⁵t，占人工林的22.46%；集体林为 1.03×10⁵t，占 77.54%。说明集体林净化环境功能明显大于国有林。相同龄级林分净化环境年效益值对比可知，国有用材林各龄级林分的年效益值均小于集体用材林。

4.4.3 薪炭林

1）薪炭林各龄级涵养水源功能

由表 4-169 可以看出：京津风沙源治理工程中的薪炭林涵养水源功能年效益值为11.80×10⁵t。其中，天然薪炭林涵养水源功能年效益值为 9.9×10⁵t，占 84.70%；人工薪炭林涵养水源功能年效益值为 1.8×10⁵t，占 15.30%。国有薪炭林涵养水源功能年效益值为 1.03×10⁵t，占 10.29%；集体薪炭林涵养水源功能年效益值为 8.97×10⁵t，占 89.31%。从总体来看，国有薪炭林涵养水源效益值随林龄的增大而迅速递减，幼龄林效益值最大；集体用材林涵养水源效益值随林龄的增大呈减小趋势，幼龄林效益最大。

表 4-169 京津风沙源治理工程薪炭林各龄级涵养水源功能表

类别		涵养水源功能年效益值/10^5t				
		幼龄林	中龄林	近熟林	成熟林	过熟林
天然薪炭林	国有	1.03	0	0	0	0
	集体	7.49	1.48	0	0	0
人工薪炭林	国有	0	0	0	0	0
	集体	1.20	0.09	0.52	0	0
合计	国有	1.03	0	0	0	0
	集体	8.69	1.57	0.52	0	0

在天然林的涵养水源功能年效益中，国有薪炭林涵养水源功能年效益值为1.02×10⁵t，占天然林的 10.29%；集体林为 8.97×10⁵t，占 89.31%。各龄级林的效益值均是集体林大于国有林。国有天然林涵养水源效益值随林龄的增长呈减小的趋势，幼龄林的涵养水源的效益值最大；集体天然林涵养水源效益值随林龄的增大呈减小趋势。

在人工林的涵养水源功能年效益中，集体林涵养水源功能年效益值为 1.81×10⁵t，占人工林的 100%，国有林无效益。集体人工林涵养水源效益值随林龄的增长呈逐渐递减趋势，幼龄林效益值最大。

2）薪炭林各龄级保育土壤功能

由表 4-170 可知：薪炭林保育土壤功能年效益值为 1.18×10⁴t。其中，对于各龄级的林分，天然薪炭林保育土壤功能年效益值为 1.0×10⁴t，占 84.74%；人工薪炭林保育土壤功能年效益值为 1.73×10³t，占 15.36%。国有薪炭林保育土壤功能年效益值为

1.03×10^{3}t，占 8.7%；集体薪炭林保育土壤功能年效益值为 1.07×10^{4}t，占 90.67%。从总体来看，国有薪炭林保育土壤效益值随林龄的增大而迅速递减，幼龄林效益值最大；集体用材林保育土壤效益值随林龄的增大保持平稳，近熟林效益最小。

表 4-170　京津风沙源治理工程薪炭林各龄级保育土壤功能表

类别		保育土壤功能年效益值/10^{3}t				
		幼龄林	中龄林	近熟林	成熟林	过熟林
天然薪炭林	国有	1.03	0	0	0	0
	集体	7.53	1.48	0	0	0
人工薪炭林	国有	0	0	0	0	0
	集体	1.20	0.01	0.52	0	0
合计	国有	1.03	0	0	0	0
	集体	8.73	1.49	0.52	0	0

在天然薪炭林中，国有薪炭林保育土壤功能年效益值为 1.03×10^{3}t，占天然林的 10.3%；集体林为 8.98×10^{3}t，占 89.7%。说明国有天然薪炭林远小于集体天然薪炭林的保育土壤功能。天然用材林各龄级林分的效益值比较可知，各龄级林分的效益值均为国有林小于集体林。

在人工薪炭林中，集体林保育土壤功能年效益值为集体林为 1.73×10^{3}t，人工用材林的保育土壤功能明显高于国有人工用材林。国有林和集体林在各龄级上的保育土壤效益值差异较大，集体林随林龄的增大呈逐渐递减，幼龄林的年效益值最大。

3）薪炭林各龄级固碳释氧储养功能

由表 4-171 可知：薪炭林固碳释氧储养功能年效益值为 2.51×10^{3}t。其中，天然薪炭林固碳释氧储养功能年效益值为 2.14×10^{3}t，占 85.26%；人工薪炭林固碳释氧储养功能年效益值为 0.37×10^{3}t，占 17.3%。国有薪炭林固碳释氧储养功能年效益值为 0.22×10^{3}t，占 8.7%；集体薪炭林固碳释氧储养功能年效益值为 2.3×10^{3}t，占 91.3%。从总体来看，国有薪炭林在各龄级林分固碳释氧储养功能年效益值要远远小于集体薪炭林。

表 4-171　京津风沙源治理工程薪炭林各龄级固碳释氧储养功能表

类别		固碳释氧储养功能年效益值/10^{3}t				
		幼龄林	中龄林	近熟林	成熟林	过熟林
天然薪炭林	国有	0.22	0	0	0	0
	集体	1.60	0.32	0	0	0
人工薪炭林	国有	0	0	0	0	0
	集体	0.26	0.002	0.11	0	0
合计	国有	0.22	0	0	0	0
	集体	1.86	0.33	0.11	0	0

在天然薪炭林中，国有薪炭林在各龄级林分固碳释氧储养功能年效益值要远远小于集体薪炭林，国有薪炭林固碳释氧储养功能年效益值为 0.22×10³t，占天然林的 10.28%；集体林为 1.92×10³t，占 89.72%。国有薪炭林固碳释氧储养效益值随林龄的增大波动不大，集体薪炭林固碳释氧储养年效益值随林龄的增大呈逐渐递减趋势，幼龄林年效益值最大。

在人工薪炭林中，集体林固碳释氧储养功能年效益值为 0.37×10³t。从不同龄级林分的固碳释氧储养效益值来看，集体人工林年效益值随林龄的增大呈递减趋势，幼龄林年效益值最大；相同龄级林分的固碳释氧储养效益值对比可知，幼龄林年效益值为国有人工林小于集体人工林外。

4）薪炭林各龄级净化环境功能

通过表 4-172 可以看出：薪炭林净化环境功能年效益值为 6.77×10³t。其中，天然薪炭林净化环境功能年效益值为 5.77×10³t，占 85.2%；人工薪炭林净化环境功能年效益值为 1.0×10³t，占 14.8%。国有薪炭林净化环境功能年效益值为 0.59×10³t，占 8.7%；集体薪炭林净化环境功能年效益值为 6.18×10³t，占 91.3%。国有薪炭林净化环境功能年效益值远小于集体薪炭林。

表 4-172 京津风沙源治理工程薪炭林各龄级净化环境功能表

类别		净化环境功能年效益值/10³t				
		幼龄林	中龄林	近熟林	成熟林	过熟林
天然薪炭林	国有	0.59	0	0	0	0
	集体	4.33	0.85	0	0	0
人工薪炭林	国有	0	0	0	0	0
	集体	0.69	0.01	0.30	0	0
合计	国有	0.59	0	0	0	0
	集体	5.02	0.86	0.30	0	0

在天然薪炭林中，国有薪炭林各龄级林分净化环境年效益值均小于集体薪炭林各龄级林分。其中，国有薪炭林净化环境功能年效益值为 0.59×10³t，占天然林的 10.2%；集体林为 5.18×10³t，占 89.8%。国有薪炭林的净化环境功能远小于集体薪炭林。集体薪炭林的净化环境功能随林龄的增大逐渐减小，幼龄林年效益值最大。相同龄级林分净化环境年效益值对比可知，国有薪炭林的各龄级林分的年效益值均小于集体薪炭林。

在人工薪炭林中，国有薪炭林各龄级林分净化环境功能年效益值均小于集体薪炭林各龄级林分。其中，集体林净化环境功能年效益值为 1.0×10³t。相同龄级林分净化环境年效益值对比可知，国有薪炭幼龄林的年效益值远小于集体薪炭幼龄林。

4.4.4　特用林

1）特用林各龄级涵养水源功能

由表 4-173 可以看出：退耕还林工程中的特用林涵养水源功能年效益值为 6.92×10^6t。其中，天然特用林涵养水源功能年效益值为 3.95×10^6t，占 57.08%；人工特用林涵养水源功能年效益值为 2.97×10^6t，占 75.2%。国有特用林涵养水源功能年效益值要远远大于集体特用林。国有特用林涵养水源功能年效益值为 5.24×10^6t，占 75.7%；集体特用林涵养水源功能年效益值为 1.68×10^6t，只占 24.3%。从总体来看，国有特用林涵养水源效益值随林龄的增大呈逐渐增加的趋势，中龄林效益值最大；集体特用林涵养水源效益值随林龄的增大呈波动变化，成熟林效益值最大。

表 4-173　京津风沙源治理工程特用林各龄级净化环境功能表

类别		净化环境功能年效益值/10^4t				
		幼龄林	中龄林	近熟林	成熟林	过熟林
天然特用林	国有	59.01	318.14	3.86	0.00	0.00
	集体	5.72	8.73	0.00	0.00	0.00
人工特用林	国有	4.42	18.79	98.54	17.11	4.56
	集体	4.93	55.75	1.89	90.87	0.00
合计	国有	63.43	336.93	102.40	17.11	4.56
	集体	10.65	64.48	1.89	90.87	0.00

在天然林的涵养水源功能年效益中，国有特用林涵养水源功能年效益值为 3.81×10^6t，占天然林的 96.45%；集体林为 1.45×10^5t，占 3.55%。各龄级林的效益值均是国有林大于集体林。

在人工林的涵养水源功能年效益中，国有林涵养水源功能年效益值为 1.43×10^6t，占人工林的 48.15%；集体林为 1.53×10^6t，占 51.85%。除国有特用林幼龄林、中龄林和成熟林涵养水源功能年效益值略小于集体特用幼龄林外，其余国有特用林各龄级林分涵养水源功能年效益值均大于集体特用林各龄级林分。

2）特用林各龄级保育土壤功能

由表 4-174 可知：退耕还林工程中的特用林保育土壤功能年效益值为 6.96×10^4t。总体上看，国有特用林保育土壤功能年效益值为 5.27×10^4t，占 75.72%；集体特用林保育土壤功能年效益值为 1.69×10^4t，只占 14.28%。分析表明国有特用林保育土壤功能年效益值要远远大于集体特用林。对于各龄级的林分，天然林的效益值均大于人工林，天然特用林保育土壤功能年效益值为 3.97×10^4t，占 57%；人工特用林保育土壤功能年效益值为 2.98×10^4t，占 43%。

在天然特用林中，国有特用林保育土壤功能年效益值为 3.83×10^4t，占天然林的 96.5%；集体林为 1.45×10^3t，占 3.5%，说明国有特用天然林的保育土壤功能远大于

表 4-174 京津风沙源治理工程特用林各龄级保育土壤功能表

类别		保育土壤功能年效益值/10^3t				
		幼龄林	中龄林	近熟林	成熟林	过熟林
天然特用林	国有	5.93	31.97	0.39	0	0
	集体	0.57	0.88	0	0	0
人工特用林	国有	0.44	1.89	9.90	1.72	0.46
	集体	0.50	5.60	0.19	9.13	0
合计	国有	6.37	33.86	10.29	1.72	0.46
	集体	1.07	6.48	0.19	9.13	0

集体特用天然林。由特用天然林各龄级林分的效益值比较可知：各龄级林分的效益值均为国有林大于集体林。

在人工特用林中，国有林保育土壤功能年效益值为 1.44×10^4t，占人工林的 48.3%；集体林为 1.54×10^4t，占 51.7%。国有林随林龄的增大呈单峰变化，近熟林效益值最大；集体林随林龄的增大呈双峰波动变化模式，成熟林的年效益值最大；国有人工特用林在近熟林和过熟林上保育土壤效益值大于集体林，其他龄级均小于集体林。

3）特用林各龄级固碳释氧储养功能

由表 4-175 可知：退耕还林工程中的特用林固碳释氧储养功能年效益值为 1.46×10^4t。其中，国有特用林固碳释氧储养功能年效益值为 1.10×10^4t，占 75.3%；集体特用林固碳释氧储养功能年效益值为 3.56×10^3t，只占 14.7%。天然特用林固碳释氧储养功能年效益值为 8.44×10^3t，占 57.8%；人工特用林固碳释氧储养功能年效益值为 6.11×10^3t，占 42.2%。天然林在各龄级林分的固碳释氧储养功能年效益值均大于人工林。

表 4-175 京津风沙源治理工程特用林各龄级固碳释氧储养功能表

类别		固碳释氧储养功能年效益值/10^3t				
		幼龄林	中龄林	近熟林	成熟林	过熟林
天然特用林	国有	1.26	6.79	0.08	0	0
	集体	0.12	0.19	0	0	0
人工特用林	国有	0.01	0.40	2.10	0.37	0.01
	集体	0.11	1.19	0.004	1.94	0
合计	国有	1.27	7.19	2.18	0.37	0.01
	集体	0.23	1.38	0.004	1.94	0

在天然特用林中，国有特用林各龄级林分固碳释氧储养年效益值均大于集体特用林各龄级林分。其中，国有特用林固碳释氧储养功能年效益值为 8.13×10^3t，占天然林的 96%；集体林为 0.31×10^3t，占 4%。

在人工特用林中，国有林固碳释氧储养功能年效益值为 2.87×10^3t，占人工林的 46.97%；集体林为 3.24×10^3t，占 53.03%。

4）特用林各龄级净化环境功能

通过表 4-176 可以看出：退耕还林工程中的特用林净化环境功能年效益值为 3.48×10^4t。其中，天然特用林净化环境功能年效益值为 2.26×10^4t，占 64.9%；人工特用林净化环境功能年效益值为 1.22×10^4t，占 35.1%。国有特用林净化环境功能年效益值为 3.03×10^4t，占 95.4%；集体特用林净化环境功能年效益值为 4.47×10^3t，只占 4.6%。国有特用林净化环境功能年效益值远大于集体特用林。

表 4-176　京津风沙源治理工程特用林各龄级净化环境功能表

类别		净化环境功能年效益值/10^3t				
		幼龄林	中龄林	近熟林	成熟林	过熟林
天然特用林	国有	3.41	18.39	0.22	0	0
	集体	0.33	0.51	0	0	0
人工特用林	国有	0.26	1.09	5.70	0.99	0.26
	集体	0.28	3.22	0.11	5.25	0
合计	国有	3.67	19.48	5.92	0.99	0.26
	集体	0.62	3.73	0.11	5.25	0

在天然用材林中，国有特用林净化环境功能年效益值为 22.02×10^3t，占天然林的 97.3%；集体林为 0.84×10^3t，占 2.7%。国有特用林的净化环境功能远大于集体用材林。

在人工特用林中，国有林净化环境功能年效益值为 8.30×10^3t，占人工林的 68.3%；集体林为 3.85×10^3t，占 31.7%。说明国有林净化环境功能明显大于集体林。

4.4.5　工程总功能效益评价

由图 4-12 可以看出：京津风沙源治理工程，用材林和防护林发挥的功能效益在最大，分别占工程总生态服务功能的 51.34%和 41.89%；特用林和薪炭林的生态服务效益则相对较小，分别只占 5.79%和 0.99%。

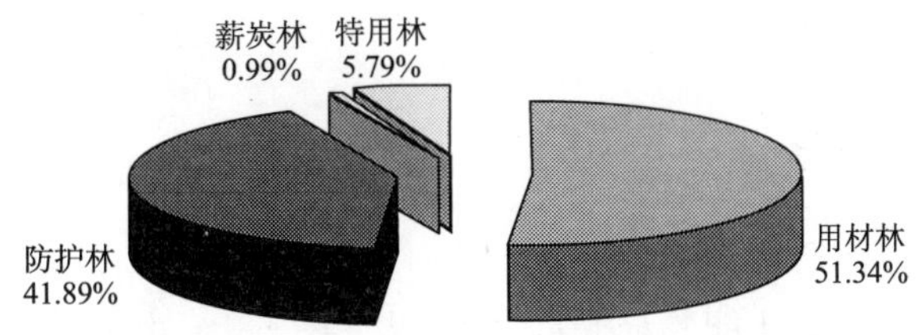

图 4-12　京津风沙源治理工程各林种功能效益所占比例图

第 5 章　重点林业工程生态服务功能预测

评价及预测我国重点林业生态工程生态系统服务功能的未来态势，对制定我国林业发展战略有着十分重要的意义。重点林业生态工程是一个复杂系统工程，不仅与林业生态工程本身密切相关，还与国家宏观经济形势、各项政策直接相关，所以林业生态工程生态服务功能预测和评价需要综合研究。

本章在重点林业生态工程生态服务功能评价的基础上，基于不同林龄组林分涵养水源功能、保育土壤功能、固碳释氧储养功能和净化环境功能的现实估算结果，根据不同林龄组林分的生长规律，估算不同林龄组林分转化面积，计量重点林业生态工程生态服务功能物质量，预测重点林业生态工程生态服务功能未来发挥的潜力，为国家重点林业生态工程相关政策的制定提供科学依据。本次重点林业生态工程生态服务功能预测到 2023 年，基准年为 2003 年，预测未来 20 年间重点林业生态工程生态服务功能物质量变化规律，评价与分析重点林业生态工程生态服务功能的未来态势。

5.1　天然林资源保护工程生态服务功能物质量预测

作为我国林业重点工程之一，天然林资源保护工程是在我国长江上游、黄河上中游地区以及东北、内蒙古等重点国有林区实施的具有全局战略性的林业生态建设工程（周少舟，2008）。该工程内容复杂、涉及面广、影响程度深、实施难度大，工程建设以来，对工程建设生态服务功能进行预测与评价是客观反映工程自身规律的必然要求，也是下一步进行工程政策调整、工程方案重新规划的参考依据。

5.1.1　天然林

本节针对天然林资源保护工程中的天然用材林、天然防护林和天然特用林的涵养水源功能、保育土壤功能、固碳释氧功能、储养功能、吸收二氧化硫功能、吸收氮氧化物功能、滞尘功能等物质量进行了预测，分析了未来 20 年间天然林的生态服务功能的发挥潜力与发展趋势。

5.1.1.1　天然用材林

1）涵养水源功能物质量预测

天然用材林涵养水源功能物质量预测结果见图 5-1。由图 5-1 可知：2003～2023 年，天然用材林涵养水源功能随着工程实施时间的延长呈先减少后增加的变化趋势，总体来看，天然用材林涵养水源功能是呈增加趋势，截至 2023 年，调节水量和净化水质量总和比 2003 年增加了 58.61×10^{8}t，增幅为 7.70％。

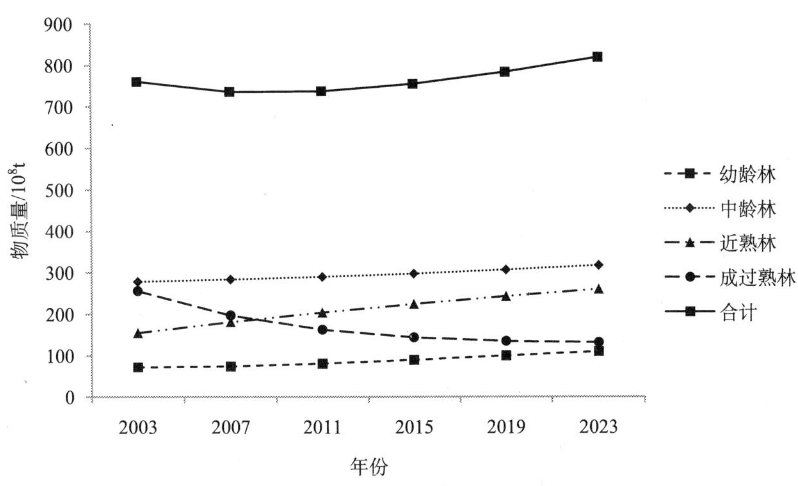

图 5-1　天然林资源保护工程天然用材林涵养水源功能物质量变化趋势图

从天然用材林不同林龄组林分的涵养水源功能物质量总体来看，中龄林＞近熟林＞成过熟林＞幼龄林，中龄林涵养水源功能物质总量最大，幼龄林最小，成过熟林涵养水源功能在预测期初比近熟林高，到预测中末期，近熟林的涵养水源功能物质量将明显高于成过熟林。幼龄林、中龄林和近熟林涵养水源功能随着时间的延长呈持续增长的趋势，到 2023 年为止，幼龄林、中龄林、近熟林涵养水源功能物质量将分别增加 37.95×10^8t、39.18×10^8t、105.27×10^8t，增幅分别为 52.56%、14.09%、67.97%，近熟林涵养水源功能增长最快。而成过熟林涵养水源功能随着时间的延长呈不断减少的趋势，截至 2023 年，成过熟林涵养水源功能总量将减少 123.80×10^8t，比 2003 年减少了 48.42%，说明成过熟林在林分结构的改变和林分面积的双重影响下，其涵养水源功能丧失较快。

2）保育土壤功能物质量预测

天然用材林保育土壤功能物质量预测结果见图 5-2。由图 5-2 可知：总体来看，从 2003～2023 年，天然用材林保育土壤功能变化趋势呈先减少后增加的变化模式，保育土壤总体呈减少趋势，比 2003 年减少了 146.74×10^6t，降幅为 3.01%。

天然用材林不同林龄组林分的保育土壤功能物质量变化趋势差异较大，幼龄林、中龄林和近熟林的保育土壤功能随着时间的延长呈不断增加的变化趋势，而成过熟林保育土壤功能一直呈减少趋势。截至 2023 年，幼龄林保育土壤功能物质量将净增 29.82×10^6t，增幅为 52.56%；中龄林增加 30.79×10^6t，增幅为 14.09%；近熟林增加 1177.90×10^6t，增幅为 67.97%；成过熟林减少 1385.25×10^6t，降幅为 48.42%。综合分析表明，由于成过熟林的保育土壤功能物质量减少幅度较大，导致未来 20 年间天然用材林保育土壤功能物质量总体呈减少趋势，保育土壤功能下降明显。

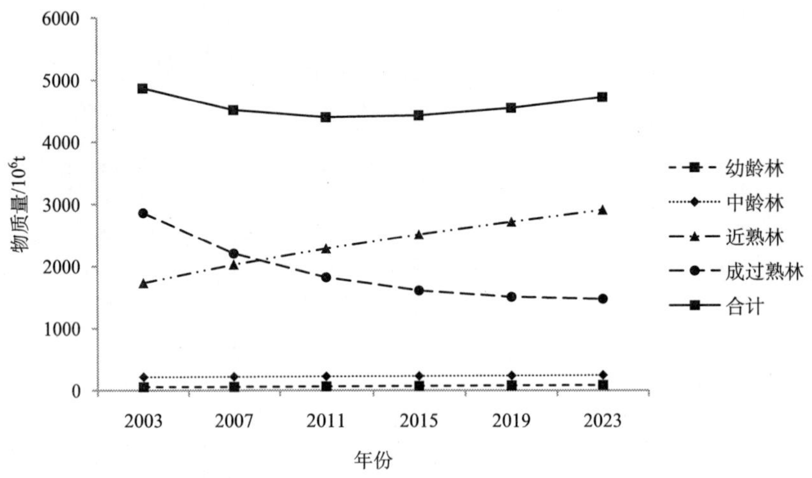

图 5-2　天然林资源保护工程天然用材林保育土壤功能物质量变化趋势图

3）固碳释氧功能物质量预测

天然用材林固碳释氧功能物质量预测结果见图 5-3。由图 5-3 可知：总体来看，截至 2023 年，天然用材林固碳释氧功能物质量比 2003 年增加 1.30×10^7t，增幅为 7.70%，分析表明天然用材林固碳释氧功能总体呈增加趋势。

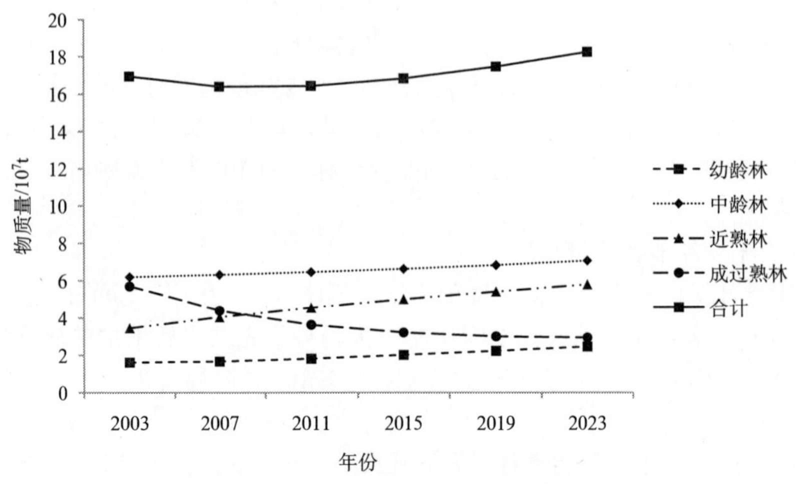

图 5-3　天然林资源保护工程天然用材林固碳释氧功能物质量变化趋势图

天然用材林不同林龄组林分的固碳释氧功能物质量变化趋势差异较大，在 2003～2023 年，幼龄林、中龄林和近熟林的固碳释氧功能物质量一直呈增加趋势，均在 2023 年达到最大值。幼龄林固碳释氧功能物质量增加了 0.84×10^7t，增幅为 52.56%；中龄林增加 0.87×10^7t，增幅为 14.09%；近熟林增加 2.34×10^7t，增幅为 67.97%。成过熟林固碳释氧功能物质量呈不断减少的趋势，20 年间成过熟林固碳释氧功能物质量减少了

2.76×10^7 t，降幅为 48.42%。

4）储养功能物质量预测

天然用材林储养功能物质量预测结果见图 5-4。由图 5-4 可知：2003～2023 年，天然用材林储养功能总物质量呈先减少后增加的变化模式，到 2023 年储养功能物质量将比 2003 年增加 1.14×10^5 t，增幅为 7.70%。

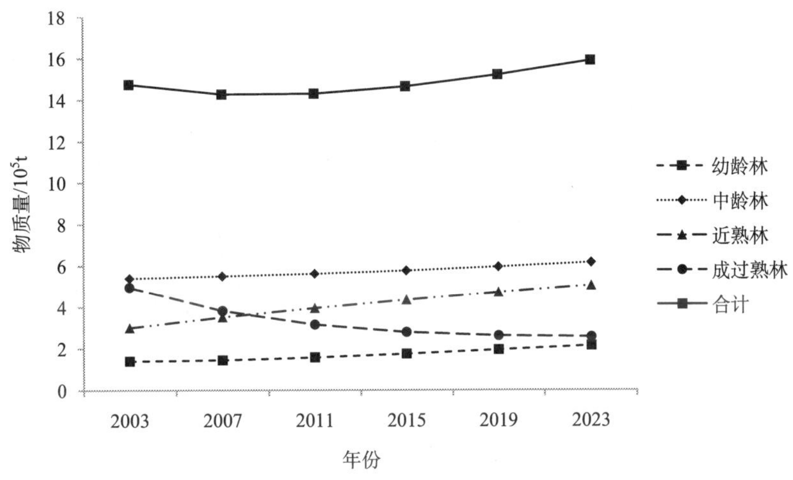

图 5-4　天然林资源保护工程天然用材林储养功能物质量变化趋势图

在天然用材林中，幼龄林、中龄林和近熟林储养功能物质量呈持续上升趋势，到 2023 年幼龄林、中龄林、近熟林的储养功能物质量将分别增加 0.74×10^5 t、0.76×10^5 t、2.04×10^5 t，增幅分别为 52.56%、14.09%、67.97%。成过熟林储养功能物质量一直呈减少趋势，到 2023 年成过熟林储养功能物质量将减少 2.40×10^5 t，降幅为 48.42%。

5）吸收二氧化硫功能物质量预测

天然用材林吸收二氧化硫功能物质量预测结果见图 5-5。从预测结果图可以看出：从天然用材林吸收二氧化硫功能物质量总体情况来看，天然用材林吸收二氧化硫功能到预测期末呈增加趋势，2023 年将比 2003 年增加 28.31×10^4 t，增幅达 7.70%。

2003～2023 年，在天然用材林中，幼龄林、中龄林和近熟林吸收二氧化硫功能物质量是一直增加的，而成过熟林吸收二氧化硫功能物质量是一直在减少，到 2023 年为止，幼龄林、中龄林、近熟林将分别增加 18.34×10^4 t、18.93×10^4 t、50.86×10^4 t，增幅分别为 52.56%、14.09%、67.97%。成过熟林吸收二氧化硫功能物质量减少 59.81×10^4 t，比 2003 年减少了 48.42%。

6）吸收氮氧化物功能物质量预测

由图 5-6 可知：2003～2023 年，天然用材林吸收氮氧化物功能物质量呈减少后增加的变化趋势，吸收氮氧化物总量比 2003 年增加了 1.10×10^4 t，增幅为 7.70%。

从不同林龄组林分的吸收氮氧化物功能物质总量总体来看，中龄林>近熟林>成过熟林>幼龄林。在天然用材林中，不同林龄组林分的吸收氮氧化物功能物质量的变化规律为：幼龄林、中龄林和近熟林呈不断增加趋势，而成过熟林则呈不断减少的趋势。到

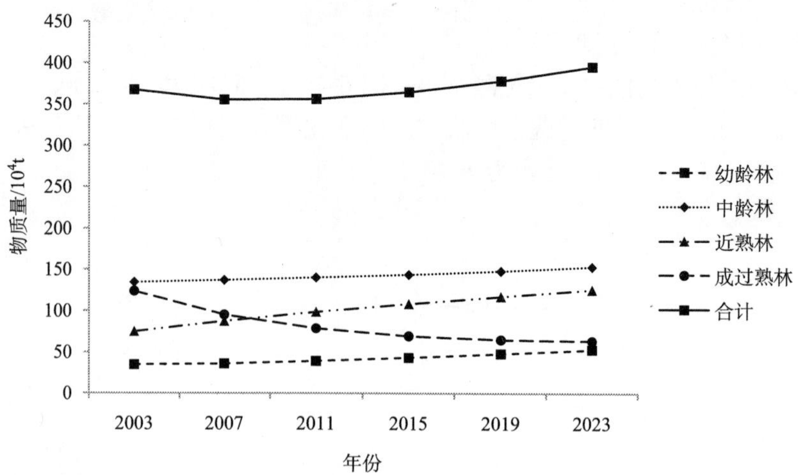

图 5-5　天然林资源保护工程天然用材林吸收二氧化硫功能物质量变化趋势图

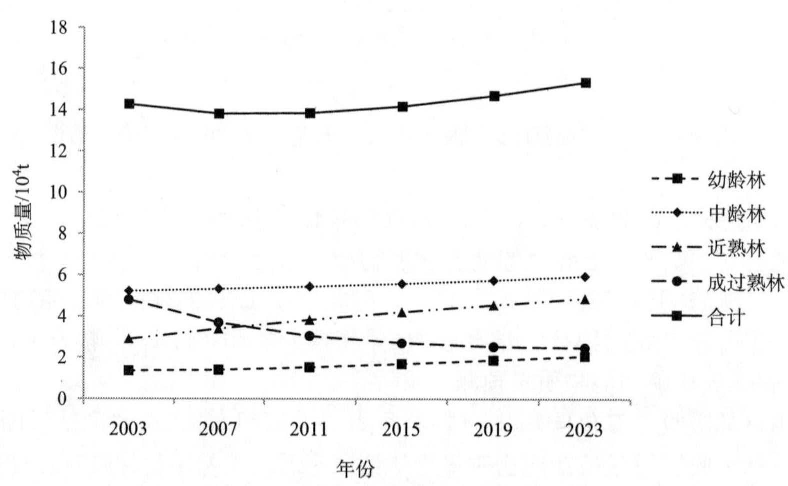

图 5-6　天然林资源保护工程天然用材林吸收氮氧化物功能物质量变化趋势图

2023 年为止，幼龄林、中龄林、近熟林的增加量分别为 0.71×10^4t、0.73×10^4t、1.97×10^4t，增幅分别为 52.56%、14.09%、67.97%。成过熟林比 2003 年减少了 2.32×10^4t，降幅为 48.42%。

7）滞尘功能物质量预测

天然用材林滞尘功能物质量预测结果见图 5-7。由图 5-7 可知：从预测期滞尘功能物质量总量来看，天然用材林滞尘功能是增加的，预测到 2023 年，较之 2003 年增加 4.31×10^7t，增幅为 7.70%。

天然用材林中，2003～2023 年，幼龄林、中龄林和近熟林滞尘功能物质量呈不断增加的变化趋势，成过熟林的滞尘功能物质量呈不断减少的趋势，总体而言，滞尘功能

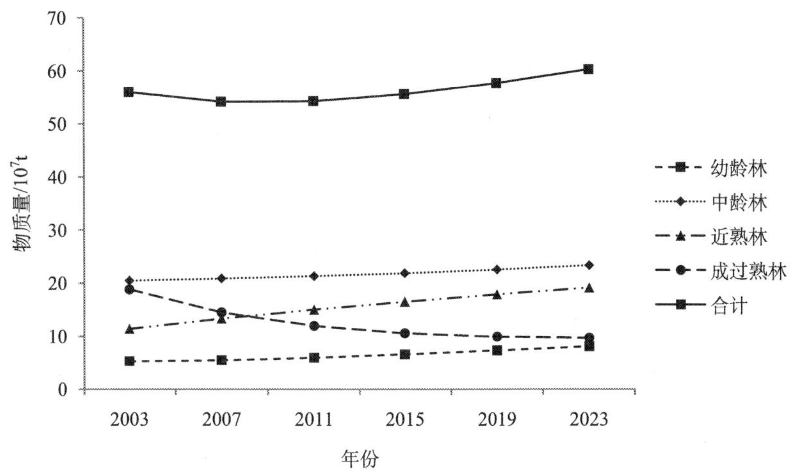

图 5-7　天然林资源保护工程天然用材林滞尘功能物质量变化趋势图

物质总量变化规律为中龄林>近熟林>成过熟林>幼龄林。到 2023 年为止，幼龄林增加 2.79×10^7t，增幅为 52.56%；中龄林增加 2.88×10^7t，增幅为 14.09%；近熟林增加 7.74×10^7t，增幅为 67.97%；成过熟林将减少 9.10×10^7t，降幅为 48.42%。

5.1.1.2　天然防护林

1）涵养水源功能物质量预测

天然防护林涵养水源功能物质量预测结果见图 5-8。由图 5-8 可知：2003～2023 年，天然防护林涵养水源功能物质总量呈先减少后增加的变化模式，2003 年涵养水源功能物质量最大，2015 年最小，总体来看，天然防护林涵养水源功能物质总量是减少的，到 2023 年为止，比 2003 年减少 197.54×10^8t，降幅为 20.56%。

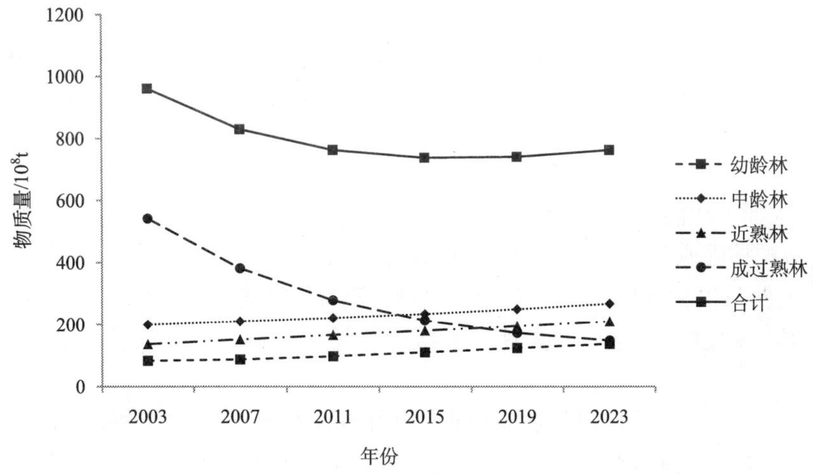

图 5-8　天然林资源保护工程天然防护林涵养水源功能物质量变化趋势图

幼龄林、中龄林和近熟林涵养水源功能物质量呈持续增加的趋势，到2023年为止，幼龄林、中龄林、近熟林分别增加54.10×10^8t、67.75×10^8t、73.55×10^8t，增幅分别为65.07%、33.94%、53.86%。但成过熟林涵养水源功能物质量却呈逐渐减少的趋势，截至2023年，成过熟林涵养水源功能物质总量减少了392.94×10^8t，降幅为72.60%。总体而言，由于成过熟林的涵养水源功能物质总量大，且其降幅超过70%，因此，导致未来20年间，天然防护林涵养水源功能物质总量减少。

2）保育土壤功能物质量预测

天然防护林保育土壤功能物质量预测结果见图5-9。由图5-9可知：总体来看，从2003～2023年，天然防护林保育土壤功能物质总量呈逐渐降低的趋势，2003年天然防护林保育土壤功能物质量最高，预测期末最低。到2023年为止，天然防护林保育土壤功能物质总量比2003年减少了3478.01×10^6t，降幅为44.55%。

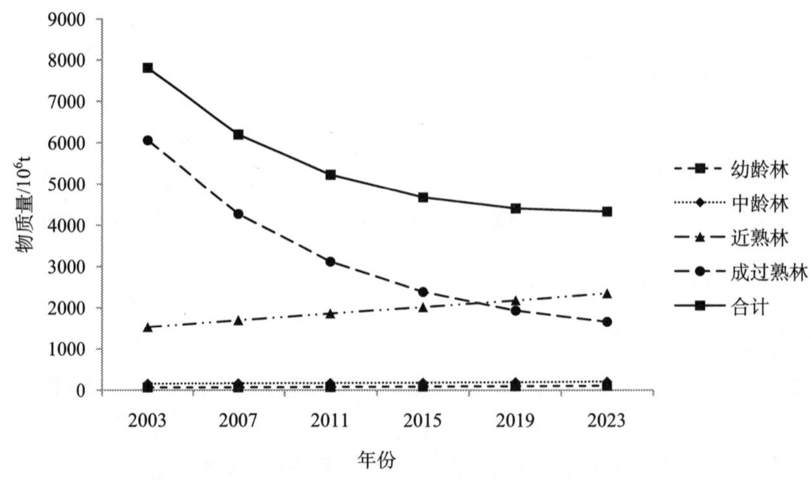

图5-9　天然林资源保护工程天然防护林保育土壤功能物质量变化趋势图

幼龄林、中龄林和近熟林的保育土壤功能呈不断增加趋势，而成过熟林保育土壤生态服务功能一直在降低。到2023为止，幼龄林增加42.51×10^6t，增幅为65.07%；中龄林增加53.23×10^6t，增幅为33.94%；近熟林增加822.99×10^6t，增幅为53.86%；成过熟林减少4396.74×10^6t，降低了72.60%。

3）固碳释氧功能物质量预测

天然防护林固碳释氧功能物质量预测结果见图5-10。由图5-10可知：在2003～2007年，天然防护林固碳释氧功能物质总量呈迅速减少趋势；到2007年以后，基本保持平稳变化，变化幅度不大，预测期末物质总量比2003年减少了4.40×10^7t，降幅为20.56%。

不同林龄组林分的固碳释氧功能物质量变化规律差异较大，幼龄林、中龄林和近熟林呈一直增加的趋势，到2023年为止，幼龄林增加1.20×10^7t，增幅为65.07%；中龄林增加1.51×10^7t，增幅为33.94%；近熟林增加1.64×10^7t，增幅为53.86%。成过熟林固碳释氧功能物质量呈不断下降趋势，到预测期末减少了8.75×10^7t，降幅为72.60%。

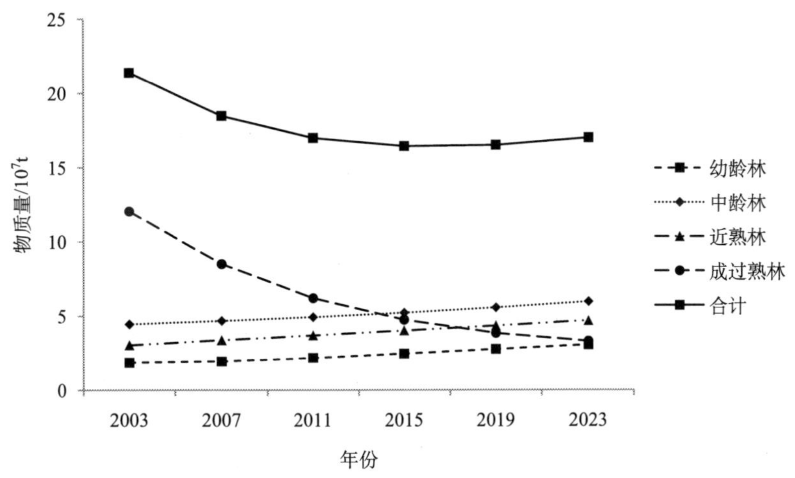

图 5-10　天然林资源保护工程天然防护林固碳释氧功能物质量变化趋势图

4）储养功能物质量预测

天然防护林储养功能物质量预测结果见图 5-11。由图 5-11 可知：在 2003～2007 年，天然防护林储养功能物质总量呈先减少后增加的趋势；2007 年以后，储养功能物质总量变化不大；到 2023 年为止，比 2003 年物质量减少了 3.83×10^5t，降幅达 20.56%。

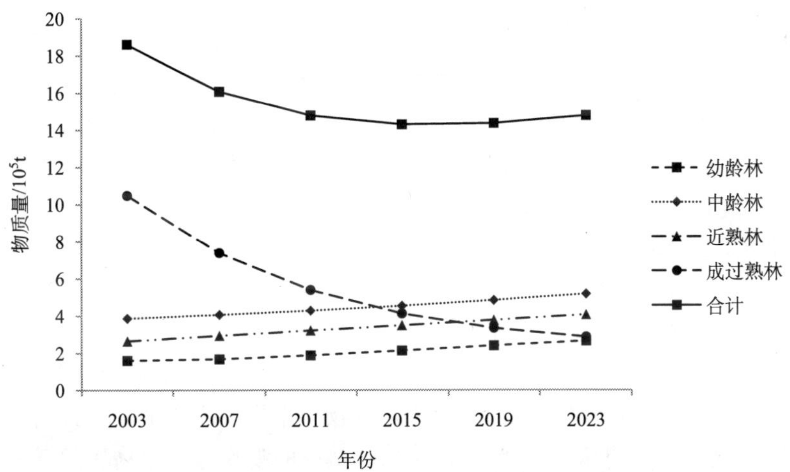

图 5-11　天然林资源保护工程天然防护林储养功能物质量变化趋势图

从不同林龄组林分的储养功能物质量变化趋势来看，幼龄林、中龄林和近熟林储养功能呈持续增加趋势。到 2023 年为止，幼龄林增加 1.05×10^5t，增幅为 65.07%；中龄林增加 1.31×10^5t，增幅为 33.94%；近熟林增加 1.43×10^5t，增幅为 53.86%。成过熟林储养功能物质量一直在降低，到 2023 年为止，成过熟林储养功能物质量将减少

7.61×10^5 t，降幅为 72.60%。

5）吸收二氧化硫功能物质量预测

由图 5-12 可知：2003～2023 年，天然防护林吸收二氧化硫功能物质量呈先减少后增加的变化模式。2003～2007 年降幅较大，2007 年以后增幅较小，物质量基本保持稳定，在预测期内吸收二氧化硫功能物质总量将减少 95.43×10^4 t，降幅达 20.56%。

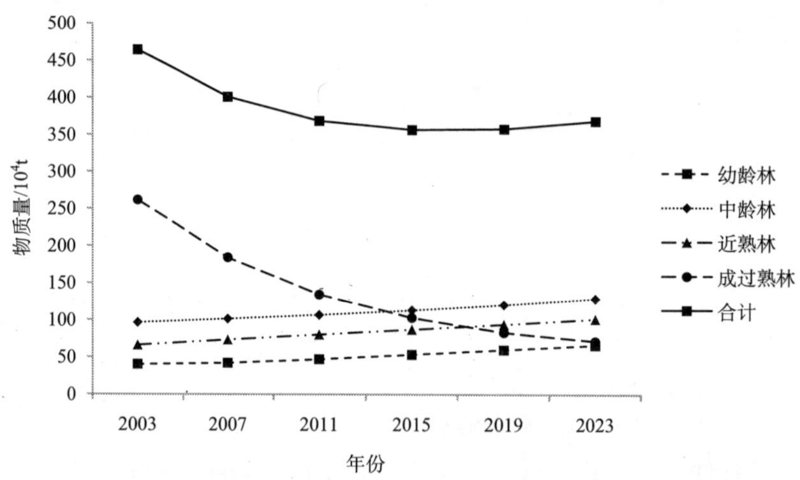

图 5-12　天然林资源保护工程天然防护林吸收二氧化硫功能物质量变化趋势图

不同林龄组林分吸收二氧化硫功能物质总量变化规律总体为成过熟林>中龄林>近熟林>幼龄林，幼龄林、中龄林和近熟林吸收二氧化硫功能物质总量呈持续增加的趋势，而成过熟林吸收二氧化硫功能呈逐渐降低减少的趋势。到 2023 年为止，幼龄林、中龄林、近熟林将分别增加 26.14×10^4 t、32.73×10^4 t、35.53×10^4 t，增幅将分别达 65.07%、33.94%、53.86%；成过熟林吸收二氧化硫功能物质量将减少 189.83×10^5 t，降幅达 70%以上。

6）吸收氮氧化物功能物质量预测

天然防护林吸收氮氧化物功能物质量预测结果见图 5-13。由图 5-13 可知：2003～2023 年，天然防护林吸收氮氧化物功能物质总量呈先减少后增加的变化趋势，但增加的幅度较小，与 2003 年相比物质总量减少了 3.70×10^4 t，降幅为 20.56%。

幼龄林、中龄林和近熟林吸收氮氧化物功能物质量呈不断增加趋势，而成过熟林吸收氮氧化物功能物质量呈不断减少趋势，说明成过熟林的吸收氮氧化物功能丧失较快。到预测期末，幼龄林、中龄林、近熟林的增加量分别为 1.01×10^4 t、1.27×10^4 t、1.38×10^4 t，增幅分别为 65.07%、33.94%、53.86%。成过熟林物质总量减少了 7.37×10^4 t，大于其他林龄组增加量的总和，因此，天然防护林吸收氮氧化物功能物质总量减少明显。

7）滞尘功能物质量预测

天然防护林滞尘功能物质量预测结果见图 5-14。由图 5-14 可知：2003～2023 年，天然防护林滞尘功能物质总量在预测初期呈明显的减少趋势，滞尘功能丧失较快。到 2007 年以后，物质量减少较慢，到预测期末呈小幅度增加趋势，但总体来看，天然防

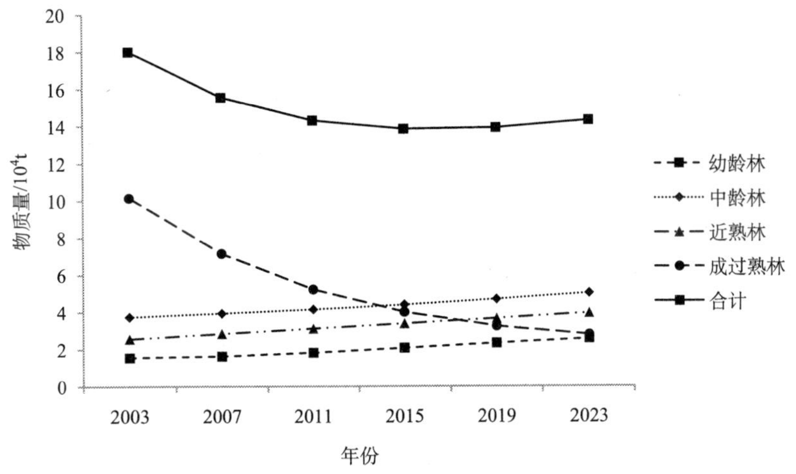

图 5-13　天然林资源保护工程天然防护林吸收氮氧化物功能物质量变化趋势图

护林滞尘功能物质总量呈减少趋势，到 2023 年为止，较之 2003 年减少了 14.53×10^4t，降幅达 20.56%。

成过熟林的滞尘功能呈逐渐减少的趋势，在预测初期滞尘功能较强，均高于其他林龄组，但到预测期末滞尘功能物质量仅高于幼龄林，比其他林龄组林分降低明显，说明成过熟林滞尘功能现实较强，但如果经过 20 年的发展，如不施加人为干扰措施，成过熟林滞尘功能将会有较大幅度的丧失。幼龄林、中龄林和近熟林滞尘功能功能物质量呈不断增加趋势。到 2023 年为止，幼龄林将增加 3.98×10^7t，增幅为 65.07%；中龄林增加 4.98×10^4t，增幅为 33.94%；近熟林增加 5.41×10^4t，增幅为 53.86%。由于上述林龄组在滞尘功能总量中所占比例较低，虽然其增幅均超过 30%，但天然防护林滞尘功能物质总量仍然减少明显，滞尘功能仍然减少明显。

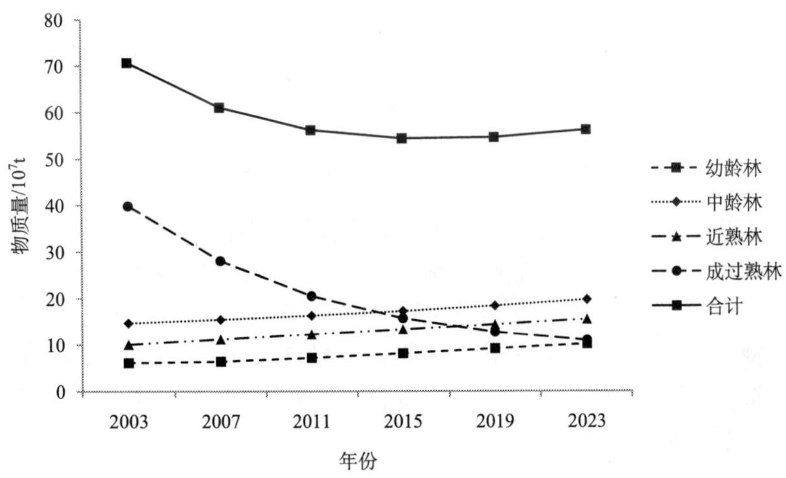

图 5-14　天然林资源保护工程天然防护林滞尘功能物质量变化趋势图

5.1.1.3 天然特用林

1）涵养水源功能物质量预测

天然特用林涵养水源功能物质量预测结果见图 5-15。由图 5-15 可知：总体来看，天然林资源保护工程天然特用林涵养水源功能是减少的，到 2023 年为止，比 2003 年减少了 61.85×10^8t，降幅为 34.13％。

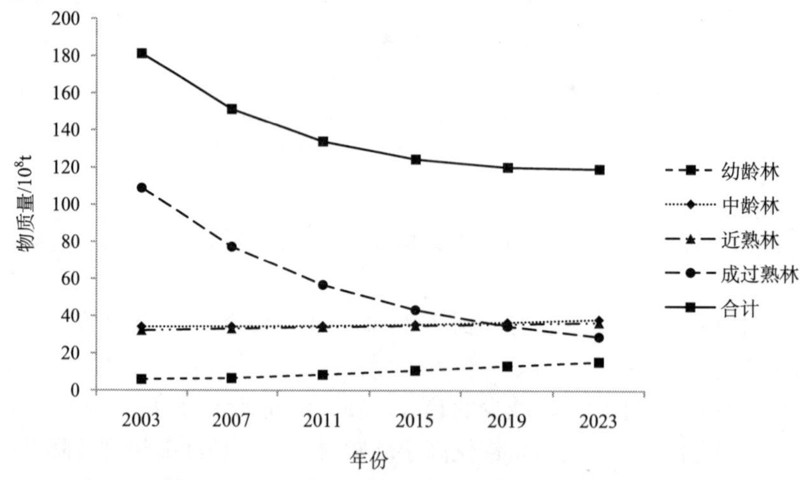

图 5-15 天然林资源保护工程天然特用林涵养水源功能物质量变化趋势图

2003～2023 年，天然林资源保护工程天然特用林，幼龄林、中龄林和近熟林涵养水源功能是持续增加的。到 2023 年为止，幼龄林、中龄林、近熟林分别增加 9.56×10^8、4.02×10^8t、4.40×10^8t，增幅分别为 161.69％、11.76％、13.65％。而成过熟林涵养水源生态服务功能则不断降低，截至 2023 年，成过熟林降低 79.84×10^8t，降低了 73.33％。

2）保育土壤功能物质量预测

天然特用林保育土壤功能物质量预测结果见图 5-16。由图 5-16 可知：2003～2023 年，天然林资源保护工程天然特用林，幼龄林、中龄林和近熟林的保育土壤功能物质量不断增加，而成过熟林保育土壤功能一直在降低。到 2023 年为止，幼龄林增加 7.51×10^6t，增幅为 161.69％；中龄林增加 3.16×10^6t，增幅为 11.76％；近熟林增加 49.26×10^6t，增幅为 13.65％；成过熟林降低 893.33×10^6t，降低了 73.33％。到 2023 年为止，天然特用林保育土壤功能是减少的，比 2003 年减少了 833.40×10^6t，降低了 51.75％。天然特用林保育土壤的功能以成过熟林的保育能力最大，但预测期末成过熟林保育土壤功能物质量却低于近熟林，说明成过熟林保育土壤功能物质量减少较快。幼龄林、中龄林和近熟林呈逐渐增长的趋势，幼龄林保育土壤功能物质量的增幅最大。

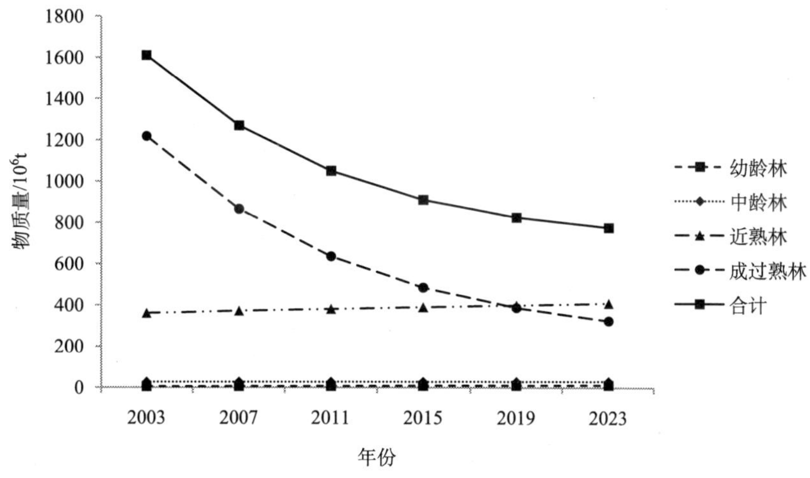

图 5-16　天然林资源保护工程天然特用林保育土壤功能物质量变化趋势图

3）固碳释氧功能物质量预测

天然特用林固碳释氧功能物质量预测结果见图 5-17。由图 5-17 可知：在 2003～2023 年，天然特用林固碳释氧功能物质量呈减少趋势，2023 年比 2003 年减少 1.38×10^7t，降幅为 34.13%。

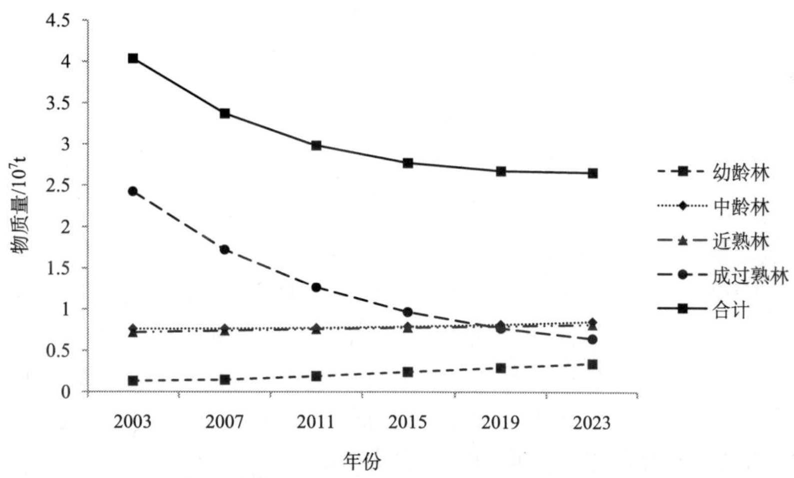

图 5-17　天然林资源保护工程天然特用林固碳释氧功能物质量变化趋势图

不同林龄组林分固碳释氧功能物质量相比而言，幼龄林、中龄林和近熟林是一直增加的。其中，幼龄林的固碳释氧功能增加的趋势比较明显，到 2023 年为止，幼龄林增加 0.21×10^7t，增幅为 161.69%。中龄林的固碳释氧功能物质量增长比较平缓，但总的趋势还是在增长，到 2023 年为止，中龄林增加 0.09×10^7t，增幅为 11.76%。近成熟林到 2023 年为止，增加 0.10×10^7t，增幅为 67.97%；成过熟林固碳释氧功能物质量不断下降，在预测期内降低 1.78×10^7t，降幅达 73.33%。

4）储养功能物质量预测

天然特用林储养功能物质量预测结果见图 5-18。由图 5-18 可知：在 2003～2023 年，天然特用林中，幼龄林、中龄林和近熟林储养功能物质量是一直增加的，而成过熟林的储养功能却呈持续降低的趋势。到 2023 年为止，幼龄林增加 0.19×10^5t，增幅为 161.69%，是天然特用林储养功能中增幅最大的。中龄林增加 0.08×10^5t，增幅为 11.76%；近熟林增加 0.09×10^5t，增幅为 13.65%。成过熟林储养功能物质量一直呈降低趋势，到 2023 年为止，成过熟林储养功能物质量减少了 1.55×10^5t，降低了 73.33%。总体来看，天然特用林的储养功能是减少的，到 2023 年为止，比 2003 年减少了 1.20×10^5t，降幅达 34.13%。

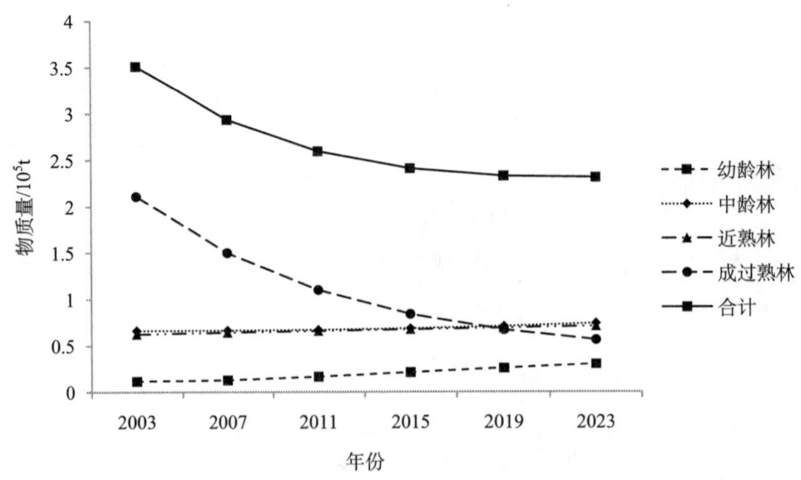

图 5-18 天然林资源保护工程天然特用林储养功能物质量变化趋势图

5）吸收二氧化硫功能物质量预测

天然特用林吸收二氧化硫功能物质量预测结果见图 5-19。由图 5-19 可知：总体来看，在 2003～2023 年，天然特用林吸收二氧化硫功能物质量是减少的。幼龄林的吸收二氧化碳功能物质量增长最快，增长幅度也是最大的。中龄林和近熟林的吸收二氧化碳功能是相近的，增幅也是相近的。但是，成过熟林的吸收二氧化碳功能是持续下降的，随着年限的增加，其吸收二氧化碳的功能丧失明显。

2003～2023 年，天然特用林的幼龄林、中龄林和近熟林吸收二氧化硫功能物质量呈持续增加趋势，而成过熟林吸收二氧化硫功能物质量呈持续降低趋势。预计到 2023 年为止，幼龄林增加了 4.62×10^4t，增幅达 161.69%；中龄林增加了 1.94×10^4t，增幅为 11.76%；近熟林增加了 2.12×10^5t，增幅为 13.65%。从统计的数据可以看出，中龄林和近熟林的增长幅度相近。成过熟林对二氧化硫的吸收功能物质量降低了 38.57×10^5t，降幅达 73.33%。

6）吸收氮氧化物功能物质量预测

天然特用林吸收氮氧化物功能物质量预测结果见图 5-20。总体来看，天然特用林

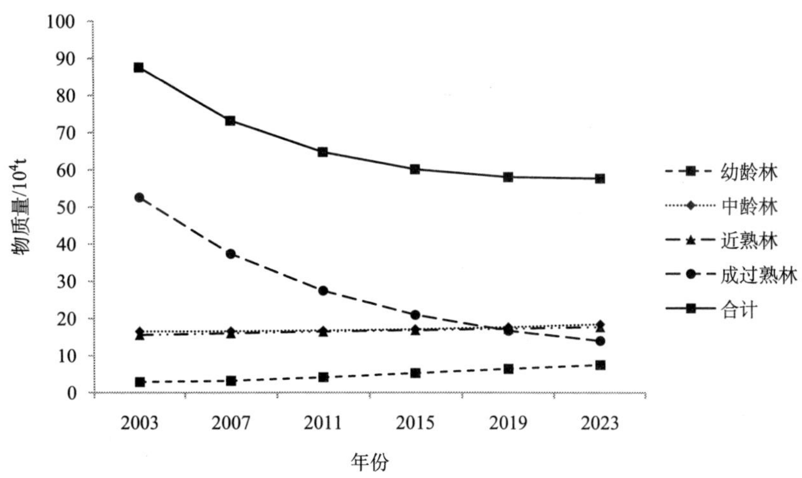

图 5-19　天然林资源保护工程天然特用林吸收二氧化硫功能物质量变化趋势图

吸收氮氧化物功能物质量从 2003 年开始到 2023 年为止，减少了 1.16×10^4t，降幅为 34.13%。

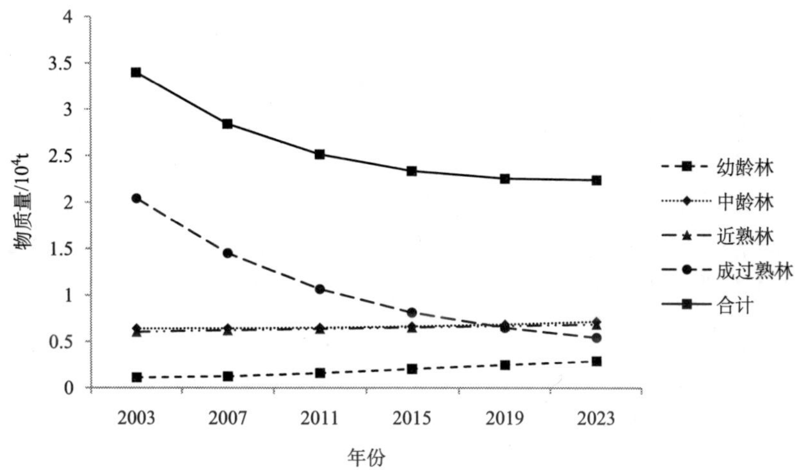

图 5-20　天然林资源保护工程天然特用林吸收氮氧化物功能物质量变化趋势图

在 2003～2023 年，天然特用林中，幼龄林、中龄林和近熟林吸收氮氧化物功能物质量不断增加，而成过熟林吸收氮氧化物功能物质量则不断降低。到 2023 年为止，幼龄林、中龄林、近熟林的增加量与增幅分别为 0.18×10^4t、0.075×10^4t、0.08×10^4t 与 161.69%、11.76%、13.65%。综合分析可知，中龄林和近熟林吸收氮氧化物的增加量相近，增幅也相近。成过熟林吸收氮氧化物功能呈现逐年降低的趋势。从 2003 年到 2023 年为止，成过成熟林吸收氮氧化物的功能降低了 1.50×10^4t，降幅为 73.33%。

7）滞尘功能物质量预测

天然特用林滞尘功能物质量预测结果见图 5-21。总体来看，天然特用林滞尘功能呈降低的趋势，尤其是成过熟林的滞尘功能降幅最大，从 2003～2023 年，降幅达 73.33%。

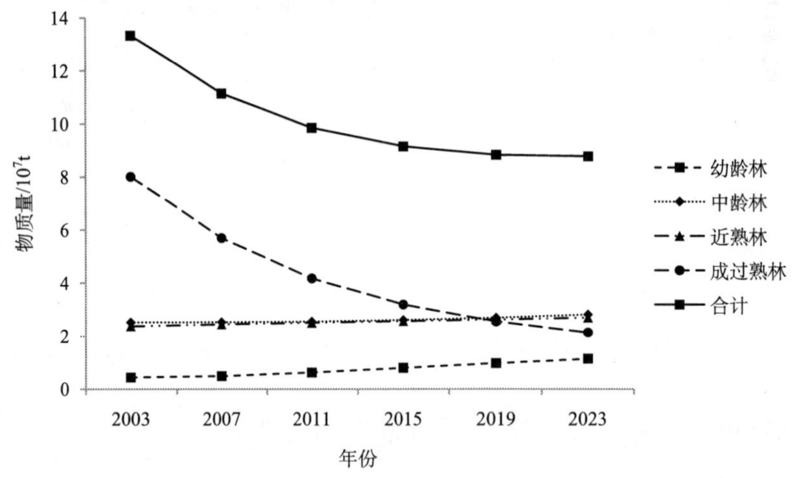

图 5-21　天然林资源保护工程天然特用林滞尘功能物质量变化趋势图

在 2003～2023 年，天然特用林中，幼龄林、中龄林和近熟林滞尘功能物质量呈不断增加的趋势，到 2023 年为止，滞尘量减少了 4.54×10^7t，降低幅度为 34.12%。到 2023 年为止，幼龄林的滞尘量增加了 0.70×10^7t，增幅为 161.69%；中龄林的滞尘量增加了 0.30×10^7t，增幅为 11.76%；近熟林的滞尘量增加了 0.30×10^7t，增幅为 13.65%。从统计的数据可以看出，中龄林和近熟林的滞尘增加量和增长幅度是相近的。而成过熟林的滞尘量却降低了 5.87×10^7t，降幅为 73.33%。

5.1.2　人工林

5.1.2.1　人工用材林

1）涵养水源功能物质量预测

人工用材林涵养水源功能物质量预测结果见图 5-22。由图 5-22 可知：总体来看，人工用材林涵养水源功能总量增加，幼龄林、中龄林和近熟林的涵养水源功能物质量增长都比较平缓。

在 2003～2023 年，人工用材林中，幼龄林、中龄林和近熟林涵养水源功能物质量呈持续增加的趋势，2023 年比 2003 年增加了 28.32×10^8t，增幅达 38.40%。不同林龄组林分涵养水源功能物质量相比而言，到 2023 年为止，幼龄林增加 3.78×10^8t，增幅为 23.88%；中龄林增加 11.74×10^8t，增幅为 41.60%；近熟林增加 12.93×10^8t，增幅为 76.59%。其中，近成熟林的涵养水源功能增加量最大，增长幅度也是最大的。成过熟林涵养水源功能物质量开始逐年降低，到 2011 年达到最低值为 11.14×10^8t，随后

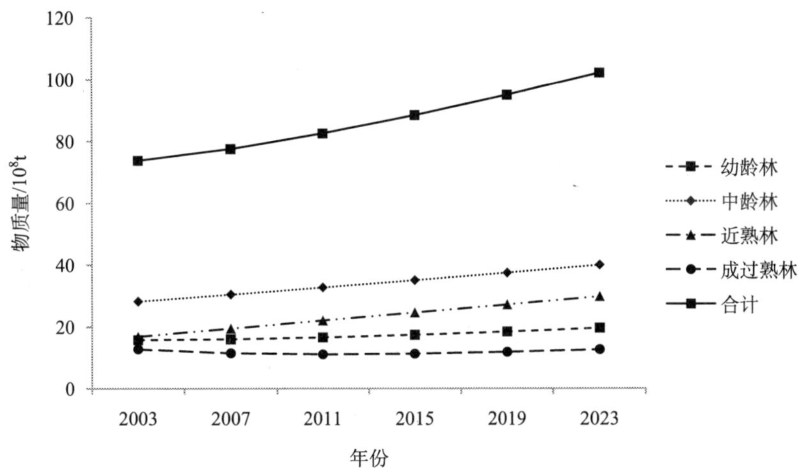

图 5-22 天然林资源保护工程人工用材林涵养水源功能物质量变化趋势图

开始逐年增加，2023 年的 12.70×10^8t 与 2003 年的 12.82×10^8t 相比，降低了 0.99%。

2）保育土壤功能物质量预测

人工用材林保育土壤功能物质量预测结果见图 5-23。从图 5-23 可知：在 2003～2023 年，人工用材林保育土壤功能物质量呈增加趋势，到 2023 年为止，增加了 155.43×10^6t，增幅达 42.35%。

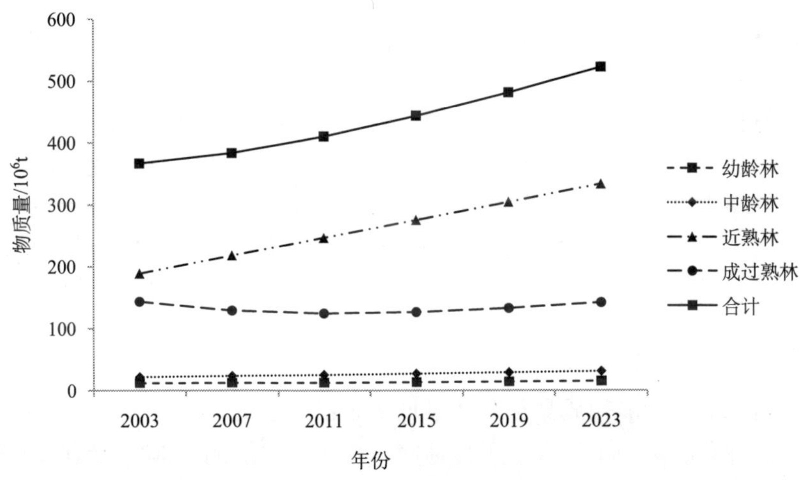

图 5-23 天然林资源保护工程人工用材林保育土壤功能物质量变化趋势图

不同林龄组林分相比，幼龄林、中龄林和近熟林的保育土壤功能物质量不断增加，预计到 2023 年时，幼龄林保育土壤功能物质量增加 2.97×10^6t，增幅为 23.88%；中龄林保育土壤功能物质量增加 9.23×10^6t，增幅为 41.60%；近熟林保育土壤功能物质量增加 144.65×10^6t，增幅为 76.59%；成过熟林保育土壤功能物质量呈先减少后增加的变化模式，即从 2003 年开始，其保育土壤功能物质量为 143.50×10^6t，到 2011 年达到最低值 124.66×10^6t，随后开始逐年增加，到 2023 年恢复到 142.08×10^6t，2023 年和 2003 相比，降低了 0.99%。不同林龄组林分保育土壤功能物质量比较可知，近熟林的增加量是最大的，相对应的增幅也是最大的。

3）固碳释氧功能物质量预测

人工用材林固碳释氧功能物质量预测结果见图 5-24。由图 5-24 可知：人工用材林固碳释氧功能物质量呈持续增加趋势，预测 2023 年比 2003 年增加 0.63×10^7t，增幅为 38.40%。

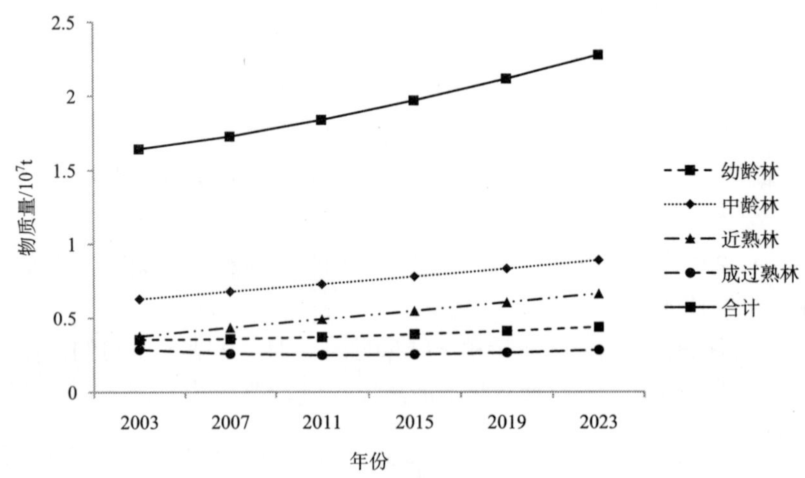

图 5-24　天然林资源保护工程人工用材林固碳释氧功能物质量变化趋势图

人工用材林不同林龄组林分比较可知，幼龄林、中龄林和近熟林的固碳释氧功能物质量呈持续增加趋势，其中，以近熟林的增长量和增长幅度最大。到 2023 年为止，幼龄林增加 0.08×10^7t，增幅为 23.88%；中龄林增加 0.26×10^7t，增幅为 41.60%；近熟林增加 0.29×10^7t，增幅为 76.59%。成过熟林固碳释氧功能物质量，从 2003 年的 0.29×10^7t 开始逐年降低，到 2011 年达到最低值 0.25×10^7t，随后开始逐年增加，到 2023 年恢复到 0.28×10^7t，和 2003 相比，降低了 0.99%。

4）储养功能物质量预测

人工用材林储养功能物质量预测结果见图 5-25。由图 5-25 可知：从 2003 年到 2023 年为止，天然林资源保护工程人工用材林储养功能是增加的，2023 年比 2003 年增加了 0.55×10^5t，增幅达 38.40%。

幼龄林、中龄林和近熟林储养功能物质量呈持续增加趋势，近熟林的储养功能物质量的增加幅度是最大的。到 2023 年为止，幼龄林储养功能物质量增加 0.07×10^5t，增幅为 23.88%；中龄林储养功能物质量增加 0.23×10^5t，增幅为 41.60%；近熟林储养功能物质量增加 0.25×10^5t，增幅为 76.59%。成过熟林储养功能物质总量减少，从 2003 年的 0.25×10^5t 开始逐年降低，到 2011 年达到最低值 0.216×10^5t，随后开始逐年增加，到 2023 年恢复到 0.25×10^5t，与 2003 年相比，降低了 0.99%。

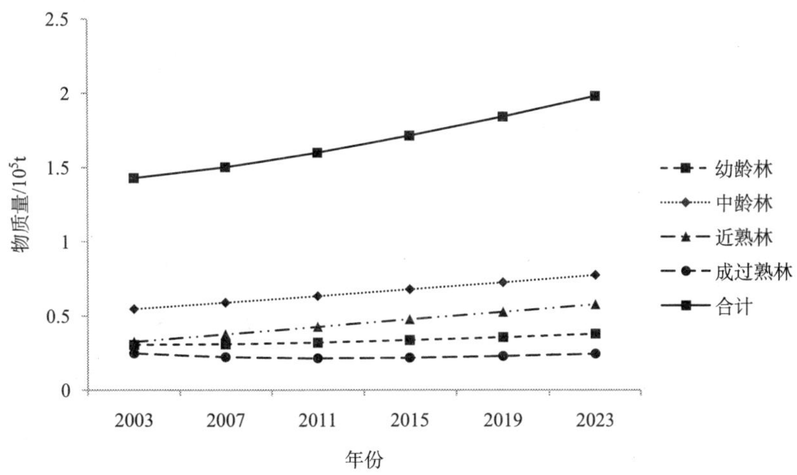

图 5-25　天然林资源保护工程人工用材林储养功能物质量变化趋势图

5）吸收二氧化硫功能物质量预测

人工用材林吸收二氧化硫功能物质量预测结果见图 5-26。总体来看，天然林资源保护工程人工用材林吸收二氧化硫功能总量增加，2023 年将比 2003 年增加 13.68×10^4t，增幅达 38.40%。

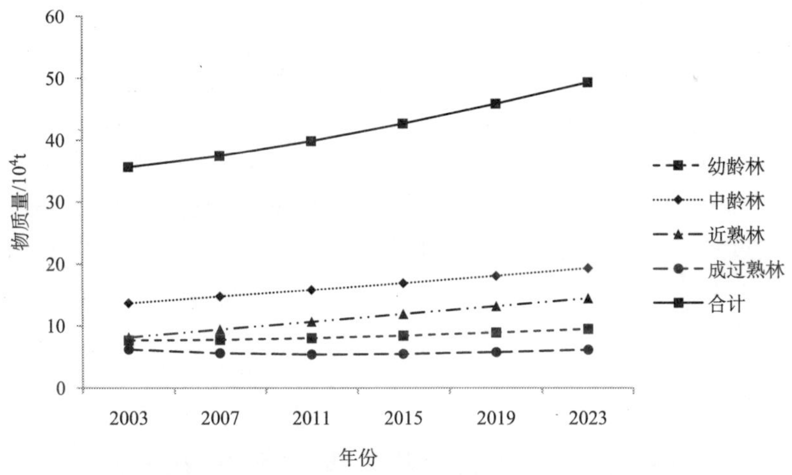

图 5-26　天然林资源保护工程人工用材林吸收二氧化硫功能物质量变化趋势图

从 2003 年到 2023 年止，幼龄林、中龄林和近熟林吸收二氧化硫功能物质量呈缓慢增加的趋势。到 2023 年为止，幼龄林、中龄林、近熟林吸收二氧化硫功能物质量分别增加 1.83×10^4t、5.67×10^4t、6.25×10^4t；相对应的增幅分别为 23.88%、41.60%、76.59%，其中，近熟林吸收二氧化硫功能物质量的增加量和增长幅度最大。成过熟林吸收二氧化硫功能物质量呈先减少后增加的变化模式，从 2003 年的 6.20×10^4t 开始逐年降低，到 2011 年达到最低值 5.38×10^4t，随后开始逐年增加，到 2023 年恢复到 6.13×10^4t，与 2003 相比，降低了 0.99％。

6）吸收氮氧化物功能物质量预测

人工用材林吸收氮氧化物功能物质量预测结果见图 5-27。由图 5-27 可知：总体来看，天然林资源保护工程人工用材林吸收氮氧化物功能 2023 年比 2003 年增加了 0.53×10^4t，增幅为 38.40％。

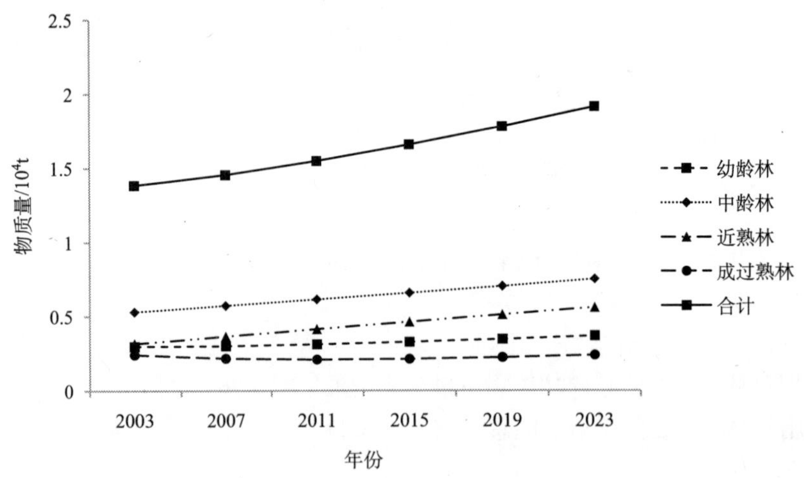

图 5-27　天然林资源保护工程人工用材林吸收氮氧化物功能物质量变化趋势图

2003～2023 年，人工用材林吸收氮氧化物功能物质量中，幼龄林、中龄林和近熟林吸收氮氧化物功能物质量不断增加，增加的趋势比较平缓，其中，近熟林的吸收氮氧化物的增加量和增长幅度最大。到 2023 年为止，幼龄林、中龄林、近熟林的增加量分别为 0.07×10^4t、0.22×10^4t、0.24×10^4t，相应的增幅分别为 23.88％、41.60％、76.59％。成过熟林吸收氮氧化物功能物质量减少，从 2003 年的 0.24×10^4t 减少到 2023 年的 0.238×10^4t，降低了 0.99％。

7）滞尘功能物质量预测

人工用材林滞尘功能物质量预测结果见图 5-28。由图 5-28 可知：在 2003～2023 年，总体来看，天然林资源保护工程人工用材林滞尘功能物质量呈增加的趋势，到 2023 年为止，较之 2003 年增加了 2.08×10^7t，增幅达 38.40％。

不同林龄组林分相比，幼龄林、中龄林和近熟林滞尘功能物质量不断增加且增长趋势平缓。到 2023 年为止，幼龄林增加 0.28×10^7t，增幅为 23.88％；中龄林增加 0.86×10^7t，增幅为 41.60％；近熟林增加 0.95×10^7t，增幅为 76.59％，其中，以近熟林的增加量和增长幅度最大。成过熟林滞尘功能物质总量减少，2023 年滞尘功能物质量和 2003 年滞尘功能物质量相比，降低了 0.99％。

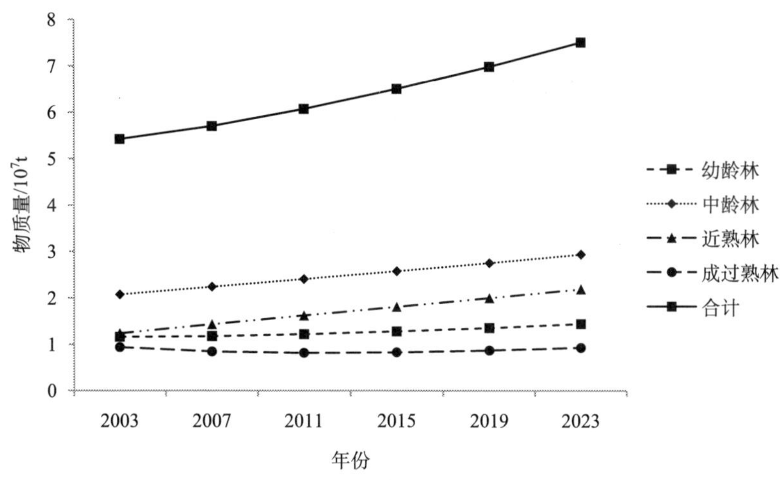

图 5-28　天然林资源保护工程人工用材林滞尘功能物质量变化趋势图

5.1.2.2　人工防护林

1）涵养水源功能物质量预测

人工防护林涵养水源功能物质量预测结果见图 5-29。由图 5-29 可知：总体来看，人工防护林涵养水源功能是增加的，到 2023 年为止，比 2003 年增加了 13.27×10^8t，增幅为 40.08%。

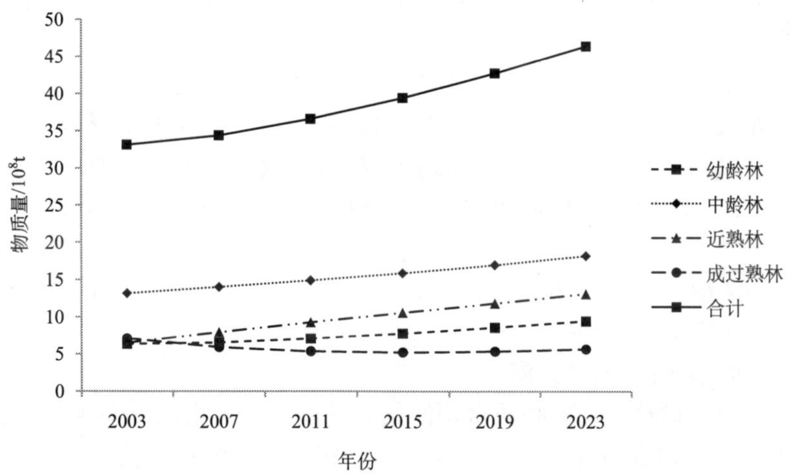

图 5-29　天然林资源保护工程人工防护林涵养水源功能物质量变化趋势图

在 2003～2023 年，人工防护林涵养水源功能物质量幼龄林、中龄林和近熟林是持续增加的且增加的趋势比较缓慢，其中以近熟林的增长量和增长幅度最大，幼龄林和中龄林的增长幅度相差不大。到 2023 年为止，幼龄林、中龄林、近熟林涵养水源功能物质量分别增加了 3.10×10⁸t、5.02×10⁸t、6.60×10⁸t，增幅分别为 48.89%、38.13%、101.56%。成过熟林涵养水源功能物质量从 2003 年的 7.10×10⁸t 开始逐年降低，但 2015 年以后开始有增加的趋势，截至 2023 年，成过熟林涵养水源功能物质量降低了 1.45×10⁸t，降低幅度为 20.46%。

2）保育土壤功能物质量预测

人工防护林保育土壤功能物质量预测结果见图 5-30。由图 5-30 可知：总体来看，天然林资源保护工程人工防护林保育土壤功能物质量是增加的，2023 年比 2003 年增加了 63.996×10⁶t，增幅达 38.19%。

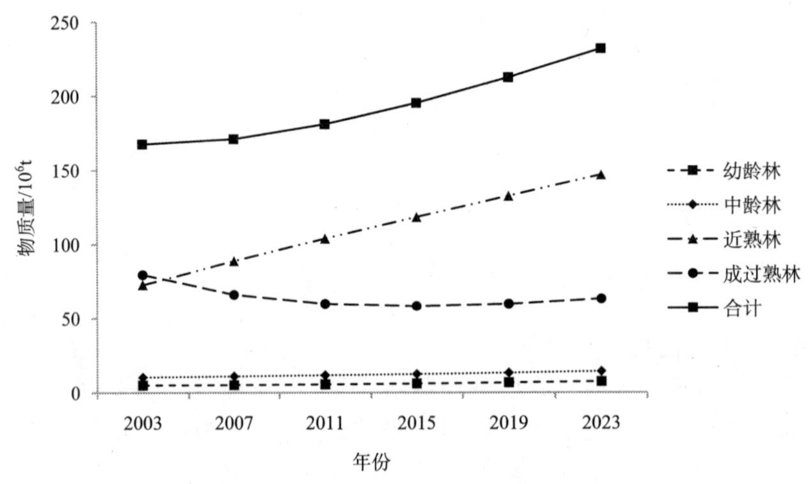

图 5-30　天然林资源保护工程人工防护林保育土壤功能物质量变化趋势图

2003～2023 年，人工防护林中，幼龄林、中龄林和近熟林的保育土壤功能物质量不断增加且增长量趋势平缓，以近熟林的增长幅度最大，而成过熟林保育土壤功能物质量一直呈降低趋势。预计 2023 年时，幼龄林保育土壤功能物质量增加 2.44×10⁶t，增幅为 48.89%；中龄林保育土壤功能物质量增加 3.95×10⁶t，增幅为 38.13%；近熟林保育土壤功能物质量增加 73.88×10⁶t，增幅为 101.56%。成过熟林保育土壤功能物质量从 2003 年的 79.50×10⁶t 开始逐年降低，但 2015 年以后开始有增加的趋势，到 2023 年为止，和 2003 年相比，减少了 16.27×10⁶t，降低了 20.46%。

3）固碳释氧功能物质量预测

人工防护林固碳释氧功能物质量预测结果见图 5-31。由图 5-31 可知：人工防护林固碳释氧功能是增加的，预计 2023 年比 2003 年增加量为 0.30×10⁷t，增幅为 40.08%。

不同林龄组林分相比，在 2003～2023 年，幼龄林、中龄林和近熟林呈持续增加趋势，其中以近熟林的增加量和增长幅度最明显。到 2023 年为止，幼龄林固碳释氧功能物质量增加 0.07×10⁷t，增幅为 48.89%；中龄林固碳释氧功能物质量增加0.11×10⁷t，增幅为 38.13%；近熟林固碳释氧功能物质量增加 0.147×10⁷t，增幅为 101.56%。成过熟林固碳释氧功能物质量总的来看是降低的，从 2003 年的 0.16×10⁷t 开始逐年降低，但 2015 年以后开始有增加的趋势，2023 年比 2003 年减少了 0.03×10^7t，降低了 20.46%。

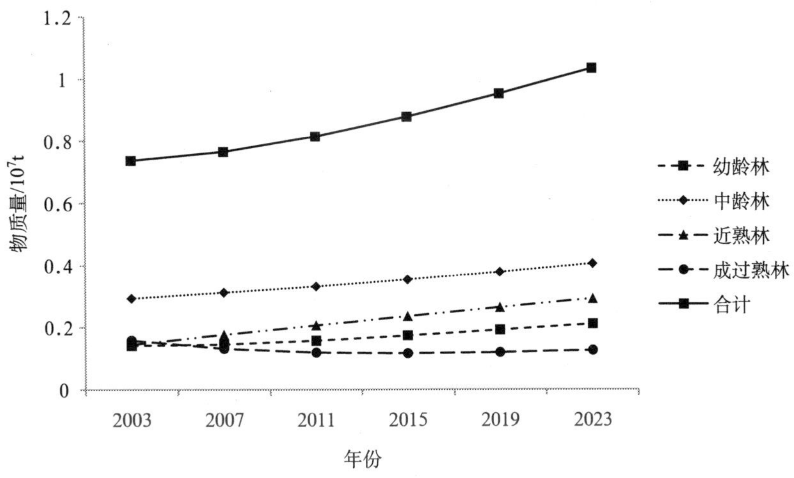

图 5-31　天然林资源保护工程人工防护林固碳释氧功能物质量变化趋势图

4）储养功能物质量预测

人工防护林储养功能物质量预测结果见图 5-32。由图 5-32 可知：总体来看，天然林资源保护工程人工防护林储养功能是增加的，到 2023 年为止，增加了 0.26×10^5t，增幅达 40.08%。

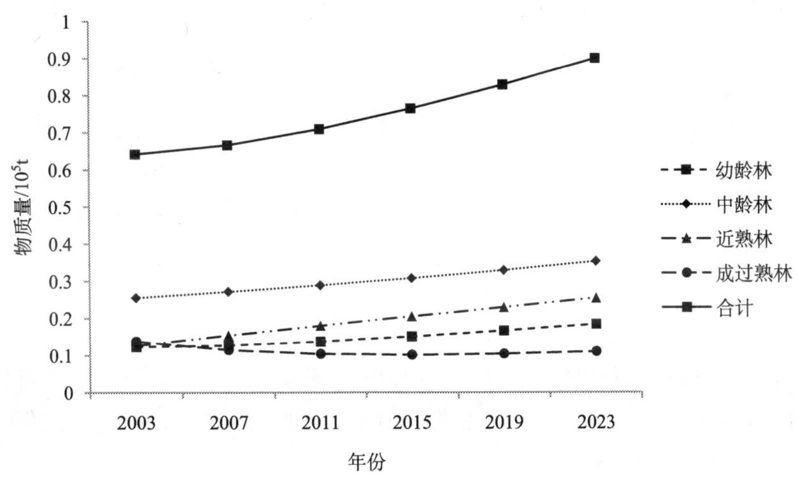

图 5-32　天然林资源保护工程人工防护林储养功能物质量变化趋势图

在 2003～2023 年，幼龄林、中龄林和近熟林储养功能物质量呈增加趋势，其中以近熟林的储养功能物质量的增加量和增长幅度最明显，幼龄林和中龄林的增加量和增长幅度相近。到 2023 年为止，幼龄林储养功能物质量增加 0.06×10^5t，增幅为 48.89%；

中龄林储养功能物质量增加 0.097×10^5t，增幅为 38.13%；近熟林储养功能物质量增加 0.13×10^5t，增幅为 101.56%。成过熟林储养生态服务功能从 2003 年的 0.14×10^5t 开始逐年降低，但 2015 年以后开始有增加的趋势，2023 年比 2003 年减少了 0.028×10^5t，降低了 20.46%。

5）吸收二氧化硫功能物质量预测

人工防护林吸收二氧化硫功能物质量预测结果见图 5-33。由图 5-33 可知：总体来看，天然林资源保护工程人工防护林吸收二氧化硫功能是增加的，2023 年将比 2003 年增加了 6.41×10^4t，增幅达 40.08%。

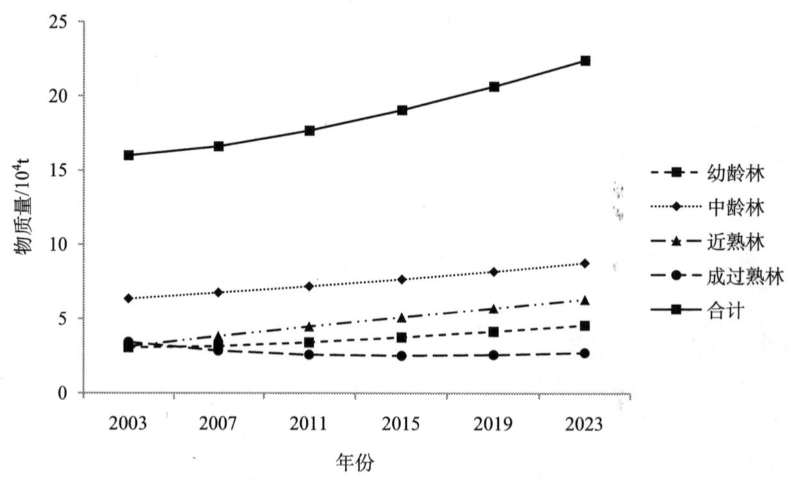

图 5-33　天然林资源保护工程人工防护林吸收二氧化硫功能物质量变化趋势图

在 2003～2023 年，人工防护林的幼龄林、中龄林和近熟林吸收二氧化硫功能物质量是一直增加的，且近熟林吸收二氧化硫功能物质量的增加量和增长幅度是最大的。到 2023 年为止，幼龄林、中龄林、近熟林吸收二氧化硫功能物质量分别增加 1.499×10^4t、2.43×10^4t、3.19×10^4t，增幅分别为 48.89%、38.13%、101.56%。成过熟林吸收二氧化硫功能从 2003 年的 3.43×10^4t 开始逐年降低，但 2015 年以后开始有增加的趋势，到 2023 年为止减少了 0.70×10^4t，降低了 20.46%。

6）吸收氮氧化物功能物质量预测

人工防护林吸收氮氧化物功能物质量预测结果见图 5-34。由图 5-34 可知：总的来看，天然林资源保护工程人工防护林吸收氮氧化物功能是增加的，比 2003 年增加了 0.25×10^4t，增幅达 40.08%。

在 2003～2023 年，天然林资源保护工程人工防护林中，幼龄林、中龄林和近熟林吸收氮氧化物功能物质量不断增加且以近熟林的增加量和增长幅度最大。到 2023 年为止，幼龄林、中龄林和近熟林吸收氮氧化物功能物质量的增加量与增幅分别为 0.058×10^4t、0.094×10^4t、0.12×10^4t 与 48.89%、38.13%、101.56%。成过熟林吸收氮氧化物生态服务功能从 2003 年的 0.13×10^4t 开始逐年降低，但 2015 年以后开始有增加的趋势，到 2023 年为止，减少了 0.027×10^4t，降低了 20.46%。

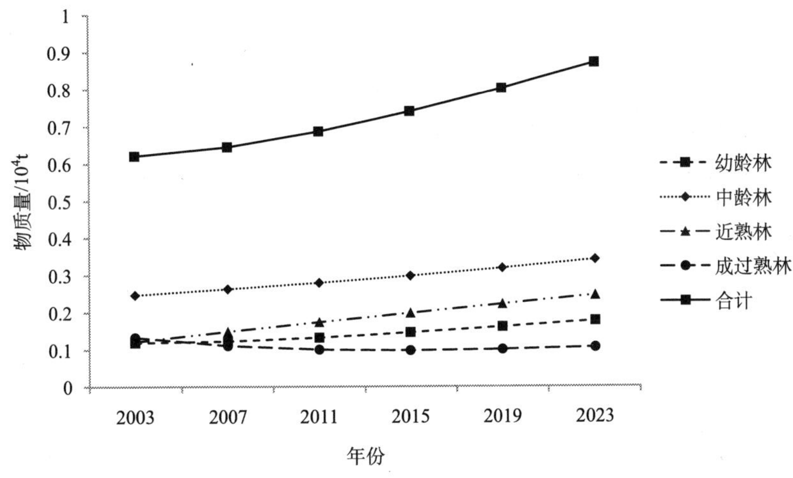

图 5-34　天然林资源保护工程人工防护林吸收氮氧化物功能物质量变化趋势图

7）滞尘功能物质量预测

人工防护林滞尘功能物质量预测结果见图 5-35。由图 5-35 可知：总体来看，天然林资源保护工程人工防护林滞尘功能是增加的，到 2023 年较之 2003 年增加了 0.98×10^7t，增幅为 40.08%。

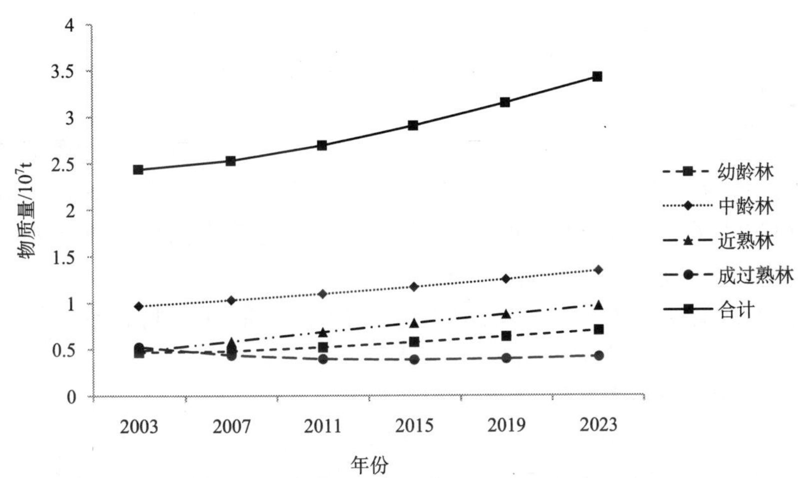

图 5-35　天然林资源保护工程人工防护林滞尘功能物质量变化趋势图

在 2003～2023 年，人工防护林中，幼龄林、中龄林和近熟林滞尘功能物质量功能物质量不断增加且幼龄林和中龄林滞尘功能物质量的增加量趋势比较平缓，增长的幅度也相近，而近熟林滞尘功能物质量的增加量非常明显。到 2023 年为止，人工防护林滞尘功能物质量幼龄林增加 0.23×10^7t，增幅为 48.89%；中龄林增加 0.37×10^7t，增幅为 38.13%；近熟林增加 0.49×10^7t，增幅为 101.56%。成过熟林滞尘功能物质量从 2003 年的 0.52×10^7t 开始逐年降低，但 2015 年以后开始有增加的趋势且增加的趋势不是很明显，到 2023 年为止，减少了 0.11×10^7t，降低了 20.46%。

5.1.2.3　人工特用林

1）涵养水源功能物质量预测

人工特用林涵养水源功能物质量预测结果见图 5-36。由图 5-36 可知：在 2003～2023 年，天然林资源保护工程人工特用林涵养水源功能是先减少后增加的，总体来看，到 2023 年为止，比 2003 年减少了 0.10×10^8t，降幅达 2.77%。

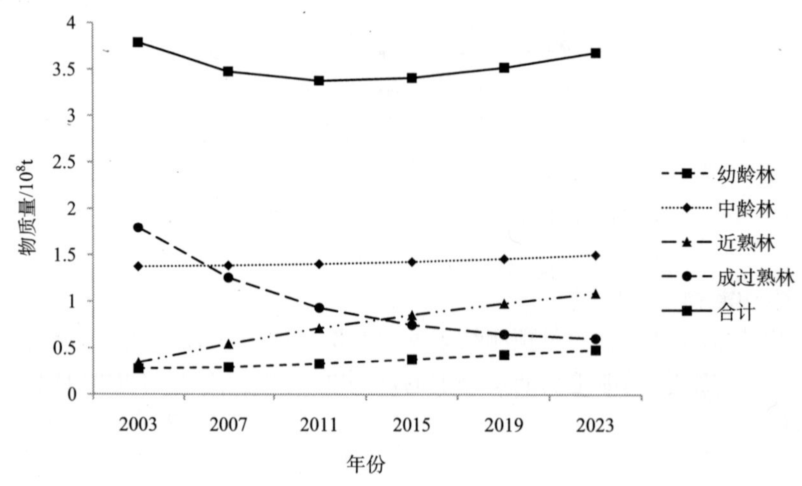

图 5-36　天然林资源保护工程人工特用林涵养水源功能物质量变化趋势图

不同林龄组林分相比，幼龄林、中龄林和近熟林涵养水源功能物质量是持续增加的且增加的趋势都比较明显，其中近熟林涵养水源功能物质量的增加量和增长幅度最明显。到 2023 年为止，幼龄林、中龄林、近熟林涵养水源功能物质量增加量分别为 0.21 × 10^8t、0.13 × 10^8t、1.79 × 10^8t，增幅分别为 74.75%、9.36%、216.23%。而成过熟林涵养水源功能物质量则不断降低且降低的趋势非常明显，截至 2023 年，成过熟林涵养水源功能物质量降低了 1.19×10^8t，降低幅度为 66.23%。

2）保育土壤功能物质量预测

人工特用林保育土壤功能物质量预测结果见图 5-37。由图 5-37 可知：到 2023 年为止，天然林资源保护工程人工特用林保育土壤功能是减少的，比 2003 年减少了 4.66×10^6t，降幅达 18.48%。这说明随着时间的推移，林木进入成过熟林阶段其保育土壤功能也大大降低，在林木处于近熟林阶段其保育土壤功能是最大的。

不同林龄组林分相比，在 2003～2023 年，幼龄林、中龄林和近熟林的保育土壤功能不断增加，而成过熟林保育土壤生态服务功能一直在降低，其中以近熟林的保育土壤功能物质量增加最明显。预计 2023 时，幼龄林保育土壤功能物质量增加 0.16×10^6t，增幅为 74.74%；中龄林增加 0.10×10^6t，增幅为 9.36%；近熟林增加 8.36×10^6t，增幅为 216.22%。成过熟林保育土壤功能物质量是持续降低的，到 2023 年为止降低了 13.29×10^6t，降低幅度为 66.23%。

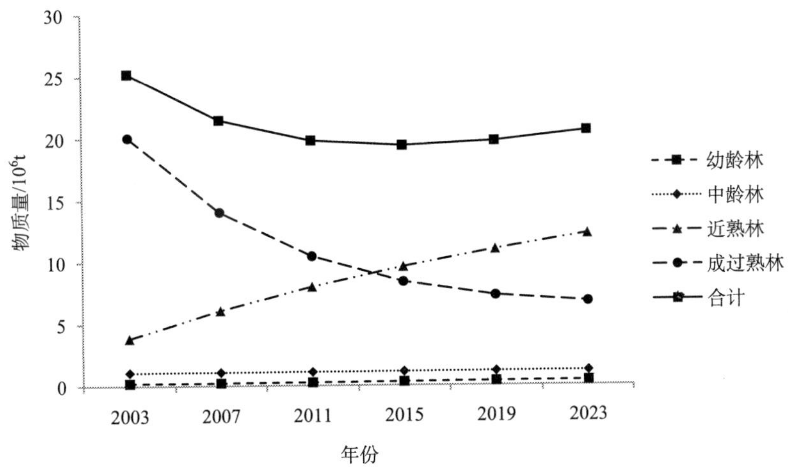

图 5-37　天然林资源保护工程人工特用林保育土壤功能物质量变化趋势图

3）固碳释氧功能物质量预测

人工特用林固碳释氧功能物质量预测结果见图 5-38。由图 5-38 可得出：在 2003～2023 年，总体来看，人工特用林固碳释氧功能物质量减少，预测 2023 年比 2003 年减少 2.33×10^4t，降幅为 2.77%。

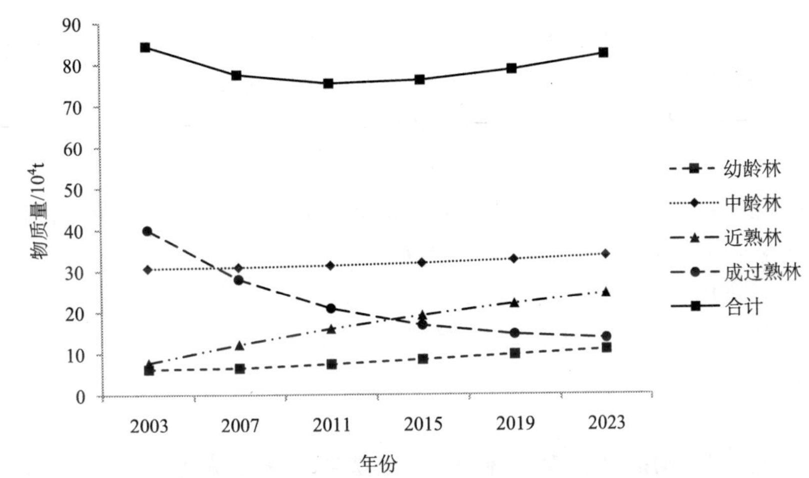

图 5-38　天然林资源保护工程人工特用林固碳释氧功能物质量变化趋势图

人工特用林中，幼龄林、中龄林和近熟林中是一直增加的，且以近熟林的固碳释氧功能物质量的增加最明显。到 2023 年为止，幼龄林固碳释氧功能物质量增加了 4.60×10^4t，增幅为 74.75%；中龄林固碳释氧功能物质量增加了 2.87×10^4t，增幅为 9.36%；近熟林固碳释氧功能物质量增加了 16.64×10^4t，增幅为 216.23%。而成过熟林固碳释氧功能物质量呈不断下降的趋势，成过熟林固碳释氧功能物质量降低了 26.44×10^4t，降幅为 66.23%。

4）储养功能物质量预测

人工特用林储养功能物质量预测结果见图 5-39。由图 5-39 可以看出：总体来看，天然林资源保护工程人工特用林储养功能物质量是减少的，到 2023 年为止，比 2003 年减少了 0.02×10^4t，降幅达 2.77%。

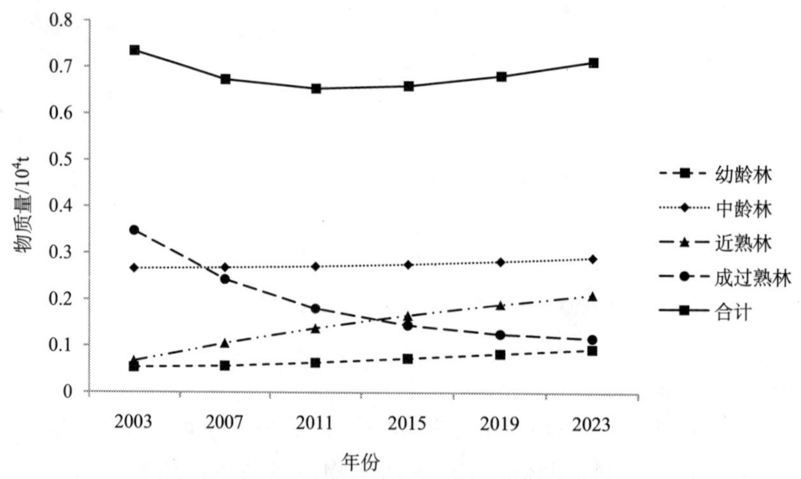

图 5-39　天然林资源保护工程人工特用林储养功能物质量变化趋势图

在 2003～2023 年，天然林资源保护工程人工特用林中，幼龄林、中龄林和近熟林储养功能物质量呈增加的趋势，其中以近熟林的增长幅度最明显。到 2023 年为止，幼龄林储养功能物质量增加了 0.04×10^4t，增幅为 74.75%；中龄林储养功能物质量增加了 0.02×10^4t，增幅为 9.36%；近熟林储养功能物质量增加了 0.14×10^4t，增幅为 216.23%。而成过熟林储养功能物质量减少，从 2003 年的 0.35×10^4t 开始逐年降低，到 2023 年为止，减少了 0.24×10^4t，降幅为 66.23%。

5）吸收二氧化硫功能物质量预测

人工特用林吸收二氧化硫功能物质量预测结果见图 5-40。由图 5-40 可知：在 2003～2023 年，总体来看，天然林资源保护工程人工特用林吸收二氧化硫功能是减少的，2023 年将比 2003 年减少了 0.05×10^4t，降幅达 2.77%。

人工特用林中，幼龄林、中龄林和近熟林吸收二氧化硫功能是一直增加的，其中近熟林吸收二氧化碳功能物质量的增加量最大，增长幅度也最大。而成过熟林吸收二氧化硫功能呈降低趋势，成过熟林吸收二氧化硫功能物质量降低了 0.57×10^4t，降低了 66.23%。到 2023 年为止，幼龄林、中龄林、近熟林吸收二氧化硫功能物质量分别增加了 0.10×10^4t、0.06×10^4t、0.36×10^4t，增幅分别为 74.75%、9.36%、216.23%。

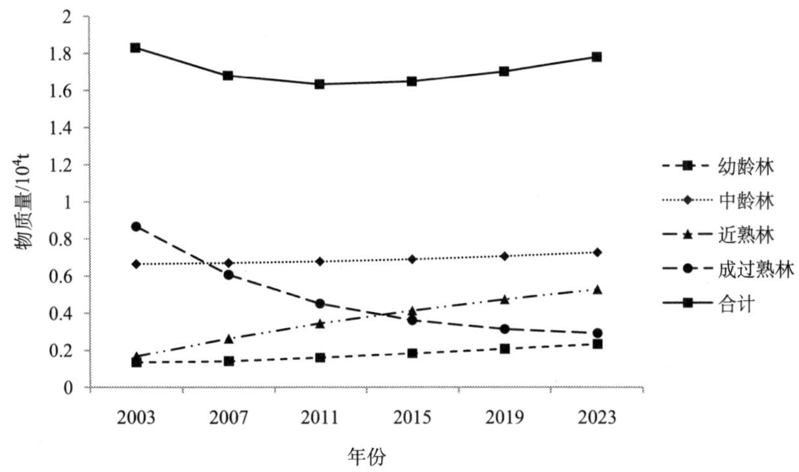

图 5-40　天然林资源保护工程人工特用林吸收二氧化硫功能物质量变化趋势图

6）吸收氮氧化物功能物质量预测

人工特用林吸收氮氧化物功能物质量预测结果见图 5-41。由图 5-41 可知：天然林资源保护工程人工特用林吸收氮氧化物功能总体趋势是降低的，比 2003 年减少了 0.197×10^2 t，降幅为 2.77％。

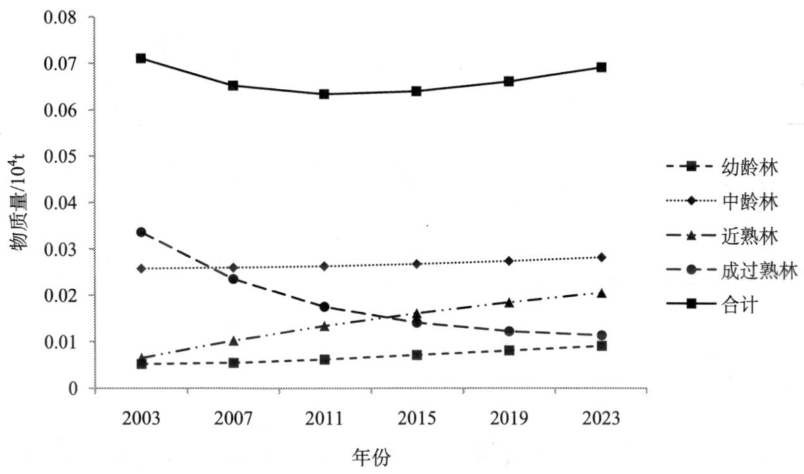

图 5-41　天然林资源保护工程人工特用林吸收氮氧化物功能物质量变化趋势图

人工特用林中，在 2003～2023 年，幼龄林、中龄林和近熟林吸收氮氧化物功能不断增加且以近熟林的吸收氮氧化物功能物质量的增长幅度最大，而成过熟林吸收氮氧化物功能物质量则不断降低且其降低的趋势非常明显。到 2023 年为止，幼龄林吸收氮氧化物功能物质量的增加量与增幅分别为 0.38×10^2 t、0.24×10^2 t、1.40×10^2 t 与 74.75％、9.36％、216.23％。而成过熟林的吸收氮氧化物功能物质量逐渐降低。从 2003 年到 2023 年，降低了 2.32×10^4 t，降幅为 66.23％。

7）滞尘功能物质量预测

人工特用林滞尘功能物质量预测结果见图 5-42。由图 5-42 可以看出：总体来看，天然林资源保护工程人工特用林吸收氮氧化物功能是降低的，到 2023 年为止，较之 2003 年减少了 0.77×10^5t，降幅达 2.77%。

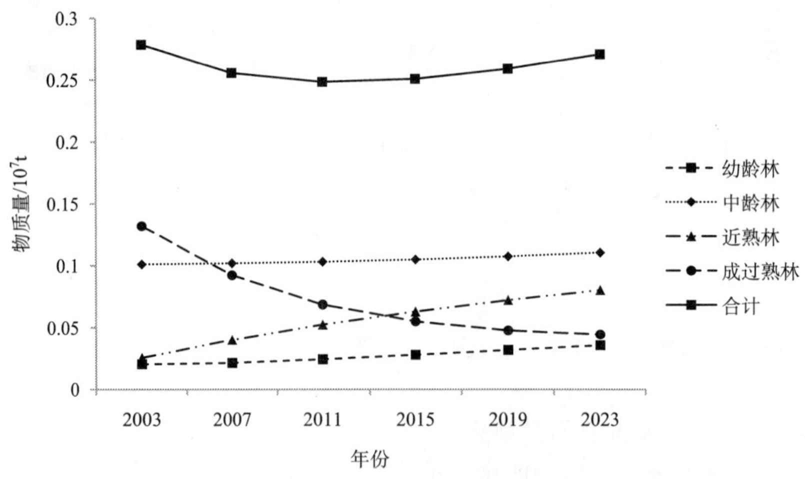

图 5-42　天然林资源保护工程人工特用林滞尘功能物质量变化趋势图

在 2003～2023 年，天然林资源保护工程人工特用林中，幼龄林、中龄林和近熟林滞尘功能物质量不断增加，其中以近熟林滞尘功能物质量增长幅度最大。到 2023 年为止，幼龄林滞尘功能物质量增加了 1.52×10^5t，增幅为 74.75%；中龄林滞尘功能物质量增加了 0.94×10^5t，增幅为 9.36%；近熟林滞尘功能物质量增加了 5.50×10^5t，增幅为 216.23%。而成过熟林滞尘功能物质量的增加量降低了 8.73×10^5t，降幅为 66.23%。

5.1.3　天然资源保护工程总功能物质量预测

5.1.3.1　用材林功能物质总量预测

1）涵养水源功能物质量预测

用材林涵养水源功能物质量预测结果见图 5-43。由图 5-43 可知：总体来看，天然林资源保护工程用材林涵养水源功能是增加的，到 2023 年为止，比 2003 年增加了 32.28×10^8t，增幅为 52.56%。

在 2003～2023 年，天然林资源保护工程用材林中，幼龄林、中龄林、近熟林和成过熟林涵养水源功能物质量是持续增加的，其中以近熟林涵养水源功能物质量的增长幅度最大，幼龄林和中熟林的增长幅度相近。到 2023 年为止，幼龄林、中龄林、近熟林、成过熟林涵养水源功能物质量分别增加了 4.34×10^8t、10.74×10^8t、153.88×10^8t、9.12×10^8t，增幅分别为 30.22%、38.98%、153.87%、13.51%。

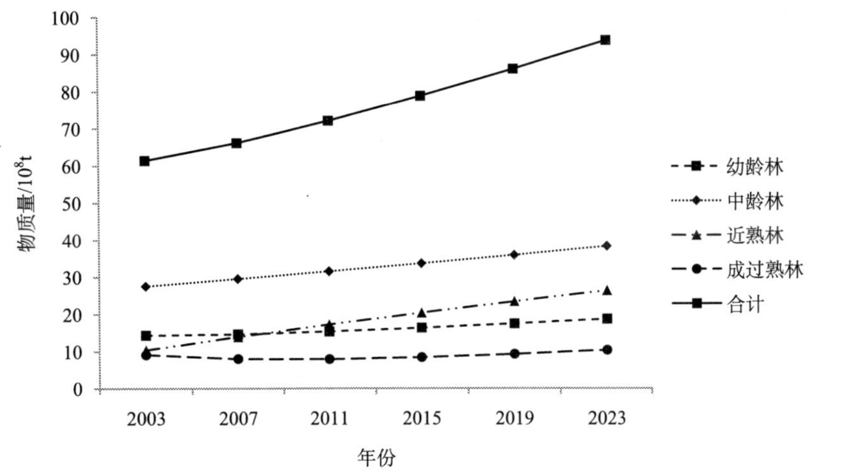

图 5-43　天然林资源保护工程用材林涵养水源功能物质量变化趋势图

2）保育土壤功能物质量预测

用材林保育土壤功能物质量预测结果见图 5-44。由图 5-44 可知：到 2023 年为止，天然林资源保护工程用材林保育土壤功能是增加的，比 2003 年增加了 27.05×10^6t，增幅为 48.66%。

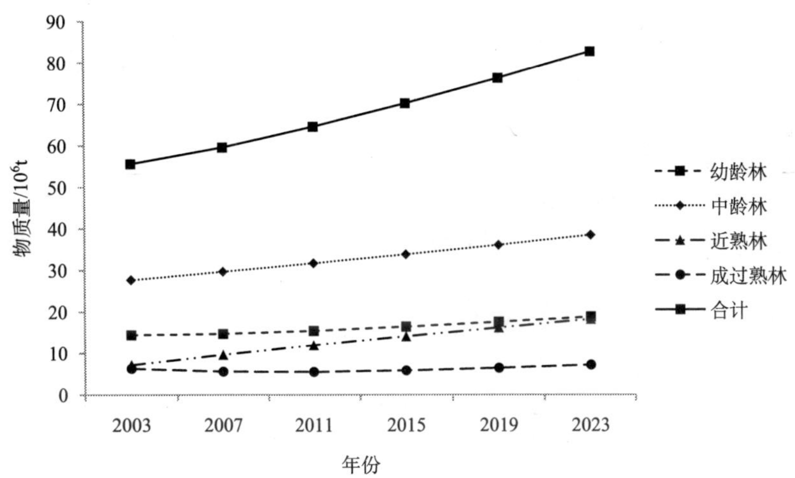

图 5-44　天然林资源保护工程用材林保育土壤功能物质量变化趋势图

在 2003～2023 年，用材林不同林龄组林分相比，幼龄林、中龄林、近熟林和成过熟林的保育土壤功能物质量不断增加，且近熟林增长幅度最大。预计 2023 时，幼龄林保育土壤功能物质量增加了 4.36×10^6t，增幅为 30.22%；中龄林增加 10.79×10^6t，增幅为 38.98%；近熟林增加了 11.05×10^6t，增幅为 153.87%；成过熟林增加 0.85×10^6t，增幅为 13.51%。

3）固碳释氧功能物质量预测

用材林固碳释氧功能物质量预测结果见图 5-45。由图 5-45 可以看出：总体来看，用材林固碳释氧功能物质量逐年增加，2023 年比 2003 年增加了 1.30×10^7t，增幅达 52.56%。

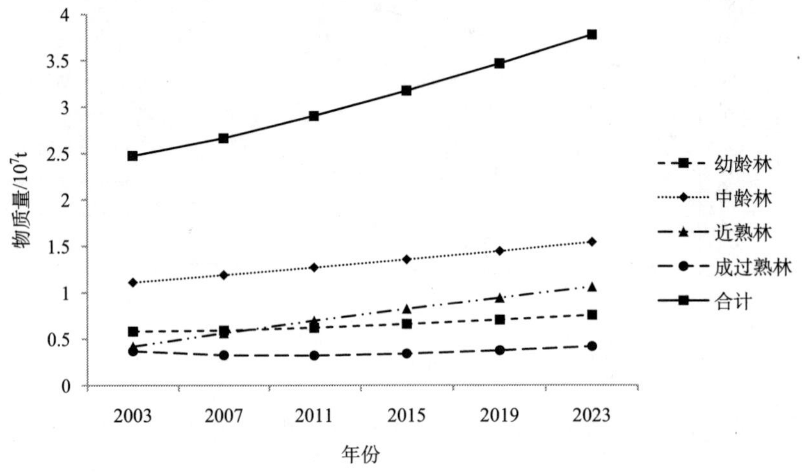

图 5-45　天然林资源保护工程用材林固碳释氧功能物质量变化趋势图

在 2003～2023 年，用材林中，幼龄林、中龄林、近熟林和成过熟林固碳释氧功能物质量呈增加趋势，其中以近熟林的增长幅度最大。到 2023 年为止，幼龄林固碳释氧功能物质量增加了 0.17×10^7t，增幅为 30.22%；中龄林增加了 0.43×10^7t，增幅为 38.98%；近熟林增加了 0.64×10^7t，增幅为 153.87%；成过熟林增加了 0.5×10^7t，增加的幅度为 13.51%。

4）储养功能物质量预测

用材林储养功能物质量预测结果见图 5-46。由图 5-46 可以看出：总体来看，天然林资源保护工程用材林储养功能物质量是增加的，2023 年比 2003 年增加了 1.68×10^5t，增幅达 10.41%。

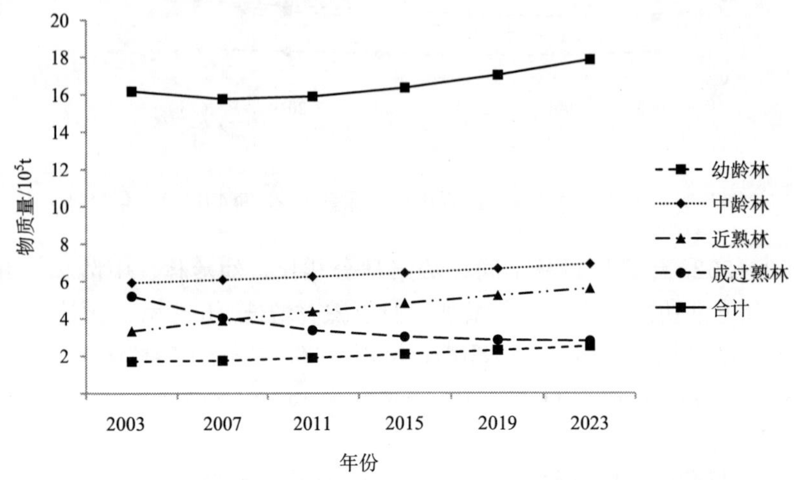

图 5-46　天然林资源保护工程用材林储养功能物质量变化趋势图

在2003～2023年，幼龄林、中龄林和近熟林储养功能物质量是一直增加的，近熟林储养功能物质量的增长幅度最大。到2023年为止，幼龄林储养功能物质量增加了0.81×10^5t，增幅为47.40%；中龄林储养功能物质量增加了0.99×10^5t，增幅为16.62%；近熟林储养功能物质量增加了2.29×10^5t，增幅为68.81%；成过熟林储养功能物质量从2003年开始逐年降低，到2023年为止，降低了2.40×10^5t，降幅46.15%。

5）吸收二氧化硫功能物质量预测

用材林吸收二氧化硫功能物质量预测结果见图5-47。由图5-47可知：总体来看，天然林资源保护工程用材林吸收二氧化硫功能物质量是增加的，2023年将比2003年增加42.00×10^4t，增幅达10.41%。

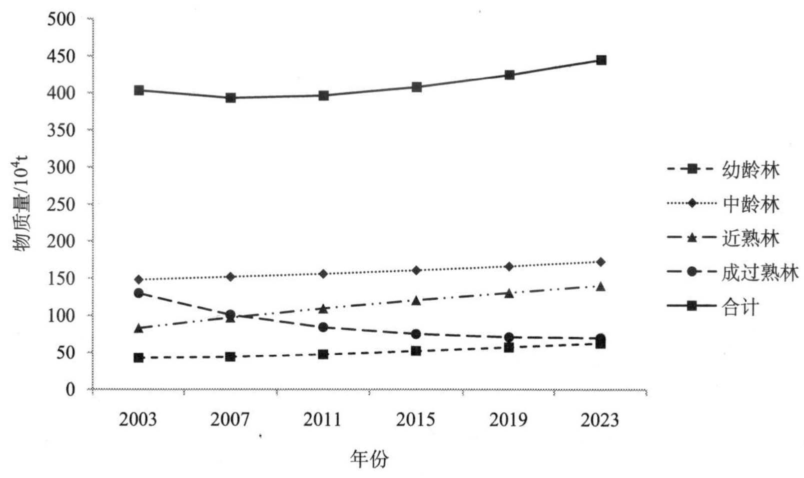

图5-47　天然林资源保护工程天然林用材林吸收二氧化硫功能物质量变化趋势图

在2003～2023年，用材林的幼龄林、中龄林和近熟林吸收二氧化硫功能物质量是一直增加的，其中近熟林的增长幅度最大，中龄林的增长幅度最小。成过熟林吸收二氧化硫功能一直呈降低趋势，从2003年的129.73×10^4t降低到2023年的69.86×10^4t。到2023年为止，幼龄林、中龄林、近熟林吸收二氧化硫功能物质量分别增加了20.16×10^4t、24.60×10^4t、57.10×10^4t，相对应的增幅分别为47.40%、16.62%、68.81%。

6）吸收氮氧化物功能物质量预测

用材林吸收氮氧化物功能物质量预测结果见图5-48。由图5-48可知：总体来看，用材林吸收氮氧化物功能物质量是增加的，比2003年增加了1.63×10^4t，增幅达10.41%。

在2003～2023年，幼龄林、中龄林和近熟林吸收氮氧化物功能物质量不断增加，其中近熟林吸收氮氧化物功能物质量的增长幅度最大。而成过熟林吸收氮氧化物功能则不断降低，从2003年的5.03×10^4t降低到2023年的2.71×10^4t，降幅达46.15%。到2023年为止，幼龄林、中龄林、近熟林吸收氮氧化物功能物质量的增加量分别为0.78×10^4t、0.95×10^4t、2.22×10^4t，增幅分别为47.40%、16.62%、68.81%。

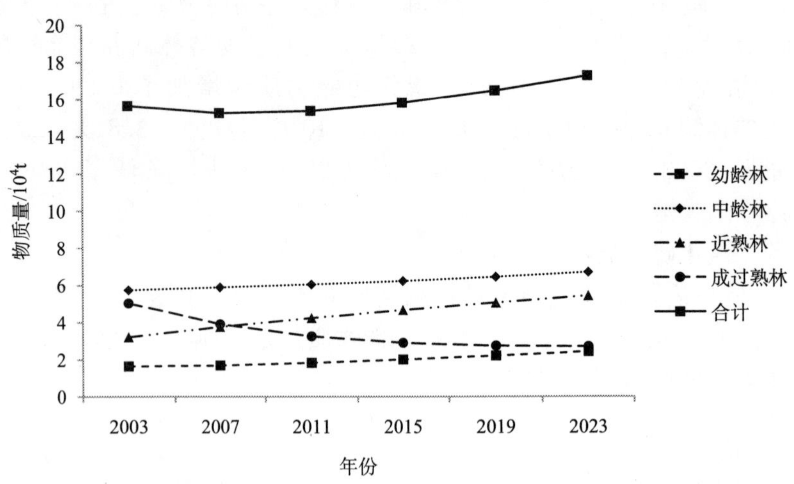

图 5-48 天然林资源保护工程用材林吸收氮氧化物功能物质量变化趋势图

7）滞尘功能物质量预测

用材林滞尘功能物质量预测结果见图 5-49。由图 5-49 可以看出：总体来看，天然林资源保护工程用材林吸收氮氧化物功能物质量是增加的，到 2023 年为止，较之 2003 年增加了 6.39×10^7t，增幅为 10.41%。

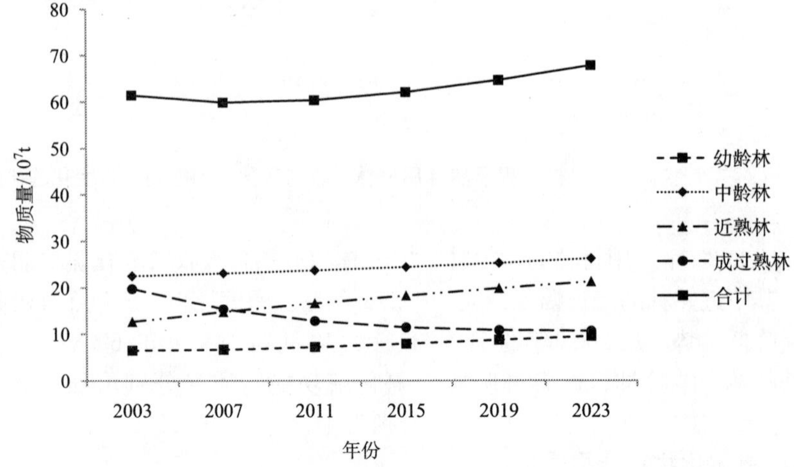

图 5-49 天然林资源保护工程用材林滞尘功能物质量变化趋势图

在 2003～2023 年，幼龄林、中龄林和近熟林滞尘功能物质量不断增加，其中近熟林滞尘功能物质量的增加量和增长幅度最大，就增长幅度而言，近熟林＞幼龄林＞中龄林。到 2023 年为止，幼龄林滞尘功能物质量增加了 3.07×10^7t，增幅为 47.40%；中龄林滞尘功能物质量增加了 3.75×10^7t，增幅为 16.62%；近熟林滞尘功能物质量增加了 8.69×10^7t，增幅为 68.81%。而成过熟林滞尘功能物质量降低了 9.11×10^7t，降低幅度达 46.15%。

5.1.3.2　防护林功能物质总量预测

1）涵养水源功能物质量预测

防护林涵养水源功能物质量预测结果见图 5-50。由图 5-50 可知：在 2003～2023 年，总体来看，天然林资源保护工程防护林涵养水源功能物质量是减少的，到 2023 年为止，比 2003 年降低了 184.27×10^8t，降幅为 18.54%。

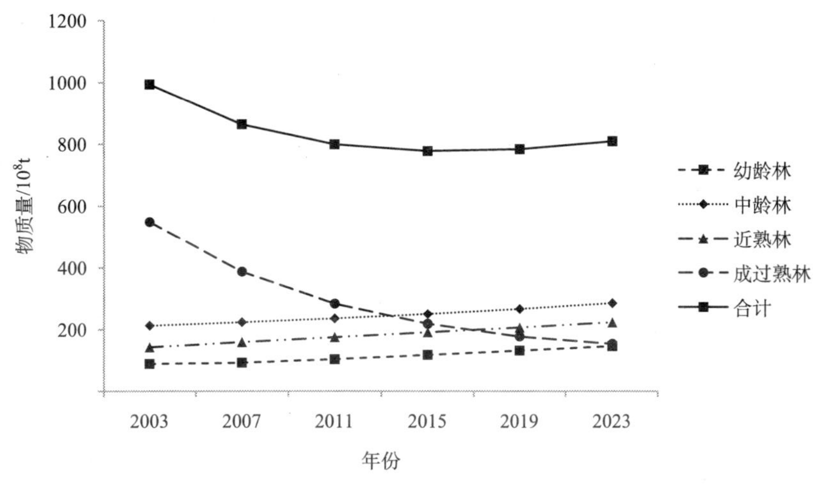

图 5-50　天然林资源保护工程防护林涵养水源功能物质量变化趋势图

不同林龄组林分相比，幼龄林、中龄林和近熟林涵养水源功能物质量是持续增加的，其中幼龄林涵养水源功能物质量的增加量较小，但其对应的增长幅度是最大的，近熟林涵养水源功能物质量的增加量是最大的。到 2023 年为止，幼龄林、中龄林和近熟林涵养水源功能物质量分别增加了 57.21×10^8t、72.77×10^8t、80.15×10^8t，增幅分别为 63.92%、34.20%、56.03%。而成过熟林涵养水源功能则不断降低且降低的趋势非常明星，截至 2023 年，成过熟林涵养水源功能物质量降低了 394.40×10^8t，降幅达 71.92%。

2）保育土壤功能物质量预测

防护林保育土壤功能物质量预测结果见图 5-51。由图 5-51 可知：在 2003～2023 年，防护林保育土壤功能物质量是减少的，比 2003 年降低了 34.14×10^8t，降幅达 42.81%。

不同林龄防护林中，幼龄林、中龄林和近熟林的保育土壤功能物质量不断增加，幼龄林的增长幅度最大，中龄林的增长幅度最小。而成过熟林保育土壤生态服务功能一直在降低，且降低的趋势非常明显，从 2003 年的 61.36×10^8t 降低到 2023 年的 17.33×10^8t，降低幅度达 71.92%。预计到 2023 时，幼龄林保育土壤功能物质量增加了 0.45×10^8t，增幅为 63.92%；中龄林增加了 0.57×10^8t，增幅为 34.20%；近熟林增加了 8.97×10^8t，增幅为 56.03%。

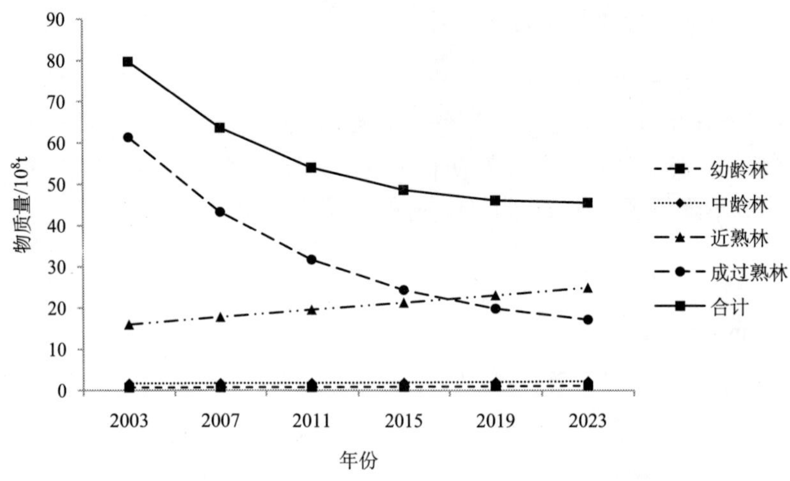

图 5-51　天然林资源保护工程防护林保育土壤功能物质量变化趋势图

3）固碳释氧功能物质量预测

防护林固碳释氧功能物质量预测结果见图 5-52。由图 5-52 可知：防护林固碳释氧功能物质量呈减少趋势，预测 2023 年比 2003 年降低 4.10×10^7t，降幅达 18.54%。

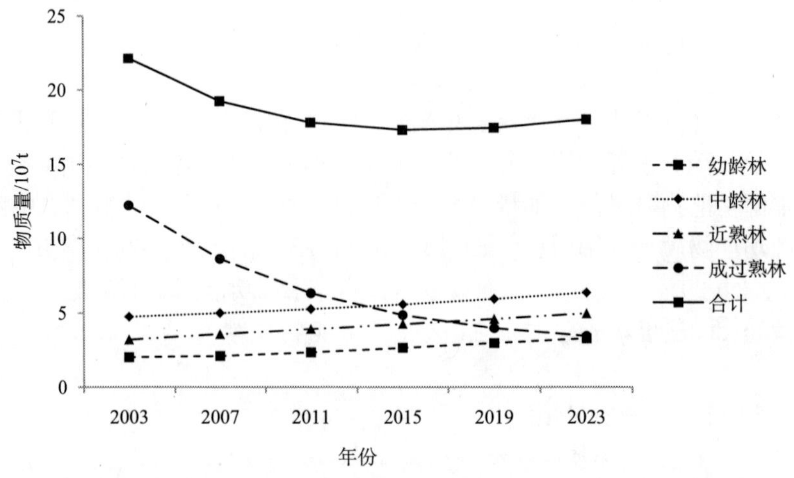

图 5-52　天然林资源保护工程防护林固碳释氧功能物质量变化趋势图

不同林龄防护林中，幼龄林、中龄林和近熟林是一直增加的，其中以幼龄林的增长幅度最大，中龄林的增长幅度最小。到 2023 年为止，幼龄林固碳释氧功能物质量增加了 1.27×10^7t，增幅为 63.92%；中龄林固碳释氧功能物质量增加了 1.62×10^7t，增幅为 34.20%；近熟林固碳释氧功能物质量增加了 1.78×10^7t，增幅为 56.03%。而成过熟林的固碳释氧功能物质量从 2003 年的 12.21×10^7t 开始逐年降低，到 2023 年为止，减少了 8.78×10^7t，降幅达 71.92%。

4）储养功能物质量预测

防护林储养功能物质量预测结果见图 5-53。由图 5-53 可知：在 2003～2023 年，总体来看，天然林资源保护工程防护林储养功能物质量是降低的，到 2023 年为止，比 2003 年降低了 3.57×10^7t，降幅达 18.54%。

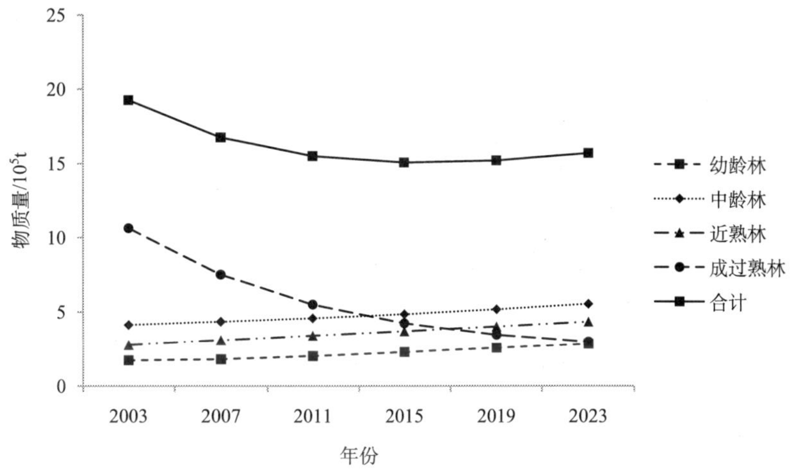

图 5-53　天然林资源保护工程天然林防护林储养功能物质量变化趋势图

不同林龄防护林中，幼龄林、中龄林和近熟林储养生态服务功能呈增加的趋势，其中，中龄林的增长幅度最小，幼龄林的增长幅度最大。到 2023 年为止，幼龄林储养功能物质量将增加 1.11×10^5t，增幅为 63.92%；中龄林储养功能物质量增加 1.41×10^5t，增幅为 34.20%；近熟林储养功能物质量增加 1.55×10^5t，增幅为 56.03%。而成过熟林储养功能是持续降低的，且降低的趋势很明显，从 2003 年的 10.62×10^5t 开始逐年降低，到 2023 年为止，减少了 7.64×10^5t，降幅达 71.92%。

5）吸收二氧化硫功能物质量预测

防护林吸收二氧化硫功能物质量预测结果见图 5-54。由图 5-54 可知：总体来看，天然林资源保护工程防护林吸收二氧化硫功能物质量是减少的，2023 年将比 2003 年减少 89.02×10^4t，降幅达 18.54%。

不同林龄防护林中，在 2003～2023 年，幼龄林、中龄林和近熟林吸收二氧化硫功能是一直增加的，而成过熟林吸收二氧化硫生态服务功能一直在降低且降低的幅度很大。就幼龄林、中龄林和近熟林吸收二氧化硫功能物质量的增长幅度而言，幼龄林>近熟林>中龄林。到 2023 年为止，幼龄林、中龄林、近熟林吸收二氧化硫功能物质量分别增加了 27.64×10^4t、35.15×10^4t、38.72×10^4t；增幅分别为 63.92%、34.20%、56.03%。成过熟林吸收二氧化硫功能物质量的降低趋势非常明星，从 2003 年的 264.92×10^4t 减少到 2023 年的 74.39×10^4t，减少了 190.53×10^4t，降幅达 71.92%。

6）吸收氮氧化物功能物质量预测

防护林吸收氮氧化物功能物质量预测结果见图 5-55。由图 5-55 可以看出：总体来看，天然林资源保护工程防护林吸收氮氧化物功能物质量是减少的，比 2003 年降低了 3.46×10^4t，降幅达 18.54%。

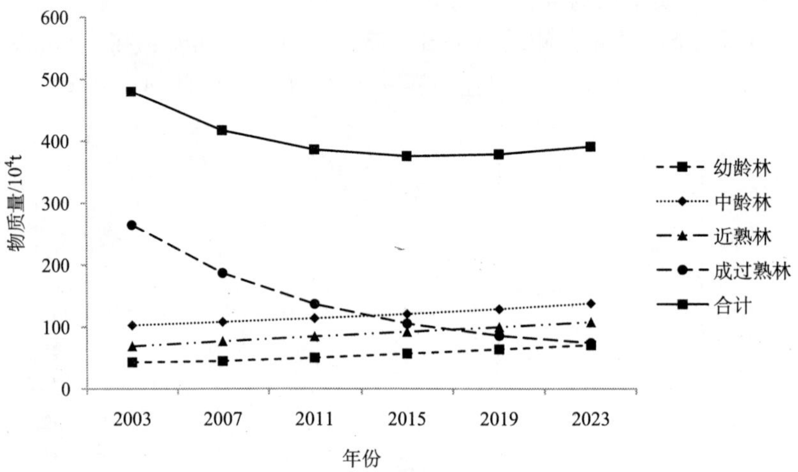

图 5-54　天然林资源保护工程防护林吸收二氧化硫功能物质量变化趋势图

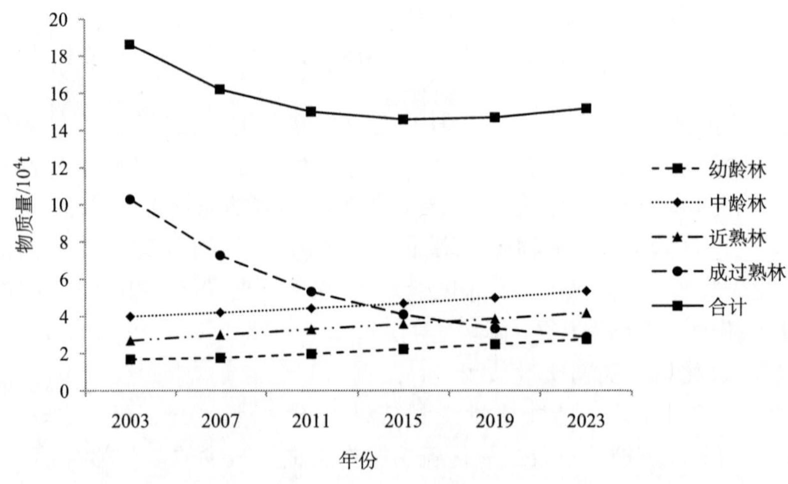

图 5-55　天然林资源保护工程天然林防护林吸收氮氧化物功能物质量变化趋势图

在 2003～2023 年，天然林资源保护工程防护林中，幼龄林、中龄林和近熟林吸收氮氧化物功能不断增加而成过熟林吸收氮氧化物功能则不断降低，且降低的趋势非常明显。到 2023 年为止，幼龄林、中龄林、近熟林吸收氮氧化物功能物质量的增加量分别为 1.07×10^4t、1.36×10^4t、1.50×10^4t，增幅分别为 63.92%、34.20%、56.03%。成过熟林吸收氮氧化物功能物质量降低了 7.40×10^4t，降幅达 71.92%。

7）滞尘功能物质量预测

防护林滞尘功能物质量预测结果见图 5-56。由图 5-56 可知：总体来看，天然林资源保护工程防护林滞尘功能物质量是减少的，到 2023 年为止，较之 2003 年降低了 13.55×10^7t，降幅达 18.54%。

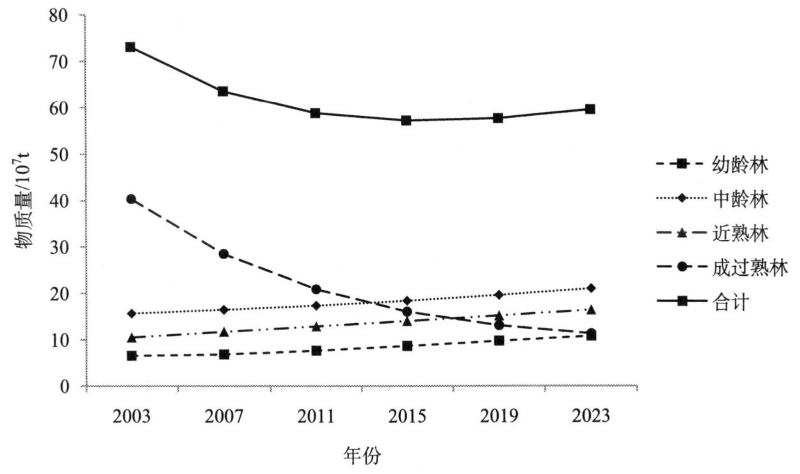

图 5-56　天然林资源保护工程防护林滞尘功能物质量变化趋势图

2003～2023 年，天然林资源保护工程防护林，幼龄林、中龄林和近熟林滞尘功能物质量生态服务功能不断增加，其中幼龄林的增长幅度最大，几乎是中龄林的 2 倍。到 2023 年为止，幼龄林滞尘功能物质量增加了 4.21×10^7t，增幅为 56.03％；中龄林滞尘功能物质量增加了 5.35×10^7t，增幅为 34.20％；近熟林滞尘功能物质量增加了 5.89×10^7t，增幅为 67.97％。而成过熟林滞尘生态服务功能从 2003 年的 40.33×10^7t 开始逐年降低，到 2023 年降到最低，为 11.32×10^7t，减少了 29.01×10^7t，降幅 71.92％。

5.1.3.3　特用林功能物质总量预测

1）涵养水源功能物质量预测

天然林工程特用林涵养水源功能物质量预测结果见图 5-57。由图 5-57 可知：总体来看，天然林资源保护工程特用林涵养水源功能物质量是减少的，到 2023 年为止，比 2003 年降低了 55.09×10^8t，降幅为 29.77％。

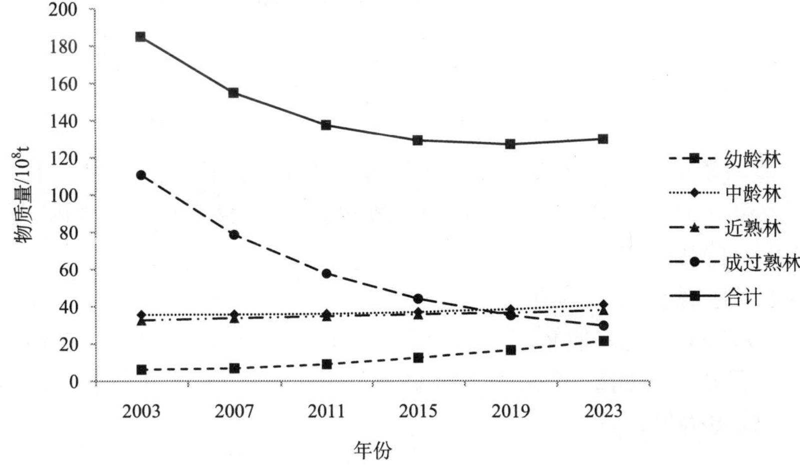

图 5-57　天然林资源保护工程特用林涵养水源功能物质量变化趋势图

2003～2023年，天然林资源保护工程特用林中，幼龄林、中龄林和近熟林涵养水源生态服务功能是持续增加的，其中幼龄林涵养水源功能物质量的增长幅度非常大，是中龄林和近熟林涵养水源功能物质量增长幅度的近17倍。到2023年为止，幼龄林、中龄林、近熟林涵养水源功能物质量分别增加了15.18×10^8t、5.40×10^8t、5.33×10^8t，增幅分别为245.34%、15.18%、16.36%。而成过熟林涵养水源生态服务功能从2003年开始持续降低，截至2023年，成过熟林涵养水源功能物质量从2003年的110.663×10^8t降低到2023年的29.653×10^8t，降低了81.01×10^8t，降幅73.20%。

2）保育土壤功能物质量预测

特用林保育土壤功能物质量预测结果见图5-58。由图5-58可知：总体来看，到2023年为止，天然林资源保护工程特用林保育土壤功能物质量是减少的，比2003年减少了830.55×10^6t，降幅达50.77%。

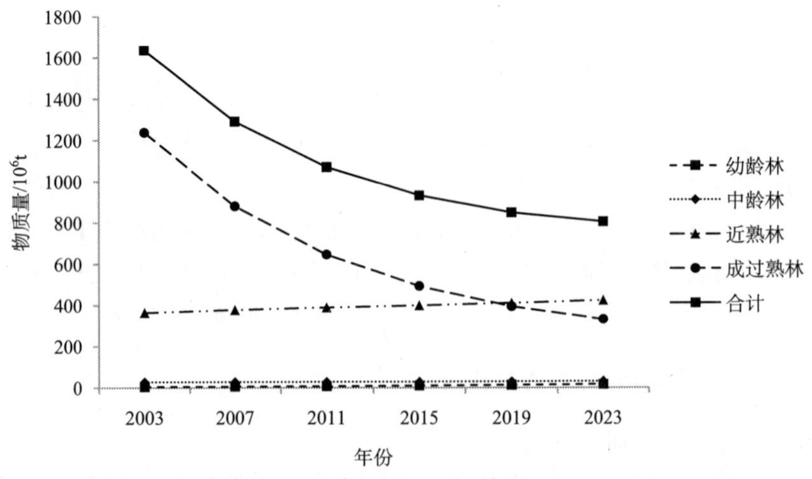

图5-58　天然林资源保护工程特用林保育土壤功能物质量变化趋势图

在2003～2023年，天然林资源保护工程特用林中，幼龄林、中龄林和近熟林的保育土壤生态服务功能不断增加，其中幼龄林保育土壤功能物质量的增长幅度最大。而成过熟林保育土壤生态服务功能一直在持续降低，且降低的幅度较大。预计到2023时，幼龄林保育土壤功能物质量增加11.93×10^6t，增幅为245.34%；中龄林保育土壤功能物质量增加了4.24×10^6t，增幅为15.18%；近熟林保育土壤功能物质量增加了59.68×10^6t，增幅为16.36%。成过熟林保育土壤功能物质量却降低了906.40×10^6t，降幅达73.20%。

3）固碳释氧功能物质量预测

特用林固碳释氧功能物质量预测结果见图5-59。由图5-59可知：总体来看，天然林资源保护工程特用林固碳释氧功能物质量是减少的，预测2023年比2003年降低0.86×10^8t，降幅达29.77%。

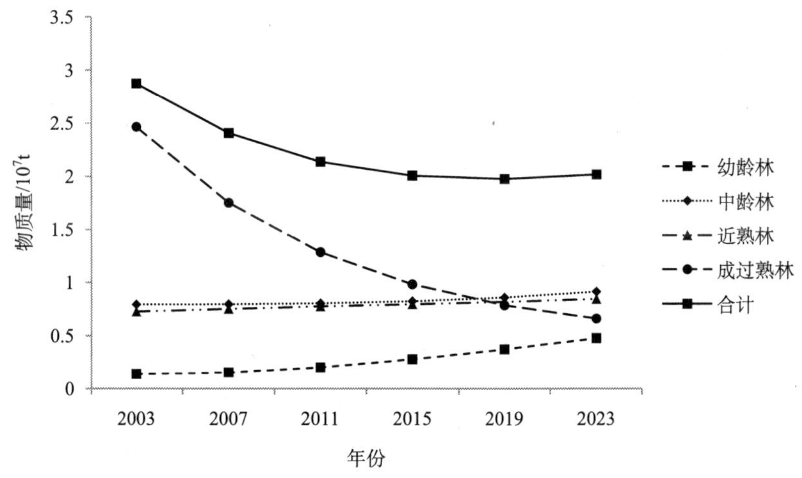

图 5-59　天然林资源保护工程特用林固碳释氧功能物质量变化趋势图

在2003～2023年，在天然林资源保护工程特用林中，幼龄林、中龄林和近熟林固碳释氧功能物质量呈持续增加趋势，其中幼龄林的增长幅度最大。到2023年为止，幼龄林固碳释氧功能物质量增加了 0.34×10^7t，增幅为245.34%；中龄林固碳释氧功能物质量增加了 0.12×10^7t，增幅为15.18%；近熟林固碳释氧功能物质量增加了 0.12×10^7t，增幅为16.36%。而成过熟林固碳释氧生态服务功能从2003年的 12.21×10^7t开始逐年降低，到2023年为止，减少了 1.80×10^7t，降幅73.20%。

4）储养功能物质量预测

特用林储养功能物质量预测结果见图5-60。由图5-60可知：总体来看，天然林资源保护工程特用林储养功能物质量是降低的，到2023年为止，降低了 1.07×10^5t，降幅达29.78%。

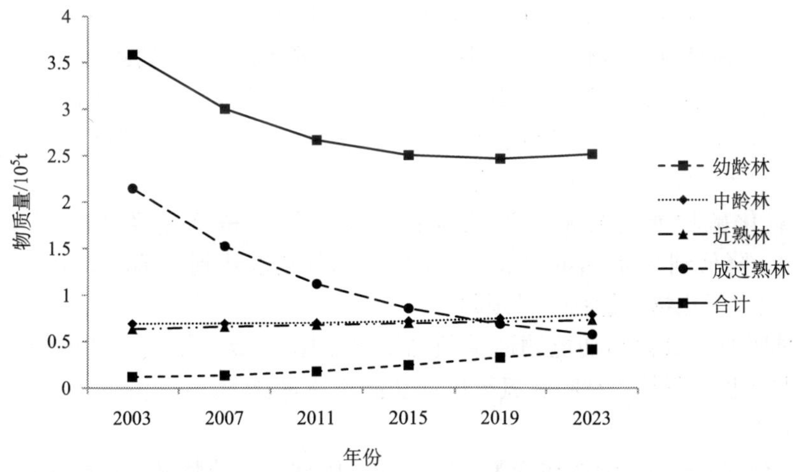

图 5-60　天然林资源保护工程特用林储养功能物质量变化趋势图

在 2003～2023 年，天然林资源保护工程特用林中，幼龄林、中龄林和近熟林储养生态服务功能是一直增加的，其中幼龄林储养功能物质量的增长幅度最大，中龄林和近熟林的储养功能物质量增长幅度都比较小，还不到 20%。到 2023 年为止，幼龄林储养功能物质量增加了 0.29×10^5t，增幅为 245.34%；中龄林储养功能物质量增加了 0.10×10^5t，增幅为 15.18%；近熟林储养功能物质量增加了 0.10×10^5t，增幅为 16.36%。而成过熟林储养生态服务功能从 2003 年的 5.14×10^5t 开始逐年降低，降低的趋势比较明显，到 2023 年为止，减少了 1.57×10^5t，降幅 73.20%。

5）吸收二氧化硫功能物质量预测

特用林吸收二氧化硫功能物质量预测结果见图 5-61。由图 5-61 可知：在 2003～2023 年，天然林资源保护工程特用林吸收二氧化硫功能物质量先减少后增加，2023 年将比 2003 年减少 26.61×10^5t，降幅达 29.78%。

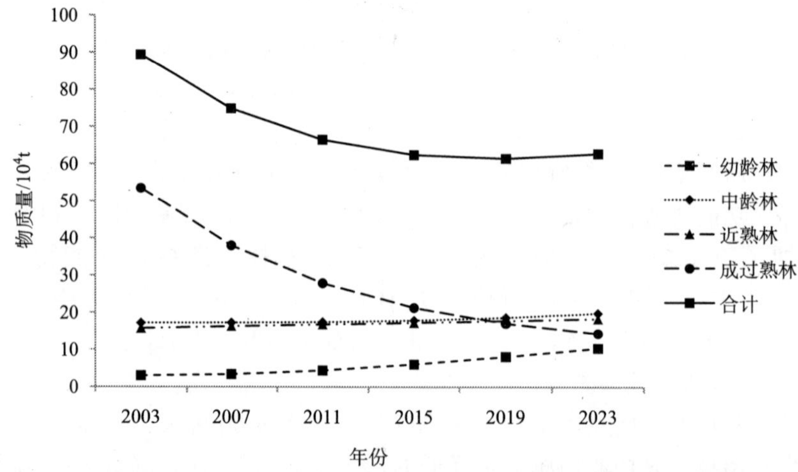

图 5-61　天然林资源保护工程特用林吸收二氧化硫功能物质量变化趋势图

不同林龄特用林中，幼龄林、中龄林和近熟林吸收二氧化硫生态服务功能一直增加，而成过熟林吸收二氧化硫生态服务功能一直降低，其中幼龄林吸收二氧化硫功能物质量的增长量非常明显，而中龄林和近熟林的增长幅度均不超过 20%。到 2023 年为止，幼龄林、中龄林、近熟林吸收二氧化硫功能物质量分别增加了 7.34×10^4t、2.61×10^4t、2.58×10^4t，增幅分别为 245.34%、15.18%、16.36%。而成过熟林的吸收二氧化硫功能物质量的增长量和增长幅度都是持续降低的，从 2003 年的 53.46×10^4t 降低到 2023 年的 14.33×10^4t，降低幅度达到了 73.20%。

6）吸收氮氧化物功能物质量预测

特用林吸收氮氧化物功能物质量预测结果见图 5-62。由图 5-62 可知：总体来看，天然林资源保护工程特用林吸收氮氧化物功能物质量比 2003 年降低了 1.03×10^4t，降幅达 29.78%。

在 2003～2023 年，天然林资源保护工程特用林中，幼龄林、中龄林和近熟林吸收氮氧化物生态服务功能不断增加而成过熟林则不断降低，且降低的趋势非常明显。其中，幼龄林吸收氮氧化物功能物质量的增长幅度最大。到 2023 年为止，幼龄林、中龄

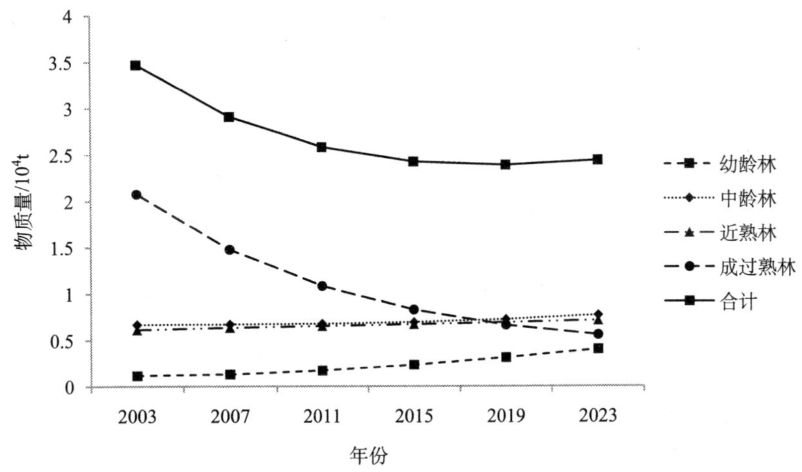

图 5-62　天然林资源保护工程天然林工程特用林吸收氮氧化物功能物质量变化趋势图

林、近熟林吸收氮氧化物功能物质量的增加量与增幅分别为 0.28×10^4t、0.10×10^4t、0.10×10^4t，增长幅度为 245.34%、15.18%、16.36%。成过熟林从 2003 年的 2.07×10^4t降低到 2023 年的 0.56×10^4t，减少了 1.52×10^4t，降幅达 73.20%。

7）滞尘功能物质量预测

特用林滞尘功能物质量预测结果见图 5-63。由图 5-63 可知：总体来看，天然林资源保护工程特用林吸收氮氧化物功能物质量是减少的，到 2023 年为止，较之 2003 年降低了 4.05×10^7t，降幅达 29.78%。

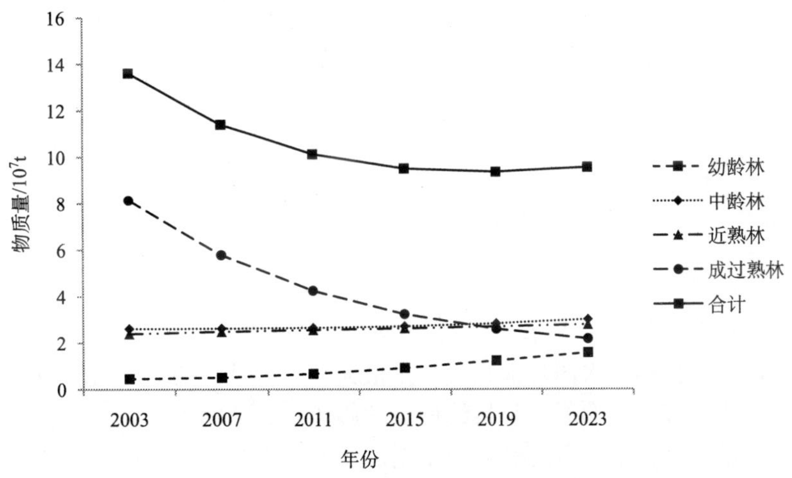

图 5-63　天然林资源保护工程特用林滞尘功能物质量变化趋势图

天然林资源保护工程特用林中，幼龄林、中龄林和近熟林滞尘功能物质量生态服务功能不断增加，其中幼龄林滞尘功能物质量的增长幅度最大，中龄林最小。到 2023 年为止，幼龄林滞尘功能物质量增加了 1.12×10^7t，增幅为 56.03%；中龄林滞尘功能物

质量增加了 0.40×10^{7}t，增幅为 15.18%；近熟林滞尘功能物质量增加了 0.39×10^{7}t，增幅为 16.36%。而成过熟林滞尘生态服务功能到 2023 年为止，和 2003 相比，减少了 5.96×10^{7}t，降幅 73.20%。

5.2 “三北”及长江流域重点防护林体系建设工程生态功能物质量预测

5.2.1 天然林

5.2.1.1 天然用材林

1）涵养水源功能物质量预测

由图 5-64 可知：2003～2023 年，天然用材林涵养水源功能物质量呈不断增加的变化趋势，到 2023 年为止，“三北”及长江流域重点防护林体系建设工程天然用材林调节水量和净化水质量总和比 2003 年增加了 3.16×10^{10}t，增幅为 28.42%。

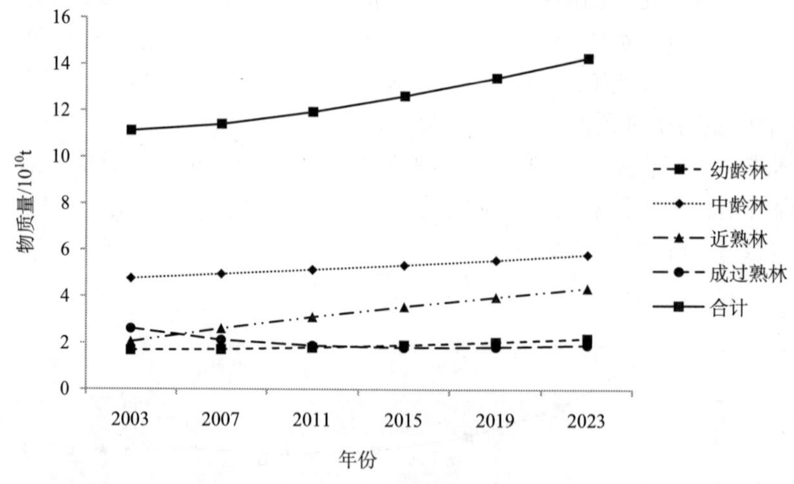

图 5-64 “三北”及长江流域重点防护林体系建设工程天然用材林涵养水源功能物质量变化趋势图

从不同林龄组林分的涵养水源功能总物质量总体来看，中龄林＞近熟林＞成过熟林＞幼龄林，中龄林涵养水源功能物质总量最大，幼龄林最小。幼龄林、中龄林和近熟林涵养水源功能随着时间的增加呈持续增长的趋势，到 2023 年为止，幼龄林、中龄林、近熟林调节水量和净化水质量总和将分别增加 0.52×10^{10}t、1.03×10^{10}t、2.31×10^{10}t，增幅分别为 30.49%、21.71%、112.33%，近熟林涵养水源功能增长最快，幼龄林次之。而成过熟林涵养水源功能呈不断减少的趋势，截至 2023 年，成过熟林涵养水源功能总量将减少 0.70×10^{10}t，比 2003 年减少了 26.6%。

2）保育土壤功能物质量预测

由图 5-65 可知：总体来看，2003～2023 年，天然用材林保育土壤功能物质量呈增加的趋势，比 2003 年增加了 8.48×10^{8}t，增幅为 32.61%。

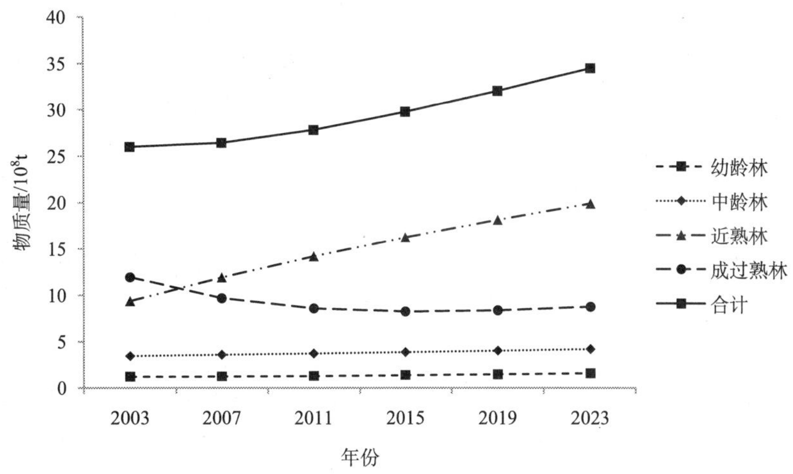

图 5-65　“三北”及长江流域重点防护林体系建设工程天然用材林保育土壤功能物质量变化趋势图

天然用材林不同林龄组林分的保育土壤功能物质量变化趋势差异较大，近熟林保育土壤功能总物质量最大，成过熟林次之，幼龄林最小。幼龄林、中龄林和近熟林的保育土壤功能随着时间的延长呈不断增加的变化趋势，而成过熟林保育土壤功能大致呈减少趋势，在 2015 年以后稍有回升趋势，截至 2023 年，幼龄林保育土壤功能物质量将增加 0.37×10^8t，增幅为 30.49%；中龄林增加 0.75×10^8t，增幅为 21.71%；近熟林增加 10.53×10^8t，增幅为 112.33%；成过熟林减少 3.17×10^8t，降幅为 26.59%。

3）固碳释氧功能物质量预测

由图 5-66 可知：总体来看，截至 2023 年，“三北”及长江流域重点防护林体系建设工程天然用材林固碳释氧功能物质量比 2003 年增加 6.50×10^7t，增幅 28.42%。

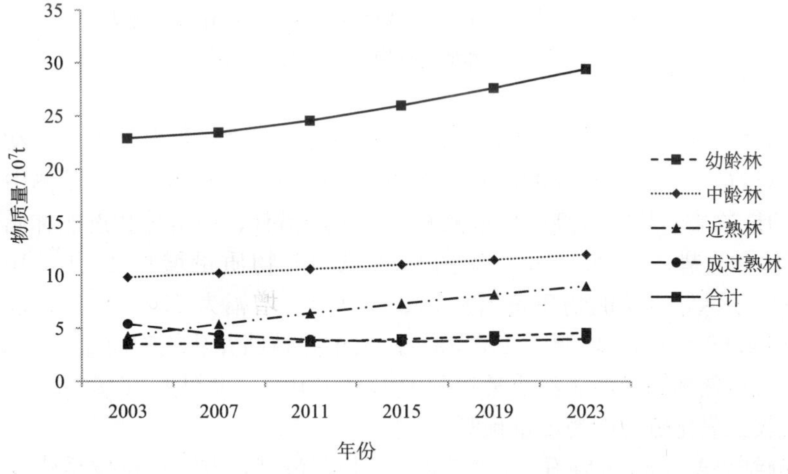

图 5-66　“三北”及长江流域重点防护林体系建设工程天然用材林固碳释氧功能物质量变化趋势图

天然用材林不同林龄组林分的固碳释氧功能物质量变化趋势差异较大，其中，中龄林固碳释氧功能总物质量最大，近熟林次之。成过熟林固碳释氧功能在预测期初比近熟林高，到预测中末期，近熟林的固碳释氧功能物质量将明显高于成过熟林。在2003～2023年，幼龄林、中龄林和近熟林的固碳释氧功能物质量一直呈增加趋势，均在2023年达到最大值，幼龄林固碳释氧功能物质量增加1.06×10^7t，增幅为30.49%；中龄林增加2.13×10^7t，增幅为21.71%，近熟林增加4.75×10^7t，增幅为112.33%。成过熟林固碳释氧功能物质量大体呈减少的趋势，在2015年以后稍有回升趋势。到2023年为止，成过熟林降低1.43×10^7t，降幅26.60%。

4）储养功能物质量预测

由图5-67可以看出："三北"及长江流域重点防护林体系建设工程天然用材林储养功能物质量预测结果显示，2003～2023年，天然用材林储养功能总物质量呈增加的趋势，到2023年总储养功能物质量将比2003年增加6.83×10^5t，增幅为28.42%。

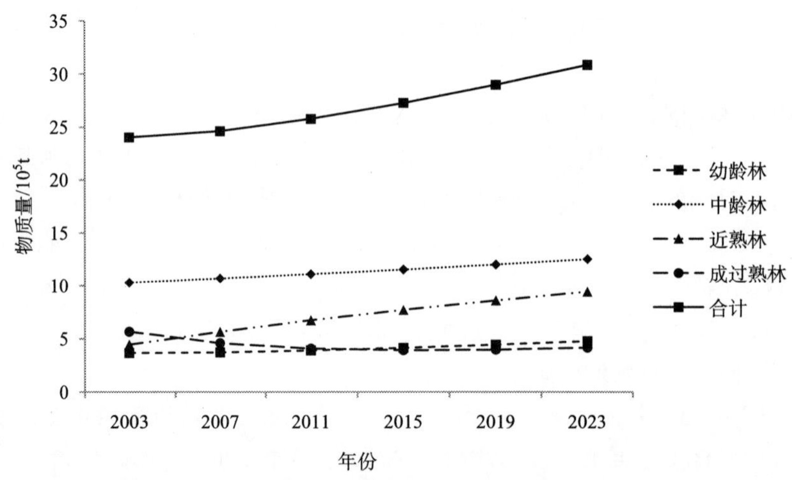

图5-67 "三北"及长江流域重点防护林体系建设工程天然用材林储养功能物质量变化趋势图

在天然用材林中，中龄林的储养功能总物质总量最大，近熟林次之，幼龄林的储养功能物质总量最小。成过熟林的储养功能在预测期初比近熟林高，到预测中末期，近熟林的储养功能物质量将明显高于成过熟林。其中幼龄林、中龄林和近熟林储养功能物质量呈持续上升趋势，到2023年，幼龄林储养功能物质量增加1.11×10^5t，增幅为30.49%，中龄林储养功能物质量增加5.23×10^5t，增幅为21.71%，近熟林储养功能物质量增加4.99×10^5t，增幅为112.33%。成过熟林储养功能物质量一直呈减少趋势，到2023年成过熟林储养功能物质量将减少1.50×10^5t，降幅为26.60%。

5）吸收二氧化硫功能物质量预测

由预测结果图5-68可以看出："三北"及长江流域重点防护林体系建设工程天然用材林吸收二氧化硫功能物质量在2003～2023年呈增加的趋势，到2023年吸收二氧化硫功能物质量将比2003年增加12.07×10^5t，增幅28.42%。

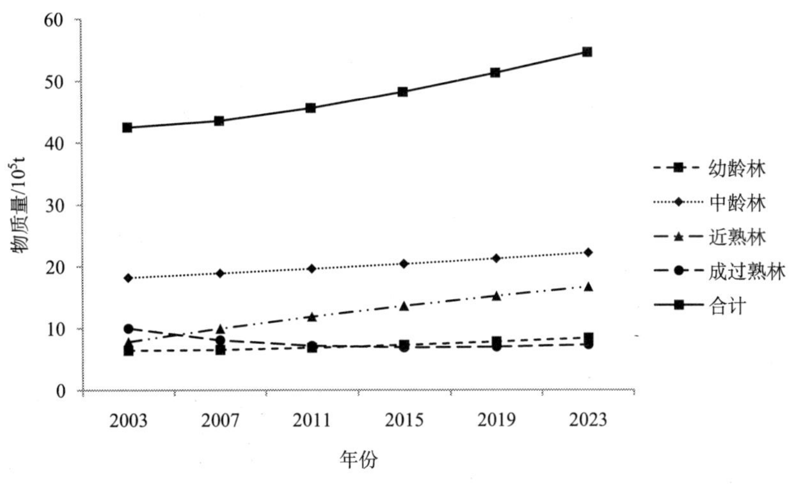

图 5-68 “三北”及长江流域重点防护林体系建设工程天然用材林吸收二氧化硫功能物质量变化趋势图

在天然用材林中，中龄林的吸收二氧化硫功能总物质量最大，近熟林次之，幼龄林的吸收二氧化硫功能物质量最小。幼龄林、中龄林和近熟林吸收二氧化硫功能物质量是一直增加的，而成过熟林吸收二氧化硫功能物质量是一直在减少。到 2023 年为止，幼龄林、中龄林、近熟林吸收二氧化硫功能物质量将分别增加 1.97×10^5t、3.95×10^5t、8.81×10^5t，增幅分别为 30.49％、21.71％、112.33％；成过熟林吸收二氧化硫功能物质量减少 2.66×10^5t，比 2003 年减少了 26.60％。

6）吸收氮氧化物功能物质量预测

由图 5-69 可以看出：“三北”及长江流域重点防护林体系建设工程天然用材林吸收氮氧化物功能物质量在 2003～2023 年呈增加的趋势，到 2023 年将比 2003 年增加 1.48×10^5t，增幅为 28.42％。

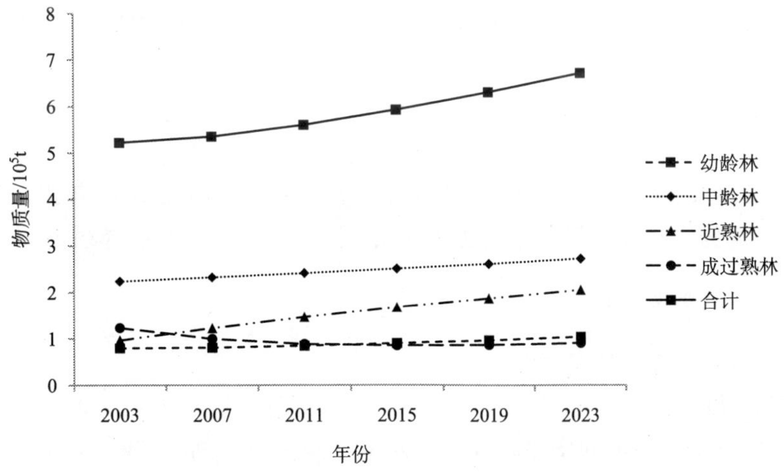

图 5-69 “三北”及长江流域重点防护林体系建设工程天然用材林吸收氮氧化物功能物质量变化趋势图

总体来看，天然用材林不同林龄组林分的吸收氮氧化物功能物质总量大小顺序为中龄林＞近熟林＞成过熟林＞幼龄林。2003～2023 年，天然用材林中幼龄林、中龄林和近熟林吸收氮氧化物功能物质量不断增加，成过熟林吸收氮氧化物功能物质量不断降低，在 2015 年以后稍有回升趋势，到 2023 年为止，成过熟林吸收氮氧化物功能物质量降低 0.33×10^5t，降幅为 26.60％，幼龄林、中龄林、近熟林的吸收氮氧化物功能物质量增加量分别为 0.24×10^5t、0.49×10^5t、1.08×10^5t，增幅分别为 30.49％、21.71％、112.33％。

7）滞尘功能物质量预测

由图 5-70 可以看出：天然用材林预测期内滞尘功能物质量总量是增加的，到 2023 年为止，滞尘功能物质量总量比 2003 年增加了 20.02×10^7t，增幅达 28.42％。

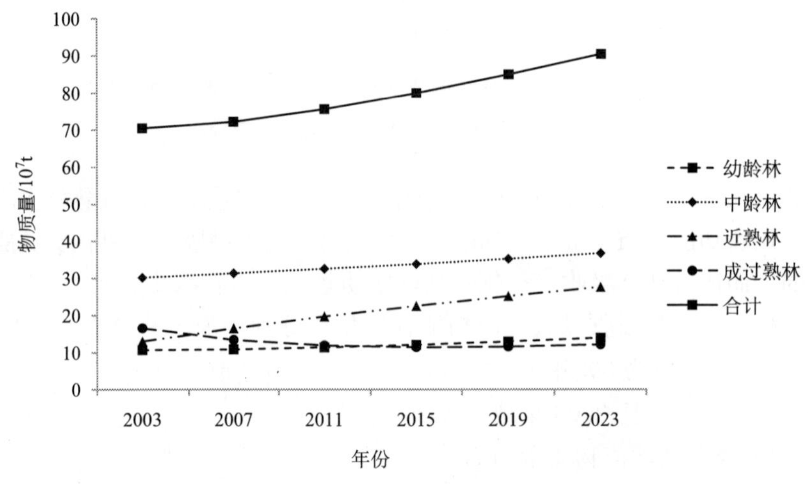

图 5-70 “三北”及长江流域重点防护林体系建设工程天然用材林滞尘功能物质量变化趋势图

在天然用材林中，滞尘功能物质总量变化规律总体为中龄林＞近熟林＞成过熟林＞幼龄林。其中，幼龄林、中龄林和近熟林滞尘功能物质量程不断增加趋势，到 2023 年为止，幼龄林滞尘功能物质量增加 3.26×10^7t，增幅为 30.49％；中龄林滞尘功能物质量增加 6.55×10^7t，增幅为 21.71％；近熟林滞尘功能物质量增加 14.62×10^7t，增幅为 112.33％。成过熟林滞尘功能物质量一直在降低，但在 2015 年以后稍有回升趋势，到 2023 年为止，成过熟林滞尘功能物质量降低 4.41×10^7t，降幅 26.60％。

5.2.1.2 天然防护林

1）涵养水源功能物质量预测

由图 5-71 可知：2003～2023 年，天然防护林涵养水源功能物质量随着工程实施时间的延长呈先降低后增加的变化趋势，总体呈下降趋势。到 2023 年为止，天然防护林涵养水源功能物质量总和比 2003 年降低了 1.07×10^{10}t，降幅为 7.55％。

从天然防护林不同林龄组林分的涵养水源功能物质总量来看，中龄林涵养水源功能

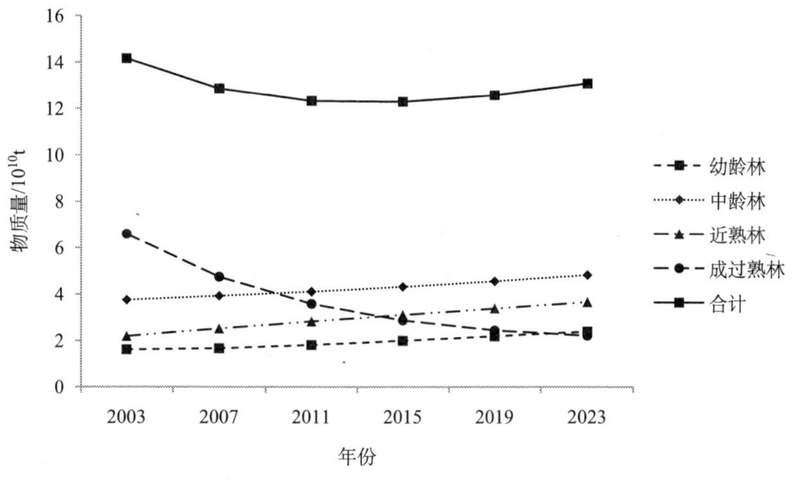

图 5-71　“三北”及长江流域重点防护林体系建设工程天然防护林涵养水源功能物质量变化趋势图

物质总量最大，幼龄林最小，成过熟林涵养水源功能在预测期初比近熟林高，到预测中末期，近熟林的涵养水源功能物质量将明显高于成过熟林。幼龄林、中龄林和近熟林涵养水源功能随着时间的增加呈持续增长的趋势，到 2023 年为止，幼龄林、中龄林、近熟林调节水量和净化水质量总和将分别增加 0.77×10^{10} t、1.07×10^{10} t、1.47×10^{10} t，增幅分别为 47.53%、28.55%、66.96%；成过熟林涵养水源功能一直在降低，到 2023 年为止，成过熟林降低 4.38×10^{10} t，降幅为 66.42%。

2）保育土壤功能物质量预测

由图 5-72 可知：总体来看，2003～2023 年，“三北”及长江流域重点防护林体系建设工程天然防护林保育土壤功能物质量总体变化呈降低的趋势，比 2003 年降低了 11.93×10^{10} t，降幅为 27.14%。

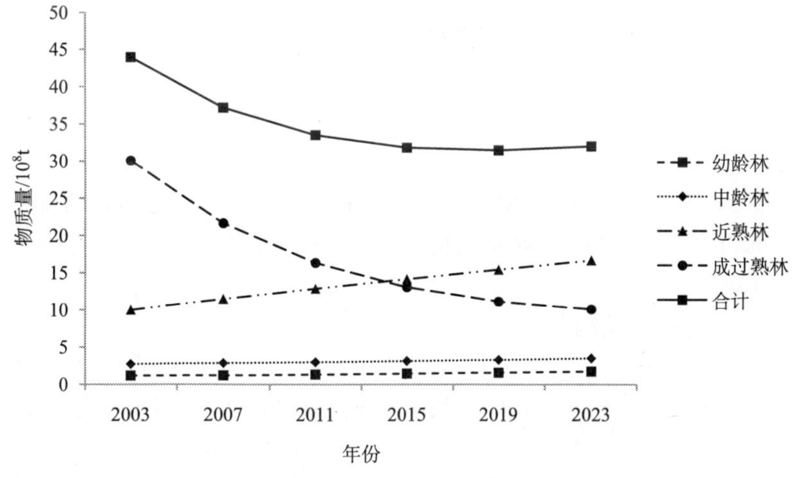

图 5-72　“三北”及长江流域重点防护林体系建设工程天然防护林保育土壤功能物质量变化趋势图

天然防护林不同林龄组林分的保育土壤功能物质量变化趋势差异较大，成过熟林保育土壤功能物质总量最大，近熟林次之，幼龄林最小。幼龄林、中龄林和近熟林的保育土壤功能随着时间的延长呈不断增加的变化趋势，成过熟林保育土壤功能呈减少趋势，截至 2023 年，幼龄林保育土壤功能物质量将增加 0.56×10^{10} t，增幅为 47.53%；中龄林增加 0.78×10^{10} t，增幅为 28.55%；近熟林增加 6.69×10^{10} t，增幅为 66.96%；成过熟林减少 19.96×10^{10} t，降低了 66.42%。

3）固碳释氧功能物质量预测

由图 5-73 可知：总体来看，2003～2023 年，“三北”及长江流域重点防护林体系建设工程天然防护林固碳释氧功能物质量变化呈先降低后增加的趋势，总体变化呈降低的趋势，比 2003 年降低了 2.20×10^7 t，降幅为 7.55%。

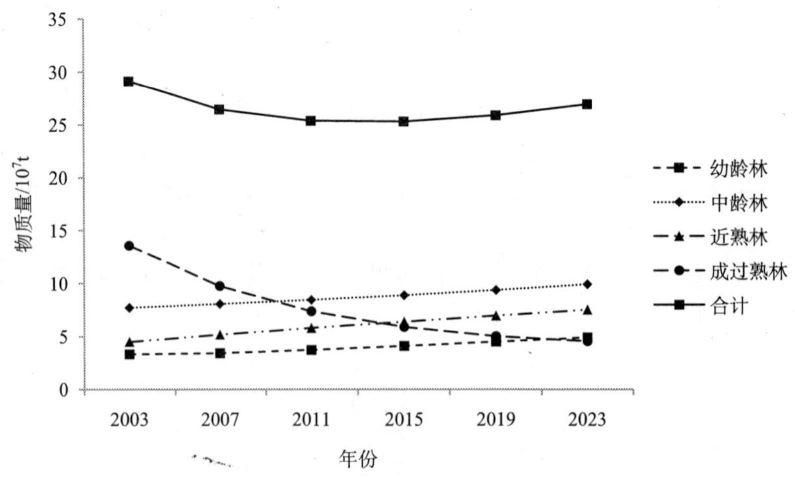

图 5-73 “三北”及长江流域重点防护林体系建设工程天然防护林固碳释氧功能物质量变化趋势图

天然防护林不同林龄组林分的固碳释氧功能物质量变化趋势差异较大，成过熟林固碳释氧功能在预测前期比近熟林高，到预测末期，近熟林的固碳释氧功能物质量将明显高于成过熟林。2003～2023 年，幼龄林、中龄林和近熟林的固碳释氧功能物质量一直呈增加趋势，均在 2023 年达到最大值，幼龄林固碳释氧功能物质量增加 1.58×10^7 t，增幅为 47.53%；中龄林增加 2.20×10^7 t，增幅为 28.55%；近熟林增加 3.02×10^7 t，增幅为 66.96%；成过熟林固碳释氧功能不断下降，到 2023 年为止，成过熟林固碳释氧功能物质量降低 9.00×10^7 t，降幅为 66.42%。

4）储养功能物质量预测

由图 5-74 可知：2003～2023 年，天然防护林储养功能总物质量呈先减少后增加的趋势，整体呈降低趋势。到 2023 年总储养功能物质量将比 2003 年降低 2.31×10^5 t，降幅为 7.55%。

在天然防护林中，中龄林的储养功能物质总量最大，成过熟林次之，幼龄林的储养功能物质量最小。其中幼龄林、中龄林和近熟林储养功能物质量呈持续上升趋势，到

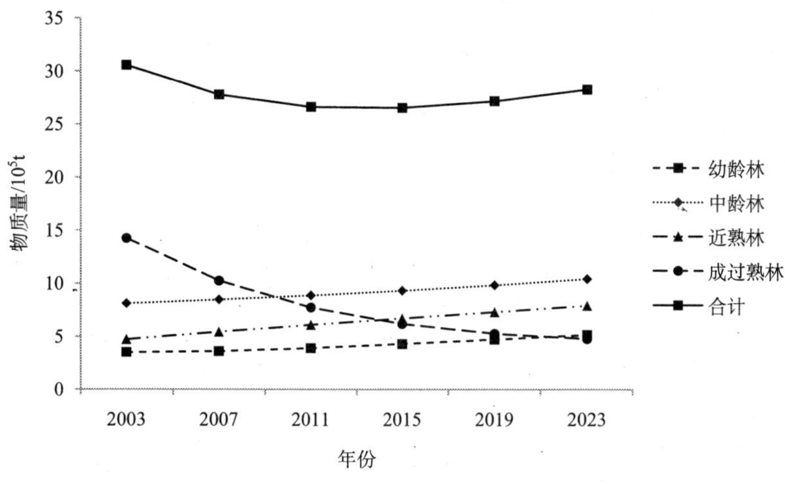

图 5-74　“三北”及长江流域重点防护林体系建设工程天然防护林储养功能物质量变化趋势图

2023 年，幼龄林储养功能物质量增加 1.66×10^5t，增幅为 47.53%；中龄林增加 2.31×10^5t，增幅为 28.55%；近熟林增加 3.17×10^5t，增幅为 66.96%。成过熟林储养功能物质量一直呈减少趋势，到 2023 年成过熟林储养功能物质量将减少 9.45×10^5t，降低了 66.42%。

5）吸收二氧化硫功能物质量预测

天然防护林吸收二氧化硫功能物质量预测结果见图 5-75。从预测结果图可以看出：天然防护林吸收二氧化硫功能物质量，在 2003～2023 年呈先减少后增加的趋势，整体呈降低趋势，2023 年将比 2003 年降低 4.08×10^5t，降幅为 7.55%。

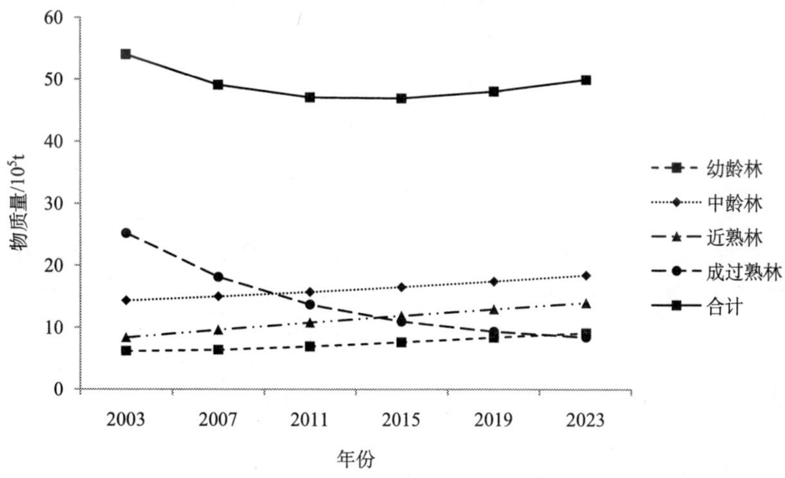

图 5-75　“三北”及长江流域重点防护林体系建设工程天然防护林吸收二氧化硫功能物质量变化趋势图

从图 5-75 中还可以看出，在天然防护林中，中龄林的吸收二氧化硫功能物质总量最大，成过熟林次之，幼龄林的吸收二氧化硫功能物质量最小。幼龄林、中龄林和近熟林吸收二氧化硫功能物质量是一直增加的，而成过熟林吸收二氧化硫功能物质量是一直在减少。到 2023 年为止，幼龄林、中龄林、近熟林吸收二氧化硫功能物质量将分别增加 2.94×10^5t、4.09×10^5t、5.61×10^5t，增幅分别为 47.53%、28.55%、66.96%；成过熟林吸收二氧化硫功能物质量减少 16.71×10^5t，降幅为 66.42%。

6）吸收氮氧化物功能物质量预测

由图 5-76 可知：天然防护林吸收氮氧化物功能物质量在 2003～2023 年呈先减少后增加的趋势，总体呈降低趋势。到 2023 年天然防护林吸收氮氧化物功能物质量将比 2003 年减少 0.50×10^5t，降幅达 7.55%。

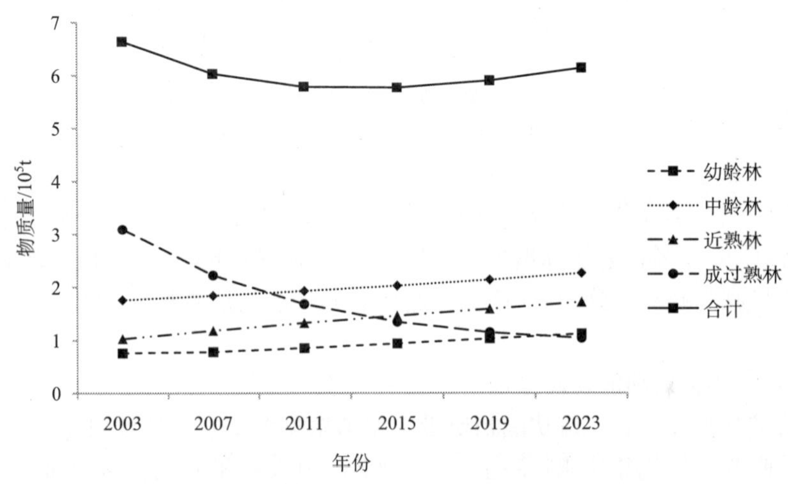

图 5-76　“三北”及长江流域重点防护林体系建设工程天然防护林吸收氮氧化物功能物质量变化趋势图

“三北”及长江流域重点防护林体系建设工程天然防护林不同林龄组林分的吸收氮氧化物功能物质总量大小顺序为中龄林＞成过熟林＞近熟林＞幼龄林。在预测前期成过熟林的吸收氮氧化物功能物质量比近熟林高，到预测末期，近熟林的吸收氮氧化物功能物质量将高于成过熟林。2003～2023 年，幼龄林、中龄林和近熟林吸收氮氧化物功能物质量不断增加，成过熟林吸收氮氧化物功能物质量不断降低，到 2023 年为止，成过熟林吸收氮氧化物功能物质量降低 2.05×10^5t，降幅为 66.42%；幼龄林、中龄林、近熟林的吸收氮氧化物功能物质量增加量分别为 0.36×10^5t、0.50×10^5t、0.69×10^5t，增幅分别为 47.53%、28.55%、66.96%。综合分析表明，天然防护林吸收氮氧化物功能物质量总体呈下降趋势，说明天然林随着时间的增加吸收氮氧化物功能降低。

7）滞尘功能物质量预测

由图 5-77 可知：天然防护林预测期滞尘功能物质量总量呈先减少后增加的趋势，整体呈降低趋势，到 2023 年为止，滞尘功能物质量总量比 2003 年减少了 6.77×10^7t，降幅为 7.55%。

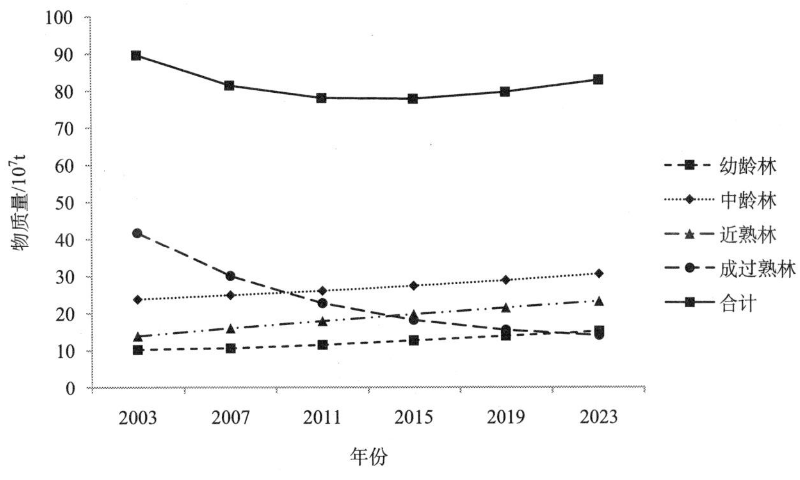

图 5-77　“三北”及长江流域重点防护林体系建设工程
天然防护林滞尘功能物质量变化趋势图

在天然防护林中，滞尘功能总物质量变化规律为中龄林＞成过熟林＞近熟林＞幼龄林。在预测前期成过熟林的滞尘功能物质量比近熟林高，到预测末期，近熟林的滞尘功能物质量将明显高于成过熟林。其中，幼龄林、中龄林和近熟林滞尘功能物质量程不断增加趋势，到 2023 年为止，幼龄林滞尘功能物质量增加幼龄林增加 4.87×10^7t，增幅为 47.53%；中龄林增加 6.78×10^7t，增幅为 28.55%；近熟林增加 9.30×10^7t，增幅为 66.96%；成过熟林滞尘功能物质量一直在降低，到 2023 年为止，成过熟林滞尘功能物质量降低成过熟林降低 27.72×10^7t，降幅为 66.42%。

5.2.1.3　天然特用林

1）涵养水源功能物质量预测

“三北”及长江流域重点防护林体系建设工程天然特用林涵养水源功能物质量预测结果见图 5-78。由图 5-78 中可知：2003～2023 年，天然特用林涵养水源功能物质量呈不断降低的变化趋势，截至 2023 年，天然特用林涵养水源功能物质量总和比 2003 年减少了 58.94×10^8t，降幅为 23.19%。

从天然特用林不同林龄组林分的涵养水源功能总物质量总体来看，成过熟林＞中龄林＞近熟林＞幼龄林，成过熟林涵养水源功能物质总量最大，幼龄林最小。幼龄林、中龄林和近熟林涵养水源功能随着时间的增加呈持续增长的趋势，到 2023 年为止，幼龄林、中龄林、近熟林调节水量和净化水质量总和将分别增加 12.16×10^8t、11.81×10^8t、14.15×10^8t，增幅分别为 76.96%、20.47%、32.67%，幼龄林涵养水源功能增长最快，近熟林次之。而成过熟林涵养水源功能随着时间的增加呈不断减少的趋势，截至 2023 年，成过熟林涵养水源功能总量将减少 97.07×10^8t，比 2003 年降低了 70.67%，说明成过熟林涵养水源功能丧失较快。

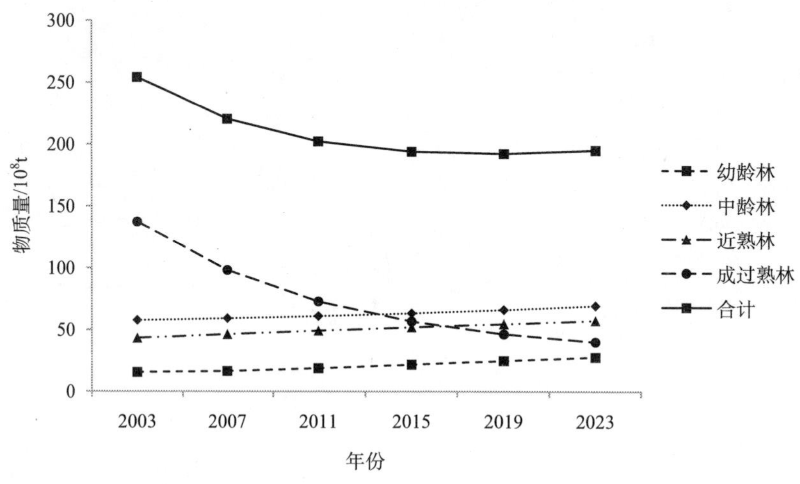

图 5-78 “三北”及长江流域重点防护林体系建设工程
天然特用林涵养水源功能物质量变化趋势图

2）保育土壤功能物质量预测

由图 5-79 可知：总体来看，2003～2023 年，“三北”及长江流域重点防护林体系建设工程天然特用林保育土壤功能物质量变化呈降低的趋势，比 2003 年减少了 360.63×10^6t，降幅为 41.11％。

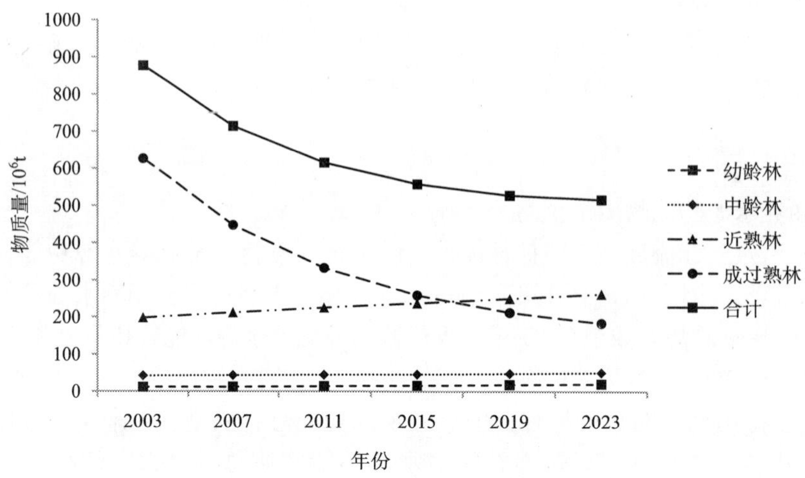

图 5-79 “三北”及长江流域重点防护林体系建设工程
天然特用林保育土壤功能物质量变化趋势图

天然特用林不同林龄组林分的保育土壤功能物质量变化趋势差异较大，成过熟林保育土壤功能总物质量最大，近熟林次之，幼龄林最小。成过熟林保育土壤功能在预测期初远远高于近熟林，到预测末期，随着成过熟林保育土壤功能物质量的下降和近熟林保育土壤功能物质量的增加，近熟林的保育土壤功能物质量将稍高于成过熟林。幼龄林、中龄林和近熟林的保育土壤功能呈不断增加的变化趋势，而成过熟林保育土壤功能呈减少趋势，截至 2023 年，幼龄林保育土壤功能物质量将增加 8.84 × 10^6t，增幅为 76.96%；中龄林增加 8.58×10^6t，增幅为 20.47%；近熟林增加 64.53×10^6t，增幅为 32.67%；成过熟林减少 442.57×10^6t，比 2003 年降低了 70.67%。

3）固碳释氧功能物质量预测

由图 5-80 可知：总体来看，2003～2023 年，“三北”及长江流域重点防护林体系建设工程天然特用林固碳释氧功能物质量变化整体呈下降趋势，比 2003 年降低了 1.21×10^7t，降幅 23.19%。

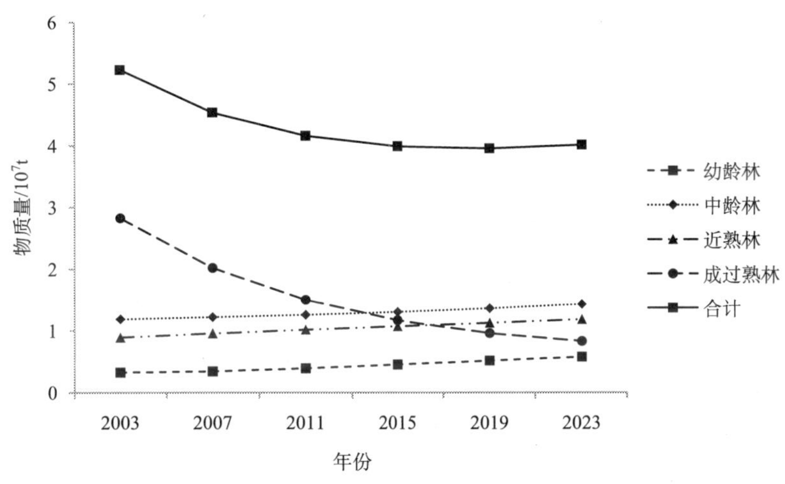

图 5-80　“三北”及长江流域重点防护林体系建设工程天然特用林固碳释氧功能物质量变化趋势图

天然特用林不同林龄组林分的固碳释氧功能物质量变化趋势差异较大，总体来看，从不同林龄组林分的固碳释氧功能物质总量来看，成过熟林＞中龄林＞近熟林＞幼龄林，成过熟林固碳释氧功能物质量总量最大，幼龄林最小。2003～2023 年，幼龄林、中龄林和近熟林的固碳释氧功能物质量一直呈增加趋势，均在 2023 年达到最大值，幼龄林固碳释氧功能物质量增加 0.25×10^7t，增幅为 76.96%；中龄林增加 0.24×10^7t，增幅为 20.47%；近熟林增加 0.29×10^7t，增幅为 32.67%。其中，幼龄林固碳释氧功能物质量增加最快，近熟林次之。成过熟林固碳释氧功能不断下降，到 2023 年为止，成过熟林固碳释氧功能物质量降低 2.00×10^7t，降幅为 70.67%。

4）储养功能物质量预测

由图 5-81 可以看出：“三北”及长江流域重点防护林体系建设工程天然特用林储养功能物质量预测结果显示，2003～2023 年，天然用材林储养功能总物质量呈下降的趋势，到 2023 年总储养功能物质量将比 2003 年减少了 1.27×10^5t，降幅为 23.19%。

在天然特用林中，成过熟林的储养功能物质量最大，中龄林次之，幼龄林的储养功能物质量最小。成过熟林的储养功能在预测期初远高于近熟林，到预测中末期，近熟林的储养功能物质量将明显高于成过熟林。其中幼龄林、中龄林和近熟林储养功能物质量

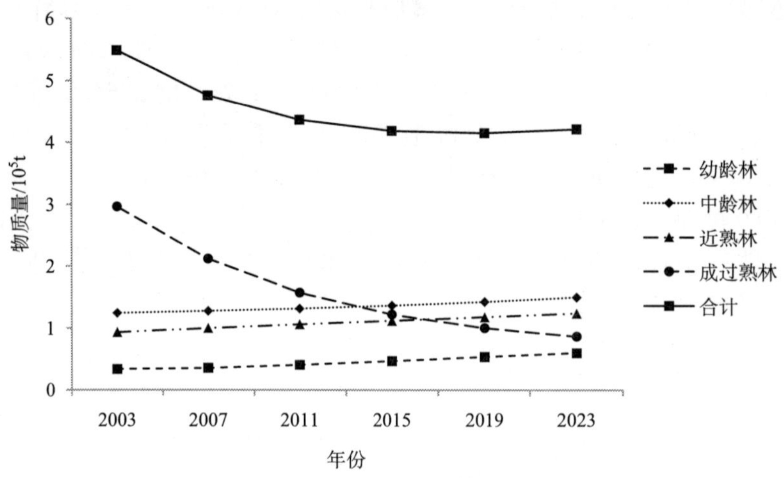

图 5-81 “三北”及长江流域重点防护林体系建设工程天然特用林储养功能物质量变化趋势图

呈持续上升趋势，到 2023 年，幼龄林储养功能物质量增加 0.26×10^5t，增幅为76.96%；中龄林增加 0.25×10^5t，增幅为 20.47%；近熟林增加 0.31×10^5t，增幅为32.67%；成过熟林储养功能物质量一直呈减少趋势，到 2023 年成过熟林储养功能物质量将减少 2.10×10^5t，比 2003 年降低了 70.67%。其中幼龄林储养功能物质量增加最快。

5）吸收二氧化硫功能物质量预测

天然特用林吸收二氧化硫功能物质量预测结果见图 5-82。从预测结果图可以看出：天然特用林吸收二氧化硫功能物质量在 2003～2023 年呈下降的趋势，2023 年将比 2003年减少了 22.50×10^4t，降幅 23.19%。

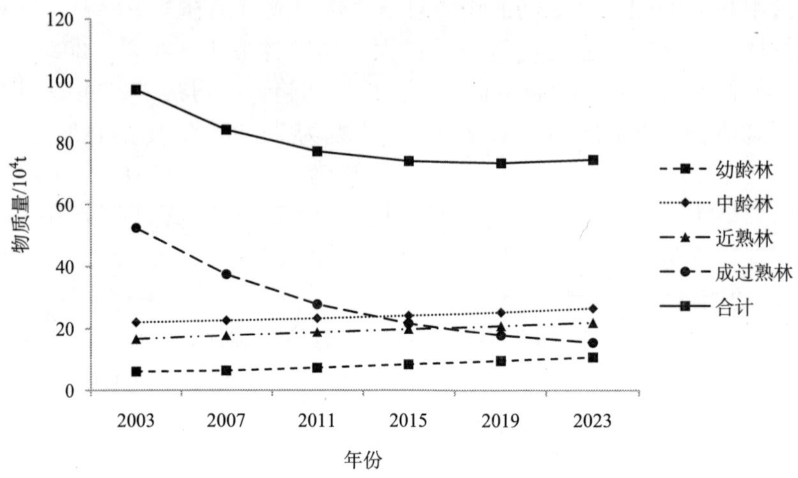

图 5-82 “三北”及长江流域重点防护林体系建设工程天然特用林吸收二氧化硫功能物质量变化趋势图

在天然特用林中，成过熟林吸收二氧化硫功能物质总量最大，中龄林次之，幼龄林吸收二氧化硫功能物质总量最小。幼龄林、中龄林和近熟林吸收二氧化硫功能物质量是一直增加的，而成过熟林吸收二氧化硫功能物质量是一直在减少。到 2023 年为止，幼龄林、中龄林、近熟林吸收二氧化硫功能物质量将分别增加 4.64×10^4t、4.51×10^4t、5.40×10^4t，增幅分别为 76.96%、20.47%、32.67%；成过熟林吸收二氧化硫功能物质量减少 37.06×10^4t，降幅为 70.67%。

6）吸收氮氧化物功能物质量预测

由图 5-83 可知：天然特用林吸收氮氧化物功能物质量在 2003～2023 年呈降低的趋势，2023 年将比 2003 年减少 2.77×10^4t，降幅 23.19%。

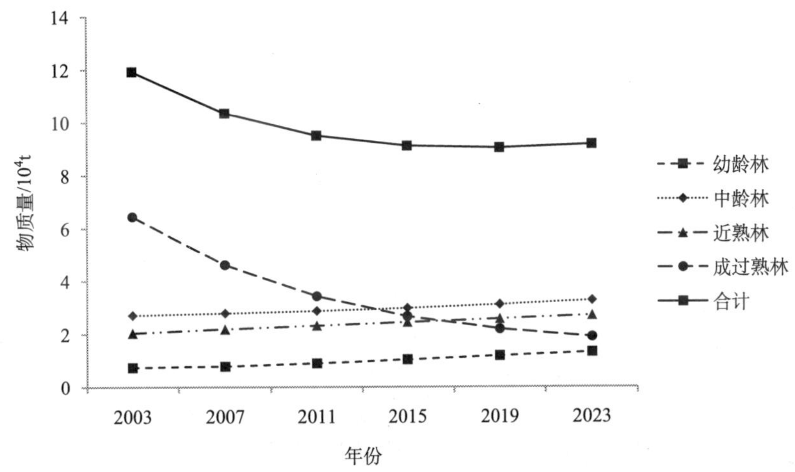

图 5-83　“三北”及长江流域重点防护林体系建设工程
天然特用林吸收氮氧化物功能物质量变化趋势图

天然特用林不同林龄组林分的吸收氮氧化物功能物质总量大小顺序总体为成过熟林＞中龄林＞近熟林＞幼龄林。在预测初期成过熟林的吸收氮氧化物功能物质量比近熟林高，到预测末期，近熟林的吸收吸收氮氧化物功能物质量将稍高于成过熟林。2003～2023 年，天然特用林中幼龄林、中龄林和近熟林吸收氮氧化物功能物质量不断增加，成过熟林吸收氮氧化物功能物质量不断降低，到 2023 年为止，成过熟林吸收氮氧化物功能物质量降低 4.55×10^4t，降幅为 70.67%；幼龄林、中龄林、近熟林的吸收氮氧化物功能物质量增加量分别为 0.57×10^4t、0.55×10^4t、0.66×10^4t，增幅分别为 76.96%、20.47%、32.67%。综合分析表明，天然特用林吸收氮氧化物功能物质量总体呈下降趋势，说明天然特用林随着年份的增加吸收氮氧化物功能不断下降。

7）滞尘功能物质量预测

由图 5-84 可以看出：天然特用林预测期内滞尘功能物质量总量是降低的，到 2023 年为止，滞尘功能物质量总量比 2003 年减少了 3.73×10^7t，降幅为 23.19%。

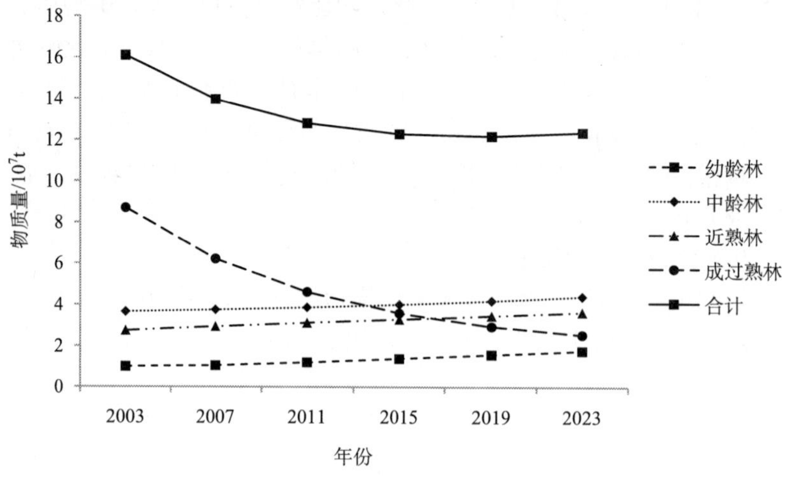

图 5-84　“三北”及长江流域重点防护林体系建设工程
天然特用林滞尘功能物质量变化趋势图

在天然特用林中，滞尘功能物质总量变化规律总体为成过熟林＞中龄林＞近熟林＞幼龄林。其中，幼龄林、中龄林和近熟林滞尘功能物质量呈不断增加趋势，近熟林滞尘功能增加最快。到 2023 年为止，幼龄林滞尘功能物质量增加 0.77×10^{7}t，增幅为 76.96％；中龄林增加 0.75×10^{7}t，增幅为 20.47％；近熟林增加 0.90×10^{7}t，增幅为 32.67％。成过熟林滞尘功能物质量一直在降低，到 2023 年为止，成过熟林滞尘功能物质量降低 6.15×10^{7}t，降幅为 70.67％。综合分析表明，天然特用林滞尘功能物质量总体呈下降趋势，说明天然林随着年份的增加滞尘功能将降低。

5.2.2　人工林

5.2.2.1　人工用材林

1）涵养水源功能物质量预测

由图 5-85 可知：2003～2023 年，人工用材林涵养水源功能物质量呈不断增加的变化趋势，到 2023 年为止，人工用材林调节水量和净化水质量总和比 2003 年增加了 2.14×10^{10}t，增幅为 45.94％。

总体来看，从人工用材林不同林龄组林分的涵养水源功能物质总量来看，中龄林＞近熟林＞幼龄林＞成过熟林，中龄林涵养水源功能物质总量最大，成过熟林最小。幼龄林、中龄林、近熟林和成过熟林涵养水源功能随着时间的增加呈持续增长的趋势，到 2023 年为止，幼龄林、中龄林、近熟林和成过熟林调节水量和净化水质量总和将分别增加 0.23×10^{10}t、0.60×10^{10}t、1.08×10^{10}t、0.22×10^{10}t，增幅分别为 25.69％、27.60％、112.42％、36.30％，近熟林涵养水源功能增长最快，成过熟林次之。

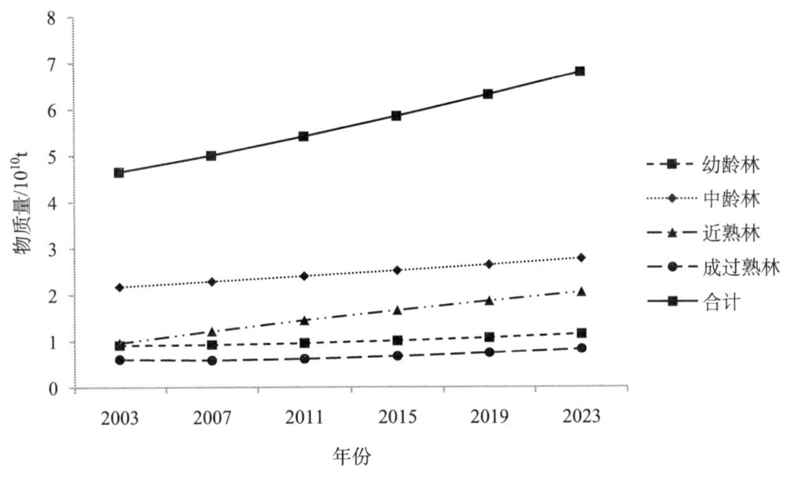

图 5-85　“三北”及长江流域重点防护林体系建设工程人工用材林涵养水源功能物质量变化趋势图

2）保育土壤功能物质量预测

由图 5-86 可知：总体来看，2003～2023 年，“三北”及长江流域重点防护林体系建设工程人工用材林保育土壤功能物质量变化呈增加的趋势，比 2003 年增加了 6.55×10^{8}t，增幅为 69.77％。

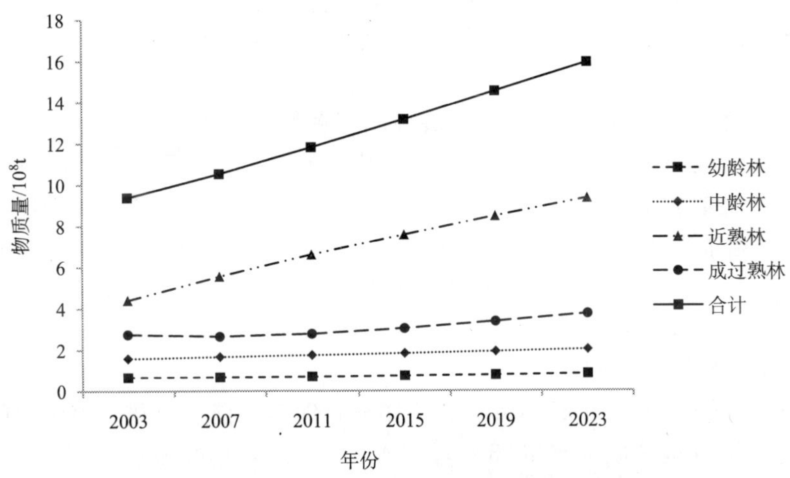

图 5-86　“三北”及长江流域重点防护林体系建设工程人工用材林保育土壤功能物质量变化趋势图

不同林龄组林分的保育土壤功能物质量变化趋势差异较大，近熟林保育土壤功能总物质量最大，成过熟林次之，幼龄林最小。幼龄林、中龄林、近熟林和成过熟林的保育土壤功能呈不断增加的变化趋势，截至 2023 年，幼龄林保育土壤功能物质量将增加

0.17×10^8t，增幅为 25.69%；中龄林增加 0.44×10^8t，增幅为 27.60%；近熟林增加 4.95×10^8t，增幅为 112.42%；成过熟林增加 1.00×10^8t，增幅 36.30%。综合分析表明，人工用材林保育土壤功能物质量总体呈增加趋势，说明人工林随着时间的增加保育土壤功能明显增强。

3）固碳释氧功能物质量预测

由图 5-87 可知：截至 2023 年，人工用材林固碳释氧功能物质量变化呈增加趋势，固碳释氧功能物质量比 2003 年增加 4.39×10^7t，增幅 45.94%。

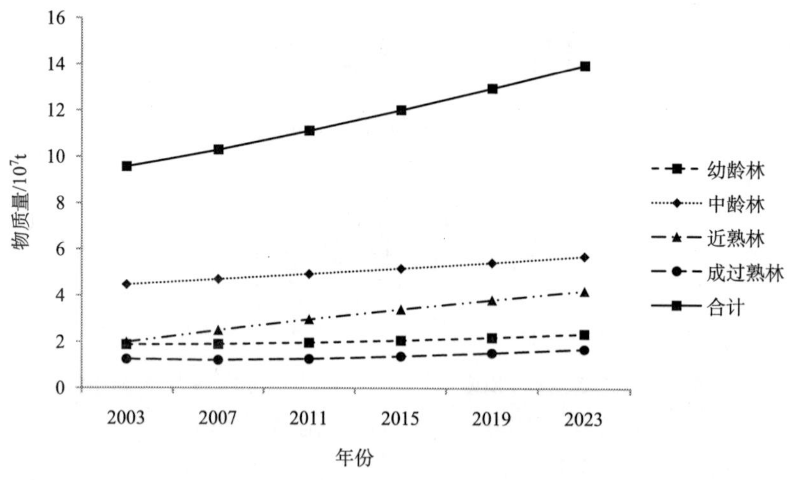

图 5-87　“三北”及长江流域重点防护林体系建设工程人工用材林固碳释氧功能物质量变化趋势图

人工用材林不同林龄组林分中，中龄林固碳释氧功能总物质量最大，近熟林次之，成过熟林最小。在 2003～2023 年，幼龄林、中龄林、近熟林和成过熟林的固碳释氧功能物质量一直呈增加趋势，均在 2023 年达到最大值，幼龄林固碳释氧功能物质量增加 0.48×10^7t，增幅为 25.69%；中龄林增加 1.23×10^7t，增幅为 27.60%；近熟林增加 2.23×10^7t，增幅为 112.42%；成过熟林增加 0.45×10^7t，增幅 36.30%。其中，近熟林固碳释氧功能增加的幅度最大。

4）储养功能物质量预测

由图 5-88 可知：2003～2023 年，人工用材林储养功能总物质量呈增加的趋势，到 2023 年，总储养功能物质量比 2003 年增加 4.61×10^5t，增幅为 45.94%。

在人工用材林中，中龄林的储养功能总物质量最大，近熟林次之，成过熟林的储养功能物质量最小。幼龄林、中龄林、近熟林和成过熟林储养功能物质量都呈持续上升趋势，到 2023 年，幼龄林储养功能物质量增加 0.51×10^5t，增幅为 25.69%；中龄林增加 1.29×10^5t，增幅为 27.60%；近熟林增加 2.34×10^5t，增幅为 112.42%；成过熟林增加 0.47×10^5t，增幅 36.30%。近熟林储养功能增幅最大。综合分析表明，人工用材林储养功能物质量呈增加趋势，说明人工林随着年份的增加，储养功能明显增强。

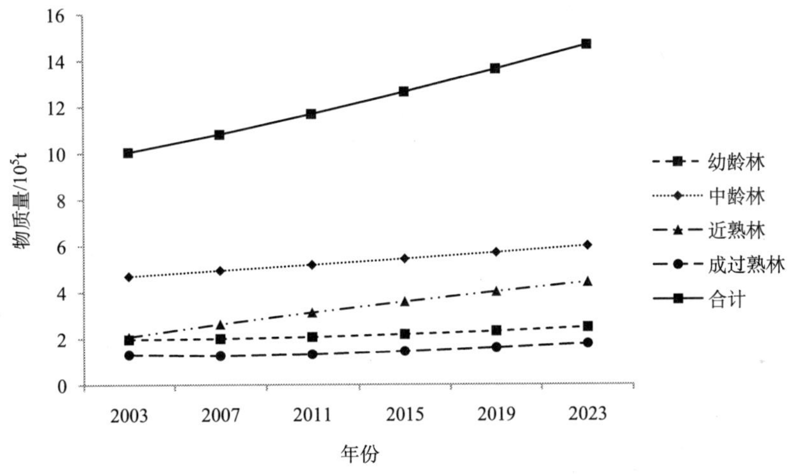

图 5-88　“三北”及长江流域重点防护林体系建设工程人工用材林储养功能物质量变化趋势图

5）吸收二氧化硫功能物质量预测

由图 5-89 可以看出：2003～2023 年，人工用材林吸收二氧化硫功能物质量呈增加的趋势，到 2023 年吸收二氧化硫功能物质量将比 2003 年增加 8.15×10^5t，增幅 45.94%。在人工用材林中，中龄林的吸收二氧化硫功能总物质量最大，近熟林次之，成过熟林最小。幼龄林、中龄林、近熟林和成过熟林吸收二氧化硫功能物质量是一直增加的。到 2023 年为止，幼龄林、中龄林、近熟林、成过熟林吸收二氧化硫功能物质量将分别增加 0.90×10^5t、2.29×10^5t、4.14×10^5t、0.83×10^5，增幅分别为 25.69%、27.60%、112.42%、36.30%。

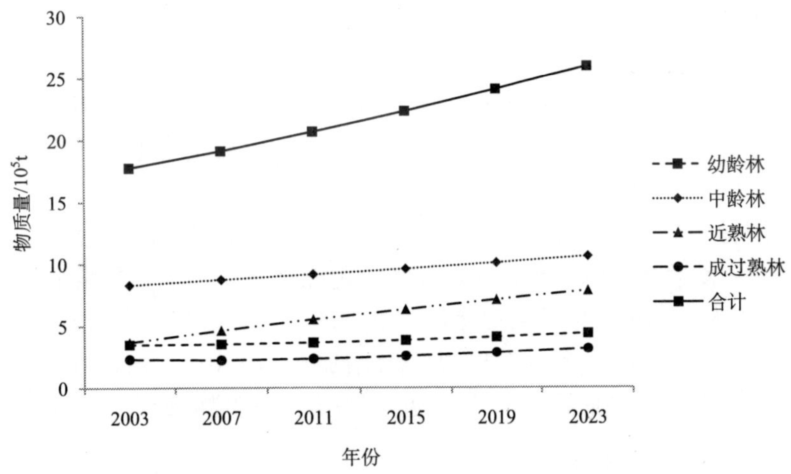

图 5-89　“三北”及长江流域重点防护林体系建设工程人工用材林吸收二氧化硫功能物质量变化趋势图

6）吸收氮氧化物功能物质量预测

由图 5-90 可以看出：2003～2023 年，人工用材林吸收氮氧化物功能物质量呈增加的趋势，到 2023 年人工用材林吸收氮氧化物功能物质量将比 2003 年增加 1.00×10^5t，增幅 45.94%。

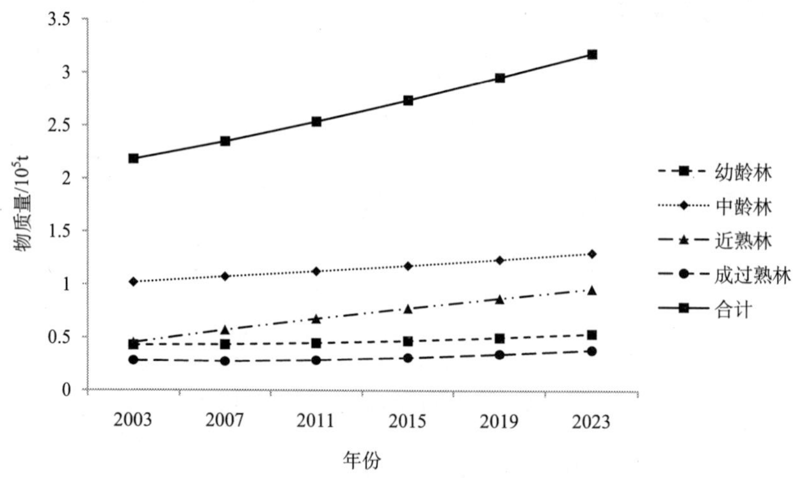

图 5-90 "三北"及长江流域重点防护林体系建设工程人工用材林吸收氮氧化物功能物质量变化趋势图

从图 5-90 中还可以看出：总体来看，人工用材林不同林龄组林分的吸收氮氧化物功能物质总量大小顺序为，中龄林>近熟林>幼龄林>成过熟林。2003～2023 年，幼龄林、中龄林、近熟林和成过熟林吸收氮氧化物功能物质量不断增加，到 2023 年为止，幼龄林、中龄林、近熟林、成过熟林吸收氮氧化物功能物质量增加量分别为 0.11×10^5t、0.28×10^5t、0.51×10^5t、0.10×10^5t，增幅分别为 25.69%、27.60%、112.42%、36.30%。

7）滞尘功能物质量预测

人工用材林滞尘功能物质量预测结果见图 5-91。由图 5-91 可以看出：人工用材林预测期内滞尘功能物质总量是增加的，到 2023 年为止，滞尘功能物质量总量比 2003 年增加了 13.53×10^7t，增幅为 45.94%。

在人工用材林中，滞尘功能物质总量变化规律总体为中龄林>近熟林>幼龄林>成过熟林。其中，幼龄林、中龄林、近熟林和成过熟林滞尘功能物质量都呈不断增加趋势。到 2023 年为止，幼龄林滞尘功能物质量增加 1.49×10^7t，增幅为 25.69%；中龄林增加 3.80×10^7t，增幅为 27.60%；近熟林增加 6.87×10^7t，增幅为 112.42%；成过熟林增加 1.38×10^7t，增加了 36.30%。近熟林滞尘功能增幅最大。

5.2.2.2 人工防护林

1）涵养水源功能物质量预测

由图 5-92 可知：2003～2023 年，人工防护林涵养水源功能物质量呈不断增加的变

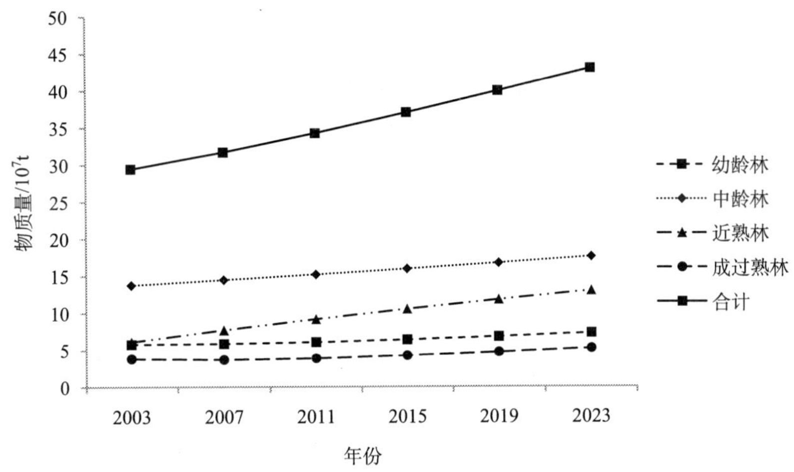

图 5-91　“三北”及长江流域重点防护林体系建设工程人工用材林滞尘功能物质量变化趋势图

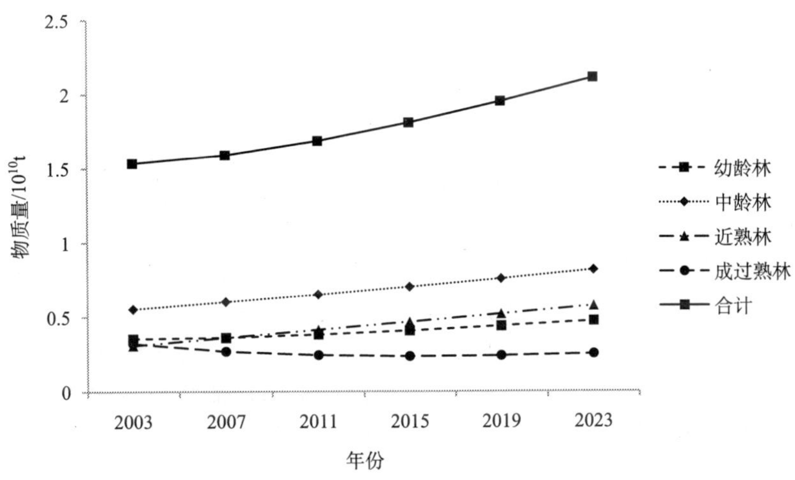

图 5-92　“三北”及长江流域重点防护林体系建设工程人工防护林涵养水源功能物质量变化趋势图

化趋势，到 2023 年为止，人工防护林调节水量和净化水质量总和比 2003 年增加了 0.57×10^{10}t，增幅为 37.34%。

总体来看，从人工防护林不同林龄组林分的涵养水源功能总物质量来看，中龄林>近熟林>幼龄林>成过熟林，中龄林涵养水源功能物质总量最大，成过熟林最小。幼龄林、中龄林和近熟林涵养水源功能物质量呈持续增长的趋势，到 2023 年为止，幼龄林、中龄林、近熟林调节水量和净化水质量总和将分别增加 0.17×10^{10}t、0.26×10^{10}t、0.27×10^{10}t，增幅分别为 32.94%、47.36%、86.51%，近熟林涵养水源功能增长最快，中龄林次之。而成过熟林涵养水源功能随着时间的增加呈不断减少趋势，在 2015

年以后略有回升，到 2023 年为止，成过熟林功能物质量降低 0.07×10^{10} t，降低了 22.09%。

2）保育土壤功能物质量预测

人工防护林保育土壤功能物质量预测结果见图 5-93。由图 5-93 可知：总体来看，2003～2023 年，人工防护林保育土壤功能物质量变化呈增加的趋势，比 2003 年增加了 1.16×10^{8} t，增幅为 33.01%。

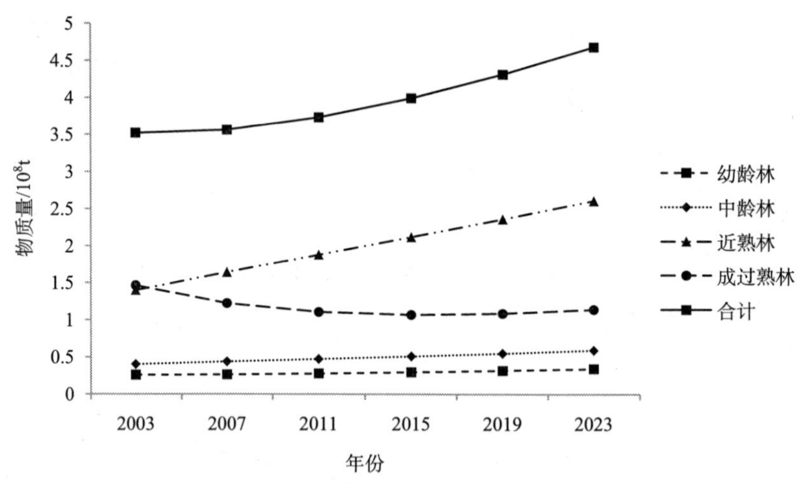

图 5-93 “三北”及长江流域重点防护林体系建设工程人工防护保育土壤功能物质量变化趋势图

人工防护林不同林龄组林分的保育土壤功能物质量变化趋势差异较大，近熟林保育土壤功能总物质量最大，成过熟林次之，幼龄林最小。幼龄林、中龄林和近熟林的保育土壤功能呈不断增加的变化趋势，而成过熟林保育土壤功能大致呈减少趋势，在 2015 年以后稍有回升趋势。截至 2023 年，幼龄林保育土壤功能物质量将增加 0.08×10^{8} t，增幅为 32.94%；中龄林增加 0.19×10^{8} t，增幅为 47.36%；近熟林增加 1.21×10^{8} t，增幅为 86.51%；成过熟林保育土壤功能物质量减少 0.32×10^{8} t，降幅为 22.09%。综合分析表明，人工防护林保育土壤功能物质量总体呈增加趋势，说明人工防护林随着年份的增加保育土壤功能明显增强。

3）固碳释氧功能物质量预测

由图 5-94 可知：截至 2023 年，人工防护林固碳释氧功能物质量变化呈增加趋势，固碳释氧功能物质量比 2003 年增加 1.18×10^{7} t，增幅 37.34%。

人工防护林不同林龄组林分中，中龄林固碳释氧功能总物质量最大，近熟林次之，成过熟林最小。在 2003～2023 年，幼龄林、中龄林和近熟林的固碳释氧功能物质量一直呈增加趋势，均在 2023 年达到最大值，幼龄林增加 0.24×10^{7} t，增幅为 32.94%；中龄林增加 0.54×10^{7} t，增幅为 47.36%；近熟林增加 0.55×10^{7} t，增幅为 86.51%；成过熟林固碳释氧功能一直在降低，在 2015 年以后略有回升趋势，到 2023 年为止，成过熟林降低 0.15×10^{7} t，降低了 22.09%。

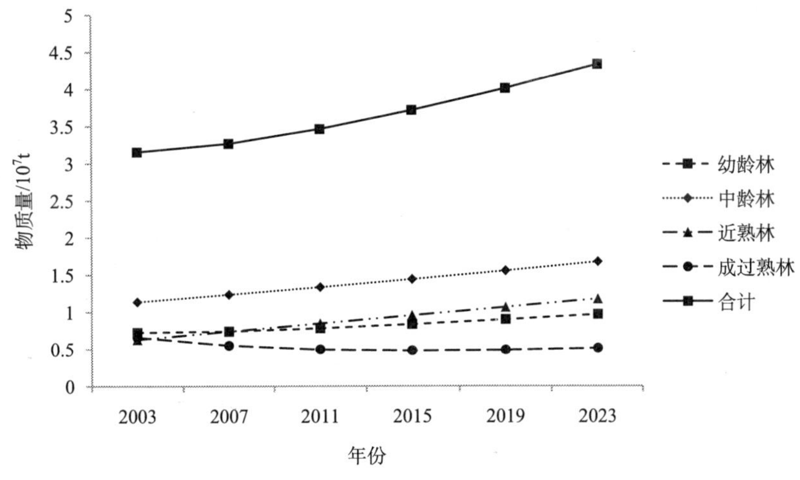

图 5-94　“三北”及长江流域重点防护林体系建设工程人工防护林固碳释氧功能物质量变化趋势图

4）储养功能物质量预测

由图 5-95 可以看出：2003～2023 年，人工防护林储养功能总物质量呈增加的趋势，到 2023 年总储养功能物质量将比 2003 年增加 1.24×10^5t，增幅为 37.34%。

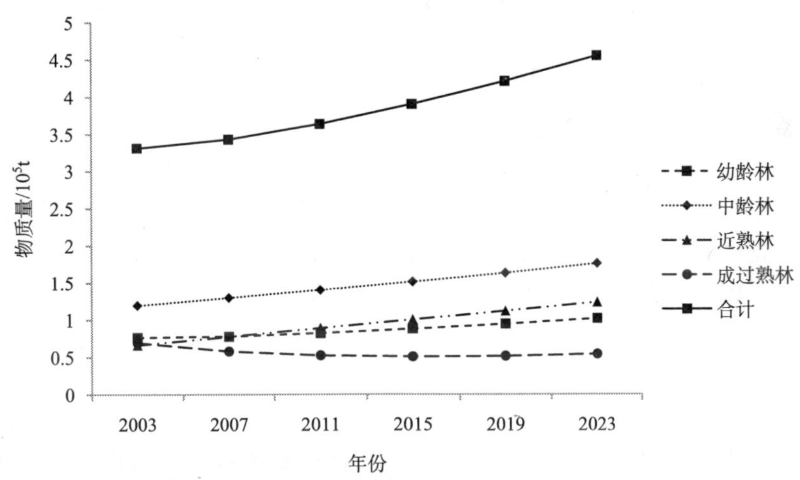

图 5-95　“三北”及长江流域重点防护林体系建设工程人工防护林储养功能物质量变化趋势图

在人工防护林中，中龄林的储养功能总物质量最大，近熟林次之，成过熟林的储养功能物质量最小。成过熟林的储养功能在预测期初比近熟林稍高，到预测末期，近熟林的储养功能物质量将明显高于成过熟林。幼龄林、中龄林和近熟林储养功能物质量呈持续上升趋势，到 2023 年，幼龄林储养功能物质量增加 0.25×10^5t，增幅为 32.94%；

中龄林增加 0.57×10^{5}t，增幅为 47.36%；近熟林增加 0.57×10^{5}t，增幅为 86.51%；成过熟林储养功能一直在降低，在 2015 年以后略有回升趋势，到 2023 年为止，成过熟林降低 0.15×10^{5}t，降低了 22.09%。

5）吸收二氧化硫功能物质量预测

由图 5-96 可知：2003～2023 年，人工防护林吸收二氧化硫功能物质量呈增加的趋势，到 2023 年吸收二氧化硫功能物质量将比 2003 年增加 2.19×10^{5}t，增幅 37.34%。

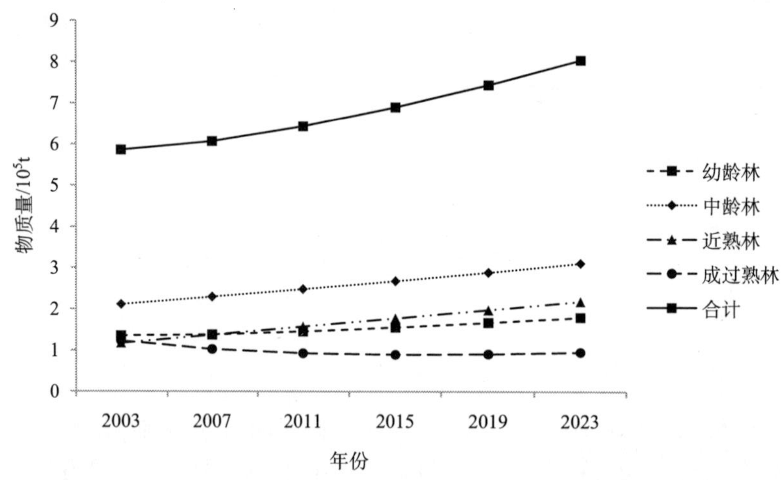

图 5-96　“三北”及长江流域重点防护林体系建设工程人工防护林吸收二氧化硫功能物质量变化趋势图

在人工防护林中，中龄林的吸收二氧化硫功能总物质量最大，近熟林次之，成过熟林最小。在预测初期，成过熟林的吸收二氧化硫功能比近熟林稍高，到预测中末期，近熟林的吸收二氧化硫功能物质量将明显高于成过熟林。幼龄林、中龄林和近熟林吸收二氧化硫功能物质量是一直增加的，而成过熟林吸收二氧化硫功能物质量是一直在减少。到 2023 年为止，幼龄林、中龄林、近熟林吸收二氧化硫功能物质量将分别增加 0.45×10^{5}t、1.00×10^{5}t、0.27×10^{10}t，增幅分别为 32.94%、47.36%、86.51%；成过熟林吸收二氧化硫功能物质量减少 0.27×10^{5}t，比 2003 年降低了 22.09%。

6）吸收氮氧化物功能物质量预测

由图 5-97 可以看出：2003～2023 年，人工防护林吸收氮氧化物功能物质量呈增加的趋势，到 2023 年人工防护林吸收氮氧化物功能物质量将比 2003 年增加 0.27×10^{5}t，增幅为 37.34%。

由图 5-97 还可以看出：总体来看，人工防护林不同林龄组林分的吸收氮氧化物功能物质总量大小顺序为中龄林＞近熟林＞幼龄林＞成过熟林。2003～2023 年，人工防护林中，幼龄林、中龄林和近熟林吸收氮氧化物功能物质量不断增加，成过熟林吸收氮氧化物功能物质量不断降低，在 2015 年以后稍有回升趋势，到 2023 年为止，成过熟林吸收氮氧化物功能物质量降低 0.03×10^{5}t，降低了 22.09%，幼龄林、中龄林、近熟林的吸收氮氧化物功能物质量增加量分别为 0.05×10^{5}t、0.12×10^{5}t、0.12×10^{5}t，增幅

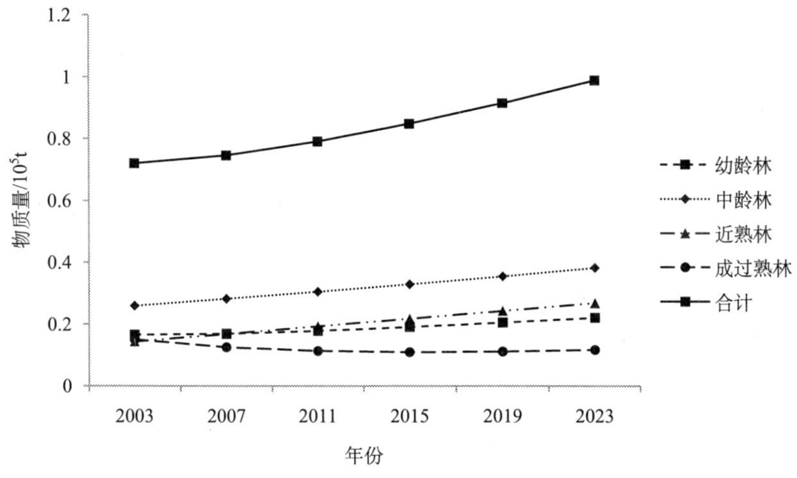

图 5-97　“三北”及长江流域重点防护林体系建设工程人工防护林吸收氮氧化物功能物质量变化趋势图

分别为 32.94％、47.36％、86.51％。

7）滞尘功能物质量预测

由图 5-98 可以看出：人工防护林预测期内滞尘功能物质量总量是增加的，到 2023 年为止，滞尘功能物质量总量比 2003 年增加了 3.63×10^7t，增幅为 37.34％。

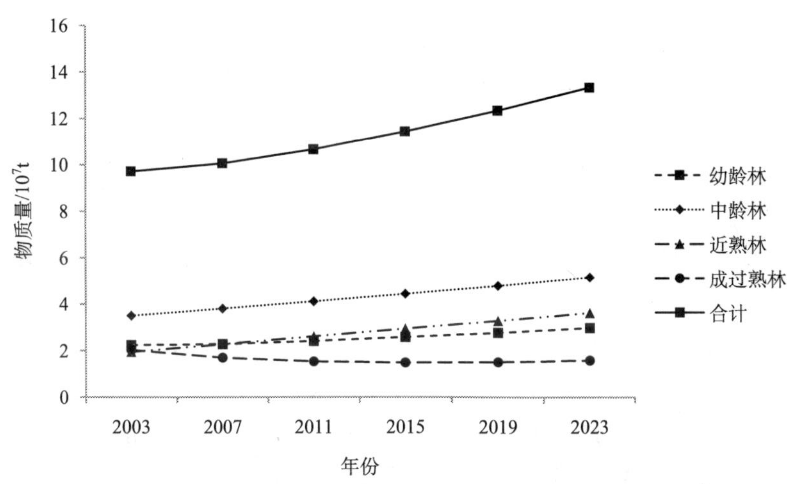

图 5-98　“三北”及长江流域重点防护林体系建设工程人工防护林滞尘功能物质量变化趋势图

在人工防护林中，滞尘功能物质总量变化规律总体为中龄林＞近熟林＞幼龄林＞成过熟林。在预测初期，成过熟林的滞尘功能物质量比近熟林稍高，到预测中末期，近熟林的滞尘功能物质量将明显高于成过熟林。其中，幼龄林、中龄林和近熟林滞尘功能物质量程不断增加趋势。到 2023 年为止，幼龄林滞尘功能物质量增加 3.26×10^7t，增幅为 30.49%；中龄林滞尘功能物质量增加 0.74×10^7t，增幅为 32.94%；中龄林增加 1.66×10^7t，增幅为 47.36%；近熟林增加 1.68×10^7t，增幅为 86.51%；成过熟林滞尘功能物质量一直在降低，但在 2015 年以后稍有回升趋势，到 2023 年为止，成过熟林滞尘功能物质量降低 0.45×10^7t，降幅为 22.09%。

5.2.2.3 人工特用林

1）涵养水源功能物质量预测

由图 5-99 可知：2003～2023 年，人工特用林涵养水源功能呈先减少后增加的变化趋势，到 2023 年为止，人工特用林调节水量和净化水质量总和比 2003 年增加了 1.85×10^8t，增幅为 13.09%。

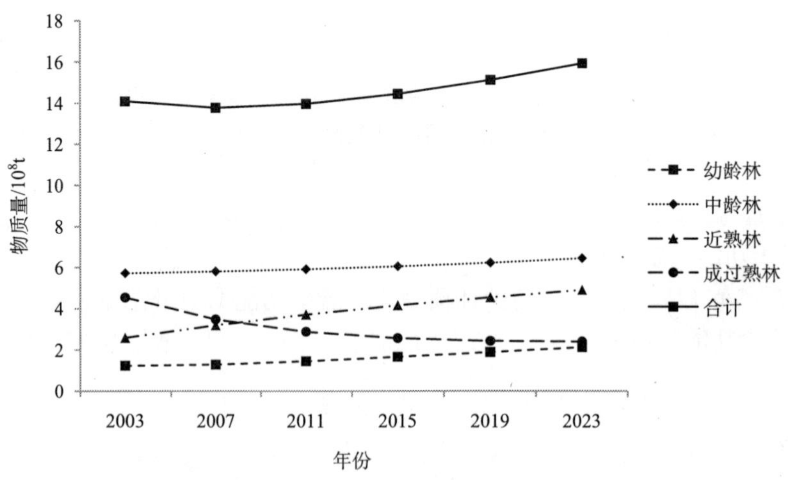

图 5-99 “三北”及长江流域重点防护林体系建设工程人工特用林涵养水源功能物质量变化趋势图

从人工特用林不同林龄组林分的涵养水源功能总物质量总体来看，中龄林＞近熟林＞成过熟林＞幼龄林，中龄林涵养水源功能物质总量最大，幼龄林最小，成过熟林涵养水源功能在预测期初比近熟林高，到预测中末期，近熟林的涵养水源功能物质量将明显高于成过熟林。幼龄林、中龄林和近熟林涵养水源功能随着时间的增加呈持续增长的趋势，到 2023 年为止，幼龄林、中龄林、近熟林涵养水源功能物质量将分别增加 0.91×10^8t、0.73×10^8t、2.33×10^8t，增幅分别为 73.36%、12.83%、90.06%，近熟林涵养水源功能增长最快，幼龄林次之。而成过熟林涵养水源功能随着时间的增加呈不断减少的趋势，截至 2023 年，成过熟林涵养水源功能总量将减少 2.12×10^8t，降低了 46.79%。

2）保育土壤功能物质量预测

由图 5-100 可知：总体来看，2003～2023 年，“三北”及长江流域重点防护林体系建设工程人工特用林保育土壤功能变化呈先减少后增加的趋势，比 2003 年增加了 2.12×10^6t，增幅为 5.64%。

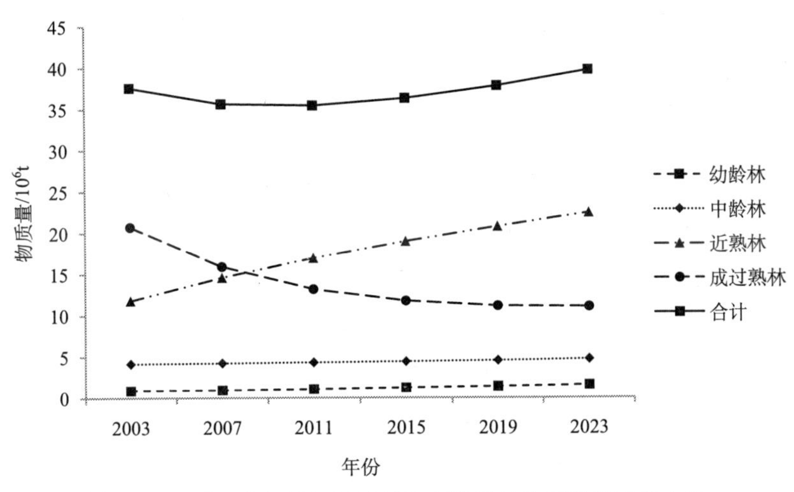

图 5-100　“三北”及长江流域重点防护林体系建设工程人工特用林保育土壤功能物质量变化趋势图

人工特用林不同林龄组林分中，近熟林保育土壤功能总物质量最大，成过熟林次之，幼龄林最小。幼龄林、中龄林和近熟林的保育土壤功能物质量呈不断增加的变化趋势，而成过熟林保育土壤功能大致呈减少趋势。截至 2023 年，幼龄林保育土壤功能物质量将增加 0.66×10^6t，增幅为 73.36％；中龄林增加 0.53×10^6t，增幅为 12.83％；近熟林增加 10.63×10^6t，增幅为 90.06％；成过熟林减少 9.7×10^6t，降幅为 46.79％。综合分析表明，人工特用林保育土壤功能物质量总体呈增加趋势，说明人工特用林随着年份的增加保育土壤功能明显增强。

3）固碳释氧功能物质量预测

由图 5-101 可知：截至 2023 年，“三北”及长江流域重点防护林体系建设工程人工特用林固碳释氧功能变化呈先减少后增加趋势，固碳释氧功能物质量比 2003 年增加 3.79×10^5t，增幅为 13.09％。

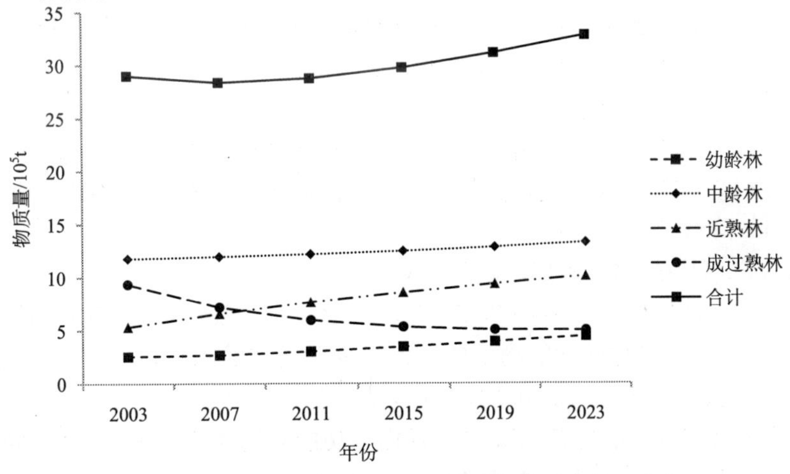

图 5-101　“三北”及长江流域重点防护林体系建设工程人工特用林固碳释氧功能物质量变化趋势图

人工特用林不同林龄组林分中，中龄林固碳释氧功能总物质量最大，近熟林次之，幼龄林固碳释氧功能总物质量最小。在2003～2023年，幼龄林、中龄林和近熟林固碳释氧功能物质量一直呈增加趋势，均在2023年达到最大值。幼龄林固碳释氧功能物质量增加1.87×10^5t，增幅为73.36%；中龄林增加1.51×10^5t，增幅为12.83%；近熟林增加4.79×10^5t，增幅为90.06%；成过熟林固碳释氧功能不断下降，成过熟林降低4.37×10^5t，约46.79%。其中近熟林固碳释氧功能增加的幅度最大。

4）储养功能物质量预测

由图5-102可以看出：2003～2023年，“三北”及长江流域重点防护林体系建设工程人工特用林储养功能物质量呈先减少后增加的趋势，到2023年总储养功能物质量将比2003年增加0.04×10^5t，增幅为13.09%。

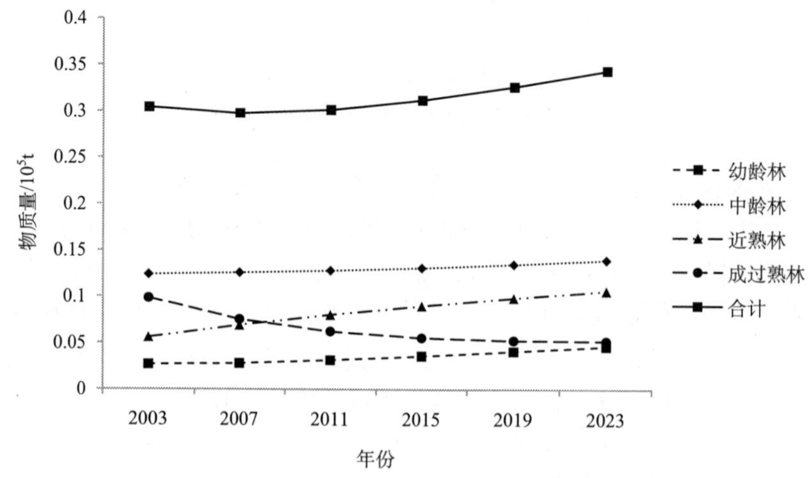

图5-102 “三北”及长江流域重点防护林体系建设工程人工特用林储养功能物质量变化趋势图

在人工特用林中，中龄林的储养功能总物质量最大，近熟林次之，接下来是成过熟林，幼龄林的储养功能物质量最小。成过熟林的储养功能在预测期初比近熟林高，到预测中末期，近熟林的储养功能物质量将明显高于成过熟林。其中，幼龄林、中龄林和近熟林储养功能物质量呈持续上升趋势。到2023年，幼龄林储养功能物质量增加0.02×10^5t，增幅为73.36%；中龄林增加0.016×10^5t，增幅为12.83%；近熟林增加0.05×10^5t，增幅为90.06%。成过熟林储养功能一直在降低，到2023年为止，成过熟林降低0.046×10^5t，降低了46.79%。

5）吸收二氧化硫功能物质量预测

由图5-103可以看出：2003～2023年，“三北”及长江流域重点防护林体系建设工程人工特用林吸收二氧化硫功能物质量呈先减少后增加的趋势，到2023年吸收二氧化硫功能物质量将比2003年增加0.70×10^4t，增幅13.09%。

在人工特用林中，中龄林的吸收二氧化硫功能总物质量最大，近熟林次之，幼龄林吸收二氧化硫功能物质量最小。幼龄林、中龄林和近熟林吸收二氧化硫功能物质量是一直增加的，而成过熟林吸收二氧化硫功能物质量是一直在减少。到2023年为

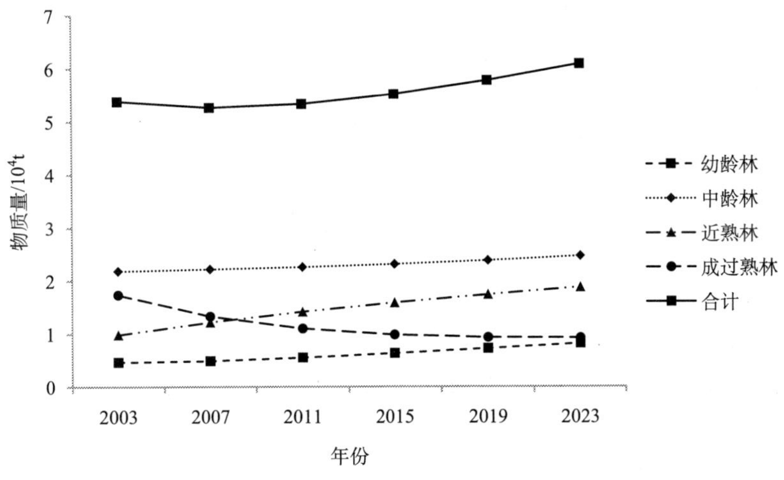

图 5-103　"三北"及长江流域重点防护林体系建设工程人工特用林吸收二氧化硫功能物质量变化趋势图

止，幼龄林、中龄林、近熟林吸收二氧化硫功能物质量将分别增加 0.35×10^4t、0.28×10^4t、0.89×10^4t，增幅分别为 73.36%、12.83%、90.06%；成过熟林吸收二氧化硫功能物质量减少 0.81×10^4t，降幅为 46.79%。综合分析表明，人工特用林吸收二氧化硫功能质量总体呈增加趋势，说明人工特用林随着年份的增加吸收二氧化硫功能增强。

6）吸收氮氧化物功能物质量预测

由图 5-104 可以看出：在 2003～2023 年，"三北"及长江流域重点防护林体系建设工程人工特用林吸收氮氧化物功能物质量呈先减少后增加的趋势，2023 年将比 2003 年增加 0.09×10^4t，增幅为 13.09%。

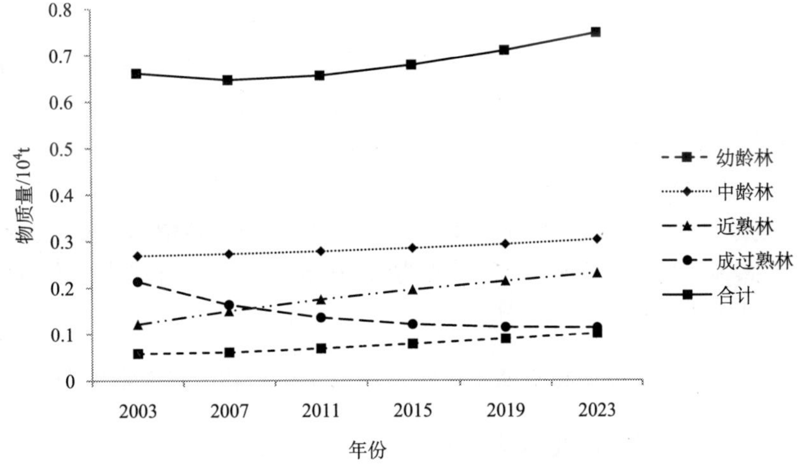

图 5-104　"三北"及长江流域重点防护林体系建设工程人工特用林吸收氮氧化物功能物质量变化趋势图

由图 5-104 还可以看出：人工特用林不同林龄组林分的吸收氮氧化物功能物质总量大小顺序为中龄林＞近熟林＞成过熟林＞幼龄林。2003～2023 年，人工特用林中幼龄林、中龄林和近熟林吸收氮氧化物功能物质量不断增加，成过熟林吸收氮氧化物功能物质量不断降低，到 2023 年为止，成过熟林吸收氮氧化物功能物质量降低 0.10×10^4t，降幅为 46.79%，幼龄林、中龄林、近熟林的吸收氮氧化物功能物质量增加量分别为 0.04×10^4、0.03×10^4t、0.11×10^4t，增幅分别为 73.36%、12.83%、90.06%。

7）滞尘功能物质量预测

由图 5-105 可以看出：人工特用林预测期内滞尘功能物质量总量是先减少后增加的，到 2023 年为止，滞尘功能物质量总量比 2003 年增加了 11.68×10^5t，增幅为 13.09%。

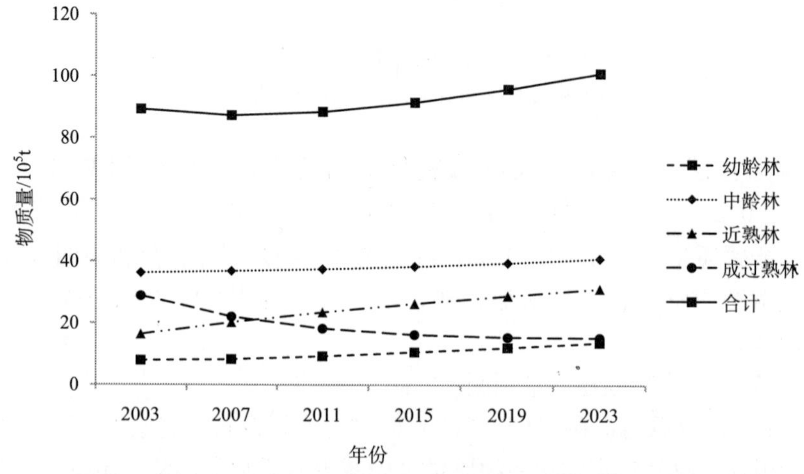

图 5-105　"三北"及长江流域重点防护林体系建设工程人工特用林滞尘功能物质量变化趋势图

在"三北"及长江流域重点防护林体系建设工程人工特用林中，滞尘功能物质总量变化规律总体为中龄林＞近熟林＞成过熟林＞幼龄林。在预测初期成过熟林的滞尘功能物质量比近熟林高，到预测中末期，近熟林的滞尘功能物质量将明显高于成过熟林。其中，幼龄林、中龄林和近熟林滞尘功能物质量程不断增加趋势。到 2023 年为止，幼龄林滞尘功能物质量增加 5.75×10^5t，增幅为 73.36%；中龄林增加 4.65×10^5t，增幅为 12.83%；近熟林增加 14.75×10^5t，增幅为 90.06%；成过熟林滞尘生态服务功能一直在降低，到 2023 年为止，成过熟林降低 13.47×10^5t，降幅为 46.79%。

5.2.3　"三北"及长江流域重点防护林体系建设工程总功能物质量预测

5.2.3.1　用材林功能物质总量预测

1）涵养水源功能物质量预测

由图 5-106 可知：2003～2023 年，用材林涵养水源功能物质量呈不断增加的变化趋势，到 2023 年为止，用材林调节水量和净化水质量总和比 2003 年增加了 5.30×10¹⁰t，增幅为 33.58%。

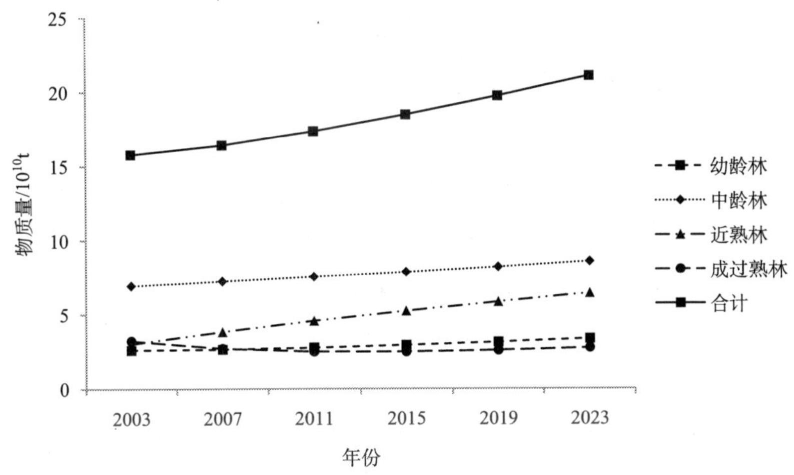

图 5-106　“三北”及长江流域重点防护林体系建设工程用材林涵养水源功能物质量变化趋势图

从用材林不同林龄组林分的涵养水源功能总物质量来看，总体呈现中龄林＞近熟林＞幼龄林＞成过熟林，中龄林涵养水源功能物质总量最大，成过熟林最小。幼龄林、中龄林和近熟林涵养水源功能随着时间的增加呈持续增长的趋势，到 2023 年为止，幼龄林、中龄林、近熟林调节水量和净化水质量总和将分别增加 0.75×10¹⁰t、1.63×10¹⁰t、3.39×10¹⁰t，增幅分别为 28.81%、23.55%、112.36%。成过熟林涵养水源功能一直在降低，但在 2015 年以后略有回升的趋势，到 2023 年为止，成过熟林降低 0.48×10¹⁰t，降低了 14.84%。近熟林涵养水源功能增长最快，幼龄林次之。

2）保育土壤功能物质量预测

由图 5-107 可知：总体来看，2003～2023 年，“三北”及长江流域重点防护林体系建设工程用材林保育土壤功能物质量呈增加的趋势，比 2003 年增加了 15.03×10⁸t，增幅为 42.47%。

用材林不同林龄组林分中，近熟林保育土壤功能总物质量最大，成过熟林次之，幼龄林最小。幼龄林、中龄林和近熟林的保育土壤功能物质量呈不断增加的变化趋势，而成过熟林保育土壤功能大致呈减少趋势，在 2015 年以后稍有回升趋势。截至 2023 年，幼龄林保育土壤功能物质量将增加 0.54×10⁸t，增幅为 28.81%；中龄林增加 1.19×10⁸t，增幅为 23.55%；近熟林增加 15.47×10⁸t，增幅为 112.36%。成过熟林保育土壤功能一直在降低，但在 2015 年以后略有回升的趋势，到 2023 年为止，成过熟林降低 2.18×10⁸t，降低了 14.84%。

3）固碳释氧功能物质量预测

“三北”及长江流域重点防护林体系建设工程用材林固碳释氧功能物质量预测结果见图 5-108。由图 5-108 可知：截至 2023 年，用材林固碳释氧功能呈增加趋势，固碳释

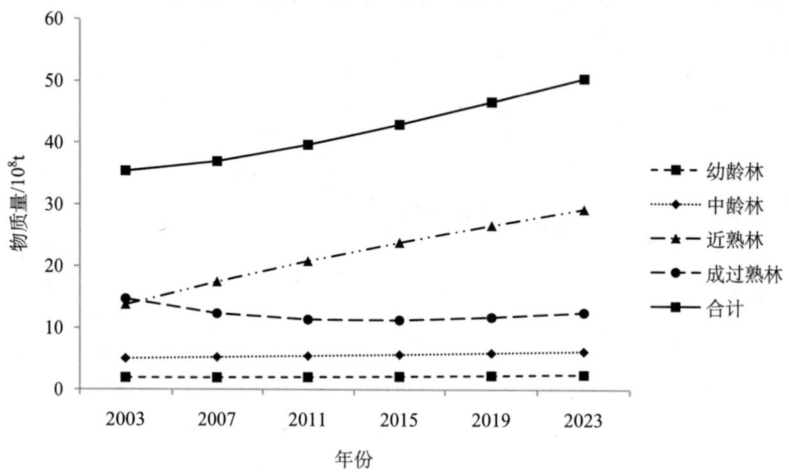

图 5-107 "三北"及长江流域重点防护林体系建设工程用材林保育土壤功能物质量变化趋势图

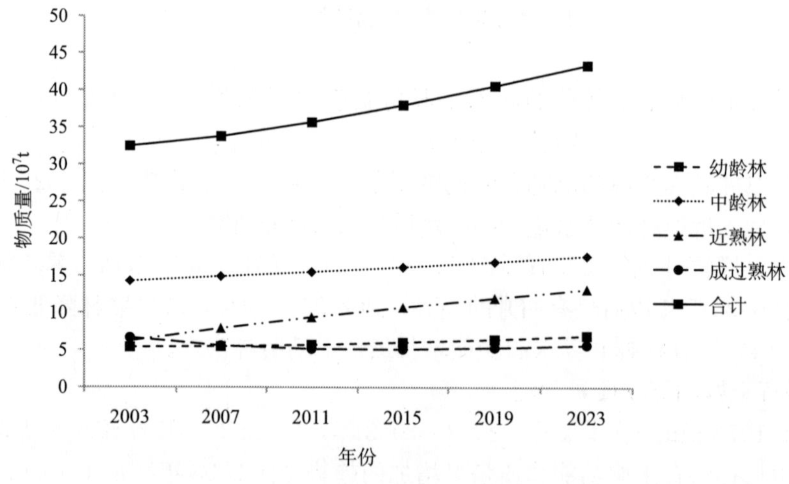

图 5-108 "三北"及长江流域重点防护林体系建设工程用材林固碳释氧功能物质量变化趋势图

氧功能物质量比 2003 年增加 10.90×10^{10}t，增幅 33.58%。

用材林不同林龄组林分中，中龄林固碳释氧功能总物质量最大，近熟林次之，成过熟林最小。在 2003～2023 年，幼龄林、中龄林和近熟林固碳释氧功能物质量一直呈增加趋势，均在 2023 年达到最大值：幼龄林固碳释氧功能物质量增加 1.54×10^7t，增幅为 28.81%；中龄林增加 3.36×10^7t，增幅为 23.55%；近熟林增加 6.98×10^7t，增幅为 112.36%。成过熟林固碳释氧功能一直在降低，但在 2015 年以后略有回升的趋势，到 2023 年为止，成过熟林降低 0.98×10^7t，降低了 14.84%。其中，近熟林固碳释氧功能增加的幅度最大。

4）储养功能物质量预测

由图 5-109 可以看出：2003～2023 年，用材林储养功能总物质量呈增加的趋势，到 2023 年总储养功能物质量将比 2003 年增加 11.44×10^5t，增幅为 33.58%。

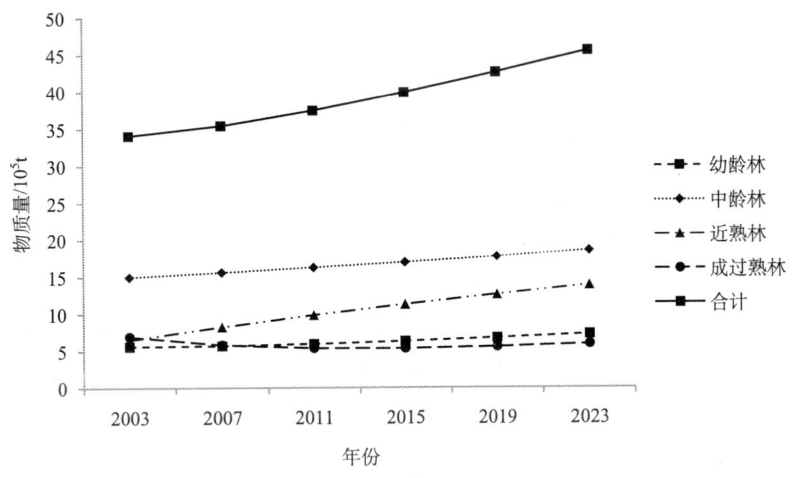

图 5-109　“三北”及长江流域重点防护林体系建设工程用材林储养功能物质量变化趋势图

在用材林中，中龄林的储养功能总物质量最大，近熟林次之，成过熟林的储养功能物质量最小。成过熟林的储养功能在预测期初比近熟林高，到预测中末期，近熟林的储养功能物质量将明显高于成过熟林。其中幼龄林、中龄林和近熟林储养功能物质量呈持续上升趋势。到 2023 年，幼龄林储养功能物质量增加 1.62×10^5t，增幅为 28.81%；中龄林增加 3.53×10^5t，增幅为 23.55%；近熟林增加 7.33×10^5t，增幅为 112.36%。成过熟林储养功能一直在降低，但在 2015 年以后略有回升的趋势，到 2023 年为止，成过熟林降低 1.03×10^5t，降低了 14.84%。

5）吸收二氧化硫功能物质量预测

由图 5-110 可以看出：在 2003～2023 年，“三北”及长江流域重点防护林体系建设工程用材林吸收二氧化硫功能物质量呈增加的趋势，到 2023 年吸收二氧化硫功能物质量将比 2003 年增加 20.23×10^5t，增幅 33.58%。

在用材林中，中龄林的吸收二氧化硫功能总物质量最大，近熟林次之，成过熟林最小。幼龄林、中龄林和近熟林吸收二氧化硫功能物质量是一直增加的，而成过熟林吸收二氧化硫功能物质量是一直在减少，在 2015 年以后有回升趋势，到 2023 年为止，成过熟林吸收二氧化硫功能物质量降低 1.82×10^5t，降幅为 14.84%，幼龄林、中龄林、近熟林吸收二氧化硫功能物质量分别增加 2.86×10^5t、6.24×10^5t、12.96×10^5t，增幅分别为 28.81%、23.55%、112.36%。综合分析表明，用材林吸收二氧化硫功能质量总体呈增加趋势，说明用材林随着年份的增加吸收二氧化硫功能增强。

6）吸收氮氧化物功能物质量预测

由图 5-111 可以看出：在 2003～2023 年，“三北”及长江流域重点防护林体系建设

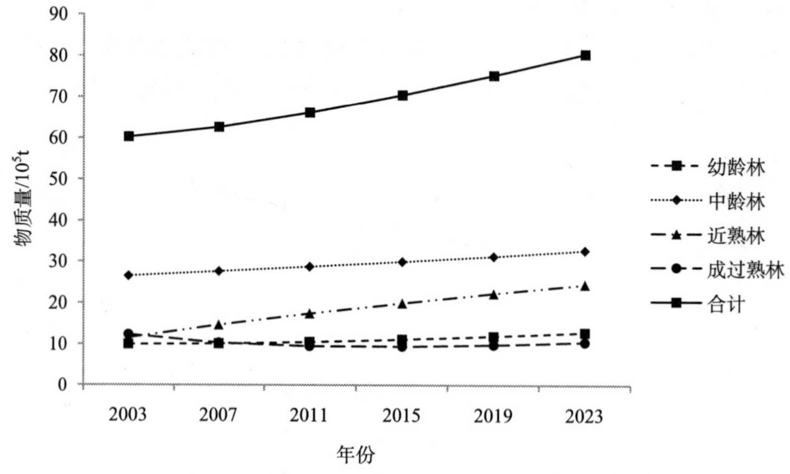

图 5-110　“三北”及长江流域重点防护林体系建设工程
用材林吸收二氧化硫功能物质量变化趋势图

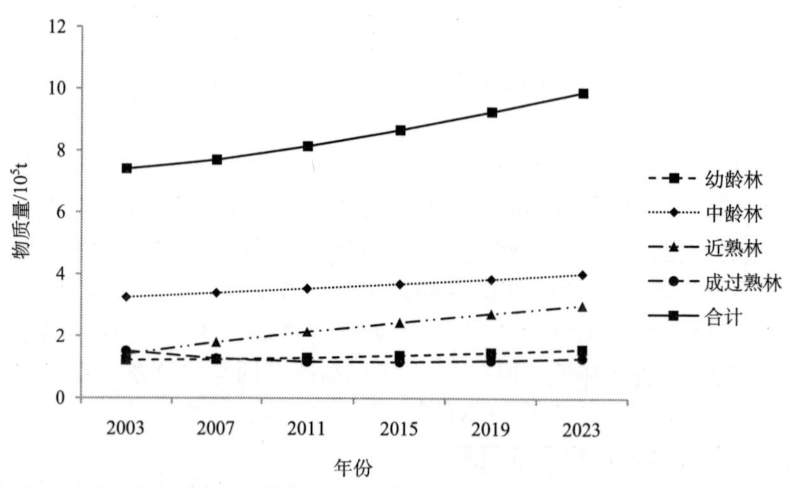

图 5-111　“三北”及长江流域重点防护林体系建设工程
用材林吸收氮氧化物功能物质量变化趋势图

工程用材林吸收氮氧化物功能物质量呈增加的趋势，到 2023 年用材林吸收氮氧化物功能物质量将比 2003 年增加 2.49×10^5 t，增幅为 33.58%。

从图 5-111 中还可以看出：用材林不同林龄组林分的吸收氮氧化物功能物质总量大小顺序总体为中龄林>近熟林>幼龄林>成过熟林。2003～2023 年，用材林中幼龄林、中龄林和近熟林吸收氮氧化物功能物质量不断增加，成过熟林吸收氮氧化物功能物质量不断降低，在 2015 年以后稍有回升趋势，到 2023 年为止，成过熟林吸收氮氧化物功能物质量降低 0.22×10^5 t，降幅为 14.84%，幼龄林、中龄林、近熟林吸收氮氧化物功能物质量增加量分别为 0.35×10^5 t、0.77×10^5 t、1.59×10^5 t，增幅分别为 28.81%、

23.55％、112.36％。综合分析表明，用材林吸收氮氧化物功能物质量总体呈增加趋势，说明用材林随着年份的增加吸收氮氧化物功能增强。

7）滞尘功能物质量预测

由图 5-112 可以看出：用材林预测期内滞尘功能物质量总量是增加的，到 2023 年为止，滞尘功能物质量总量比 2003 年增加了 33.55×10^7t，增幅为 33.58％。

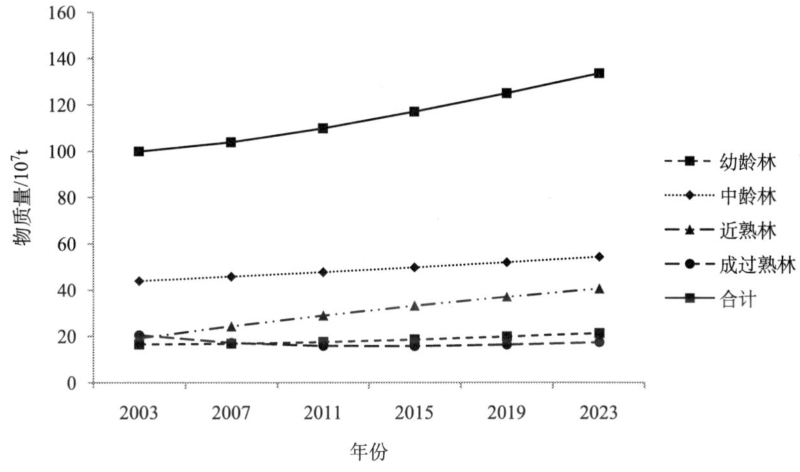

图 5-112　“三北”及长江流域重点防护林体系建设工程
用材林滞尘功能物质量变化趋势图

在用材林中，滞尘功能物质总量变化规律总体为中龄林＞近熟林＞幼龄林＞成过熟林。在预测初期成过熟林的滞尘功能物质量比近熟林高，到预测中末期，近熟林的滞尘功能物质量将明显高于成过熟林。其中，幼龄林、中龄林和近熟林滞尘功能物质量程不断增加趋势。到 2023 年为止，幼龄林滞尘功能物质量增加 4.75×10^7t，增幅为 28.81％；中龄林增加 10.34×10^7t，增幅为 23.55％；近熟林增加 21.49×10^7t，增幅为 112.36％。成过熟林滞尘功能一直在降低，但在 2015 年以后略有回升的趋势，到 2023 年为止，成过熟林降低 3.02×10^7t，降低了 14.84％。

5.2.3.2　防护林功能物质总量预测

1）涵养水源功能物质量预测

由图 5-113 可知：2003～2023 年，防护林涵养水源功能物质部量呈先减少后增加的变化趋势，到 2023 年为止，防护林调节水量和净化水质量总和比 2003 年减少了 0.50×10^{10}t，降幅为 3.16％。

从防护林不同林龄组林分的涵养水源功能总物质量来看，总体呈现中龄林＞成过熟林＞近熟林＞幼龄林，中龄林涵养水源功能物质总量最大，幼龄林最小。幼龄林、中龄林和近熟林涵养水源功能随着时间的增加呈持续增长的趋势。到 2023 年为止，幼龄林、中龄林、近熟林调节水量和净化水质量总和将分别增加 0.89×10^{10}t、1.33×10^{10}t、1.73×10^{10}t，增幅分别为 44.91％、30.96％、69.36％。而成过熟林涵养水源功能随着

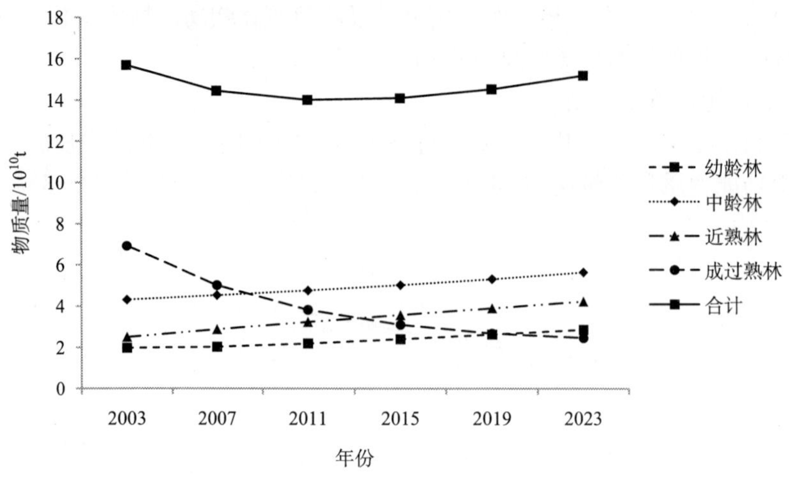

图 5-113　“三北”及长江流域重点防护林体系建设工程防护林涵养水源功能物质量变化趋势图

时间的增加呈不断减少的趋势，截至 2023 年，成过熟林涵养水源功能总量将减少 4.45×10^{10}t，降幅为 64.36%。

2）保育土壤功能物质量预测

由图 5-114 可知：总体来看，2003～2023 年，“三北”及长江流域重点防护林体系建设工程防护林保育土壤功能物质量呈降低的趋势，比 2003 年 10.77×10^8t，降幅为 22.68%。

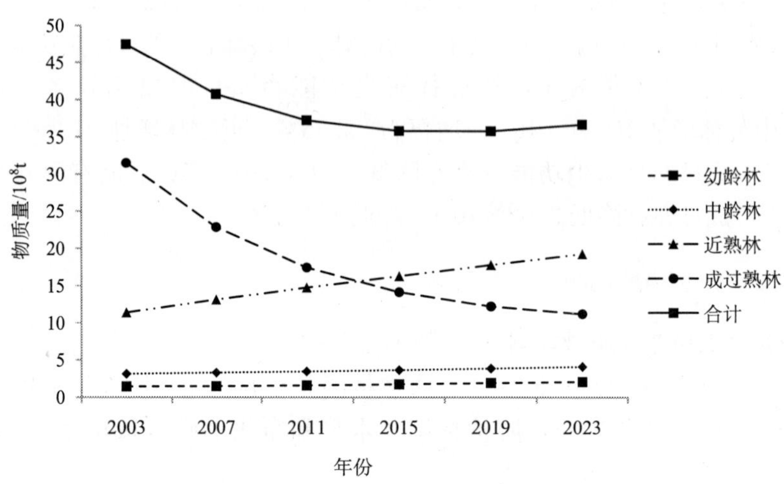

图 5-114　“三北”及长江流域重点防护林体系建设工程防护林保育土壤功能物质量变化趋势图

防护林不同林龄组林分的保育土壤功能物质量变化趋势差异较大，成过熟林保育土壤功能总物质量最大，近熟林次之，幼龄林最小。幼龄林、中龄林和近熟林的保育土壤功能物质量呈不断增加的变化趋势，而成过熟林保育土壤功能大致呈减少趋势。截至 2023 年，幼龄林保育土壤功能物质量将增加 0.64×10^8t，增幅为 44.91%；中龄林增加 0.97×10^8t，增幅为 30.96%；近熟林增加 7.90×10^8t，增幅为 69.36%；成过熟林降低 20.28×10^8t，降低了 64.36%。综合分析表明，“三北”及长江流域重点防护林体系建设工程防护林保育土壤功能物质量总体呈减少趋势，说明防护林随着工程的实施，保育土壤功能明显降低。

3）固碳释氧功能物质量预测

由图 5-115 可知：截至 2023 年，防护林固碳释氧功能变化呈先减少后增加趋势，2023 年固碳释氧功能物质量比 2003 年减少 1.02×10^7t，降幅 3.16%。

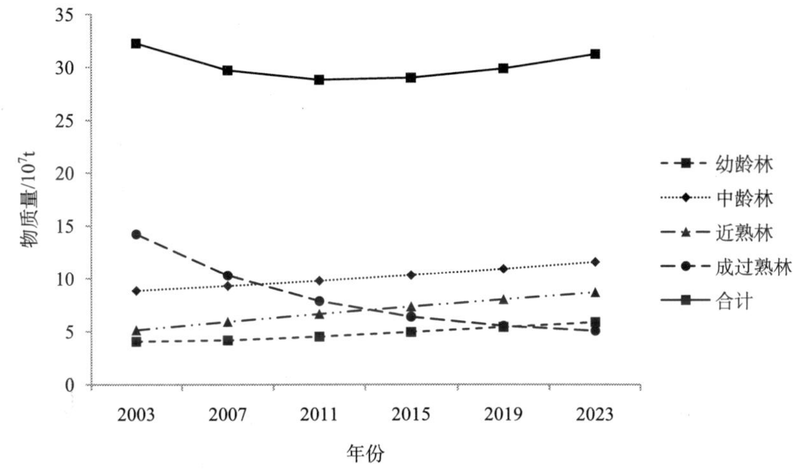

图 5-115　“三北”及长江流域重点防护林体系建设工程防护林固碳释氧功能物质量变化趋势图

防护林不同林龄组林分中，中龄林固碳释氧功能总物质量最大，成过熟林次之，幼龄林固碳释氧功能总物质量最小。在 2003～2023 年，幼龄林、中龄林和近熟林固碳释氧功能物质量一直呈增加趋势，均在 2023 年达到最大值。幼龄林固碳释氧功能物质量增加 1.82×10^7t，增幅为 44.91%；中龄林增加 2.74×10^7t，增幅为 30.96%；近熟林增加 3.57×10^7t，增幅为 69.36%。成过熟林固碳释氧功能不断下降，碳释氧功能物质量降低 9.15×10^7t，达 64.36%。

4）储养功能物质量预测

由图 5-116 可以看出：2003～2023 年，“三北”及长江流域重点防护林体系建设工程防护林储养功能物质量呈先减少后增加的趋势，总体变化不大，到 2023 年储养功能总物质量将比 2003 年减少了 1.07×10^5t，降幅为 3.16%。

在防护林中，中龄林的储养功能总物质量最大，成过熟林次之，幼龄林的储养功能物质量最小。幼龄林、中龄林和近熟林储养功能物质量呈持续上升趋势。到 2023 年，幼龄林储养功能物质量增加 1.91×10^5t，增幅为 44.91%；中龄林增加 2.88×10^5t，增幅为 30.96%；近熟林增加 3.74×10^5t，增幅为 69.36%。成过熟林储养功能一直在降低，到 2023 年为止，成过熟林降低 9.61×10^5t，降幅为 64.36%。

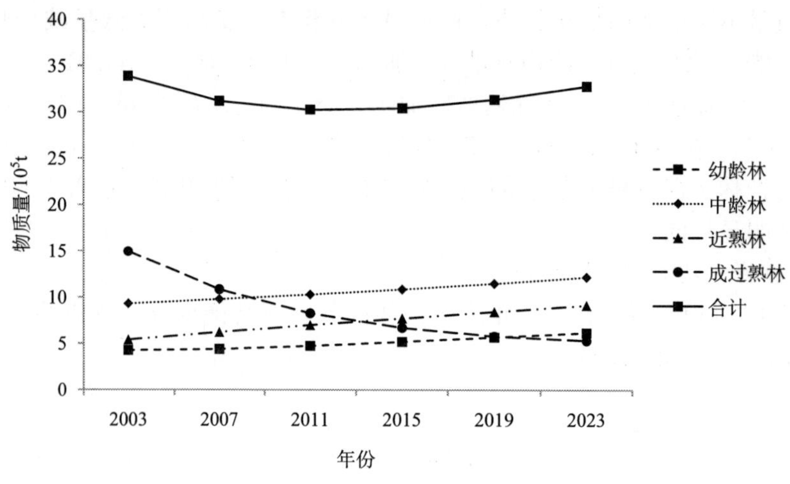

图 5-116　“三北”及长江流域重点防护林体系建设工程
防护林储养功能物质量变化趋势图

5）吸收二氧化硫功能物质量预测

“三北”及长江流域重点防护林体系建设工程防护林吸收二氧化硫功能物质量预测结果见图 5-117。由结果图可以看出，在 2003～2023 年，防护林吸收二氧化硫功能物质量呈先减少后增加的趋势，到 2023 年吸收二氧化硫功能物质量将比 2003 年减少 1.89×10^5 t，降幅达 3.16％。

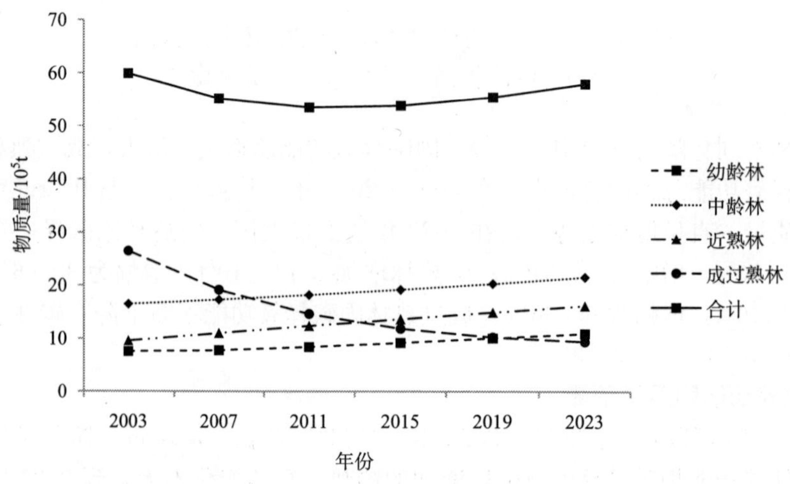

图 5-117　“三北”及长江流域重点防护林体系建设工程
防护林吸收二氧化硫功能物质量变化趋势图

在防护林中，中龄林的吸收二氧化硫功能总物质量最大，成过熟林次之，幼龄林最小。在预测初期成过熟林的吸收二氧化硫功能比近熟林高，到预测中末期，近熟林的吸收二氧化硫功能物质量将明显高于成过熟林。幼龄林、中龄林和近熟林吸收二氧化硫功能物质量是一直增加的，而成过熟林吸收二氧化硫功能物质量是一直在减少。到 2023 年为止，幼龄林、中龄林、近熟林吸收二氧化硫功能物质量将分别增加 3.38×10^5t、5.09×10^5t、6.62×10^5t，增幅分别为 44.91%、30.96%、69.36%；成过熟林吸收二氧化硫功能物质量减少 16.98×10^5t，比 2003 年减少了 64.36%。

6）吸收氮氧化物功能物质量预测

由图 5-118 可以看出：在 2003～2023 年，“三北”及长江流域重点防护林体系建设工程防护林吸收氮氧化物功能物质量呈先减少后增加的趋势，2023 年将比 2003 年减少了 0.23×10^5t，降幅为 3.16%。

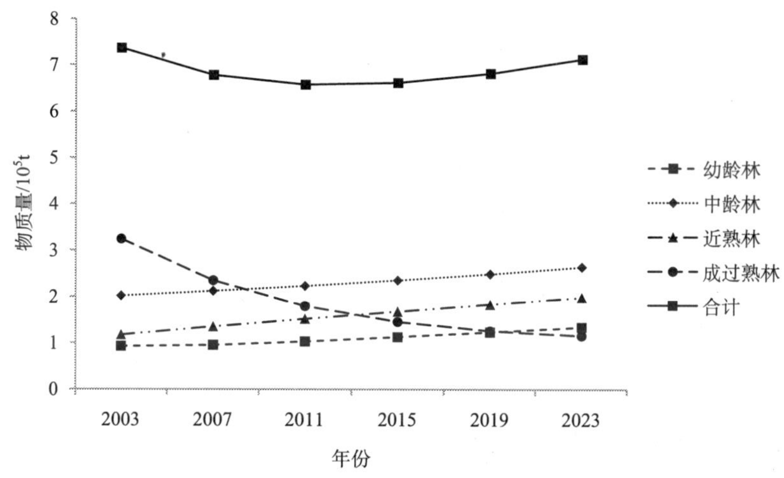

图 5-118　“三北”及长江流域重点防护林体系建设工程防护林吸收氮氧化物功能物质量变化趋势图

从图 5-118 中还可以看出：防护林不同林龄组林分的吸收氮氧化物功能物质总量大小顺序总体为中龄林>成过熟林>近熟林>幼龄林。2003～2023 年，防护林中幼龄林、中龄林和近熟林吸收氮氧化物功能物质量不断增加，成过熟林吸收氮氧化物功能物质量不断降低。到 2023 年为止，成过熟林吸收氮氧化物功能物质量降低 2.09×10^5t，降低了 64.36%；幼龄林、中龄林和近熟林吸收氮氧化物功能物质量增加量分别为 0.42×10^5t、0.63×10^5t、0.81×10^5t，增幅分别为 44.91%、30.96%、69.36%。

7）滞尘功能物质量预测

“三北”及长江流域重点防护林体系建设工程防护林滞尘功能物质量预测结果见图 5-119。由图 5-119 可以看出：防护林预测期内滞尘功能物质量总量呈先减少后增加的趋势，到 2023 年为止，滞尘功能物质量总量比 2003 年减少了 3.14×10^7t，降幅为 3.16%。

在防护林中，滞尘功能物质总量变化规律总体为中龄林>成过熟林>近熟林>幼龄林。幼龄林、中龄林和近熟林滞尘功能物质量程不断增加趋势。到 2023 年为止，幼龄林滞尘功能物质量增加 5.61×10^7t，增幅为 44.91%；中龄林增加 8.44×10^7t，增幅为 30.96%；近熟林增加 10.98×10^7t，增幅为 69.36%。成过熟林滞尘功能一直在降低，

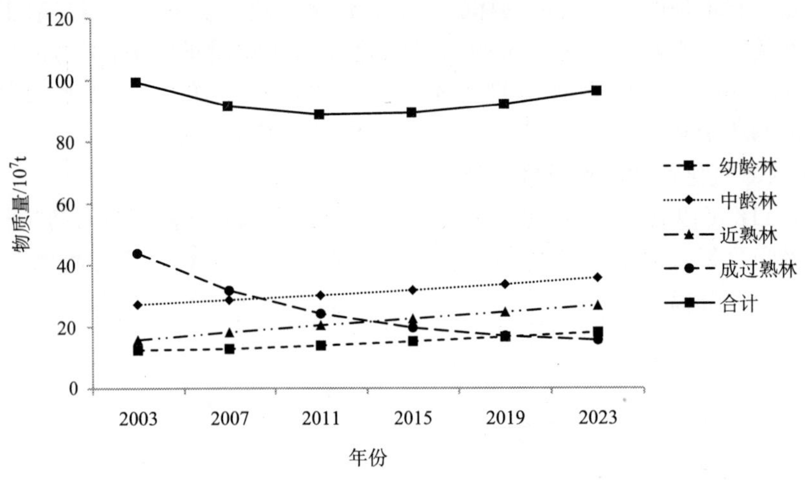

图 5-119　"三北"及长江流域重点防护林体系建设工程防护林滞尘功能物质量变化趋势图

比 2003 年降低 28.17×10^7t，降幅为 64.36%。综合分析表明，"三北"及长江流域重点防护林体系建设工程防护林滞尘功能物质量总体呈下降趋势，说明防护林随着年份的增滞尘功能降低。

5.2.3.3　特用林功能物质总量预测

1）涵养水源功能物质量预测

由图 5-120 可知：2003～2023 年，特用林涵养水源功能物质量呈不断降低的变化趋势，到 2023 年为止，特用林调节水量和净化水质量总和比 2003 年减少了 57.10×10^8t，降幅为 21.28%。

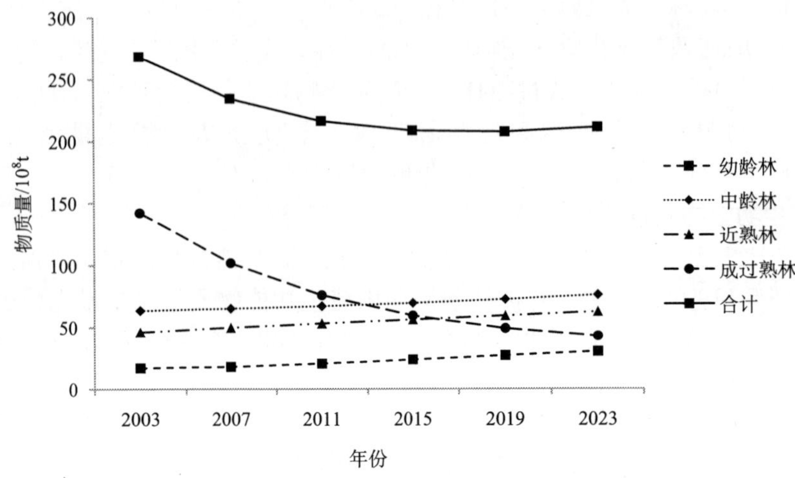

图 5-120　"三北"及长江流域重点防护林体系建设工程特用林涵养水源功能物质量变化趋势图

从特用林不同林龄组林分的涵养水源功能总物质量来看，总体呈现成过熟林＞中龄林＞近熟林＞幼龄林，成过熟林涵养水源功能物质总量最大，幼龄林最小。幼龄林、中龄林和近熟林涵养水源功能随着时间的增加呈持续增长的趋势。到 2023 年为止，幼龄林、中龄林、近熟林调节水量和净化水质量总和将分别增加 13.07×10^8t、12.54×10^8t、16.48×10^8t，增幅分别为 76.70％、19.78％、35.90％。成过熟林涵养水源功能则不断降低，截至 2023 年，成过熟林调节水量和净化水质量总和降低 99.20×10^8t，降低了 69.91％。综合分析表明，特用林涵养水源功能物质量总体呈减少趋势，说明特用林随着时间的增加涵养水源功能明显降低。

2）保育土壤功能物质量预测

“三北”及长江流域重点防护林体系建设工程特用林保育土壤功能物质量预测结果见图 5-121。由图 5-121 可知：总体来看，2003～2023 年，特用林保育土壤功能变化呈先减少后持平的趋势，比 2003 年减少了 358.51×10^6t，降幅为 39.20％。

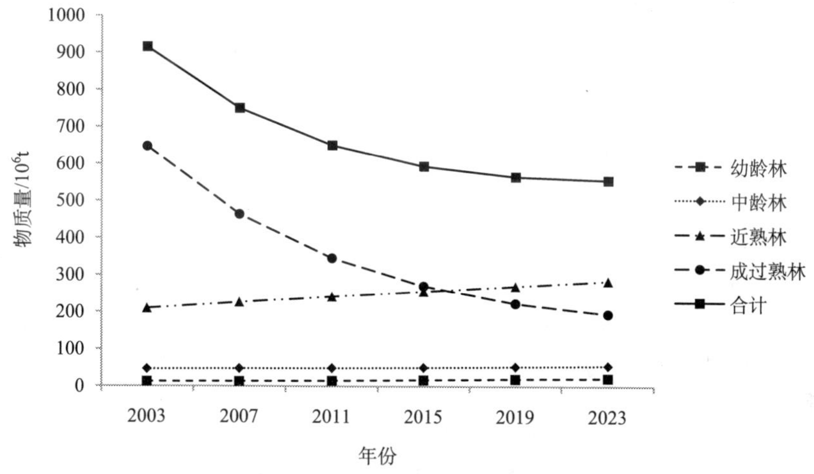

图 5-121　“三北”及长江流域重点防护林体系建设工程特用林保育土壤功能物质量变化趋势图

特用林不同林龄组林分的保育土壤功能物质总量变化趋势差异较大，成过熟林保育土壤功能总物质量最大，近熟林次之，幼龄林最小。成过熟林保育土壤功能在预测期初比近熟林高，到预测中末期，随着成过熟林保育土壤功能物质量的下降和近熟林保育土壤功能物质量的增加，近熟林的保育土壤功能物质量将明显高于成过熟林。幼龄林、中龄林和近熟林的保育土壤功能物质量呈不断增加的变化趋势，而成过熟林保育土壤功能大致呈减少趋势，截至 2023 年，幼龄林保育土壤功能物质量将增加 9.50×10^6t，增幅为 76.70％；中龄林增加 9.11×10^6t，增幅为 19.78％；近熟林增加 75.16×10^6t，增幅为 35.90％。成过熟林降低 452.27×10^6t，降幅为 69.91％。

3）固碳释氧功能物质量预测

由图 5-122 可知：截至 2023 年，“三北”及长江流域重点防护林体系建设工程特用林固碳释氧功能物质量变化呈先减少后增加趋势，2023 年比 2003 年减少 1.17×10^7t，降幅为 21.28％。

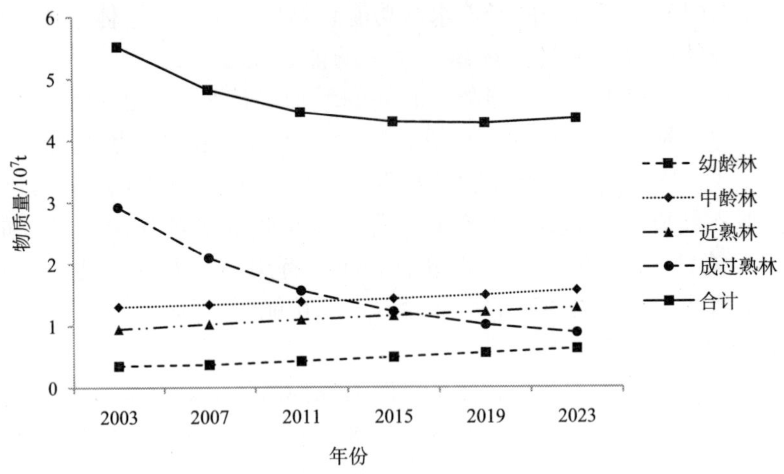

图 5-122 “三北”及长江流域重点防护林体系建设工程
特用林固碳释氧功能物质量变化趋势图

特用林不同林龄组林分中，成过熟林固碳释氧功能总物质量最大，中龄林次之，幼龄林固碳释氧功能总物质量最小。在 2003～2023 年，幼龄林、中龄林和近熟林固碳释氧功能物质量一直呈增加趋势，均在 2023 年达到最大值。幼龄林固碳释氧功能物质量增加 0.27×10^7t，增幅为 76.70%；中龄林增加 0.26×10^7t，增幅为 19.78%；近熟林增加 0.34×10^7t，增幅为 35.90%。成过熟林固碳释氧功能不断下降，固碳释氧功能物质量降低了 2.04×10^7t，降幅为 69.91%。

4）储养功能物质量预测

由图 5-123 可以看出：“三北”及长江流域重点防护林体系建设工程特用林储养功能物质量预测结果显示，2003～2023 年，特用林储养功能总物质量呈降低的趋势，2023 年将比 2003 年减少了 1.23×10^5t，降幅为 21.28%。

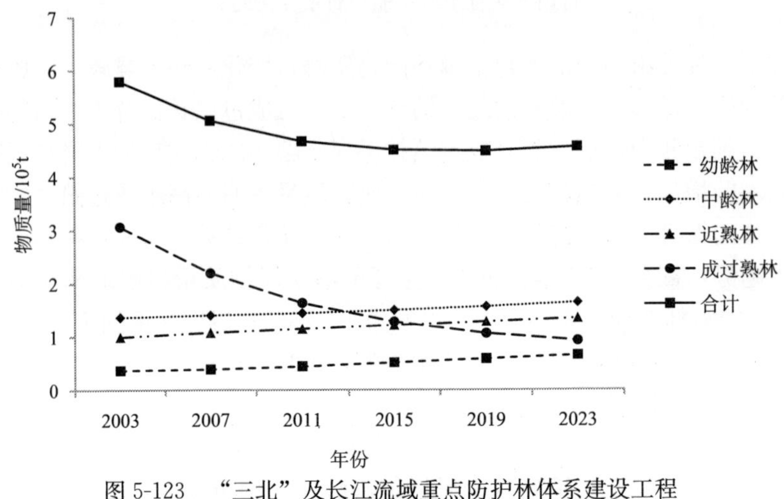

图 5-123 “三北”及长江流域重点防护林体系建设工程
特用林储养功能物质量变化趋势图

在特用林中，成过熟林的储养功能总物质量最大，中龄林次之，幼龄林最小。幼龄林、中龄林和近熟林储养功能物质量呈持续上升趋势。到 2023 年，幼龄林储养功能物质量增加 0.28×10^5t，增幅为 76.70%；中龄林增加 0.27×10^5t，增幅为 19.78%；近熟林增加 0.36×10^5t，增幅为 35.90%。成过熟林储养功能一直在降低，到 2023 年为止，成过熟林储养功能物质量降低 2.14×10^5t，降低了 69.91%。综合分析表明，特用林储养功能物质量总体呈下降趋势，说明特用林随着年份的增加储养功能明显减弱。

5）吸收二氧化硫功能物质量预测

由预测结果图 5-124 可以看出：2003～2023 年，“三北”及长江流域重点防护林体系建设工程用材林吸收二氧化硫功能物质量呈下降的趋势，到 2023 年吸收二氧化硫功能物质量将比 2003 年减少 21.80×10^4t，降幅达 21.28%。

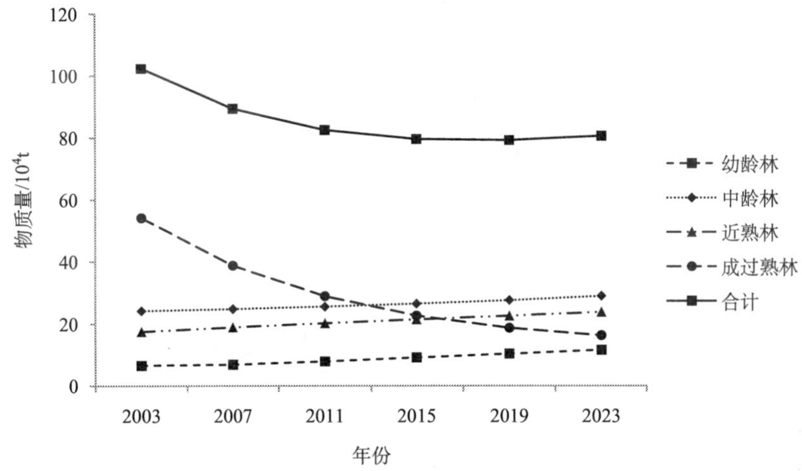

图 5-124　“三北”及长江流域重点防护林体系建设工程
天然用材林吸收二氧化硫功能物质量变化趋势图

在特用林中，成过熟林的吸收二氧化硫功能总物质量最大，中龄林次之，幼龄林吸收二氧化硫功能物质总量最小。在预测初期成过熟林的吸收二氧化硫功能比近熟林高，到预测中末期，近熟林的吸收二氧化硫功能物质量将明显高于成过熟林。幼龄林、中龄林和近熟林吸收二氧化硫功能物质量是一直增加的，而成过熟林吸收二氧化硫功能物质量是一直在减少。到 2023 年为止，幼龄林、中龄林、近熟林吸收二氧化硫功能物质量将分别增加 4.99×10^4t、4.79×10^4t、6.29×10^4t，增幅分别为 76.70%、19.78%、35.90%。成过熟林吸收二氧化硫功能物质量减少 37.87×10^4t，降幅为 69.91%。

6）吸收氮氧化物功能物质量预测

由图 5-125 可以看出：“三北”及长江流域重点防护林体系建设工程特用林吸收氮氧化物功能物质量在 2003～2023 年呈降低的趋势，到 2023 年特用林吸收氮氧化物功能物质量将比 2003 年减少了 2.68×10^4t，降幅为 21.28%。

由图 5-125 还可以看出：特用林不同林龄组林分的吸收氮氧化物功能物质总量大小顺序总体为成过熟林>中龄林>近熟林>幼龄林。2003～2023 年，特用林中幼龄

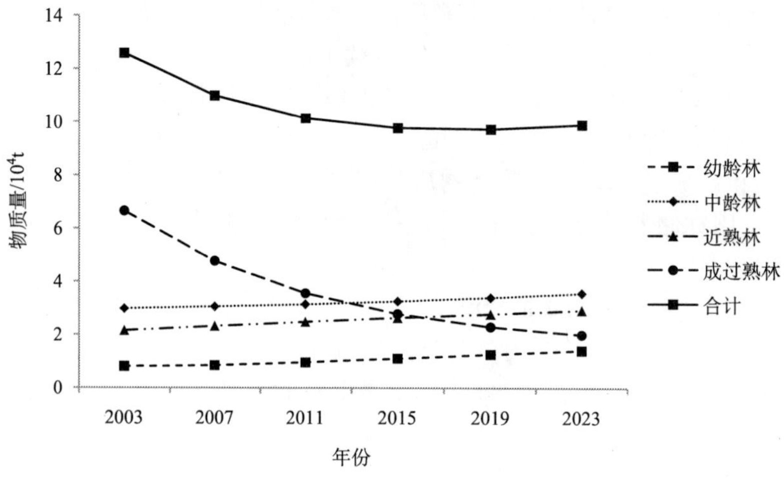

图 5-125　“三北”及长江流域重点防护林体系建设工程特用林吸收氮氧化物功能物质量变化趋势图

林、中龄林和近熟林吸收氮氧化物功能物质量不断增加，成过熟林吸收氮氧化物功能物质量不断降低。到 2023 年为止，成过熟林吸收氮氧化物功能物质量降低 4.65×10^4t，降幅为 69.91%。幼龄林、中龄林、近熟林的吸收氮氧化物功能物质量增加量分别为 4.99×10^4t、4.79×10^4t、6.29×10^4t，增幅分别为 76.70%、19.78%、35.90%。综合分析表明，特用林吸收氮氧化物功能物质量总体呈下降趋势，说明特用林随着年份的增加吸收氮氧化物功能降低。

7）滞尘功能物质量预测

“三北”及长江流域重点防护林体系建设工程特用林滞尘功能物质量预测结果见图 5-126。由图 5-126 可以看出：特用林预测期内滞尘功能物质量总量是降低的，到 2023 年为止，滞尘功能物质量总量比 2003 年减少了 3.61×10^5t，降幅为 21.28%。

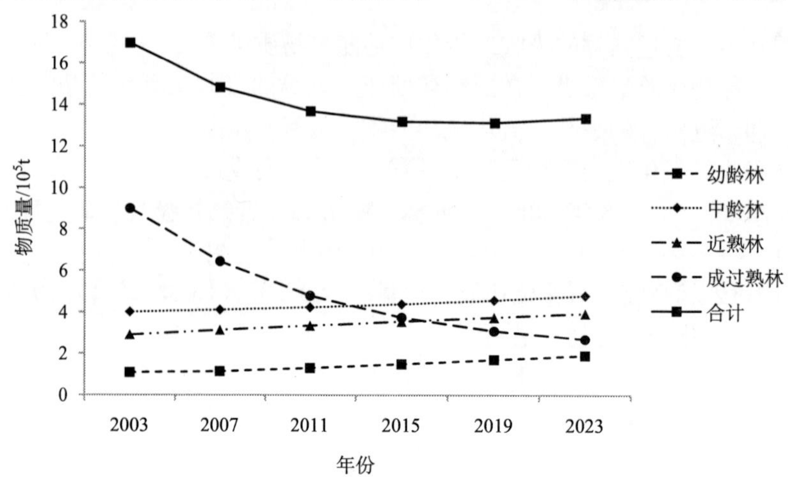

图 5-126　“三北”及长江流域重点防护林体系建设工程特用林滞尘功能物质量变化趋势图

在特用林中，滞尘功能物质总量变化规律总体为成过熟林＞中龄林＞近熟林＞幼龄林。在预测初期，成过熟林的滞尘功能物质量比近熟林高，到预测中末期，近熟林的滞尘功能物质量将明显高于成过熟林。其中，幼龄林、中龄林和近熟林滞尘功能物质量程不断增加趋势。到 2023 年为止，幼龄林滞尘功能物质量增加 0.83×10^5t，增幅为 76.70%；中龄林增加 0.79×10^5t，增幅为 19.78%；近熟林增加 1.04×10^5t，增幅为 35.90%。成过熟林滞尘功能一直在降低，比 2003 年降低了 6.28×10^5t，降幅为 69.91%。综合分析表明，特用林滞尘功能减弱。

5.3　退耕还林工程生态服务功能物质量预测

5.3.1　天然林

5.3.1.1　天然用材林

1）涵养水源功能物质量预测

由图 5-127 可知：2003～2023 年，天然用材林涵养水源功能物质量随着退耕还林工程的实施呈不断增加的变化趋势，到 2023 年为止，天然用材林调节水量和净化水质量总和比 2003 年增加了 1.24×10^{10}t，增幅为 12.04%。

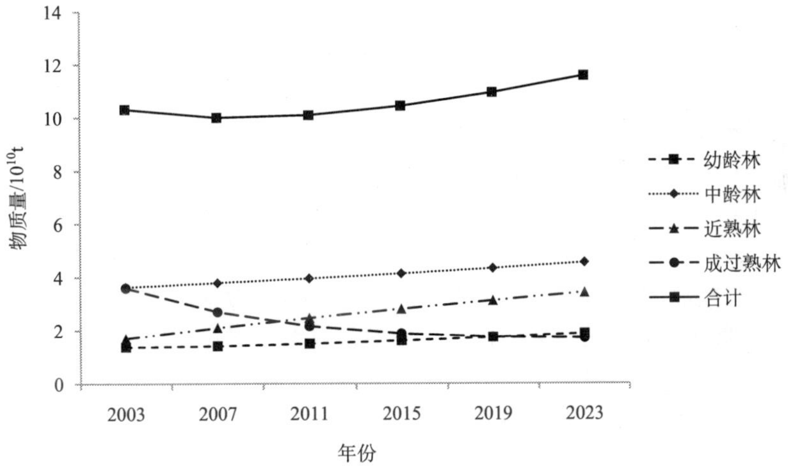

图 5-127　退耕还林工程天然用材林涵养水源功能物质量变化趋势图

从天然用材林不同林龄组林分的涵养水源功能物质量来看，总体呈现中龄林＞近熟林＞幼龄林＞成过熟林，中龄林涵养水源功能物质总量最大，成过熟林最小。幼龄林、中龄林和近熟林涵养水源功能物质量呈持续增长的趋势，预计到 2023 年，幼龄林、中龄林、近熟林调节水量和净化水质量总和将分别增加 0.52×10^{10}t、0.91×10^{10}t、1.71×10^{10}t，增幅分别为 36.38%、25.25%、101.05%。由此可见，近熟林涵养水源功能增长最快，中龄林次之。而成过熟林涵养水源功能随着时间的增加呈不断减少的趋势，截至 2023 年，成过熟林涵养水源功能总量将减少 1.89×10^{10}t，降幅可达 52.62%，说明成过熟林涵养水源功能丧失较快。综合分析表明，退耕还林工程天然用材林涵养水源功能物质量总体呈增加趋势，说明天然林随着时间的增加涵养水源功能明显增强。

2）保育土壤功能物质量预测

退耕还林工程天然用材林保育土壤功能物质量预测结果见图 5-128。由图 5-128 可知：总体来看，预计在 2003～2023 年，天然用材林保育土壤功能物质量变化呈总体减少的趋势，2023 年将比 2003 年减少 0.14×10^8t，降幅为 0.36％。

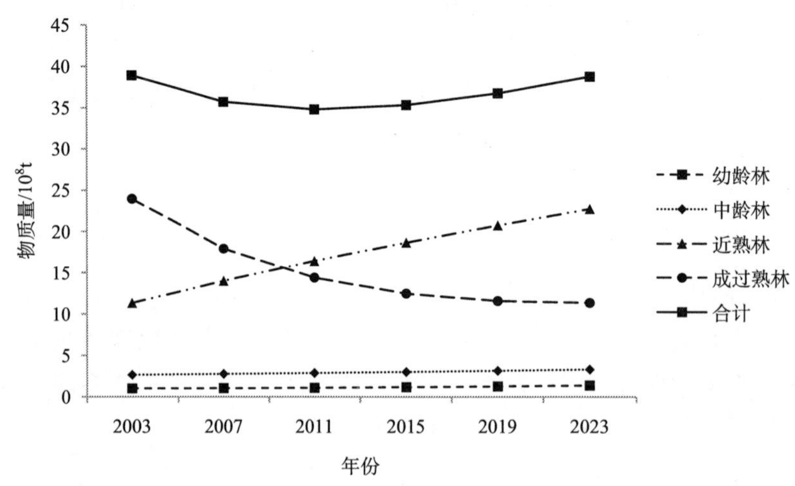

图 5-128　退耕还林工程天然用材林保育土壤功能物质量变化趋势图

天然用材林不同林龄组林分中，幼龄林、中龄林和近熟林呈现出逐年增长的趋势，并且增长幅度以近熟林最大，中龄林次之，幼龄林最小。成过熟林随着预测年份的增加，其保育土壤功能物质量表现出越来越少的趋势。幼龄林增加了 0.36×10^8t，增幅为 36.38％；中龄林增加了 0.67×10^8t，增幅为 25.26％；近熟林增加了 11.43×10^8t，增幅为 101.05％。成过熟林则减少了 12.61×10^8t，降幅为 52.62％。就近熟林和成过熟林保育土壤功能物质量变化趋势分析，预测期初过熟林保育土壤功能在较近熟林高，到预测中末期，随着成过熟林保育土壤功能物质量的下降和近熟林保育土壤功能物质量的增加，近熟林的保育土壤功能物质量将明显高于成过熟林。

3）固碳释氧功能物质量预测

由图 5-129 可知：总体来看，预计在 2003～2023 年，退耕还林工程天然用材林固碳释氧功能物质量变化呈总体增加的趋势，预计到 2023 年将比 2003 年增加 2.55×10^7t，增幅为 12.04％。

天然用材林不同林龄组林分中，幼龄林、中龄林和近熟林呈现出逐年增长的趋势，并且增长幅度以近熟林最大，中龄林次之，幼龄林最小。成过熟林即随着预测年份的增加，其固碳释氧功能物质量表现出越来越少的趋势。幼龄林增加量为 1.03×10^7t，增幅为 36.38％；中龄林增加量为 1.89×10^7t，增幅为 25.26％；近熟林增加量为 3.54×10^7t，增幅为 101.05％。成过熟林则减少了 3.90×10^7t，降幅为 52.62％。各林龄组林分在预测期内固碳释养功能物质总量 130.23×10^7t，其

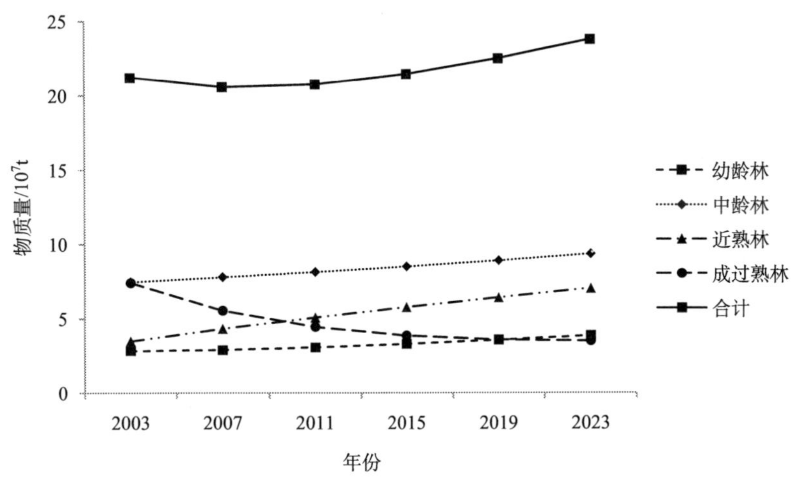

图 5-129　退耕还林工程天然用材林固碳释氧功能物质量变化趋势图

中，中龄林贡献量最大，近熟林贡献量居于第二位，第三位是成过熟林，幼龄林贡献最小，约占固碳释养功能物质总量的 15.0%。

4）储养功能物质量预测

由图 5-130 可知：总体来看，预计在 2003～2023 年，退耕还林工程天然用材林储养功能物质量变化呈总体增加的趋势，2023 年将比 2003 年增加 2.68×10^{5}t，增幅为 12.04%。

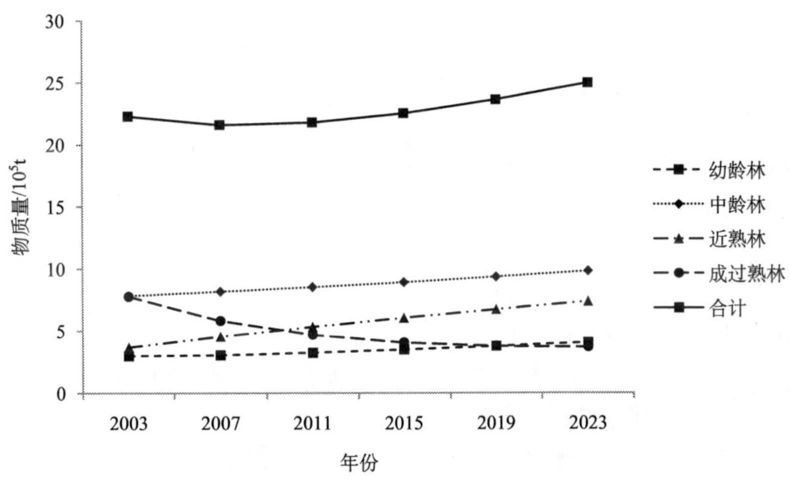

图 5-130　退耕还林工程天然用材林储养功能物质量变化趋势图

天然用材林中，幼龄林、中龄林和近熟林呈现出逐年增长的趋势，并且增长幅度近熟林最大，中龄林次之，幼龄林最小。成过熟林则呈现出与上述三个林龄组相反的趋势，即随着预测年份的增加，其储养功能物质量呈越少的趋势。幼龄林增加量为 1.08×10⁵t，增幅为 36.38%；中龄林增加量为 1.98×10⁵t，增幅为 25.26%；近熟林增加量为 3.71×10⁵t，增幅为 101.05%。成过熟林则减少了 4.09×10⁵t，降幅为 52.62%。

5）吸收二氧化硫功能物质量预测

退耕还林工程天然用材林吸收二氧化硫功能物质量预测结果见图 5-131。由图5-131可知：总体来看，天然用材林吸收二氧化硫功能物质量变化呈总体增加的趋势，2023 年将比 2003 年增加 4.72×10⁵t，增幅为 12.04%。

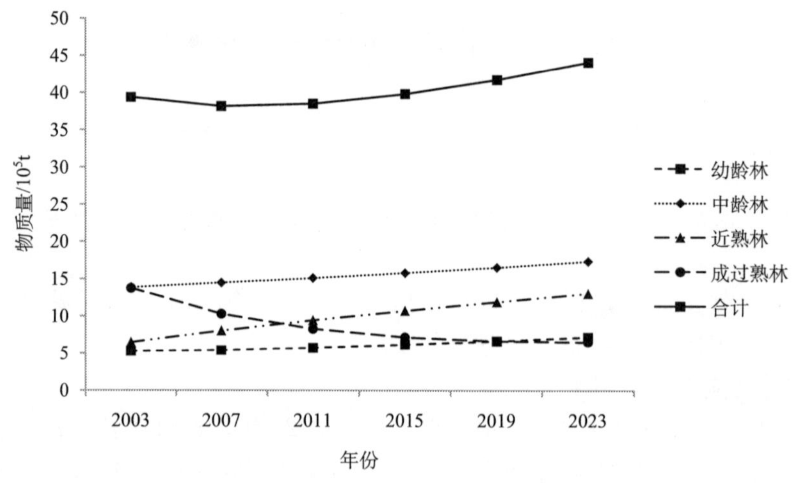

图 5-131　退耕还林工程天然用材林吸收二氧化硫功能物质量变化趋势图

天然用材林不同林龄组林分的吸收二氧化硫功能物质量变化趋势差异较大，其中幼龄林、中龄林和近熟林呈现出逐年增长的趋势，并且增长幅度近熟林最大，中龄林次之，幼龄林增长幅度最小，成过熟林则呈现出与上述三个林龄组相反的趋势，即随着预测年份的增加，其吸收二氧化硫功能物质量表现出逐年减少的趋势。幼龄林增加量为 1.92×10⁵t，增幅为 36.38%；中龄林增加量为 3.5×10⁵t，增幅为 25.26%；近熟林增加量为 6.66×10⁵t，增幅为 101.05%。成过熟林则减少了 7.24×10⁵t，降幅为 52.62%。

6）吸收氮氧化物功能物质量预测

退耕还林工程天然用材林吸收氮氧化物功能物质量预测结果见图 5-132。由图5-132可知：总体来看，2003～2023 年，天然用材林吸收氮氧化物功能物质量变化呈总体增加的趋势，2023 年将比 2003 年增加 5.83×10⁵t，增幅为 12.04%。

天然用材林不同林龄组林分中，幼龄林、中龄林和近熟林呈现出逐年增长的趋势，并且增长幅度以近熟林最大，增加量为 8.07×10⁵t，增幅为 101.05%，幼龄林次之，增加量为 2.36×10⁵t，增幅为 36.38%；中龄林增长幅度最小，增加量为 4.3×10⁵t，增幅为 25.26%。成过熟林呈现减少的趋势，在预测期内减少了 8.90×10⁵t，降幅为 52.62%。就近熟林和成过熟林吸收氮氧化物功能物质量变化趋势分析，预测期初过熟林吸收氮氧化物功能较近熟林高，到预测中末期，随着成过熟林吸收氮氧化物功能物质量的下降和近熟林吸收氮氧化物功能物质量的增加，近熟林明显高于成过熟林。各林龄

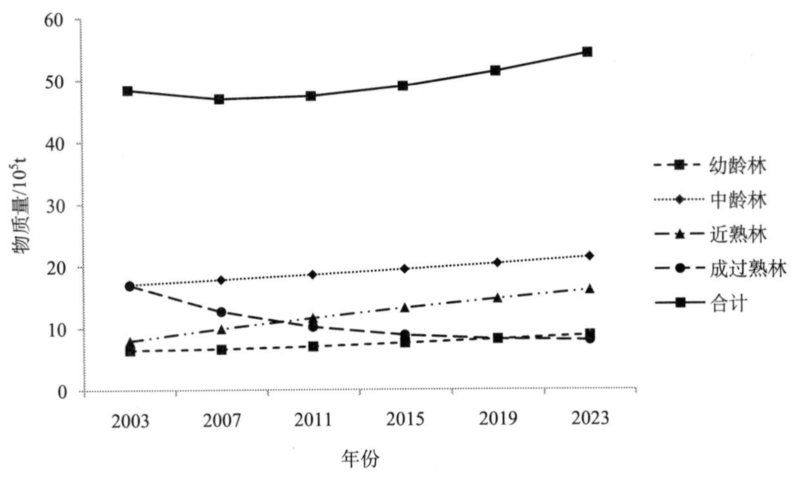

图 5-132　退耕还林工程天然用材林吸收氮氧化物功能物质量变化趋势图

组林分在预测期内吸收氮氧化物功能物质总量 297.11×10^5t，其中，中龄林占 38.51%，近熟林占 24.68%，成过熟林占 21.78%，幼龄林贡献最小，占 15.0%。

7）滞尘功能物质量预测

由图 5-133 可知：总体来看，预计在 2003～2023 年，天然用材林滞尘功能物质量变化呈总体增加的趋势，2023 年将比 2003 年增加 7.81×10^7t，增幅为 12.04%。

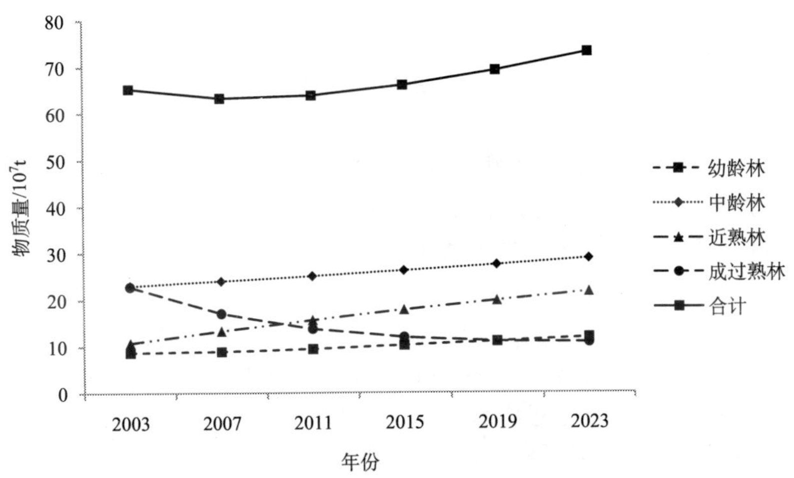

图 5-133　退耕还林工程天然用材林滞尘功能物质量变化趋势图

退耕还林工程天然用材林不同林龄组林分中，幼龄林、中龄林和近熟林呈现出逐年增长的趋势，并且增长幅度以近熟林最大，增加量为 10.89×10^7t，增幅为 101.05%，幼龄林次之，增加量为 3.18×10^7t，增幅为 36.38%；中龄林增长幅度最小，增加量为 5.81×10^7t，增幅为 25.26%。成过熟林则呈现出逐年减少的趋势，在预测期内减少

了 12.01×10^7t，降幅为 52.62%。各林龄组林分在预测期内滞尘功能物质总量 400.95×10^7t，其中，中龄林滞尘功能物质总量最大，占 38.51%，近熟林占 24.68%，成过熟林占 21.78%，幼龄林贡献最小，占滞尘功能物质总量的 15.0%。

5.3.1.2　天然防护林

1）涵养水源功能物质量预测

由图 5-134 可知：2003～2023 年，天然防护林涵养水源功能物质量呈不断降低的变化趋势，到 2023 年为止，天然防护林调节水量和净化水质量总和比 2003 年减少了 3.22×10^8t，降幅达 18.51%。

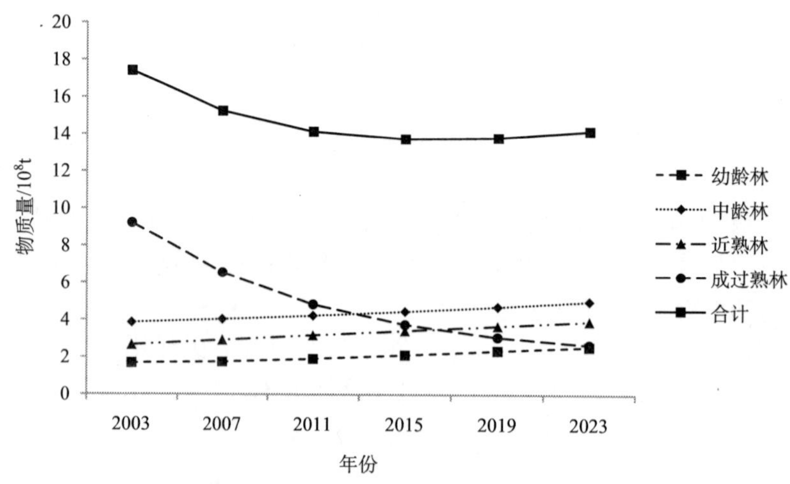

图 5-134　退耕还林工程天然防护林涵养水源功能物质量变化趋势图

从不同林龄组林分的涵养水源功能物质总量来看，总体呈现成过熟林＞中龄林＞近熟林＞幼龄林，成过熟林涵养水源功能物质总量最大，幼龄林最小。幼龄林、中龄林和近熟林涵养水源功能随着时间的增加呈持续增长的趋势，预计到 2023 年，幼龄林、中龄林、近熟林调节水量和净化水质量总和将分别增加 0.89×10^8t、1.16×10^8t、1.27×10^8t，增幅分别为 52.80%、29.99%、47.79%，幼龄林涵养水源功能增长最快，近熟林次之。而成过熟林涵养水源功能随着时间的增加呈不断减少的趋势，截至 2023 年，成过熟林涵养水源功能总量将减少 6.54×10^8t，降幅可达 70.92%。

2）保育土壤功能物质量预测

退耕还林工程天然防护林保育土壤功能物质量预测结果见图 5-135。由图 5-135 可知：总体来看，预计在 2003～2023 年，天然防护林保育土壤功能物质量变化呈总体减少的趋势，预计到 2023 年将比 2003 年减少 33.55×10^8t，降幅为 40.41%。

天然防护林不同林龄组林分中，幼龄林、中龄林和近熟林呈现出逐年增长的趋势，并且增长幅度以幼龄林最大，近熟林次之，中龄林最小。过熟林则呈现出与上述三个林龄组相反的趋势，随着预测年份的增加，其保育土壤功能物质量表现出越来越少的趋势。幼龄林增加了 0.65×10^8t，增幅为 52.80%；中龄林增加了 0.84×10^8t，

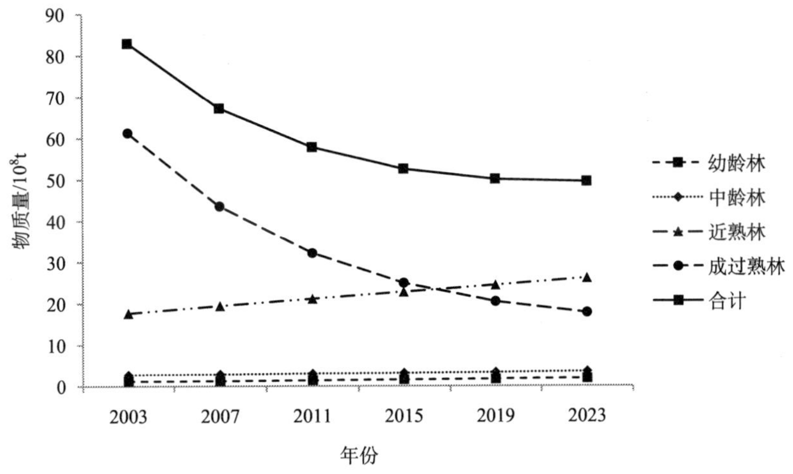

图 5-135　退耕还林工程天然防护林保育土壤功能物质量变化趋势图

增幅为 29.99%；近熟林增加了 8.45×10⁸t，增幅为 47.79%。成过熟林则减少了 43.49×10⁸t，降幅为 70.92%。各林龄组林分在预测期内保育土壤功能物质总量 360.15×10⁸t。其中成过熟林贡献量最大，占物质总量的 55.64%；近熟林贡献量占 36.55%，中龄林贡献量占 5.31%；幼龄林贡献最小，占物质总量的 2.5%。

3）固碳释氧功能物质量预测

由图 5-136 可知：总体来看，预计在 2003～2023 年，退耕还林工程天然防护林固碳释氧功能物质量变化呈总体减小的趋势，预计到 2023 年将比 2003 年减小 0.66×10⁷t，降幅为 18.51%。

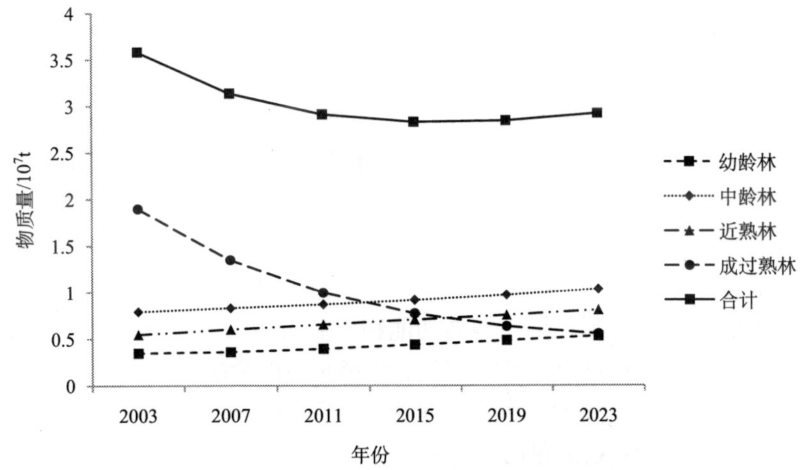

图 5-136　退耕还林工程天然防护林固碳释氧功能物质量变化趋势图

天然防护林不同林龄组林分中，幼龄林、中龄林和近熟林呈现出逐年增长的趋势，并且增长幅度以幼龄林最大，近熟林次之，中龄林最小。成过熟林则呈现出越来越少的趋势。幼龄林增加量为 0.18×10⁷t，增幅为 52.80%；中龄林增加量为 0.24×10⁷t，增幅为 29.99%；近熟林增加量为 0.26×10^7t，增幅为 47.79%。成过熟林则减少了 1.35×10^7t，降幅为 70.92%。各林龄组林分在预测期内固碳释养功能物质总量 18.23×10^7t。其中成过熟林贡献量最大，约为 6.20×10^7t，为固碳释养功能物质总量的 34%；中龄林贡献量居于第二位，约为 5.41×10^7t，为固碳释养功能物质总量的 29.68%；第三位是近熟林，其贡献量为 4.07×10^7t，为固碳释养功能物质总量的 22.34%；幼龄林贡献最小，为 2.55×10^7t，约占固碳释养功能物质总量的 13.97%。

4）储养功能物质量预测

由图 5-137 可知：总体来看，预计在 2003～2023 年，退耕还林工程天然防护林储养功能物质量变化呈总体减少的趋势，预计到 2023 年将比 2003 年减少 6.96×10^5t，降增幅为 18.51%。

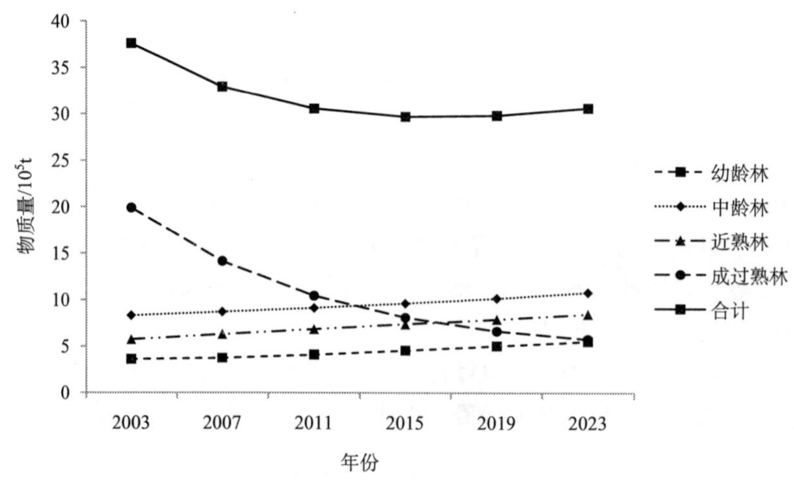

图 5-137　退耕还林工程天然防护林储养功能物质量变化趋势图

天然防护林不同林龄组林分中，幼龄林、中龄林和近熟林呈现出逐年增长的趋势，并且增长幅度以幼龄林最大，近熟林次之，中龄林最小。成过熟林则呈现出与上述三个林龄组相反的趋势，即随着预测年份的增加，其储养功能物质量表现出越来越少的趋势。幼龄林增加量为 1.92×10^5t，增幅为 52.80%；中龄林增加量为 2.50×10^5t，增幅为 29.99%；近熟林增加量为 2.74×10^5t，增幅为 47.79%。成过熟林则减少了 14.12×10^5t，降幅为 70.92%。各林龄组林分在预测期内储养功能物质总量 191.36×10^5t。其中成过熟林贡献量最大，约为 65.08×10^5t，占总量的 34%；中龄林贡献量次之，约为 56.80×10^5t，占总量的 29.68%；第三位是近熟林，其贡献量为 42.75×10^5t，占总量的 22.34%；幼龄林贡献最小，为 26.73×10^5t，占总量的 13.97%。

5）吸收二氧化硫功能物质量预测

退耕还林工程天然防护林吸收二氧化硫功能物质量预测结果见图 5-138。由图5-138 可知：总体来看，预计在 2003～2023 年，天然防护林吸收二氧化硫功能物质量变化呈总体降低的趋势，比 2003 年减少 12.31×10^5t，降幅为 18.51%。

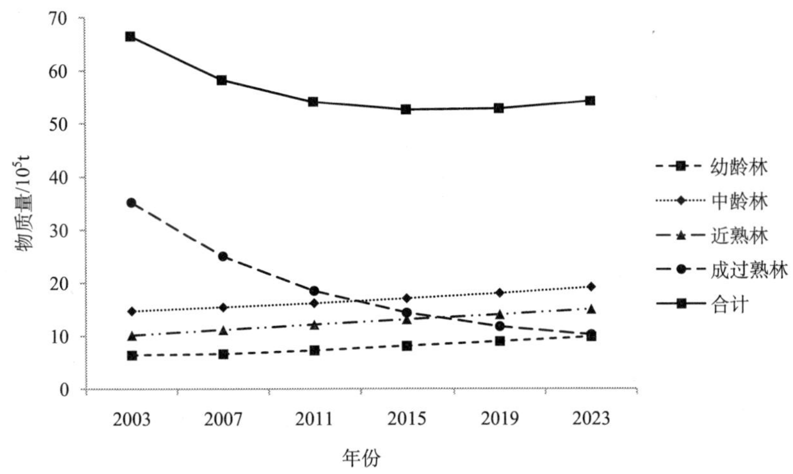

图 5-138　退耕还林工程天然防护林吸收二氧化硫功能物质量变化趋势图

天然防护林不同林龄组林分中，幼龄林、中龄林和近熟林呈现出逐年增长的趋势，并且增长幅度以幼龄林最大，近熟林次之，中龄林最小。成过熟林则呈现出逐年减少的趋势。各林龄组在预测期内的变化规律为：幼龄林增加 3.39×10^5t，增幅为 52.80%；中龄林增加量为 4.41×10^5t，增幅为 29.99%；近熟林增加量为 4.85×10^5t，增幅为 47.79%。成过熟林则减少了 24.97×10^5t，降幅为 70.92%。各林龄组林分在预测期内吸收二氧化硫功能物质总量 338.35×10^5t。其中成过熟林吸收二氧化硫功能物质总量最大，约为 115.06×10^5t，占总量的 34%；中龄林贡献量次之，约为 100.43×10^5t，占总量的 29.68%；第三位是近熟林，其贡献量为 75.58×10^5t，占总量的 22.34%；幼龄林贡献最小，为 47.27×10^5t，约占总量的 13.97%。

6）吸收氮氧化物功能物质量预测

由图 5-139 可知：总体来看，天然防护林吸收氮氧化物功能物质量变化呈总体减少的趋势，预计到 2023 年将比 2003 年降低 15.13×10^4t，降幅为 18.51%。

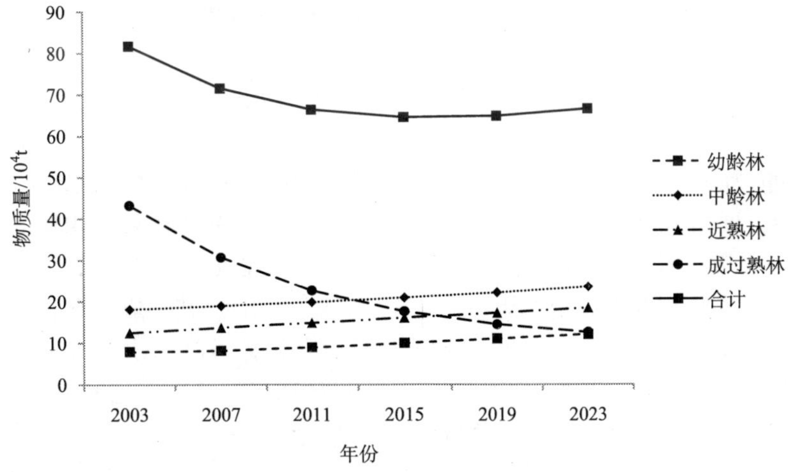

图 5-139　退耕还林工程天然防护林吸收氮氧化物功能物质量变化趋势图

退耕还林工程天然防护林不同林龄组林分中，幼龄林、中龄林和近熟林呈现出逐年增长的趋势，并且增长幅度以幼龄林最大，增加量为 4.17×10^{4}t，增幅为 52.80％，近熟林次之，增加量为 5.96×10^{4}t，增幅为 47.79％；中龄林增长幅度最小，增加量为 5.42×10^{4}t，增幅为 29.99％。成过熟林则呈现出与上述三个林龄组相反的趋势，即随着预测年份的增加呈现出逐年减少的趋势，减少了 30.69×10^{4}t，降幅为 70.92％。各林龄组林分在预测期内吸收氮氧化物功能物质总量 415.81×10^{4}t。其中成过熟林吸收氮氧化物功能物质总量最大，约为 141.41×10^{4}t，占总量的 34％；中龄林贡献量次之，约为 123.43×10^{4}t，占总量的 29.68％；第三位是近熟林，其贡献量约为 92.89×10^{4}t，占总量的 22.34％；幼龄林贡献最小，为 58.09×10^{4}t，占总量的 13.97％。

7）滞尘功能物质量预测

退耕还林工程天然防护林滞尘功能物质量预测结果见图 5-140。由图 5-140 可知：总体来看，预计在 2003～2023 年，天然防护林滞尘功能物质量变化呈减少的趋势，预计到 2023 年将比 2003 年降低 2.04×10^{7}t，降幅为 18.514％。

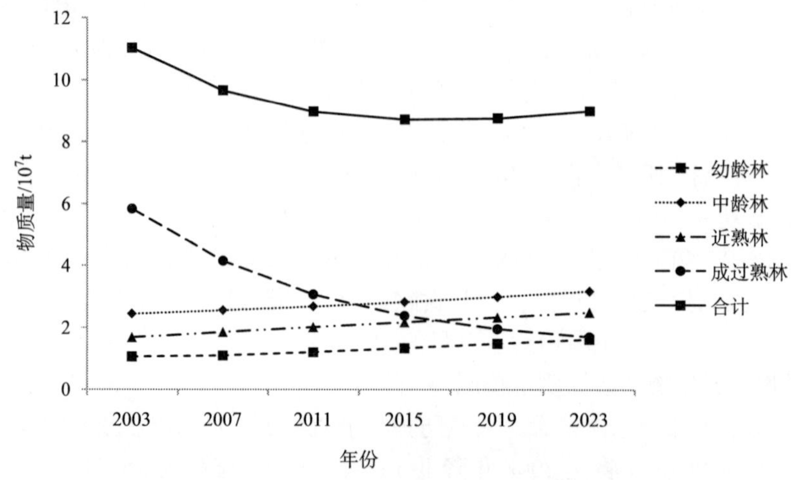

图 5-140 退耕还林工程天然防护林滞尘功能物质量变化趋势图

天然防护林不同林龄组林分中，幼龄林、中龄林和近熟林呈现出逐年增长的趋势，并且增长幅度以幼龄林最大，增加量为 0.56×10^{7}t，增幅为 52.80％，第二位是近熟林，增加量为 0.80×10^{7}t，增幅为 47.79％；中龄林增长幅度最小，增加量为 0.73×10^{7}t，增幅为 29.99％。成过熟林则呈现出与上述三个林龄组相反的趋势，滞尘功能物质量表现出逐渐减少的趋势，在预测期内减少了 4.14×10^{7}t，降幅为 70.92％。各林龄组林分在预测期内滞尘功能物质总量 56.11×10^{7}t。其中成过熟林滞尘功能物质总量最大，约为 19.08×10^{7}t，占总量的 34％；中龄林贡献量次之，为 16.66×10^{7}t，占总量的 29.68％；第三位是近熟林，其贡献量为 12.54×10^{7}t，占总量的 22.34％；幼龄林贡献最小，为 7.84×10^{7}t，占总量的 13.97％。

5.3.1.3　天然特用林

1）涵养水源功能物质量预测

由图 5-141 可知：2003～2023 年，天然特用林涵养水源功能物质量呈不断降低的变化趋势，到 2023 年为止，天然特用林调节水量和净化水质量总和比 2003 年减少了 112.42×10^8t，降幅为 34.27%。

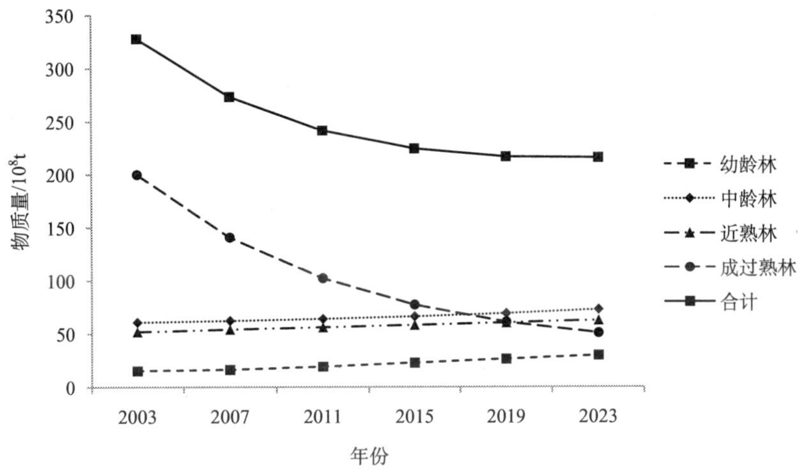

图 5-141　退耕还林工程天然特用林涵养水源功能物质量变化趋势图

从退耕还林工程天然特用林不同林龄组林分的涵养水源功能物质总量来看，总体呈现成过熟林>中龄林>近熟林>幼龄林，成过熟林最大，幼龄林最小。幼龄林、中龄林和近熟林涵养水源功能随着时间的增加呈持续增长的趋势，预计到 2023 年，幼龄林、中龄林、近熟林调节水量和净化水质量总和将分别增加 14.31×10^8t、11.76×10^8t、10.71×10^8t，增幅分别为 93.56%、19.32%、20.63%，幼龄林涵养水源功能增长最快，近熟林次之。而成过熟林涵养水源功能随着时间的增加呈不断减少的趋势，截至 2023 年，成过熟林涵养水源功能总量将减少 149.19×10^8t，降幅可达 74.61%，说明成过熟林涵养水源功能丧失较快。

2）保育土壤功能物质量预测

退耕还林工程天然特用林保育土壤功能物质量预测结果见图 5-142。由图 5-142 可知：总体来看，预计在 2003～2023 年，天然特用林保育土壤功能物质量变化呈总体减少的趋势，预计到 2023 年将比 2003 年减少 9.02×10^6t，增幅为 52.13%。天然特用林不同林龄组林分中，幼龄林、中龄林和近熟林呈现出逐年增长的趋势，并且增长幅度以幼龄林最大，近熟林次之，中龄林最小，成过熟林则呈现越来越少的趋势。幼龄林增加了 0.10×10^6t，增幅为 93.56%；中龄林增加了 0.08×10^6t，增幅为 19.32%；近熟林增加了 0.71×10^6t，增幅为 20.62%。成过熟林则减少了 9.91×10^6t，降幅为 74.61%。各林龄组林分在预测期内保育土壤功能物质总量为 68.64×10^6t。其中成过熟林贡献量最大，占总量的 61.23%；近林贡献量次之，占 33.23%；第三位是中龄林，占总量的 4.18%；幼龄林贡献最小，占总量的 1.37%。

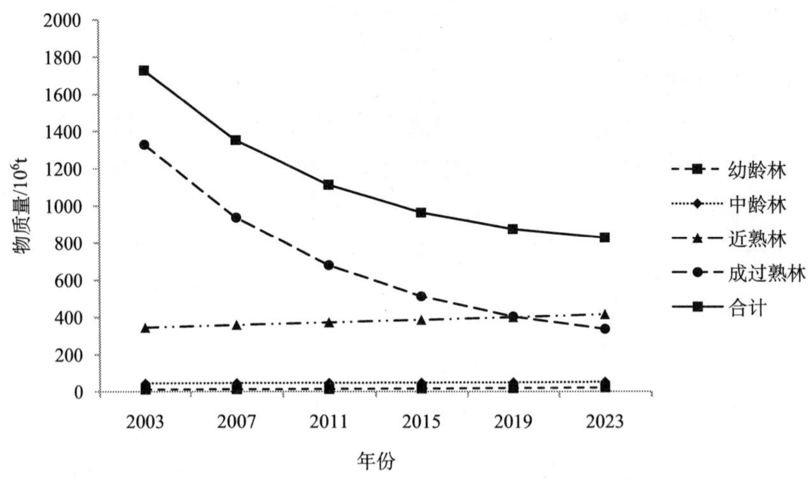

图 5-142　退耕还林工程天然特用林保育土壤功能物质量变化趋势图

3）固碳释氧功能物质量预测

由图 5-143 可知：总体来看，预计在 2003～2023 年，退耕还林工程天然特用林固碳释氧功能物质量变化呈总体降低的趋势，预计到 2023 年将比 2003 年减少 0.23×10^7t，增幅为 34.27%。

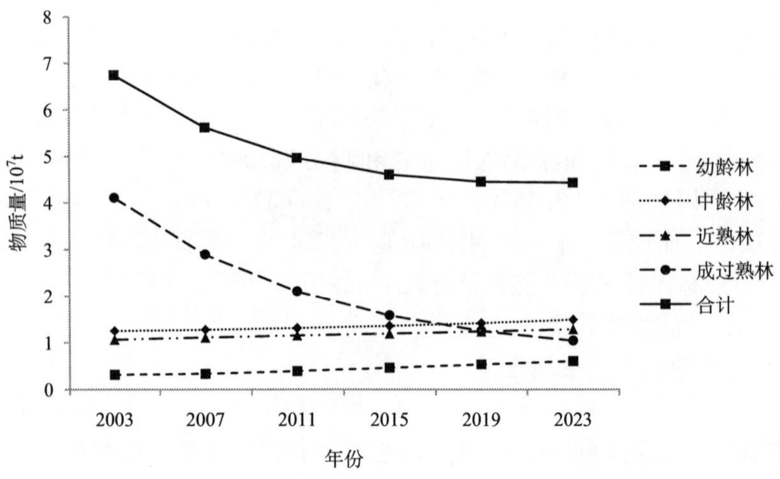

图 5-143　退耕还林工程天然特用林固碳释氧功能物质量变化趋势图

天然特用林不同林龄组林分中，幼龄林、中龄林和近熟林呈现出逐年增长的趋势，并且增长幅度以幼龄林最大，近熟林次之，中龄林最小，成过熟林则呈现出减少的趋势。幼龄林增加量为 0.03×10^7t，增幅为 93.56%；中龄林增加量为 0.02×10^7t，增幅为 19.32%；近熟林增加量为 0.02×10^7t，增幅为 20.63%。成过熟林则减少了 0.31×10^7t，降幅为 74.61%。各林龄组林分在预测期内固碳释养功能物质总量 3.08×10^7t。其中成过熟林贡献量最大，占总量的 42.16%；中龄林贡献量居于第二位，占总量的 26.35%；第三位是近熟林，占固碳释养功能物质总量的 22.88%；幼龄林贡献最小，占总量的 8.6%。

4）储养功能物质量预测

退耕还林工程天然特用林储养功能物质量预测结果见图 5-144。由图 5-144 可知：总体来看，预计在 2003～2023 年，天然特用林储养功能物质量变化呈总体减小的趋势，预计到 2023 年将比 2003 年降低 2.43×10^8t，降幅为 34.27%。天然特用林不同林龄组林分中，幼龄林、中龄林和近熟林呈现出逐年增长的趋势，并且增长幅度以幼龄林最大，近熟林次之，中龄林最小，成过熟林则呈现出减少的趋势。幼龄林增加量为 0.31×10^8t，增幅为 93.56%；中龄林增加量为 0.25×10^8t，增幅为 19.32%；近熟林增加量为 0.23×10^8t，增幅为 20.63%。成过熟林则减少了 3.22×10^8t，降幅为 74.61%。各林龄组林分在预测期内储养功能物质总量 32.37×10^8t。其中成过熟林贡献量最大，约为 13.65×10^8t，占总量的 42.16%；中林贡献量居于第二位，约为 8.53×10^8t，占总量的 26.34%；第三位是近熟林，其贡献量为 7.41×10^8t，占 22.88%；幼龄林贡献最小，为 2.79×10^8t，占总量的 8.61%。

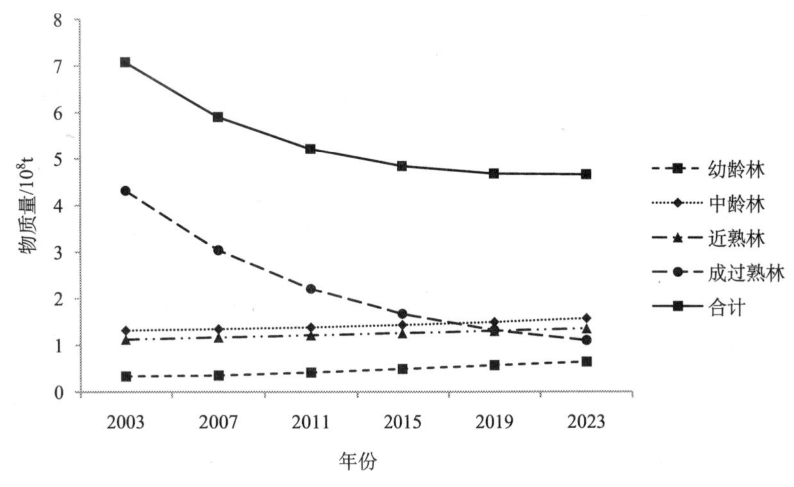

图 5-144　退耕还林工程天然特用林储养功能物质量变化趋势图

5）吸收二氧化硫功能物质量预测

由图 5-145 可知：总体来看，预计在 2003～2023 年，天然特用林吸收二氧化硫功能物质量变化呈减少的趋势，2023 年将比 2003 年降低 42.91×10^4t，降幅为 34.27%。

退耕还林工程天然特用林不同林龄组林分中，幼龄林、中龄林和近熟林呈现出逐年增长的趋势，并且增长幅度以幼龄林最大，近熟林次之，中龄林最小。成过熟林则呈现出与上述三个林龄组相反的趋势，即随着预测年份的增加，其吸收二氧化硫功能物质量表现出逐年减少的趋势。幼龄林增加量为 5.46×10^4t，增幅为 93.56%；中龄林增加量为 4.49×10^4t，增幅为 19.32%；近熟林增加量为 4.09×10^4t，增幅为 20.63%。成过熟林则减少了 56.95×10^4t，降幅为 74.61%。就近熟林和成过熟林吸收二氧化硫功能

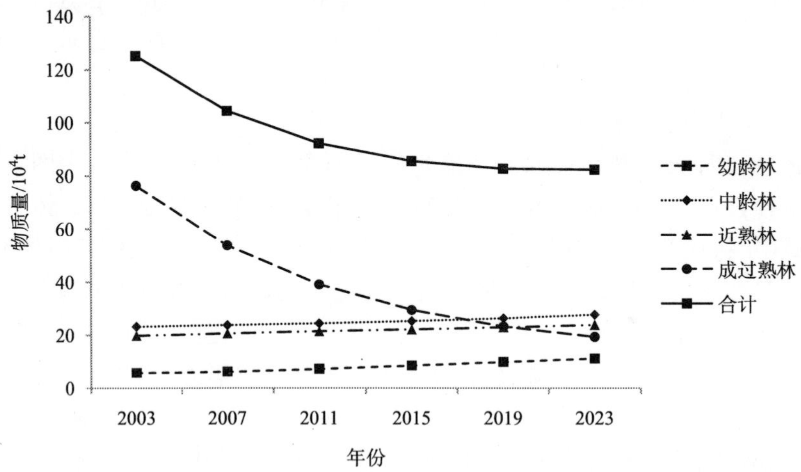

图 5-145　退耕还林工程天然特用林吸收二氧化硫功能物质量变化趋势图

物质量变化趋势分析，预测期初成过熟林较近熟林高，到预测中末期，近熟林的吸收二氧化硫功能物质量将明显高于成过熟林。各林龄组林分在预测期内吸收二氧化硫功能物质总量 572.33×10^4t。其中成过熟林最大，为 241.32×10^4t，占总量的 42.16%；中龄林贡献量次之，为 150.79×10^4t，占总量的 26.35%；第三位是近熟林，其贡献量为 130.96×10^4t，占总量的 22.88%；幼龄林贡献最小，为 49.26×10^4t，占总量的 8.61%。

6）吸收氮氧化物功能物质量预测

退耕还林工程天然特用林吸收氮氧化物功能物质量预测结果见图 5-146。由图5-146可知：总体来看，预计在 2003～2023 年，天然特用林吸收氮氧化物功能物质量变化呈降低的趋势，预计到 2023 年将比 2003 年减少 5.27×10^4t，降幅为 34.27%。

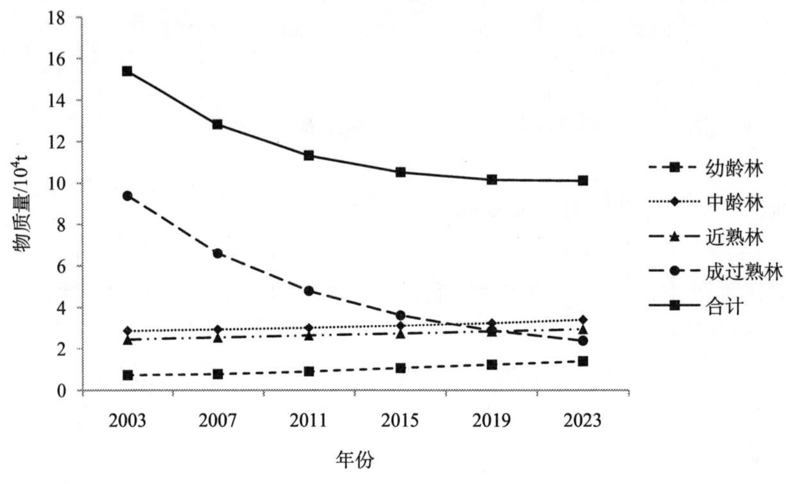

图 5-146　退耕还林工程天然特用林吸收氮氧化物功能物质量变化趋势图

天然特用林不同林龄组林分中，幼龄林、中龄林和近熟林呈现出逐年增长的趋势，并且增长幅度以幼龄林最大，增加量为 0.67×10^4t，增幅为 93.56%，近熟林次之，增加量为 0.50×10^4t，增幅为 20.63%；中龄林增长幅度最小，增加量为 0.55×10^4t，增幅为 19.32%。成过熟林则呈现出与上述三个林龄组相反的趋势，在预测期内减少了 6.99×10^4t，降幅为 74.61%。各林龄组林分在预测期内吸收氮氧化物功能物质总量 70.34×10^4t。其中成过熟林吸收氮氧化物功能物质总量最大，约为 29.66×10^4t，占总量的 42.16%；中龄林贡献量居于第二位，约为 18.53×10^4t，占总量的 26.35%；第三位是近熟林，为 16.09×10^4t，占总量的 22.88%；幼龄林贡献最小，为 6.05×10^4t，占总量的 8.61%。

7）滞尘功能物质量预测

退耕还林工程天然特用林滞尘功能物质量预测结果见图 5-147。由图 5-147 可知：总体来看，天然特用林滞尘功能物质量变化呈总体降低的趋势，预计到 2023 年将比 2003 年减少 7.12×10^7t，降幅为 34.27%。

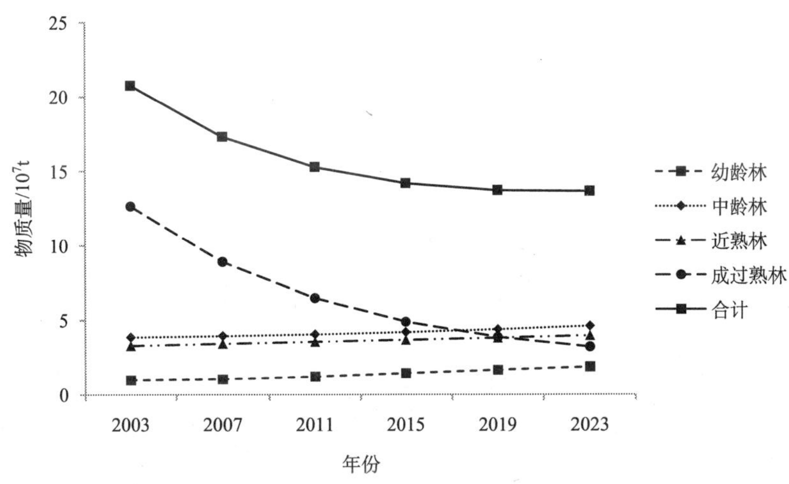

图 5-147　退耕还林工程天然特用林滞尘功能物质量变化趋势图

天然特用林不同林龄组林分中，幼龄林、中龄林和近熟林呈现出逐年增长的趋势，并且增长幅度以幼龄林最大，增加量为 0.91×10^7t，增幅为 93.56%，近熟林次之，增加量为 0.68×10^7t，增幅为 20.63%，中龄林增长幅度最小，增加量为 0.74×10^7t，增幅为 19.32%。成过熟林则呈现出与上述三个林龄组相反的趋势，即随着预测年份的增加，其滞尘功能物质量表现出逐年减少的趋势，在预测期内减少了 9.45×10^7t，降幅为 74.61%。各林龄组林分在预测期内滞尘功能物质总量 94.92×10^7t。其中成过熟林滞尘功能物质总量最大，为 40.02×10^7t，占总量的 42.16%；中龄林贡献量居于第二位，为 25×10^7t，占总量的 26.35%；第三位是近熟林，其贡献量为 21.72×10^7t，占总量的 22.88%；幼龄林贡献最小，为 8.17×10^7t，占总量的 8.61%。

5.3.2 人工林

5.3.2.1 人工用材林

1）涵养水源功能物质量预测

由图 5-148 可知：2003～2023 年，人工用材林涵养水源功能物质量呈不断增加的变化趋势，到 2023 年为止，人工用材林调节水量和净化水质量总和比 2003 年增加了 154.40×10^8t，降幅为 47.10%。

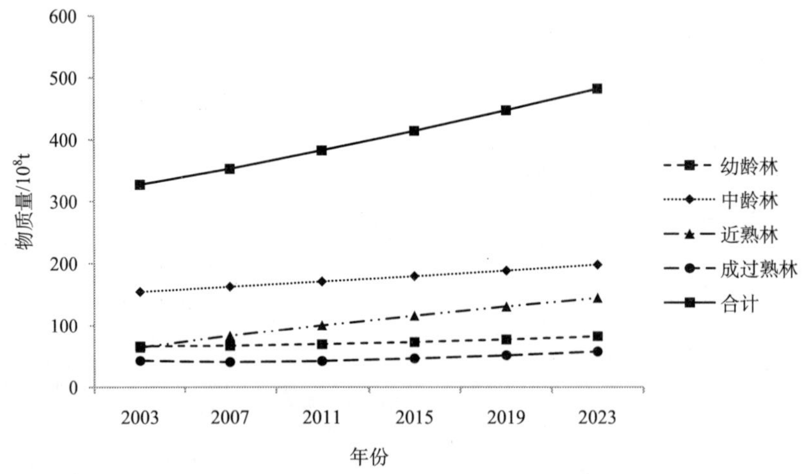

图 5-148 退耕还林工程人工用材林涵养水源功能物质量变化趋势图

从退耕还林工程人工用材林不同林龄组林分的涵养水源功能物质总量来看，总体呈现中龄林>近熟林>幼龄林>过熟林，中龄林涵养水源功能物质总量最大，成过熟林最小。幼龄林、中龄林、近熟林和成过熟林涵养水源功能随着时间的增加都呈持续增长的趋势，预计到 2023 年，幼龄林、中龄林、近熟林调节水量和净化水质量总和将分别增加 16.07×10^8t、43.51×10^8t、80.10×10^8t、14.72×10^8t，增幅分别为 24.32%、28.13%、124.32%、34.50%。由此可见，近熟林涵养水源功能增长最快，成过熟林次之。

2）保育土壤功能物质量预测

退耕还林工程人工用材林保育土壤功能物质量预测结果见图 5-149。由图 5-149 可知：总体来看，预计在 2003～2023 年，退耕还林工程人工用材林保育土壤功能物质量变化呈总体增加的趋势，预计到 2023 年将比 2003 年增加 673.69×10^6t，增幅为 77.23%。

人工用材林不同林龄组林分的保育土壤功能物质量变化总体都呈现增长的趋势，但是不同林龄组增长幅度差异较大，其中近熟林增长幅度最大，其增加了 532.54×10^6t，增幅为 124.32%，成过熟林次之，其增加了 97.87×10^6t，增幅为 34.5%，第三为中龄林，增加了 31.61×10^6t，增幅为 28.14%，幼龄林增长幅度最小，其增长量为 11.68×10^6t，

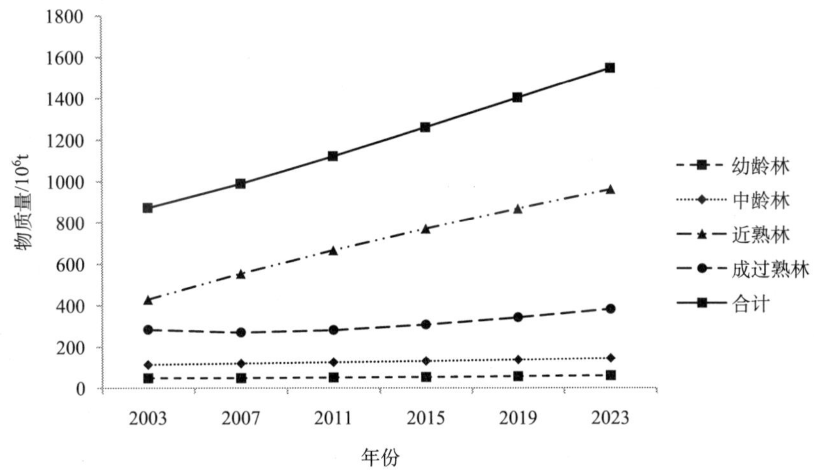

图 5-149　退耕还林工程人工用材林保育土壤功能物质量变化趋势图

增幅为 24.32%。各林龄组林分在预测期内保育土壤功能物质总量 7191.81×10^6t。其中近熟林贡献量最大，占总量的 59.03%；成过熟林贡献量居于第二位，占总量的 25.93%；第三位是中龄林，占总量的 10.65%；幼龄林贡献最小，占总量的 4.38%。

3）固碳释氧功能物质量预测

退耕还林工程人工用材林固碳释氧功能物质量预测结果见图 5-150。由图 5-150 可知：总体来看，预计在 2003～2023 年，人工用材林固碳释氧功能物质量变化呈总体增加的趋势，预计到 2023 年将比 2003 年增加 2.09×10^7t，增幅为 72.74%。

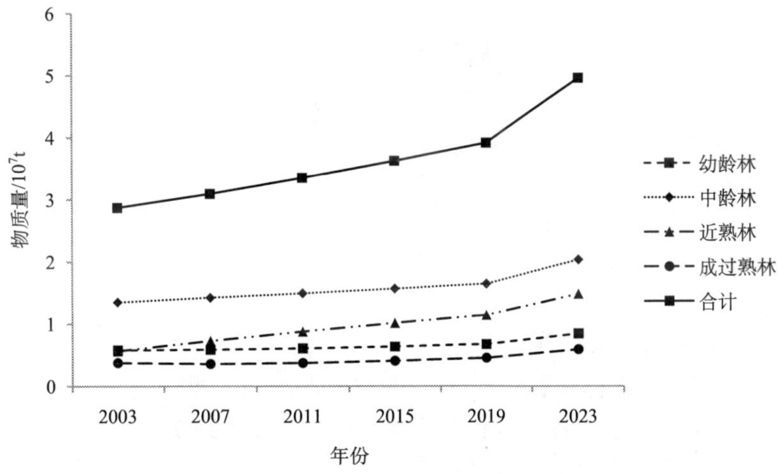

图 5-150　退耕还林工程人工用材林固碳释氧功能物质量变化趋势图

人工用材林不同林龄组林分的固碳释氧功能物质量变化都呈现逐年增长的趋势，但不同林龄组的增长幅度差异较大，其中增长幅度最大的是近熟林，其增加了 0.92×10^7t，增幅为 163.40%，成过熟林次之，其增加了 0.22×10^7t，增幅为 57.94%，第三为中龄林，增加了 0.68×10^7t，增幅为 50.47%，幼龄林增长幅度最小，其增长量为 0.27×10^7t，增幅为 45.98%。各林龄组林分在预测期内固碳释养功能物质总量 21.81×10^7t。其中中龄林贡献量最大，占总量的 43.71%；近熟林贡献量居于第二位，占总量的 26.64%；第三位是幼龄林，其贡献量占总量的 17.98%；成过熟林贡献最小，占总量的 11.66%。

4）储养功能物质量预测

退耕还林工程人工用材林储养功能物质量预测结果见图 5-151。由图 5-151 可知：总体来看，预计在 2003～2023 年，人工用材林储养功能物质量变化呈总体增加的趋势，预计到 2023 年将比 2003 年增加 3.33×10^5t，增幅为 47.11%。

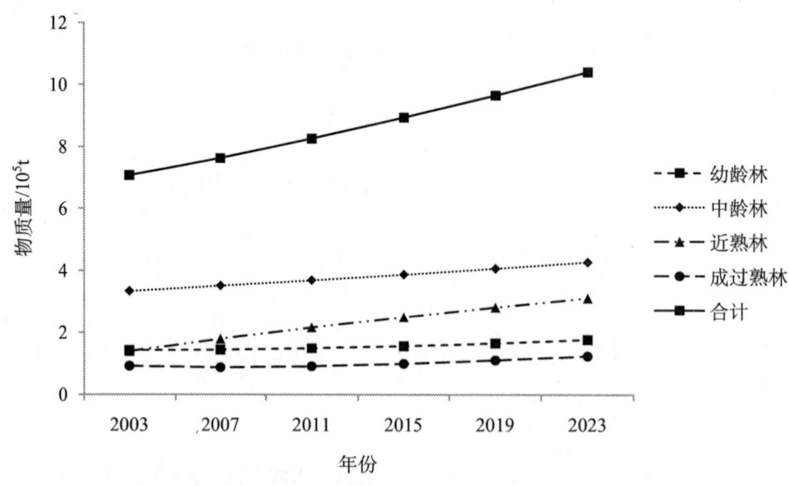

图 5-151　退耕还林工程人工用材林储养功能物质量变化趋势图

人工用材林不同林龄组林分的储养功能物质量变化都呈现逐年增长的趋势，但不同林龄组的增长幅度差异较大。其中近熟林增长幅度最大，其增加了 1.73×10^5t，增幅为 124.32%；成过熟林次之，其增加了 0.32×10^5t，增幅为 34.51%；第三为中龄林，增加了 0.94×10^5t，增幅为 28.14%；幼龄林增长幅度最小，其增长量为 0.35×10^5t，增幅为 24.32%。各林龄组林分在预测期内储养功能物质总量 51.98×10^5t。其中中龄林贡献量最大，占总量的 43.80%；近熟林贡献量居于第二位，占总量的 26.53%；第三位是幼龄林，其贡献量占总量的 18.02%；成过熟林贡献最小，占总量的 11.65%。

5）吸收二氧化硫功能物质量预测

由图 5-152 可知：总体来看，预计在 2003～2023 年，退耕还林工程人工用材林吸收二氧化硫功能物质量变化呈总体增加的趋势，预计到 2023 年将比 2003 年增加 5.89×10^5t，增幅为 47.11%。

人工用材林不同林龄组林分的吸收二氧化硫功能物质量变化都呈现逐年增长的趋势，但不同林龄组的增长幅度差异较大，其中近熟林增长幅度最大，其增加了 3.06×10^5t，增幅为 124.32%，成过熟林次之，其增加了 0.56×10^5t，增幅为 34.51%，第三为中龄林，增加了 1.66×10^5t，增幅为 28.14%，幼龄林增长幅度最小，其增长量为 0.61×10^5t，增幅为 24.32%。各林龄组林分在预测期内吸收二氧化硫功能物质总量

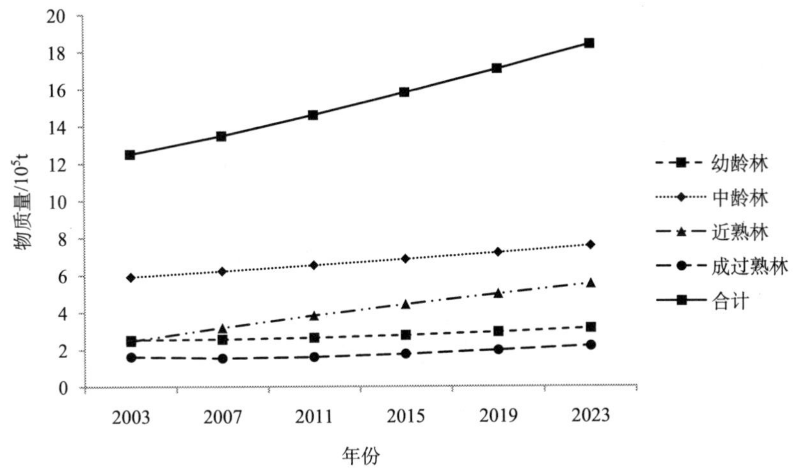

图 5-152　退耕还林工程人工用材林吸收二氧化硫功能物质量变化趋势图

91.90×10^5t。其中中龄林最大，占总量的 43.80%；近熟林贡献量居于第二位，占总量的 26.53%；第三位是幼龄林，其贡献量占总量的 18.02%；成过熟林贡献最小，为 10.71×10^5t，占总量的 11.65%。

6）吸收氮氧化物功能物质量预测

退耕还林工程人工用材林吸收氮氧化物功能物质量预测结果见图 5-153。由图5-153 可知：总体来看，预计在 2003～2023 年，人工用材林吸收氮氧化物功能物质量变化呈总体增加的趋势，预计到 2023 年将比 2003 年在增加 0.72×10^5t，增幅为 47.10%。

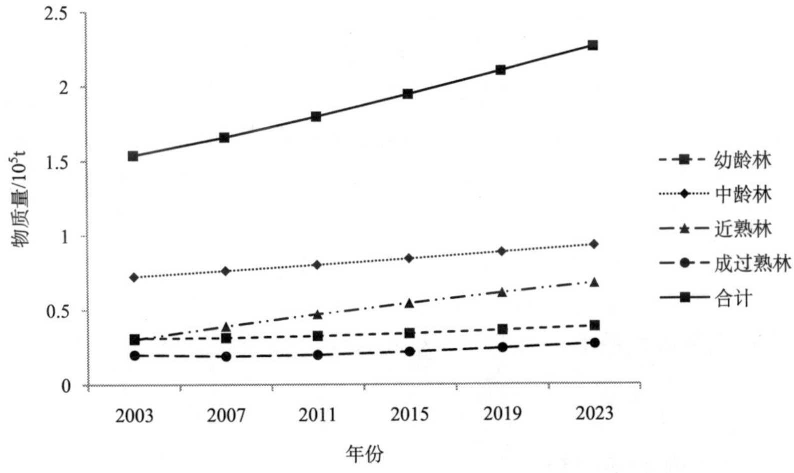

图 5-153　退耕还林工程人工用材林吸收氮氧化物功能物质量变化趋势图

人工用材林不同林龄组林分的吸收氮氧化物功能物质量变化都呈现逐年增长的趋势，但不同林龄组的增长幅度差异较大，其中增长幅度最大的是近熟林，其增加了 0.38× 10^5t，增幅为 124.32%，成过熟林次之，其增加了 0.07 × 10^5t，增幅为

34.51%，第三为中龄林，增加了 0.20×10^5t，增幅为 28.14%，幼龄林增长幅度最小，其增长量为 0.07×10^5t，增幅为 24.32%。各林龄组林分在预测期内吸收氮氧化物功能物质总量 11.29×10^5t。其中中龄林最大，为 4.95×10^5t，占总量的 43.80%；近熟林贡献量次之，为 2.99×10^5t，占总量的 26.52%；第三位是幼龄林，其贡献量为 2.03×10^5t，占总量的 18.01%；成过熟林贡献最小，为 1.32×10^5t，占总量的 11.65%。

7）滞尘功能物质量预测

退耕还林工程人工用材林滞尘功能物质量预测结果见图 5-154。由图 5-154 可知：总体来看，预计在 2003～2023 年，退耕还林工程人工用材林滞尘功能物质量变化呈总体增加的趋势，预计到 2023 年将比 2003 年增加 9.78×10^7t，增幅为 47.11%。

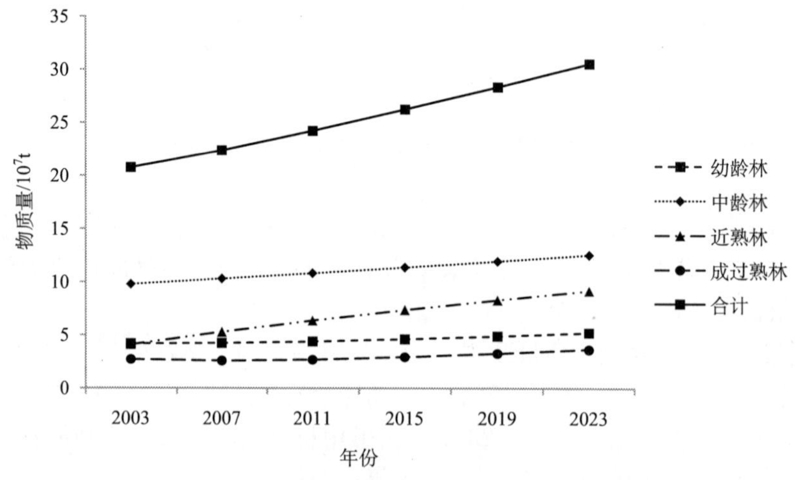

图 5-154　退耕还林工程人工用材林滞尘功能物质量变化趋势图

不同林龄组林分的滞尘功能物质量变化都呈现逐年增长的趋势，但其增长幅度差异较大，近熟林增长幅度最大，其增加了 5.07×10^5t，增幅为 124.32%，成过熟林次之，其增加了 0.93×10^5t，增幅为 34.51%，第三为中龄林，增加了 2.75×10^5t，增幅为 28.14%，幼龄林增长幅度最小，其增长量为 1.02×10^5t，增幅为 24.32%。各林龄组林分在预测期内滞尘功能物质总量为 152.41×10^7t，其中中龄林滞尘功能物质总量最大，约为 66.76×10^7t，占总量的 43.80%，近熟林贡献量居于第二位，约为 40.43×10^7t，占总量的 26.53%，第三位是幼龄林，其贡献量约为 27.46×10^7t，占总量的 18.01%，成过熟林贡献最小，为 17.76×10^7t，占总量的 11.65%。

5.3.2.2　人工防护林

1）涵养水源功能物质量预测

由图 5-155 可知：2003～2023 年，人工防护林涵养水源功能物质量呈不断增加的变化趋势，到 2023 年为止，退耕还林工程人工防护林调节水量和净化水质量总和比 2003 年增加了 38.06×10^8t，增幅为 36.47%。

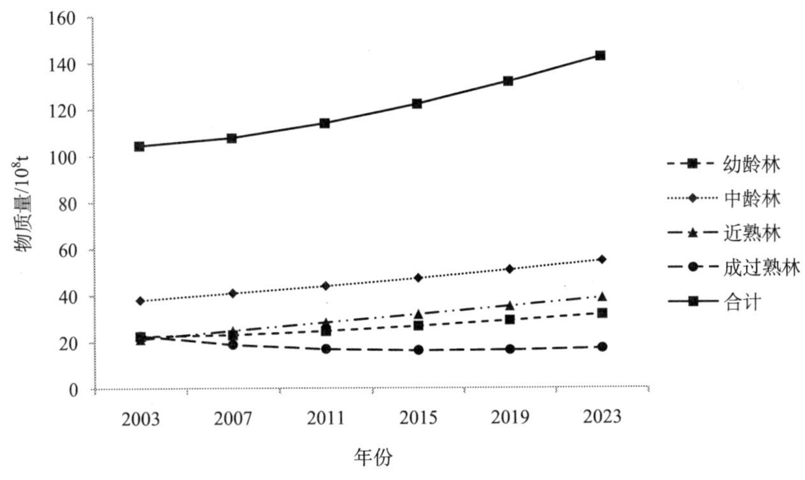

图 5-155　退耕还林工程人工防护林涵养水源功能物质量变化趋势图

由人工防护林不同林龄组林分的涵养水源功能物质总量来看，总体呈现中龄林＞近熟林＞幼龄林＞成过熟林，中龄林涵养水源功能物质总量最大，成过熟林最小。幼龄林、中龄林和近熟林涵养水源功能随着时间的增加呈持续增长的趋势，预计到 2023 年，幼龄林、中龄林、近熟林调节水量和净化水质量总和将分别增加 9.22×10^8t、16.77×10^8t、17.58×10^8t，增幅分别为 41.026％、44.17％、82.73％。由此可见，近熟林涵养水源功能增长最快，中龄林次之。而成过熟林涵养水源功能随着时间的增加呈不断减少的趋势，截至 2023 年，成过熟林涵养水源功能总量将减少 5.51×10^8t，降幅可达 24.30％，说明成过熟林涵养水源功能丧失较快。

2）保育土壤功能物质量预测

退耕还林工程人工防护林保育土壤功能物质量预测结果见图 5-156。由图 5-156 可知：总体来看，预计在 2003～2023 年，人工防护林保育土壤功能物质量变化呈增加的趋势，预计到 2023 年将比 2003 年增加 99.15×10^6t，增幅为 29.51％。

人工防护林不同林龄组林分的保育土壤功能物质量变化差异较大，其中幼龄林、中龄林和近熟林呈现出逐年增长的趋势，并且增长幅度以近熟林最大，中龄林次之，幼龄林最小。成过熟林则呈现出减少的趋势。各林龄组在预测期内的增加值（或减少值）与增幅（或减幅）具体如下：幼龄林增加了 6.69×10^6t，增幅为 41.03％；中龄林增加了 12.19×10^6t，增幅为 44.18％；近熟林增加了 116.91×10^6t，增幅为 82.73％；成过熟林则减少了 36.64×10^6t，降幅为 24.30％。各林龄组林分在预测期内保育土壤功能物质总量 2234.11×10^6t。其中近熟林贡献量最大，为 1198.68×10^6t，占总量的 53.65％；成过熟林贡献量居于第二位，约为 720.60×10^6t，占总量的 32.25％；第三位是中龄林，其贡献量为 220.24×10^6t，占总量的 8.96％；幼龄林贡献最小，仅为 114.59×10^6t，占总量的 5.13％。

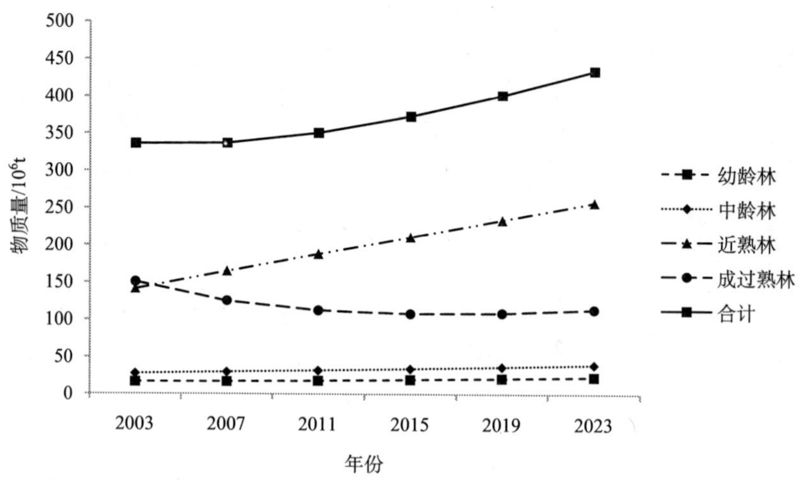

图 5-156　退耕还林工程人工防护林保育土壤功能物质量变化趋势图

3）固碳释氧功能物质量预测

退耕还林工程人工防护林固碳释氧功能物质量预测结果见图 5-157。由图 5-157 可知：总体来看，预计在 2003～2023 年，人工防护林固碳释氧功能物质量变化呈增加的趋势，预计到 2023 年将比 2003 年增加 0.78×10^7t，增幅为 36.47%。

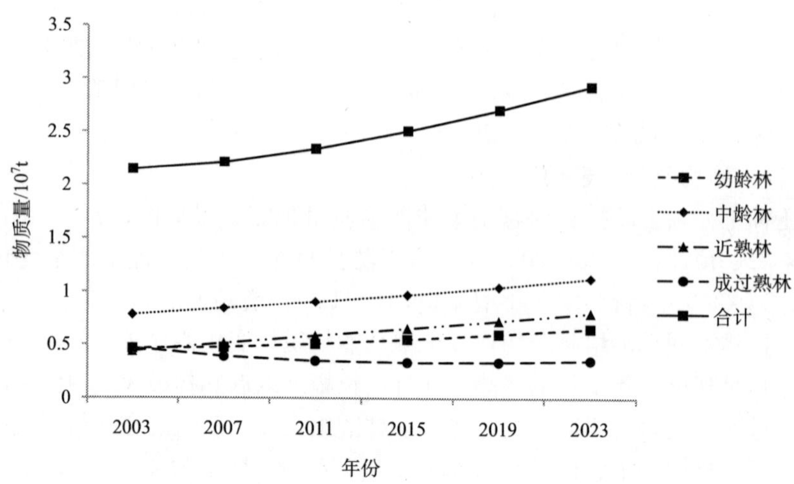

图 5-157　退耕还林工程人工防护林固碳释氧功能物质量变化趋势图

人工防护林不同林龄组林分中，幼龄林、中龄林和近熟林呈现出逐年增长的趋势，并且增长幅度以近熟林最大，中龄林次之，成过熟林最小成过熟林则呈现出与上述三个林龄组相反的趋势，即随着预测年份的增加，呈减少的趋势。幼龄林增加量为 0.19×10^7t，增幅为 41.03%；中龄林增加量为 0.34×10^7t，增幅为 44.18%；近熟林增加量为 0.36×10^7t，增幅为 82.73%。其成过熟林则减少了 0.11×10^7t，降幅为 24.30%。各林龄组林分在预测期内固碳释养功能物质总量 14.85×10^7t。其中中龄林贡献量最大，约为 5.67×10^7t，占总量的 38.17%；近熟林贡献量居于第二位，约为 3.71×10^7t，占总量的 24.97%；第三位是幼龄林，其贡献量为 3.24×10^7t，占总量的 21.84%；成过熟林贡献最小，为 2.23×10^7t，占总量的 15.01%。

4）储养功能物质量预测

退耕还林工程人工防护林储养功能物质量预测结果见图 5-158。由图 5-158 可知：总体来看，预计在 2003～2023 年，人工防护林储养功能物质量变化总体呈增加的趋势，预计到 2023 年将比 2003 年增加 0.82×10^5t，增幅为 36.47%。

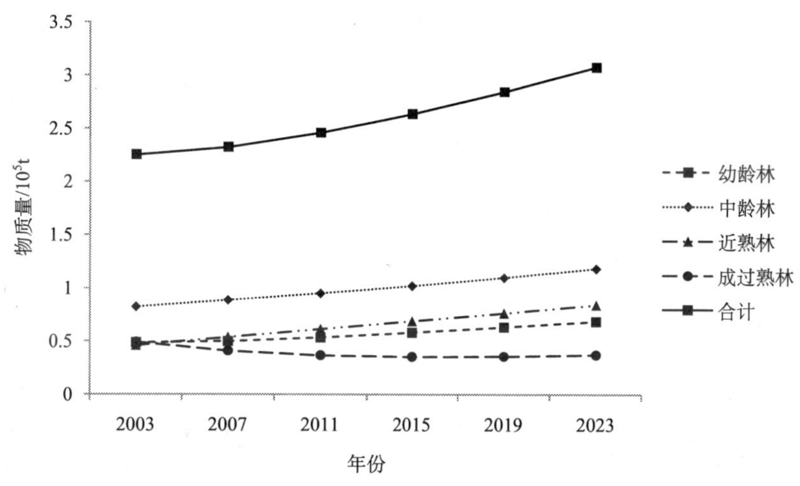

图 5-158　退耕还林工程人工防护林储养功能物质量变化趋势图

人工防护林不同林龄组林分中，幼龄林、中龄林和近熟林呈现出逐年增长的趋势，并且增长幅度以近熟林最大，中龄林次之，幼龄林最小，成过熟林则呈现出减少的趋势。各林龄组在预测期内的增加值（或减少值）与增幅（或减幅）具体如下：幼龄林增加量为 0.20×10^5t，增幅为 41.03%；中龄林增加量为 0.36×10^5t，增幅为 44.18%；近熟林增加量为 0.38×10^5t，增幅为 82.73%；成过熟林则减少了 0.12×10^5t，降幅为 24.30%。各林龄组林分在预测期内储养功能物质总量 15.59×10^5t。其中中龄林贡献量最大，约为 5.95×10^5t，占总量的 38.17%；近熟林贡献量居于第二位，约为 3.89×10^5t，占总量的 24.97%；第三位是幼龄林，其贡献量为 3.41×10^5t，占总量的 21.84%；成过熟林贡献最小，为 2.34×10^5t，占总量的 15.01%。综合分析表明，退耕还林工程人工防护林储养功能物质量总体呈增加的趋势，说明天然林随着年份的增加储养功能明显增强。

5）吸收二氧化硫功能物质量预测

由图 5-159 可知：总体来看，预计在 2003～2023 年，人工防护林吸收二氧化硫功能物质量变化呈总体增加的趋势，预计到 2023 年将比 2003 年增加 14.53×10^4t，增幅为 36.47%。

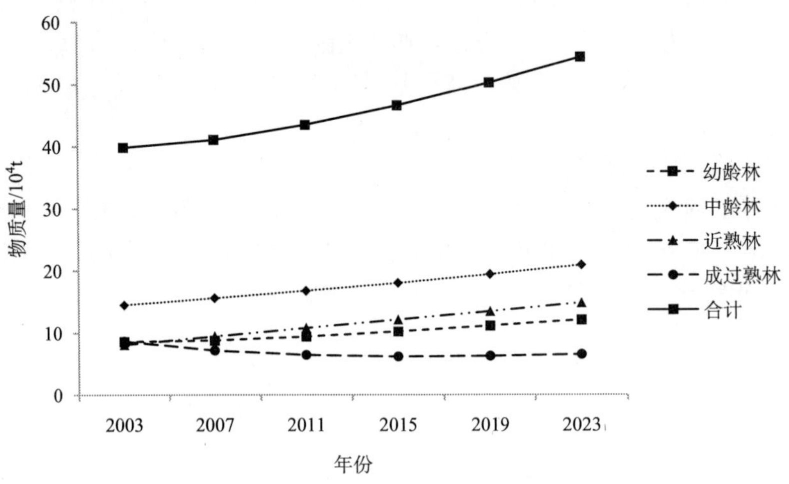

图 5-159　退耕还林工程人工防护林吸收二氧化硫功能物质量变化趋势图

退耕还林工程人工防护林不同林龄组林分中，幼龄林、中龄林和近熟林呈现出逐年增长的趋势，并且增长幅度以近熟林最大，中龄林次之，幼龄林增长幅度最小，成过熟林则呈现出减少的趋势。幼龄林增加量为 3.52×10^4t，增幅为 41.03%；中龄林增加量为 6.40×10^4t，增幅为 44.18%；近熟林增加量为 6.71×10^4t，增幅为 82.73%。成过熟林则减少了 2.10×10^4t，降幅为 24.30%。各林龄组林分在预测期内吸收二氧化硫功能物质总量 275.63×10^4t。其中中龄林吸收二氧化硫功能物质总量最大，为 105.22×10^4t，占总量的 38.17%；近熟林贡献量居于第二位，约为 68.82×10^4t，占总量的 24.97%；第三位是幼龄林，其贡献量约为 60.21×10^4t，占总量的 21.84%；成过熟林贡献最小，为 41.38×10^4t，占总量的 15.01%。

6）吸收氮氧化物功能物质量预测

由图 5-160 可知：总体来看，预计在 2003～2023 年，退耕还林工程人工防护林吸收氮氧化物功能物质量变化呈总体增加的趋势，预计到 2023 年将比 2003 年增加 1.79×10^4t，增幅为 36.47%。

退耕还林工程人工防护林不同林龄组林分中，幼龄林、中龄林和近熟林呈现出逐年增长的趋势，并且增长幅度以近熟林最大，增加量为 0.82×10^4t，增幅为 82.73%，第二位是中龄林，增加量为 0.79×10^4t，增幅为 44.18%，幼龄林增长幅度最小，增加量为 0.43×10^4t，增幅为 41.02%。成过熟林则呈现出与上述三个林龄组相反的趋势，即随着预测年份的增加，其吸收氮氧化物功能物质量表现出逐年减少的趋势，在预测期内减少了 0.26×10^4t，降幅为 24.30%。各林龄组林分在预测期内吸收氮氧化物功能物质总量 33.87×10^4t。其中中龄林吸收氮氧化物功能物质总量最大，占总量的 38.17%；近熟林贡献量居于第二位，占总量的 24.97%；第三位是幼龄林，其贡献量占总量的 21.84%；成过熟林贡献最小，占总量的 15.01%。

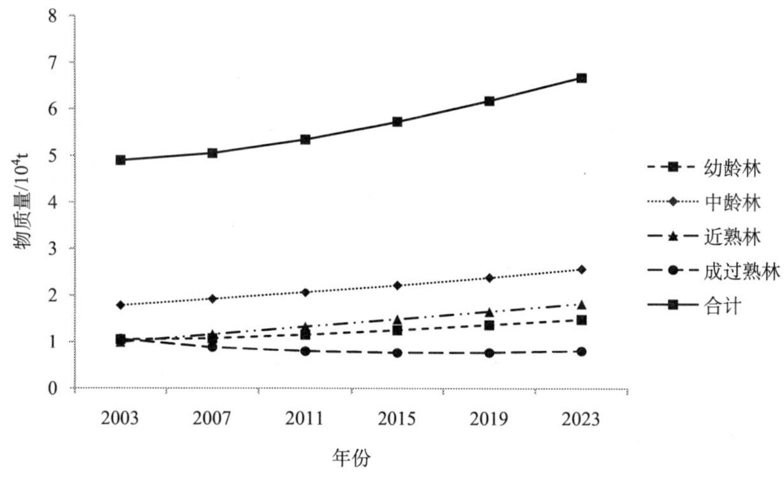

图 5-160　退耕还林工程人工防护林吸收氮氧化物功能物质量变化趋势图

7）滞尘功能物质量预测

退耕还林工程人工防护林滞尘功能物质量预测结果见图 5-161。由图 5-161 可知：总体来看，预计在 2003～2023 年，人工防护林滞尘功能物质量变化呈总体增加的趋势，预计到 2023 年将比 2003 年增加 2.41×10^7t，增幅为 36.47%。

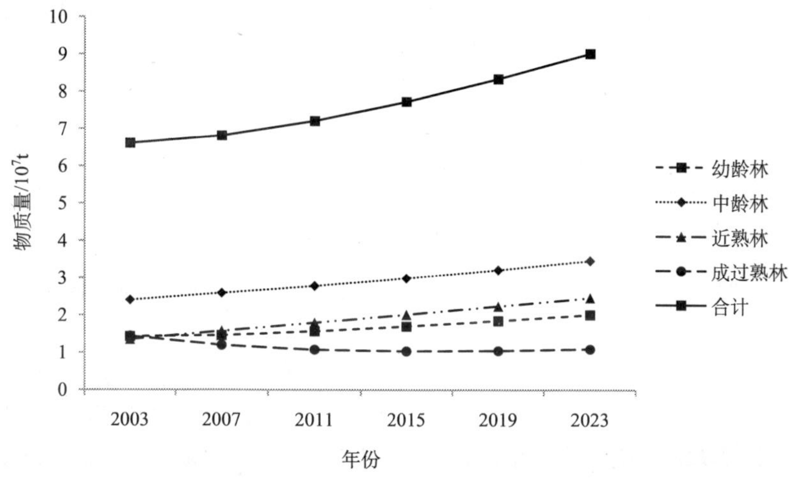

图 5-161　退耕还林工程人工防护林滞尘功能物质量变化趋势图

不同林龄组林分的滞尘功能物质量变化趋势差异较大，其中幼龄林、中龄林和近熟林呈现出逐年增长的趋势，并且增长幅度近熟林最大，增加量为 1.11×10^7t，增幅为 82.72%，第二位是中龄林，增加量为 1.06×10^7t，增幅为 44.18%，幼中龄林增长幅度最小，增加量为 0.58×10^7t，增幅为 41.02%。成过熟林则呈现出与上述三个林龄组相反的趋势，在预测期内减少了 0.35×10^7t，降幅为 24.30%。就近熟林和成过熟林滞尘功能物质量变化趋势分析，预测期初过熟林滞尘功能较近熟林高，到预测中末期，随着成过熟林滞尘功能物质量的下降和近熟林滞尘功能物质量的增加，近熟林的滞尘功能物质量将明显高于成过熟林。各林龄组林分在预测期内滞尘功能物质总量 45.71×10⁷t。其中中龄林滞尘功能物质总量最大，占总量的 38.17%；近熟林贡献量居于第二位，占总量的 24.97%；第三位是幼龄林，其贡献量占总量的 21.84%；成过熟林贡献最小，占总量的 15.01%。

5.3.2.3 人工特用林

1）涵养水源功能物质量预测

由图 5-162 可知：总体来看，人工特用林涵养水源功能总趋势是先降低后增加的趋势，2007 年最低，与 2003 年相比减少了 0.15×10⁸t，降低幅度为 1.63%，而截至 2023 年人工特用林涵养水源功能物质总量为 10.69×10⁸t，与 2003 年相比增加了 1.27×10⁸t，增加幅度达 13.48%。

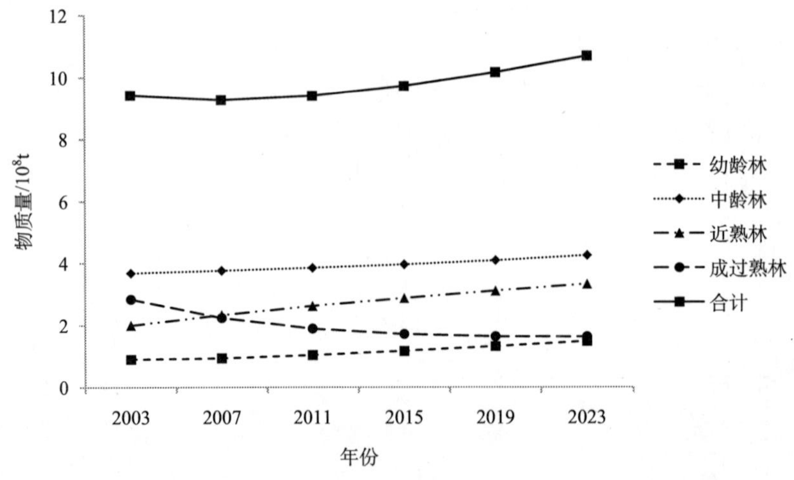

图 5-162 退耕还林工程人工特用林涵养水源功能物质量变化趋势图

2003～2023 年，幼龄林、中龄林和近熟林涵养水源功能物质总量随时间的推移呈持续增加的趋势，而成过熟林涵养水源功能物质总量随时间的推移呈持续降低的趋势。近熟林涵养水源功能物质总量的增加量为 1.33×10⁸t，增加幅度为 66.36%；幼龄林涵养水源功能物质总量的增加量为 0.58×10⁸t，增加幅度为 63.35%；成过熟林涵养水源功能物质总量的减少量为 1.20×10⁸t，降低幅度为 42.36%；中龄林涵养水源功能物质总量的增加量为 0.57×10⁸t，增加幅度为 15.50%。

2）保育土壤功能物质量预测

由图 5-163 可以看出：总体而言，2003 年人工特用林保育土壤的总量为 35.46×10⁶t，截至 2023 年，保育土壤的总量增加到 37.13×10⁶t，增加量为 1.66×10⁶t，增加幅度为 4.69%。

2003～2023 年，人工特用林中，幼龄林、中龄林和近熟林的保育土壤功能物质量不断增加，增长幅度最大的为近熟林，最小的为中龄林。保育土壤总量分别从 2003 年的 0.66×10⁶t、2.67×10⁶t、13.28×10⁶t 增加到 2023 年的 1.08×10⁶t、3.09×10⁶t、22.10×10⁶t，保育土壤总量的增加量依次为 0.42×10⁶t、0.41×10⁶t、8.81×10⁶t，增加幅度分别为 63.35%、15.50%、66.36%。而成过熟林保育土壤生态服务功能一直在降低，保育土壤总量预计可从 2003 年的 18.85×10⁶t，减少到 2023 年的 10.87×10⁶t，保育土壤总量减少了 7.99×10⁶t，降低幅度为 42.36%。

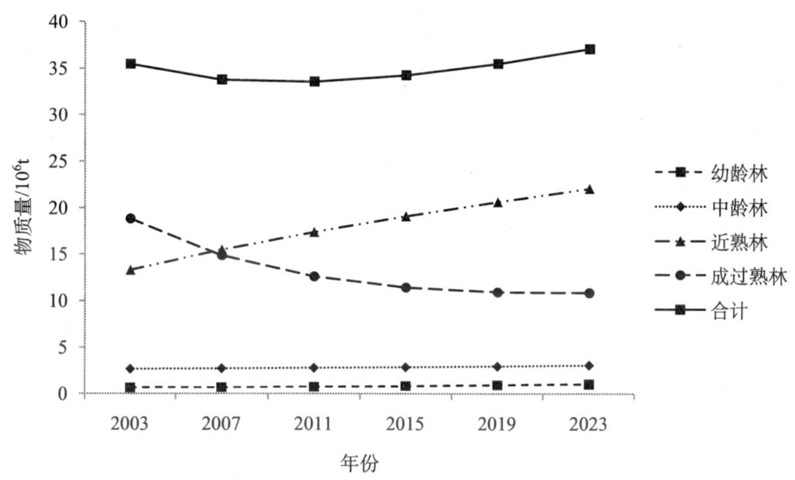

图 5-163　退耕还林工程人工特用林保育土壤功能物质量变化趋势图

3）固碳释氧功能物质量预测

由图 5-164 可知：2003～2023 年，人工特用林固碳释氧功能呈先降低后增加的趋势，在 2007 年固碳释氧功能物质总量最小，为 190.5×10⁴t，预计到 2023 年固碳释氧功能物质总量将会比 2003 年增加 13.48%，达 219.80×10⁴t。

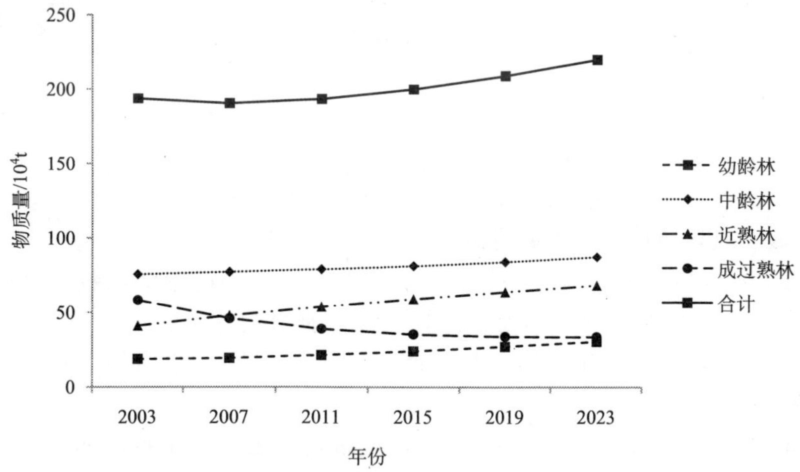

图 5-164　退耕还林工程特用林固碳释氧功能物质量变化趋势图

就不同林龄组林分而言，2003～2023 年，幼龄林、中龄林和近熟林中是一直增加的，增幅最大的为近熟林，最小的为中龄林。幼龄林在 2003 年固碳释氧功能物质总量为 18.67×10⁴t。到 2023 年为止，幼龄林增加 11.82×10⁴t，增幅为 63.35%；中龄林固碳释氧功能物质总量为 75.64 × 10⁴t，到 2023 年增加了 11.73 × 10⁴t，增幅为 15.50%；近熟林固碳释氧功能物质总量为 41.08×10⁴t，增加了 27.26×10⁴t，增幅为 66.36%；成过熟林固碳释氧功能不断下降，从 2003 年的 58.30×10⁴t 降低到 33.60×10⁴t，降低了 24.70×10⁴t，降幅为 42.36%。

4）储养功能物质量预测

由图 5-165 可以看出：总体来看，退耕还林工程人工特用林储养功能是增加的，到 2023 年为止，储养功能物质量增加了 0.027×10⁵t，增幅为 13.48%。

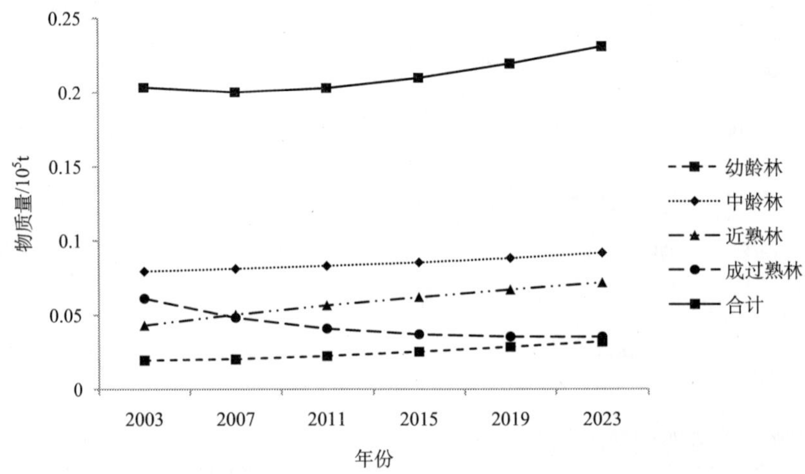

图 5-165 退耕还林工程人工特用林储养功能物质量变化趋势图

2003～2023 年，退耕还林工程人工特用林中，幼龄林、中龄林和近熟林储养功能物质量是一直增加的，近熟林增幅最大，中龄林最小。2003～2023 年，幼龄林储养功能物质量增加了 0.01 × 10⁵t，增幅为 63.35%；中龄林储养功能物质量增加了 0.01×10⁵t，增幅为 15.50%；近熟林储养功能物质量增加了 0.03 × 10⁵t，增幅为 66.36%。而成过熟林储养功能物质量一直在降低，从 2003 年的 0.06×10⁵t 降低到了 2023 年的 0.04×10⁵t，降低了 0.03×10⁵t，降幅为 42.36%。

5）吸收二氧化硫功能物质量预测

由图 5-166 可知：2003～2023 年，退耕还林工程人工特用林吸收二氧化硫功能物质量是先降低后增加的，2007 年吸收二氧化硫功能物质量最低，为 3.54×10⁴t，2023 年吸收二氧化硫功能物质量最高，为 4.08×10⁴t，比 2003 年增加 0.48×10⁴t，涨幅达 13.48%。

就不同林龄组成而言，2003～2023 年，退耕还林工程人工特用林的幼龄林、中龄林和近熟林吸收二氧化硫生态服务功能是一直增加的，到 2023 年为止，幼龄林、中龄林、近熟林分别增加了 0.22×10⁴t、0.22×10⁴t、0.51×10⁴t，增幅分别为 63.35%、15.50%、

66.36%；而成过熟林吸收二氧化硫生态服务功能一直在降低，降低 0.46×10⁴t，降低了 42.36%。

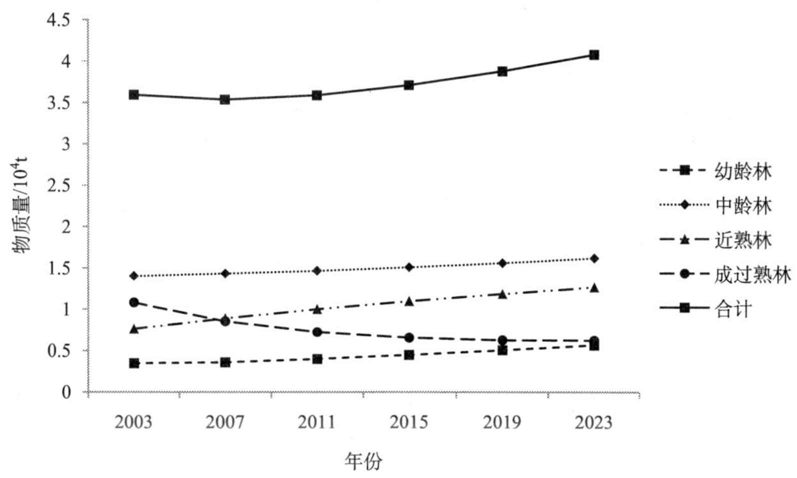

图 5-166　退耕还林工程人工特用林吸收二氧化碳功能物质量变化趋势图

6）吸收氮氧化物功能物质量预测

由图 5-167 可知：总体来看，2023 年人工特用林吸收氮氧化物功能将比 2003 年增加 0.06×10⁴t，增幅 13.48%。

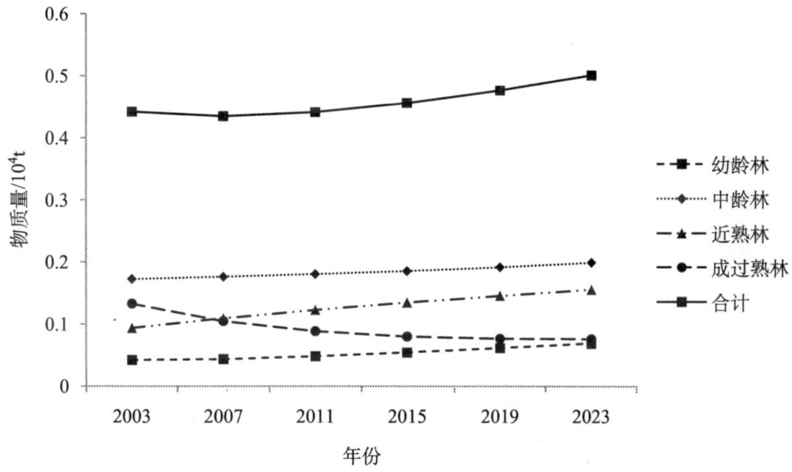

图 5-167　退耕还林工程特用林吸收氮氧化物功能物质量变化趋势图

2003～2023 年，退耕还林工程人工特用林中，幼龄林、中龄林和近熟林吸收氮氧化物功能物质量不断增加，而成过熟林吸收氮氧化物生态服务功能则不断降低。各林龄组 2003 年吸收氮氧化物功能物质量、2023 年吸收氮氧化物功能物质量、变化量、变化幅度分别为：幼龄林，0.04×10⁴t、0.07×10⁴t、0.03×10⁴t、63.35%；中龄林，

0.17×10^4t、0.20×10^4t、0.03×10^4t、15.50%；近熟林，0.10×10^4t、0.16×10^4t、0.06×10^4t、66.36%。成过熟林减少0.05×10^4t，降幅42.36%。增幅最大的为近熟林，最小的为中龄林。

7）滞尘功能物质量预测

由图5-168可知：2003～2023年，退耕还林工程人工特用林滞尘生态服务功能是先降低后增加的趋势，2007年滞尘功能物质量最小，为0.59×10^7t。到2023年为止，人工特用林滞尘功能物质量为0.68×10^7t，较之2003年增加了0.08×10^7t，增幅为13.48%。

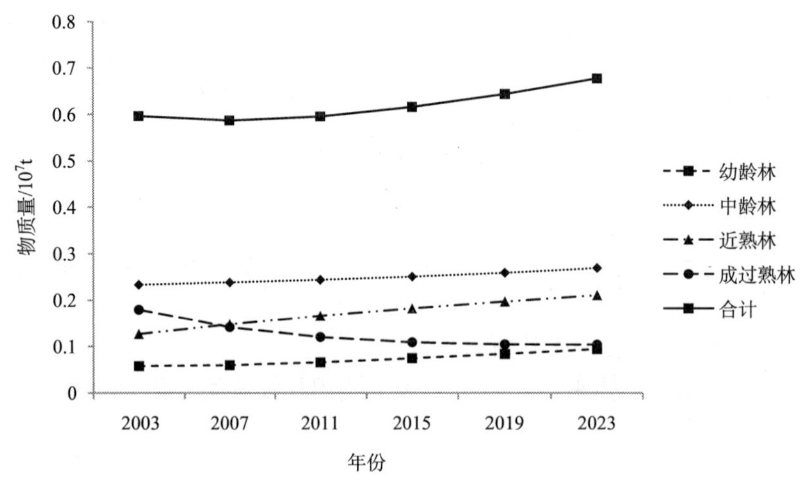

图5-168 退耕还林工程人工特用林滞尘功能物质量变化趋势图

不同林龄林分相比，幼龄林2023年滞尘功能物质量较之2003年增加了0.03×10^7t，增幅为63.35%；中龄林2023年滞尘功能物质量较之2003年增加了0.04×10^7t，增幅为15.50%；近熟林2023年滞尘功能物质量较之2003年增加了0.08×10^7t，增幅为66.36%。近熟林增长幅度最大，中龄林最小。成过熟林滞尘生态服务功能一直在降低，到2023年滞尘功能物质量将降低为0.10×10^7t，较之2003年减少了0.08×10^7t，降低了42.36%。

5.3.3 退耕还林工程总功能物质量预测

5.3.3.1 用材林功能物质总量预测

1）涵养水源功能物质总量预测

退耕还林工程用材林涵养水源功能物质量预测结果见图5-169。由图5-169可知：2003～2023年，退耕还林用材林涵养水源功能逐渐增加，到2023年为止，比2003年增加了17.64×10^{10}t，增幅为47.11%。

从用材林不同林龄组林分的涵养水源功能物质总量来看，总体呈现近熟林>中龄林>幼龄林>成过熟林。中龄林、近熟林、幼龄林的物质总量都呈现增加趋势，但增加

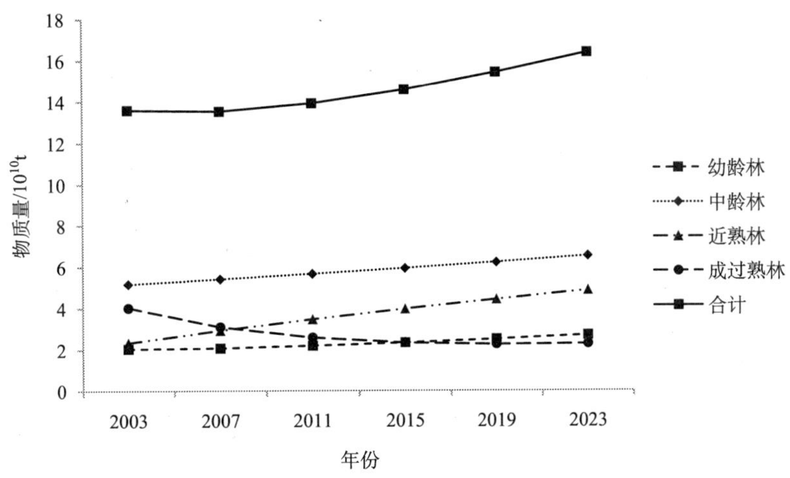

图 5-169　退耕还林工程用材林涵养水源功能物质量变化趋势图

幅度不同，幼龄林增加平缓，近熟林增加幅度最大，中龄林最小。到 2023 年为止，幼龄林、中龄林、近熟林调节水量和净化水质量总和将分别增加 4.19×10^{10} t、8.56×10^{10} t、15.95×10^{10} t，增幅分别为 32.47%、26.11%、107.43%。成过熟林涵养水源物质量在 2003 年较高，总体呈降低趋势，2023 年调节水量和净化水质量总和将减少 11.07×10^{10} t，降幅达 43.39%。

2）保育土壤功能物质量预测

退耕还林工程用材林保育土壤功能物质量预测结果见图 5-170。由图 5-170 可知：总体来看，2003～2023 年，用材林保育土壤功能物质总量呈增加的变化趋势，2007 年用材林保育土壤功能物质量最低，2023 年比 2003 年增加了 6.59×10^{8}t，增幅为 13.84%。

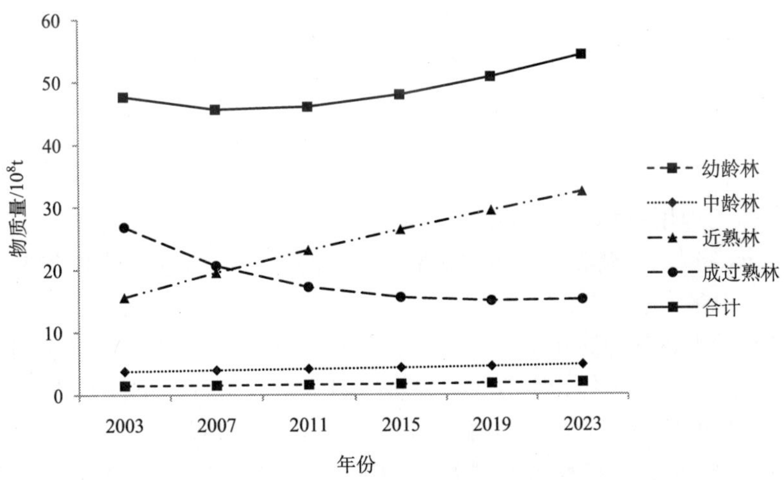

图 5-170　退耕还林工程用材林保育土壤功能物质量变化趋势图

由图 5-170 还可以看出：用材林不同林龄组林分的保育土壤功能物质总量变化规律总体为近熟林＞中龄林＞幼龄林＞成过熟林，并且除了成过熟林外，幼龄林、中龄林和近熟林的保育土壤功能呈不断增加趋势，近熟林增加幅度最大，中龄林增加幅度最小。到 2023 为止，幼龄林增加 0.48×10^8t，增幅为 32.47%；中龄林增加 0.98×10^8t，增幅为 26.11%；近熟林增加 16.75×10^8t，增幅为 107.43%。成过熟林减少 11.62×10^8t，降低了 43.39%。

3）固碳释氧功能物质量预测

退耕还林用材林固碳释氧功能物质量预测结果见图 5-171。从图 5-171 可以看出：总体来看，2003～2023 年，退耕还林用材林固碳释氧功能物质量整体呈增加趋势，2023 年比 2003 年增加 5.72×10^7t，增幅为 20.49%。

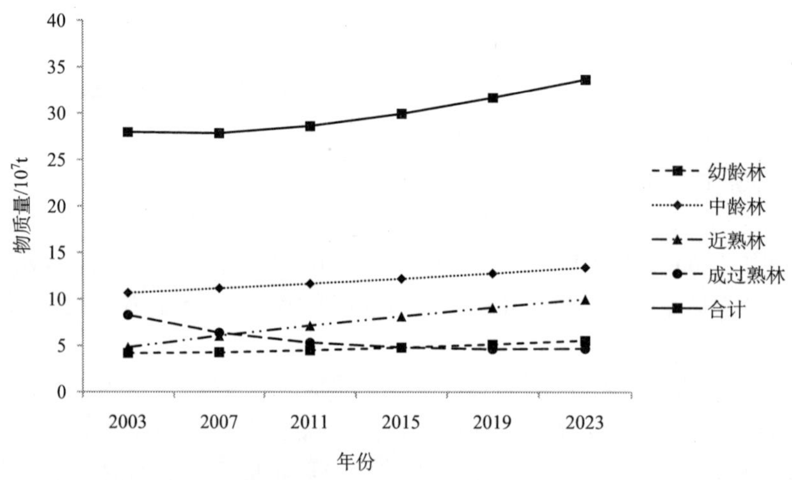

图 5-171　退耕还林工程用材林固碳释氧能物质量变化趋势图

用材林不同林龄组林分中，幼龄林、中龄林、近熟林呈整体增加的趋势，而成过熟林固碳释氧功能物质量总体呈降低趋势。到 2023 年为止，幼龄林增加 1.36×10^7t，增幅为 32.47%；中龄林增加 2.78×10^7t，增幅为 26.11%；近熟林增加 5.18×10^7t，增幅为 107.43%。成过熟林减少 3.59×10^7t，降增幅为 43.39%。

4）储养功能物质量预测

退耕还林工程用材林储养功能物质量预测结果见图 5-172。由图 5-172 可以看出：2003～2007 年，用材林储养功能物质总量呈减少的趋势，随后呈增加趋势，到 2023 年储养功能物质总量增加 6.02×10^5t，增幅为 20.49%。

从不同林龄组林分的储养功能物质总量变化趋势来看，总体呈现近熟林＞中龄林＞幼龄林＞成过熟林。幼龄林、中龄林和近熟林储养功能呈持续增加趋势。到 2023 年为止，幼龄林增加 1.43×10^5t，增幅为 32.47%；中龄林增加 2.91×10^5t，增幅为 26.11%；近熟林增加 5.44×10^5t，增幅为 107.43%。而成过熟林保育土壤功能物质量总体出现下降趋势，到 2023 年减少 3.77×10^5t，降幅为 43.39。

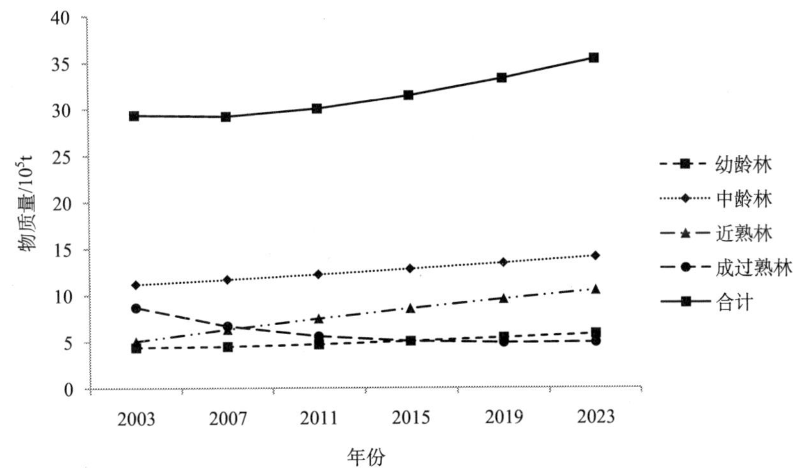

图 5-172　退耕还林工程用材林储养功能物质量变化趋势图

5）吸收二氧化硫功能物质量预测

由图 5-173 可知：2003～2023 年，退耕还林工程用材林吸收二氧化硫功能物质量呈逐渐增加的变化模式，在预测期内用材林吸收二氧化硫功能物质总量将增加 10.63×10^5t，增幅达 20.49％。

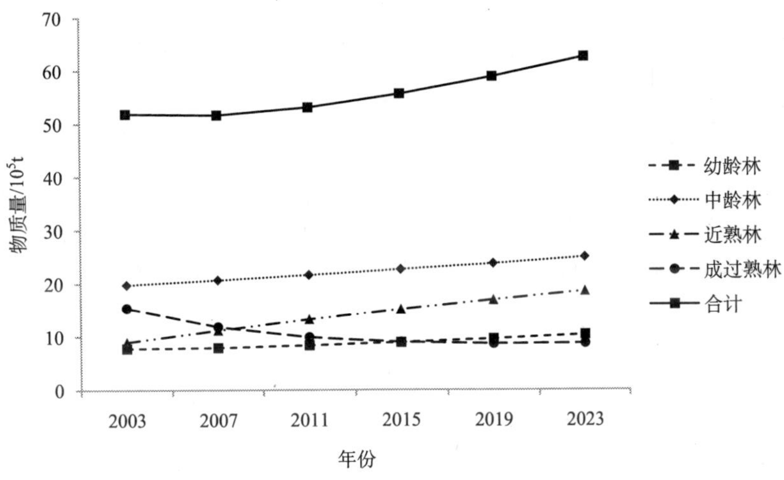

图 5-173　退耕还林工程用材林吸收二氧化硫功能物质量变化趋势图

不同林龄组林分吸收二氧化硫功能物质总量变化规律总体为近熟林＞中龄林＞幼龄林＞成过熟林。幼龄林、中龄林和近熟林吸收二氧化硫功能物质量呈持续增加的趋势，近熟林增加最快，幼龄林和中龄林的增幅较为平稳，成过熟林吸收二氧化硫功能物质量总体呈下降趋势。到 2023 年为止，幼龄林、中龄林、近熟林将分别增加 2.53×10^5t、5.16×10^5t、9.62×10^5t，增幅将分别达 32.47％、26.11％、107.43％。成过熟林吸收二氧化硫功能物质量将减少 6.67×10^5t，降幅达 43.39％以上。

6）吸收氮氧化物功能物质量预测

退耕还林用材林吸收氮氧化物功能物质量预测结果见图 5-174。总体来看：2003～2023 年，用材林吸收氮氧化物功能物质量呈逐渐增加的变化趋势，但增加的幅度较小，与 2003 年相比物质总量增加了 1.30×10^{4}t，增幅为 20.49%。

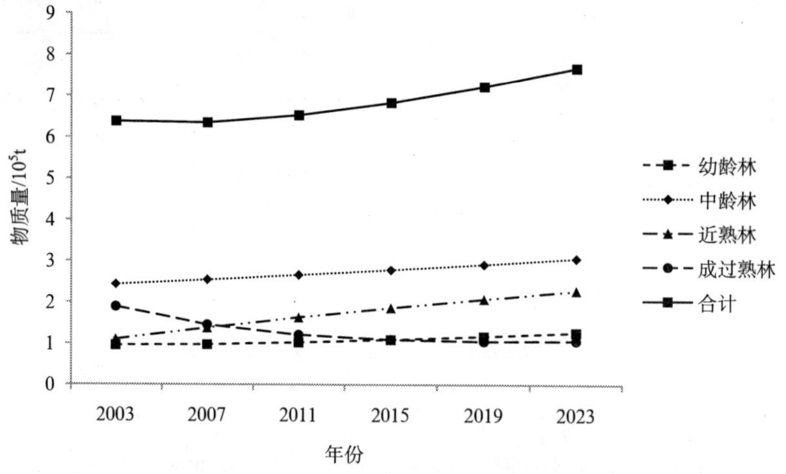

图 5-174　退耕还林工程用材林吸收氮氧化物功能物质量变化趋势图

由图 5-174 还可以得出：幼龄林、中龄林和近熟林吸收氮氧化物功能物质量呈不断增加趋势，近熟林增加的最快，而成过熟林吸收氮氧化物功能物质量总体呈降低趋势。到预测期末，幼龄林、中龄林、近熟林的增加量分别为 0.31×10^{4}t、0.63×10^{4}t、1.18×10^{4}t，增幅分别为 32.47%、26.11%、107.43%。成过熟林物质总量降低了 0.82×10^{4}t，降幅为 43.39%。

7）滞尘功能物质量预测

退耕还林用材林滞尘功能物质量预测结果见图 5-175。由图 5-175 可知：2003～2023

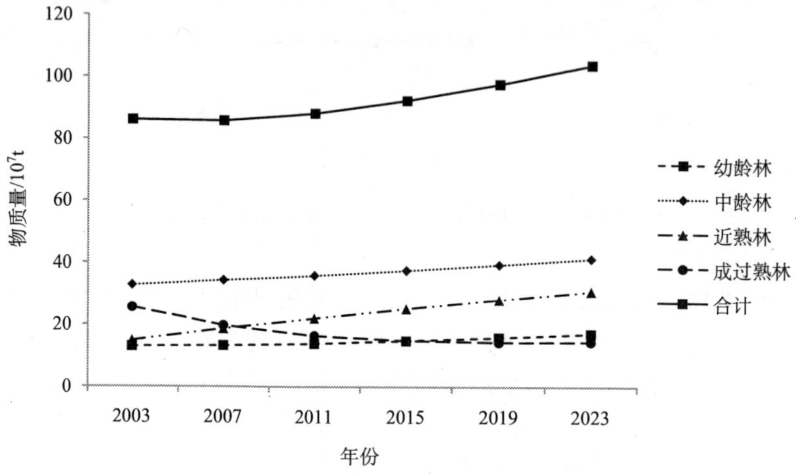

图 5-175　退耕还林工程用材林滞尘功能物质量变化趋势图

年，退耕还林用材林滞尘功能物质总量呈增加趋势，增加量为 17.64 $\times 10^{7}$ t，增幅为 20.49%。

用材林不同林龄组林分比较可知：幼龄林、中龄林和近熟林的滞尘功能呈不断增加趋势，成过熟林滞尘功能物质量总体呈下降趋势。到 2023 为止，幼龄林增加 4.19 $\times 10^{7}$ t，增幅为 32.47%；中龄林增加 8.56 $\times 10^{7}$ t，增幅为 26.11%；近熟林增加 15.95 $\times 10^{7}$ t，增幅为 107.43%。成过熟林减小 11.07 $\times 10^{7}$，降低了 43.39%。

5.3.3.2　防护林功能物质总量预测

1）涵养水源功能物质量预测

退耕还林工程防护林涵养水源功能物质总量预测结果见图 5-176。由图 5-176 可知：2003～2023 年，退耕还林防护林涵养水源功能物质总量呈降低趋势。总体来看，到 2023 年为止，比 2003 年减少了 2.84 $\times 10^{10}$ t，降幅为 15.49%。

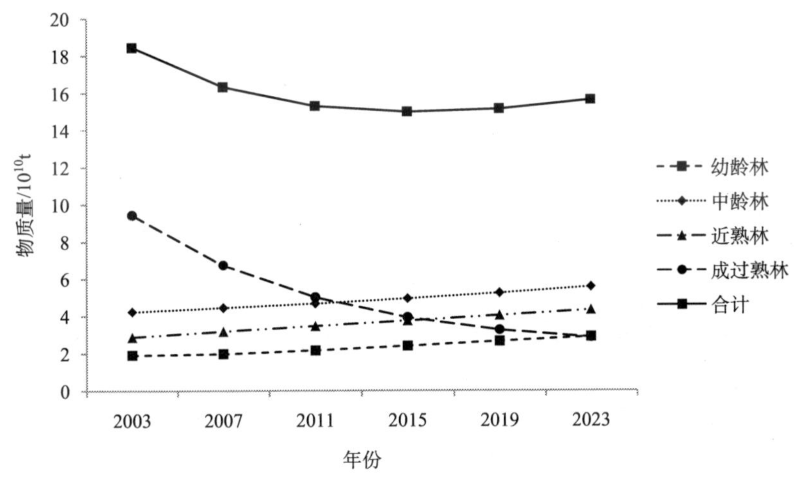

图 5-176　退耕还林工程防护林涵养水源功能物质量变化趋势图

从防护林不同林龄组林分的涵养水源功能物质总量来看，总体呈现成过熟林＞中龄林＞近熟林＞幼龄林。就增长幅度而言，幼龄林、中龄林、近熟林的物质总量都呈现增加趋势，幼熟林相对增加幅度最大。到 2023 年为止，幼龄林、中龄林、近熟林调节水量和净化水质量总和将分别增加 0.98 $\times 10^{10}$ t、1.32 $\times 10^{10}$ t、1.44 $\times 10^{10}$ t，增幅分别为 51.41%、31.26%、50.37%。成过熟林总体呈现降低趋势，且变化幅度较大，其调节水量和净化水质量总和将减少 6.59 $\times 10^{10}$ t，降幅为 69.79%。

2）保育土壤功能物质量预测

退耕还林防护林保育土壤功能物质量预测结果见图 5-177。由图 5-177 可知：总体来看，2003～2023 年，防护林保育土壤功能物质总量整体呈逐渐降低的趋势，到 2023 年为止，退耕还林防护林保育土壤功能物质总量比 2003 年减少了 32.55 $\times 10^{8}$ t，降幅为 37.68%。

不同林龄组林分的保育土壤功能物质总量变化规律总体为成过熟林＞近熟林＞中龄

林＞幼龄林。就增长幅度而言，除了成过熟林外，幼龄林、中龄林和近熟林的保育土壤功能物质量呈不断增加趋势，而成过熟林呈整体下降趋势。到 2023 为止，幼龄林增加 0.71×10^8t，增幅为 51.41%；中龄林增加 0.96×10^8t，增幅为 31.26%；近熟林增加 9.62×10^8t，增幅为 50.37%。成过熟林保育土壤功能物质量减少 43.85×10^8t，降幅达 69.79%。

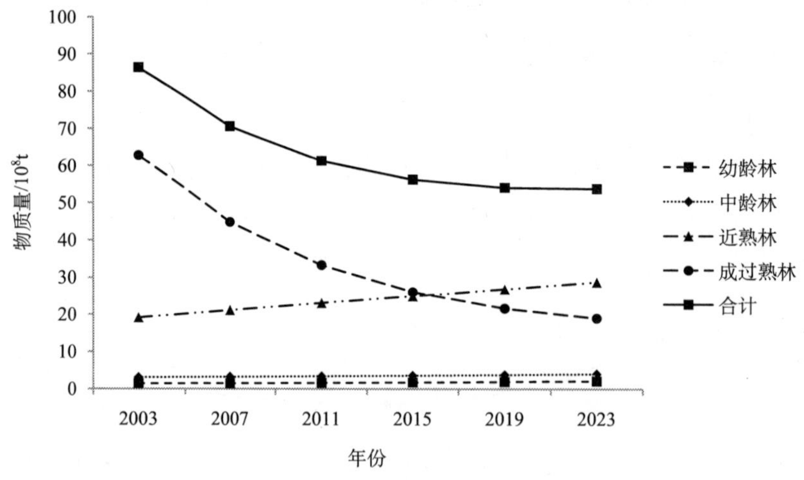

图 5-177　退耕还林工程防护林保育土壤功能物质量变化趋势图

3）固碳释氧功能物质量预测

退耕还林防护林固碳释氧功能物质量预测结果可见图 5-178。由图 5-178 可以看出：总体来看，2003～2023 年，退耕还林防护林固碳释氧功能物质量整体呈降低趋势，在 2015 年最低，2023 年防护林固碳释氧物质量总体减少 5.84×10^7t，降幅为 15.40%。

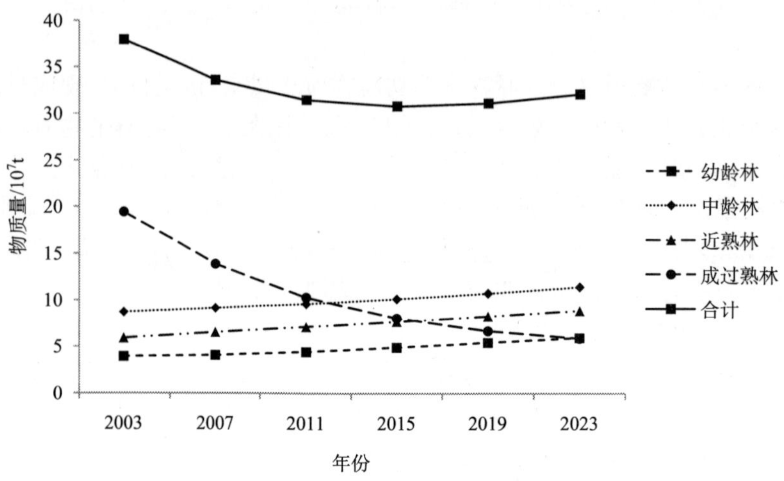

图 5-178　退耕还林工程防护林固碳释氧功能物质量变化趋势图

幼龄林、中龄林、近熟林三者的变化规律比较一致，都是呈整体增加的趋势，增加幅度不同，幼龄林涨幅最大，中龄林最小。成过熟林总体呈降低趋势。到 2023 年为止，幼龄林增加 2.01×10^7t，增幅为 51.41%；中龄林增加 2.72×10^7t，增幅为 31.26%；近熟林增加 2.97×10^7t，增幅为 50.37%。成过熟林物质量减少 13.56×10^7t，降幅为 69.79%。

4）储养功能物质量预测

退耕还林工程防护林储养功能物质量预测结果见图 5-179。由图 5-179 可以看出：2003～2023 年，防护林储养功能物质总量呈降低的趋势，到 2023 年储养功能物质总量减少 6.14×10^5t，降幅为 15.40%。

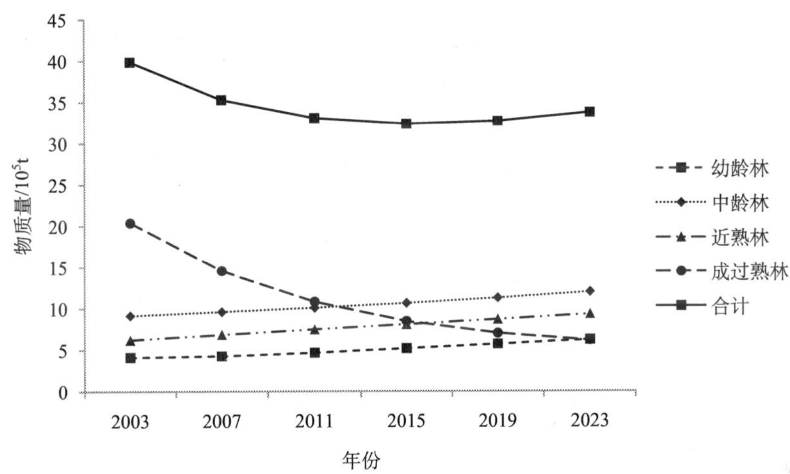

图 5-179　退耕还林工程防护林储养功能物质量变化趋势图

从防护林不同林龄组林分的储养功能物质量变化趋势来看，幼龄林、中龄林和近熟林储养功能呈持续增加趋势，变化规律较一致，只是增长幅度差异较大，幼龄林最大，中熟林最小。到 2023 年为止，幼龄林增加 2.11×10^5t，增幅为 51.41%；中龄林增加 2.85×10^5t，增幅为 31.26%；近熟林增加 3.12×10^5t，增幅为 50.37%。成过熟林储养功能物质量整体呈降低趋势，2023 年储养功能物质量减少 14.24×10^5t，降幅为 69.79%。

5）吸收二氧化硫功能物质量预测

由图 5-180 可知：2003～2023 年，退耕还林工程防护林吸收二氧化硫功能物质量减少，在预测期内将减少 10.85×10^5t，降幅达 15.40%。

防护林不同林龄组林分中，幼龄林、中龄林和近熟林吸收二氧化硫功能物质总量呈持续增加的趋势，以幼龄林增长最快，中龄林最慢；成过熟林吸收二氧化硫功能物质量总体呈降低趋势，下降幅度较大。到 2023 年为止，幼龄林、中龄林、近熟林将分别增加 3.74×10^5t、5.05×10^5t、5.52×10^5t，增幅将分别达 51.41%、31.26%、50.37%。成过熟林吸收二氧化硫功能物质量将减少 25.17×10^5t，降幅达 69.79%。

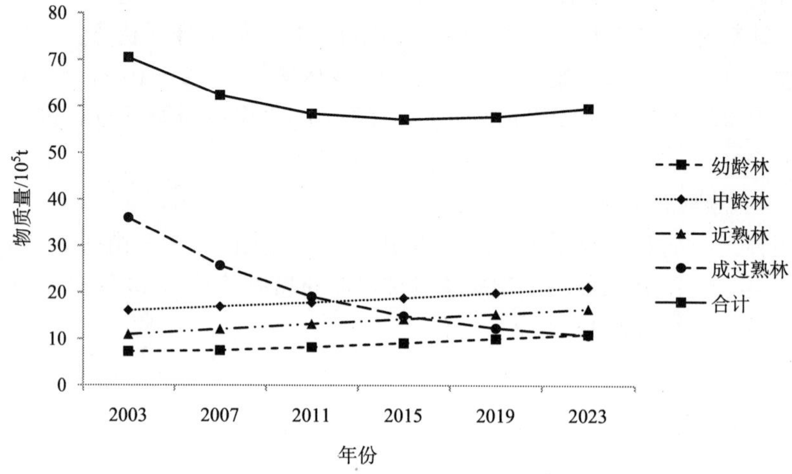

图 5-180　退耕还林工程防护林吸收二氧化硫功能物质量变化趋势图

6）吸收氮氧化物功能物质量预测

退耕还林防护林吸收氮氧化物功能物质量预测结果见图 5-181。由图 5-181 可知：总体来看，2003～2023 年，防护林吸收氮氧化物功能物质总量呈逐渐降低的变化趋势，与 2003 年相比物质总量增加了 13.34×10^4t，增幅为 15.40％。

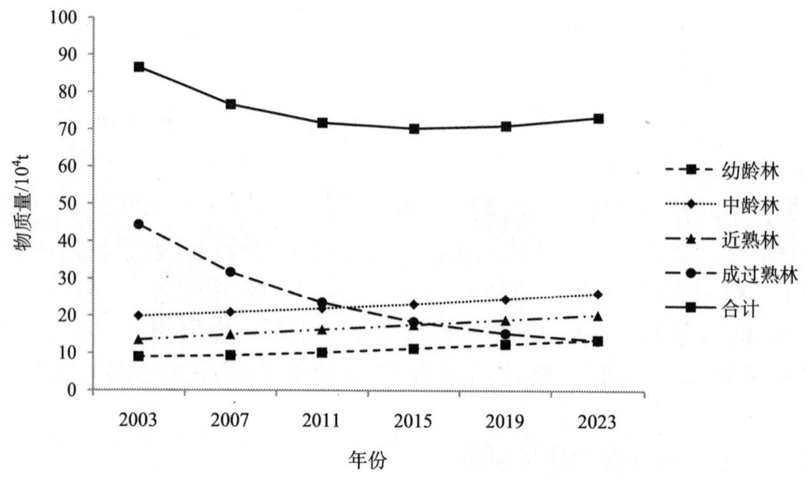

图 5-181　退耕还林工程防护林吸收氮氧化物功能物质量变化趋势图

由图 5-181 还可以得出：幼龄林、中龄林和近熟林吸收氮氧化物功能物质量呈不断增加趋势，幼龄林增加的最快，中龄林增加幅度最小，而成过熟林吸收氮氧化物功能物质量总体呈降低趋势。到预测期末，幼龄林、中龄林、近熟林的增加量分别为 4.60×10^4t、6.21×10^4t、6.78×10^4t，增幅分别为 51.41％、31.26％、50.37％。成过熟林物质总量减少了 30.94×10^4t，降幅为 69.79％。

7）滞尘功能物质量预测

退耕还林工程防护林滞尘功能物质量预测结果见图 5-182。由图 5-182 可知：2003～2023 年，退耕还林防护林滞尘功能物质总量在预测初期最高，2015 年最低，随后呈增加趋势，总体滞尘功能物质量减少 18.00×10^7t，降幅为 15.40%。

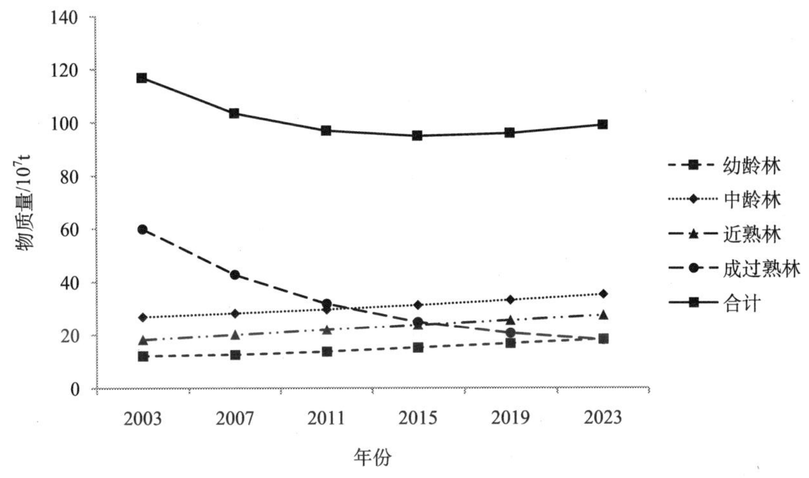

图 5-182　退耕还林工程防护林滞尘功能物质量变化趋势图

防护林不同林龄组林分的滞尘功能物质量相比，幼龄林、中龄林和近熟林的滞尘功能呈不断增加趋势，而成过熟林滞尘功能物质量总体呈降低趋势。到 2023 为止，幼龄林增加 6.20×10^7t，增幅为 51.41%；中龄林增加 8.38×10^7t，增幅为 31.26%；近熟林增加 9.16×10^7t，增幅为 50.37%。成过熟林减少 41.75×10^7t，降低了 69.79%。

5.3.3.3　特用林功能物质总量预测

1）涵养水源功能物质量预测

退耕还林特用林涵养水源功能物质量预测结果见图 5-183。由图 5-183 可知：2003～2023 年，特用林涵养水源功能物质量在预测初期最高，整体呈降低趋势，到 2023 年为止，比 2003 年减少了 111.15×10^8t，降幅为 32.94%。

不同林龄组林分的涵养水源功能物质量来看，幼龄林、中龄林、近熟林的物质总量都呈现增加趋势，增加幅度不同。到 2023 年为止，幼龄林、中龄林、近熟林调节水量和净化水质量总和将分别增加 14.88×10^8t、12.33×10^8t、12.03×10^8t，增幅分别为 91.86%、19.10%、22.32%，幼龄林增加最快，中熟林增加速度最慢。成过熟林涵养水源物质量在预测初期最高，总体呈降低趋势，其调节水量和净化水质量总和减少 150.393×10^8t，降幅达 74.16%。

2）保育土壤功能物质量预测

退耕还林工程特用林保育土壤功能物质量预测结果见图 5-184。由图 5-184 可知：总体来看，2003～2023 年，特用林保育土壤功能物质总量整体呈降低的趋势，到 2023

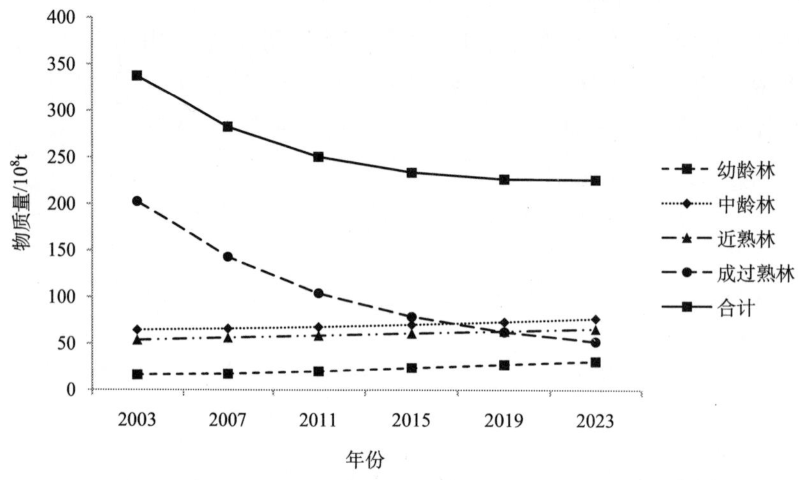

图 5-183 退耕还林工程特用林涵养水源功能物质量变化趋势图

年为止，退耕还林保育土壤功能物质总量比 2003 年减少了 900.135×10^6t，降幅为 50.99%。

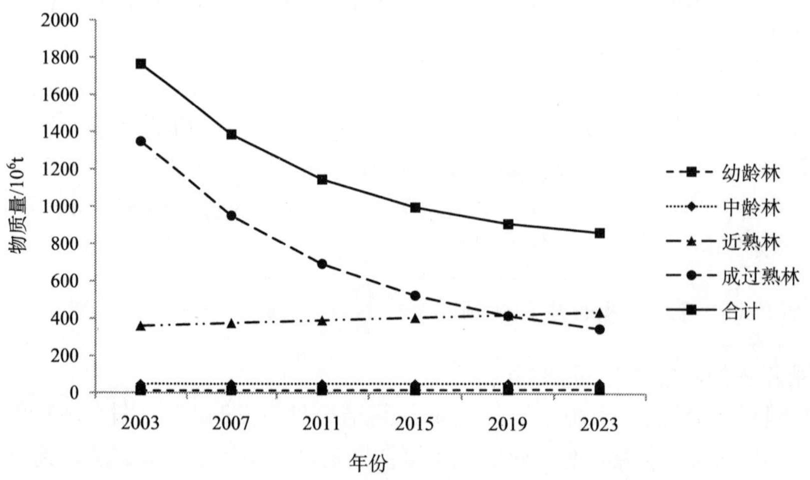

图 5-184 退耕还林工程特用林保育土壤功能物质量变化趋势图

特用林不同林龄组林分中，幼龄林、中龄林和近熟林的保育土壤功能呈不断增加趋势，而成过熟林保育土壤功能物质量呈降低趋势，降幅较大。到 2023 为止，幼龄林增加 10.81×10^6t，增幅为 91.86%；中龄林增加 8.95×10^6t，增幅为 19.10%；近熟林增加 79.99×10^6t，增幅为 22.32%。成过熟林保育土壤物质量降低 999.90×10^6t，减少了 74.16%。

3）固碳释氧功能物质量预测

退耕还林工程特用林固碳释氧功能物质量预测结果可见图 5-185。由图 5-185 可以看出：总体来看，2003～2023 年，退耕还林特用林固碳释氧功能物质量整体呈降低趋势，减少量为 2.28×10^7t，降幅为 32.93%。

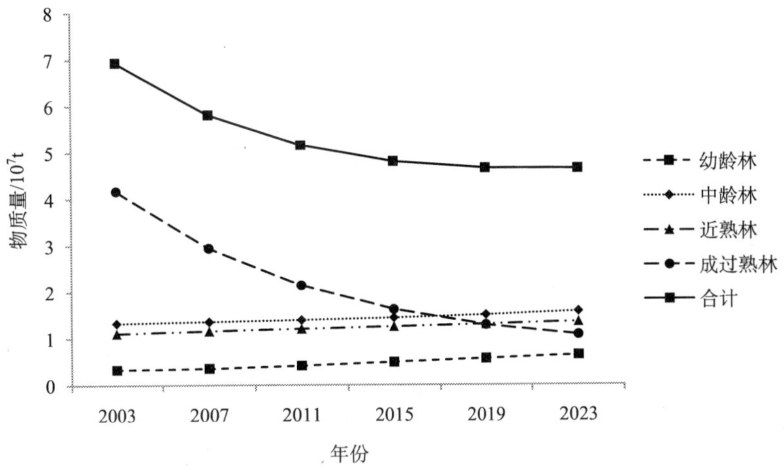

图 5-185　退耕还林工程特用林固氮释氧功能物质量变化趋势图

退耕还林工程特用林中，幼龄林、中龄林、近熟林三者的变化规律比较一致，都是呈整体增加的趋势，只是变化幅度不同。成过熟林固碳释氧功能物质量呈现整体降低趋势，且变化明显。到 2023 年为止，幼龄林增加 0.30×10^7t，增幅为 91.86%；中龄林增加 0.25×10^7t，增幅为 19.10%；近熟林增加 0.24×10^7t，增幅为 22.32%。成过熟林减少 3.09×10^7t，降幅为 74.16%。

4）储养功能物质量预测

退耕还林工程特用林储养功能物质量预测结果见图 5-186。从图 5-186 可以看出：2003～2023 年，特用林储养功能物质总量呈降低的趋势，预测期内，储养功能物质量减少 2.39×10^5t，降幅为 32.93% 。

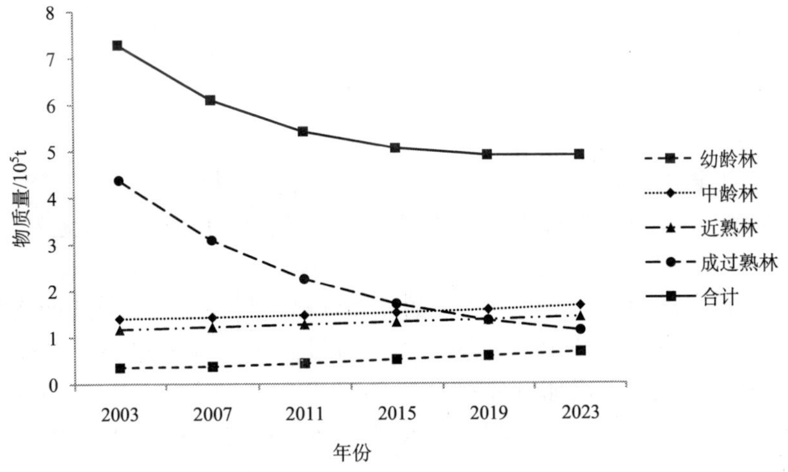

图 5-186　退耕还林工程特用林储养功能物质量变化趋势图

特用林不同林龄组林分中，幼龄林、中龄林和近熟林储养功能呈持续增加趋势，幼龄林增幅最大，中龄林最小。到 2023 年为止，幼龄林增加 0.32×10^5t，增幅为 91.86%；中龄林增加 0.26×10^5t，增幅为 19.10%；近熟林增加 0.25×10^5t，增幅为 22.32%。成过熟林储养功能物质量整体呈降低趋势，变化剧烈，物质量将减少 3.25×10^5t，降幅为 74.16%。

5）吸收二氧化硫功能物质量预测

由图 5-187 可知：2003～2023 年，退耕还林特用林吸收二氧化硫功能物质量呈总体减少的变化模式，在 2023 年吸收二氧化硫物质量最低，在预测期内吸收二氧化硫功能物质总量将减少 42.42×10^4t，降幅达 32.93%。

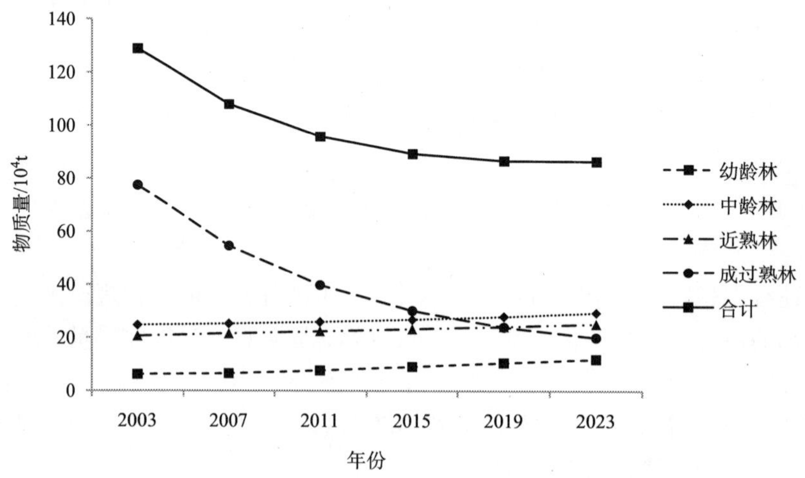

图 5-187 退耕还林工程特用林吸收二氧化硫功能物质量变化趋势图

特用林不同林龄组林分中，幼龄林、中龄林和近熟林吸收二氧化硫功能物质总量呈持续增加的趋势，成过熟林吸收二氧化硫功能物质量总体呈减少趋势。到 2023 年为止，幼龄林、中龄林、近熟林将分别增加 5.68×10^4t、4.70×10^4t、4.59×10^4t，增幅分别达 91.86%、19.10%、22.32%。成过熟林吸收二氧化硫功能物质量将减少 57.41×10^4t，降幅达 74.16%以上。

6）吸收氮氧化物功能物质量预测

退耕还林工程特用林吸收氮氧化物功能物质量预测结果见图 5-188。总体来看：2003～2023 年，特用林吸收氮氧化物功能物质总量呈总体降低的变化趋势，变化明显，2023 年与 2003 年相比，物质总量减少了 5.21×10^4t，降幅为 32.93%。

特用林不同林龄组中，幼龄林、中龄林和近熟林吸收氮氧化物功能物质量呈不断增加趋势，而成过熟林吸收氮氧化物功能物质量总体呈降低趋势。到预测期末，幼龄林、中龄林、近熟林的增加量分别为 0.69×10^4t、0.57×10^4t、0.56×10^4t，增幅分别为 91.86%、19.10%、22.32%。成过熟林物质总量减少了 7.05×10^4t，降幅为 74.16%。

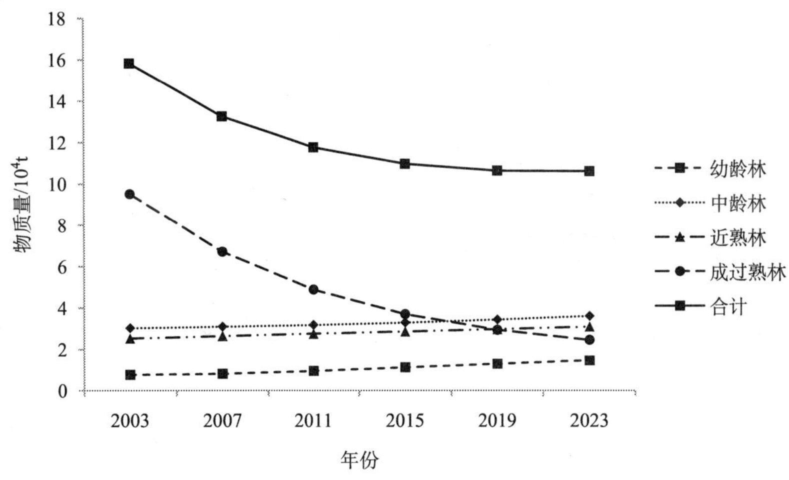

图 5-188　退耕还林工程特用林吸收氮氧化物功能物质量变化趋势图

7）滞尘功能物质量预测

退耕还林工程特用林滞尘功能物质量预测结果见图 5-189。由图 5-189 可知：2003～2023 年，特用林滞尘功能物质总量在 2023 年最低，2003 年最高，滞尘功能物质量总体呈降低的变化趋势，减少量为 7.03×10^7t，降幅为 32.93%。

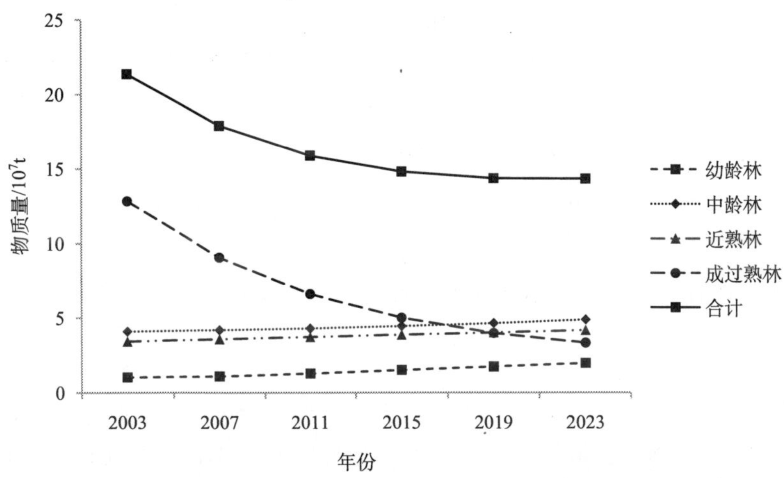

图 5-189　退耕还林工程特用林滞尘物功能物质量变化趋势图

特用林不同林龄组林分中，幼龄林、中龄林和近熟林的滞尘功能呈不断增加趋势，而成过熟林滞尘功能物质量总体呈降低趋势。到 2023 为止，幼龄林增加 0.94×10^7t，增幅为 91.86%；中龄林增加 0.78×10^7t，增幅为 19.10%；近熟林增加 0.76×10^7t，增幅为 22.32%。成过熟林减少 9.52×10^7t，降低了 74.16%。

5.4 京津风沙源治理工程生态服务功能物质量预测

5.4.1 天然林

5.4.1.1 天然用材林

1）涵养水源功能物质量预测

由图 5-190 可以看出：总体来看，2003～2023 年，天然用材林涵养水源功能逐渐增加，整体呈增加趋势，到 2023 年为止，比 2003 年增加了 20.37×10^{8}t，增幅为 66.15%。

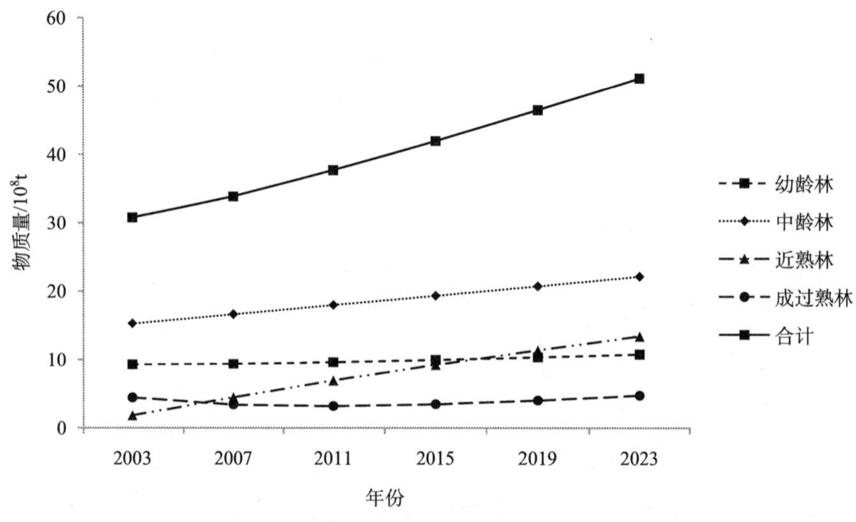

图 5-190 京津风沙源治理工程天然用材林涵养水源功能物质量变化趋势图

京津风沙源治理工程天然用材林不同林龄组林分中，中龄林、近熟林、幼龄林的物质总量都呈现增加趋势。到 2023 年为止，幼龄林、中龄林、近熟林调节水量和净化水质量总和将分别增加 1.55×10^{8}t、6.87×10^{8}t、11.63×10^{8}t，增幅分别为 16.69%、44.96%、644.16%，近熟林增加最快，幼龄林增加速度最慢。成过熟林先降低后增加，在 2011 年涵养水源物质量最低，总体呈增加趋势，增加 31.97×10^{8}t，涨幅达 7.21%。

2）保育土壤功能物质量预测

京津风沙源治理工程天然用材林保育土壤功能物质量预测结果见图 5-191。由图 5-191 可知：总体来看，2003～2023 年，天然用材林保育土壤功能物质总量整体呈逐渐增加的趋势，到 2023 年为止，天然用材林保育土壤功能物质总量比 2003 年增加了 16.73×10^{6}t，增幅为 57.71%。

由图 5-191 还可以看出：幼龄林、中龄林和近熟林的保育土壤功能呈不断增加趋势，而成过熟林保育土壤物质量在 2011 年出现最低值后呈增加趋势，成过熟林总量增加。到 2023 为止，幼龄林增加 1.55×10^{6}t，增幅为 16.69%；中龄林增加 6.90×10^{6}t，

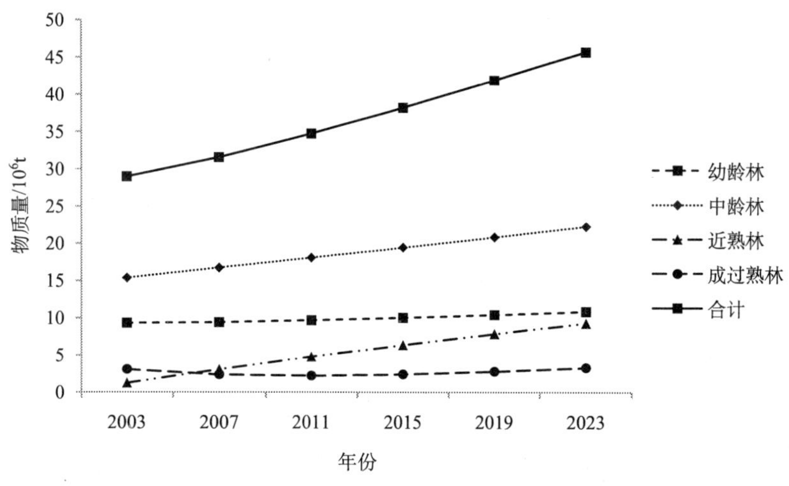

图 5-191　京津风沙源治理工程天然用材林保育土壤功能物质量变化趋势图

增幅为 44.96％；近熟林增加 8.05×10^6t，增幅为 644.16％。成过熟林保育土壤物质量增加 22.12×10^6t，增幅为 7.21％。

3）固碳释氧功能物质量预测

京津风沙源治理工程天然用材林固碳释氧功能物质量预测结果见图 5-192。由图 5-192可以看出：总体来看，2003～2023 年，天然用材林固碳释氧功能物质量整体呈增加趋势，比 2003 年增加 41.03×10^5t，增幅为 66.15％。

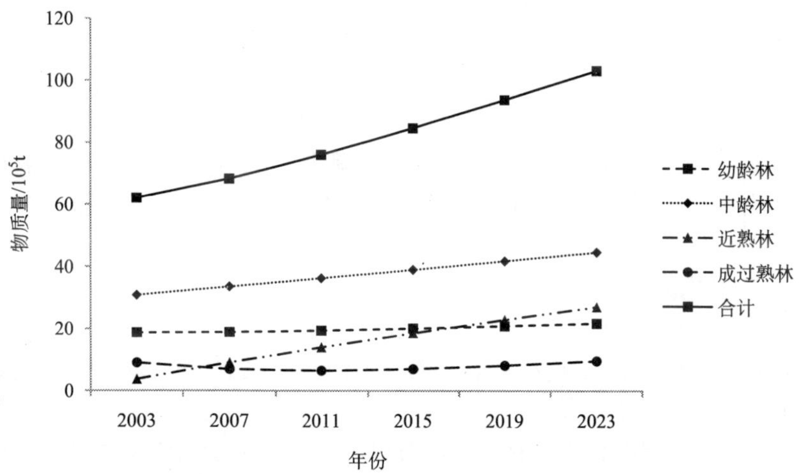

图 5-192　京津风沙源治理工程天然用材林固碳释氧功能物质量变化趋势图

天然用材林不同林龄组间固碳释氧功能物质量变化差异较大，幼龄林、中龄林、近熟林三者的变化规律比较一致，都是呈整体增加的趋势，只是变化幅度不同。成过熟林固碳释氧功能物质量最低值出现在 2011 年，即先减少后增加，总体呈增加趋势。到

2023 年为止，幼龄林增加 3.12×10^{5}t，增幅为 16.69%；中龄林增加 13.84×10^{5}t，增幅为 44.96%；近熟林增加 23.43×10^{5}t，增幅为 644.16%；成过熟林增加 64.41×10^{5}t，增幅为 7.21%。

4）储养功能物质量预测

京津风沙源天然用材林储养功能物质量预测结果见图 5-193。由图 5-193 可以看出：2003～2023 年，天然用材林储养功能物质总量呈增加的趋势，到 2023 年储养功能物质总量增加 69.41×10^{3}t，增幅为 66.15%。

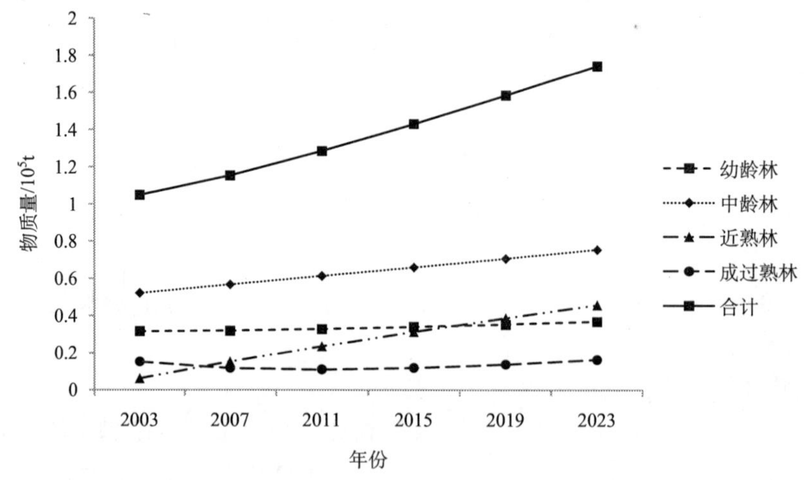

图 5-193　京津风沙源治理工程天然用材林储养功能物质量变化趋势图

总体来看，预测期内不同林龄组林分的储养功能物质总量为中龄林＞幼龄林＞近熟林＞成过熟林。就增长幅度而言，幼龄林、中龄林和近熟林储养功能呈持续增加趋势。到 2023 年为止，幼龄林增加 5.27×10^{3}t，增幅为 16.69%；中龄林增加 23.41×10^{3}t，增幅为 44.96%；近熟林增加 39.64×10^{3}t，增幅为 644.16%。成过熟林储养功能物质量呈先减少后增加模式，整体呈增加趋势，2011 年储养功能物质量最低，2023 年最高，物质量增加 1.09×10^{3}t，增幅为 7.21%。

5）吸收二氧化硫功能物质量预测

由图 5-194 可知：2003～2023 年，京津风沙源治理工程天然用材林吸收二氧化硫功能物质量呈逐渐增加的变化模式，在预测期内吸收二氧化硫功能物质总量将增加 8.27×10^{4}t，增幅为 66.15%。

总体来看，天然用材林不同林龄组林分吸收二氧化硫功能物质总量为中龄林＞幼龄林＞近熟林＞成过熟林。就增长幅度而言，幼龄林、中龄林和近熟林吸收二氧化硫功能物质总量呈持续增加的趋势，近熟林增加最快，幼龄林最小。成过熟林吸收二氧化硫功能物质量呈先降低后增加，总体呈增加趋势。到 2023 年为止，幼龄林、中龄林、近熟林将分别增加 62.78×10^{2}t、2.79×10^{4}t、4.72×10^{4}t，增幅将分别达 16.69%、44.96%、644.16%。成过熟林吸收二氧化硫功能物质量将增加 12.98×10^{2}t，增幅达 7.21%。

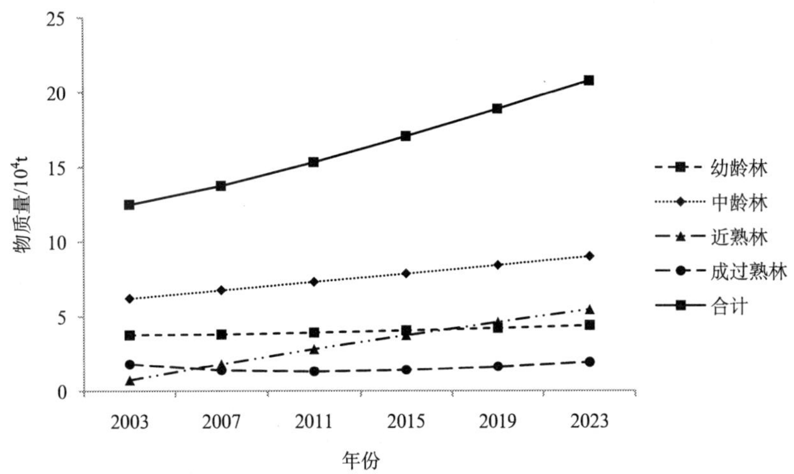

图 5-194　京津风沙源治理工程天然用材林吸收二氧化碳功能物质量变化趋势图

6）吸收氮氧化物功能物质量预测

由图 5-195 可知：总体来看，2003～2023 年，天然用材林吸收氮氧化物功能物质总量呈逐渐增加的趋势，与 2003 年相比物质总量增加了 32.80 × 10^2t，增幅为 66.15％。

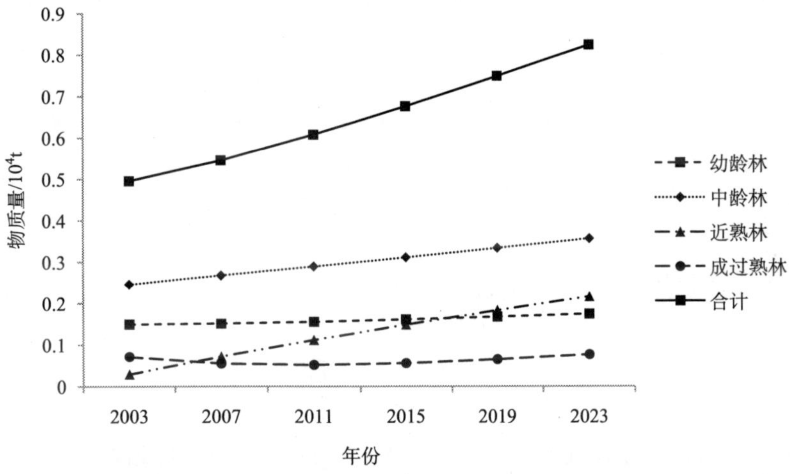

图 5-195　京津风沙源治理工程天然用材林吸收氮氧化物功能物质量变化趋势图

由图 5-195 还可以得出：幼龄林、中龄林、近熟林和成过熟林吸收氮氧化物功能物质量呈增加趋势，近熟林增加的最快，成过熟林增长幅度最小。到预测期末，幼龄林、中龄林、近熟林、成过熟林的增加量分别为 2.49×10^2t、11.07×10^2t、18.73×10^2t、0.51×10^2t，增幅分别为 16.69％、44.96％、644.16％、7.21％。

7）滞尘功能物质量预测

京津风沙源治理工程天然用材林滞尘功能物质量预测结果见图 5-196。由图 5-196 可知：2003～2023 年，天然用材林滞尘功能物质总量呈增加趋势，增加量为 1.17×10^7t，增幅为 6.62%。

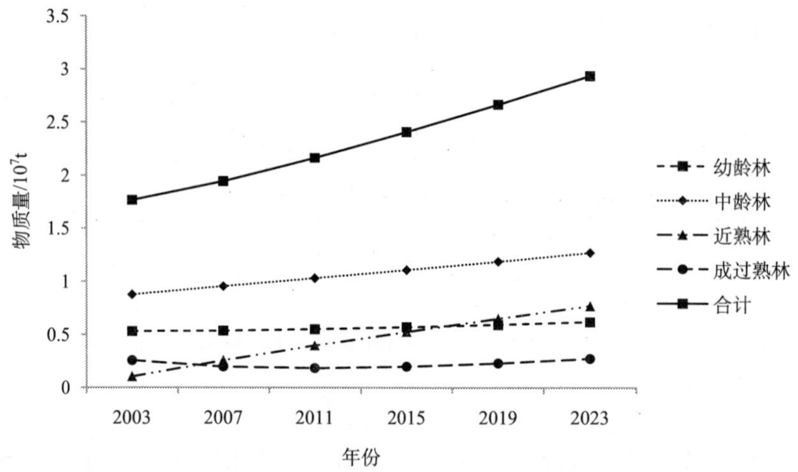

图 5-196 京津风沙源治理工程天然用材林滞尘功能物质量变化趋势图

由图 5-196 可以看出：天然用材林不同林龄组林分的滞尘功能物质总量总体为中龄林＞幼龄林＞近熟林＞成过熟林。就增长幅度而言，幼龄林、中龄林、近熟林和成过熟林的滞尘功能呈增加趋势。到 2023 为止，幼龄林增加 8.87×10^5t，增幅为 16.69%；中龄林增加 39.42×10^5t，增幅为 44.96%；近熟林增加 66.73×10^5t，增幅为 644.16%；成过熟林增加 1.83×10^5t，增幅为 7.21%。

5.4.1.2 天然防护林

1）涵养水源功能物质量预测

京津风沙源治理工程天然防护林涵养水源功能物质量预测结果见图 5-197。由图 5-197 可知：2003～2023 年，天然防护林涵养水源功能逐渐增加，整体呈增加趋势，到 2023 年为止，比 2003 年增加了 19.54×10^8t，增幅为 72.29%。

不同林龄组相比可知，近熟林增加最快，幼龄林增加幅度最小。到 2023 年为止，幼龄林增加 1.15×10^8t，增幅为 15.89%；中龄林增加 3.91×10^8t，增幅为 23.44%；近熟林增加 11.13×10^8t，增幅为 547.94%；成过熟林总体呈增加趋势，其调节水量和净化水质量总和增加 3.35×10^8t，增幅为 320.21%。

2）保育土壤功能物质量预测

京津风沙源治理工程天然防护林保育土壤功能物质量预测结果见图 5-198。由图 5-198可知：总体来看，2003～2023 年，天然防护林保育土壤功能物质总量整体呈逐渐增加的趋势，到 2023 年为止，比 2003 年增加了 15.11×10^6t，增幅为 57.66%。

由图 5-198 可以看出：天然防护林不同林龄组林分的保育土壤功能物质总量总体为

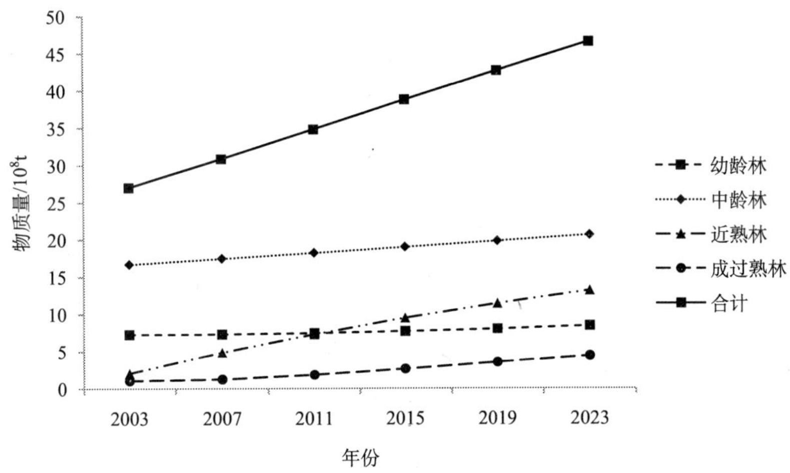

图 5-197　京津风沙源治理工程天然防护林涵养水源功能物质量变化趋势图

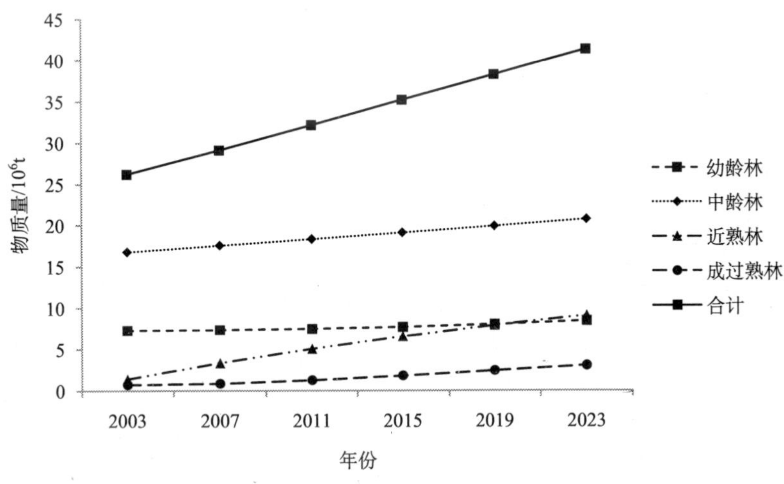

图 5-198　京津风沙源治理工程天然防护林保育土壤功能物质量变化趋势图

中龄林>幼龄林>近熟林>成过熟林。就增长幅度而言，幼龄林、中龄林、近熟林和成过熟林的保育土壤功能呈不断增加趋势，只是增加的幅度不同，近熟林增加最快，幼龄林增加幅度最小。到 2023 为止，幼龄林增加 1.16×10^6t，增幅为 15.89%；中龄林增加 3.93×10^6t，增幅为 23.44%；近熟林增加 7.70×10^6t，增幅为 547.94%；成过熟林增加 2.32×10^6t，增幅为 320.21%。

3）固碳释氧功能物质量预测

京津风沙源治理工程防护林固碳释氧功能物质量预测结果可见图 5-199。由图5-199可以看出：总体来看，京津风沙源治理工程天然防护林增加了 39.37×10^7t，增幅为 72.29%。

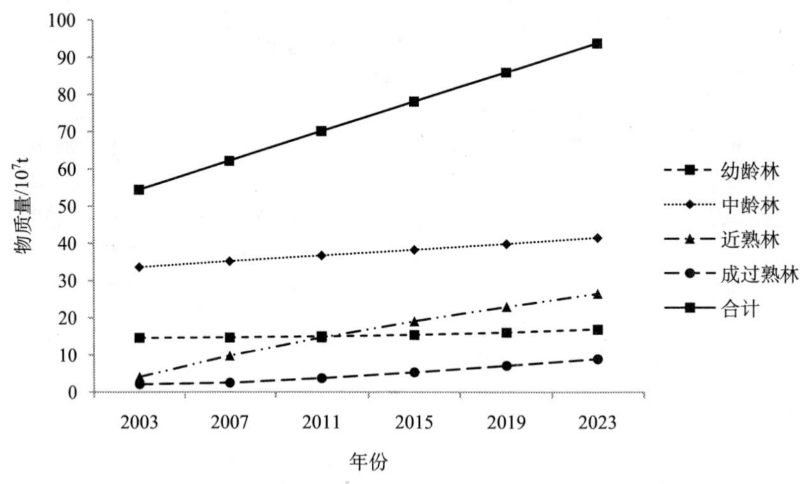

图 5-199　京津风沙源治理工程天然防护林固碳释氧功能物质量变化趋势图

2003～2023 年，京津风沙源治理工程天然防护林中，幼龄林、中龄林、近熟林和成过熟林固碳释氧功能物质量一直增加的，各林龄阶段其增幅不同。到 2023 年为止，幼龄林增加 2.33×10^7t，增幅为 15.89%；中龄林增加 7.88×10^7t，增幅为 23.44%；近熟林增加 22.41×10^7t，增幅为 547.94%；成过熟林增加 6.75×10^7t，增幅为 320.21%，其中近熟林的增幅最大。

4）储养功能物质量预测

京津风沙源治理工程天然防护林储养功能物质量预测结果见图 5-200。由图 5-200 可以看出：总体来看，天然防护林储养功能物质总量呈增加的趋势，到 2023 年储养功能物质总量增加 66.60×10^3t，增幅为 72.29%。

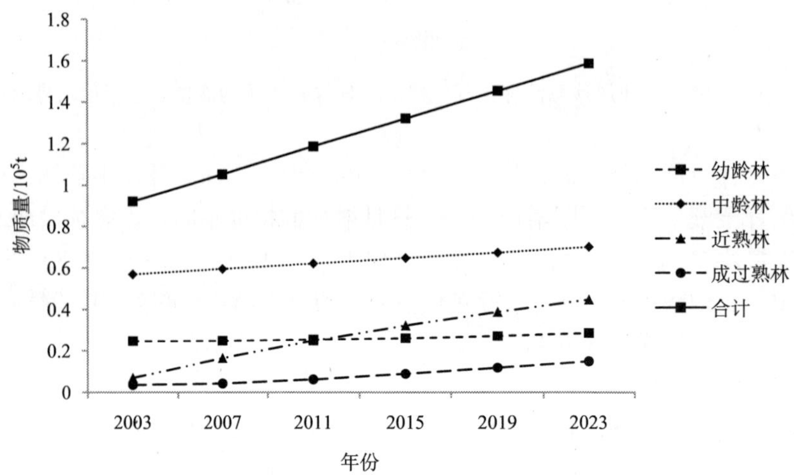

图 5-200　京津风沙源治理工程天然防护林储养功能物质量变化趋势图

从天然防护林不同林龄组林分的储养功能物质量变化趋势来看，2003～2023 年，天然防护林中，幼龄林、中龄林、近熟林和成过熟林储养功能均是一直增加的，各年龄阶段其增幅不同。到 2023 年为止，幼龄林增加 3.94×10^3t，增幅为 15.89％；中龄林增加 13.33×10^3t，增幅为 23.44％；近熟林增加 37.92×10^3t，增幅为 547.94％；成过熟林增加 11.41×10^3t，增幅为 320.21％。

5）吸收二氧化硫功能物质量预测

由图 5-201 可知：总体来看，天然防护林吸收二氧化硫功能物质量增加了 7.93×10^4t，增幅为 72.29％。

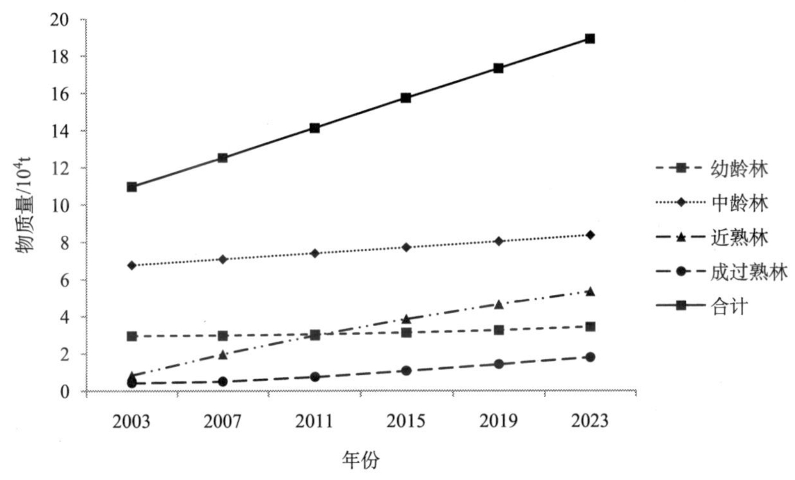

图 5-201　京津风沙源治理工程天然防护林吸收二氧化硫功能物质量变化趋势图

2003～2023 年，天然防护林中，幼龄林、中龄林、近熟林和成过熟林吸收二氧化碳功能均是一直增加的，各林龄阶段其增幅不同。到 2023 年为止，幼龄林增加 46.88×10^2t，增幅为 15.89％；中龄林增加 1.59×10^4t，增幅为 23.44％；近熟林增加 4.52×10^4t，增幅为 547.94％；成过熟林增加 1.36×10^4t，增幅为 320.21％。其中近熟林的增幅最大，幼龄林最小。

6）吸收氮氧化物功能物质量预测

天然防护林吸收氮氧化物功能物质量预测结果见图 5-202。总体来看：2003～2023 年，天然防护林吸收氮氧化物功能物质总量呈逐渐增加的变化趋势，与 2003 年相比物质总量增加了 31.48×10^2t，增幅为 72.29％。

天然防护林不同林龄组林分吸收氮氧化物功能物质总量总体为中龄林＞近熟林＞幼龄林＞成过熟林。就增长幅度而言，不同林龄组林分吸收氮氧化物功能呈持续增加趋势，变化规律较一致，近熟林增长幅度最大，幼龄林增加幅度最小。到 2023 年为止，幼龄林增加 1.86×10^2t，增幅为 15.89％；中龄林增加 63.30×10^2t，增幅为 23.44％；近熟林增加 17.92×10^2t，增幅为 547.94％；成过熟林增加 5.39×10^2t，增幅为 320.21％。

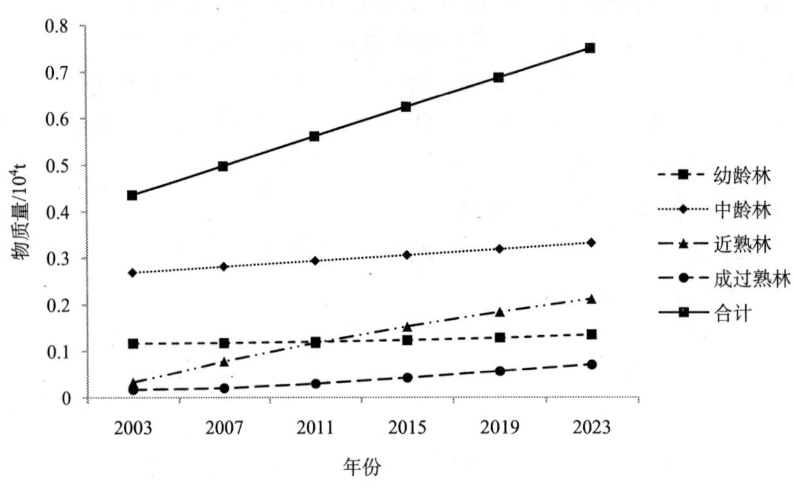

图 5-202　京津风沙源治理工程天然防护林吸收氮氧化物功能物质量变化趋势图

7）滞尘功能物质量预测

京津风沙源治理工程天然防护林滞尘功能物质量预测结果见图 5-203。由图 5-203 可知：总体而言，京津风沙源治理工程天然防护林滞尘功能物质总量增加了 1.12×10^7t，增幅为 72.29％。

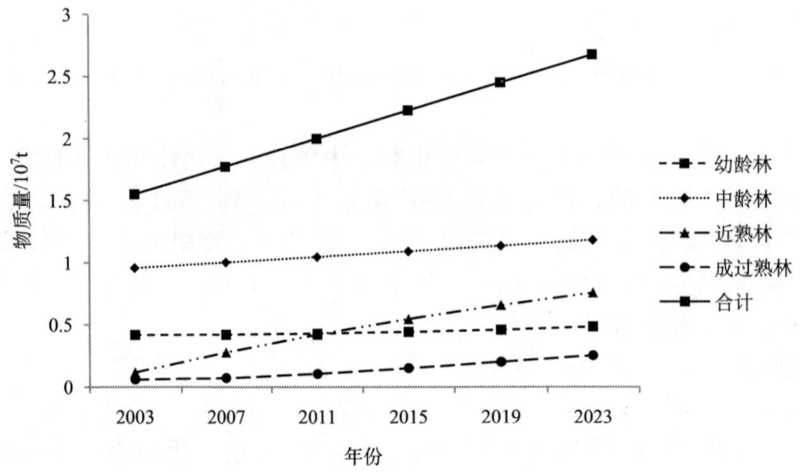

图 5-203　京津风沙源治理工程天然防护林滞尘功能物质量变化趋势图

2003～2023 年，京津风沙源治理工程天然防护林，幼龄林、中龄林、近熟林和过熟林滞尘功能物质量不断增加。到 2023 年为止，幼龄林增加 6.63×10^5t，增幅为 15.89％；中龄林增加 22.45×10^5t，增幅为 23.44％；近熟林增加 63.84×10^8t，增幅为 547.94％；成过熟林增加 19.21×10^5t，增幅为 320.21％。

5.4.2　人工林

5.4.2.1　人工用材林

1）涵养水源功能物质量预测

京津风沙源治理工程人工用材林涵养水源功能物质量预测结果见图 5-204。由图 5-204可知：总体而言，京津风沙源治理工程人工用材林涵养水源功能物质总量增加 11.91×10^{8}t，增幅为 38.90％。

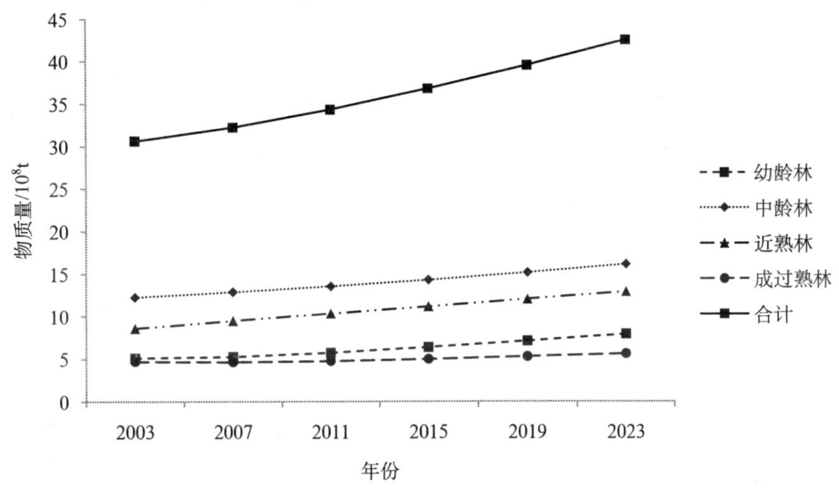

图 5-204　京津风沙源治理工程人工用材林涵养水源功能物质量变化趋势图

2003～2023 年，京津风沙源治理工程人工用材林，幼龄林、中龄林、近熟林和成过熟林涵养水源功能物质量一直增加。到 2023 年为止，幼龄林增加 2.79×10^{8}t，增幅为 54.84％；中龄林增加 3.87×10^{8}t，增幅为 31.52％；近熟林增加 4.34×10^{8}t，增幅为 50.60％；成过熟林增加 91.22×10^{6}t，增幅为 19.47％。

2）保育土壤功能物质量预测

京津风沙源治理工程人工用材林保育土壤功能物质量预测结果见图 5-205。由图 5-205可知：京津风沙源治理工程人工用材林保育土壤功能物质总量增加 10.33×10^{6}t，增幅为 38.79％。

2003～2023 年，京津风沙源治理工程人工用材林，幼龄林、中龄林、近熟林和成过熟林保育土壤功能物质量为增加趋势。到 2023 年为止，幼龄林增加 2.81×10^{6}t，增幅为 54.84％；中龄林增加 3.89×10^{6}t，增幅为 31.52％；近熟林增加 3.00×10^{6}t，增幅为 50.60％；成过熟林增加 63.13×10^{4}t，增幅为 19.47％。

3）固碳释氧功能物质量预测

京津风沙源治理工程人工用材林固碳释氧功能物质量预测结果可见图 5-206。由图 5-206 可知：京津风沙源治理工程人工用材林固碳释氧功能物质总量增加 23.99×10^{5}t，增幅为 38.90％。

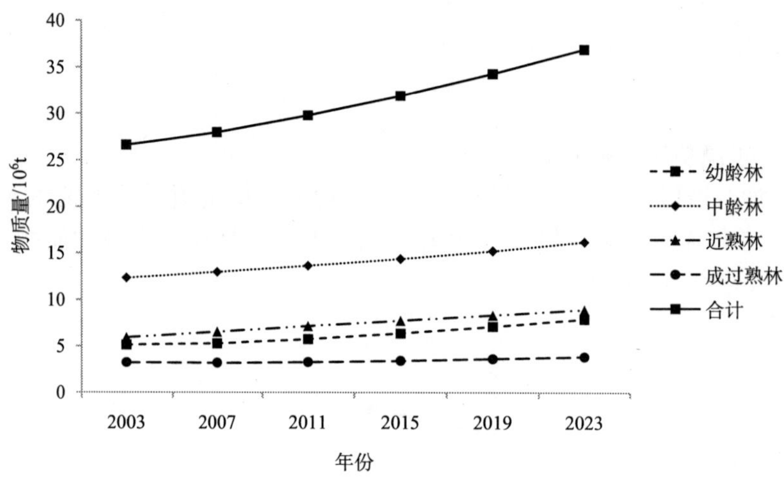

图 5-205 京津风沙源治理工程人工用材林保育土壤功能物质量变化趋势图

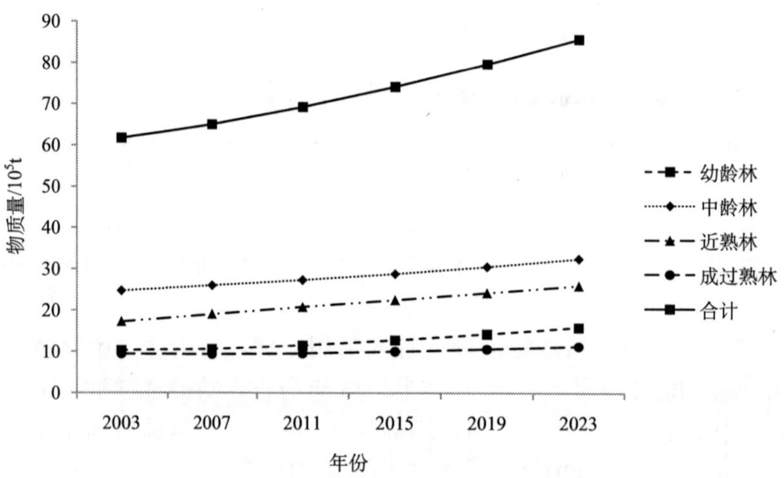

图 5-206 京津风沙源治理工程人工用材林固碳释氧功能物质量变化趋势图

2003～2023 年，京津风沙源治理工程人工用材林，幼龄林、中龄林、近熟林和成过熟林固碳释氧功能物质量为增加趋势，且各林龄阶段增幅不同。到 2023 年为止，固碳释氧功能物质量比 2003 年，幼龄林增加 5.63×10^5t，增幅为 54.84％；中龄林增加 7.79×10^5t，增幅为 31.52％；近熟林增加 8.74×10^5t，增幅为 50.60％；成过熟林增加 1.84×10^5t，增幅为 19.47％。

4）储养功能物质量预测

京津风沙源治理工程人工用材林储养功能物质量预测结果见图 5-207。由图 5-207 可知：总体而言，京津风沙源治理工程人工用材林储养功能物质总量增加 40.59×10^3t，增幅为 38.90％。

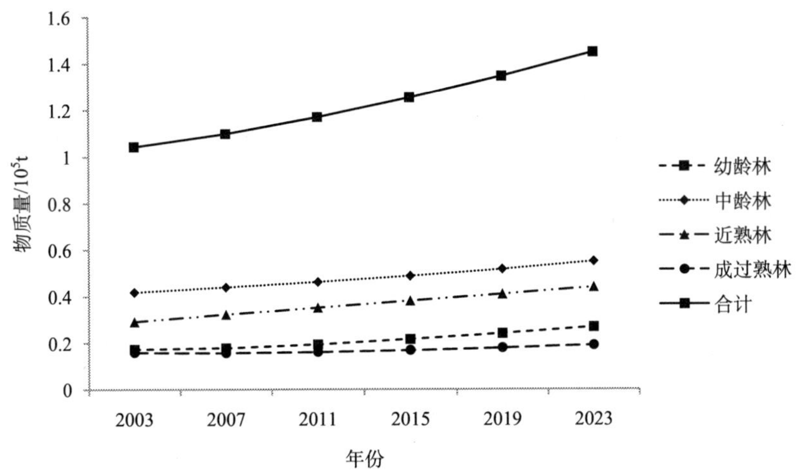

图 5-207　京津风沙源治理工程人工用材林储养功能物质量变化趋势图

2003～2023 年，京津风沙源治理工程人工用材林，幼龄林、中龄林、近熟林和成过熟林储养功能物质量为增加趋势。到 2023 年为止，幼龄林增加 9.53×10^3t，增幅为 54.84%；中龄林增加 13.18×10^3t，增幅为 31.52%；近熟林增加 14.78×10^3t，增幅为 50.60%；成过熟林增加 3.11×10^3t，增幅为 19.47%。

5）吸收二氧化硫功能物质量预测

京津风沙源治理工程人工用材林吸收二氧化硫功能物质量预测结果见图 5-208。由图 5-208 可知：总体上，京津风沙源治理工程人工用材林吸收二氧化硫功能物质总量增加 4.84×10^4t，增幅为 38.90%。

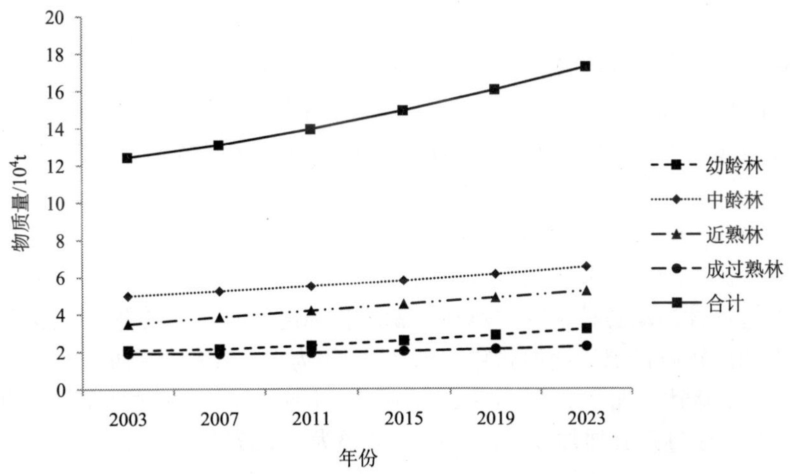

图 5-208　京津风沙源治理工程人工用材林吸收二氧化硫功能物质量变化趋势图

2003～2023 年，京津风沙源治理工程人工用材林，幼龄林、中龄林、近熟林和成过熟林吸收二氧化硫功能物质量均一直增加。到 2023 年为止，幼龄林增加 1.13×10^4t，增幅为 54.84％；中龄林增加 1.57×10⁴t，增幅为 31.52％；近熟林增加 1.76×10⁴t，增幅为 50.60％；成过熟林增加 37.03×10²t，增幅为 19.47％。

6）吸收氮氧化物功能物质量预测

京津风沙源治理工程人工用材林吸收氮氧化物功能物质量预测结果见图 5-209。由图 5-209 可知：总体上，京津风沙源治理工程人工用材林吸收氮氧化物功能物质总量增加 19.18×10^2t，增幅为 38.90％。

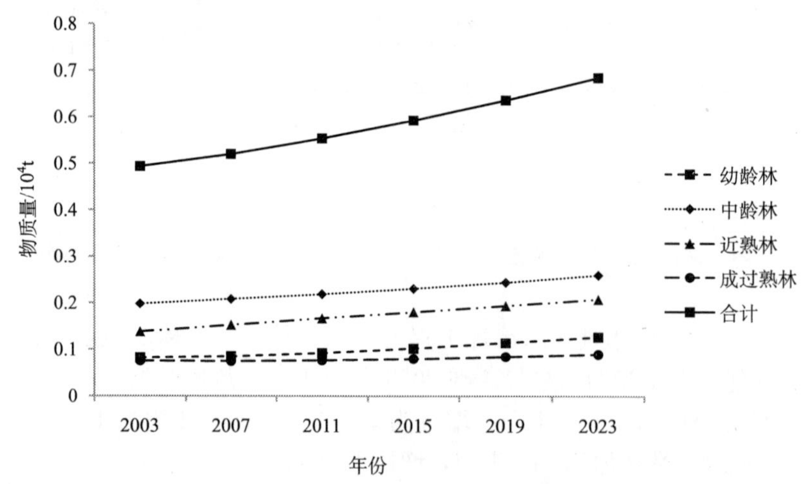

图 5-209　京津风沙源治理工程人工用材林吸收氮氧化物功能物质量变化趋势图

2003～2023 年，京津风沙源治理工程人工用材林，幼龄林、中龄林、近熟林和成过熟林吸收氮氧化物功能物质量是增加的。到 2023 年为止，幼龄林增加 4.50×10^2t，增幅为 54.84％；中龄林增加 6.23×10^2t，增幅为 31.52％；近熟林增加 6.99×10^2t，增幅为 50.60％；成过熟林增加 1.47×10^2t，增幅为 19.47％。

7）滞尘功能物质量预测

京津风沙源治理工程人工用材林滞尘功能物质量预测结果见图 5-210。由图 5-210 可知：2003～2023 年，京津风沙源治理工程人工用材林滞尘功能物质总量呈增加趋势，截止到 2023 年，比 2003 年增加 68.34×10^5t，增幅为 38.90％。

京津风沙源治理工程人工用材林不同林龄组林分的滞尘功能总物质量来看，总体呈现中龄林＞近熟林＞幼龄林＞成过熟林。就增长幅度而言，幼龄林、中龄林、近熟林和过熟林滞尘功能物质量都呈增加趋势。到 2023 年为止，幼龄林增加 16.04×10^5t，增幅为 54.84％；中龄林增加 22.18×10^5t，增幅为 31.52％；近熟林增加 24.89×10^5t，增幅为 50.60％；成过熟林增加 5.23×10^5t，增幅为 19.47％。

5.4.2.2　人工防护林

1）涵养水源功能物质量预测

京津风沙源治理工程人工防护林涵养水源功能物质量预测结果见图 5-211。由图 5-211可知：2003～2023 年，人工防护林涵养水源功能呈先减少后增加的变化趋势，

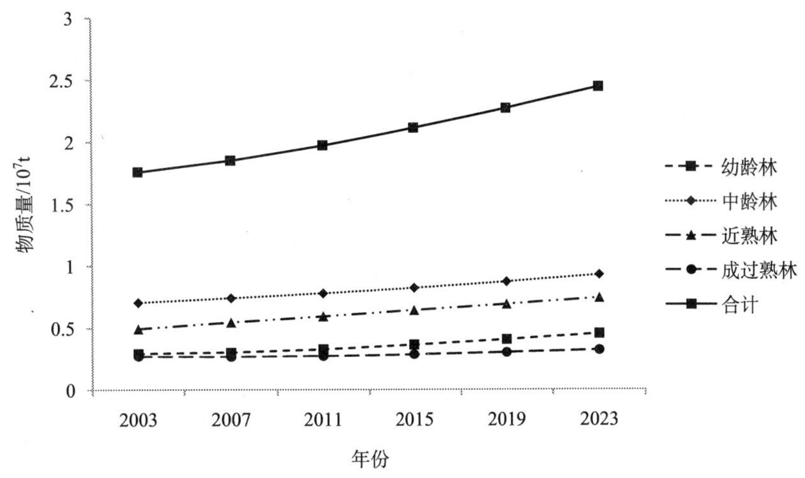

图 5-210　京津风沙源治理工程人工用材林滞尘功能物质量变化趋势图

2023 年最大，2011 年最小。总体来看，人工防护林涵养水源功能物质总量是增加的，截至 2023 年，比 2003 年增加了 2.92×10^8t，增幅为 12.66%。

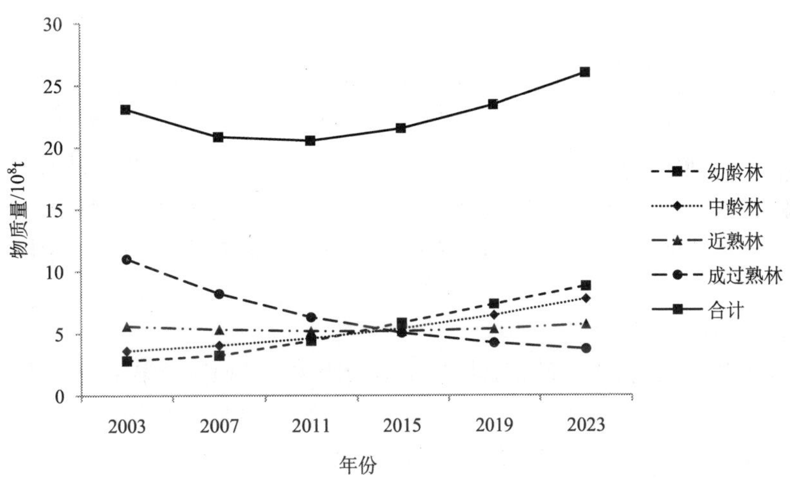

图 5-211　京津风沙源治理工程人工防护林涵养水源功能物质量变化趋势图

人工防护林不同林龄组林分的涵养水源功能总物质量来看，总体呈现成过熟林>幼龄林>近熟林>中龄林，成过熟林涵养水源功能物质总量最大，中龄林最小。就增长幅度而言，幼龄林和中龄林涵养水源功能物质量呈持续增长的趋势，到 2023 年为止，幼龄林、中龄林涵养水源功能物质量总和将分别增加 5.95×10^8t、4.14×10^8t，增幅分别为 209.70%、114.56%，幼龄林增长最快。近熟林涵养水源功能物质量呈先减少后增加的趋势，截至 2023 年，增加 10.99×10^6t，增幅为 1.96%。成过熟林涵养水源功能物质量呈持续下降的趋势，到 2023 年将减少 7.28×10^8t，降幅为 66.11%。

2）保育土壤功能物质量预测

京津风沙源治理工程人工防护林保育土壤功能物质量预测结果见图 5-212。由图 5-212可知：总体来看，2003～2023 年，人工防护林保育土壤功能物质量呈增加的趋势，比 2003 年增加了 5.18×10^6t，增幅为 28.80％。

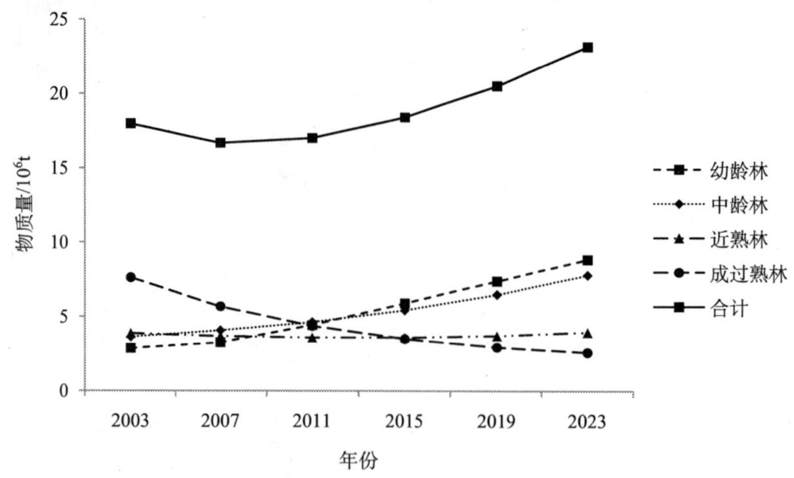

图 5-212 京津风沙源治理工程人工防护林保育土壤功能物质量变化趋势图

人工防护林不同林龄组林分的保育土壤功能物质总量变化规律总体为幼龄林＞中龄林＞成过熟林＞近熟林。就增长幅度而言，幼龄林和中龄林呈不断增加趋势，近熟林呈先减小后增长的变化趋势，成过熟林一直在降低。到 2023 年为止，幼龄林保育土壤功能物质量增加 5.98×10^6t，增幅为 209.70％；中龄林增加 4.16×10^6t，增幅为 114.56％；近熟林增加 7.61×10^4t，增幅为 1.96％；成过熟林减少 5.04×10^6t，降幅为 66.11％。

3）固碳释氧功能物质量预测

京津风沙源治理工程人工防护林固碳释氧功能物质量预测结果见图 5-213。由图 5-213 可知：2003～2011 年，人工防护林固碳释氧功能物质总量呈缓慢减少趋势；到 2011～2023 年呈增加趋势。人工防护林固碳释氧功能物质总量，比 2003 年增加了 5.89×10^5t，增幅为 12.66％。

人工防护林不同林龄组林分的固碳释氧功能物质量变化规律差异较大，幼龄林和中龄林呈一直增加的趋势，到 2023 年为止，幼龄林增加 11.98×10^5t，增幅为 209.70％；中龄林增加 8.34×10^5t，增幅为 114.56％。近熟林固碳释氧功能物质量呈先减少后增加的趋势，到 2023 年，近熟林增加 22.16×10^3t，增幅为 1.96％。成过熟林固碳释氧功能物质量呈不断下降趋势，到预测期末减少了 14.67×10^5t，降幅为 66.11％。

4）储养功能物质量预测

京津风沙源治理工程人工防护林储养功能物质量预测结果见图 5-214。由图 5-214 可知：2003～2023 年，人工防护林储养功能总物质量呈先减少后增加的变化趋势，到 2023 年为止，比 2003 年增加了 1.00×10^5t，增幅为 12.66％。

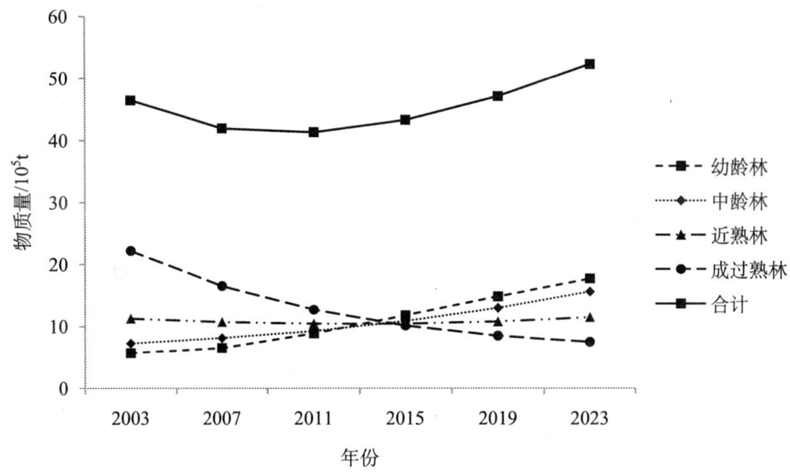

图 5-213　京津风沙源治理工程人工防护林固碳释氧功能物质量变化趋势图

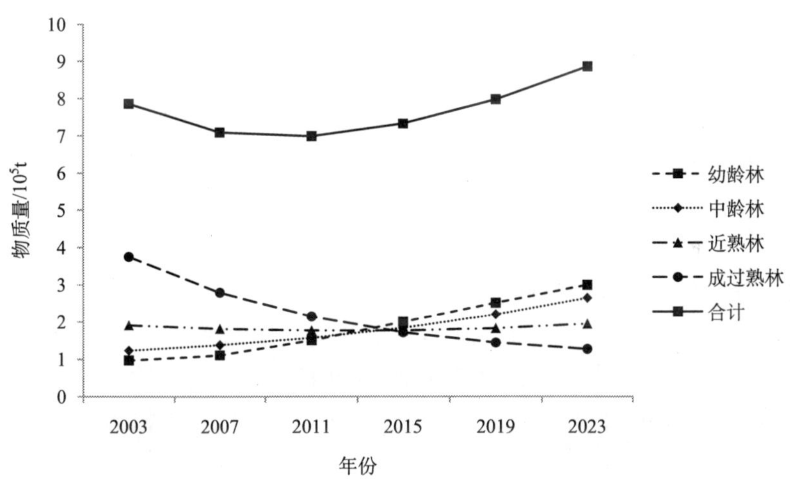

图 5-214　京津风沙源治理工程人工防护林储养功能物质量变化趋势图

人工防护林不同林龄组林分的储养功能物质量变化规律总体为成过熟林＞幼龄林＞中龄林＞近熟林。幼龄林和中龄林储养功能物质量呈持续上升趋势，到 2023 年为止，幼龄林、中龄林分别增加 2.03×10^5t、1.41×10^5t，增幅分别为 209.70％、114.56％。近熟林储养功能物质量呈先减少后增加的变化趋势，到 2023 年增加 0.04×10^5t，增幅为 1.96％。成过熟林储养功能物质量一直呈减少趋势，到 2023 年减少 2.48×10^5t，降幅为 66.11％。

5）吸收二氧化硫功能物质量预测

京津风沙源治理工程人工防护林吸收二氧化硫功能物质量预测结果见图 5-215。由图 5-215 可知：2003～2023 年，人工防护林吸收二氧化硫功能物质量呈先减少后增加的变化趋势，在预测期内增加了 1.19×10^4t，增幅为 12.66%。

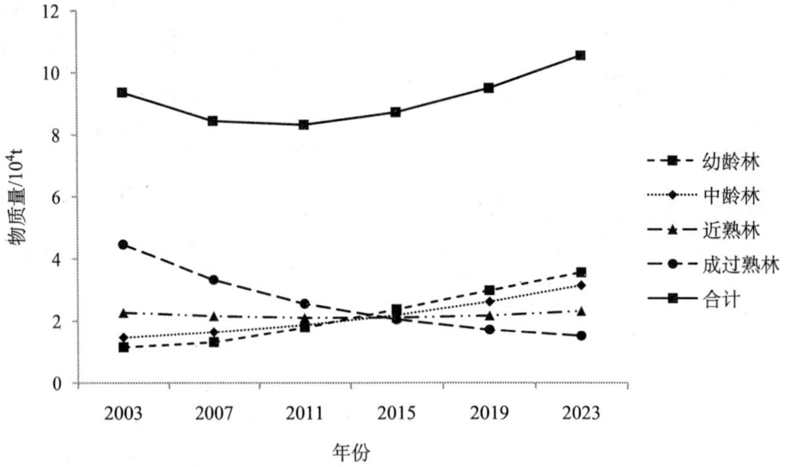

图 5-215　京津风沙源治理工程人工防护林吸收二氧化硫功能物质量变化趋势图

人工防护林不同林龄组林分吸收二氧化硫功能物质总量变化规律总体为成过熟林>幼龄林>近熟林>中龄林。幼龄林和中龄林吸收二氧化硫功能物质总量呈持续增加的趋势，近熟林呈先减少后增加的变化趋势，成过熟林呈明显降低的趋势。到 2023 年为止，幼龄林、中龄林和近熟林将分别增加 2.42×10^4t、1.68×10^4t、4.46×10^2t，增幅将分别达 209.70%、114.56%、1.96%。成过熟林减少 2.96 × 10^5t，降幅达 66.11%。

6）吸收氮氧化物功能物质量预测

京津风沙源治理工程人工防护林吸收氮氧化物功能物质量预测结果见图 5-216。由图 5-216 可知：2003～2023 年，人工防护林吸收氮氧化物功能物质总量呈先减少后增加的变化趋势，与 2003 年相比物质总量增加了 4.70×10^2t，增幅为 12.66%。

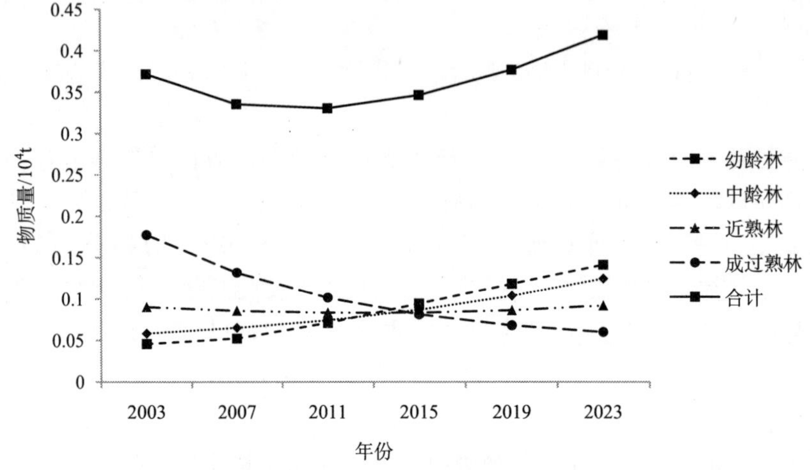

图 5-216　京津风沙源治理工程人工防护林吸收氮氧化物功能物质量变化趋势图

人工防护林不同林龄组林分吸收氮氧化物功能物质总量变化规律总体为成过熟林＞幼龄林＞近熟林＞中龄林。幼龄林和中龄林吸收氮氧化物功能物质量呈不断增加趋势，近熟林呈先减少后增加的变化趋势，成过熟林呈明显减少趋势。到预测期末，幼龄林、中龄林、近熟林的增加量分别为 9.58×10^2t、6.67×10^2t、0.18×10^2t，增幅分别为 209.70％、114.56％、1.96％。成过熟林吸收氮氧化物功能物质总量减少了 11.73×10^2t，降幅为 66.11％。

7）滞尘功能物质量预测

京津风沙源治理工程人工防护林滞尘功能物质量预测结果见图 5-217。由图 5-217 可知：2003～2023 年，人工防护林滞尘功能物质总量在预测初期呈先减少后增加趋势，滞尘功能丧失较快，到 2007～2011 年，物质量减少较慢，到预测期末呈小幅度增加趋势。但总体来看，人工防护林滞尘功能物质总量呈增加趋势，到 2023 年为止，与 2003 年相比增加了 16.76×10^5t，增幅为 12.66％。

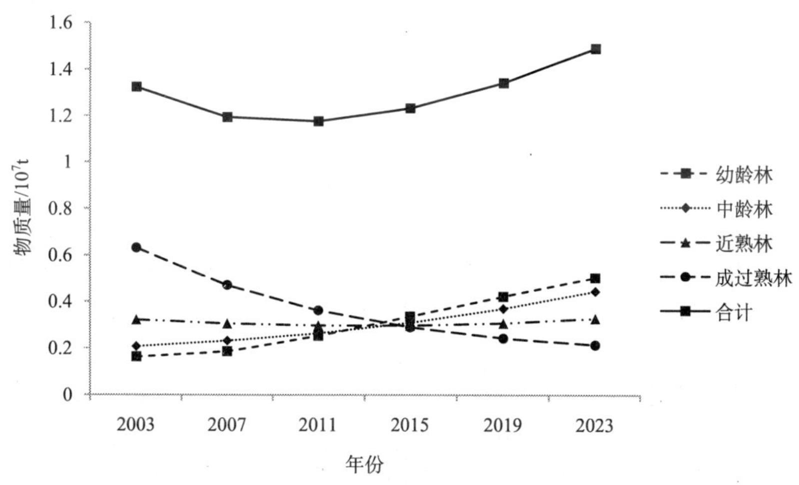

图 5-217　京津风沙源治理工程人工防护林滞尘功能物质量变化趋势图

人工防护林不同林龄组林分滞尘功能物质总量变化规律总体为成过熟林＞幼龄林＞近熟林＞中龄林。幼龄林和中龄林滞尘功能功能物质量呈不断增加趋势，近熟林呈先减少后增加的趋势，成过熟林呈下降趋势。到 2023 年为止，幼龄林滞尘功能物质量增加 34.14×10^5t，增幅为 209.70％；中龄林增加 23.76×10^5t，增幅为 114.56％；近熟林增加 0.63×10^5t，增幅为 1.96％；成过熟林减少 41.77×10^5t，降幅为 66.11％。

5.4.2.3　人工特用林

1）涵养水源功能物质量预测

京津风沙源治理工程人工特用林涵养水源功能物质量预测结果见图 5-218。由图 5-218可知：2003～2023 年，人工特用林涵养水源功能物质量呈先减少后增加的变化趋势。总体来看，人工特用林涵养水源功能物质总量是增加的，到 2023 年为止，比 2003 年增加了 9.60×10^6t，增幅为 3.24％。

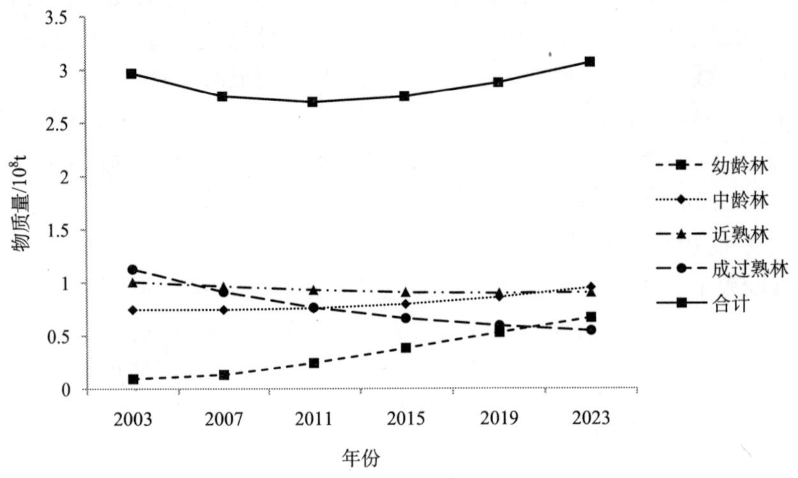

图 5-218　京津风沙源治理工程人工特用林涵养水源功能物质量变化趋势图

人工特用林不同林龄组林分的涵养水源功能物质量来看，总体呈现近熟林＞中龄林＞成过熟林＞幼龄林，近熟林最大，幼龄最小。幼龄林和中龄林涵养水源功能物质总量呈持续增长的趋势，到 2023 年为止，幼龄林、中龄林分别增加 57.22×10^6t、20.52×10^6t，增幅分别为 611.76%、27.53%，幼龄林增长最快。近熟林和成过熟林涵养水源功能物质量呈下降趋势，到 2023 年，近熟林和成过熟林减少 10.08×10^6t 和 58.06×10^6t，降幅分别为 10.04%和 51.59%。

2）保育土壤功能物质量预测

京津风沙源治理工程人工特用林保育土壤功能物质量预测结果见图 5-219。由图 5-219可知：2003～2023 年，人工特用林保育土壤功能呈先减少后增加的变化趋势，总体呈增长趋势，比 2003 年增加了 30.98×10^4t，增幅为 13.37%。

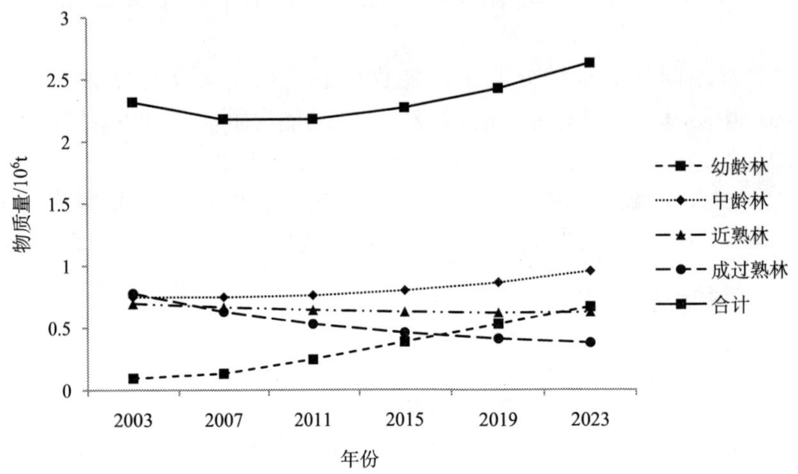

图 5-219　京津风沙源治理工程人工特用林保育土壤功能物质量变化趋势图

人工特用林不同林龄组林分的保育土壤功能物质总量变化规律总体为中龄林＞近熟林＞成过熟林＞幼龄林，中龄林最大，幼龄林最小。幼龄林和中龄林的保育土壤功能物质总量呈不断增加趋势，近熟林和成过熟一直在降低。到 2023 年为止，幼龄林保育土壤功能物质量增加 57.51×10^4t，增幅为 611.76%；中龄林增加 20.63×10^4t，增幅为 27.53%；近熟林减少 6.98×10^4t，降幅为 10.04%；成过熟林减少 40.18×10^4t，降幅为 51.59%。

3）固碳释氧功能物质量预测

京津风沙源治理工程人工特用林固碳释氧功能物质量预测结果见图 5-220。由图 5-220 可知：2003～2011 年，人工特用林固碳释氧功能物质总量呈先减少后增加趋势；2011～2023 年呈明显增加趋势。人工防护林固碳释氧功能物质总量，比 2003 年增加了 1.94×10^4t，增幅为 3.24%。

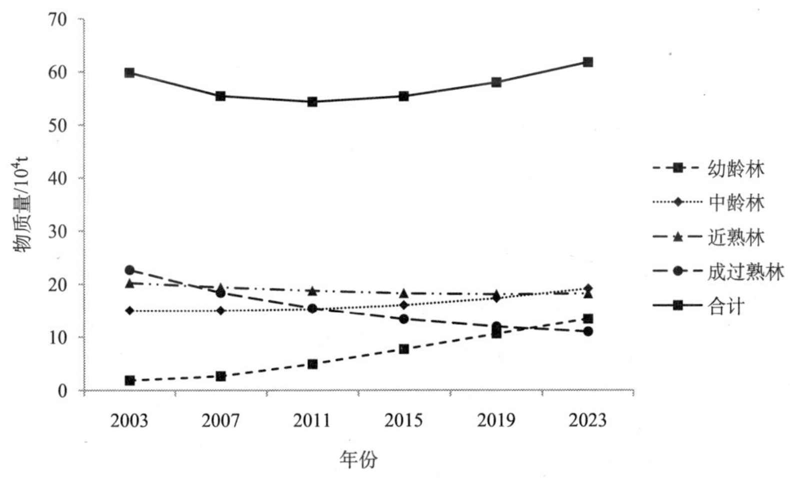

图 5-220　京津风沙源治理工程人工特用林固碳释氧功能物质量变化趋势图

人工特用林不同林龄组林分的固碳释氧功能物质总量变化规律总体为近熟林＞中龄林＞成过熟林＞幼龄林变化规律差异较大。幼龄林和中龄林呈一直增加的趋势，到 2023 年为止，幼龄林增加 11.53×10^4t，增幅为 611.76%；中龄林增加 4.13×10^4t，增幅为 27.53%。近熟林和成过熟林固碳释氧功能物质量呈不断下降趋势，近熟林减少 2.03×10^4t，降幅为 10.04%；成过熟林减少 11.70×10^4t，降幅为 51.59%。

4）储养功能物质量预测

京津风沙源治理工程人工特用林储养功能物质量预测结果见图 5-221。由图 5-221 可知：2003～2023 年，人工特用林储养功能总物质量呈先减少后增加的变化趋势，到 2023 年为止，比 2003 年增加了 3.27×10^2t，增幅为 3.24%。

人工特用林不同林龄组林分的储养功能物质量变化规律总体为近熟林＞中龄林＞成过熟林＞幼龄林。幼龄林和中龄林储养功能物质量呈持续上升趋势，幼龄林增长明显，中龄林增长缓慢，到 2023 年幼龄林增加 19.5×10^2t，增幅为 611.76%；中龄林增加 6.99×10^2t，增幅为 27.53%。近熟林和成过熟林储养功能物质量呈减少趋势，到 2023

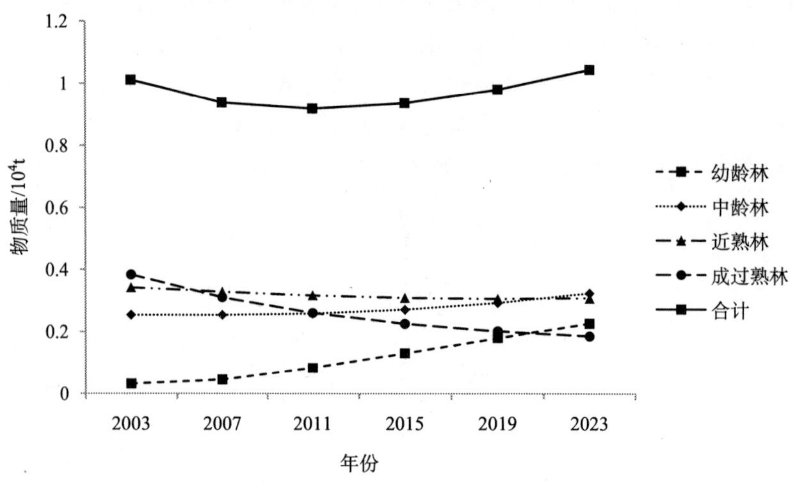

图 5-221　京津风沙源治理工程人工特用林储养功能物质量变化趋势图

年近熟林减少 3.43×10^2t，降幅为 10.04%；成过熟林减少 19.79×10^2t，降幅为 51.59%。

5）吸收二氧化硫功能物质量预测

京津风沙源治理工程人工特用林吸收二氧化硫功能物质量预测结果见图 5-222。由图 5-222 可知：2003～2023 年，人工特用林吸收二氧化硫功能物质量呈先减少后增加的变化趋势，在预测期内增加了 3.90×10^2t，增幅为 3.24%。

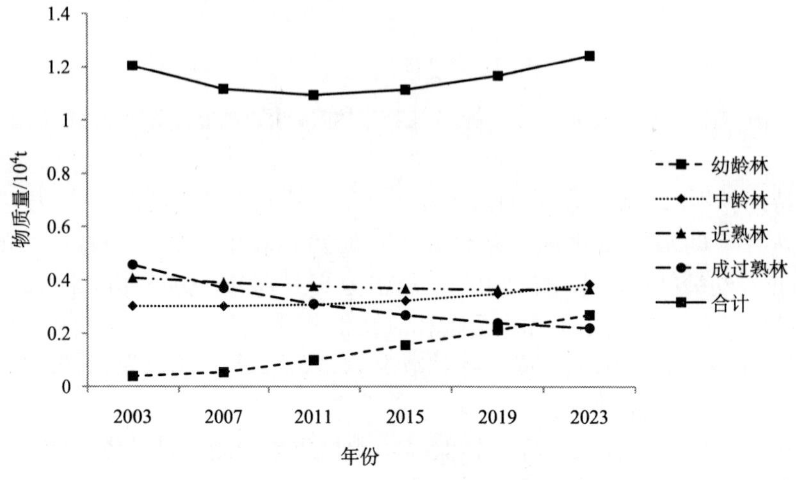

图 5-222　京津风沙源治理工程人工特用林吸收二氧化硫功能物质量变化趋势图

人工特用林不同林龄组林分吸收二氧化硫功能物质总量变化规律总体为近熟林＞中龄林＞成过熟林＞幼龄林。幼龄林和中龄林吸收二氧化硫功能物质总量呈持续增加的趋势，近熟林和成过熟林呈明显降低的趋势。到 2023 年为止，幼龄林增加 23.23×10^2t，增幅为 611.76%；中龄林增加 8.33×10^2t，增幅为 27.53%；近熟林减少 4.09×10^2t，降幅为 10.04%；成过熟林减少 23.57×10^2t，降幅为 51.59%。

6）吸收氮氧化物功能物质量预测

京津风沙源治理工程人工特用林吸收氮氧化物功能物质量预测结果见图 5-223。由图 5-223 可知：2003～2023 年，人工特用林吸收氮氧化物功能物质总量呈先减少后增加的变化趋势，与 2003 年相比物质总量增加了 15.47t，增幅为 3.24%。

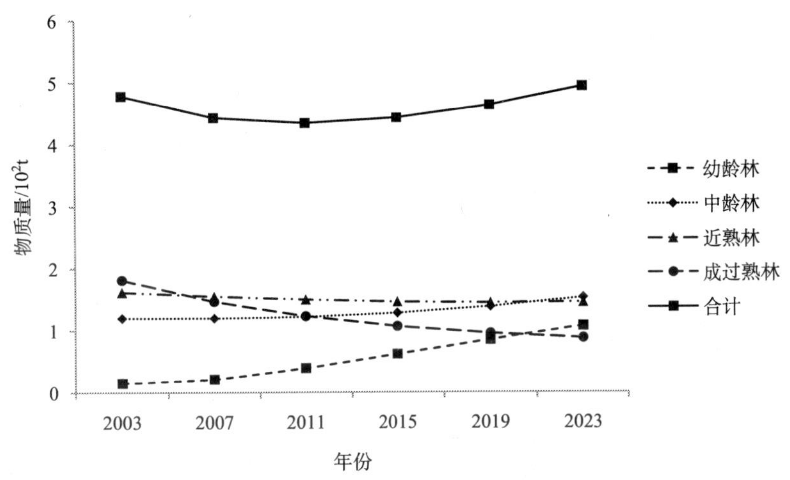

图 5-223　京津风沙源治理工程人工特用林吸收氮氧化物功能物质量变化趋势图

人工特用林不同林龄组林分吸收氮氧化物功能物质总量变化规律总体为近熟林＞中龄林＞成过熟林＞幼龄林。幼龄林和中龄林吸收氮氧化物功能物质量呈增加趋势，幼龄林增长明显，近熟林和成过熟林呈明显减少趋势，说明成过熟林的吸收氮氧化物功能丧失较快。到预测期末，幼龄林、中龄林的增加量分别为 92.16t、33.06t，增幅分别为 611.76%、114.56%；近熟林减少 16.23t，降幅为 10.04%；成过熟林减少 93.52t，降幅为 51.59%。

7）滞尘功能物质量预测

京津风沙源治理工程人工特用林滞尘功能物质量预测结果见图 5-224。由图 5-224 可知：2003～2011 年，人工特用林滞尘功能物质总量呈先减少后增加趋势，滞尘功能丧失较快，到 2011～2023 年，明显增加。总体来看，人工特用林滞尘功能物质总量呈增加趋势，到 2023 年为止，与 2003 年相比物质总量增加了 55.11×10^3t，增幅为 3.24%。

人工特用林不同林龄组林分滞尘功能物质总量变化规律总体为近熟林＞中龄林＞成过熟林＞幼龄林，幼龄林和中龄林滞尘功能功能物质量呈不断增加趋势，幼龄林增加明显，近熟林和成过熟林呈下降趋势。到 2023 年为止，幼龄林增加 3.28×10^5t，增幅为 611.76%；中龄林增加 1.18×10^5t，增幅为 27.53%；近熟林减少 57.83×10^3t，降幅为 10.04%；成过熟林减少 3.33×10^5t，降幅为 51.59%。

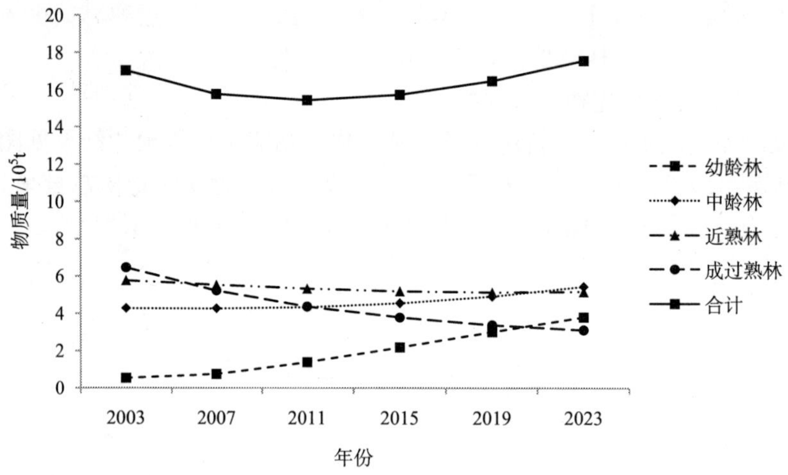

图 5-224 京津风沙源治理工程人工特用林滞尘功能物质量变化趋势图

5.4.3 京津风沙源治理工程总功能物质量预测

5.4.3.1 京津风沙源治理工程用材林功能物质量预测

1）涵养水源功能物质量预测

京津风沙源治理工程用材林涵养水源功能物质量预测结果见图 5-225。由图 5-225 可知：2003～2023 年，用材林涵养水源功能随着工程实施时间的延长呈逐渐增长的趋势，到 2023 年为止，比 2003 年增加了 32.28×10^8t，增幅为 52.56%。

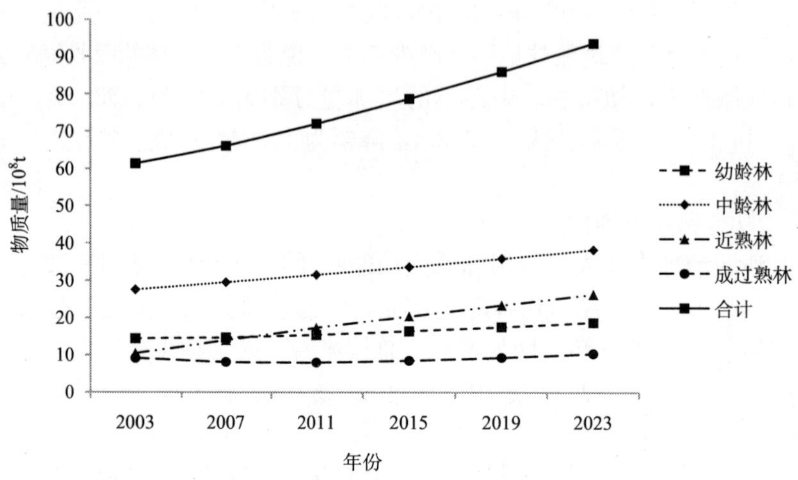

图 5-225 京津风沙源治理工程用材林涵养水源功能物质量变化趋势图

人用材林不同林龄组林分的涵养水源功能物质量来看，总体呈现中龄林＞近熟林＞幼龄林＞成过熟林，中龄林量最大，成过熟林最小。幼龄林、中龄林和近熟林涵养水源功能物质量呈增长的趋势，到 2023 年为止，幼龄林、中龄林和近熟林分别增加

4.34×10^8t、10.74×10^8t、15.97×10^8t，增幅分别为 30.22%、38.98%、153.87%，近熟林增长最快。成过熟林涵养水源功能物质量从 2003 年开始逐年有所下降，但 2011 年开始逐年回升，到 2023 年为止，和 2003 年相比，成过熟林增加了 1.23×10^8t，增幅为 13.51%。总体而言，未来 20 年间，用材林涵养水源功能物质总量增加。

2）保育土壤功能物质量预测

京津风沙源治理工程用材林保育土壤功能物质量预测结果见图 5-226。由图 5-226 可知：总体来看，2003～2023 年，用材林保育土壤功能物质总量呈一直增加的趋势，到 2023 年为止，比 2003 年增加了 27.06×10^6t，增幅为 48.65%。

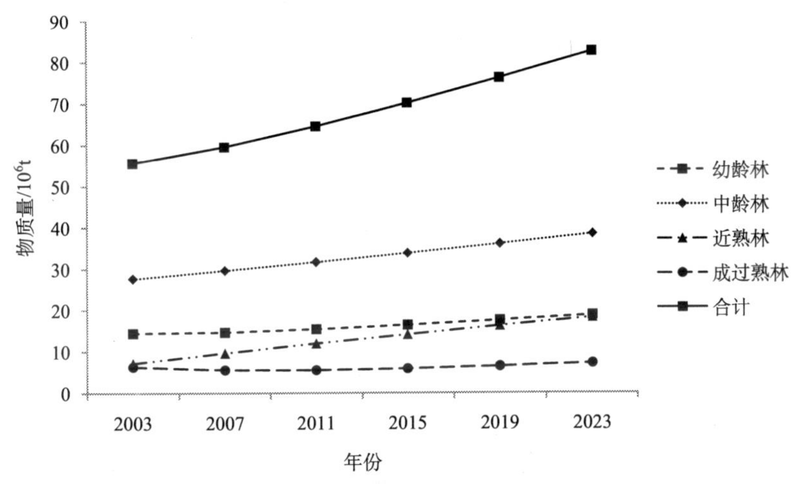

图 5-226　京津风沙源治理工程用材林保育土壤功能物质量变化趋势图

不同林龄组林分的保育土壤功能物质总量变化规律总体为中龄林>幼龄林>近熟林>成过熟林。幼龄林、中龄林和近熟林的保育土壤功能呈不断增加趋势，成过熟林呈先减少后增加的变化趋势。到 2023 为止，幼龄林增加 4.36×10^6t，增幅为 30.22%；中龄林增加 10.79×10^6t，增幅为 38.98%；近熟林增加 11.05×10^6t，增幅为 153.87%。成过熟林保育土壤功能物质量呈先减少后增长的趋势，与 2003 年相比，增加了 0.85×10^6t，增幅 13.51%。

3）固碳释氧功能物质量预测

京津风沙源治理工程用材林固碳释氧功能物质量预测结果见图 5-227。由图 5-227 可知：2003～2023 年，用材林固碳释氧功能物质总量一直增加，预测用材林固碳释氧功能物质总量，比 2003 年增加了 0.65×10^7t，增幅为 52.56%。

用材林不同林龄组林分的固碳释氧功能物质总量变化规律总体为中龄林>近熟林>幼龄林>成过熟林。幼龄林、中龄林和近熟林固碳释氧功能物质量呈一直增加的趋势。到 2023 年为止，幼龄林增加 0.09×10^7t，增幅为 30.22%；中龄林增加 0.22×10^7t，增幅为 38.98%；近熟林增加 0.32×10^7t，增幅为 153.87%。成过熟林固碳释氧功能物质量呈先减少后增长的趋势，到 2023 年为止，与 2003 年相比，成过熟林增加了 0.02×10^7t，增幅 13.51%。

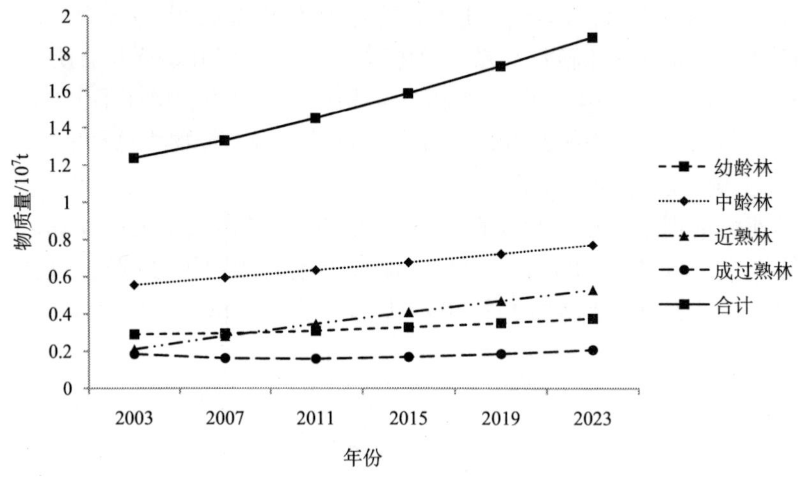

图 5-227　京津风沙源治理工程用材林固碳释氧功能物质量变化趋势图

4）储养功能物质量预测

京津风沙源治理工程用材林储养功能物质量预测结果见图 5-228。由图 5-228 可知：2003～2023 年，用材林储养功能总物质量呈逐渐增加的趋势，到 2023 年为止，与 2003 年相比，增加了 1.10×10^5t，增幅为 52.56%。

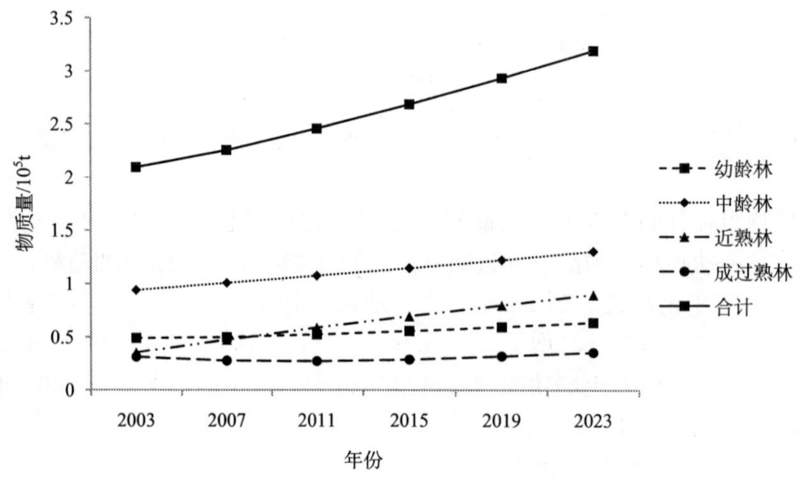

图 5-228　京津风沙源治理工程用材林储养功能物质量变化趋势图

用材林不同林龄组林分的储养功能物质量变化规律总体为中龄林＞近熟林＞幼龄林＞成过熟林。幼龄林、中龄林和近熟林储养功能物质量呈持续上升趋势，近熟林增长明显，幼龄林增长缓慢，到 2023 年为止，幼龄林增加 0.15×10^5t，增幅为 30.22%；中龄林增加 0.37×10^5t，增幅为 38.98%；近熟林增加 0.54×10^5t，增幅为 153.87%。成过熟林储养功能物质量呈先减少后增加的变化趋势，从 2003 年开始逐年有所下降，但 2011 年开始逐年回升，到 2023 年为止，与 2003 年相比，成过熟林增加了 0.04×10^5t，增幅为 13.51%。

5）吸收二氧化硫功能物质量预测

京津风沙源治理工程用材林吸收二氧化硫功能物质量预测结果见图 5-229。由图 5-229可知：2003～2023 年，用材林吸收二氧化硫功能物质量呈逐渐增加的趋势，在预测期内增加了 13.10×10^4t，增幅为 52.56%。

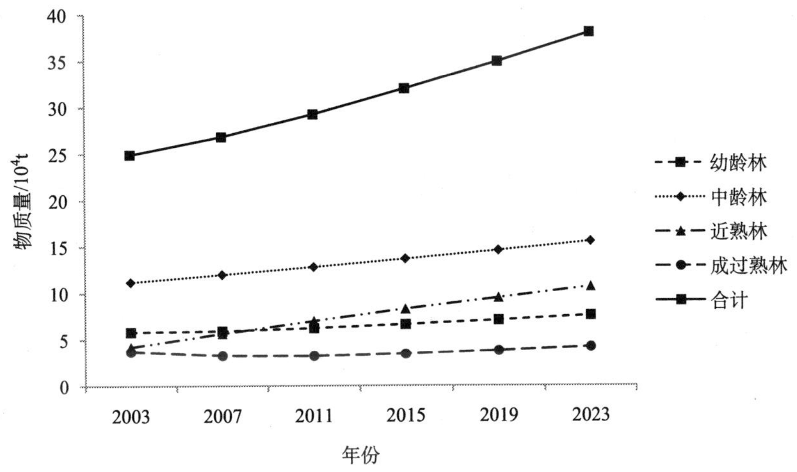

图 5-229　京津风沙源治理工程用材林吸收二氧化硫功能物质量变化趋势图

用材林不同林龄组林分吸收二氧化硫功能物质总量变化规律总体为中龄林>近熟林>幼龄林>成过熟林。幼龄林、中龄林和近熟林吸收二氧化硫功能物质总量呈持续增加的趋势，成过熟林呈先减少后增加变化的趋势。到 2023 年为止，幼龄林增加 1.76×10^4t，增幅为 30.22%；中龄林增加 4.36×10^4t；增幅为 38.98%，近熟林增加 6.48×10^4t，增幅为 153.87%；成过熟林增加了 0.50×10^4t，增幅为 13.51%。

6）吸收氮氧化物功能物质量预测

京津风沙源治理工程用材林吸收氮氧化物功能物质量预测结果见图 5-230。由图

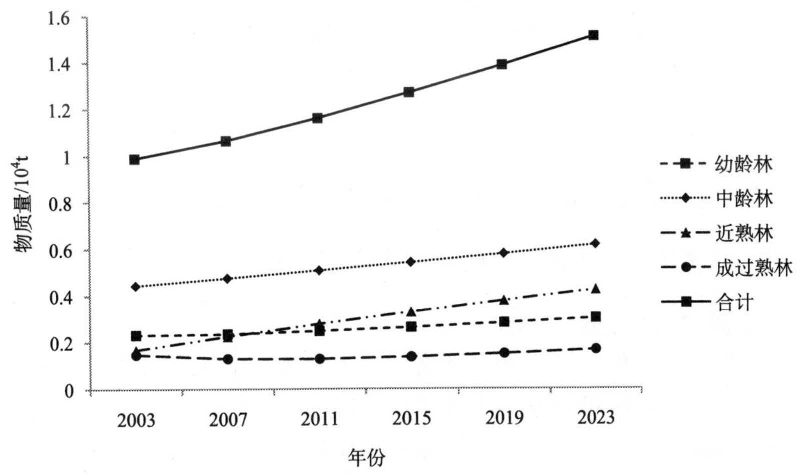

图 5-230　京津风沙源治理工程用材林吸收氮氧化物功能物质量变化趋势图

5-230可知：2003～2023 年，用材林吸收氮氧化物功能物质总量呈一直增长的趋势，与2003 年相比，增加了 0.52×10⁴t，增幅为 52.56%。

用材林不同林龄组林分吸收氮氧化物功能物质总量变化规律总体为中龄林>近熟林>幼龄林>成过熟林。幼龄林、中龄林和近熟林吸收氮氧化物功能物质量呈增加趋势，近熟林增长明显，成过熟林呈先减少后增加的趋势。到预测期末，幼龄林、中龄林和近熟林的增加量分别为 0.07×10⁴t、0.17×10⁴t、0.26×10⁴t，增幅分别为 30.22%、38.98%、153.87%。

7）滞尘功能物质量预测

京津风沙源治理工程用材林滞尘功能物质量预测结果见图 5-231。由图 5-231 可知：2003～2023 年，用材林滞尘功能物质总量呈逐渐增加的趋势，到 2023 年为止，与 2003 年相比物质总量增加了 1.85×10⁷t，增幅为 52.56%。

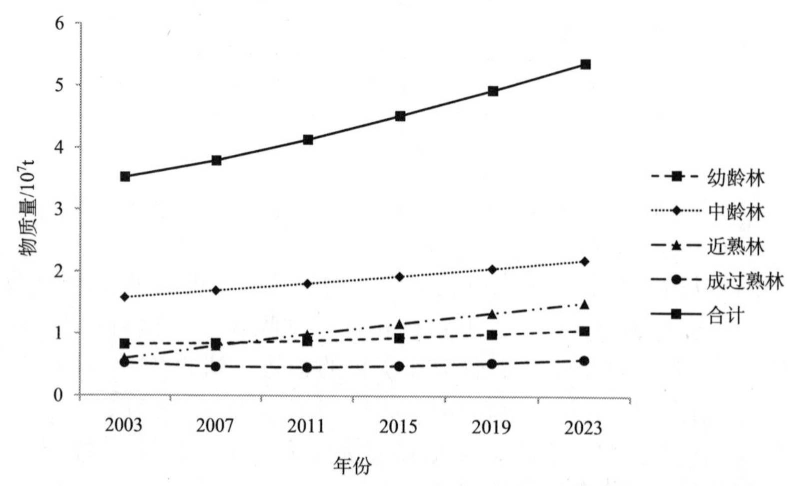

图 5-231　京津风沙源治理工程用材林滞尘功能物质量变化趋势图

用材林不同林龄组林分滞尘功能物质总量变化规律总体为中龄林>近熟林>幼龄林>成过熟林。幼龄林、中龄林滞和近熟林尘功能功能物质量呈一直增加的趋势，成过熟林呈先减少后增加的变化趋势。到 2023 年为止，幼龄林增加 0.25×10⁷t，增幅为30.22%；中龄林增加 0.62×10⁷t，增幅为 38.98%；近熟林增加 0.92×10⁷t，增幅为153.87%；成过熟林增加了 0.07×10⁷t，增幅为 13.51%。

5.4.3.2　京津风沙源治理工程防护林功能物质量预测

1）涵养水源功能物质量预测

京津风沙源治理工程防护林涵养水源功能物质量预测结果见图 5-232。由图 5-232 可知：2003～2023 年，防护林涵养水源功能物质量呈逐渐增长的趋势，到 2023 年为止，比 2003 年增加了 22.46×10⁸t，增幅为 44.84%。

防护林不同林龄组林分的涵养水源功能物质量来看，总体呈现中龄林>近熟林>幼龄林>成过熟林。中龄林最大，成过熟林最小。幼龄林、中龄林和近熟林涵养水源功能物质量呈持续增长的趋势，到 2023 年为止，幼龄林、中龄林和近熟林分别增加 7.11×10^8t、8.05×10^8t、11.24×10^8t，增幅分别为 70.32%、39.66%、147.21%，近熟林涵养水源功能增长最快。成过熟林涵养水源功能物质量呈先减少后增长的趋势，成过熟林减少了 3.93×10^8t，降幅 32.60%。

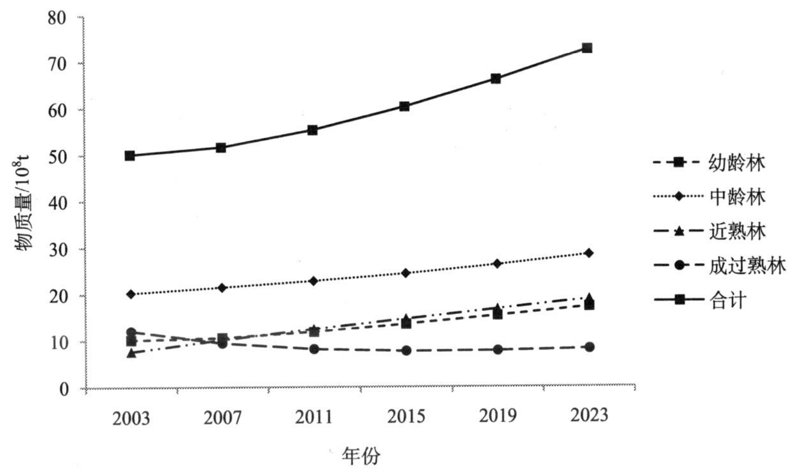

图 5-232　京津风沙源治理工程防护林涵养水源功能物质量变化趋势图

2）保育土壤功能物质量预测

京津风沙源治理工程防护林保育土壤功能物质量预测结果见图 5-233。由图 5-233 可知：总体来看，2003～2023 年，防护林保育土壤功能物质总量呈一直增加的趋势，到 2023 年为止，比 2003 年增加了 0.20×10^8t，增幅为 45.92%。

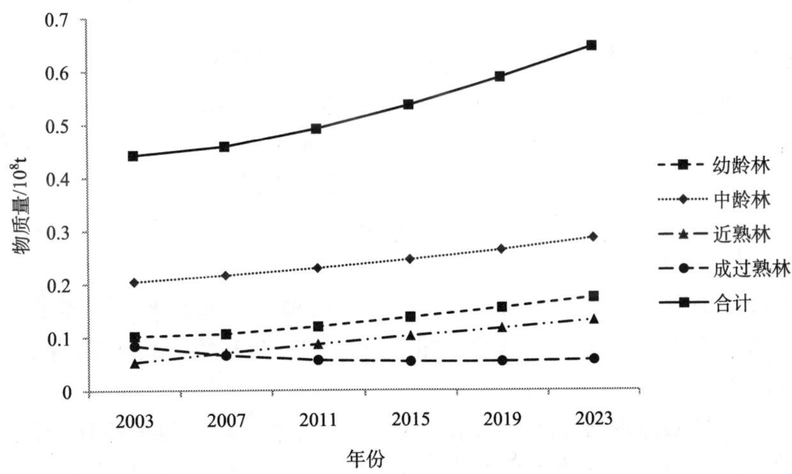

图 5-233　京津风沙源治理工程防护林保育土壤功能物质量变化趋势图

防护林不同林龄组林分的保育土壤功能物质总量变化规律总体为中龄林>幼龄林>近熟林>成过熟林。幼龄林、中龄林和近熟林的保育土壤功能呈不断增加趋势，成过熟林呈先减少后增加的变化趋势。到 2023 为止，幼龄林增加 0.07×10^8t，增幅为 70.32%；中龄林增加 0.08×10^8t，增幅为 39.66%；近熟林增加 0.08×10^8t，增幅为 147.21%。成过熟林保育土壤功能物质量从 2003 年开始逐年有所下降，但 2011 年开始逐年回升，到 2023 年为止，和 2003 年相比，成过熟林减少了 0.03×10^8t，降幅为 32.60%。

3）固碳释氧功能物质量预测

京津风沙源治理工程防护林固碳释氧功能物质量预测结果见图 5-234。由图 5-234 可知：2003～2023 年，防护林固碳释氧功能物质总量一直增加，到 2023 年为止，比 2003 年增加了 0.45×10^7t，增幅为 44.84%。

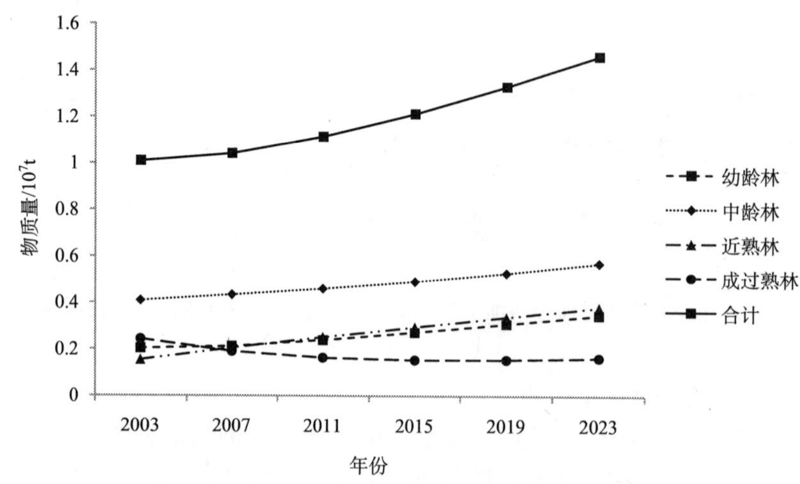

图 5-234　京津风沙源治理工程防护林固碳释氧功能物质量变化趋势图

防护林不同林龄组林分的固碳释氧功能物质总量变化规律总体为中龄林＞近熟林＞幼龄林＞成过熟林。幼龄林、中龄林和近熟林呈一直增加的趋势，到 2023 年为止，幼龄林增加 0.14×10^7t，增幅为 70.32%；中龄林增加 0.16×10^7t，增幅为 39.66%；近熟林增加 0.23×10^7t，增幅为 147.21%。成过熟林固碳释氧功能物质量先减少后增加，到 2023 年为止，减少了 0.08×10^7t，降幅 32.60%。

4）储养功能物质量预测

京津风沙源治理工程防护林储养功能物质量预测结果见图 5-235。由图 5-235 可知：2003～2023 年，防护林储养功能总物质量呈逐渐增加的趋势，到 2023 年为止，增加了 0.77×10^5t，增幅为 44.84%。

防护林不同林龄组林分的储养功能物质量变化规律总体为中龄林＞近熟林＞幼龄林＞成过熟林。幼龄林、中龄林和近熟林储养功能物质量呈持续上升趋势，近熟林增长明显，幼龄林增长缓慢。到 2023 年，幼龄林增加 0.24×10^5t，增幅为 70.32%；中龄林增加 0.27×10^5t，增幅为 39.66%；近熟林增加 0.38×10^5t，增幅为 147.21%。成过熟林储养功能物质量先减少后增加，到 2023 年为止，减少了 0.13×10^5t，降幅 32.60%。

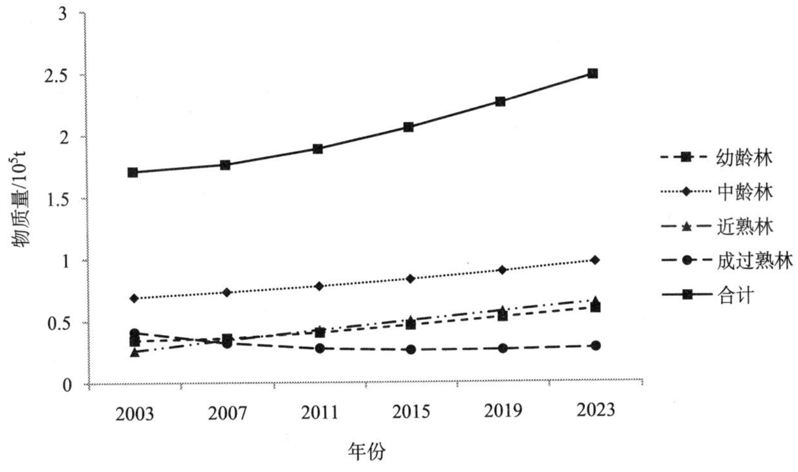

图 5-235　京津风沙源治理工程防护林储养功能物质量变化趋势图

5）吸收二氧化硫功能物质量预测

京津风沙源治理工程防护林吸收二氧化硫功能物质量预测结果见图 5-236。由图 5-236可知：2003～2023 年，防护林吸收二氧化硫功能物质量呈逐渐增加的趋势。在预测期内物质总量增加了 9.12×10^4t，增幅为 44.84%。

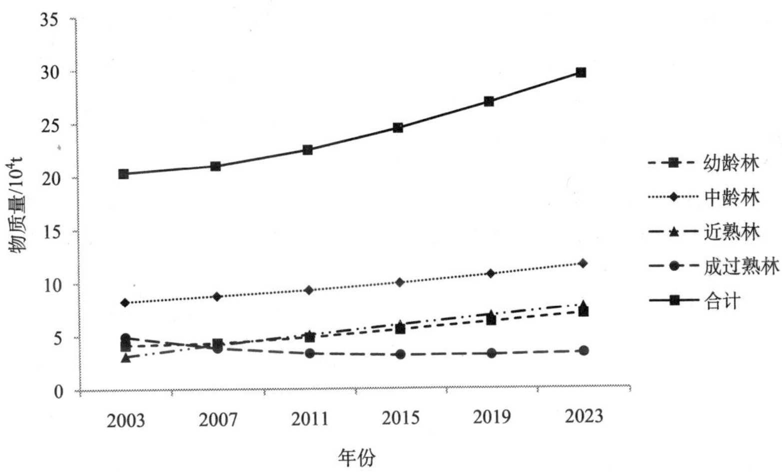

图 5-236　京津风沙源治理工程防护林吸收二氧化硫功能物质量变化趋势图

防护林不同林龄组林分吸收二氧化硫功能物质总量变化规律总体为中龄林>近熟林>幼龄林>成过熟林。幼龄林、中龄林和近熟林吸收二氧化硫功能物质总量呈持续增加的趋势。到 2023 年为止，幼龄林增加 2.88×10^4t，增幅为 70.32%；中龄林增加 3.27×10^4t，增幅为 39.66%；近熟林增加 4.56×10^4t，增幅为 147.21%。成过熟林吸收二氧化硫功能从 2003 年开始逐年下降，2015 年后开始略有回升，到 2023 年为止，和 2003 年相比，成过熟林减少了 1.60×10^4t，降幅 32.60%。

6）吸收氮氧化物功能物质量预测

京津风沙源治理工程防护林吸收氮氧化物功能物质量预测结果见图 5-237。由图 5-237可知：2003～2023 年，防护林吸收氮氧化物功能物质总量呈一直增长的趋势，与 2003 年相比物质总量增加了 0.36×10⁴t，增幅为 44.84％。

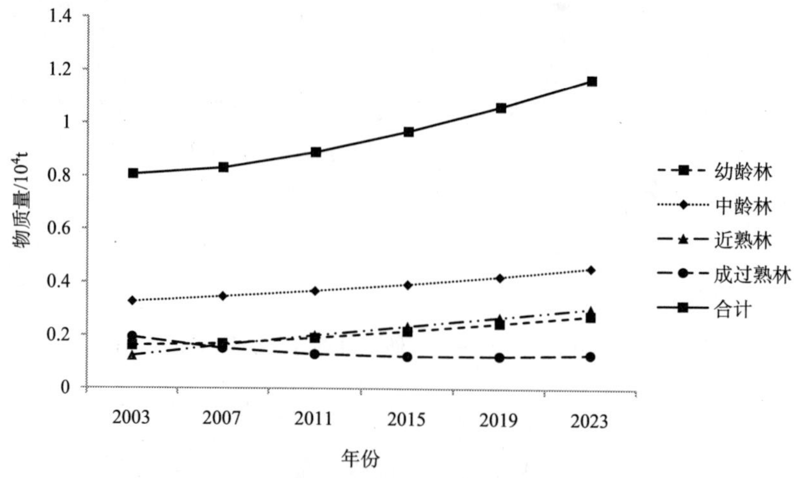

图 5-237　京津风沙源治理工程防护林吸收氮氧化物功能物质量变化趋势图

防护林不同林龄组林分吸收氮氧化物功能物质总量变化规律总体为中龄林＞近熟林＞幼龄林＞成过熟林。幼龄林、中龄林和近熟林吸收氮氧化物功能物质量呈增加趋势，成过熟林呈先减少后增加的趋势。到预测期末，幼龄林、中龄林和近熟林的增加量分别为 0.11×10⁴t、0.13×10⁴t、0.18×10⁴t，增幅为 30.22％、38.98％、153.87％。成过熟林减少了 0.06×10⁴t，降幅 32.60％。

7）滞尘功能物质量预测

京津风沙源治理工程防护林滞尘功能物质量预测结果见图 5-238。由图 5-238 可知：

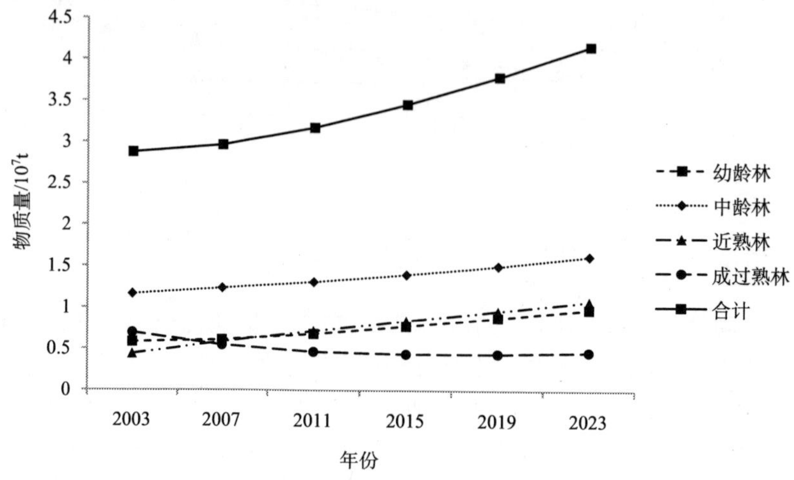

图 5-238　京津风沙源治理工程防护林滞尘功能物质量变化趋势图

2003～2023 年，防护林滞尘功能物质总量呈逐渐增加的趋势。到 2023 年为止，与 2003 年相比物质总量增加了 1.29×10^{7}t，增幅为 44.84%。

防护林不同林龄组林分滞尘功能物质总量变化规律总体为中龄林＞近熟林＞幼龄林＞成过熟林。幼龄林、中龄林滞和近熟林尘功能功能物质量呈一直增加的趋势。到 2023 年为止，幼龄林增加 0.41×10^{7}t，增幅为 70.32%；中龄林增加 0.46×10^{7}t，增幅为 39.66%；近熟林增加 0.64×10^{7}t，增幅为 147.21%。成过熟林滞尘功能从 2003 年开始逐年下降，2015 年后开始略有回升，到 2023 年为止，成过熟林减少了 0.23×10^{7}t，降幅 32.60%。

5.4.3.3　京津风沙源治理工程特用林功能物质量预测

1）涵养水源功能物质量预测

京津风沙源治理工程特用林涵养水源功能物质量预测结果见图 5-239。由图 5-239 可知：2003～2023 年，特用林涵养水源功能物质总量呈逐渐增长的趋势，到 2023 年为止，比 2003 年增加了 3.18×10^{8}t，增幅为 45.95%。

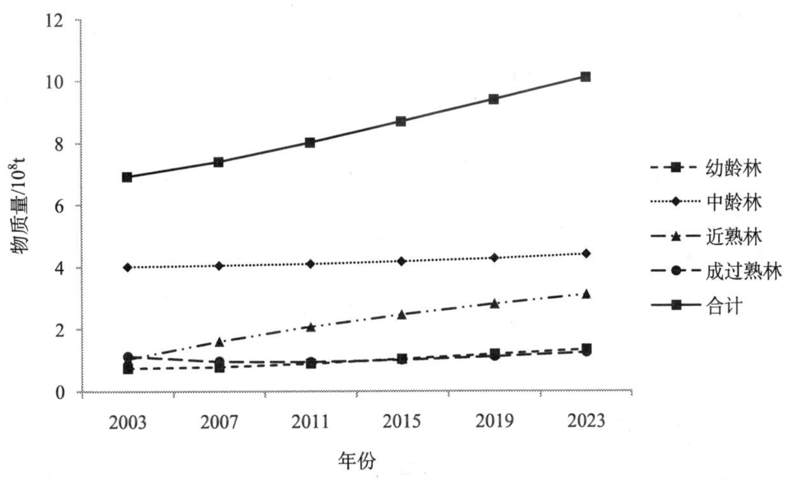

图 5-239　京津风沙源治理工程特用林涵养水源功能物质量变化趋势图

特用林不同林龄组林分的涵养水源功能物质量来看，总体呈现中龄林＞近熟林＞成过熟林＞幼龄林，中龄林最大，幼龄林最小。幼龄林、中龄林和近熟林涵养水源功能物质量呈持续增长的趋势，到 2023 年为止，幼龄林、中龄林和近熟林分别增加 0.60×10^{8}t、0.39×10^{8}t、2.07×10^{8}t，增幅分别为 81.50%、9.67%、198.78%。成过熟林涵养水源功能物质量从 2003 年开始逐年下降，2011 年后开始略有回升，到 2023 年为止，与 2003 年相比，成过熟林增加了 0.12×10^{8}t，增幅为 10.32%。

2）保育土壤功能物质量预测

京津风沙源治理工程特用林保育土壤功能物质量预测结果见图 5-240。由图 5-240 可知：总体来看，2003～2023 年，特用林保育土壤功能物质总量呈一直增加的趋势。到 2023 年为止，比 2003 年增加了 2.51×10^{6}t，增幅为 40.00%。

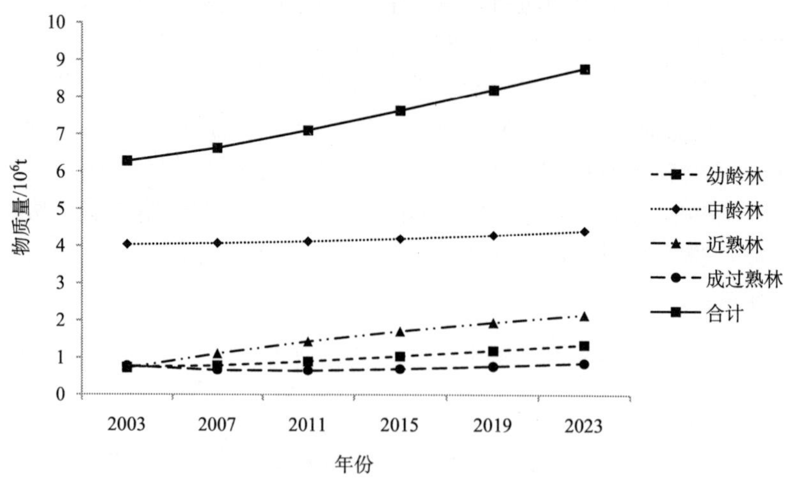

图 5-240 京津风沙源治理工程特用林保育土壤功能物质量变化趋势图

特用林不同林龄组林分的保育土壤功能物质总量变化规律总体为中龄林＞近熟林＞幼龄林＞成过熟林。幼龄林、中龄林和近熟林呈不断增加趋势。到 2023 为止，幼龄林增加 0.61×10^6t，增幅为 81.50％；中龄林增加 0.39×10^6t，增幅为 9.67％；近熟林增加 1.43×10^6t，增幅为 198.78％。成过熟林保育土壤功能物质量先减少后增加，与 2003 年相比，成过熟林增加了 0.08×10^6t，增幅为 10.32％。

3）固碳释氧功能物质量预测

京津风沙源治理工程特用林固碳释氧功能物质量预测结果见图 5-241。由图 5-241 可知：2003～2023 年，特用林固碳释氧功能物质总量一直增加，截止到 2023 年，增加了 6.41×10^5t，增幅为 45.95％。

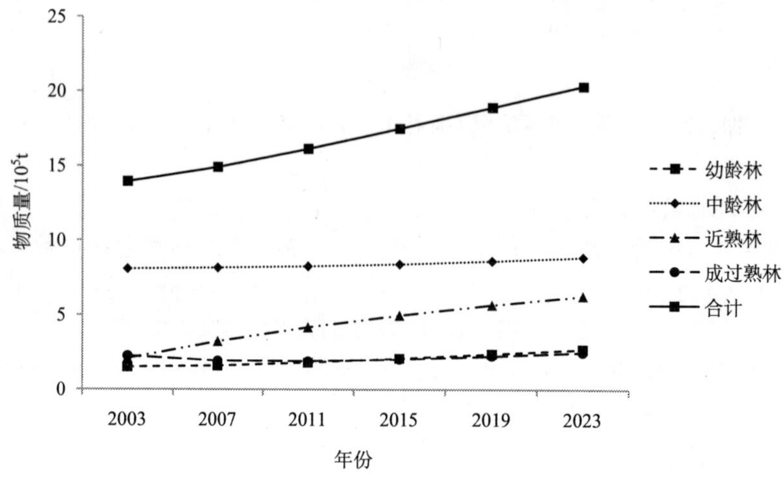

图 5-241 京津风沙源治理工程特用林固碳释氧功能物质量变化趋势图

特用林不同林龄组林分的固碳释氧功能物质总量变化规律总体为中龄林＞近熟林＞成过熟林＞幼龄林。幼龄林、中龄林和近熟林呈一直增加的趋势。到 2023 年为止，幼龄林增加 1.22×10^5t，增幅为 81.50％；中龄林增加 0.78×10^5t，增幅为 9.67％；近熟林增加 4.18×10^5t，增幅为 198.78％。成过熟林固碳释氧功能物质量从 2003 年开始逐年有所下降，但 2011 年开始逐年回升，到 2023 年为止，与 2003 年相比，成过熟林增加了 0.23×10^5t，增幅为 10.32％。

4）储养功能物质量预测

京津风沙源治理工程特用林储养功能物质量预测结果见图 5-242。由图 5-242 可知：2003～2023 年，特用林储养功能总物质量呈逐渐增加的趋势，截止到 2023 年，增加了 1.08×10^4t，增幅为 45.95％。

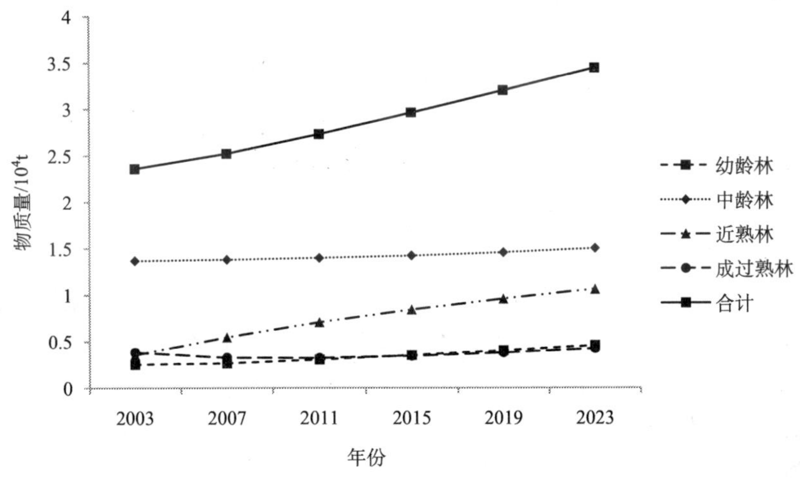

图 5-242　京津风沙源治理工程特用林储养功能物质量变化趋势图

特用林不同林龄组林分的储养功能物质量变化规律总体为中龄林＞近熟林＞成过熟林＞幼龄林。幼龄林、中龄林和近熟林储养功能物质量呈持续上升趋势，近熟林增长明显，幼龄林增长缓慢。到 2023 年，幼龄林增加 0.21×10^4t，增幅为 81.50％；中龄林增加 0.13×10^4t，增幅为 9.67％；近熟林增加 0.71×10^4t，增幅为 198.78％。成过熟林储养功能物质量先减少后增加，与 2003 年相比，成过熟林增加了 0.04×10^4t，增幅为 10.32％。

5）吸收二氧化硫功能物质量预测

京津风沙源治理工程特用林吸收二氧化硫功能物质量预测结果见图 5-243。由图 5-243可知：2003～2023 年，特用林吸收二氧化硫功能物质量呈逐渐增加的趋势。在预测期内增加了 1.29×10^4t，增幅为 45.95％。

特用林不同林龄组林分吸收二氧化硫功能物质总量变化规律总体为中龄林＞近熟林＞成过熟林＞幼龄林。幼龄林、中龄林和近熟林吸收二氧化硫功能物质总量呈持续增加的趋势。到 2023 年为止，幼龄林增加 0.25×10^4t，增幅为 81.50％；中龄林增加 0.16×10^4t，增幅为 9.67％；近熟林增加 0.84×10^4t，增幅为 198.78％。成过

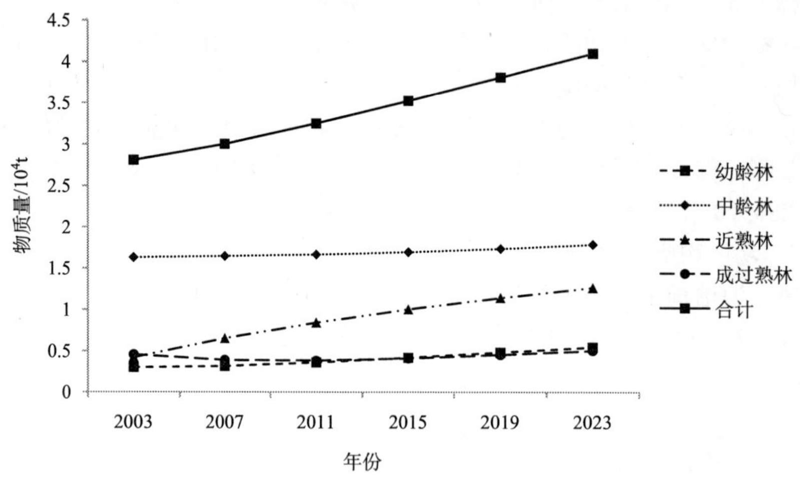

图 5-243　京津风沙源治理工程特用林吸收二氧化硫功能物质量变化趋势图

熟林吸收二氧化硫功能物质量先减少后增加，与 2003 年相比，成过熟林增加了 0.05×10^4t，增幅为 10.32%。

6）吸收氮氧化物功能物质量预测

京津风沙源治理工程特用林吸收氮氧化物功能物质量预测结果见图 5-244。由图 5-244可知：2003～2023 年，特用林吸收氮氧化物功能物质总量呈一直增长的趋势，与 2003 年相比增加了 5.12×10^2t，增幅为 45.95%。

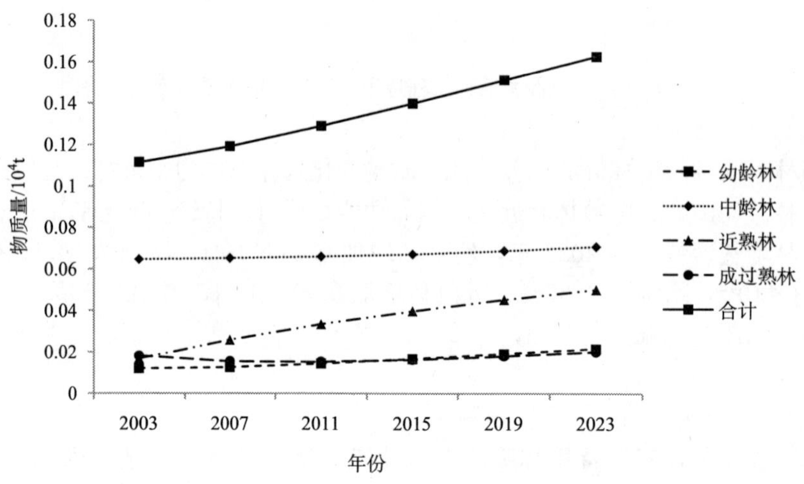

图 5-244　京津风沙源治理工程特用林吸收氮氧化物功能物质量变化趋势图

特用林不同林龄组林分吸收氮氧化物功能物质总量变化规律总体为中龄林＞近熟林＞成过熟林＞幼龄林。幼龄林、中龄林和近熟林吸收氮氧化物功能物质量呈增加趋势，成过熟林先减少后增加。到预测期末，幼龄林、中龄林和近熟林的增加量分别为

0.97×10²t、0.62×10²t、3.34×10²t，增幅为 81.50%、9.67%、198.78%。成过熟林增加了 0.19×10²t，增幅为 10.32%。

7）滞尘功能物质量预测

京津风沙源治理工程特用林滞尘功能物质量预测结果见图 5-245。由图 5-245 可知：2003～2023 年，特用林滞尘功能物质总量呈逐渐增加的趋势。到 2023 年为止，与 2003 年相比物质总量增加了 18.25×10⁸t，增幅为 45.95%。

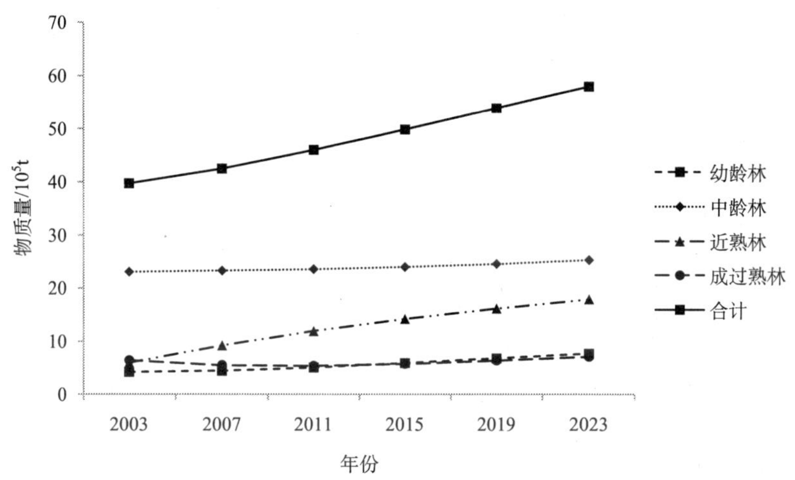

图 5-245　京津风沙源治理工程特用林滞尘功能物质量变化趋势图

特用林不同林龄组林分滞尘功能物质总量变化规律总体为中龄林＞近熟林＞成过熟林＞幼龄林。幼龄林、中龄林滞和近熟林尘功能功能物质量呈一直增加的趋势。到 2023 年为止，幼龄林增加 3.46×10⁵t，增幅为 81.50%；中龄林增加 2.23×10⁵t，增幅为 9.67%；近熟林增加 11.90×10⁵t，增幅为 198.78%。成过熟林滞尘功能物质量从 2003 年开始逐年有所下降，但 2011 年开始逐年回升，到 2023 年为止，与 2003 年相比，成过熟林增加了 0.67×10⁵t，增幅为 10.32%。

第 6 章　重点林业生态工程生态服务功能价值预测

林业生态工程在维护人类的生存环境和改善陆地的气候条件方面起着重大而不可取代的作用，它一方面提供直接经济价值，满足人类的生活和生产需要；另一方面还具有极为重要的生态系统服务功能。经学者研究证实，森林生态系统的服务功能的价值一般远远大于它的直接产品的价值，但是长久以来人们忽视了其间接价值，即生态系统服务功能的价值，导致生态平衡失调及环境日益恶化。近年来，人们逐步意识到生态系统服务功能对人类生存发展的决定性作用，林业生态工程为公众提供的是至关重要的公益服务，这种公益服务是公共商品，不存在市场交换，不存在市场价格和市场价值。客观准确地预测与评价林业生态工程的生态服务功能的价值已成为林业建设实践中急需解决的问题，也成为林学界和生态学界研究的热点之一。

本章基于林业生态工程生态服务功能的物质量预测，采用单位面积生态服务价值当量因子的评价方法，针对天然林资源保护工程、“三北”及长江流域重点防护林体系建设工程、退耕还林工程、京津风沙源治理工程等林业重点工程，预测了未来 20 年间重点林业生态工程的生态服务功能的价值总量，分析了重点林业生态工程生态服务功能价值的发挥潜力及动态变化规律，揭示林业生态工程生态服务功能价值发挥的未来态势，旨在体现重点林业生态工程极为重要的生态作用，以利于建立重点林业生态工程生态补偿机制，为我国林业生态工程重要决策的制定和林业可持续发展提供科学依据。

6.1　天然林资源保护工程生态服务功能价值预测

6.1.1　用材林生态服务功能价值预测

6.1.1.1　涵养水源功能价值量预测

由图 6-1 可以看出：2003～2023 年，天然用材林涵养水源功能价值量变化呈先减少后增加的趋势，到 2013 年天然用材涵养水源功能价值总量最小，随后呈小幅度增长趋势，总体来看，从 2003 年的 5.43×10^7 万元降低到 2023 年 5.20×10^7 万元，减少了 2.29×10^6 万元，降幅为 4.23%。天然用材林不同林龄组林分涵养水源功能价值总量变化规律为中龄林>近熟林>成过熟林>幼龄林，除天然幼龄林和近熟林的涵养水源价值增加外，其余各龄级林分的涵养水源价值都是降低的。其中，幼龄林从 2003 年的 5.63×10^5 万元增加到 2023 年的 3.53×10^6 万元，增加了 2.96×10^6 万元，增幅 525.81%；近熟林从 2003 年的 1.21×10^7 万元增加到 2023 年的 1.85×10^7 万元，增加了 6.44×10^6 万元，增幅 53.29%；中龄林从 2003 年的 2.17×10^7 万元降低到 2023 年的 2.01×10^7 万元，减少了 1.65×10^6 万元，降幅 7.59%；成过熟林从 2003 年的 2.00×10^7 万元降低到 2023 年的 9.90×10^6 万元，减少了 1.00×10^7 万元，降幅

50.37%。综合分析表明，天然用材林涵养水源功能价值总量比预测期初呈小幅度减少趋势，但总体降幅不大。

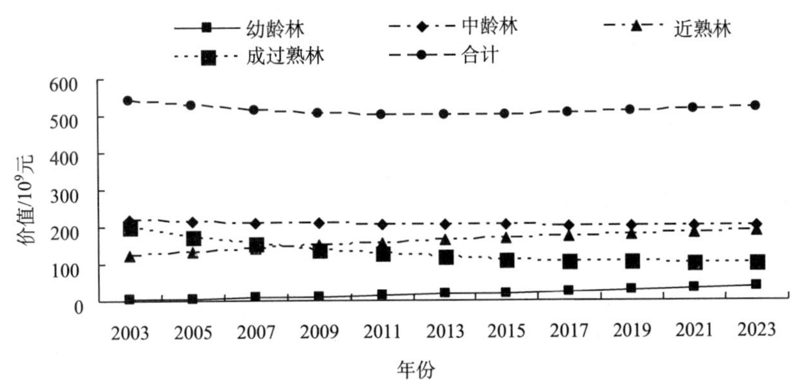

图 6-1　天然林资源保护工程天然用材林涵养水源功能价值预测趋势图

由图 6-2 可知：2003～2023 年，人工用材林涵养水源功能总价值呈逐渐增长的趋势，从 2003 年的 5.76×10^{6} 万元增加到 2023 年 7.97×10^{6} 万元，增加了 2.21×10^{6} 万元，增幅为 38.40%。说明随着天然林资源保护工程的实施，由于人工用材林中幼龄林、中龄林和近熟林的涵养水源功能物质量的增加，人工用材林逐渐发挥了巨大的涵养水源效益。在人工用材林不同林龄组林分中，除成过熟林涵养水源功能总价值有所降低外，其他各龄级林分涵养水源功能价值都是增加的。其中，幼龄林从 2003 年的 1.24×10^{6} 万元增加到 2023 年的 1.53×10^{6} 万元，增加了 2.95×10^{5} 万元，增幅 23.88%；中龄林从 2003 年的 2.20×10^{6} 万元增加到 2023 年的 3.12×10^{6} 万元，增加了 9.16×10^{5} 万元，增幅 41.60%；近熟林从 2003 年的 1.32×10^{6} 万元增加到 2023 年的 2.33×10^{6} 万元，增加了 1.01×10^{6} 万元，增幅 76.59%；成过熟林从 2003 年的 1.00×10^{6} 万元降低到 2023 年的 9.91×10^{5} 万元，减少了 9.9×10^{3} 万元，降幅 0.99%。

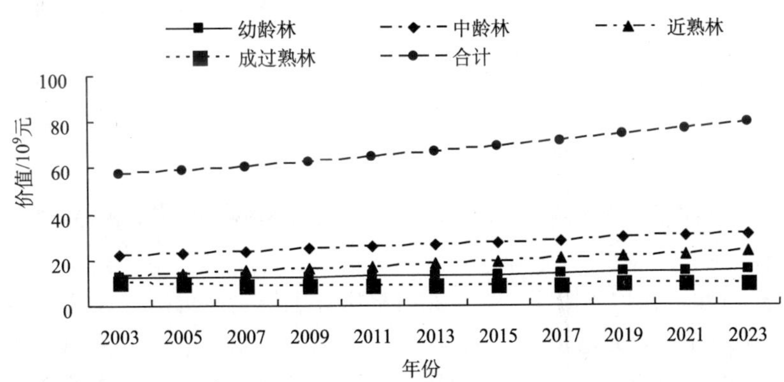

图 6-2　天然林资源保护工程人工用材林涵养水源功能价值预测趋势图

由图 6-1、图 6-2 可知：在预测期内，天然用材林涵养水源功能价值总量明显高于人工用材林，天然用材林涵养水源功能价值总量为 563.99×10^6 万元，人工用材林为 74.13×10^6 万元，相差 7.61 倍。总体上来看，天然用材林涵养水源功能价值总量呈减少趋势，人工用材林的价值总量呈增加趋势，用材林涵养水源功能总价值到预测期末呈增长的趋势，用材林涵养水源功能价值从 2003 年的 6.51×10^7 万元增加到 2023 年 7.19×10^7 万元，增加了 6.78×10^6 万元，增幅 10.41%。

6.1.1.2　保育土壤功能价值量预测

由图 6-3 可知：天然用材林保育土壤功能价值预计在 2003～2023 年，除天然幼龄林和近熟林呈增加趋势外，其余各龄级林分的涵养水源价值均降低。其中，幼龄林从 2003 年的 2.70×10^3 万元增加到 2023 年的 1.69×10^4 万元，增加了 1.42×10^4 万元，增幅 525.81%；中龄林从 2003 年的 1.04×10^5 万元降低到 2023 年的 9.62×10^4 万元，减少了 7.89×10^3 万元，降幅 7.59%；近熟林从 2003 年的 8.25×10^5 万元增加到 2023 年的 1.27×10^6 万元，增加了 4.40×10^5 万元，增幅 53.29%；成过熟林从 2003 年的 1.36×10^6 万元降低到 2023 年的 6.76×10^5 万元，减少了 6.86×10^5 万元，降幅 50.37%。总体来看，天然用材林保育土壤功能价值量呈逐渐减少的趋势，从 2003 年的 2.29×10^6 万元降低到 2023 年 2.05×10^6 万元，减少了 2.40×10^5 万元，降幅 10.67%。

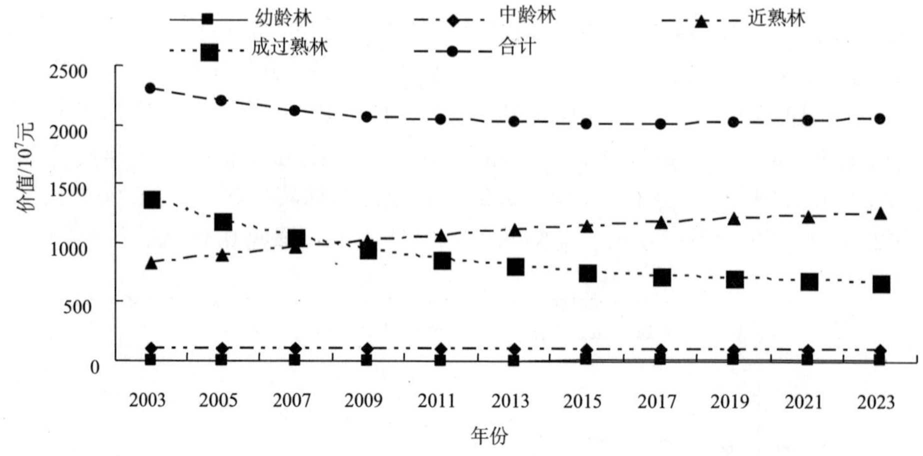

图 6-3　天然林资源保护工程天然用材林保育土壤功能价值预测趋势图

由图 6-4 可知：在预测期间，人工用材林保育土壤功能价值呈逐渐增加的趋势，从 2003 年的 1.75×10^5 万元增加到 2023 年 2.49×10^5 万元，增加了 7.40×10^4 万元，增幅 42.35%。在人工用材林中，不同林龄组林分的保育土壤功能价值量除成过熟林有所降低外，其他各龄级林分均不同程度增加。其中，幼龄林从 2003 年的 5.93×10^3 万元增加到 2023 年的 7.34×10^3 万元，增加了 1.41×10^3 万元，增幅 23.88%；中龄林从 2003 年的 1.06×10^4 万元增加到 2023 年的 1.50×10^4 万元，增加了 4.39×10^3 万元，增幅 41.60%；近熟林从 2003 年的 8.99×10^4 万元增加到 2023 年的 1.59×10^5 万元，增加了 6.89×10^4 万元，增幅 76.59%；成过熟林从 2003 年的 6.83×10^4 万元降低到 2023 年的 6.77×10^4 万元，减少了 6.75×10^2 万元，降幅 0.99%。

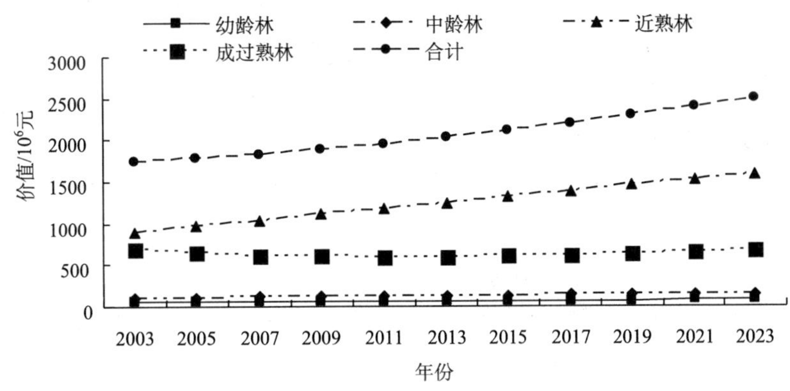

图 6-4　天然林资源保护工程人工用材林保育土壤功能价值预测趋势图

由图 6-3、图 6-4 可知：2003～2023 年，天然用材林保育土壤功能价值总量明显高于人工用材林，是人工用材林的 10.08 倍。总体来看，用材林保育土壤功能价值从 2003 年的 2.4934×10^6 万元增加到 2023 年 2.4976×10^6 万元，增加了 4.139×10^3 万元，增幅 0.17%，说明用材林保育土壤功能价值总量在预测期内变化不大，仅是天然用材林和人工用材林之间差异较大而已，人工用材林保育土壤功能价值增加量弥补了天然用材林保育土壤功能价值减少量，因此，最终预测结果显示用材林保育土壤功能价值增加量较少。

6.1.1.3　固碳释氧功能价值量预测

由图 6-5 可知：在 2003～2023 年，天然用材林固碳释氧功能价值总量呈先减少后增加的趋势。幼龄林和近熟林的固碳释氧价值将增加，中龄林和成过熟林均下降。幼龄林从 2003 年的 1.704×10^5 万元，增加了 8.961×10^5 万元，增幅 497.81%；中龄林从 2003 年的 6.5666×10^6 万元，减少了 4.981×10^5 万元，降幅 7.69%；近熟林从 2003

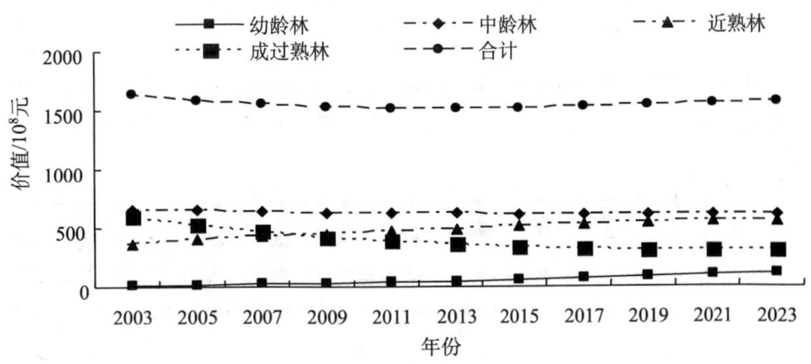

图 6-5　天然林资源保护工程天然用材林固碳释氧功能价值预测趋势图

年的 1.9489×10⁶ 万元，增加了 1.9489×10⁶ 万元，增幅 49.03%；成过熟林从 2003 年的 6.0376×10⁶ 万元，减少了 3.0413×10⁶ 万元，降幅 57.85%；天然用材林固碳释氧功能总价值从 2003 年的 1.643 18×10⁷ 万元，减少了 6.943×10⁵ 万元，降幅 4.37%。

由图 6-6 可知：人工用材林在此期间，除成过熟林固碳释氧功能价值量略降低外，其他各龄级林分固碳释氧功能价值均增加。截止到 2023 年，与 2003 年相比，幼龄林固碳释氧功能价值增加了 0.89×10⁵ 万元，增幅 23.88%；增加了 2.77×10⁵ 万元，增幅 41.60%；近熟林增加了 3.05×10⁵ 万元，增幅 76.59%；成过熟林减少了 0.03×10⁵ 万元，降幅 0.99%。人工用材林固碳释氧功能总价值增加了 6.69×10⁵ 万元，增幅 38.40%。

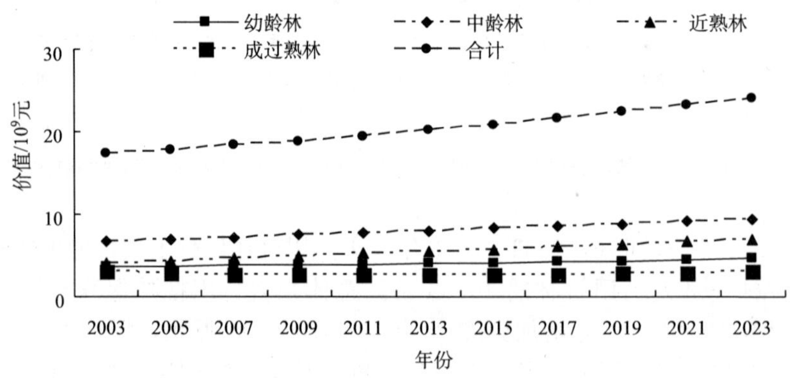

图 6-6　天然林资源保护工程人工用材林固碳释氧功能价值预测趋势图

总体而言，2023 年比 2003 年天然林资源保护工程用材林固碳释氧功能总价值减少了 2.56×10⁴ 万元。

6.1.1.4　吸收二氧化硫功能价值量预测

由图 6-7 可知：在 2003～2023 年，天然用材林吸收二氧化硫功能总价值呈先减少后增加的变化趋势，预测期末 2023 年比 2003 年的 4.03×10⁵ 万元减少 4.23%，降至

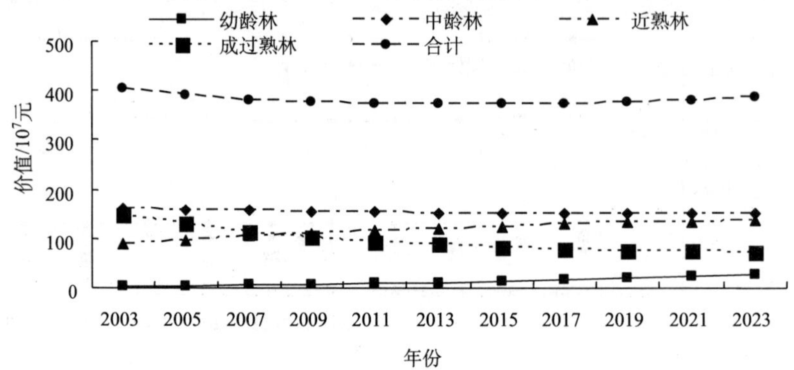

图 6-7　天然林资源保护工程天然用材林吸收二氧化硫功能价值预测趋势图

2023 年的 3.86×10^5 万元。不同林龄组林分对比可知，幼龄林和近熟林的吸收二氧化硫功能价值将增加，中龄林和成过熟林均下降。幼龄林 2023 年比 2003 年的 4.18×10^3 万元将增加 525.81%，增至 2.62×10^4 万元；近熟林 2023 年比 2003 年的 8.98×10^4 万元将增加 53.29%，增至 1.38×10^5 万元；中龄林 2023 年比 2003 年的 1.61×10^5 万元减少 7.59%，降至 1.49×10^5 万元；成过熟林 2023 年比 2003 年的 1.48×10^5 万元减少 50.37%，降至 7.36×10^4 万元。

由图 6-8 可知：在预测期内，人工用材林吸收二氧化硫功能总价值呈逐渐增加的趋势，2023 年较 2003 年的 4.28×10^4 万元增加 38.40%，增至 5.92×10^4 万元。不同林龄组林分对比可知，人工用材林中成过熟林吸收二氧化硫功能价值呈下降趋势，其他各龄级林分吸收二氧化硫功能价值均呈增加趋势。其中，幼龄林 2023 年比 2003 年的 9.18×10^3 万元增加 23.88%，增至 1.14×10^4 万元；中龄林 2023 年比 2003 年的 1.64×10^4 万元增加 41.60%，增至 2.32×10^4 万元；近熟林 2023 年比 2003 年的 9.78×10^3 万元增加了 76.59%，增至 1.73×10^4 万元。成过熟林 2023 年比 2003 年的 7.43×10^3 万元减少 0.99%，降至 7.36×10^3 万元。

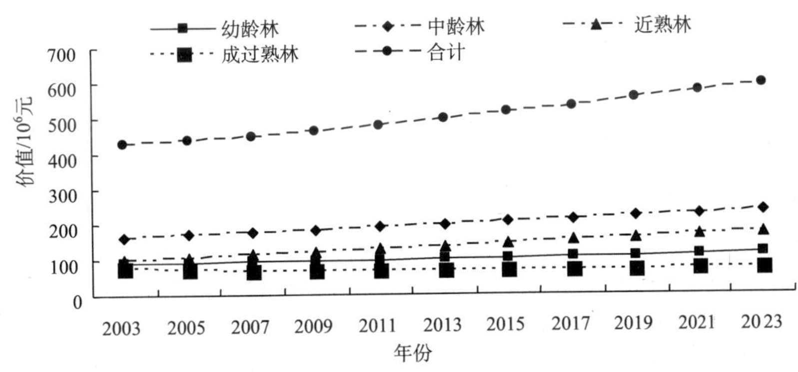

图 6-8　天然林资源保护工程人工用材林吸收二氧化硫功能价值预测趋势图

由图 6-7、图 6-8 综合分析可知：在天然用材林中，天然用材林在预测期内吸收二氧化硫功能总价值为 4.19×10^6 万元，人工用材林吸收二氧化硫功能总价值为 0.55×10^6 万元，相差 7.62 倍。天然用材林吸收二氧化硫功能价值在预测期内呈减少趋势，比预测期初减少了 4.23%，人工用材林吸收二氧化硫功能价值呈增加趋势，增幅为 38.40%，天然用材林和人工用材林吸收二氧化硫功能总价值 2023 年较 2003 年的 4.84×10^5 万元增加 10.41%，增至 5.34×10^5 万元，说明天然用材林虽然总价值呈减少趋势，但总价值还是要高于人工用材林，用材林总价值仍然呈增加趋势。

6.1.1.5　吸收氮氧化物功能价值量预测

由图 6-9 可知：在 2003～2023 年，天然用材林吸收氮氧化物功能价值呈先减少后增加的变化趋势，2013 年吸收氮氧化物功能价值最低。总体来看，天然用材林吸收氮氧化物功能总价值 2023 年比 2003 年减少 4.23%，降至 2023 年 7.87×10^3 万元。不同林龄组林分对比可知，幼龄林和近熟林的吸收氮氧化物功能价值将增加，中龄林和成过熟林均呈下降趋势。幼龄林 2023 年比 2003 年增加 525.81%，增至 533.59 万元；近熟林 2023 年比 2003 年增加 53.29%，增至 2.80×10^3 万元；中龄林 2023 年比 2003 年减少 7.59%，降至 3.03×10^3 万元；成过熟林 2023 年比 2003 年减少 50.37%，降至 1.50×10^3 万元。

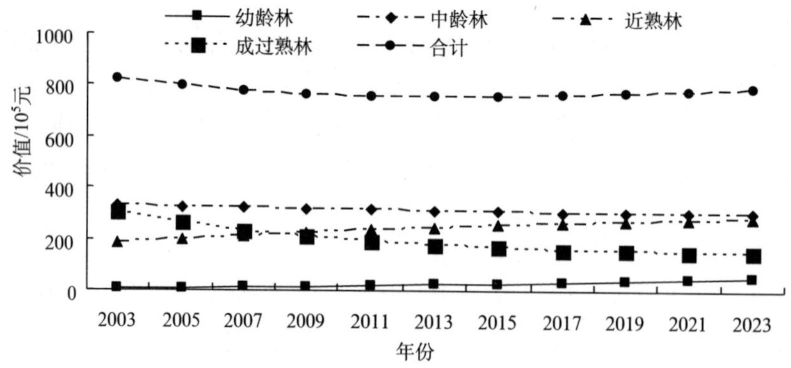

图 6-9 天然林资源保护工程天然用材林吸收氮氧化物功能价值预测趋势图

由图 6-10 可知：人工用材林吸收氮氧化物功能价值呈逐渐增加的趋势，人工用材林吸收氮氧化物功能价值 2023 年较 2003 年增加 38.40%，增至 1205.94 万元。不同林龄组林分对比可知，成过熟林吸收氮氧化物功能价值降低，其他各龄级林分吸收氮氧化物功能价值均呈增加趋势，中龄林吸收氮氧化物功能价值最高，幼龄林、近熟林和成过熟林在预测期初吸收氮氧化物功能价值相差不大，但到预测期末，近熟林>幼龄林>成过熟林，成过熟林吸收氮氧化物功能价值最低。不同林龄组林分吸收氮氧化物功能价值变化幅度差异较大。幼龄林 2023 年比 2003 年增加 23.88%，增至 231.75 万元；中龄林 2023 年比 2003 年增加 41.60%，增至 472.12 万元；近熟林 2023 年比 2003 年增加 76.59%，352.08 万元；成过熟林 2023 年比 2003 年减少 0.99%，降至 150.00 万元。

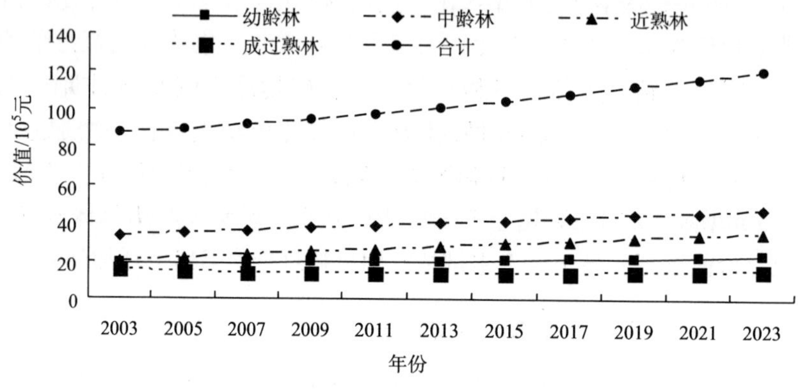

图 6-10 天然林资源保护工程人工用材林吸收氮氧化物功能价值预测趋势图

由图 6-9、图 6-10 综合分析可知：用材林吸收氮氧化物功能价值增幅 10.41%，2023 年增至 1.09×10^4 万元。

6.1.1.6　储 N 功能价值量预测

由图 6-11 可知：2003～2023 年，天然用材林储 N 功能价值变化规律为先减少后增加趋势，到 2013 年储 N 功能价值量最低，之后略有增加。天然用材林储 N 功能总价值 2023 年比 2003 年的 5.43×10^7 万元减少 4.23%，降至 2023 年 1.25×10^4 万元。天然用材不同林龄组林分相比而言，中龄林和成过熟林储 N 功能价值量持续呈减少趋势，幼龄林和中龄林储 N 功能价值量持续呈增加趋势。幼龄林 2023 年比 2003 年增加 525.81%，增至 844.54 万元；近熟林 2023 年比 2003 年增加 53.29%，增至 4.44×10^3 万元；中龄林 2023 年比 2003 年减少 7.59%，降至 4.81×10^3 万元；成过熟林 2023 年比 2003 年减少 50.37%，降至 2.37×10^3 万元。

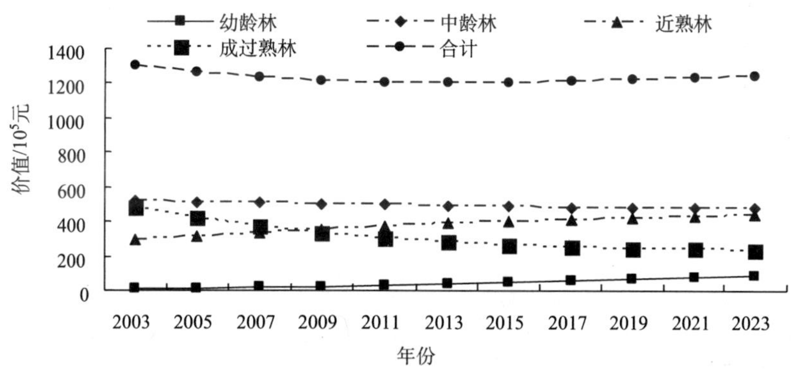

图 6-11　天然林资源保护工程天然用材林储 N 功能价值预测趋势图

由图 6-12 可知：人工用材林储 N 功能总价值呈持续增加趋势，储 N 功能总价值 2023 年较 2003 年的 5.76×10^6 万元增加 38.40%，增至 1.91×10^3 万元。人工用材林不同林龄组林分相比而言，幼龄林、中龄林和近熟林储 N 功能价值呈逐渐增加的趋势，

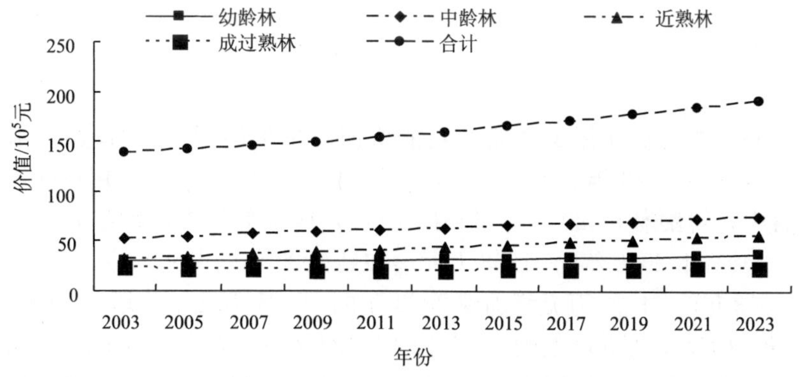

图 6-12　天然林资源保护工程人工用材林储 N 功能价值预测趋势图

成过熟林呈减少趋势。幼龄林 2023 年比 2003 年增加 23.88%，增至 366.80 万元；中龄林 2023 年比 2003 年增加 41.60%，增至 747.25 万元；近熟林 2023 年比 2003 年增加 76.59%，增至 557.25 万元；成过熟林 2023 年比 2003 年减少 0.99%，降至 237.41 万元。

由图 6-11、图 6-12 综合分析可知：总体看来，用材林储 N 功能总价值 2023 年较 2003 年的 1.56×10^4 万元增加 10.41%，增至 1.72×10^4 万元。天然用材林储 N 功能价值明显高于人工用材林，相差 7.61 倍。

6.1.1.7　储 P 功能价值量预测

由图 6-13 可知：2003～2023 年，天然用材林储 P 功能价值总量呈先减少后增加的变化模式，2013 年天然用材林储 P 功能价值总量最低。整体来看，天然用材林储 P 功能价值总量减少，从由 2003 年的 2.26×10^3 万元降至 2023 年 2.16×10^3 万元，降幅为 4.23%。天然用材林不同林龄组林分相比而言，幼龄林由 2003 年的 23.44 万元增加到 2023 年的 146.71 万元，净增 525.90%；中龄林由 2003 年的 903.26 万元降低到 2023 年的 834.74 万元，降低了 7.59%；近熟林由 2003 年的 503.06 万元增加到 2023 年的 771.14 万元，增加 53.29%；成过熟林由 2003 年的 830.50 万元降低到 2023 年的 412.15 万元，降低了 50.38%。除天然幼龄林和近熟林的储 P 功能价值增加外，中龄林和成过熟林都是降低的。

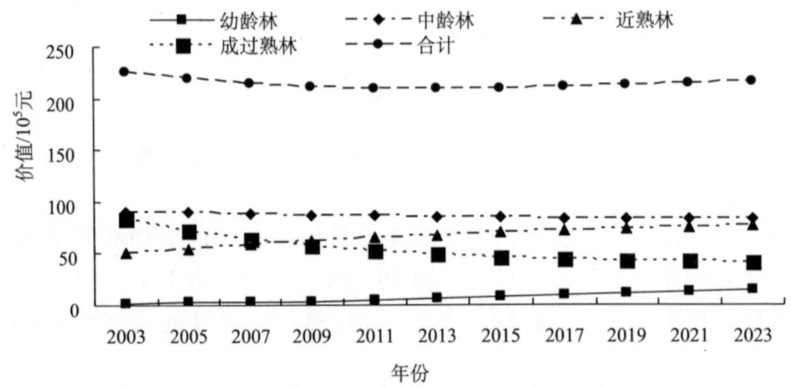

图 6-13　天然林资源保护工程天然用材林储 P 功能价值预测趋势图

由图 6-14 可知：人工用材林储 P 功能价值总量呈逐渐增加的趋势，由 2003 年的 239.58 万元增加到 2023 年 331.57 万元，增加了 38.40%。在人工用材林各龄级林分储 P 功能价值中，幼龄林由 2003 年的 51.44 万元增加到 2023 年的 63.72 万元，升高 23.87%；中龄林由 2003 年的 91.68 万元增加到 2023 年的 129.81 万元，升高 41.60%；近熟林由 2003 年的 54.82 万元增加到 2023 年的 96.81 万元，将增加 76.60%；成过熟林由 2003 年的 41.65 万元降低到 2023 年的 41.24 万元，降低了 0.98%。除成过熟林储 P 功能价值有所降低外，幼龄林、中龄林和成过熟林均呈不同程度的增长趋势。

综合分析可知，用材林储 P 功能价值总量呈增加趋势，从 2003 年的 2.71×10^3 万

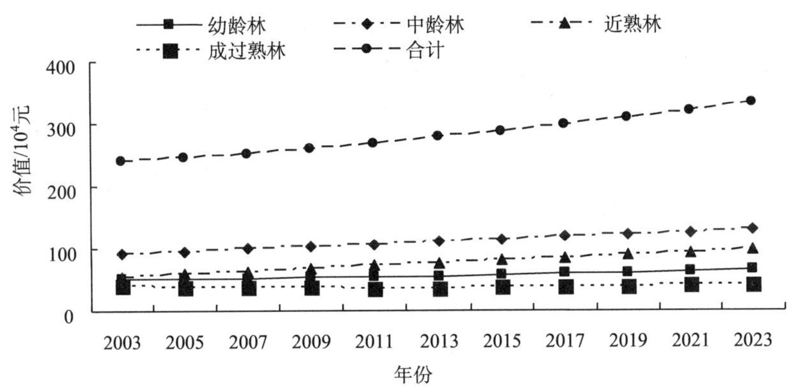

图 6-14　天然林资源保护工程人工用材林储 P 功能价值预测趋势图

元增加到 2023 年 2.99×10^3 万元，增长了 10.41%，天然用材林储 P 功能价值高于人工用材林。

6.1.1.8　储 K 功能价值量预测

由图 6-15 可知：2003～2023 年，天然用材林储 K 功能价值总量呈先减少后增加的变化模式，到 2013 年储 K 功能价值总量最低，2023 年比 2003 年减少了 83.30 万元，降幅 4.23%。天然用材林不同林龄组林分的储 K 功能相比而言，除天然幼龄林和近熟林的储 K 功能价值增加外，天然用材林其余各龄级林分的储 K 功能价值都是降低的。其中，幼龄林 2023 年比 2003 年增加了 107.50 万元，增幅 525.81%；中龄林 2023 年比 2003 年减少了 59.75 万元，降幅 7.59%；近熟林 2023 年比 2003 年增加了 233.80 万元，增幅 53.29%；成过熟林 2023 年比 2003 年减少了 364.85 万元，降幅 50.37%。

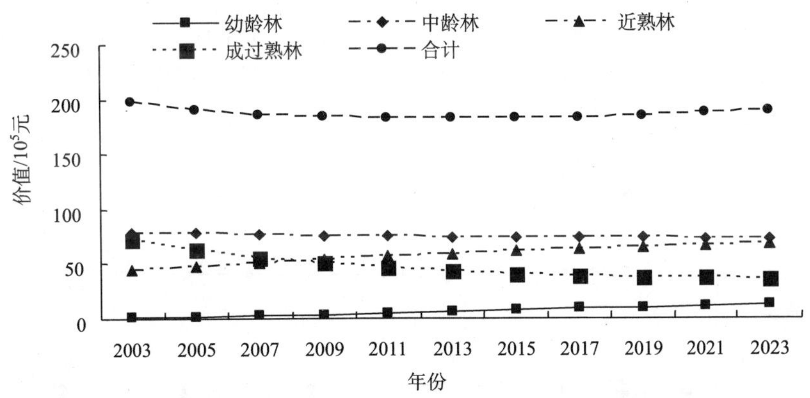

图 6-15　天然林资源保护工程天然用材林储 K 功能价值预测趋势图

由图 6-16 可知：在预测期内，人工用材林储 K 功能价值呈逐渐增加的趋势，人工用材林除成过熟林储 K 功能价值有所降低外，其他各龄级林分储 K 功能价值都是增加的。其中，幼龄林 2023 年比 2003 年增加了 70.70 万元，增幅 23.88%；中龄林 2023 年比 2003 年增加了 219.52 万元，增幅 41.60%；近熟林 2023 年比 2003 年增加了 241.70 万元，增幅 76.59%；成过熟林 2023 年比 2003 年减少了 2.37 万元，降幅 0.99%。人工用材林储 K 功能价值 2023 年比 2003 年增加了 80.23 万元，增幅 38.40%。

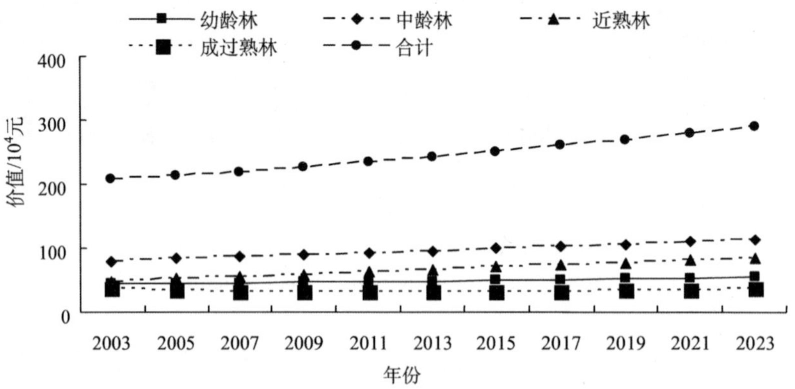

图 6-16　天然林资源保护工程人工用材林储 K 功能价值预测趋势图

由图 6-15 和图 6-16 分析可知，用材林储 K 功能价值 2023 年比 2003 年增加了 246.23 万元，增幅 10.41%。

6.1.1.9　滞尘功能价值量预测

由图 6-17 可知：2003～2023 年，天然用材林滞尘功能价值呈先减少后增加的变化模式，到 2013 年天然用材林滞尘功能价值最低，价值总量到预测期末减少了 7.35×10^6 万元，2023 年比 2003 年减少了 4.23%。不同林龄组林分对比可言，中幼龄林和近熟林的滞尘功能价值将增加，中龄林和成过熟林均下降。其中，幼龄林 2023 年比 2003 年增加 525.81%，增至 49.83×10^4 万元；近熟林 2023 年比 2003 年增加 53.29%，增至 2.62×10^6 万元；中龄林 2023 年比 2003 年减少 7.59%，降至 2.84×10^6 万元；成过熟林 2023 年比 2003 年减少 50.37%，降至 1.40×10^6 万元。

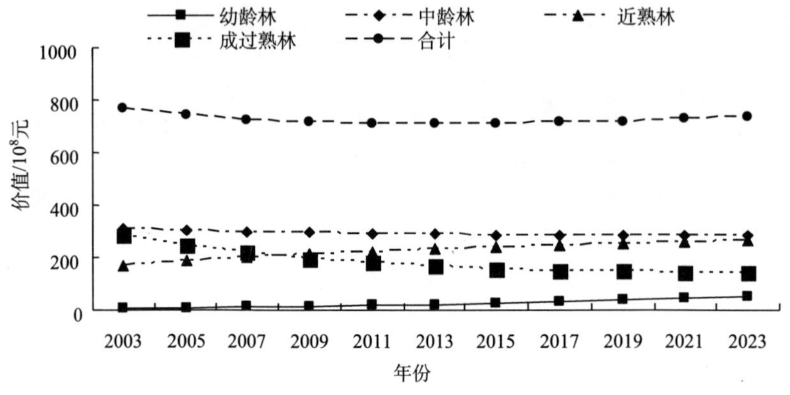

图 6-17　天然林资源保护工程天然用材林滞尘功能价值预测趋势图

由图 6-18 可知：人工用材林滞尘功能呈逐渐增长趋势，2023 年较 2003 年增加 38.40%，增至 1.13×10^{6} 万元。由人工用材林不同林龄组林分滞尘功能比较可知，成过熟林滞尘功能价值降低，其他各龄级林分滞尘功能价值均增加。其中，幼龄林 2023 年比 2003 年增加 23.88%，增至 2.16×10^{5} 万元；中龄林 2023 年比 2003 年增加 41.60%，增至 4.41×10^{5} 万元；近熟林 2023 年比 2003 年增加 76.59%，增至 3.29×10^{5} 万元；成过熟林 2023 年比 2003 年减少 0.99%，降至 1.40×10^{5} 万元。

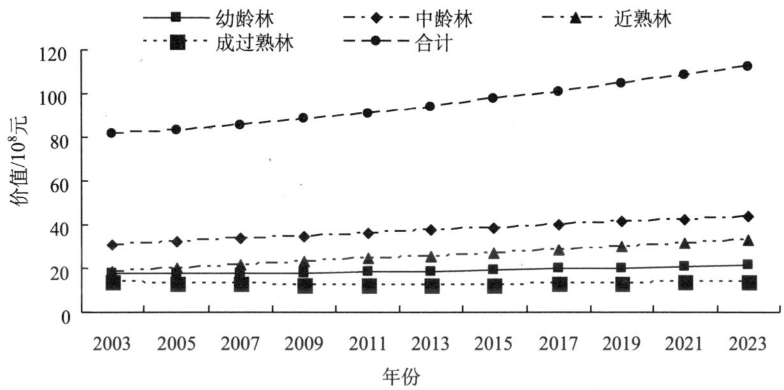

图 6-18　天然林资源保护工程人工用材林滞尘功能价值预测趋势图

由图 6-17 和图 6-18 分析可知：用材林滞尘功能总价值呈逐渐增长的趋势，2023 年较 2003 年增加 10.41%，增至 1.02×10^{7} 万元。

6.1.2　防护林生态服务功能价值预测

6.1.2.1　涵养水源功能价值量预测

由图 6-19 可知：2003～2023 年，天然防护林中幼龄林、中龄林和近熟林的涵养水源价值均增加，成过熟林减少。其中幼龄林 2023 年比 2003 年增加 115.89%，增至 1.07×10^{7} 万元；中龄林 2023 年比 2003 年增加 33.94%，增至 2.09×10^{7} 万元；近熟

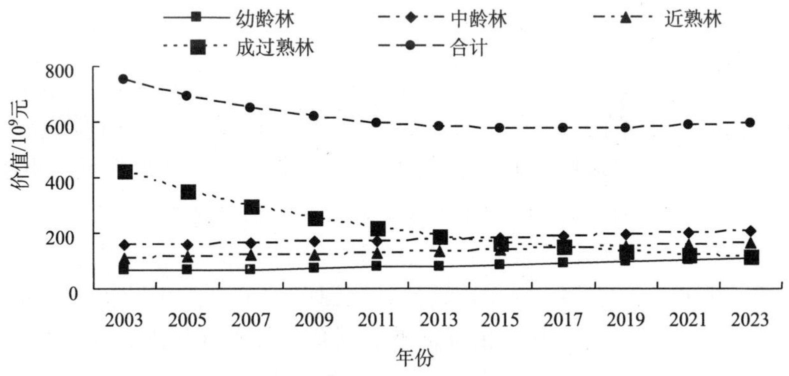

图 6-19　天然林资源保护工程天然防护林涵养水源功能价值预测趋势图

林 2023 年比 2003 年增加 53.86%，增至 1.64×10^{7} 万元；成过熟林 2023 年比 2003 年减少 72.60%，降至 1.16×10^{7} 万元。天然防护林涵养水源功能总价值 2023 年比 2003 年减少 20.57%，降至 2023 年 5.95×10^{7} 万元。

由图 6-20 可知：人工防护林中，成过熟林涵养水源功能价值降低，其他各龄级林分涵养水源功能价值均增加。其中，幼龄林 2023 年比 2003 年增加 48.89%，增至 7.38×10^{5} 万元；中龄林 2023 年比 2003 年增加 38.13%，增至 1.42×10^{6} 万元；近熟林 2023 年比 2003 年增加 101.56%，增至 1.02×10^{6} 万元；成过熟林 2023 年比 2003 年减少 20.46%，降至 4.41×10^{5} 万元；人工防护林涵养水源功能总价值 2023 年较 2003 年增加 40.08%，增至 3.62×10^{6} 万元。

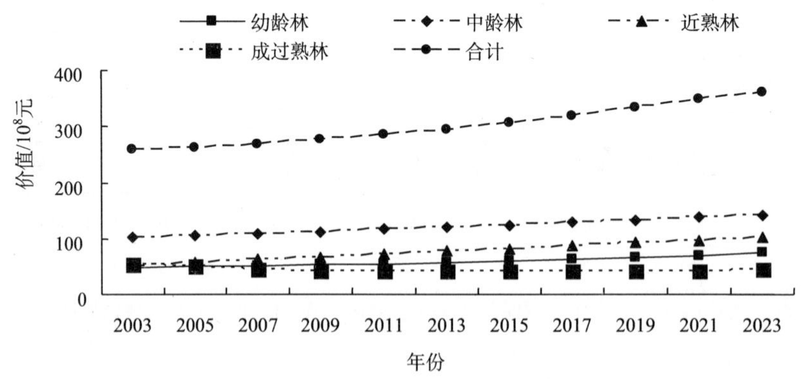

图 6-20 天然林资源保护工程人工防护林涵养水源功能价值预测趋势图

由图 6-19 和图 6-20 可知：天然林资源保护工程防护林涵养水源功能总价值 2023 年较 2003 年减少 18.54%，降至 6.32×10^{7} 万元。

6.1.2.2 保育土壤功能价值量预测

由图 6-21 可知：2003～2023 年，天然林资源保护工程天然防护林保育土壤功能价值，除天然成过熟林的保育土壤价值降低外，其余各龄级林分的保育土壤价值都是增加的。其中，幼龄林从 2003 年的 3.11×10^{4} 万元增加到 2023 年的 5.13×10^{4} 万元，增加了 2.02×10^{4} 万元，增幅 65.07%；中龄林从 2003 年的 7.47×10^{4} 万元增加到 2023 年的 1.00×10^{5} 万元，增加了 2.53×10^{4} 万元，增幅 33.94%；近熟林从 2003 年的 7.28×10^{5} 万元增加到 2023 年的 1.12×10^{6} 万元，增加了 3.92×10^{5} 万元，增幅 53.86%；成过熟林从 2003 年的 2.88×10^{6} 万元降低到 2023 年的 7.90×10^{5} 万元，减少了 2.09×10^{6} 万元，降幅 72.60%；天然防护林保育土壤功能价值从 2003 年的 3.72×10^{6} 万元降低到 2023 年 2.06×10^{6} 万元，减少了 1.66×10^{6} 万元，降幅 44.55%。

由图 6-22 可知：2003～2023 年，天然林资源保护工程人工防护林保育土壤功能价值，除人工成过熟林的保育土壤价值降低外，其余各龄级林分的保育土壤价值都是增加的。其中，幼龄林从 2003 年的 2.38×10^{3} 万元增加到 2023 年的 3.54×10^{3} 万元，增加了 1.16×10^{3} 万元，增幅 48.89%；中龄林从 2003 年的 4.93×10^{3} 万元增加到 2023 年

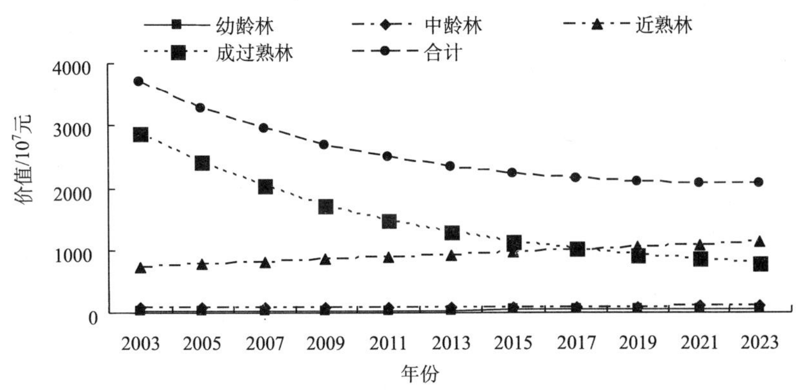

图 6-21　天然林资源保护工程天然防护林保育土壤价值功能预测趋势图

的 6.81×10^3 万元，增加了 1.88×10^3 万元，增幅 38.13%；近熟林从 2003 年的 3.46×10^4 万元增加到 2023 年的 6.98×10^4 万元，增加了 3.52×10^4 万元，增幅 101.56%；成过熟林从 2003 年的 3.79×10^4 万元降低到 2023 年的 3.01×10^4 万元，减少了 7.75×10^3 万元，降幅 20.46%。人工防护林保育土壤功能价值从 2003 年的 7.98×10^4 万元增加到 2023 年 1.10×10^5 万元，增加了 3.05×10^4 万元，增幅 38.20%。

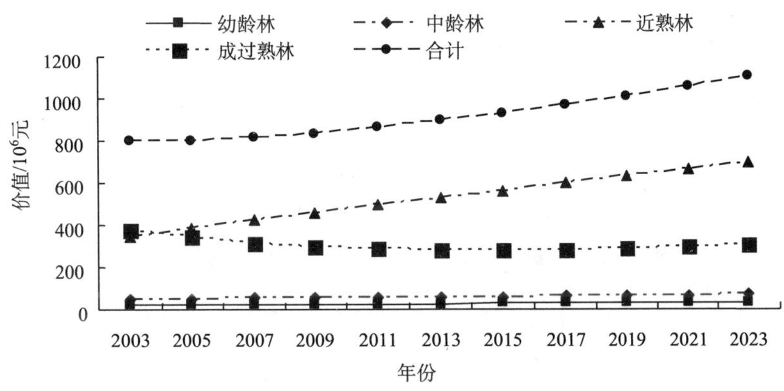

图 6-22　天然林资源保护工程人工防护林保育土壤功能价值预测趋势图

6.1.2.3　固碳释氧功能价值量预测

由图 6-23 可知：天然防护林固碳释氧功能价值预计在 2003～2023 年，除天然成过熟林外，其余各龄级林分的固碳释氧价值功能都是增加的。其中，幼龄林增加了 1.28×10^6 万元，增幅 65.07%；中龄林增加了 1.59×10^6 万元，增幅 33.94%；近熟林增加了 1.74×10^6 万元，增幅 53.86%；成过熟林减少了 9.27×10^6 万元，降幅 72.60%。天然防护林固碳释氧功能总价值减少了 4.66×10^6 万元，降幅 20.57%。

由图 6-24 可知：2003～2023 年，人工防护林中除成过熟林固碳释氧功能价值有所降低外，其他各龄级林分均不同程度增加。幼龄林固碳释氧功能价值增加了 0.73×10^5

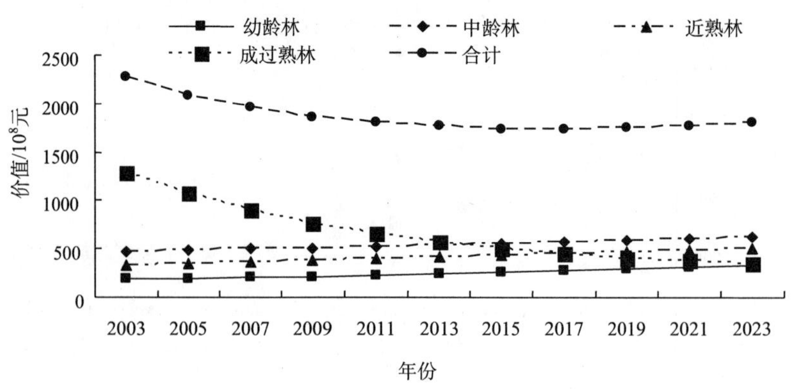

图 6-23　天然林资源保护工程天然防护林固碳释氧功能价值预测趋势图

万元，增幅 48.89%；中龄林增加了 1.19×10^5 万元，增幅 38.13%；近熟林增加了 1.56×10^5 万元，增幅 101.56%；成过熟林减少了 0.34×10^5 万元，降幅 20.46%。人工防护林固碳释氧功能总价值，增加了 3.13×10^5 万元，增幅 40.08%。总体而言，2023 年比 2003 年天然林资源保护工程防护林固碳释氧功能总价值减少了 4.35×10^6 万元。

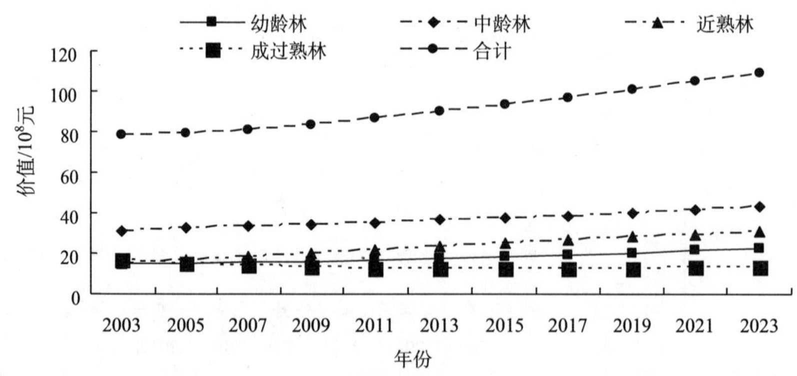

图 6-24　天然林资源保护工程人工防护林固碳释氧功能价值预测趋势图

6.1.2.4　吸收二氧化硫功能价值量预测

由图 6-25 可知：2003～2023 年，天然林资源保护工程天然防护林中，幼龄林、中龄林和近熟林的吸收二氧化硫功能价值均增加，成过熟林下降。幼龄林从 2003 年的 4.82×10^4 万元增加到 2023 年的 7.96×10^4 万元，增加了 3.14×10^4 万元，增幅 65.07%；中龄林从 2003 年的 1.16×10^5 万元增加到 2023 年的 1.55×10^5 万元，增加了 3.93×10^4 万元，增幅 33.94%；近熟林从 2003 年的 7.92×10^4 万元增加到 2023 年的 1.22×10^5 万元，增加了 4.26×10^4 万元，增幅 53.86%；成过熟林从 2003 年的 3.14×10^5 万元降低到 2023 年的 8.60×10^4 万元，减少了 2.28×10^5 万元，降幅

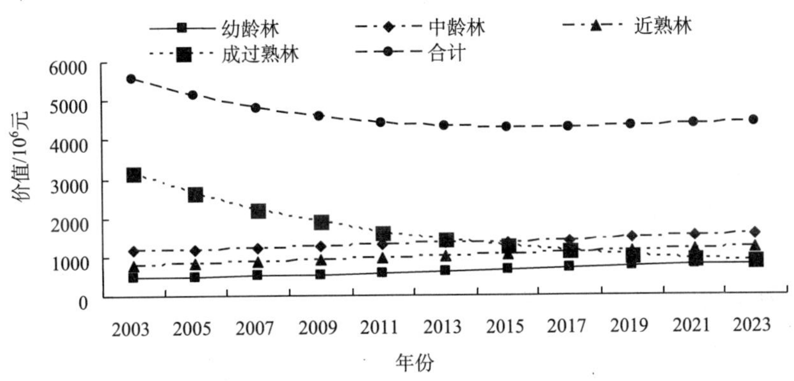

图 6-25　天然林资源保护工程天然防护林吸收二氧化硫功能价值预测趋势图

72.60%。天然防护林吸收二氧化硫功能价值从 2003 年的 5.57×10^5 万元降低到 2023 年 4.42×10^5 万元，减少了 1.15×10^5 万元，降幅 20.57%。

由图 6-26 可知：人工防护林在此期间，成过熟林吸收二氧化硫功能价值却降低，其他各龄级林分吸收二氧化硫功能价值均增加。其中，幼龄林从 2003 年的 3.68×10^3 万元增加到 2023 年的 5.48×10^3 万元，增加了 1.80×10^3 万元，增幅 48.89%；中龄林从 2003 年的 7.63×10^3 万元增加到 2023 年的 1.05×10^4 万元，增加了 2.91×10^3 万元，增幅 38.13%；近熟林从 2003 年的 3.77×10^3 万元增加到 2023 年的 7.60×10^3 万元，增加了 3.83×10^3 万元，增幅 101.56%；成过熟林从 2003 年的 4.12×10^3 万元降低到 2023 年的 3.28×10^3 万元，减少了 8.43×10^2 万元，降幅 20.46%。人工防护林吸收二氧化硫功能价值从 2003 年的 1.92×10^4 万元增加到 2023 年 2.69×10^4 万元，增加了 7.70×10^3 万元，增幅 40.08%。

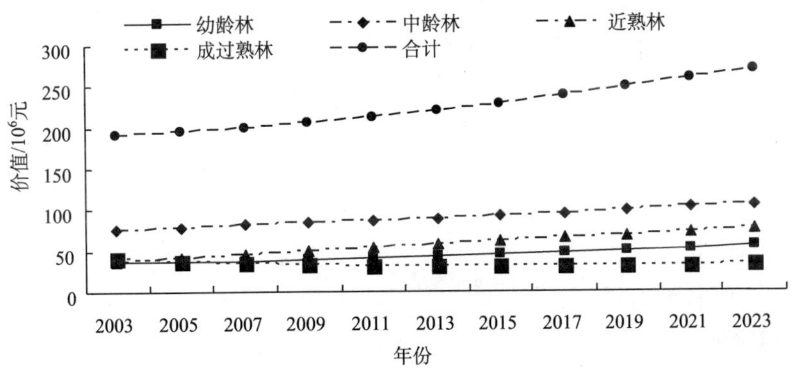

图 6-26　天然林资源保护工程人工防护林吸收二氧化硫功能价值预测趋势图

由图 6-25、图 6-26 可知：天然林资源保护工程防护林吸收二氧化硫功能总价值从 2003 年的 5.76×10^5 万元降低到 2023 年 4.69×10^5 万元，减少了 1.07×10^5 万元，降幅 18.54%。

6.1.2.5　吸收氮氧化物功能价值量预测

由图 6-27 可知：天然林资源保护工程天然防护林预计 2003～2023 年，幼龄林、中龄林和近熟林的吸收氮氧化物功能价值将增加，成过熟林下降。预计幼龄林 2023 年比 2003 年的 9.82×10^2 万元增加 65.07％，增至 1.62×10^3 万元；中龄林 2023 年比 2003 年的 2.36×10^3 万元增加 33.94％，增至 3.16×10^3 万元；近熟林 2023 年比 2003 年的 1.61×10^3 万元增加 53.86％，增至 2.48×10^3 万元；成过熟林 2023 年比 2003 年的 6.39×10^3 万元减少 72.60％，降至 1.75×10^3 万元。天然防护林吸收氮氧化物功能总价值 2023 年比 2003 年的 1.13×10^4 万元减少 20.57％，降至 2023 年 9.01×10^3 万元。

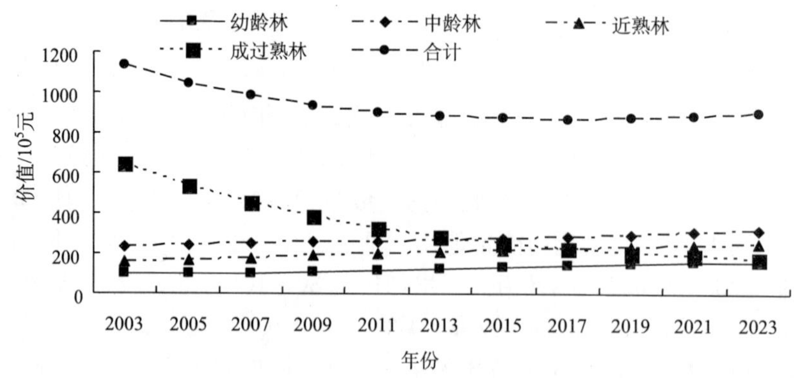

图 6-27　天然林资源保护工程天然防护林吸收氮氧化物功能价值预测趋势图

由图 6-28 可知：人工防护林中成过熟林吸收氮氧化物功能价值降低，其他各龄级林分吸收氮氧化物功能价值均增加。其中，幼龄林 2023 年比 2003 年的 74.99 万元增加 48.89％，增至 111.65 万元；中龄林 2023 年比 2003 年的 155.55 万元增加 38.13％，增至 214.86 万元；近熟林 2023 年比 2003 年的 76.80 万元增加 101.56％，增至 154.79 万元；成过熟林 2023 年比 2003 年的 83.93 万元减少 20.46％，降至 66.75 万元。人工防护林吸收氮氧化物功能总价值 2023 年较 2003 年的 391.26 万元增加 40.08％，增至

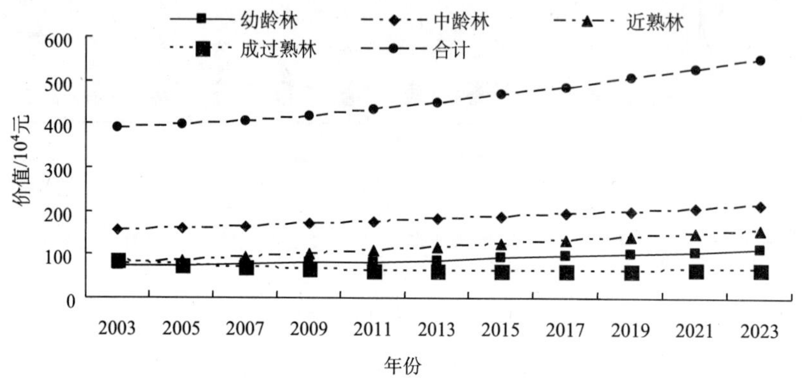

图 6-28　天然林资源保护工程人工防护林吸收氮氧化物功能价值预测趋势图

548.06 万元。

由图 6-27、图 6-28 可知：天然林资源保护工程防护林吸收氮氧化物功能总价值 2023 年较 2003 年的 1.17×10^4 万元降低 18.54%，降至 9.56×10^3 万元。

6.1.2.6　储 N 功能价值量预测

由图 6-29 可知：天然林资源保护工程天然防护林预计 2003～2023 年，幼龄林、中龄林和近熟林的储 N 功能价值均增加，成过熟林下降。预计幼龄林 2023 年比 2003 年增加 65.07%，增至 2.57×10^3 万元；中龄林 2023 年比 2003 年增加 33.94%，增至 2.01×10^7 万元；近熟林 2023 年比 2003 年增加 53.86%，增至 3.93×10^3 万元；成过熟林 2023 年比 2003 年减少 72.60%，降至 2.77×10^3 万元。天然防护林储 N 功能总价值 2023 年比 2003 年减少 20.57%，降至 2023 年 1.43×10^4 万元。

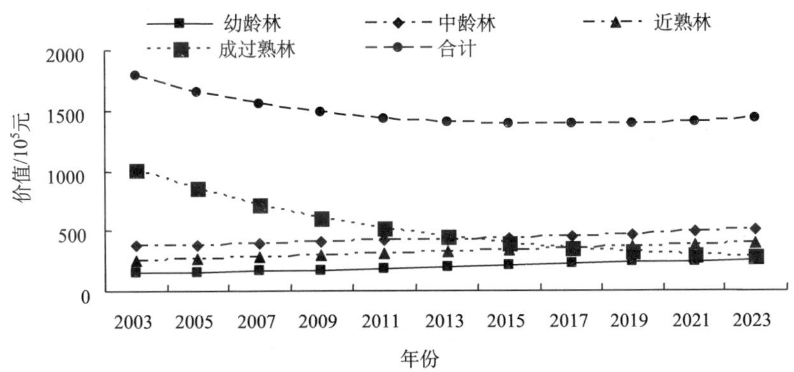

图 6-29　天然林资源保护工程天然防护林储 N 功能价值预测趋势图

由图 6-30 可知：人工防护林中成过熟林储 N 功能价值降低，其他各龄级林分储 N 功能价值均增加。其中，幼龄林 2023 年比 2003 年增加 48.89%，增至 1.77×10^2 万元；中龄林 2023 年比 2003 年增加 38.13%，增至 3.40×10^2 万元；近熟林 2023 年比 2003 年增加 101.56%，增至 2.45×10^2 万元；成过熟林 2023 年比 2003 年减少 20.46%，降

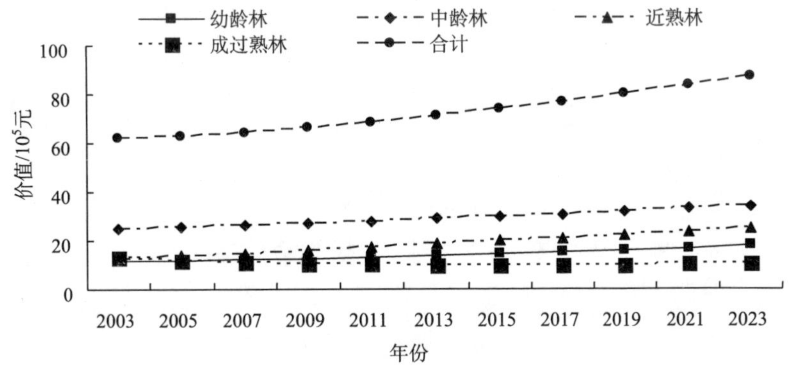

图 6-30　天然林资源保护工程人工防护林储 N 功能价值预测趋势图

至 1.06×10^2 万元。人工防护林储 N 功能总价值 2023 年较 2003 年增加 40.08%，增至 8.67×10^2 万元。

由图 6-29、图 6-30 可知：除成过熟林外，其他各龄级林分储 N 功能价值均增加。防护林储 N 功能总价值 2023 年较 2003 年降低 18.54%，降至 1.51×10^4 万元。

6.1.2.7　储 P 功能价值量预测

由图 6-31 可知：2003～2023 年，天然林资源保护工程天然防护林储 P 功能价值中，预计幼龄林 2023 年比 2003 年增加 65.07%，增至 4.46×10^2 万元；中龄林 2023 年比 2003 年增加 33.94%，增至 8.68×10^2 万元；近熟林 2023 年比 2003 年增加 53.86%，增至 6.82×10^2 万元；成过熟林 2023 年比 2003 年减少 72.60%，降至4.82×10^2 万元。幼龄林、中龄林和近熟林的储 P 功能价值将增加，成过熟林下降。天然防护林储 P 功能总价值 2023 年比 2003 年的 3.12×10^3 万元减少 20.57%，降至 2023 年 2.48×10^3 万元。

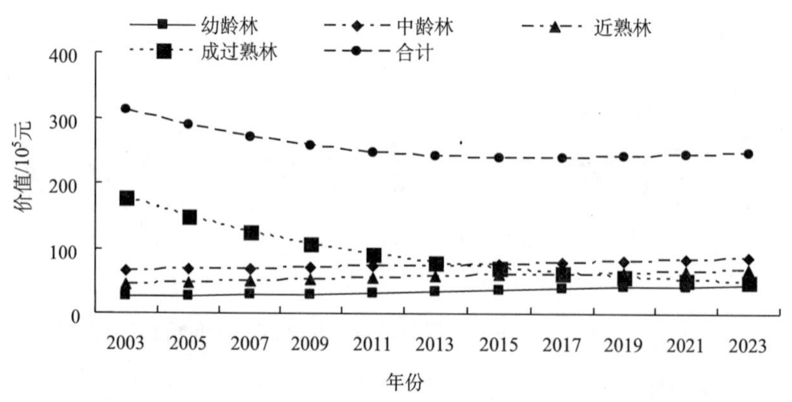

图 6-31　天然林资源保护工程天然防护林储 P 功能价值预测趋势图

由图 6-32 可知：人工防护林中预计幼龄林 2023 年比 2003 年增加 48.89%，增至

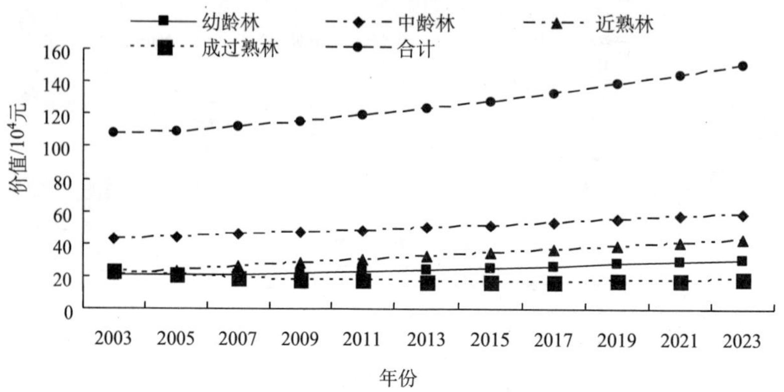

图 6-32　天然林资源保护工程人工防护林储 P 功能价值预测趋势图

30.70 万元；中龄林 2023 年比 2003 年增加 38.13%，增至 59.08 万元；近熟林 2023 年比 2003 年增加 101.56%，增至 42.56 万元；成过熟林 2023 年比 2003 年减少 20.46%，降至 18.35 万元。成过熟林储 P 功能价值降低，其他各龄级林分储 P 功能价值均增加。人工防护林储 P 功能总价值 2023 年较 2003 年的 107.58 万元增加 40.08%，增至 150.69 万元。

由图 6-31、图 6-32 可知：天然林资源保护工程防护林储 P 功能总价值 2023 年较 2003 年的 3.23×10^3 万元降低 71.92%，降至 2.63×10^3 万元。

6.1.2.8　储 K 功能价值量预测

由图 6-33 可知：2003～2023 年，在天然林资源保护工程各龄级林分天然防护林储 K 功能价值中，幼龄林由 2003 年的 2.36×10^2 万元增加到 2023 年的 3.89×10^2 万元，升高 65.07%；中龄林由 2003 年的 5.65×10^2 万元增加到 2023 年的 7.57×10^2 万元，升高 33.94%；近熟林由 2003 年的 3.87×10^2 万元增加到 2023 年的 5.95×10^2 万元，升高 53.86%；成过熟林由 2003 年的 1.53×10^3 万元减少到 2023 年的 4.20×10^2 万元，降低 72.60%。除天然成过熟林的储 K 价值降低外，其余各龄级林分的储 K 价值都是增加的。天然防护林储 K 功能总价值由 2003 年的 2.72×10^3 万元降至 2023 年 2.16×10^3 万元，降幅 20.57%。

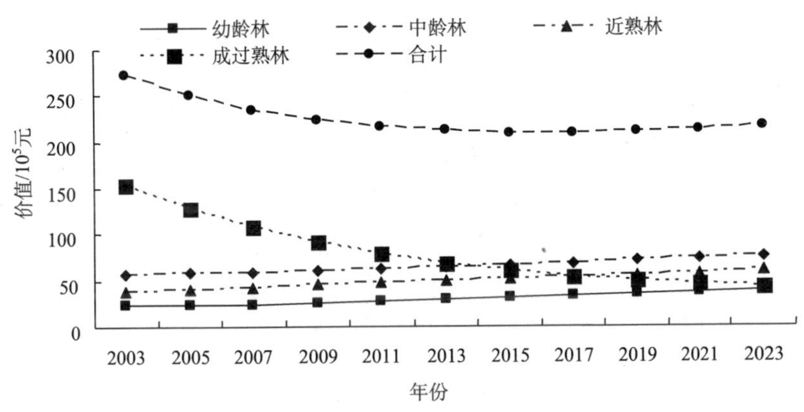

图 6-33　天然林资源保护工程天然防护林储 K 功能价值预测趋势图

由图 6-34 可知：在各龄级林分人工防护林储 K 功能价值中，幼龄林由 2003 年的 17.98 万元增加到 2023 年的 26.77 万元，升高 48.89%；中龄林由 2003 年 37.30 万元增加到 2023 年的 51.52 万元，升高 14.22%；近熟林由 2003 年的 18.41 万元增加到 2023 年的 37.12 万元，升高 101.56%；成过熟林由 2003 年的 20.12 万元减少到 2023 年的 16.01 万元，降低 20.46%。除成过熟林储 K 功能价值有所降低外，中龄林和成过熟林均增加。人工防护林储 K 功能价值由 2003 年的 93.82 万元增加到 2023 年 131.42 万元，升高 40.08%。

由图 6-33、图 6-34 可知：在天然林资源保护工程各龄级林分天然防护林储 K 功能

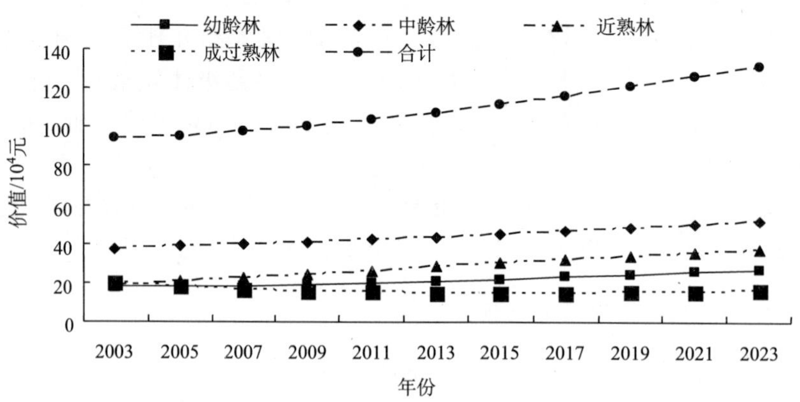

图 6-34　天然林资源保护工程人工防护林储 K 功能价值预测趋势图

价值中，除成过熟林外，其他各龄级林分吸收氮氧化物功能价值均增加。防护林储 K 功能总价值从 2003 年的 2.81×10^{3} 万元增加到 2023 年 2.29×10^{3} 万元，增幅 18.54%。

6.1.2.9　滞尘功能价值量预测

由图 6-35 可知：2003～2023 年，天然林资源保护工程天然防护林滞尘功能价值，除天然成过熟林的滞尘价值降低外，其余各龄级林分的滞尘价值都是增加的。其中，幼龄林从 2003 年的 9.17×10^{5} 万元增加到 2023 年的 1.51×10^{6} 万元，增加了 5.97×10^{5} 万元，增幅 65.07%；中龄林从 2003 年的 2.20×10^{6} 万元增加到 2023 年的 2.95×10^{6} 万元，增加了 7.47×10^{5} 万元，增幅 33.94%；近熟林从 2003 年的 1.51×10^{6} 万元增加到 2023 年的 2.32×10^{6} 万元，增加了 8.11×10^{5} 万元，增幅 53.86%；成过熟林从 2003 年的 5.97×10^{6} 万元降低到 2023 年的 1.64×10^{6} 万元，减少了 4.33×10^{6} 万元，降幅 72.60%。天然防护林滞尘功能价值从 2003 年的 1.06×10^{7} 万元降低到 2023 年 8.42×10^{6} 万元，减少了 2.18×10^{6} 万元，降幅 20.57%。

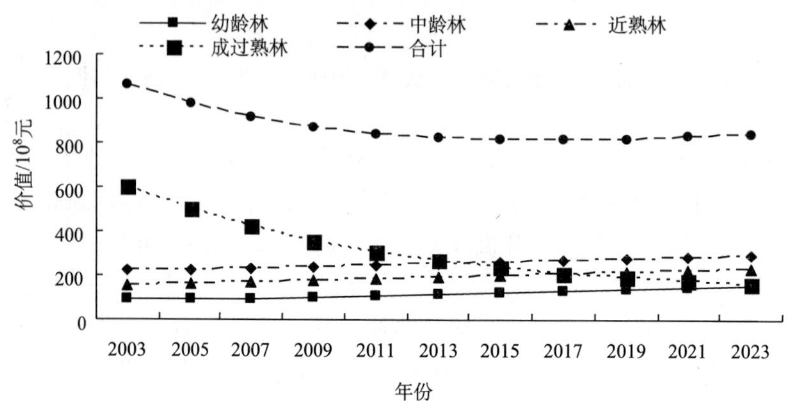

图 6-35　天然林资源保护工程天然防护林滞尘功能价值预测趋势图

由图 6-36 可知：2003～2023 年，天然林资源保护工程人工防护林滞尘功能价值，除人工成过熟林的滞尘价值降低外，其余各龄级林分的滞尘价值都是增加的。其中，幼龄林从 2003 年的 7.00×10^4 万元增加到 2023 年的 1.04×10^5 万元，增加了 3.42×10^4 万元，增幅 48.89%；中龄林从 2003 年的 1.45×10^5 万元增加到 2023 年的 2.01×10^5 万元，增加了 5.54×10^4 万元，增幅 38.13%；近熟林从 2003 年的 7.17×10^4 万元增加到 2023 年的 1.45×10^5 万元，增加了 7.28×10^4 万元，增幅 101.56%；成过熟林从 2003 年的 7.84×10^4 万元降低到 2023 年的 6.23×10^4 万元，减少了 1.60×10^4 万元，降幅 20.46%。人工防护林滞尘功能价值从 2003 年的 3.65×10^5 万元增加到 2023 年 5.12×10^5 万元，增加了 1.46×10^5 万元，增幅 40.08%。

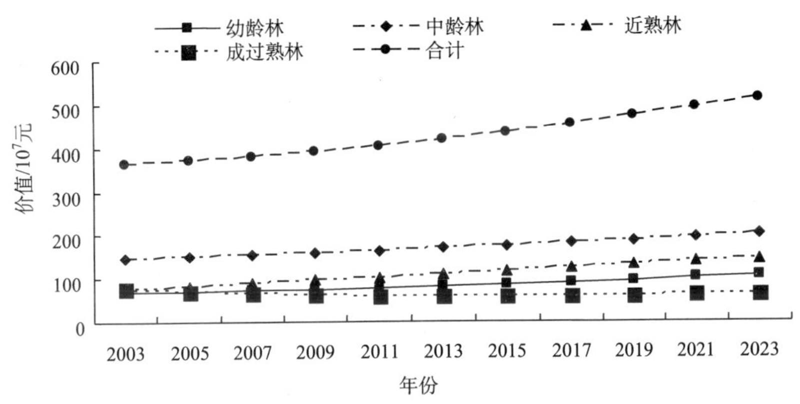

图 6-36　天然林资源保护工程人工防护林滞尘功能价值预测趋势图

由图 6-35、图 6-36 可知：天然林资源保护工程防护林滞尘功能价值，除成过熟林的滞尘价值降低外，其余各龄级林分的滞尘价值都是增加的。防护林滞尘功能价值从 2003 年的 1.10×10^7 万元降低到 2023 年 8.93×10^6 万元，减少了 2.03×10^6 万元，降幅 18.54%。

6.1.3　特用林生态服务功能价值预测

6.1.3.1　涵养水源功能价值量预测

由图 6-37 可知：2003～2023 年，除天然成过熟林的涵养水源价值降低外，其余各龄级林分的涵养水源价值都是增加的。其中，幼龄林 2023 年比 2003 年增加了 7.46×10^5 万元，增幅 161.69%；中龄林 2023 年比 2003 年增加了 3.14×10^5 万元，增幅 11.76%；近熟林 2023 年比 2003 年增加了 3.44×10^5 万元，增幅 13.65%；成过熟林 2023 年比 2003 年减少了 6.23×10^6 万元，降幅 73.33%。天然特用林涵养水源功能总价值 2023 年比 2003 年减少了 4.83×10^6 万元，降幅 34.13%。

由图 6-38 可知：人工特用林除成过熟林涵养水源功能价值有所降低外，其他各龄级林分涵养水源功能价值都是增加的。其中，幼龄林 2023 年比 2003 年增加了 1.61×10^4 万元，增幅 74.75%；中龄林 2023 年比 2003 年增加了 1.00×10^4 万元，增幅

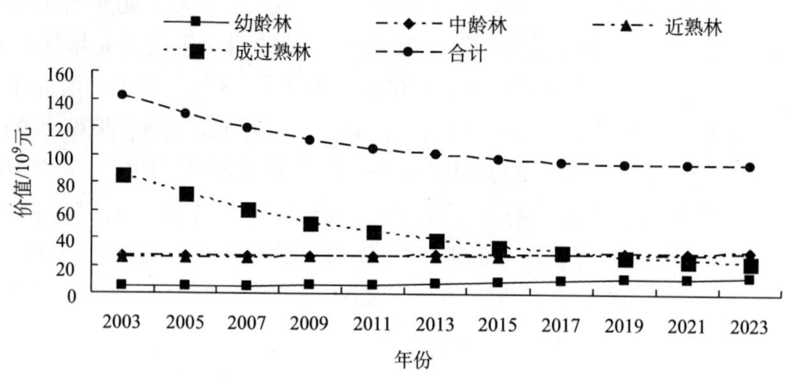

图 6-37　天然林资源保护工程天然特用林涵养水源功能价值预测趋势图

9.36%；近熟林 2023 年比 2003 年增加了 5.83×10^4 万元，增幅 216.23%；成过熟林 2023 年比 2003 年减少了 9.27×10^4 万元，降幅 66.23%。人工特用林涵养水源功能价值 2023 年比 2003 年减少了 8.18×10^3 万元，降幅 2.77%。

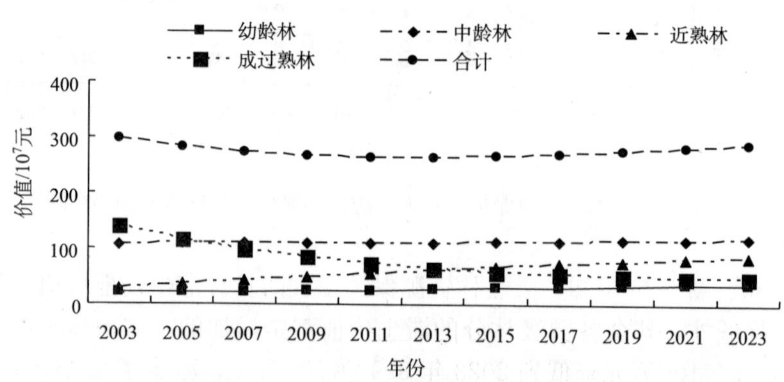

图 6-38　天然林资源保护工程人工特用林涵养水源功能价值预测趋势图

由图 6-37、图 6-38 可知：除成过熟林涵养水源功能价值有所降低外，天然林资源保护工程特用林中其他各龄级林分涵养水源功能价值都是增加的。特用林涵养水源功能价值 2023 年比 2003 年减少了 4.84×10^6 万元，降幅 33.48%。

6.1.3.2　保育土壤功能价值量预测

由图 6-39 可知：预计 2003～2023 年，天然林资源保护工程天然特用林中除天然成过熟林的保育土壤价值降低外，其余各龄级林分的保育土壤价值都是增加的。其中幼龄林 2023 年比 2003 年增加 161.69%，增至 5.79×10^3 万元；中龄林 2023 年比 2003 年增加 11.76%，增至 5.79×10^3 万元；近熟林 2023 年比 2003 年增加 13.65%，增至 1.95×10^5 万元；成过熟林 2023 年比 2003 年降低 73.33%，减至 1.55×10^5 万元。天然特用林保育土壤功能价值 2023 年比 2003 年降低 51.75%，减至 3.70×10^5 万元。

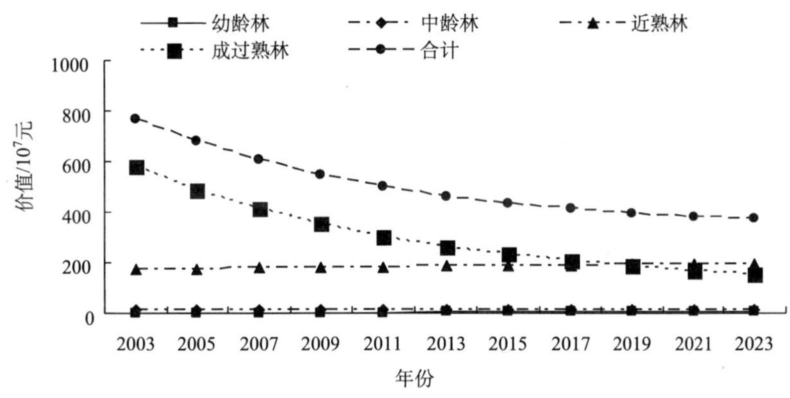

图 6-39　天然林资源保护工程天然特用林保育土壤功能价值预测趋势图

由图 6-40 可知：人工特用林中成过熟林保育土壤功能价值降低，其他各龄级林分保育土壤功能价值均增加。其中，幼龄林 2023 年比 2003 年增加 74.75%，增至 1.81×10^2 万元；中龄林 2023 年比 2003 年增加 9.36%，增至 5.62×10^2 万元；近熟林 2023 年比 2003 年增加 216.23%，增至 5.82×10^3 万元；成过熟林 2023 年比 2003 年减少 66.23%，降至 3.23×10^3 万元。人工特用林保育土壤功能总价值 2023 年较 2003 年减少 18.48%，降至 9.79×10^3 万元。

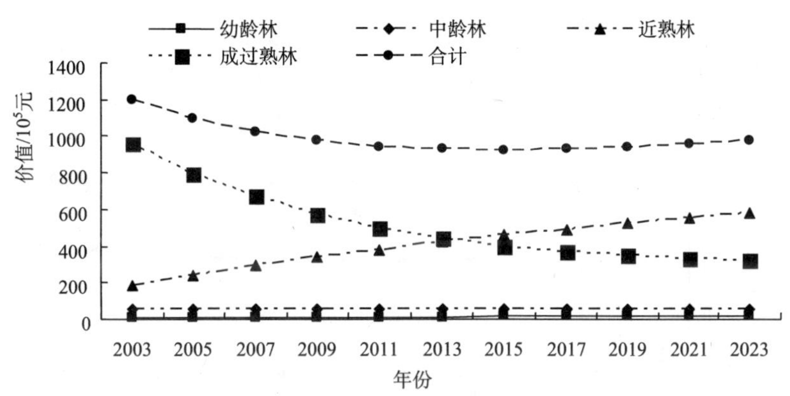

图 6-40　天然林资源保护工程人工特用林保育土壤功能价值预测趋势图

由图 6-39、图 6-40 可知：天然林资源保护工程特用林保育土壤功能价值中，除成过熟林外，其他各龄级林分保育土壤功能价值均增加。特用林保育土壤功能总价值 2023 年较 2003 年降低 51.23%，降至 3.80×10^5 万元。

6.1.3.3　固碳释氧功能价值量预测

由图 6-41 可以看出：2003～2023 年，天然林资源保护工程天然特用林固碳释氧功能价值，幼龄林、中龄林、近熟林都是增加的，成过熟林降低。截止到 2023 年，幼龄林固碳释氧功能价值增加了 9.22×10^5 万元，增幅 161.69%；中龄林增加了 3.88×10^5 万元，增幅 11.76%；近熟林增加了 4.24×10^5 万元，增幅 13.65%；成过熟林减少了 7.966×10^6 万元，降幅 73.33%。天然特用林固碳释氧功能总价值减少了 5.692×10^6 万元，降幅 34.13%。

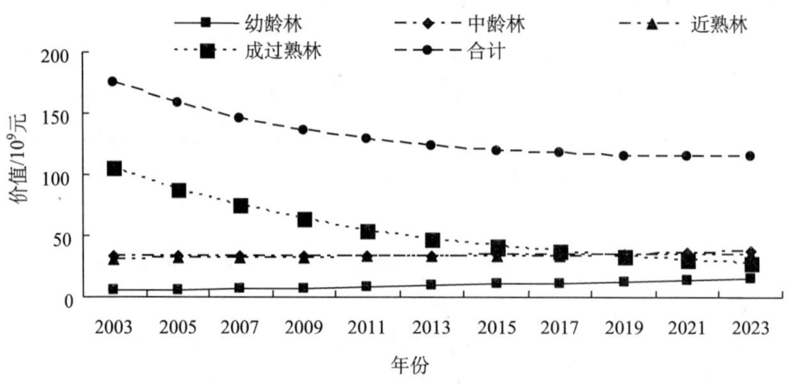

图 6-41　天然林资源保护工程天然特用林固碳释氧功能价值预测趋势图

由图 6-42 可知：2003～2023 年，天然林资源保护工程人工特用林固碳释氧功能价值，除人工成过熟林的固碳释氧价值降低外，其余各龄级林分的固碳释氧价值都是增加的。截止到 2023 年，幼龄林增加了 4.88×10^3 万元，增幅 74.75%；中龄林增加了 3.04×10^3 万元，增幅 9.36%；近熟林增加了 1.674×10^4 万元，增幅 216.23%；成过熟林减少了 2.084×10^4 万元，降幅 66.23%。人工特用林固碳释氧功能总价值，截止到 2023 年，与 2003 年相比减少了 2.47×10^3 万元，降幅 2.77%。

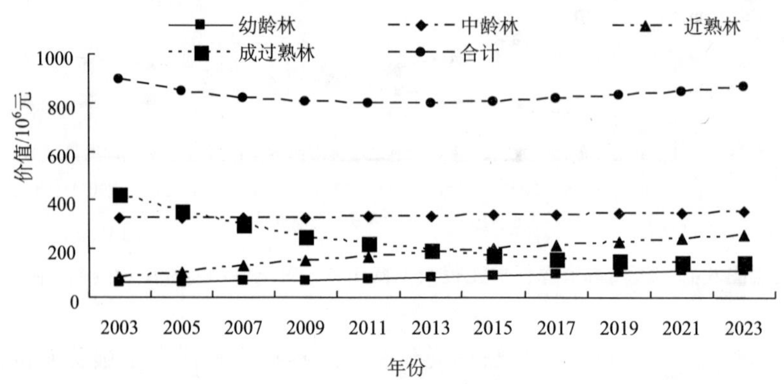

图 6-42　天然林资源保护工程人工特用林固碳释氧功能价值预测趋势图

总体而言，2023 年比 2003 年天然林资源保护工程特用林固碳释氧功能总价值减少了 5.695×10^6 万元。

6.1.3.4　吸收二氧化硫功能价值量预测

由图 6-43 可知：天然特用林吸收二氧化硫功能价值预计在 2003～2023 年，除天然幼龄林和近熟林外，其余各龄级林分的吸收二氧化硫功能价值都逐渐降低其中，幼龄林从 2003 年的 3.43×10^3 万元增加到 2023 年的 8.97×10^3 万元，增加了 5.54×10^3 万元，增幅 161.69％；中龄林从 2003 年的 1.98×10^4 万元增加到 2023 年的 2.22×10^4 万元，增加了 2.33×10^3 万元，增幅 11.76％；近熟林从 2003 年的 1.87×10^4 万元增加到 2023 年的 2.12×10^4 万元，增加了 2.55×10^3 万元，增幅 13.65％；成过熟林从 2003 年的 6.31×10^4 万元降低到 2023 年的 1.68×10^4 万元，减少了 4.63×10^4 万元，降幅 73.33％。天然特用林吸收二氧化硫功能价值从 2003 年的 1.05×10^5 万元降低到 2023 年 6.92×10^4 万元，减少了 3.59×10^4 万元，降幅 34.13％。

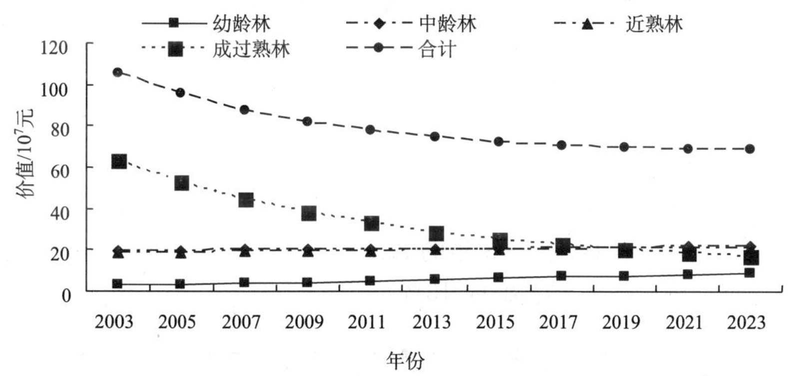

图 6-43　天然林资源保护工程天然特用林吸收二氧化硫功能价值预测图

由图 6-44 可知：人工特用林中除成过熟林吸收二氧化硫功能价值有所降低外，其他各龄级林分均不同程度增加。其中，幼龄林从 2003 年的 1.60×10^2 万元增加到 2023 年的 2.80×10^2 万元，增加了 1.20×10^2 万元，增幅 74.75％；中龄林从 2003 年的 7.97×10^2 万元增加到 2023 年的 8.71×10^2 万元，增加了 74.61 万元，增幅 9.36％；

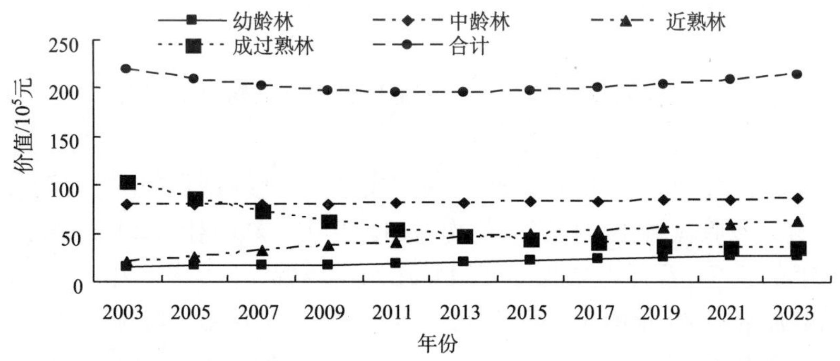

图 6-44　天然林资源保护工程人工特用林吸收二氧化硫功能价值预测趋势图

近熟林从 2003 年的 2.00×10² 万元增加到 2023 年的 6.34×10² 万元，增加了 4.33×10² 万元，增幅 216.23%；成过熟林从 2003 年的 1.04×10³ 万元降低到 2023 年的 3.51×10² 万元，减少了 6.88×10² 万元，降幅 66.23%。人工特用林吸收二氧化硫功能价值从 2003 年的 2.20×10³ 万元降低到 2023 年 2.14×10³ 万元，减少了 60.76 万元，降幅 2.77%。

由图 6-43、图 6-44 可知：特用林各龄级林分总体变化规律类同人工用材林。特用林吸收二氧化硫功能价值从 2003 年的 1.07×10⁵ 万元降低到 2023 年 7.13×10⁴ 万元，减少了 3.59×10⁴ 万元，降幅 33.48%。

6.1.3.5 吸收氮氧化物功能价值量预测

由图 6-45 可知：预计 2003～2023 年，天然林资源保护工程天然特用林中，幼龄林、中龄林和近熟林的吸收氮氧化物功能价值均将增加，成过熟林将下降。幼龄林从 2003 年的 69.84 万元增加到 2023 年的 1.83×10² 万元，增加了 1.13×10² 万元，增幅 161.69%；中龄林从 2003 年的 4.04×10² 万元增加到 2023 年的 4.52×10² 万元，增加了 47.51 万元，增幅 11.76%；近熟林从 2003 年的 3.81×10² 万元增加到 2023 年的 4.33×10² 万元，增加了 52.00 万元，增幅 13.65%；成过熟林从 2003 年的 1.29×10³ 万元降低到 2023 年的 3.43×10² 万元，减少了 9.43×10² 万元，降幅 73.33%。天然特用林吸收氮氧化物功能价值从 2003 年的 2.14×10³ 万元降低到 2023 年 1.41×10³ 万元，减少了 7.31×10² 万元，降幅 34.13%。

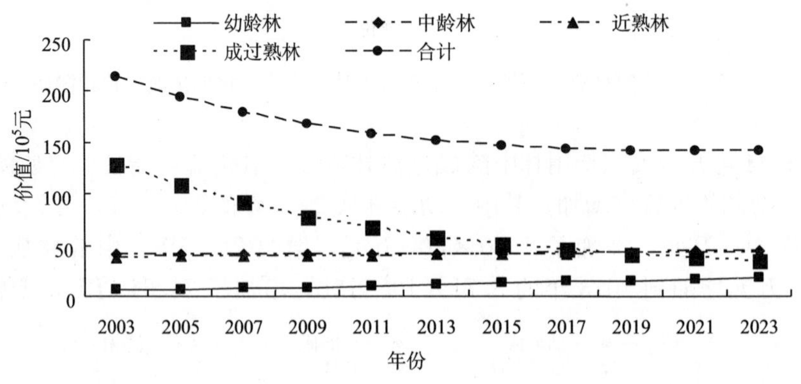

图 6-45 天然林资源保护工程天然特用林吸收氮氧化物功能价值预测趋势图

由图 6-46 可知：人工特用林在此期间，成过熟林吸收氮氧化物功能价值却降低，其他各龄级林分吸收氮氧化物功能价值均增加。其中，幼龄林从 2003 年的 3.27 万元增加到 2023 年的 5.71 万元，增加了 2.44 万元，增幅 74.75%；中龄林从 2003 年的 16.24 万元增加到 2023 年的 17.76 万元，增加了 1.52 万元，增幅 9.36%；近熟林从 2003 年的 4.08 万元增加到 2023 年的 12.91 万元，增加了 8.83 万元，增幅 216.23%；成过熟林从 2003 年的 21.18 万元降低到 2023 年的 7.15 万元，减少了 14.03 万元，降幅 66.23%。人工特用林吸收氮氧化物功能价值从 2003 年的 44.77 万元降低到 2023 年

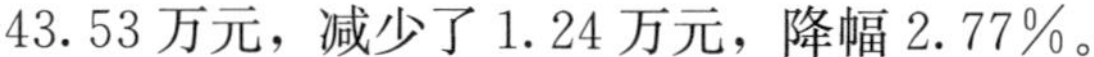
43.53 万元，减少了 1.24 万元，降幅 2.77%。

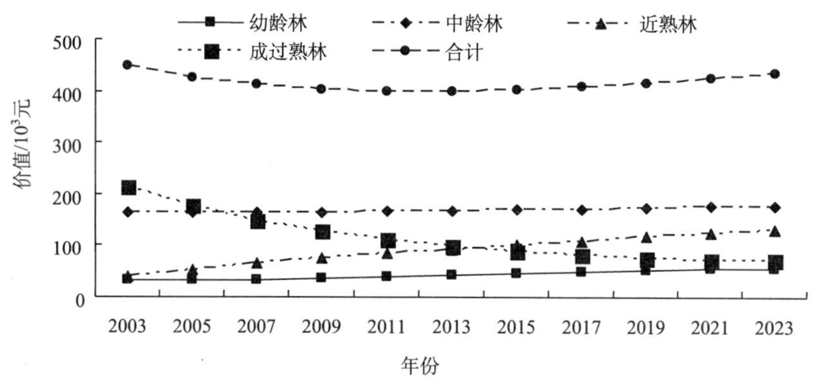

图 6-46　天然林资源保护工程人工特用林吸收氮氧化物功能价值预测趋势图

由图 6-45、图 6-46 可知：在天然林资源保护工程特用林吸收氮氧化物功能总价值中，除成过熟林外，其他各龄级林分吸收氮氧化物功能价值均增加。特用林吸收氮氧化物功能价值从 2003 年的 2.19×10^3 万元降低到 2023 年 1.45×10^3 万元，减少了 7.32×10^2 万元，降幅 33.48%。

6.1.3.6　储 N 功能价值量预测

由图 6-47 可知：天然林资源保护工程天然特用林预计 2003～2023 年，幼龄林、中龄林和近熟林的储 N 功能价值均将增加，成过熟林下降。预计幼龄林 2023 年比 2003 年的 1.11×10^2 万元增加 161.69%，增至 2.89×10^2 万元；中龄林 2023 年比 2003 年的 6.40×10^2 万元增加 11.76%，增至 2023 年的 7.15×10^2 万元；近熟林 2023 年比 2003 年的 6.03×10^2 万元增加 13.65%，增至 6.85×10^2 万元；成过熟林 2023 年比 2003 年的 2.04×10^3 万元减少 73.33%，降至 5.43×10^2 万元。天然特用林储 N 功能总价值 2023 年比 2003 年的 3.39×10^3 万元减少 34.13%，降至 2023 年 2.23×10^3 万元。

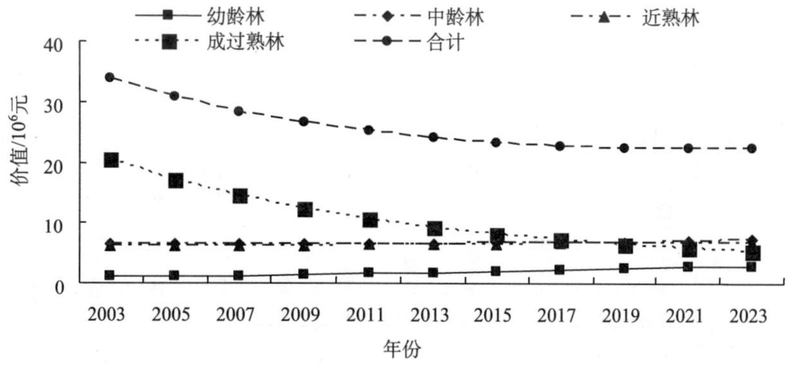

图 6-47　天然林资源保护工程天然特用林储 N 功能价值预测趋势图

由图 6-48 可知：人工特用林中成过熟林储 N 功能价值降低，其他各龄级林分储 N 功能价值均增加。其中，幼龄林 2023 年比 2003 年的 5.17 万元增加 74.75%，增至 9.04 万元；中龄林 2023 年比 2003 年的 25.70 万元增加 9.36%，增至 28.11 万元；近熟林 2023 年比 2003 年的 6.46 万元增加 216.23%，增至 20.43 万元；成过熟林 2023 年比 2003 年的 33.52 万元减少 66.23%，降至 11.32 万元。人工特用林储 N 功能总价值 2023 年较 2003 年的 70.85 万元减少 2.77%，降至 68.89 万元。

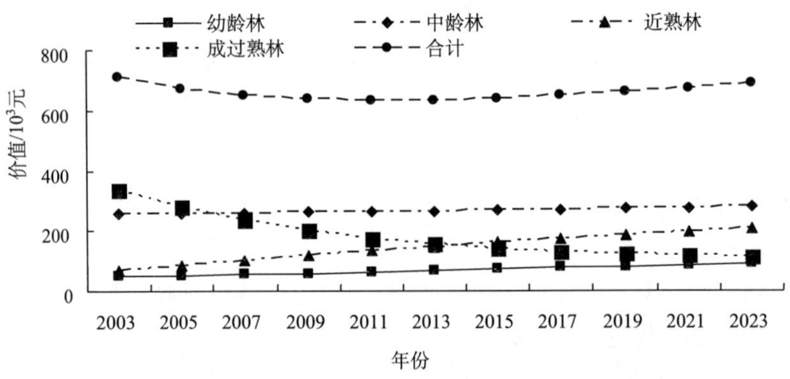

图 6-48　天然林资源保护工程人工特用林储 N 功能价值预测趋势图

由图 6-47、图 6-48 可知：在天然林资源保护工程特用林储 N 功能总价值中，除成过熟林外，其他各龄级林分储 N 功能价值均增加。特用林储 N 功能总价值 2023 年较 2003 年的 3.46×10^3 万元降低 33.48%，降至 2.30×10^3 万元。

6.1.3.7　储 P 功能价值量预测

由图 6-49 可知：天然林资源保护工程天然特用林预计 2003～2023 年，幼龄林、中龄林和近熟林的储 P 功能价值均将增加，成过熟林下降。预计幼龄林 2023 年比 2003 年增加 161.69%，增至 50.25 万元；中龄林 2023 年比 2003 年增加 11.76%，增至 1.24×10^2 万元；近熟林 2023 年比 2003 年增加 13.65%，增至 1.19×10^2 万元；成过熟林

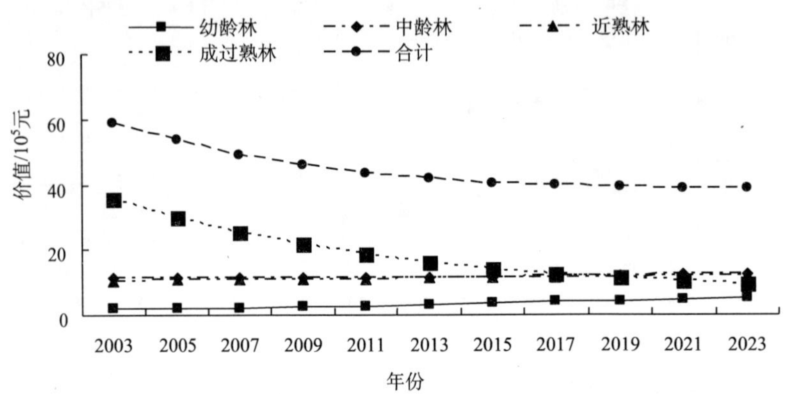

图 6-49　天然林资源保护工程天然特用林储 P 功能价值预测趋势图

2023 年比 2003 年减少 73.33%，降至 94.29 万元。天然特用林储 P 功能总价值 2023 年比 2003 年减少 34.13%，降至 2023 年 3.88×10^2 万元。

由图 6-50 可知：而人工特用林中成过熟林储 P 功能价值降低，其他各龄级林分储 P 功能价值均增加。其中，幼龄林 2023 年比 2003 年增加 74.75%，增至 1.57 万元；中龄林 2023 年比 2003 年增加 9.36%，增至 4.88 万元；近熟林 2023 年比 2003 年增加 216.23%，增至 3.55 万元；成过熟林 2023 年比 2003 年减少 66.23%，降至 1.97 万元。人工特用林储 P 功能总价值 2023 年较 2003 年减少 2.77%，降至 11.97 万元。

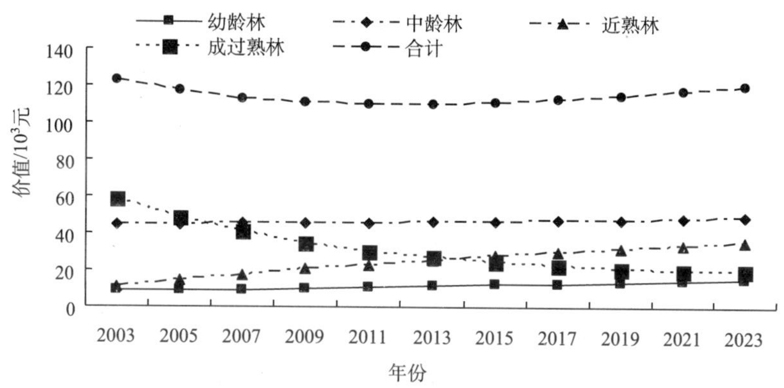

图 6-50　天然林资源保护工程人工特用林储 P 功能价值预测趋势图

由图 6-49、图 6-50 可知：除成过熟林外，其他各龄级林分储 P 功能价值均增加。特用林储 P 功能总价值 2023 年较 2003 年降低 33.48%，降至 4.00×10^2 万元。

6.1.3.8　储 K 功能价值量预测

由图 6-51 可知：2003～2023 年，天然林资源保护工程天然特用林储 K 功能价值中，预计幼龄林 2023 年比 2003 年增加 161.69%，增至 43.83 万元；中龄林 2023 年比

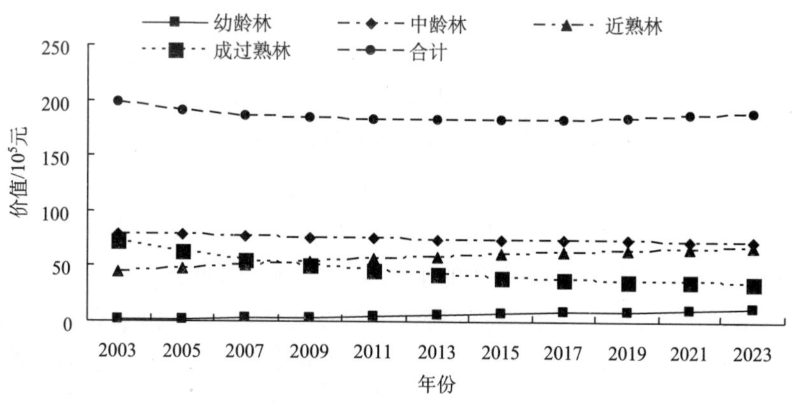

图 6-51　天然林资源保护工程天然特用林储 K 功能价值预测趋势图

2003 年增加 11.76%，增至 1.08×10^2 万元；近熟林 2023 年比 2003 年增加 13.65%，增至 1.04×10^2 万元；成过熟林 2023 年比 2003 年减少 73.33%，降至 82.23 万元。幼龄林、中龄林和近熟林的储 K 功能价值均增加，成过熟林下降。天然特用林储 K 功能总价值 2023 年比 2003 年的 5.43×10^7 万元减少 34.13%，降至 2023 年 3.38×10^2 万元。

由图 6-52 可知：人工特用林中预计幼龄林 2023 年比 2003 年增加 74.75%，增至 1.37 万元；中龄林 2023 年比 2003 年增加 9.36%，增至 4.26 万元；近熟林 2023 年比 2003 年增加 216.23%，增至 3.10 万元；成过熟林 2023 年比 2003 年减少 66.23%，降至 1.71 万元；成过熟林储 K 功能价值降低，其他各龄级林分储 K 功能价值均增加。人工特用林储 K 功能总价值 2023 年较 2003 年的 5.76×10^6 万元减少 2.77%，降至 10.44 万元。

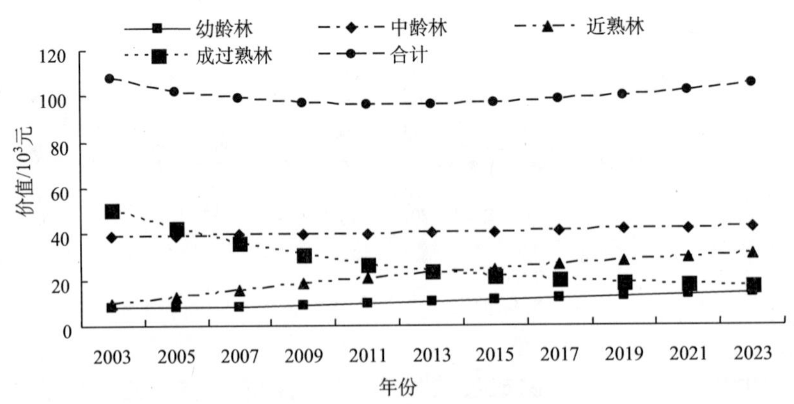

图 6-52　天然林资源保护工程人工特用林储 K 功能价值预测趋势图

由图 6-51、图 6-52 可知：特用林储 K 功能价值中除成过熟林外，其他各龄级林分储 K 功能价值均增加。天然特用林储 K 功能总价值 2023 年较 2003 年的 6.51×10^7 万元降低 33.48%，降至 3.49×10^2 万元。

6.1.3.9　滞尘功能价值量预测

由图 6-53 可知：2003～2023 年，在天然林资源保护工程各龄级林分天然特用林滞尘功能价值中，幼龄林由 2003 年的 6.52×10^4 万元增加到 2023 年的 1.71×10^5 万元，升高 161.69%；中龄林由 2003 年的 3.77×10^5 万元增加到 2023 年的 4.22×10^5 万元，升高 11.76%；近熟林由 2003 年的 3.56×10^5 万元增加到 2023 年的 4.04×10^5 万元，升高 13.65%；成过熟林由从 2003 年的 1.20×10^6 万元降低到 2023 年的 3.20×10^5 万元，降低 73.33%。除天然成过熟林的滞尘价值降低外，其余各龄级林分的滞尘价值都是增加的。天然特用林滞尘功能总价值由 2003 年的 2.00×10^6 万元降低到 2023 年 1.32×10^6 万元，降幅 34.13%。

由图 6-54 可知：在各龄级林分人工特用林滞尘功能价值中，幼龄林由 2003 年的

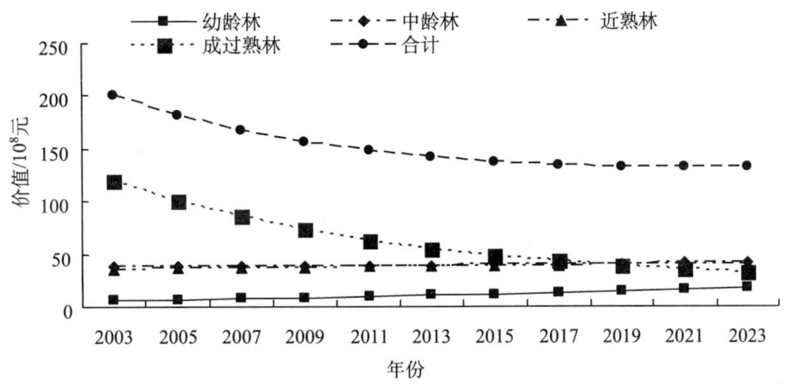

图 6-53　天然林资源保护工程天然特用林滞尘功能价值预测趋势图

3.05×10^3 万元增加到 2023 年的 5.33×10^3 万元，升高 74.75%；中龄林由 1.52×10^4 万元增加到 2023 年的 1.66×10^4 万元，升高 9.36%；近熟林由 2003 年的 3.81×10^3 万元增加到 2023 年的 1.21×10^4 万元，升高 216.23%；成过熟林由 2003 年的 1.98×10^4 万元降低到 2023 年的 6.68×10^3 万元，降低 66.23%。除成过熟林滞尘功能价值有所降低外，幼龄林、中龄林和成过熟林均增加。人工特用林滞尘功能价值由 2003 年的 4.18×10^4 万元降低到 2023 年 4.06×10^4 万元，降低 2.77%。

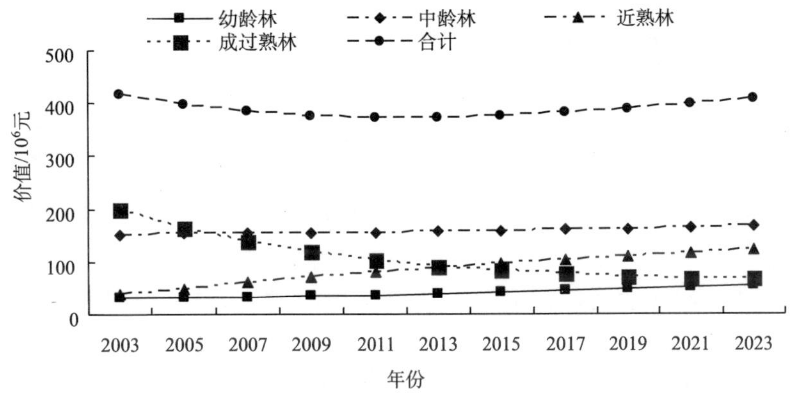

图 6-54　天然林资源保护工程人工特用林滞尘功能价值预测趋势图

由图 6-53、图 6-54 可知：在天然林资源保护工程特用林滞尘功能价值中，除成过熟林滞尘功能价值有所降低外，其他各龄级林分滞尘功能价值都是增加的。特用林滞尘功能总价值从 2003 年的 2.04×10^6 万元降低到 2023 年 1.36×10^6 万元，升高 33.48%。

6.2 “三北”及长江流域等重点防护林工程生态服务功能价值预测

6.2.1 用材林生态服务功能价值预测

6.2.1.1 涵养水源功能价值量预测

由图 6-55 可知：2003～2023 年，在“三北”及长江流域等重点防护林体系建设工程各龄级林分天然用材林涵养水源功能价值中，幼龄林由 2003 年的 9.26×10^6 万元增加到 2023 年的 1.21×10^7 万元，升高 30.49%；中龄林由 2003 年的 2.61×10^7 万元增加到 2023 年的 3.18×10^7 万元，升高 21.71%；近熟林由 2003 年的 1.13×10^7 万元增加到 2023 年的 2.39×10^7 万元，升高 112.33%；成过熟林由 2003 年的 1.43×10^7 万元降低到 2023 年的 1.05×10^7 万元，降低 26.59%。除成过熟林的涵养水源价值降低外，其他各龄级林分的涵养水源价值都是增加的。天然用材林涵养水源功能总价值由 2003 年的 6.10×10^7 万元增加到 2023 年 7.83×10^7 万元，升高 28.42%。

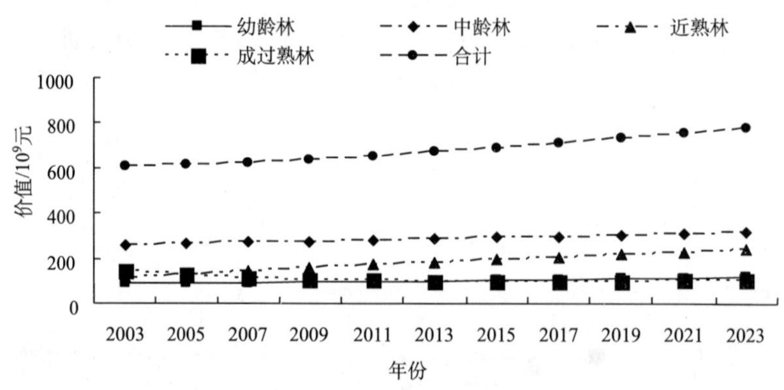

图 6-55 “三北”及长江流域等重点防护林体系建设工程天然用材林涵养水源功能价值预测趋势图

由图 6-56 可知：在各龄级林分人工用材林涵养水源功能价值中，幼龄林由 2003 年的 5.00×10^6 万元增加到 2023 年的 6.29×10^6 万元，升高 25.69%；中龄林由 2003 年的 1.19×10^7 万元增加到 2023 年的 1.52×10^7 万元，升高 27.60%；近熟林由 2003 年的 5.28×10^6 万元增加到 2023 年的 1.12×10^7 万元，升高 112.42%；成过熟林由 2003 年的 3.30×10^6 万元增加到 2023 年的 4.49×10^6 万元，升高 36.31%。各龄级林分涵养水源功能价值均增加。人工用材林涵养水源功能价值由 2003 年的 2.55×10^7 万元增加到 2023 年 3.72×10^7 万元，升高 45.94%。

由图 6-55、图 6-56 可知：在“三北”及长江流域等重点防护林体系建设工程用材林涵养水源功能价值中，除成过熟林涵养水源功能价值有所降低外，其他各龄级林分涵养水源功能价值都是增加的。用材林涵养水源功能价值从 2003 年的 8.64×10^7 万元增加到 2023 年 1.15×10^8 万元，增加了 2.90×10^7 万元，增幅 33.58%。

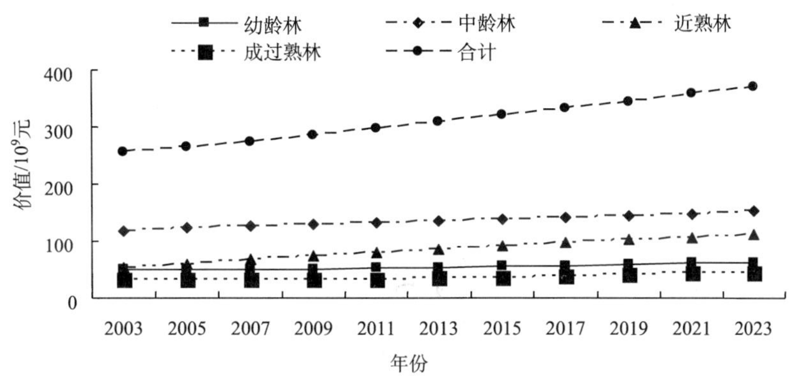

图 6-56　“三北”及长江流域等重点防护林体系建设工程人工用材林涵养水源功能价值预测趋势图

6.2.1.2　保育土壤功能价值量预测

由图 6-57 可知：2003～2023 年，除天然成过熟林的保育土壤价值降低外，“三北”及长江流域等重点防护林体系建设工程天然用材林其余各龄级林分的保育土壤价值都是增加的。其中，幼龄林 2023 年比 2003 年增加了 1.25×10^4 万元，增幅 30.49%；中龄林 2023 年比 2003 年增加了 2.51×10^4 万元，增幅 21.71%；近熟林 2023 年比 2003 年增加了 7.14×10^5 万元，增幅 112.33%；成过熟林 2023 年比 2003 年减少了 2.15×10^5 万元，降幅 26.59%。天然用材林保育土壤功能总价值 2023 年比 2003 年增加了 5.36×10^5 万元，增幅 33.48%。

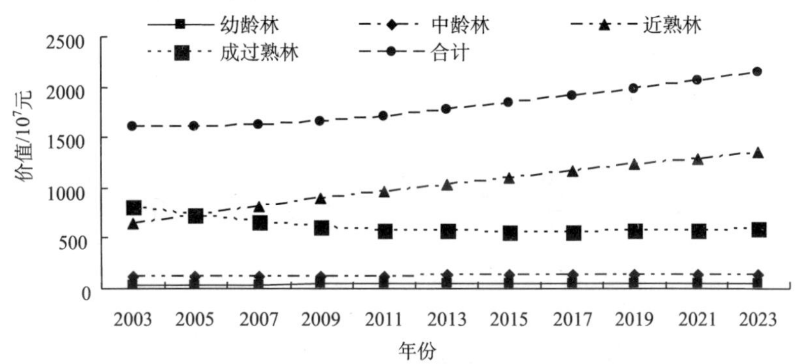

图 6-57　“三北”及长江流域等重点防护林体系建设工程天然用材林保育土壤功能价值预测趋势图

由图 6-58 可知：人工用材林各龄级林分保育土壤功能价值都是增加的。其中，幼龄林 2023 年比 2003 年增加了 5.70×10^3 万元，增幅 25.69%；中龄林 2023 年比 2003 年增加了 1.46×10^4 万元，增幅 27.60%；近熟林 2023 年比 2003 年增加了 3.36×10^5 万元，增幅 112.42%；成过熟林 2023 年比 2003 年增加了 6.76×10^4 万元，增幅 36.31%。人工用材林保育土壤功能价值 2023 年比 2003 年增加了 4.23×10^5 万元，增幅 75.66%。

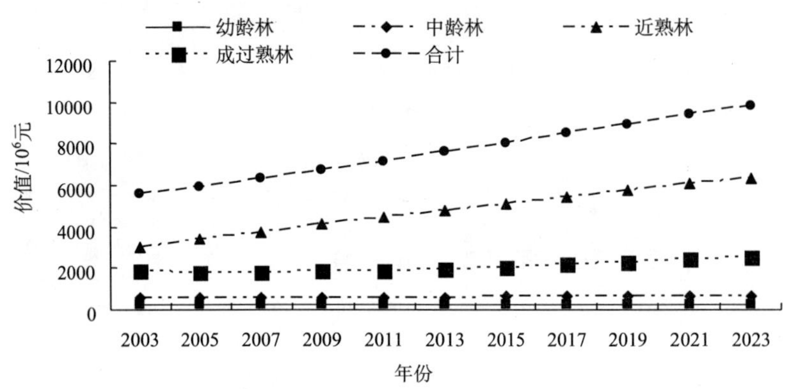

图 6-58 "三北"及长江流域等重点防护林体系建设工程人工用材林保育土壤功能价值预测趋势图

由图 6-57、图 6-58 可知：除成过熟林保育土壤功能价值有所降低外，"三北"及长江流域等重点防护林体系建设工程用材林中其他各龄级林分保育土壤功能价值都是增加的。用材林保育土壤功能价值 2023 年比 2003 年增加了 9.60×10^5 万元，增幅 44.40%。

6.2.1.3 固碳释氧功能价值量预测

"三北"及长江流域等重点防护林体系建设工程防护林固碳释氧功能价值预测结果见图 6-59 和图 6-60。

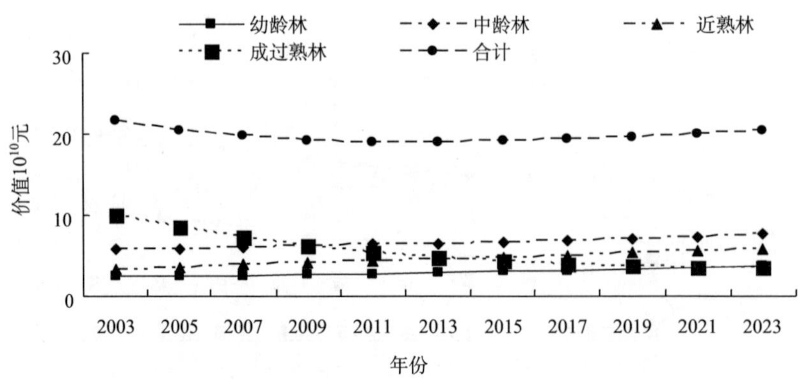

图 6-59 "三北"及长江流域等重点防护林体系建设工程天然防护林固碳释氧功能价值预测趋势图

由图 6-59 可以看出：2003～2023 年，天然防护林除成过熟林的固碳释氧价值降低外，其余各龄级林分的固氮释氧价值都是增加的。截止到 2023 年，与 2003 年相比，幼龄林增加了 1.18×10^6 万元，增幅 47.53%；中龄林增加了 1.88×10^6 万元，增幅 32.73%；近熟林增加了 2.46×10^6 万元，增幅 73.24%；成过熟林减少了 6.64×10^6 万元，降幅 65.88%。天然防护林固氮释氧功能总价值 2023 年比 2003 年减少了 1.13×10^6 万元，降幅 5.22%。

由图 6-60 可以看出：人工防护林除成过熟林固氮释氧功能价值有所降低外，其他

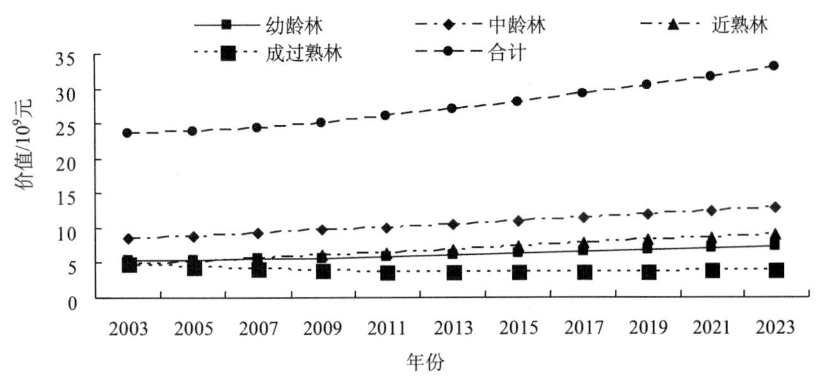

图 6-60 “三北”及长江流域等重点防护林体系建设工程人工防护林固碳释氧功能价值预测趋势图

各龄级林分固氮释氧功能价值都是增加的。截止到 2023 年，与 2003 年相比，幼龄林增加了 1.78×10^5 万元，增幅 32.94%；中龄林增加了 4.39×10^5 万元，增幅 51.89%；近熟林增加了 4.38×10^5 万元，增幅 93.34%；成过熟林减少了 1.00×10^5 万元，降幅 20.43%。人工防护林固氮释氧功能总价值 2023 年比 2003 年增加了 9.55×10^5 万元，增幅 40.69%。

综上所述，2023 年比 2003 年，“三北”及长江流域等重点防护林体系建设工程防护林固碳释氧功能总价值减少了 1.75×10^5 万元。

6.2.1.4　吸收二氧化硫功能价值量预测

由图 6-61 可知：2003～2023 年，“三北”及长江流域等重点防护林体系建设工程天然用材林吸收二氧化硫功能价值，除天然成过熟林的吸收二氧化硫价值降低外，其余各龄级林分的吸收二氧化硫价值都是增加的。其中，幼龄林从 2003 年的 5.44×10^4 万元增加到 2023 年的 7.09×10^4 万元，增加了 1.66×10^4 万元，增幅 30.49%；中龄林从 2003 年的 1.53×10^5 万元增加到 2023 年的 1.86×10^5 万元，增加了 3.33×10^4 万元，增幅 21.71%；近熟林从 2003 年的 6.61×10^4 万元增加到 2023 年的 1.40×10^5 万元，

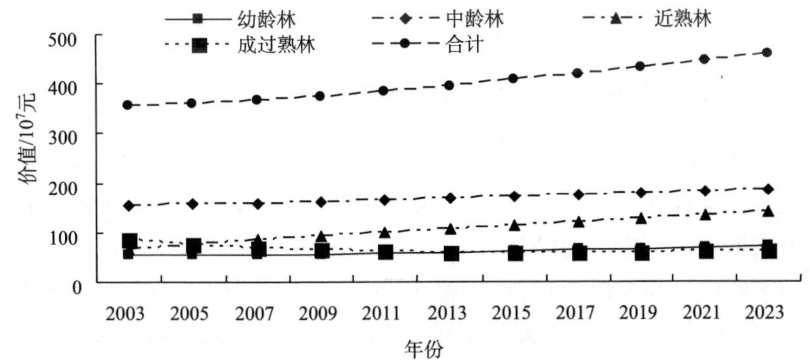

图 6-61 “三北”及长江流域等重点防护林体系建设工程天然用材林吸收二氧化硫功能价值预测趋势图

增加了 7.43×10^4 万元，增幅 112.33%；成过熟林从 2003 年的 8.42×10^4 万元降低到 2023 年的 6.18×10^4 万元，减少了 2.24×10^4 万元，降幅 26.59%。天然用材林吸收二氧化硫功能价值从 2003 年的 3.58×10^5 万元增加到 2023 年 4.60×10^5 万元，增加了 1.02×10^5 万元，增幅 28.42%。

由图 6-62 可知：2003～2023 年，“三北”及长江流域等重点防护林体系建设工程人工用材林各龄级林分吸收二氧化硫功能价值都是增加的。其中，幼龄林从 2003 年的 2.94×10^4 万元增加到 2023 年的 3.69×10^4 万元，增加了 7.55×10^3 万元，增幅 25.69%；中龄林从 2003 年的 6.99×10^4 万元增加到 2023 年的 8.91×10^4 万元，增加了 1.93×10^4 万元，增幅 27.60%；近熟林从 2003 年的 3.10×10^4 万元增加到 2023 年的 6.59×10^4 万元，增加了 3.49×10^4 万元，增幅 112.42%；成过熟林从 2003 年的 1.94×10^4 万元增加到 2023 年的 2.64×10^4 万元，增加了 7.03×10^3 万元，增幅 36.31%。人工用材林吸收二氧化硫功能价值从 2003 年的 1.50×10^5 万元增加到 2023 年 2.18×10^5 万元，增加了 6.87×10^4 万元，增幅 45.94%。

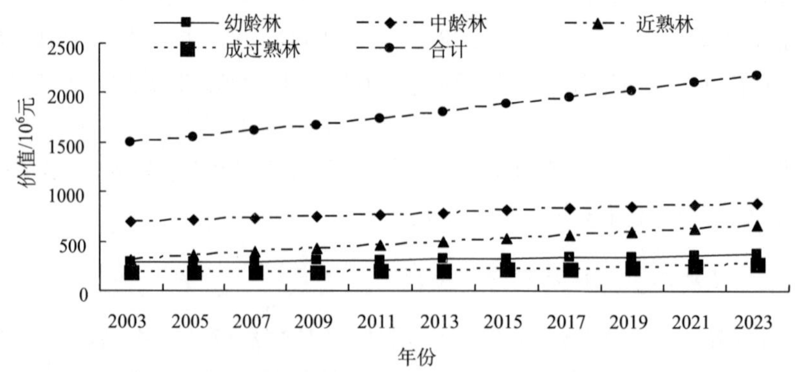

图 6-62 “三北”及长江流域等重点防护林体系建设工程人工用材林吸收二氧化硫功能价值预测趋势图

由图 6-61、图 6-62 可知：“三北”及长江流域等重点防护林体系建设工程用材林吸收二氧化硫功能价值，除成过熟林的吸收二氧化硫价值降低外，其余各龄级林分的吸收二氧化硫价值都是增加的。用材林吸收二氧化硫功能价值从 2003 年的 5.07×10^5 万元增加到 2023 年 6.78×10^5 万元，增加了 1.70×10^5 万元，增幅 33.58%。

6.2.1.5 吸收氮氧化物功能价值量预测

由图 6-63 可知：“三北”及长江流域等重点防护林体系建设工程天然用材林吸收氮氧化物功能价值预计在 2003～2023 年，除天然成过熟林外，其余各龄级林分的吸收氮氧化物价值均增加。其中，幼龄林从 2003 年的 3.51×10^3 万元增加到 2023 年的4.58×10^3 万元，增加了 1.07×10^3 万元，增幅 30.49%；中龄林从 2003 年的 9.90×10^3 万元增加到 2023 年的 1.21×10^4 万元，增加了 2.15×10^3 万元，增幅 21.71%；近熟林从 2003 年的 4.27×10^3 万元增加到 2023 年的 9.07×10^3 万元，增加了 4.80×10^3 万元，增幅 112.33%；成过熟林从 2003 年的 5.44×10^3 万元降低到 2023 年的 4.00×10^3 万元，减少了 1.45×10³ 万元，降幅 26.59%。天然用材林吸收氮氧化物功能价值从 2003 年的 2.31×10⁴ 万元增加到 2023 年 2.97×10⁴ 万元，增加了 6.57×10³ 万元，增幅 28.42%。

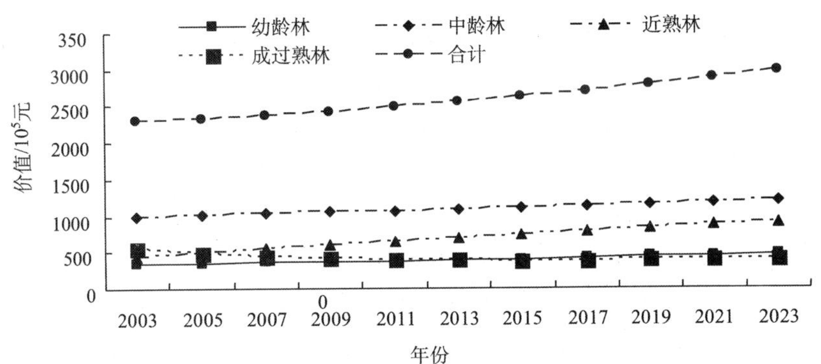

图 6-63　“三北”及长江流域等重点防护林体系建设工程天然用材林吸收氮氧化物功能价值预测趋势图

由图 6-64 可知：人工用材林中各龄级林分均不同程度增加。其中，幼龄林从 2003 年的 1.90×10³ 万元增加到 2023 年的 2.39×10³ 万元，增加了 4.88×10² 万元，增幅 25.69%；中龄林从 2003 年的 4.52×10³ 万元增加到 2023 年的 5.76×10³ 万元，增加了 1.25×10³ 万元，增幅 27.60%；近熟林从 2003 年的 2.01×10³ 万元增加到 2023 年的 4.26×10³ 万元，增加了 2.25×10³ 万元，增幅 112.42%；成过熟林从 2003 年的 1.25×10³ 万元增加到 2023 年的 1.71×10³ 万元，增加了 4.54×10² 万元，增幅 36.31%。人工用材林吸收氮氧化物功能价值从 2003 年的 9.67×10³ 万元增加到 2023 年 1.41×10⁴ 万元，增加了 4.44×10³ 万元，增幅 45.94%。

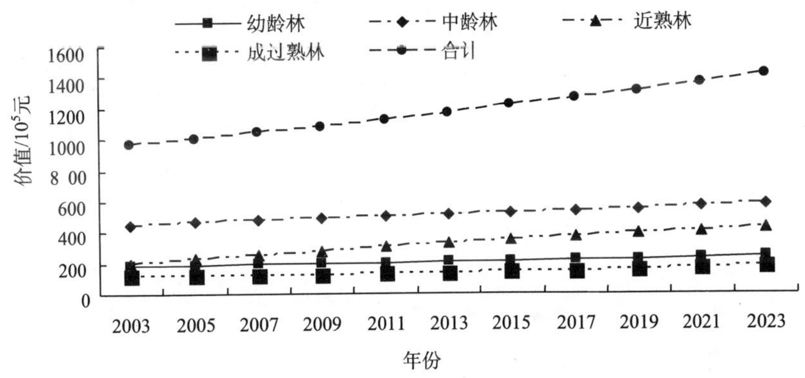

图 6-64　“三北”及长江流域等重点防护林体系建设工程人工用材林吸收氮氧化物功能价值预测趋势图

由图 6-63、图 6-64 可知：“三北”及长江流域等重点防护林体系建设工程用材林人工用材林吸收氮氧化物功能价值，除成过熟林的人工用材林吸收氮氧化物功能价值降低外，其余各龄级林分的人工用材林吸收氮氧化物功能价值都是增加的。

6.2.1.6　储 N 功能价值量预测

由图 6-65 可知：预计 2003～2023 年，“三北”及长江流域等重点防护林体系建设工程天然用材林中，幼龄林、中龄林和近熟林的储 N 价值将增加，成过熟林将下降。幼龄林从 2003 年的 2.53×10^3 万元增加到 2023 年的 3.31×10^3 万元，增加了 7.73×10^2 万元，增幅 30.49%；中龄林从 2003 年的 7.14×10^3 万元增加到 2023 年的 8.70×10^3 万元，增加了 1.55×10^3 万元，增幅 21.71%；近熟林从 2003 年的 3.08×10^3 万元增加到 2023 年的 6.54×10^3 万元，增加了 3.46×10^3 万元，增幅 112.33%；成过熟林从 2003 年的 3.93×10^3 万元降低到 2023 年的 2.88×10^3 万元，减少了 1.04×10^3 万元，降幅 26.59%。天然用材林储 N 功能价值从 2003 年的 1.67×10^4 万元增加到 2023 年 2.14×10^4 万元，增加了 4.74×10^3 万元，增幅 28.42%。

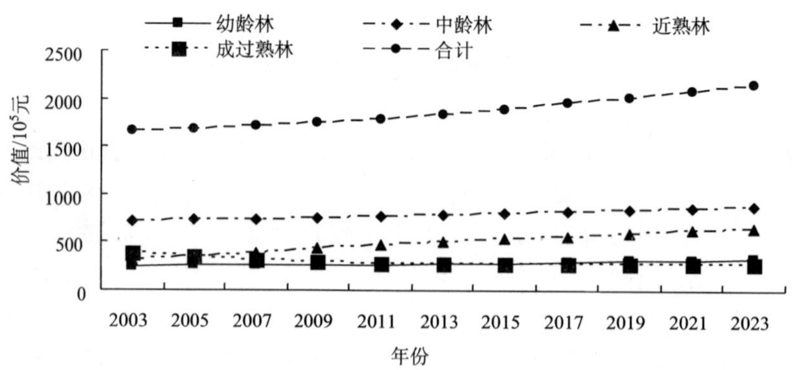

图 6-65　“三北”及长江流域等重点防护林体系建设工程天然用材林储 N 功能价值预测趋势图

由图 6-66 可知：人工用材林在此期间，各龄级林分储 N 功能价值均增加。其中，幼龄林从 2003 年的 1.37×10^3 万元增加到 2023 年的 1.72×10^3 万元，增加了 3.52×10^2 万元，增幅 25.69%；中龄林从 2003 年的 3.26×10^3 万元增加到 2023 年的 4.16×10^3 万元，增加了 8.99×10^2 万元，增幅 27.60%；近熟林从 2003 年的 1.45×10^3 万元

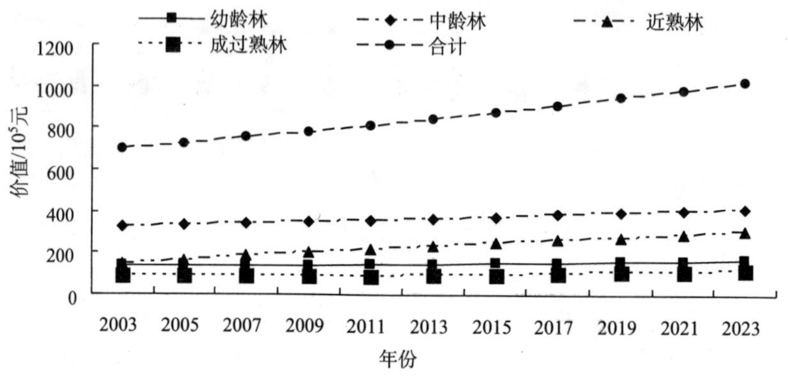

图 6-66　“三北”及长江流域等重点防护林体系建设工程人工用材林储 N 功能价值预测趋势图

增加到 2023 年的 3.07×10³ 万元，增加了 1.63×10³ 万元，增幅 112.42%；成过熟林从 2003 年的 9.03×10² 万元增加到 2023 年的 1.23×10³ 万元，增加了 3.28×10² 万元，增幅 36.31%；人工用材林储 N 功能价值从 2003 年的 6.98×10³ 万元增加到 2023 年 1.02×10⁴ 万元，增加了 3.20×10³ 万元，增幅 45.94%

由图 6-65、图 6-66 可知：在“三北”及长江流域等重点防护林体系建设工程用材林储 N 功能总价值中，除成过熟林外，其他各龄级林分储 N 功能价值均增加。用材林储 N 功能价值从 2003 年的 2.37×10⁴ 万元增加到 2023 年 3.16×10⁴ 万元，增加了 7.95×10³ 万元，增幅 33.58%。

6.2.1.7　储 P 功能价值量预测

由图 6-67 可知：“三北”及长江流域等重点防护林体系建设工程天然用材林预计 2003～2023 年，幼龄林、中龄林和近熟林的储 P 价值将增加，成过熟林将下降。预计幼龄林 2023 年比 2003 年的 3.37×10² 万元增加 30.49%，增至 3.53×10⁶ 万元；中龄林 2023 年比 2003 年的 9.50×10² 万元增加 21.71%，增至 1.16×10³ 万元；近熟林 2023 年比 2003 年的 4.10×10² 万元增加 112.33%，增至 8.70×10² 万元；成过熟林 2023 年比 2003 年的 5.22×10² 万元减少 26.59%，降至 3.83×10² 万元。天然用材林储 P 功能总价值 2023 年比 2003 年的 2.22×10³ 万元减少 28.42%，降至 2023 年 2.85×10³ 万元。

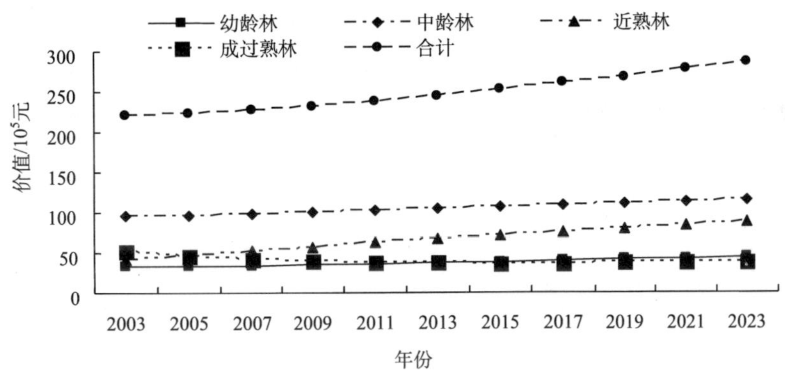

图 6-67　“三北”及长江流域等重点防护林体系建设工程天然用材林储 P 功能价值预测趋势图

由图 6-68 可知：人工用材林中各龄级林分储 P 功能价值均增加。其中，幼龄林 2023 年比 2003 年的 1.82×10² 万元增加 25.69%，增至 2.29×10² 万元；中龄林 2023 年比 2003 年的 4.33×10² 万元增加 27.60%，增至 5.53×10² 万元；近熟林 2023 年比 2003 年的 1.92×10² 万元增加 112.42%，增至 4.09×10² 万元；成过熟林 2023 年比 2003 年的 1.20×10² 万元增加 36.31%，增至 1.64×10² 万元。人工用材林储 P 功能总价值 2023 年较 2003 年的 9.27×10² 万元增加 45.94%，增至 1.35×10³ 万元。

由图 6-67、图 6-68 可知：在“三北”及长江流域等重点防护林体系建设工程用材林储 P 功能总价值中，除成过熟林外，其他各龄级林分储 P 功能价值均增加。天然用

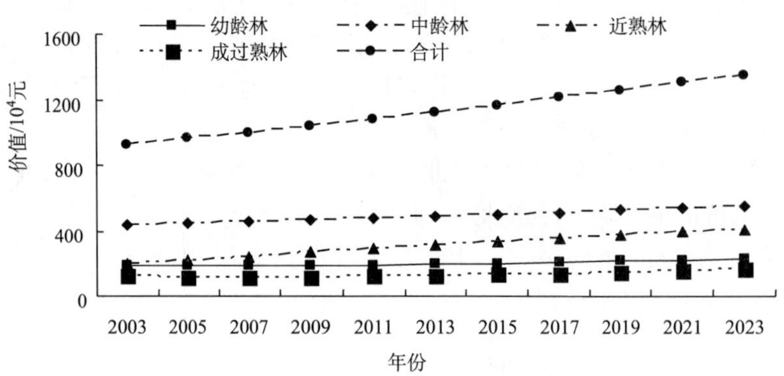

图 6-68　“三北”及长江流域等重点防护林体系建设工程人工用材林储 P 功能价值预测趋势图

材林储 P 功能总价值 2023 年较 2003 年的 3.15×10^3 万元增加 33.58%，增至 4.20×10^3 万元。

6.2.1.8　储 K 功能价值量预测

由图 6-69 可知：“三北”及长江流域等重点防护林体系建设工程天然用材林预计 2003～2023 年，幼龄林、中龄林和近熟林的储 K 价值均将增加，成过熟林将下降。预计幼龄林 2023 年比 2003 年增加 30.49%，增至 5.08×10^2 万元；中龄林 2023 年比 2003 年增加 21.71%，增至 1.34×10^3 万元；近熟林 2023 年比 2003 年增加 112.33%，增至 1.01×10^3 万元；成过熟林 2023 年比 2003 年减少 26.59%，降至 4.43×10^2 万元。天然用材林储 K 功能总价值 2023 年比 2003 年增加 28.42%，增至 2023 年 3.29×10^3 万元。

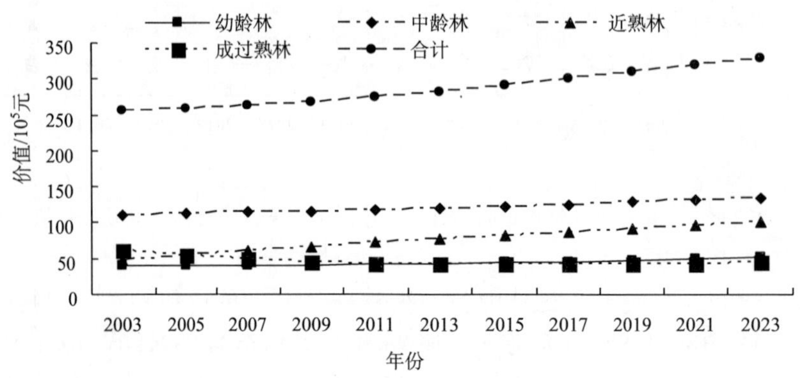

图 6-69　“三北”及长江流域等重点防护林体系建设工程天然用材林储 K 功能价值预测趋势图

由图 6-70 可知：人工用材林中各龄级林分储 K 功能价值均增加。其中，幼龄林 2023 年比 2003 年增加 25.69%，增至 2.65×10^2 万元；中龄林 2023 年比 2003 年增加 27.60%，增至 6.39×10^2 万元；近熟林 2023 年比 2003 年增加 112.42%，增至 $4.72\times$

10^2 万元；成过熟林 2023 年比 2003 年增加 36.31%，增至 1.89×10^2 万元。人工用材林储 K 功能总价值 2023 年较 2003 年增加 45.94%，增至 1.56×10^3 万元。

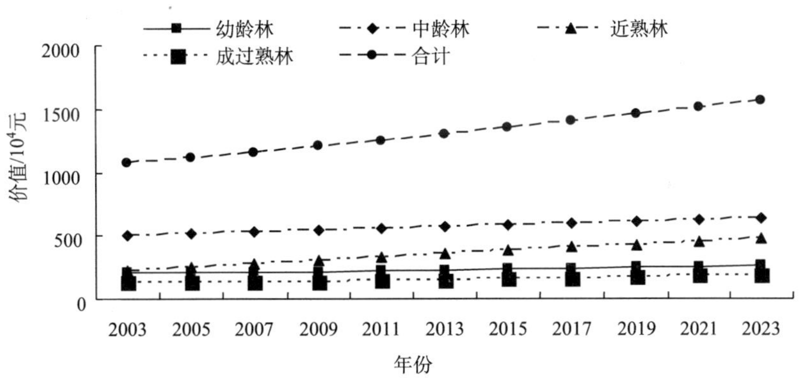

图 6-70 “三北”及长江流域等重点防护林体系建设工程人工用材林储 K 功能价值预测趋势图

由图 6-69、图 6-70 可知：除成过熟林外，其他各龄级林分储 K 功能价值均增加。用材林储 K 功能总价值 2023 年较 2003 年增加 33.58%，增至 4.86×10^3 万元。

6.2.1.9 滞尘功能价值量预测

由图 6-71 可知：2003～2023 年，“三北”及长江流域等重点防护林体系建设工程天然用材林滞尘功能价值中，预计幼龄林 2023 年比 2003 年增加 30.49%，增至 1.47×10^7 万元；中龄林 2023 年比 2003 年增加 21.71%，增至 3.87×10^6 万元；近熟林 2023 年比 2003 年增加 112.33%，增至 2.91×10^6 万元；成过熟林 2023 年比 2003 年减少 26.59%，降至 1.28×10^6 万元；幼龄林、中龄林和近熟林的滞尘价值将增加，成过熟林下降。天然用材林滞尘功能总价值 2023 年比 2003 年的 5.43×10^7 万元增加 28.42%，增至 2023 年 9.53×10^6 万元。

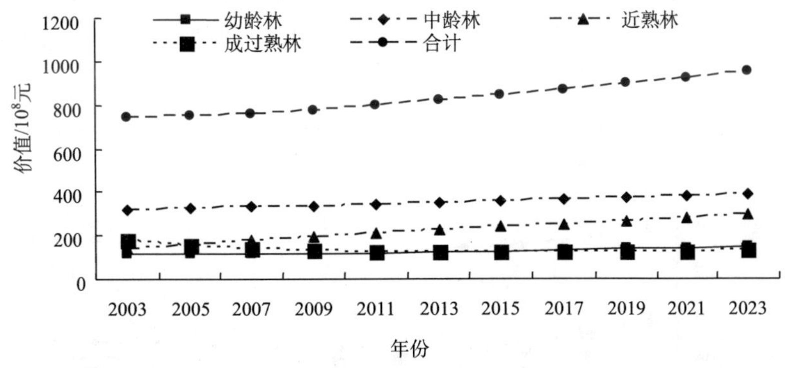

图 6-71 “三北”及长江流域等重点防护林体系建设工程天然用材林滞尘功能价值预测趋势图

由图 6-72 可知：人工用材林中预计幼龄林 2023 年比 2003 年增加 25.69%，增至 7.65×10^5 万元；中龄林 2023 年比 2003 年增加 27.60%，增至 1.85×10^6 万元；近熟

林 2023 年比 2003 年增加 112.42%，增至 1.37×10^6 万元；成过熟林 2023 年比 2003 年增加 36.31%，增至 5.47×10^5 万元。各龄级林分滞尘功能价值均增加。人工用材林滞尘功能总价值 2023 年较 2003 年的 5.76×10^6 万元增加 45.94%，增至 4.53×10^6 万元。

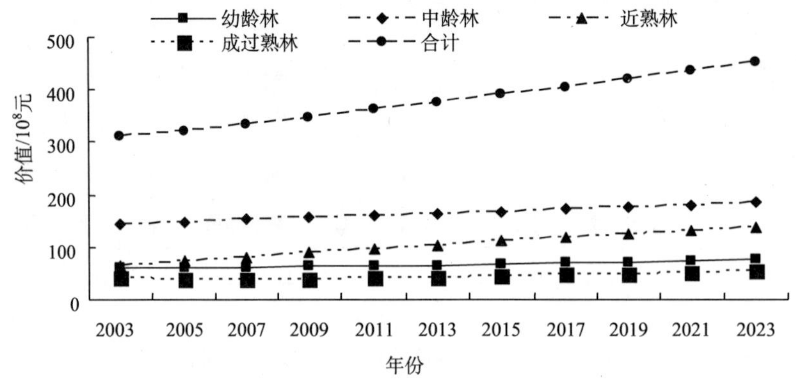

图 6-72 “三北”及长江流域等重点防护林体系建设工程人工用材林滞尘功能价值预测趋势图

由图 6-71、图 6-72 可知：用材林滞尘功能价值中，除成过熟林外，其他各龄级林分滞尘功能价值均增加。天然用材林滞尘功能总价值 2023 年较 2003 年的 1.05×10^7 万元增加 33.58%，增至 1.41×10^7 万元。

6.2.2 防护林生态服务功能价值预测

6.2.2.1 涵养水源功能价值量预测

由图 6-73 可以看出：2003～2023 年，天然防护林涵养水源功能价值量变化呈先减少后增加的趋势，到 2013 年天然用材涵养水源功能价值总量最小，随后呈小幅度增长趋势，总体来看，从 2003 年的 7.7539×10^7 万元降低到 2023 年 7.3495×10^7 万元，减少了 4.405×10^6 万元，降幅为 5.22%。天然防护林不同林龄组林分涵养水源功能价值总量变化规律为中龄林>成过熟林>近熟林>幼龄林，除成过熟林的涵养水源价值减少

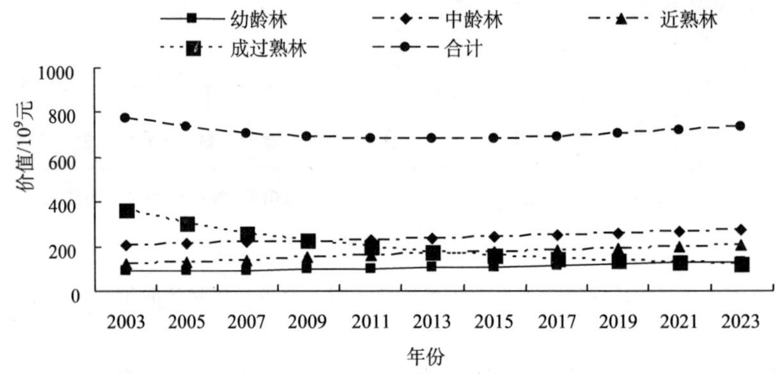

图 6-73 “三北”及长江流域等重点防护林体系建设工程天然防护林涵养水源功能价值预测趋势图

外，其余各龄级林分的涵养水源价值都是增加的。其中，幼龄林从 2003 年的 8.782×10^6 万元增加到 2023 年的 1.3089×10^7 万元，增加了 4.217×10^6 万元，增幅 47.53%；中龄林从 2003 年的 2.0551×10^7 万元增到 2023 年的 2.7278×10^7 万元，增加了 6.726×10^6 万元，增幅 32.73%；近熟林从 2003 年的 1.2011×10^7 万元增加到 2023 年的 2.0808×10^7 万元，增加了 8.977×10^6 万元，增幅 73.24%；成过熟林从 2003 年的 3.6104×10^7 万元降低到 2023 年的 1.2320×10^7 万元，减少了 2.3785×10^7 万元，降幅 65.88%。综合分析表明，天然防护林涵养水源功能价值总量比预测期初呈小幅度减少趋势，但总体降幅不大。

由图 6-74 可知：2003～2023 年，人工防护林涵养水源功能总价值呈逐渐增长的趋势，从 2003 年的 8.4053×10^6 万元增加到 2023 年 $1.182\,50\times10^7$ 万元，增加了 3.4197×10^6 万元，增幅为 40.69%。说明随工程的实施，由于人工防护林中幼龄林、中龄林和近熟林的涵养水源功能的增加，导致人工防护林逐渐发挥了巨大的涵养水源效益。在人工防护林不同林龄组林分中，除成过熟林涵养水源功能总价值有所降低外，其他各龄级林分涵养水源功能价值都是增加的。其中，幼龄林从 2003 年的 1.9392×10^6 万元增加到 2023 年的 2.5780×10^6 万元，增加了 6.388×10^5 万元，增幅 32.94%；中龄林从 2003 年的 3.0285×10^6 万元增加到 2023 年的 4.5999×10^6 万元，增加了 1.5704×10^6 万元，增幅 51.89%；近熟林从 2003 年的 1.6806×10^6 万元增加到 2023 年的 3.2492×10^6 万元，增加了 1.5686×10^6 万元，增幅 93.34%；成过熟林从 2003 年的 1.7570×10^6 万元降低到 2023 年的 1.3980×10^6 万元，减少了 3.590×10^5 万元，降幅 20.43%。

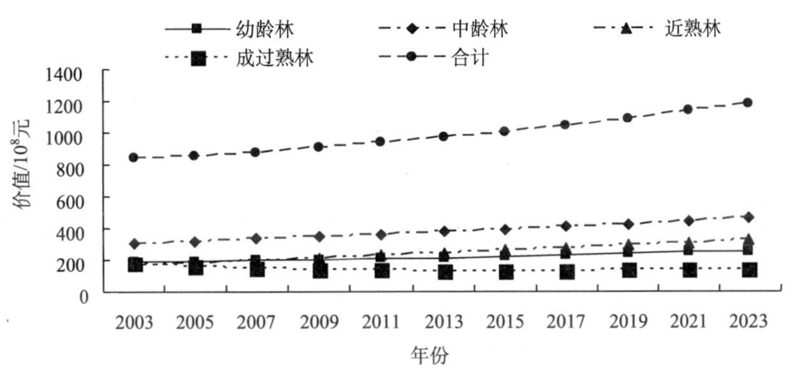

图 6-74　“三北”及长江流域等重点防护林体系建设工程人工防护林涵养水源功能价值预测趋势图

综合分析可知：在预测期内，天然防护林涵养水源功能价值总量明显低于人工防护林，天然防护林涵养水源功能价值总量为 $7.797\,86\times10^8$ 万元，人工防护林为 $1.082\,449\times10^7$ 万元。防护林涵养水源功能价值从 2003 年的 8.5945×10^7 万元降低到 2023 年 $8.531\,96\times10^7$ 万元，降低了 6.26×10^5 万元，增幅 0.73%。

6.2.2.2　保育土壤功能价值量预测

由图 6-75 可知：天然防护林保育土壤功能价值预计在 2003～2023 年，除天然成过熟林呈下降趋势外，其余各龄级林分的涵养水源价值均增加。其中，幼龄林从 2003 年的 3.933×10⁴ 万元增加到 2023 年的 5.802×10⁴ 万元，增加了 1.689×10⁴ 万元，增幅 47.53%；中龄林从 2003 年的 9.111×10⁴ 万元增加到 2023 年的 1.2092×10⁵ 万元，增加了 2.981×10⁴ 万元，增幅 32.73%；近熟林从 2003 年的 6.7830×10⁵ 万元增加到 2023 年的 1.175 07×10⁶ 万元，增加了 4.9677×10⁵ 万元，增幅 73.24%；成过熟林从 2003 年的 2.038 91×10⁶ 万元降低到 2023 年的 6.9571×10⁵ 万元，减少了 1.343 19×10⁶ 万元，降幅 65.88%。总体来看，天然防护林保育土壤功能价值量呈逐渐减少的趋势，从 2003 年的 2.847 64×10⁶ 万元降低到 2023 年 2.049 72×10⁶ 万元，减少了 7.9792×10⁵ 万元，降幅 28.02%。

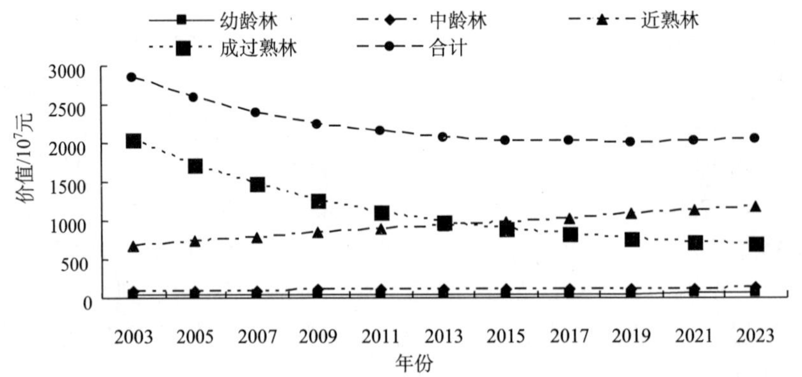

图 6-75 “三北”及长江流域等重点防护林体系建设工程天然防护林保育土壤功能价值预测趋势图

由图 6-76 可知：2003～2023 年，人工防护林保育土壤功能价值总量明显高于天然防护林。总体来看，防护林保育土壤功能价值从 2003 年的 3.063 78×10⁴ 万元降低到 2023 年 2.343 97×10⁵ 万元，降低了 7.1981×10⁴ 万元，降幅 23.49%，说明防护林保育土壤功能价值总量在预测期内变化较大，人工防护林保育土壤功能价值增加量不能弥补天然防护林保育土壤功能价值减少量，因此，最终预测结果显示防护林保育土壤功能

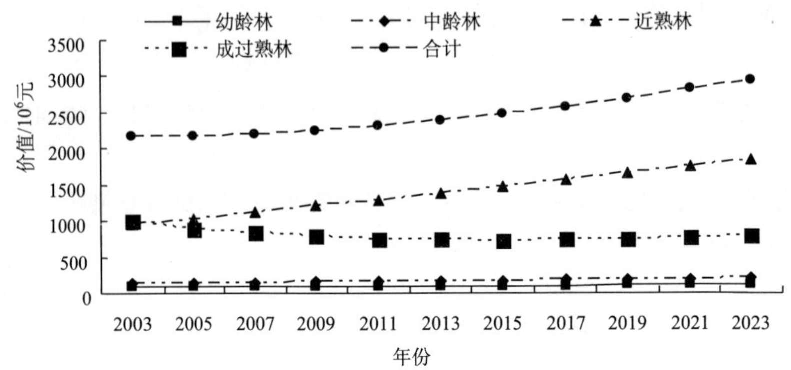

图 6-76 “三北”及长江流域等重点防护林体系建设工程人工防护林保育土壤功能价值预测趋势图

价值总体减少。

6.2.2.3　固碳释氧功能价值量预测

“三北”及长江流域等重点防护林体系建设工程防护林固碳释氧功能价值预测结果见图 6-77、图 6-78。

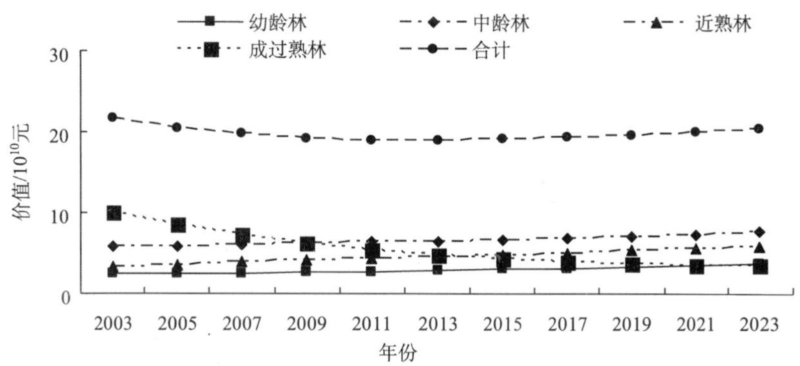

图 6-77　“三北”及长江流域等重点防护林体系建设工程天然防护林固碳释氧功能价值预测趋势图

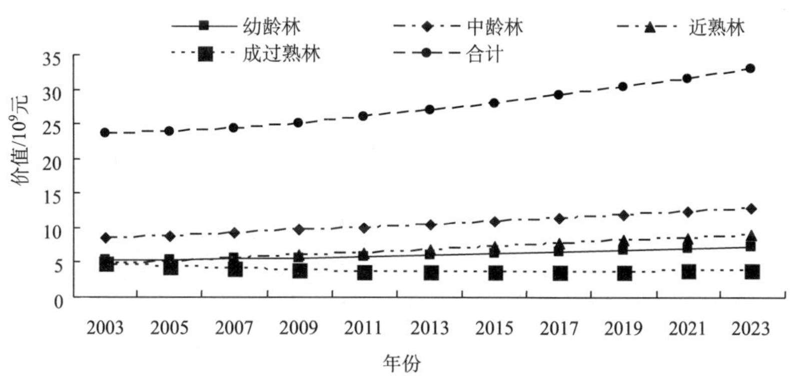

图 6-78　“三北”及长江流域等重点防护林体系建设工程人工防护林固碳释氧功能价值预测趋势图

由图 6-77 可以看出：2003～2023 年，天然防护林除成过熟林的固碳释氧价值降低外，其余各龄级林分的固氮释氧价值都是增加的。截止到 2023 年，与 2003 年相比，幼龄林增加了 1.18×10^{6} 万元，增幅 47.53%；中龄林增加了 1.88×10^{6} 万元，增幅 32.73%；近熟林增加了 2.46×10^{6} 万元，增幅 73.24%；成过熟林减少了 6.64×10^{6} 万元，降幅 65.88%。天然防护林固氮释氧功能总价值 2023 年比 2003 年减少了 1.13×10^{6} 万元，降幅 5.22%。

由图 6-78 可以看出：人工防护林除成过熟林固氮释氧功能价值有所降低外，其他各龄级林分固氮释氧功能价值都是增加的。截止到 2023 年，与 2003 年相比，幼龄林增加了 1.78×10^{5} 万元，增幅 32.94%；中龄林增加了 4.39×10^{5} 万元，增幅 51.89%；

近熟林增加了 4.38×10^5 万元，增幅 93.34%；成过熟林减少了 1.00×10^5 万元，降幅 20.43%。人工防护林固氮释氧功能总价值 2023 年比 2003 年增加了 9.55×10^5 万元，增幅 40.69%。

综上所述，2023 年比 2003 年，“三北”及长江流域等重点防护林体系建设工程防护林固碳释氧功能总价值减少了 1.75×10^5 万元。

6.2.2.4　吸收二氧化硫功能价值量预测

由图 6-79 可知：2003～2023 年，天然防护林吸收二氧化硫功能总价值为 45 799.39×10^2 万元，吸收二氧化硫功能价值变化呈先减少后增加的变化趋势，预测期末 2023 年比 2003 年的 4552.19×10^2 万元减少 5.22%，降至 2023 年的 4314.69×10^2 万元。不同林龄组林分对比可知，幼龄林、中龄林和近熟林的吸收二氧化硫功能价值将增加，成过熟林则下降。幼龄林 2023 年比 2003 年的 520.88×10^2 万元将增加 47.53%，增至 768.45×10^2 万元；中龄林 2023 年比 2003 年的 1206.56×10^2 万元增加 32.73%，增至 1601.429×10^2 万元；近熟林 2023 年比 2003 年的 705.14×10^2 万元将增加 73.24%，增至 1221.57×10^2 万元；成过熟林 2023 年比 2003 年的 2119.60×10^2 万元减少 65.88%，降至 723.24×10^2 万元。

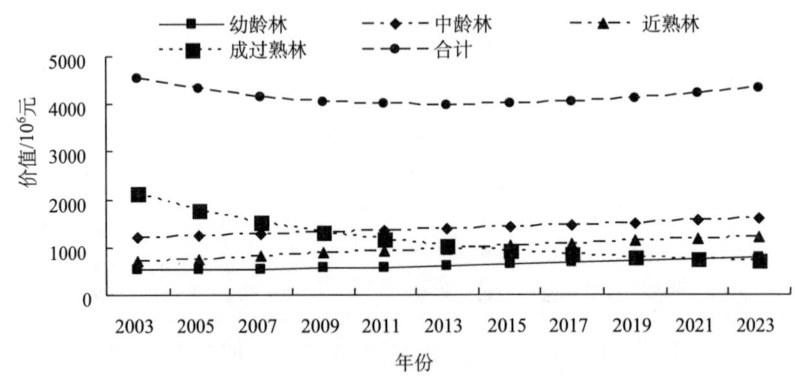

图 6-79 “三北”及长江流域等重点防护林体系建设工程天然防护林吸收二氧化硫功能价值预测趋势图

由图 6-80 可知：在预测期内，人工防护林吸收二氧化硫功能总价值呈逐渐增加的趋势，2023 年较 2003 年的 493.46×10^2 万元增加 40.69%，增至 694.22×10^2 万元。不同林龄组林分对比可知，人工防护林中成过熟林吸收二氧化硫功能价值呈下降趋势，其他各龄级林分吸收二氧化硫功能价值均呈增加趋势。其中，幼龄林 2023 年比 2003 年的 113.85×10^2 万元增加 32.94%，增至 151.34×10^2 万元；中龄林 2023 年比 2003 年的 177.79×10^4 万元增加 51.89%，增至 270.04×10^2 万元；近熟林 2023 年比 2003 年的 98.66×10^2 万元增加了 93.34%，增至 190.75×10^2 万元；成过熟林 2023 年比 2003 年的 103.15×10^2 万元减少 20.43%，降至 82.07×10^2 万元。

综合分析可知：在天然防护林中，天然防护林在预测期内吸收二氧化硫功能总价值为 45 779.30×10^2 万元，人工防护林吸收二氧化硫功能总价值为 6354.80×10^2 万元。

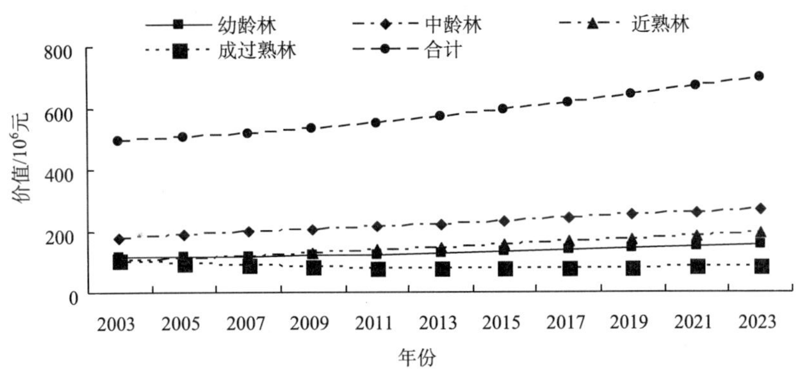

图 6-80　“三北”及长江流域等重点防护林体系建设工程人工防护林吸收二氧化硫功能价值预测趋势图

6.2.2.5　吸收氮氧化物功能价值量预测

由图 6-81 可知：2003～2023 年，天然防护林吸收氮氧化物功能价值呈先减少后增加的变化趋势，2013 年吸收氮氧化物功能价值最低。总体来看，天然防护林吸收氮氧化物功能总价值 2023 年比 2003 年减少 5.22%，降至 2023 年 27889.5 万元。不同林龄组林分对比可知，幼龄林、中龄林和近熟林的吸收氮氧化物功能价值呈增加趋势，成过熟林则呈下降趋势。幼龄林 2023 年比 2003 年增加 47.53%，增至 4967.2 万元；中龄林 2023 年比 2003 年增加 32.73%，增至 10 351.3 万元；近熟林 2023 年比 2003 年增加 73.24%，增至 7896.1 万元；成过熟林 2023 年比 2003 年减少 65.88%，降至 464.9 万元。

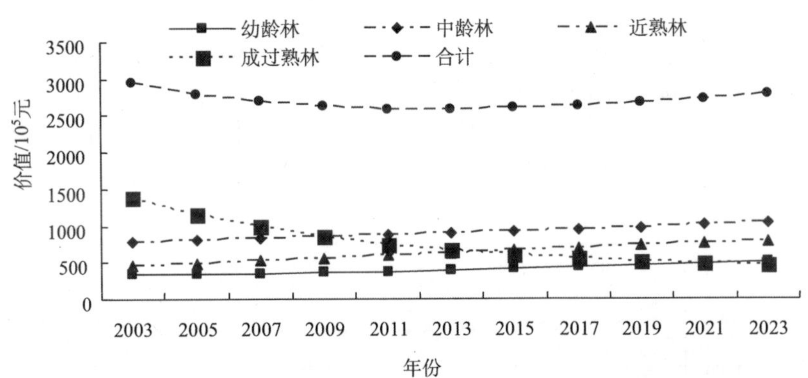

图 6-81　“三北”及长江流域等重点防护林体系建设工程天然防护林吸收氮氧化物功能价值预测趋势图

由图 6-82 可知：人工防护林吸收氮氧化物功能价值呈逐渐增加的趋势，人工防护林吸收氮氧化物功能价值 2023 年较 2003 年增加 40.69%，增至 4487.32 万元。不同林龄组林分对比可知，成过熟林吸收氮氧化物功能价值降低，其他各龄级林分吸收氮氧化物功能价值均呈增加趋势，中龄林吸收氮氧化物功能价值最高，第二位是近熟林，第三位是幼龄林，成过熟林吸收氮氧化物功能价值最低。不同林龄组林分吸收氮氧化物功能价值变化幅度差异较大，幼龄林 2023 年比 2003 年增加 32.94%，增至 978.28 万元；中龄林 2023 年比 2003 年增加 51.89%，增至 1745.55 万元；近熟林 2023 年比 2003 年增加 93.34%，增至 1232.99 万元；成过熟林 2023 年比 2003 年减少 20.43%，降至 530.50 万元。

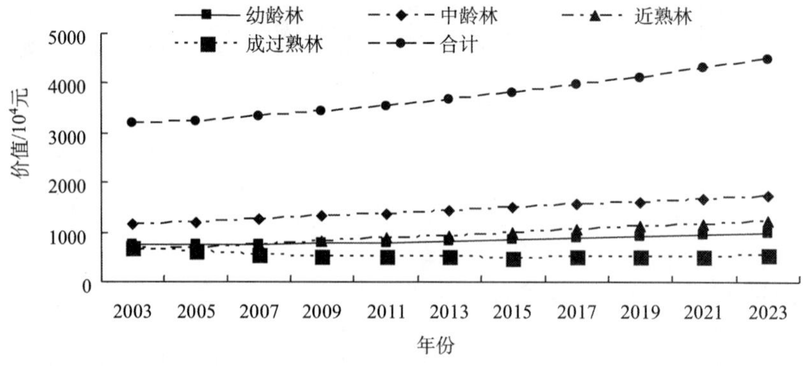

图 6-82 “三北”及长江流域等重点防护林体系建设工程人工防护林吸收氮氧化物功能价值预测趋势图

综合分析可知：从防护林的整体来看，天然防护林在预测期内吸收氮氧化物功能总价值 295 911.2 万元，人工防护林为 41 076.47 万元。防护林吸收氮氧化物功能价值降幅 0.73%，2023 年增至 32376.9 万元。

6.2.2.6 储 N 功能价值量预测

由图 6-83 可知：2003～2023 年，天然防护林储 N 功能价值变化规律为先减少后增加趋势，到 2013 年储 N 功能价值量最低，之后略有增加。“三北”及长江流域等重点防护林体系建设工程天然防护林储 N 功能价值预计在 2003～2023 年，除成过熟林外，其余各龄级林分的储 N 功能价值都增加的。其中，幼龄林从 2003 年的 2.43×10^3 万元增加到 2023 年的 3.58×10^3 万元，增加了 1.15×10^3 万元，增幅 47.53%；中龄林从

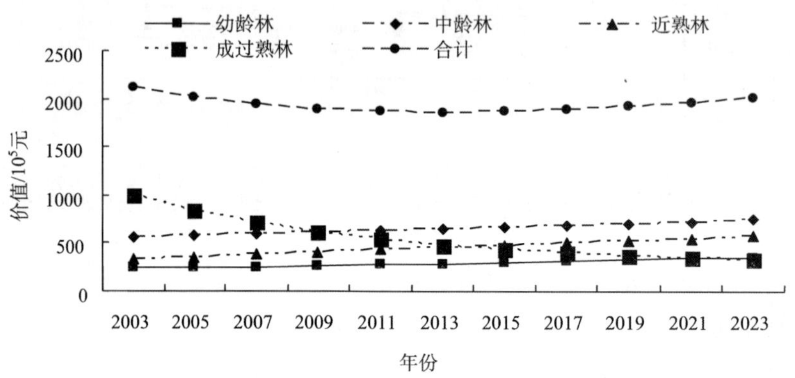

图 6-83 “三北”及长江流域等重点防护林体系建设工程天然防护林储 N 功能价值预测趋势图

2003年的5.63×10³万元增加到2023年的7.47×10³万元，增加了1.84×10³万元，增幅32.73%；近熟林从2003年的3.29×10³万元增加到2023年的5.70×10³万元，增加了2.41×10³万元，增幅73.24%；成过熟林从2003年的9.88×10³万元降低到2023年的3.37×10³万元，减少了6.51×10³万元，降幅65.88%。天然防护林储N功能价值总量从2003年的2.12×10⁴万元降低到2023年2.01×10⁴万元，减少了1.11×10³万元，降幅5.22%。

由图6-84可知：在此期间，人工防护林中除成过熟林储N功能价值有所降低外，其他各龄级林分均不同程度增加。其中，幼龄林从2003年的5.31×10²万元增加到2023年的7.06×10²万元，增加了1.75×10²万元，增幅32.94%；中龄林从2003年的8.29×10²万元增加到2023年的1.26×10³万元，增加了4.30×10²万元，增幅51.89%；近熟林从2003年的4.60×10²万元增加到2023年的8.89×10²万元，增加了4.29×10²万元，增幅93.34%；成过熟林从2003年的4.81×10²万元降低到2023年的3.83×10²万元，减少了98.29万元，降幅20.43%。人工防护林储N功能总价值从2003年的2.30×10³万元增加到2023年3.24×10³万元，增加了9.46×10²万元，增幅40.69%。

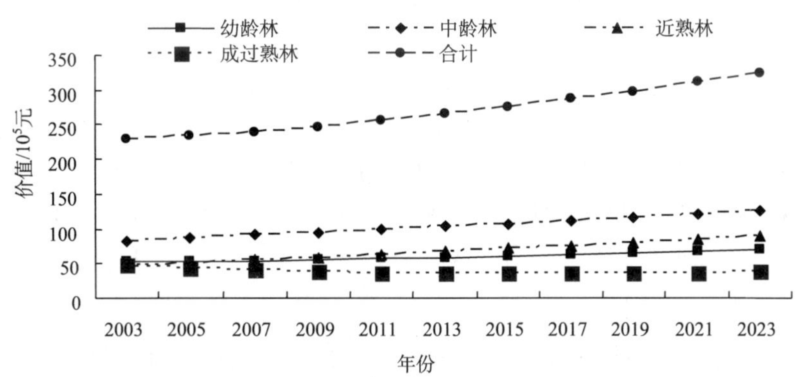

图6-84 “三北”及长江流域等重点防护林体系建设工程人工防护林储N功能价值预测趋势图

总而言之，防护林储N功能价值从2003年的2.35×10⁴万元降低到2023年2.34×10⁴万元，减少了1.71×10²万元，降幅0.73%。

6.2.2.7 储P功能价值量预测

由图6-85可知：2003～2023年，天然防护林储P功能价值总量呈先减少后增加的变化模式，2011年天然防护林储P功能价值总量最低。整体来看，天然防护林储P功能价值总量减少，从2003年的2.82×10³万元降低到2023年2.67×10³万元，减少了1.47×10²万元，降幅5.22%。天然防护林不同林龄组林分相比而言，幼龄林、中龄林和近熟林的储P价值均将增加，成过熟林下降。幼龄林从2003年的3.23×10²万元增加到2023年的4.76×10²万元，增加了1.53×10²万元，增幅47.53%；中龄林从2003年的7.48×10²万元增加到2023年的9.93×10²万元，增加了2.45×10²万元，增幅 32.73%；近熟林从 2003 年的 4.37×10^2 万元增加到 2023 年的 7.57×10^2 万元，增加了 3.20×10^2 万元，增幅 73.24%；成过熟林从 2003 年的 1.31×10^3 万元降低到 2023 年的 4.48×10^2 万元，减少了 8.66×10^2 万元，降幅 65.88%。

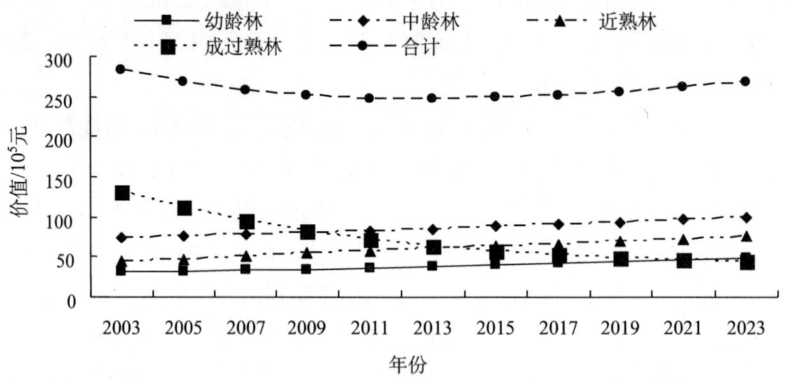

图 6-85　“三北”及长江流域等重点防护林体系建设工程天然防护林储 P 功能价值预测趋势图

由图 6-86 可知：人工防护林储 P 功能价值总量呈逐渐增加的趋势，由 2003 年的 3.06×10^2 万元增加到 2023 年 4.30×10^2 万元，增加了 1.242×10^2 万元，增幅 40.69%。在人工防护林各龄级林分储 P 功能价值中，幼龄林从 2003 年的 70.58 万元增加到 2023 年的 93.83 万元，增加了 23.25 万元，增幅 32.94%；中龄林从 2003 年的 1.10×10^2 万元增加到 2023 年的 1.67×10^2 万元，增加了 57.19 万元，增幅 51.89%；近熟林从 2003 年的 61.17 万元增加到 2023 年的 1.18×10^2 万元，增加了 57.09 万元，增幅 93.34%；成过熟林从 2003 年的 63.95 万元降低到 2023 年的 50.88 万元，减少了 13.07 万元，降幅 20.43%。

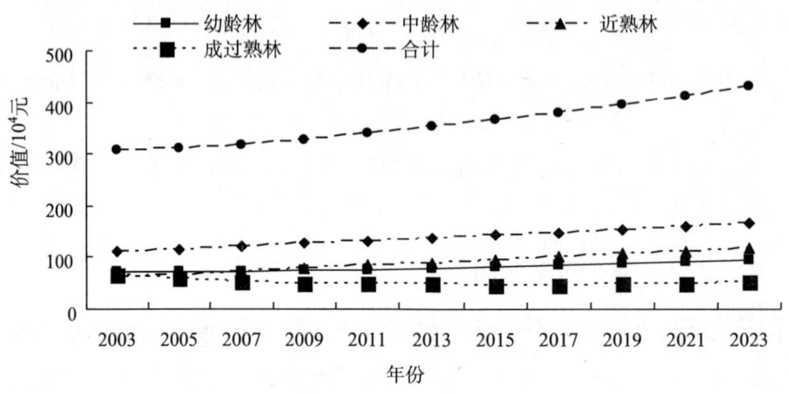

图 6-86　“三北”及长江流域等重点防护林体系建设工程人工防护林储 P 功能价值预测趋势图

防护林储 P 功能价值总量呈减少趋势，由 2003 年的 3.13×10^3 万元降低到 2023 年 3.11×10^3 万元，减少了 22.77 万元，降幅 0.73%。

6.2.2.8　储 K 功能价值量预测

由图 6-87 可知：在预测期内，人工防护林储 K 功能价值呈逐渐增加的趋势，人工防护林储 K 功能总价值 2023 年较 2003 年的 3.54×10^2 万元增加 40.69%，增至 4.97×10^2 万元。人工防护林中成过熟林储 K 功能价值降低，其他各龄级林分储 K 功能价值均增加。其中，幼龄林 2023 年比 2003 年的 81.57 万元增加 32.94%，增至 1.08×10^2 万元；中龄林 2023 年比 2003 年的 1.27×10^2 万元增加 51.89%，增至 1.93×10^2 万元；近熟林 2023 年比 2003 年的 70.70 万元增加 93.34%，增至 1.37×10^2 万元；成过熟林 2023 年比 2003 年的 73.91 万元减少 20.43%，降至 58.81 万元。

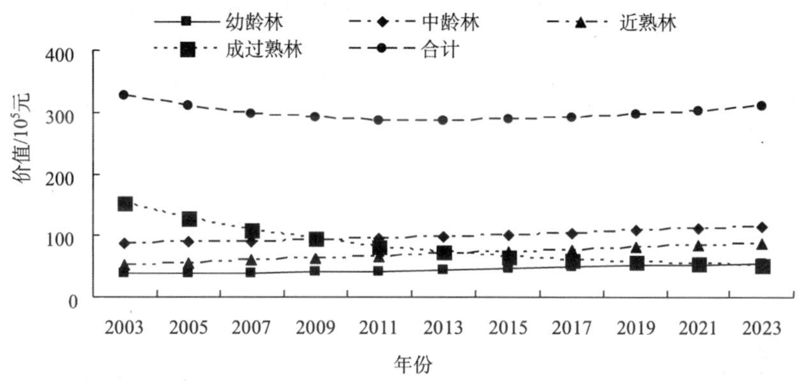

图 6-87　“三北”及长江流域等重点防护林体系建设工程天然防护林储 K 功能价值预测趋势图

由图 6-88 可知：天然防护林预计 2003～2023 年，储 K 功能价值总量呈先减少后增加的变化模式，天然防护林储 K 功能总价值 2023 年比 2003 年的 3.26×10^3 万元减少 5.22%，降至 2023 年 3.09×10^3 万元。天然防护林不同林龄组林分的储 K 功能相比而言，幼龄林、中龄林和近熟林的储 K 价值均将增加，成过熟林的储 K 价值下降。预计幼龄林 2023 年比 2003 年的 3.73×10^2 万元增加 47.53%，增至 5.51×10^2 万元；中龄

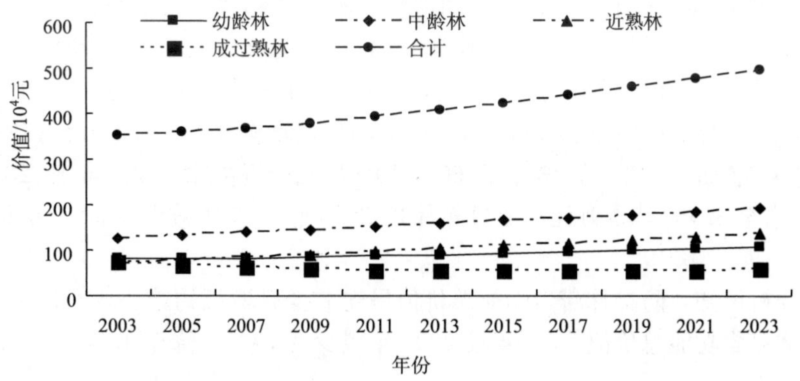

图 6-88　“三北”及长江流域等重点防护林体系建设工程人工防护林储 K 功能价值预测趋势图

林2023年比2003年的8.65×10^{2}万元增加32.73%，增至1.15×10^{3}万元；近熟林2023年比2003年的5.05×10^{2}万元增加73.24%，增至8.75×10^{2}万元；成过熟林2023年比2003年的1.52×10^{3}万元减少65.88%，降至5.18×10^{2}万元。

总体看来，防护林储K功能总价值2023年较2003年的3.62×10^{3}万元减少0.73%，降至3.59×10^{3}万元，降幅0.73%。

6.2.2.9　滞尘功能价值量预测

由图6-89可知：2003～2023年，天然防护林滞尘功能价值呈先减少后增加的变化模式，到2013年天然防护林滞尘功能价值最低，价值总量到预测期末降至2023年8.94×10^{6}万元，比2003年减少5.22%。不同林龄组林分对比可言，幼龄林、中龄林和近熟林的滞尘价值均将增加，成过熟林将下降。预计幼龄林2023年比2003年增加47.53%，增至1.59×10^{6}万元；中龄林2023年比2003年增加32.73%，增至3.32×10^{6}万元；近熟林2023年比2003年增加73.24%，增至2.53×10^{6}万元；成过熟林2023年比2003年减少65.88%，降至1.50×10^{6}万元。

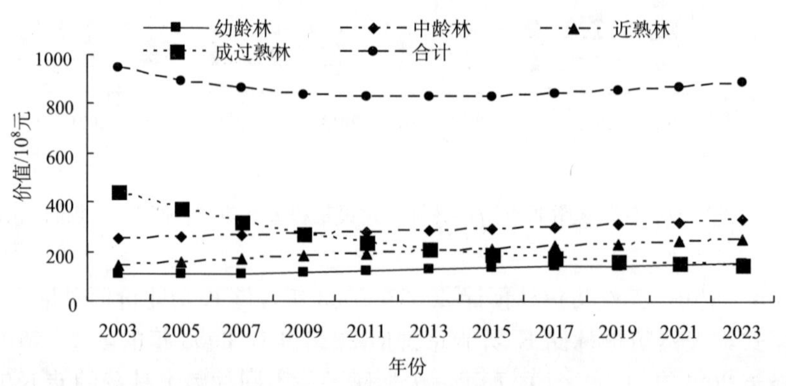

图6-89　“三北”及长江流域等重点防护林体系建设工程天然防护林滞尘功能价值预测趋势图

由图6-90可知：人工防护林滞尘功能呈逐渐增长趋势，人工防护林滞尘功能总价值2023年较2003年增加40.69%，增至1.44×10^{6}万元。人工防护林不同林龄组林分滞尘功能比较可知，成过熟林滞尘功能价值降低，其他各龄级林分滞尘功能价值均增加。其中，幼龄林2023年比2003年增加32.94%，增至3.14×10^{5}万元；中龄林2023年比2003年增加51.89%，增至5.60×10^{5}万元；近熟林2023年比2003年增加93.34%，增至3.95×10^{5}万元；成过熟林2023年比2003年减少20.43%，降至1.70×10^{5}万元。

综合分析可知，防护林滞尘功能总价值呈先减少后增长的趋势，2011年降到最低，天然防护林滞尘功能总价值2023年较2003年减少0.73%，降至1.04×10^{7}万元。

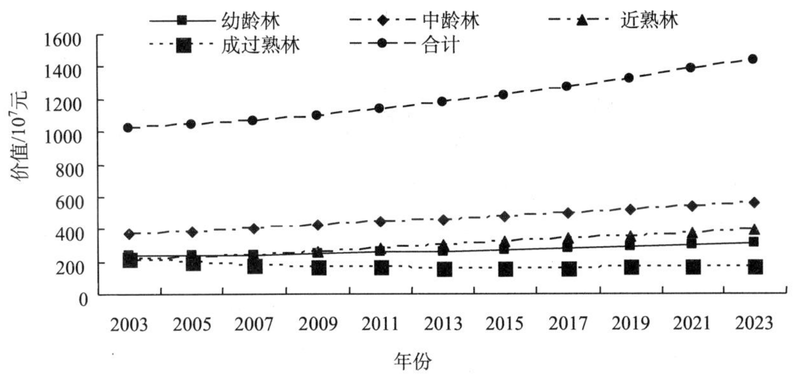

图 6-90　“三北”及长江流域等重点防护林体系建设工程人工防护林滞尘功能价值预测趋势图

6.2.3　特用林生态服务功能价值预测

6.2.3.1　涵养水源功能价值量预测

由图 6-91 可以看出：2003～2023 年，天然特用林涵养水源功能价值量变化呈先减少后增加的趋势，到 2019 年天然用材涵养水源功能价值总量最小，随后呈小幅度增长趋势，总体来看，从 2003 年的 1.39×10^7 万元降低到 2023 年 1.07×10^7 万元，减少了 3.17×10^6 万元，降幅 22.80%。天然特用林不同林龄组林分涵养水源功能价值总量变化规律为成过熟林>中龄林>近熟林>幼龄林，除天然成过熟林外，其余各龄级林分的涵养水源功能价值均增加。其中，幼龄林从 2003 年的 8.66×10^5 万元增加到 2023 年的 1.53×10^6 万元，增加了 6.66×10^5 万元，增幅 76.96%；中龄林从 2003 年的 3.16×10^6 万元增加到 2023 年的 3.74×10^6 万元，增加了 5.83×10^5 万元，增幅 18.46%；近熟林从 2003 年的 2.37×10^6 万元增加到 2023 年的 3.24×10^6 万元，增加了 8.65×10^5 万元，增幅 36.44%；成过熟林从 2003 年的 7.52×10^6 万元降低到 2023 年的 2.23×10^6 万元，减少了 5.29×10^6 万元，降幅 70.29%。

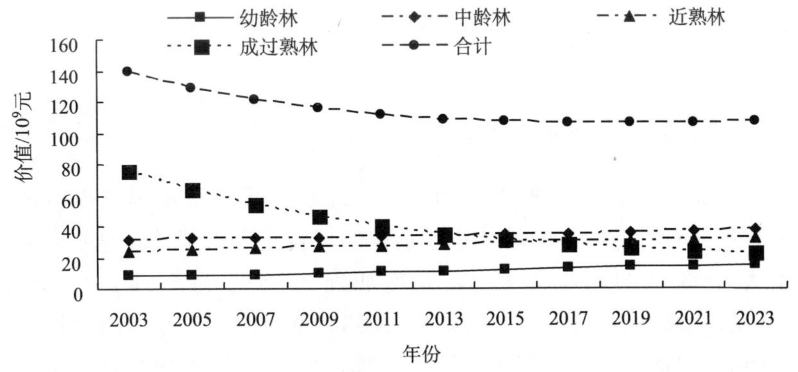

图 6-91　“三北”及长江流域等重点防护林体系建设工程天然特用林涵养水源功能价值预测趋势图

由图 6-92 可知：2003～2023 年，人工特用林涵养水源功能总价值呈逐渐增长的趋势，人工特用林涵养水源功能价值从 2003 年的 7.72×10^5 万元增加到 2023 年 8.75×10^5 万元，增加了 1.03×10^5 万元，增幅 13.40%。说明随工程的实施，由于人工特用林中幼龄林、中龄林和近熟林的涵养水源功能的增加，导致人工特用林逐渐发挥了巨大的涵养水源效益。在人工特用林不同林龄组林分中，除成过熟林涵养水源功能价值有所降低外，其他各龄级林分均不同程度增加。其中，幼龄林从 2003 年的 6.78×10^4 万元增加到 2023 年的 1.18×10^5 万元，增加了 4.97×10^4 万元，增幅 73.36%；中龄林从 2003 年的 3.13×10^5 万元增加到 2023 年的 3.48×10^5 万元，增加了 3.41×10^4 万元，增幅 10.88%；近熟林从 2003 年的 1.42×10^5 万元增加到 2023 年的 2.76×10^5 万元，增加了 1.34×10^5 万元，增幅 94.67%；成过熟林从 2003 年的 2.49×10^5 万元降低到 2023 年的 1.34×10^5 万元，减少了 1.15×10^5 万元，降幅 45.99%。

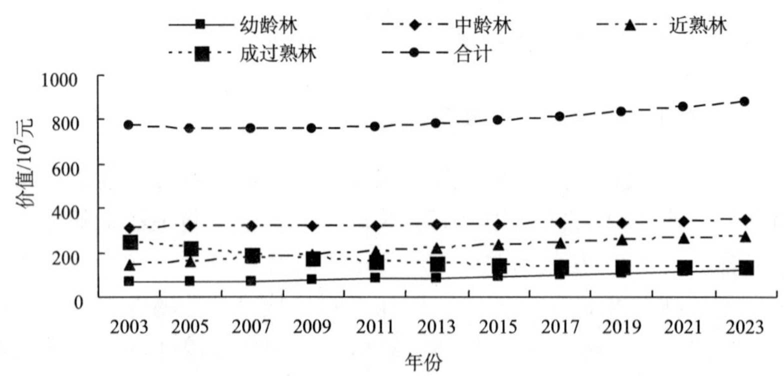

图 6-92 “三北”及长江流域等重点防护林体系建设工程人工特用林涵养水源功能价值预测趋势图

综合分析可知：在预测期内，人工特用林涵养水源功能价值总量明显高于天然特用林，人工特用林涵养水源功能价值总量为 8.75×10^6 万元，天然特用林为 1.26×10^6 万元。总体上来看，天然特用林涵养水源功能价值总量呈减少趋势，人工特用林的价值总量呈增加趋势，特用林涵养水源功能总价值到预测期末呈减少的趋势，特用林涵养水源功能价值从 2003 年的 1.47×10^7 万元降低到 2023 年 1.16×10^7 万元，减少了 3.07×10^6 万元，降幅 20.90%。

6.2.3.2 保育土壤功能价值量预测

由图 6-93 可知：预计 2003～2023 年，“三北”及长江流域等重点特用林体系建设工程天然特用林中，幼龄林、中龄林和近熟林的保育土壤价值均将增加，成过熟林将下降。幼龄林从 2003 年的 3.84×10^3 万元增加到 2023 年的 6.79×10^3 万元，增加了 2.95×10^3 万元，增幅 76.96%；中龄林从 2003 年的 1.40×10^4 万元增加到 2023 年的 1.66×10^4 万元，增加了 2.59×10^3 万元，增幅 18.46%；近熟林从 2003 年的 1.34×10^5 万元增加到 2023 年的 1.83×10^5 万元，增加了 4.88×10^4 万元，增幅 36.44%；成过熟林从 2003 年的 4.25×10^5 万元降低到 2023 年的 1.26×10^5 万元，减少了 $2.99\times$

10^5 万元，降幅 70.29%。天然特用林保育土壤功能价值从 2003 年的 5.77×10^5 万元降低到 2023 年 3.32×10^5 万元，减少了 2.44×10^5 万元，降幅 42.35%。

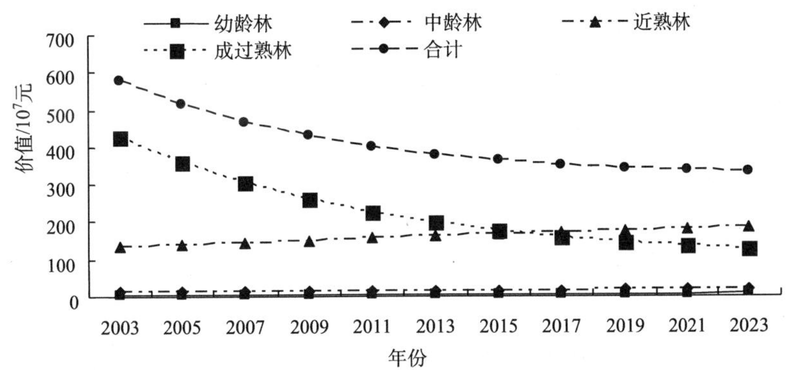

图 6-93 “三北”及长江流域等重点防护林体系建设工程天然特用林保育土壤功能价值预测趋势图

由图 6-94 可知：在预测期间，人工特用林保育土壤功能价值呈先减小后增加的趋势，2009 年最小。人工特用林保育土壤功能价值从 2003 年的 2.38×10^4 万元增加到 2023 年 2.52×10^4 万元，增加了 1.48×10^3 万元，增幅 6.23%。人工特用林在此期间，成过熟林保育土壤功能价值却降低，其他各龄级林分保育土壤功能价值均增加。其中，幼龄林从 2003 年的 3.00×10^2 万元增加到 2023 年的 5.21×10^2 万元，增加了 2.20×10^2 万元，增幅 73.36%；中龄林从 2003 年的 1.39×10^3 万元增加到 2023 年的 1.54×10^3 万元，增加了 1.51×10^2 万元，增幅 10.88%；近熟林从 2003 年的 8.00×10^3 万元增加到 2023 年的 1.56×10^4 万元，增加了 7.58×10^3 万元，增幅 94.67%；成过熟林从 2003 年的 1.41×10^4 万元降低到 2023 年的 7.60×10^3 万元，减少了 6.47×10^3 万元，降幅 45.99%。

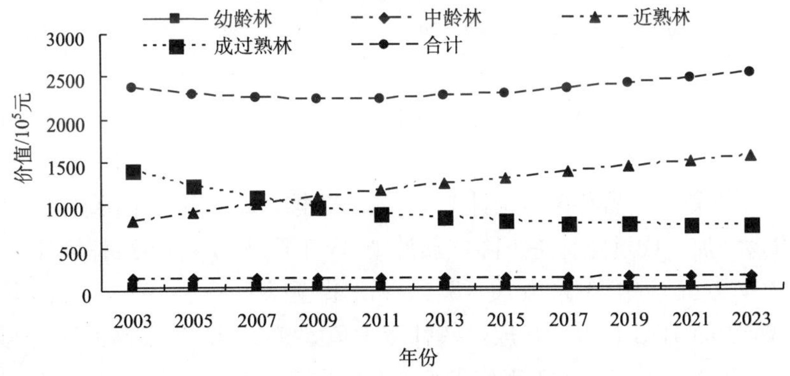

图 6-94 “三北”及长江流域等重点防护林体系建设工程人工特用林保育土壤功能价值预测趋势图

综合分析表明：2003～2023 年，天然特用林保育土壤功能价值总量明显低于人工特用林。总体来看，特用林保育土壤功能价值从 2003 年的 6.00×10^5 万元降低到 2023

年 3.58×10⁵ 万元，减少了 2.43×10⁵ 万元，降幅 40.43%。

6.2.3.3 固碳释氧功能价值量预测

"三北"及长江流域等重点防护林体系建设工程特用林固碳释氧功能价值预测结果见图 6-95、图 6-96。

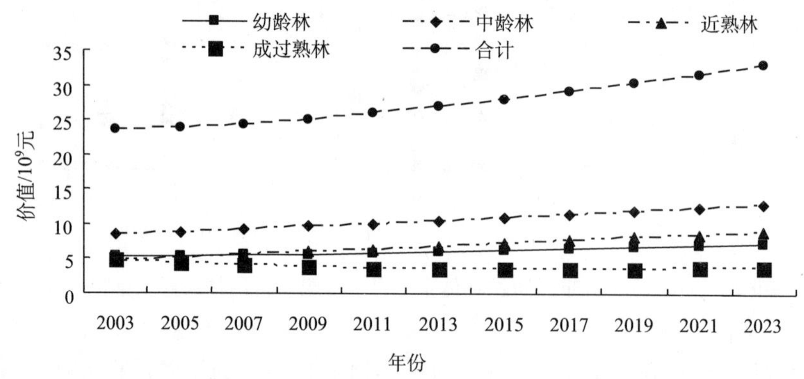

图 6-95 "三北"及长江流域等重点防护林体系建设工程人工防护林固碳释氧功能价值预测趋势图

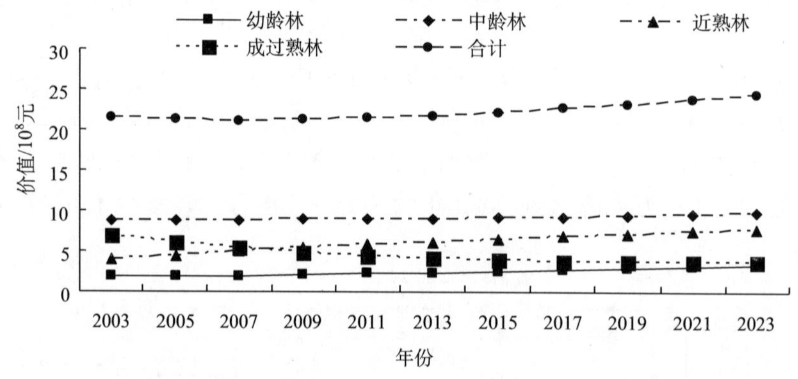

图 6-96 "三北"及长江流域等重点防护林体系建设工程人工特用林固碳释氧功能价值预测趋势图

由图 6-95 可知：天然特用林预计 2003～2023 年，幼龄林、中龄林和近熟林的固氮释氧价值均将增加，成过熟林将下降。预计 2023 年比 2003 年幼龄林增加 76.96%，增至 4.28×10^5 万元；中龄林增加 18.46%，增至 10.45×10^5 万元；近熟林增加 36.44%，增至 9.04×10^5 万元；成过熟林减少 70.29%，降至 6.24×10^5 万元。天然特用林固氮释氧功能总价值 2023 年比 2003 年减少 22.80%，降至 2023 年 30.00×10^5 万元。

由图 6-96 可知：人工特用林中成过熟林固氮释氧功能价值降低，其他各龄级林分固氮释氧功能价值均增加。2023 年比 2003 年幼龄林增加 73.36%，增至 3.28×10^4 万元；中龄林增加 10.88%，增至 9.70×10^4 万元；近熟林增加 94.67%，增至 7.70×10^4

万元；成过熟林减少 45.99%，降至 3.75×10⁴ 万元。人工特用林固氮释氧功能总价值 2023 年较 2003 年的 4.31×10⁵ 万元增加 13.40%，增至 24.44×10⁴ 万元。

综上所述，2023 年比 2003 年，“三北”及长江流域等重点防护林体系建设工程特用林固碳释氧功能总价值减少了 8.57×10⁵ 万元。

6.2.3.4　吸收二氧化硫功能价值量预测

由图 6-97 可知：2003～2023 年，天然特用林吸收二氧化硫功能总价值 2023 年比 2003 年减少 22.80%，降至 2023 年 6.31×10⁴ 万元。不同林龄组林分对比可知，幼龄林、中龄林和近熟林的吸收二氧化硫价值均将增加，成过熟林将下降。预计幼龄林 2023 年比 2003 年的 5.08×10³ 万元增加 76.96%，增至 8.99×10³ 万元；中龄林 2023 年比 2003 的 1.86×10⁴ 万元增加 18.46%，增至 1.90×10⁴ 万元；近熟林 2023 年比 2003 年的 1.39×10⁴ 万元增加 36.44%，增至 1.90×10⁴ 万元；成过熟林 2023 年比 2003 年的 4.41×10⁴ 万元减少 70.29%，降至 1.31×10⁴ 万元。

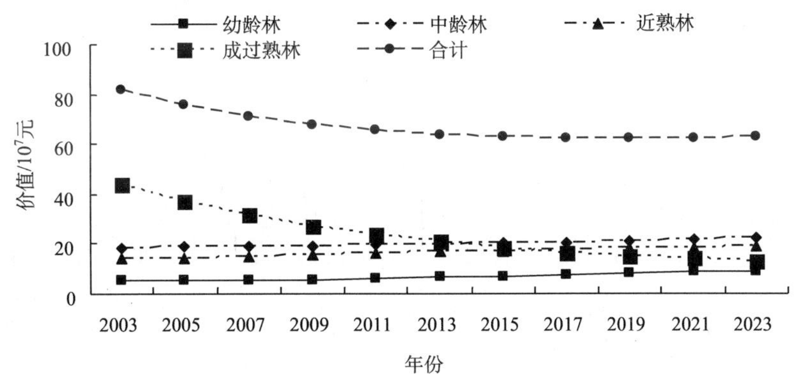

图 6-97　“三北”及长江流域等重点防护林体系建设工程天然特用林吸收二氧化硫功能价值预测趋势图

由图 6-98 可知：在预测期内，人工特用林吸收二氧化硫功能总价值呈先减少后增加的趋势，2007 年最少。人工特用林吸收二氧化硫功能总价值 2023 年较 2003 年的

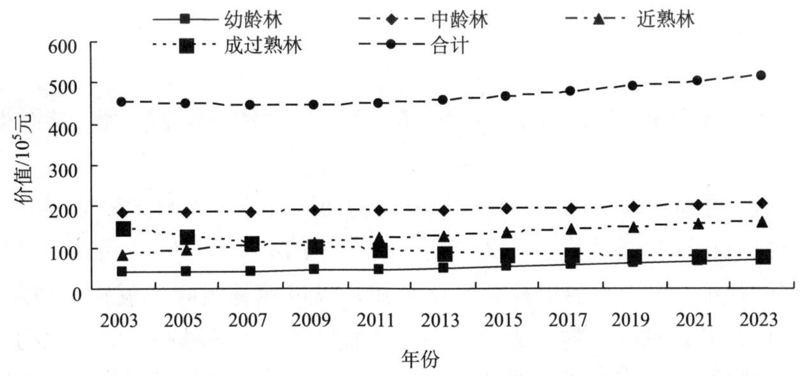

图 6-98　“三北”及长江流域等重点防护林体系建设工程人工特用林吸收二氧化硫功能价值预测趋势图

4.53×10³ 万元增加 13.40%，增至 5.14×10³ 万元。不同林龄组林分对比可知，成过熟林吸收二氧化硫功能价值降低，其他各龄级林分吸收二氧化硫功能价值均增加。其中，幼龄林 2023 年比 2003 年的 3.98×10² 万元增加 73.36%，增至 6.90×10² 万元；中龄林 2023 年比 2003 年的 1.84×10³ 万元增加 10.88%，增至 2.04×10³ 万元；近熟林 2023 年比 2003 年的 0.831.62×10³ 万元增加 94.67%，增至 1.62×10³ 万元；成过熟林 2023 年比 2003 年的 1.46×10³ 万元减少 20.43%，降至 7.90×10² 万元。

综合分析可知：天然特用林在预测期内吸收二氧化硫功能总价值为 7.37×10⁵ 万元，人工特用林吸收二氧化硫功能总价值为 5.14×10³ 万元。天然特用林吸收二氧化硫功能价值在预测期内呈减少趋势，比预测期初减少了 22.8%，人工特用林吸收二氧化硫功能价值呈增加趋势，增幅为 13.4%，天然特用林和人工特用林吸收二氧化硫功能总价值 2023 年较 2003 年的 8.63×10⁴ 万元减少 20.90%，降至 6.82×10⁴ 万元。

6.2.3.5 吸收氮氧化物功能价值量预测

由图 6-99 可知：2003～2023 年，天然特用林吸收氮氧化物功能价值呈先减少后增加的变化趋势，2019 年吸收氮氧化物功能价值最低。总体来看，2023 年比 2003 年的 5.28×10³ 万元减少 22.80%，降至 2023 年的 4.08×10³ 万元。不同林龄组林分对比可知，预计幼龄林 2023 年比 2003 年增加 76.96%，增至 5.81×10² 万元；中龄林 2023 年比 2003 年增加 18.46%，增至 1.42×10³ 万元；近熟林 2023 年比 2003 年增加 36.44%，增至 1.23×10³ 万元；成过熟林 2023 年比 2003 年减少 70.29%，降至 8.48×10² 万元；幼龄林、中龄林和近熟林的吸收氮氧化物价值均将增加，成过熟林将下降。

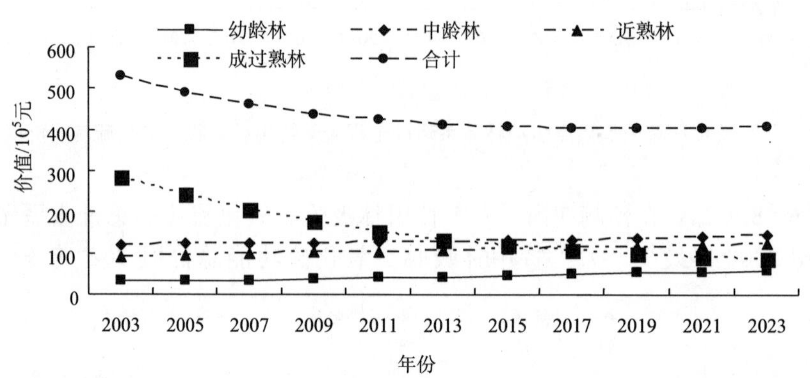

图 6-99 “三北”及长江流域等重点防护林体系建设工程天然特用林吸收氮氧化物功能价值预测趋势图

由图 6-100 可知：人工特用林吸收氮氧化物功能价值呈先减少后增加的趋势，人工特用林吸收氮氧化物功能总价值 2023 年较 2003 年的 5.76×10⁶ 万元增加 13.40%，增至 3.32×10² 万元。不同林龄组林分对比可知，成过熟林吸收氮氧化物功能价值降低，其他各龄级林分吸收氮氧化物功能价值均呈增加趋势，中龄林吸收氮氧化物功能价值最高，幼龄林吸收氮氧化物功能价值最低。不同林龄组林分吸收氮氧化物功能价值变化幅度差异较大，成过熟林吸收氮氧化物功能价值降低，其他各龄级林分吸收氮氧化物功能价值均增加。幼龄林 2023 年比 2003 年增加 73.36%，增至 44.59 万元；中龄林 2023 年比 2003 年增加 10.88%，增至 1.32×10^2 万元；近熟林 2023 年比 2003 年增加 94.67%，增至 1.05×10^2 万元；成过熟林 2023 年比 2003 年减少 45.99%，降至 51.04 万元。

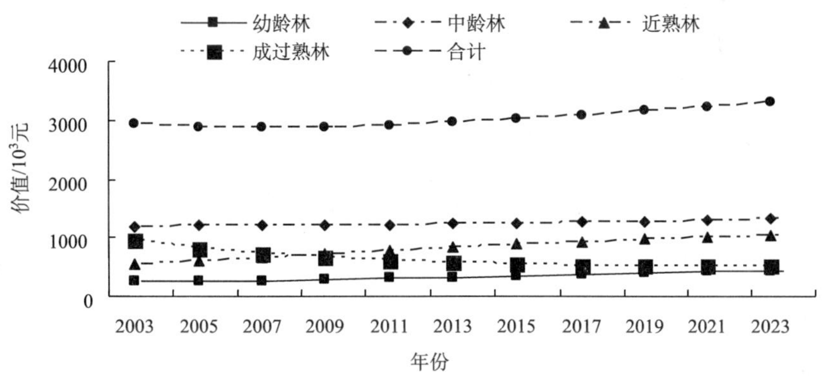

图 6-100　“三北”及长江流域等重点防护林体系建设工程人工特用林吸收氮氧化物功能价值预测趋势图

综合分析可知：从特用林的整体来看，天然特用林在预测期内吸收氮氧化物功能总价值 4.78×10^4 万元，人工特用林为 3.32×10^3 万元。特用林吸收氮氧化物功能价值 2023 年较 2003 年的 5.58×10^3 万元减少 20.90%，降至 4.41×10^3 万元。

6.2.3.6　储 N 功能价值量预测

由图 6-101 可知：2003～2023 年，在“三北”及长江流域等重点特用林体系建设工程各龄级林分天然特用林储 N 功能价值中，幼龄林由 2003 年的 2.37×10^2 万元增加到 2023 年的 4.19×10^2 万元，升高 76.96%；中龄林由 2003 年的 8.65×10^2 万元增加到 2023 年的 1.02×10^3 万元，升高 18.46%；近熟林由 2003 年的 6.50×10^2 万元增加到 2023 年的 8.86×10^2 万元，升高 36.44%；成过熟林 2003 年的 2.06×10^3 万元降低到 2023 年的 6.12×10^2 万元，降幅 70.29%。天然幼龄林、中龄林和近熟林的储 N 价

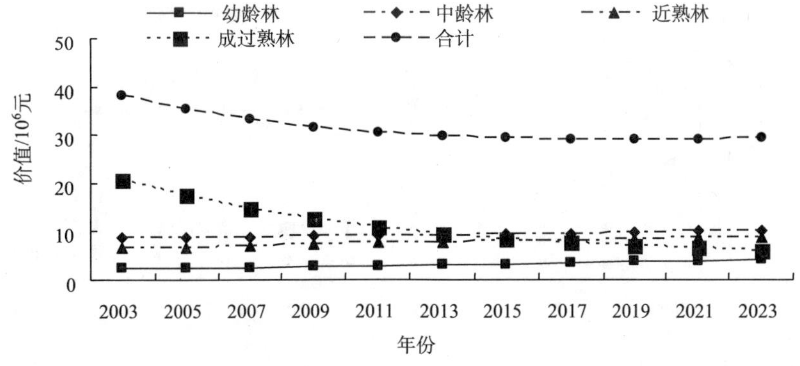

图 6-101　“三北”及长江流域等重点防护林体系建设工程天然特用林储 N 功能价值预测趋势图

值均增加，成过熟林减少。天然特用林储 N 功能总价值由 2003 年的 3.81×10^3 万元降低到 2023 年 2.94×10^3 万元，降幅 22.80%。

由图 6-102 可知：人工特用林储 N 功能总价值呈先微弱减小后持续增大趋势，储 N 功能总价值由 2003 年的 2.11×10^2 万元增加到 2023 年 2.40×10^2 万元，升高 13.40%。人工特用林不同林龄组林分相比而言，幼龄林由 2003 年的 18.56 万元增加到 2023 年的 32.17 万元，升高 73.36%；中龄林由 2003 年的 85.80 万元增加到 2023 年的 95.14 万元，升高 10.88%；近熟林由 2003 年的 38.80 万元增加到 2023 年的 75.53 万元，升高 94.67%；成过熟林由 2003 年的 68.17 万元降低到 2023 年的 36.82 万元，降低 45.99%。除成过熟林储 N 功能价值有所降低外，中龄林和成过熟林均增加。特用林储 N 功能总价值从 2003 年的 4.02×10^3 万元降低到 2023 年 3.18×10^3 万元，降低 20.90%。

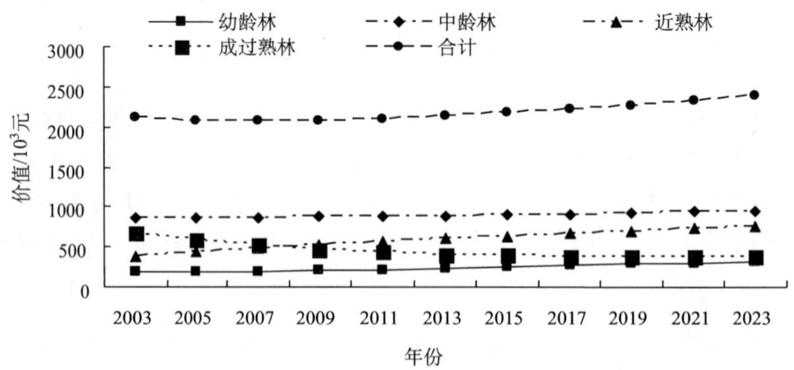

图 6-102 "三北"及长江流域等重点防护林体系建设工程人工特用林储 N 功能价值预测趋势图

6.2.3.7 储 P 功能价值量预测

图 6-103 可知：2003～2023 年，天然特用林储 P 功能价值总量呈先减少后增加的变化模式，2019 年天然特用林储 P 功能价值总量最低。整体来看，天然特用林储 P 功

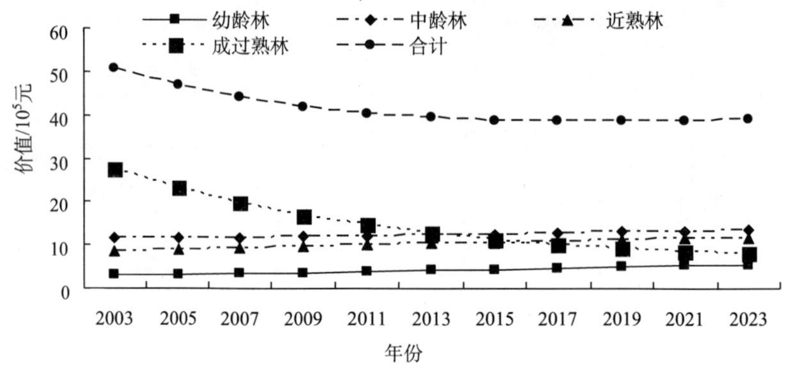

图 6-103 "三北"及长江流域等重点防护林体系建设工程天然特用林储 P 功能价值预测趋势图

能价值总量减少，天然特用林储 P 功能总价值 2023 年比 2003 年减少了 1.16×10^2 万元，降幅 22.80%。天然特用林不同林龄组林分相比而言，天然幼龄林、中龄林和近熟林的储 P 价值均增加，“三北”及长江流域等重点特用林体系建设工程天然特用林成过熟林的储 P 价值是降低的。其中，幼龄林 2023 年比 2003 年增加了 24.24 万元，增幅 76.96%；中龄林 2023 年比 2003 年增加了 21.23 万元，增幅 18.46%；近熟林 2023 年比 2003 年增加了 31.47 万元，增幅 36.44%；成过熟林 2023 年比 2003 年减少了1.92×10^2 万元，降幅 70.29%。

由图 6-104 可知：人工特用林储 P 功能价值总量呈先减少后增加的趋势，2007 年最低，人工特用林储 P 功能价值 2023 年比 2003 年增加了 3.77 万元，增幅 13.40%。在人工特用林各龄级林分储 P 功能价值中，除成过熟林储 P 功能价值有所降低外，其他各龄级林分储 P 功能价值都是增加的。其中，幼龄林 2023 年比 2003 年增加了 1.81 万元，增幅 73.36%；中龄林 2023 年比 2003 年增加了 1.24 万元，增幅 10.88%；近熟林 2023 年比 2003 年增加了 4.88 万元，增幅 94.67%；成过熟林 2023 年比 2003 年减少了 4.17 万元，降幅 45.99%。

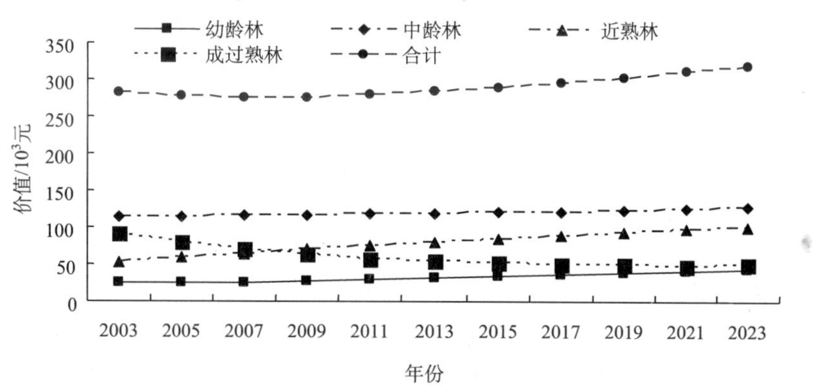

图 6-104　“三北”及长江流域等重点防护林体系建设工程人工特用林储 P 功能价值预测趋势图

特用林储 P 功能价值总量呈下降趋势，从 2023 年比 2003 年减少了 1.12×10^2 万元，降幅 20.90%。

6.2.3.8　储 K 功能价值量预测

由图 6-105 可知：在预测期内，人工特用林储 K 功能价值呈先减小后增加的趋势，2007 年最小，人工特用林中除成过熟林储 K 功能价值降低外，其他各龄级林分储 K 功能价值均增加。其中，幼龄林 2023 年比 2003 年增加 73.36%，增至 4.94 万元；中龄林 2023 年比 2003 年增加 10.88%，增至 14.62 万元；近熟林 2023 年比 2003 年增加 94.67%，增至 11.61 万元；成过熟林 2023 年比 2003 年减少 45.99%，降至 5.66 万元。人工特用林储 K 功能总价值 2023 年较 2003 年增加 13.40%，增至 36.83 万元。

由图 6-106 可知：2003～2023 年，天然特用林储 K 功能价值总量呈先减少后增加的变化模式，到 2019 年储 K 功能价值总量最低，2023 年比 2003 年减少 22.80%，降

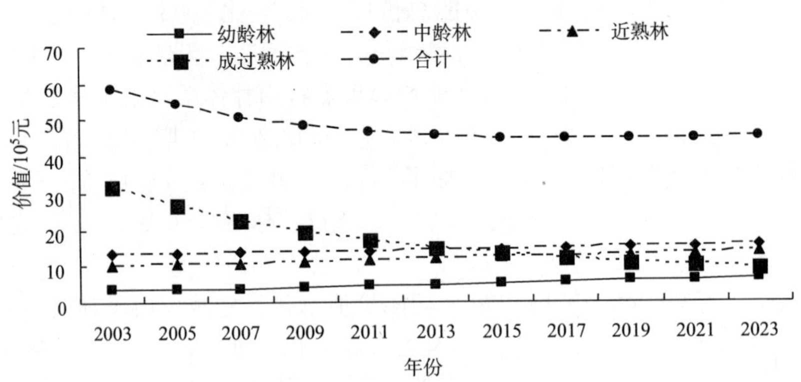

图 6-105 “三北”及长江流域等重点防护林体系建设工程天然特用林储 K 功能价值预测趋势图

至 2023 年 4.52×10^2 万元。天然特用林不同林龄组林分的储 K 功能相比而言，幼龄林、中龄林和近熟林的储 K 价值将增加，成过熟林将下降，其中幼龄林 2023 年比 2003 年增加 76.96%，增至 64.43 万元；中龄林 2023 年比 2003 年增加 18.46%，增至 1.57×10^2 万元；近熟林 2023 年比 2003 年增加 36.44%，增至 1.36×10^2 万元；成过熟林 2023 年比 2003 年减少 70.29%，降至 94.02 万元。

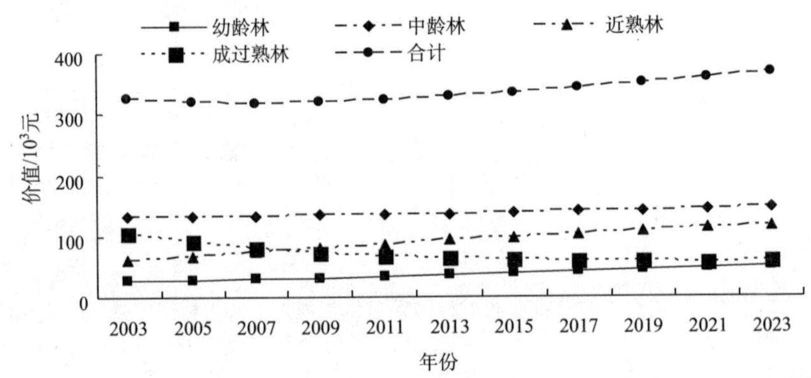

图 6-106 “三北”及长江流域等重点防护林体系建设工程人工特用林储 K 功能价值预测趋势图

总体看来，特用林储 K 功能总价值 2023 年较 2003 年减少 20.90%，降至 4.89×10^2 万元。

6.2.3.9 滞尘功能价值量预测

由图 6-107 可知：2003～2023 年，天然特用林滞尘功能价值呈先减少后增加的变化模式，到 2019 年天然特用林滞尘功能价值最低，价值总量从 2003 年的 1.69×10^6 万元降低到 2023 年 1.31×10^6 万元，减少了 3.86×10^5 万元，降幅 22.80%。不同林龄组林分对比可言，除天然成过熟林的滞尘价值降低外，其余各龄级林分的滞尘价值都是增加的。其中，幼龄林从 2003 年的 1.05×10^5 万元增加到 2023 年的 1.86×10^5 万元，增加了 8.11×10⁴ 万元，增幅 76.96%；中龄林从 2003 年的 3.85×10⁵ 万元增加到 2023 年的 4.56×10⁵ 万元，增加了 7.10×10⁴ 万元，增幅 18.46%；近熟林从 2003 年的 2.89×10⁵ 万元增加到 2023 年的 3.94×10⁵ 万元，增加了 1.05×10⁵ 万元，增幅 36.44%；成过熟林从 2003 年的 9.15×10⁵ 万元降低到 2023 年的 2.72×10⁵ 万元，减少了 6.43×10⁵ 万元，降幅 70.29%。

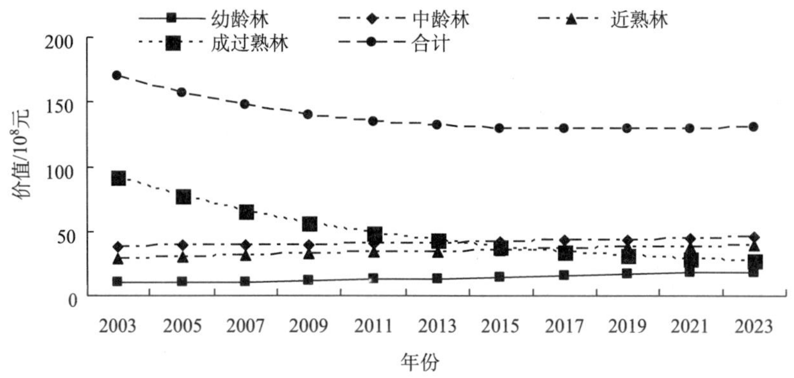

图 6-107　“三北”及长江流域等天然特用林滞尘功能价值预测趋势图

由图 6-108 可知：人工特用林滞尘功能呈先微弱减少后持续增加趋势，2003 年的 9.39×10⁴ 万元增加到 2023 年 1.07×10⁵ 万元，增加了 1.26×10⁴ 万元，增幅 13.40%。人工特用林不同林龄组林分滞尘功能比较可知，除人工成过熟林的滞尘价值降低外，其余各龄级林分的滞尘价值都是增加的。其中，幼龄林从 2003 年的 8.25×10³ 万元增加到 2023 年的 1.43×10⁴ 万元，增加了 6.05×10³ 万元，增幅 73.36%；中龄林从 2003 年的 3.81×10⁴ 万元增加到 2023 年的 4.23×10⁴ 万元，增加了 4.15×10³ 万元，增幅 10.88%；近熟林从 2003 年的 1.72×10⁴ 万元增加到 2023 年的 3.36×10⁴ 万元，增加了 1.63×10⁴ 万元，增幅 94.67%；成过熟林从 2003 年的 3.03×10⁴ 万元降低到 2023 年的 1.64×10⁴ 万元，减少了 1.39×10⁴ 万元，降幅 45.99%。

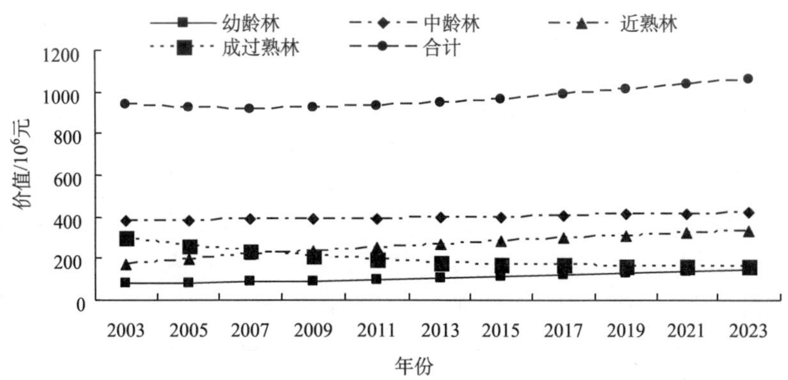

图 6-108　“三北”及长江流域等重点防护林体系建设工程人工特用林滞尘功能价值预测趋势图

综合分析可知，特用林滞尘功能总价值呈逐渐降低的趋势，2003 年的 1.79×10^6 万元降低到 2023 年 1.41×10^6 万元，减少了 3.74×10^5 万元，降幅 20.90%。

6.3 退耕还林工程生态服务功能价值预测

6.3.1 用材林生态服务功能价值预测

6.3.1.1 涵养水源功能价值量预测

由图 6-109 可以看出：2003～2023 年，天然用材林涵养水源功能价值量变化呈先减少后增加的趋势，到 2007 年天然用材涵养水源功能价值总量最小势，总体来看，天然特用林涵养水源功能总价值 2023 年比 2003 年增加 12.04%，增至 2023 年 7.65×10^7 万元。天然用材林不同林龄组林分涵养水源功能价值总量变化规律为中龄林>近熟林>成过熟林>幼龄林，除天然成过熟林的涵养水源价值降低外，其余各龄级林分的涵养水源价值都是增加的。预计幼龄林 2023 年比 2003 年增加 36.38%，增至 1.24×10^7 万元；中龄林 2023 年比 2003 年增加 25.26%，增至 3.01×10^7 万元；近熟林 2023 年比 2003 年增加 101.05%，增至 2.26×10^7 万元；成过熟林 2023 年比 2003 年减少 52.62%，降至 1.13×10^7 万元。

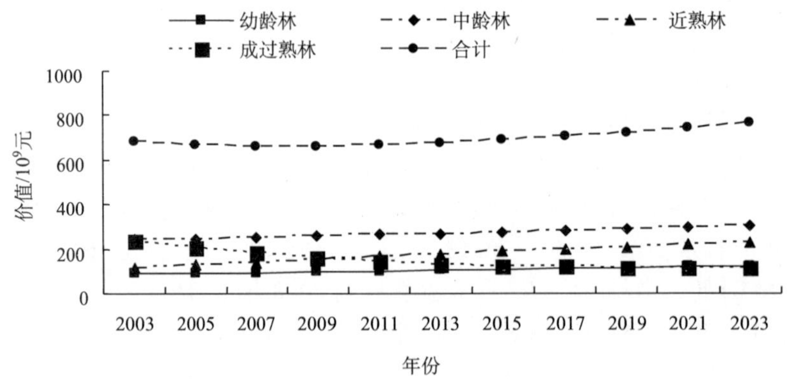

图 6-109 退耕还林工程天然用材林涵养水源功能价值预测趋势图

由图 6-110 可知：2003～2023 年，人工用材林涵养水源功能总价值呈逐渐增长的趋势，2023 年较 2003 年增加 47.11%，增至 3.19×10^7 万元。说明随天然林资源保护工程的实施，由于人工用材林中幼龄林、中龄林和近熟林的涵养水源功能的增加，导致人工用材林逐渐发挥了巨大的涵养水源效益。在人工用材林不同林龄组林分中，幼龄林 2023 年比 2003 年增加 24.32%，增至 5.43×10^6 万元；中龄林 2023 年比 2003 年增加 28.14%，增至 1.31×10^7 万元；近熟林 2023 年比 2003 年增加 124.32%，增至 9.56×10^6 万元；成过熟林 2023 年比 2003 年增加 34.51%，增至 3.80×10^6 万元。

总体上来看，天然用材林涵养水源功能价值总量和人工用材林的价值总量都呈增加

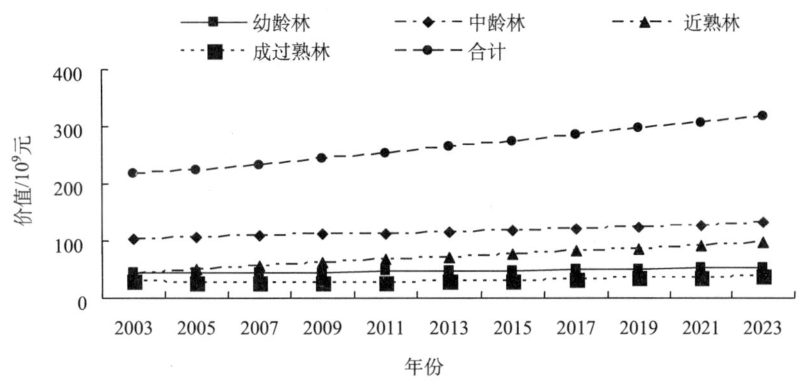

图 6-110 退耕还林工程人工用材林涵养水源功能价值预测趋势图

趋势，用材林涵养水源功能总价值从 2003 年的 8.99×10^7 万元增加到 2023 年 1.08×10^8 万元，增加了 1.84×10^7 万元，增幅 20.50%。

6.3.1.2 保育土壤功能价值量预测

由图 6-111 可知：天然用材林保育土壤功能价值预计在 2003～2023 年，幼龄林、中龄林和近熟林的保育土壤价值将增加，成过熟林下降，预计幼龄林 2023 年比 2003 年增加 36.38%，增至 5.52×10^4 万元；中龄林 2023 年比 2003 年增加 25.26%，增至 1.33×10^5 万元；近熟林 2023 年比 2003 年增加 101.05%，增至 1.28×10^6 万元；成过熟林 2023 年比 2003 年减少 52.62%，降至 6.38×10^5 万元。总体来看，天然特用林保育土壤功能总价值 2023 年比 2003 年的 2.13×10^6 万元减少 1.14%，降至 2023 年 2.10×10^6 万元。

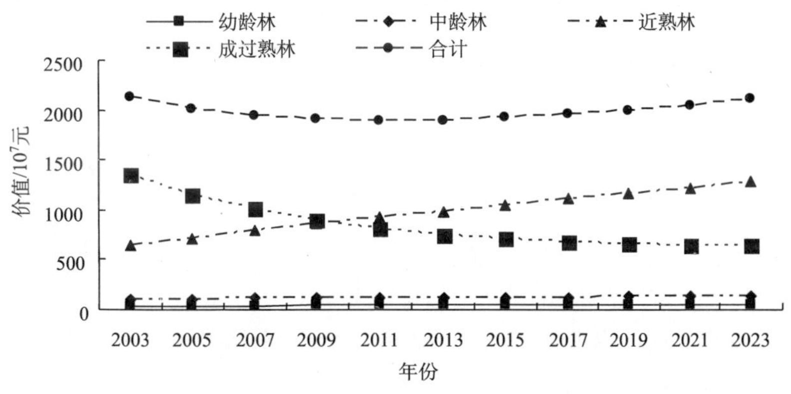

图 6-111 退耕还林工程天然用材林保育土壤功能价值预测趋势图

由图 6-112 可知：在预测期间，人工用材林保育土壤功能价值呈逐渐增加的趋势，2023 年较 2003 年的 4.65×10^5 万元增加 79.97%，增至 8.36×10^5 万元。在人工用材林中成过熟林保育土壤功能价值降低，其他各龄级林分保育土壤功能价值均增加，预计

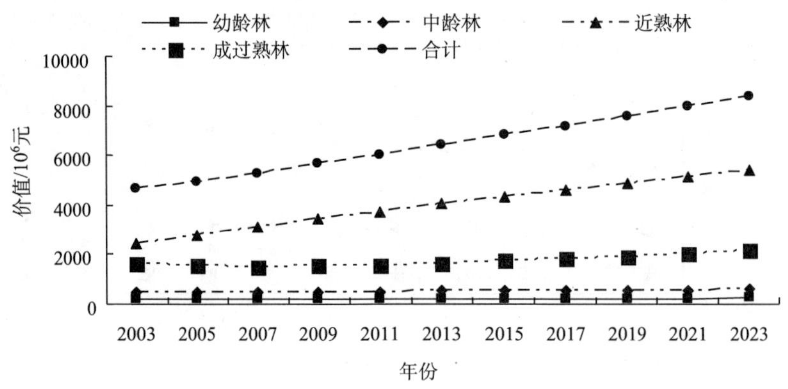

图 6-112　退耕还林工程人工用材林保育土壤功能价值预测趋势图

幼龄林 2023 年比 2003 年增加 24.32%，增至 2.41×10^4 万元；中龄林 2023 年比 2003 年增加 28.14%，增至 5.81×10^4 万元；近熟林 2023 年比 2003 年增加 124.32%，增至 5.40×10^5 万元；成过熟林 2023 年比 2003 年增加 34.51%，增至2.14×10^5 万元。

综合分析可知：2003～2023 年，天然用材林保育土壤功能价值总量明显高于人工用材林。总体来看，天然特用林保育土壤功能总价值 2023 年较 2003 年的 2.59×10^6 万元增加 13.39%，增至 2.94×10^6 万元。

6.3.1.3　固碳释氧功能价值量预测

退耕还林工程用材林固碳释氧功能价值预测结果见图 6-113、图 6-114。

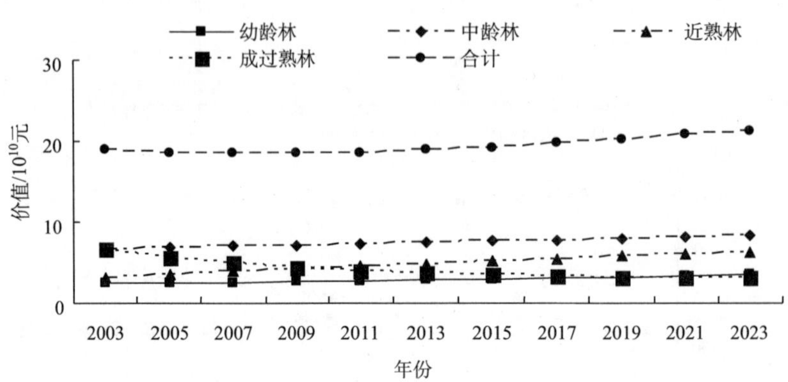

图 6-113　退耕还林工程天然用材林固碳释氧功能价值预测趋势图

由图 6-113 可知：2003～2023 年，天然用材林固氮释氧功能价值中，幼龄林增加了 0.92×10^6 万元，升高 36.38%；中龄林增加了 1.69×10^6 万元，升高 25.26%；近熟林增加了 3.18×10^6 万元，升高 101.05%；成过熟林减少了 3.18×10^6 万元，降低 52.62%。除成过熟林固氮释氧价值降低外，幼龄林、中龄林和近熟林都是升高的。天然用材林固碳释氧功能价值增加了 2.29×10^6 万元，升高 12.04%。

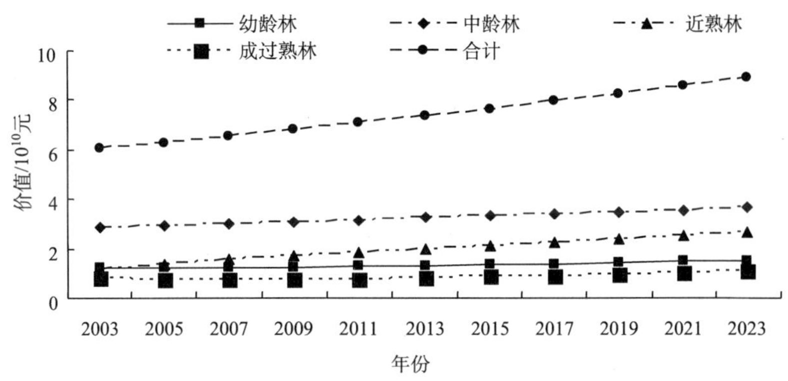

图 6-114　退耕还林工程人工用材林固碳释氧功能价值预测趋势图

由图 6-114 可知：在各龄级林分人工特用林固氮释氧功能价值中，幼龄林增加了 0.30×10^6 万元，升高 24.32%；中龄林增加了 0.80×10^6 万元，升高 28.14%；近熟林增加了 1.48×10^6 万元，升高 124.32%；成过熟林增加了 0.27×10^6 万元，升高 34.51%。人工用材林固碳释氧功能总价值增加了 2.85×10^6 万元，升高 47.11%。

总体而言，2023 年比 2003 年，退耕还林工程用材林固碳释氧功能总价值增加 2.87×10^6 万元。

6.3.1.4　吸收二氧化硫功能价值量预测

由图 6-115 可知：2003～2023 年，天然用材林吸收二氧化硫功能总价值为 4.49×10^6 万元，吸收二氧化硫功能价值变化呈先减少后增加的变化趋势，预测期末 2023 年比 2003 年增加了 4.82×10^4 万元，升幅 12.04%。不同林龄组林分对比可知，除天然成过熟林的吸收二氧化硫价值降低外，退耕还林工程天然用材林吸收二氧化硫功能价值中，其余各龄级林分的吸收二氧化硫价值都是增加的。其中，幼龄林 2023 年比 2003 年增加了 1.95×10^4 万元，增幅 36.38%；中龄林 2023 年比 2003 年增加了 3.56×10^4 万元，升幅 25.26%；近熟林 2023 年比 2003 年增加了 6.68×10^4 万元，增幅 101.05%；

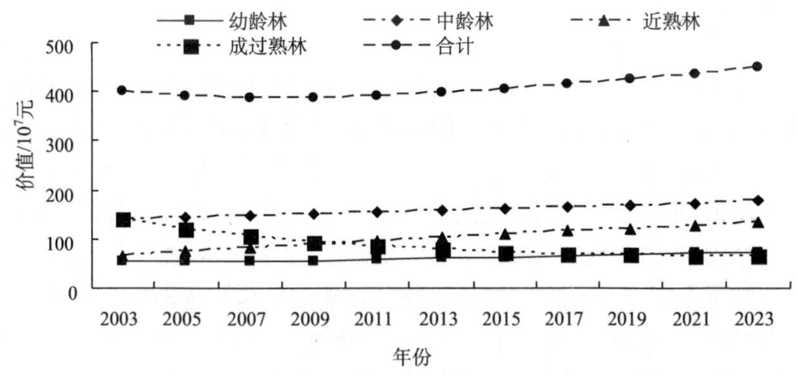

图 6-115　退耕还林工程天然用材林吸收二氧化硫功能价值预测趋势图

成过熟林 2023 年比 2003 年减少了 7.36×10^4 万元，降幅 52.62%。

由图 6-116 可知：在预测期内，人工用材林吸收二氧化硫功能总价值呈逐渐增加的趋势，人工特用林吸收二氧化硫功能价值 2023 年比 2003 年增加了 6.00×10^4 万元，增幅 47.11%。人工用材林各龄级林分吸收二氧化硫功能价值都是增加的，幼龄林 2023 年比 2003 年增加了 6.24×10^3 万元，增幅 24.32%；中龄林 2023 年比 2003 年增加了 1.69×10^4 万元，增幅 28.14%；近熟林 2023 年比 2003 年增加了 3.11×10^4 万元，增幅 124.32%；成过熟林 2023 年比 2003 年增加了 5.72×10^3 万元，增幅 34.51%。

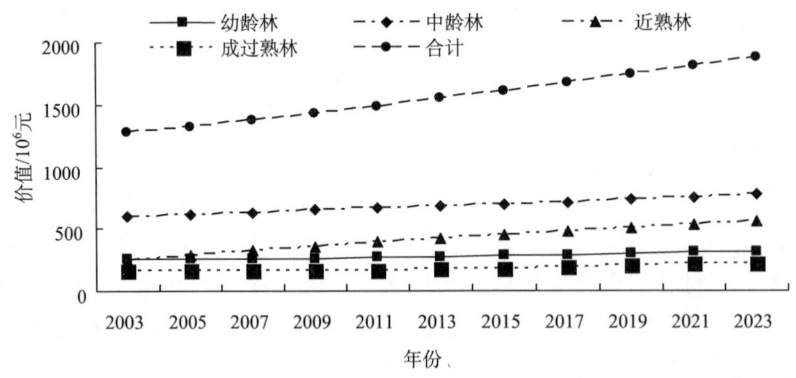

图 6-116 退耕还林工程人工用材林吸收二氧化硫功能价值预测趋势图

综合分析可知：天然用材林在预测期内吸收二氧化硫功能总价值为 4.49×10^6 万元，人工用材林吸收二氧化硫功能总价值为 1.71×10^6 万元。天然用材林和人工用材林吸收二氧化硫功能价值均呈增加趋势。天然用材林和人工用材林固氮释氧功能价值 2023 年比 2003 年增加了 1.08×10^5 万元，增幅 20.50%。

6.3.1.5 吸收氮氧化物功能价值量预测

由图 6-117 可知：2003～2023 年，天然用材林吸收氮氧化物功能价值呈先减少后增加的变化趋势，2007 年吸收氮氧化物功能价值最低。总体来看，天然特用林吸收氮氧化物功能总价值 2023 年比 2003 年增加 12.04%，增至 2023 年 2.90×10^4 万元。不同林龄组林分对比可知，预计 2003～2023 年，退耕还林工程吸收氮氧化物价值除天然成过熟林的值降低外，其余各龄级林分的吸收氮氧化物价值都是增加的。其中幼龄林 2023 年比 2003 年增加 36.38%，增至 4.72×10^3 万元；中龄林 2023 年比 2003 年增加 25.26%，增至 1.14×10^4 万元；近熟林 2023 年比 2003 年增加 101.05%，增至 8.59×10^3 万元；成过熟林 2023 年比 2003 年减少 52.62%，降至 4.29×10^3 万元。

由图 6-118 可知：人工用材林吸收氮氧化物功能价值呈逐渐增加的趋势，人工特用林吸收氮氧化物功能总价值 2023 年较 2003 年增加 47.11%，增至 1.21×10^4 万元。不同林龄组林分对比可知，退耕还林工程人工用材林各龄级林分吸收氮氧化物功能价值都是增加的，幼龄林 2023 年比 2003 年增加 24.32%，增至 2.06×10^3 万元；中龄林 2023

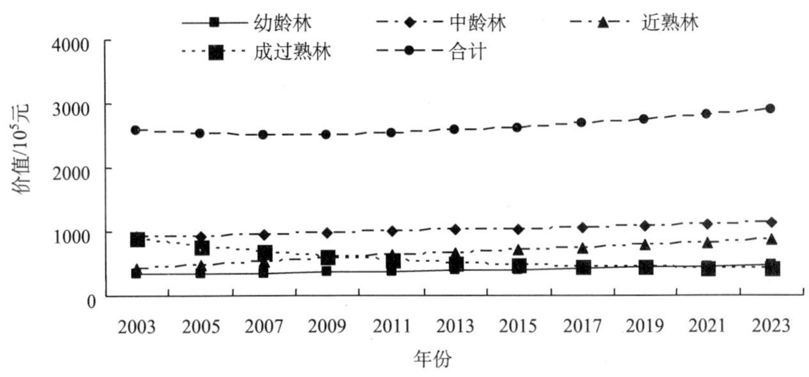

图 6-117　退耕还林工程天然用材林吸收氮氧化物功能价值预测趋势图

年比 2003 年增加 28.14%，增至 4.97×10³ 万元；近熟林 2023 年比 2003 年增加 124.32%，增至 3.63×10³ 万元；成过熟林 2023 年比 2003 年增加 34.51%，增至 1.44×10³ 万元。

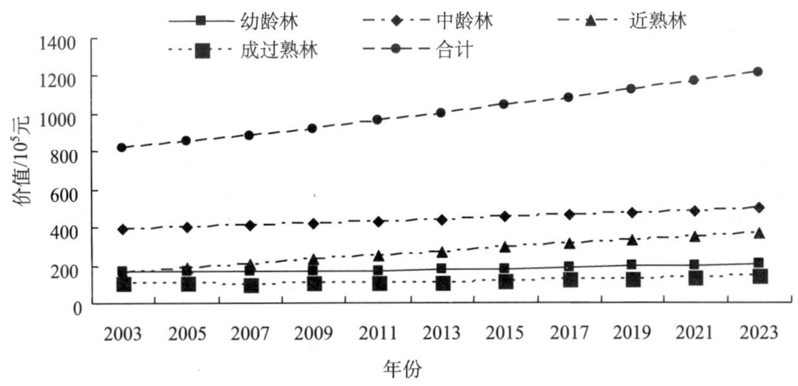

图 6-118　人工用材林吸收氮氧化物功能价值预测趋势图

综合分析可知：从用材林的整体来看，天然用材林在预测期内吸收氮氧化物功能总价值 2.9×10⁵ 万元，人工用材林为 1.11×10⁶ 万元。用材林吸收氮氧化物功能总价值 2023 年较 2003 年增加 20.50%，增至 4.11×10⁴ 万元。

6.3.1.6　储 N 功能价值量预测

由图 6-119 可知：2003～2023 年，天然用材林储 N 功能价值变化规律为先减少后增加趋势，到 2007 年储 N 功能价值量最低，之后略有增加。天然用材林储 N 功能价值从 2003 年的 1.87×10⁴ 万元增加到 2023 年 2.09×10⁴ 万元，增加了 2.25×10³ 万元，升高 12.04%。天然用材不同林龄组林分相比而言，除天然成过熟林的储 N 价值降低外，其余各龄级林分的储 N 价值都是增加的。其中，幼龄林从 2003 年的 2.50×10³ 万元增加到 2023 年的 3.41×10³ 万元，增加了 9.09×10² 万元，升高 36.38%；中龄林从

2003 年的 6.57×10³ 万元增加到 2023 年的 8.23×10³ 万元，增加了 1.66×10³ 万元，升高 25.26%；近熟林从 2003 年的 3.08×10³ 万元增加到 2023 年的 6.20×10³ 万元，增加了 3.11×10³ 万元，升高 101.05%；成过熟林从 2003 年的 6.53×10³ 万元降低到 2023 年的 3.09×10³ 万元，减少了 3.43×10³ 万元，降幅 52.62%。

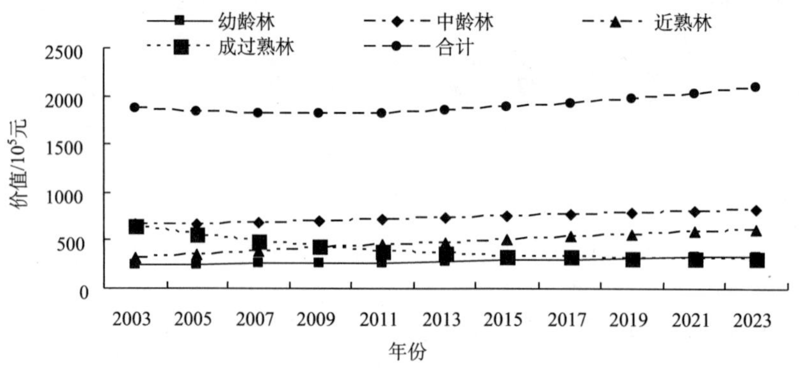

图 6-119　退耕还林工程天然用材林储 N 功能价值预测趋势图

由图 6-120 可知：人工用材林储 N 功能总价值持续增加趋势，人工用材林储 N 功能价值从 2003 年的 5.94×10³ 万元增加到 2023 年 8.73×10³ 万元，增加了 2.80×10³ 万元，升高 47.11%。2003～2023 年，退耕还林工程人工用材林各龄级林分储 N 功能价值都是增加的。其中，幼龄林从 2003 年的 1.20×10³ 万元增加到 2023 年的 1.49×10³ 万元，增加了 2.91×10² 万元，升高 24.32%；中龄林从 2003 年的 2.80×10³ 万元增加到 2023 年的 3.59×10³ 万元，增加了 7.88×10² 万元，升高 28.14%；近熟林从 2003 年的 1.17×10³ 万元增加到 2023 年的 2.62×10³ 万元，增加了 1.45×10³ 万元，升高 124.32%；成过熟林从 2003 年的 7.72×10² 万元增加到 2023 年的 1.04×10³ 万元，增加了 2.67×10² 万元，增幅 34.51%。

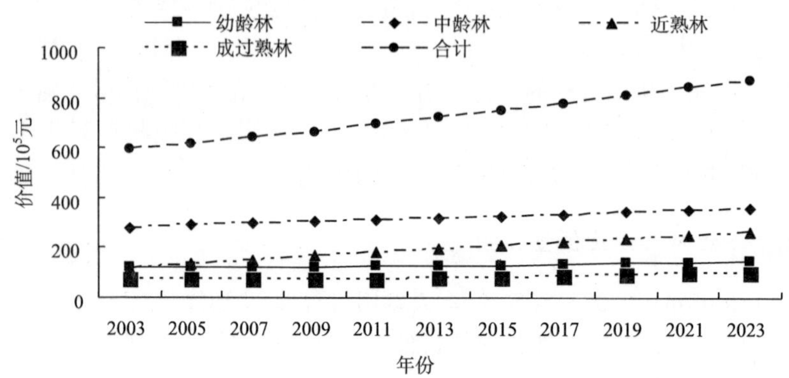

图 6-120　退耕还林工程人工用材林储 N 功能价值预测趋势图

总体上来看，退耕还林工程用材林储 N 功能价值，除成过熟林的储 N 价值降低外，其余各龄级林分的储 N 价值都是增加的。用材林储 N 功能价值从 2003 年的 2.46×10^4 万元增加到 2023 年 2.97×10^4 万元，增加了 5.05×10^3 万元，增加 20.50%。

6.3.1.7　储 P 功能价值量预测

由图 6-121 可知：2003～2023 年，天然用材林储 P 功能价值总量呈先减少后增加的变化模式，2007 年天然用材林储 P 功能价值总量最低。整体来看，天然用材林储 P 功能价值总量增加，从 2003 年的 2.48×10^3 万元增加到 2023 年 2.78×10^3 万元，增加了 2.99×10^2 万元，增幅 12.04%。天然用材林不同林龄组林分相比而言，除天然成过熟林的储 P 价值降低外，其余各龄级林分的储 P 价值都是增加的。其中，幼龄林从 2003 年的 3.32×10^2 万元增加到 2023 年的 4.53×10^2 万元，增加了 1.21×10^2 万元，增幅 36.38%；中龄林从 2003 年的 8.74×10^2 万元增加到 2023 年的 1.09×10^3 万元，增加了 2.21×10^2 万元，增幅 25.26%；近熟林从 2003 年的 4.10×10^2 万元增加到 2023 年的 8.24×10^2 万元，增加了 4.14×10^2 万元，增幅 101.05%；成过熟林从 2003 年的 8.68×10^2 万元降低到 2023 年的 4.11×10^2 万元，减少了 4.57×10^2 万元，降幅 52.62%。

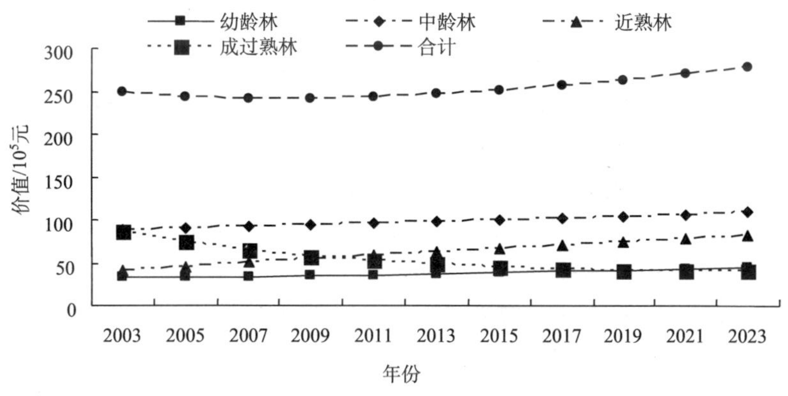

图 6-121　退耕还林工程天然用材林储 P 功能价值预测趋势图

由图 6-122 可知：人工用材林储 P 功能价值总量呈逐渐增加的趋势，由 2003 年的 7.89×10^2 万元增加到 2023 年 1.16×10^3 万元，增加了 3.72×10^2 万元，增幅 47.11%。退耕还林工程人工用材林各龄级林分储 P 功能价值都是增加的，幼龄林从 2003 年的 1.59×10^2 万元增加到 2023 年的 1.98×10^2 万元，增加了 38.69 万元，增幅 24.32%；中龄林从 2003 年的 3.72×10^2 万元增加到 2023 年的 4.77×10^2 万元，增加了 1.05×10^2 万元，增幅 28.14%；近熟林从 2003 年的 1.55×10^2 万元增加到 2023 年的 3.48×10^2 万元，增加了 1.93×10^2 万元，增幅 124.32%；成过熟林从 2003 年的 1.03×10^2 万元降低到 2023 年的 1.38×10^2 万元，减少了 35.44 万元，降幅 34.51%。

总体来看，用材林储 P 功能价值从 2003 年的 3.27×10^2 万元增加到 2023 年 3.94×10^3 万元，增加了 6.71×10^2 万元，增幅 20.50%。

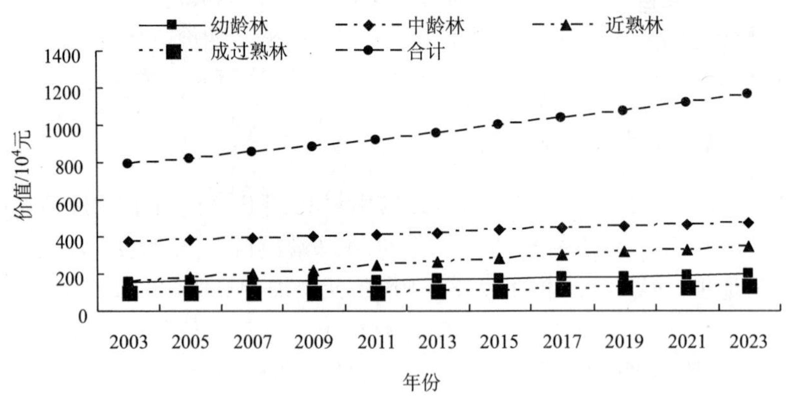

图 6-122　退耕还林工程人工用材林储 P 功能价值预测趋势图

6.3.1.8　储 K 功能价值量预测

由图 6-123 可知：2003～2023 年，天然用材林储 K 功能价值总量呈先减少后增加的变化模式，到 2007 年储 K 功能价值总量最低，天然用材林储 K 功能价值从 2003 年的 2.87×10^3 万元增加到 2023 年 3.22×10^3 万元，增加了 3.46×10^2 万元，增幅 12.04%。天然用材林不同林龄组林分的储 K 功能相比而言，除天然成过熟林的储 K 价值降低外，其余各龄级林分的储 K 价值都是增加的。其中，幼龄林从 2003 年的 3.84×10^2 万元增加到 2023 年的 5.24×10^2 万元，增加了 1.40×10^2 万元，增幅 36.38%；中龄林从 2003 年的 1.01×10^3 万元增加到 2023 年的 1.27×10^3 万元，增加了 2.55×10^2 万元，增幅 25.26%；近熟林从 2003 年的 4.74×10^2 万元增加到 2023 年的 9.52×10^2 万元，增加了 4.79×10^2 万元，增幅 101.05%；成过熟林从 2003 年的 1.00×10^3 万元降低到 2023 年的 4.75×10^2 万元，减少了 5.28×10^2 万元，降幅 52.62%。

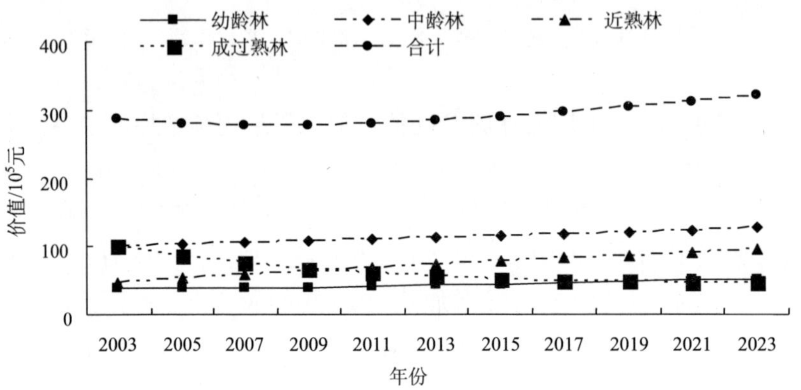

图 6-123　退耕还林工程天然用材林储 K 功能价值预测趋势图

由图 6-124 可知：在预测期内，人工用材林储 K 功能价值呈逐渐增加的趋势，并且各龄级林分储 K 功能价值都是增加的。其中，幼龄林从 2003 年的 1.84×10^2 万元增加到 2023 年的 2.29×10^2 万元，增加了 44.72 万元，增幅 24.32%；中龄林从 2003 年的 4.30×10^2 万元增加到 2023 年的 5.51×10^2 万元，增加了 1.21×10^2 万元，增幅 28.14%；近熟林从 2003 年的 1.79×10^2 万元增加到 2023 年的 4.02×10^2 万元，增加了 2.23×10^2 万元，增幅 124.32%；成过熟林从 2003 年的 1.19×10^2 万元增加到 2023 年的 1.60×10^2 万元，增加了 40.96 万元，增幅 34.51%。人工用材林储 K 功能价值从 2003 年的 9.12×10^2 万元增加到 2023 年 1.34×10^3 万元，增加了 4.30×10^2 万元，增幅 47.11%。

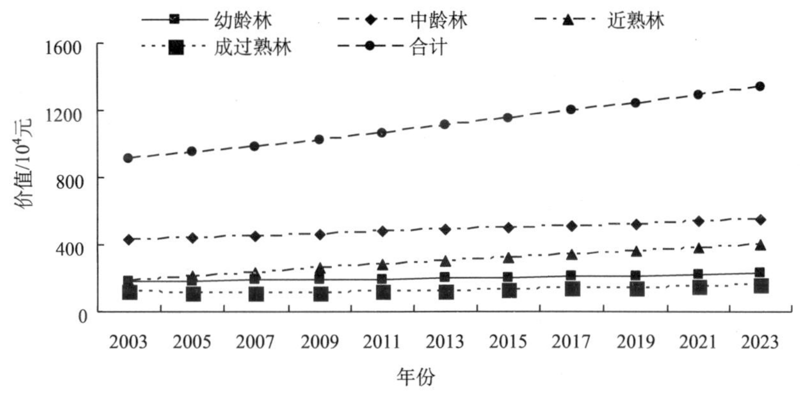

图 6-124　退耕还林工程人工用材林储 K 功能价值预测趋势图

总体看来，用材林储 K 功能价值从 2003 年的 3.78×10^3 万元增加到 2023 年 4.56×10^3 万元，增加了 7.75×10^2 万元，增幅 20.50%。

6.3.1.9　滞尘功能价值量预测

由图 6-125 可知：2003～2023 年，天然用材林滞尘功能价值呈先减少后增加的变

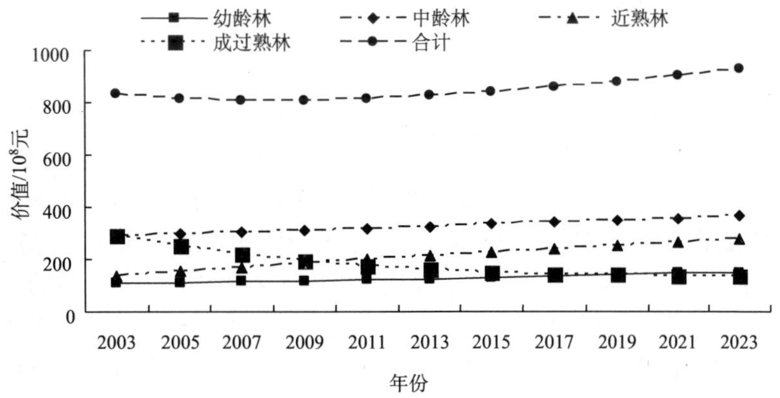

图 6-125　退耕还林工程天然用材林滞尘功能价值预测趋势图

化模式，到 2007 年天然用材林滞尘功能价值最低，天然特用林滞尘功能总价值 2023 年比 2003 年的 8.30×10^6 万元增加 12.04%，增至 2023 年 9.30×10^6 万元。不同林龄组林分对比而言，除天然成过熟林的滞尘价值降低外，其余各龄级林分的滞尘价值都是增加的。预计幼龄林 2023 年比 2003 年的 1.11×10^6 万元增加 36.38%，增至 1.51×10^6 万元；中龄林 2023 年比 2003 年的 2.92×10^6 万元增加 25.26%，增至 3.66×10^6 万元；近熟林 2023 年比 2003 年的 1.37×10^6 万元增加 101.05%，增至 2.75×10^6 万元；成过熟林 2023 年比 2003 年的 2.90×10^6 万元减少 52.62%，降至 1.37×10^6 万元。

由图 6-126 可知：在此期间，人工用材林中各龄级林分滞尘功能价值都是增加的。其中，幼龄林 2023 年比 2003 年的 5.32×10^5 万元增加 24.32%，增至 6.61×10^5 万元；中龄林 2023 年比 2003 年的 1.24×10^6 万元增加 28.14%，增至 1.59×10^6 万元；近熟林 2023 年比 2003 年的 5.19×10^5 万元增加 124.32%，增至 1.16×10^6 万元；成过熟林 2023 年比 2003 年的 3.43×10^5 万元增加 34.51%，增至 4.62×10^5 万元。人工用材林滞尘功能总价值 2023 年较 2003 年的 2.64×10^6 万元增加 47.11%，增至 3.88×10^6 万元。

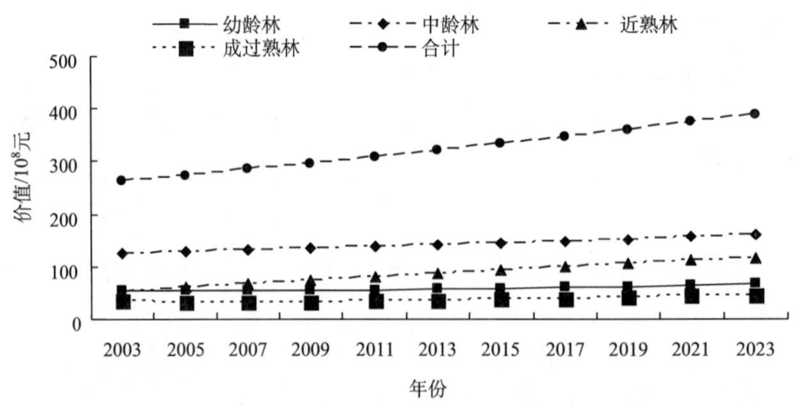

图 6-126 退耕还林工程人工用材林滞尘功能价值预测趋势图

用材林滞尘功能总价值呈逐渐增长的趋势，用材林滞尘功能总价值 2023 年较 2003 年的 1.09×10^7 万元增加 20.50%，增至 1.32×10^7 万元。

6.3.2 防护林生态服务功能价值预测

6.3.2.1 涵养水源功能价值量预测

由图 6-127 可以看出：2003～2023 年，天然防护林涵养水源功能价值量变化呈先减少后增加的趋势，到 2015 年天然用材涵养水源功能价值总量最小，随后呈小幅度增长趋势，总体来看，天然防护林涵养水源功能总价值 2023 年比 2003 年的 1.15×10^8 万元减少 16.51%，降至 2023 年 9.62×10^7 万元。天然防护林不同林龄组林分涵养水源功能价值总量变化规律为成过熟林>中龄林>近熟林>幼龄林，除天然近熟林的涵养水源价值降低外，其余各龄级林分的涵养水源价值都是增加的。预计幼龄林 2023 年比 2003 年增加 52.80%，增至 1.70×10^7 万元；中龄林 2023 年比 2003 年增加 34.18%，增至

3.42×10⁷ 万元；近熟林 2023 年比 2003 年增加 53.36%，增至 2.70×10⁷ 万元；成过熟林 2023 年比 2003 年减少 70.49%，降至 1.80×10⁷ 万元。

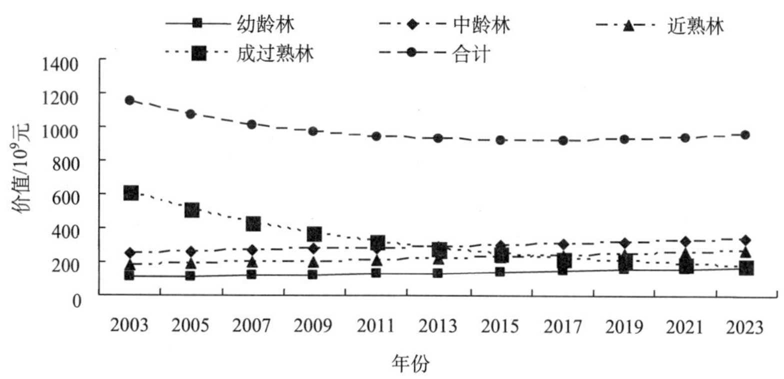

图 6-127　退耕还林工程天然防护林涵养水源功能价值预测趋势图

由图 6-128 可知：2003～2023 年，人工防护林涵养水源功能总价值呈逐渐增长的趋势，从 2003 年的 6.9×10⁶ 万元增加到 2023 年 9.65×10⁶ 万元，增加了 2.75×10⁶ 万元，增幅为 39.81%。由于人工防护林中幼龄林、中龄林和近熟林的涵养水源功能的增加，导致人工防护林逐渐发挥了巨大的涵养水源效益。在人工防护林不同林龄组林分中，除成过熟林涵养水源功能总价值有所降低外，其他各龄级林分涵养水源功能价值都是增加的。其中，幼龄林 2023 年比 2003 年增加 41.03%，增至 2.10×10⁶ 万元；中龄林 2023 年比 2003 年增加 48.64%，增至 3.73×10⁶ 万元；近熟林 2023 年比 2003 年增加 89.45%，增至 2.66×10⁶ 万元；成过熟林 2023 年比 2003 年减少 22.70%，降至 1.16×10⁶ 万元。

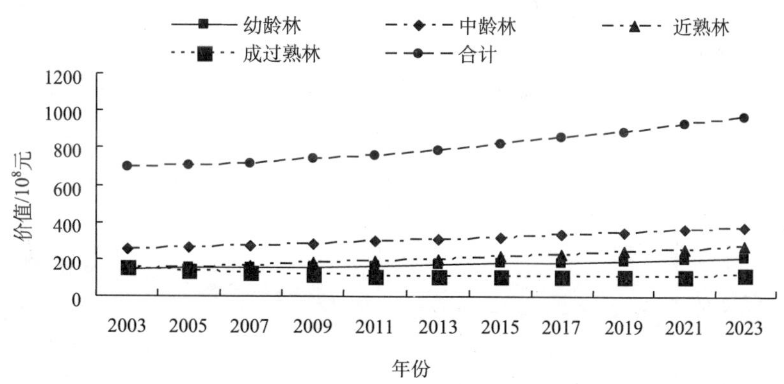

图 6-128　退耕还林工程人工防护林涵养水源功能价值预测趋势图

总体来看，天然防护林涵养水源功能价值总量呈减少趋势，防护林涵养水源功能价值 2023 年较 2003 年的 1.44×10⁸ 万元降低 0.94%，降至 1.43×10⁸ 万元。

6.3.2.2 保育土壤功能价值量预测

由图 6-129 可知：天然防护林保育土壤功能价值预计在 2003～2023 年，除天然成过熟林的保育土壤价值降低外，其余各龄级林分的保育土壤价值都是增加的。其中，幼龄林由 2003 年的 4.94×10^4 万元增加到 2023 年的 7.54×10^4 万元，升高 52.80%；中龄林由 2003 年的 1.13×10^5 万元增加到 2023 年的 1.52×10^5 万元，升高 34.18%；近熟林由 2003 年的 9.94×10^5 万元增加到 2023 年的 1.52×10^6 万元，升高 53.36%；成过熟林由 2003 年的 3.45×10^6 万元减少到 2023 年的 1.02×10^6 万元，降低 70.49%。天然防护林保育土壤功能由 2003 年的 4.60×10^6 万元降至 2023 年 2.77×10^6 万元，降幅 39.85%。

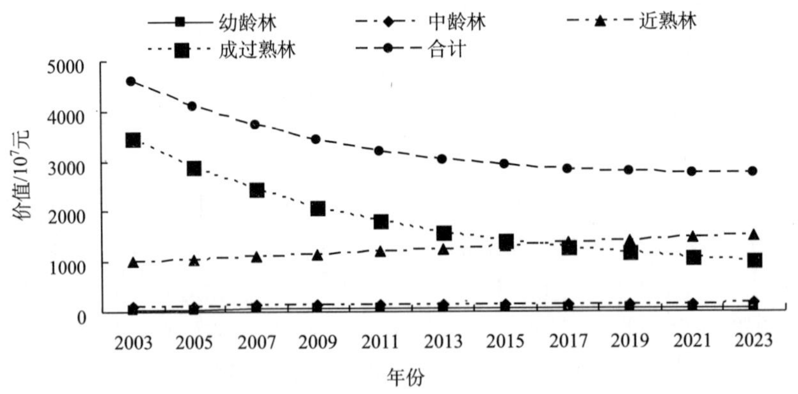

图 6-129 退耕还林工程天然防护林保育土壤功能价值预测趋势图

由图 6-130 可知：在预测期间，人工防护林保育土壤功能价值呈逐渐增加的趋势，从 2003 年的 1.82×10^5 万元增加到 2023 年 2.42×10^5 万元，增幅 32.94%。在人工防护林中，不同林龄组林分的保育土壤功能价值量除成过熟林有所降低外，其他各龄级林分均不同程度增加。其中，幼龄林由 2003 年的 6.59×10^3 万元增加到 2023 年的 9.29×10^3 万元，升高 41.03%；中龄林由 2003 年的 1.11×10^4 万元增加到 2023 年的 1.65×10^4 万元，升高 48.64%；近熟林由 2003 年的 7.94×10^4 万元增加到 2023 年的 $1.50\times$

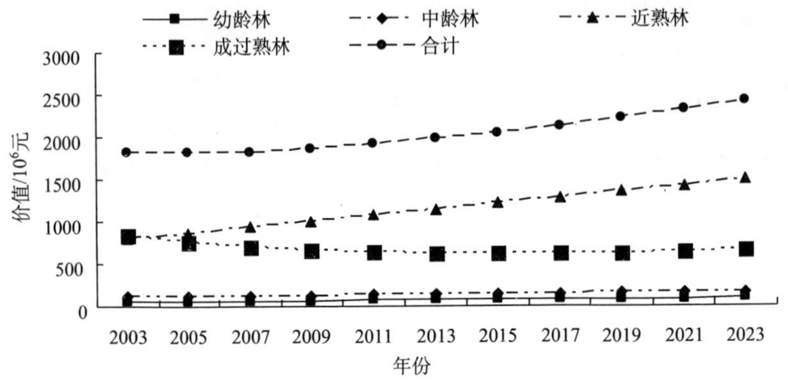

图 6-130 退耕还林工程人工防护林保育土壤功能价值预测趋势图

10^5 万元，升高 89.45%；成过熟林由 2003 年的 8.47×10^4 万元降低到 2023 年的 6.55×10^4 万元，减少 22.70%。

2003～2023 年，天然防护林保育土壤功能价值总量明显高于人工防护林。总体来看，防护林保育土壤功能价值从 2003 年的 4.88×10^6 万元降低到 2023 年 4.09×10^6 万元，降幅 16.20%。

6.3.2.3　固碳释氧功能价值量预测

由图 6-131 可以看出：2003～2023 年，除天然成过熟林的固碳释氧价值降低外，退耕还林工程天然防护林其余各龄级林分都是增加的。截止到 2023 年，与 2003 年相比幼龄林增加了 1.64×10^6 万元，增幅 52.80%；中龄林增加了 2.43×10^6 万元，增幅 34.18%；近熟林增加了 2.62×10^6 万元，增幅 53.36%；成过熟林减少了 12.00×10^6 万元，降幅 70.49%。天然防护林固碳释氧功能总价值 2023 年比 2003 年减少了 5.31×10^6 万元，降幅 16.51%。

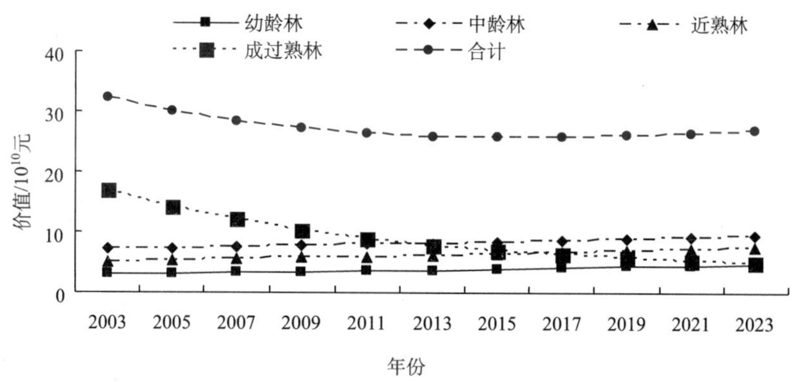

图 6-131　退耕还林工程天然防护林固碳释氧功能价值预测趋势图

由图 6-132 可以看出：退耕还林工程人工防护林中，幼龄林、中龄林、和近熟林固碳释氧功能价值都是增加的，成过熟林降低。2023 年比 2003 年幼龄林人工林固碳释氧

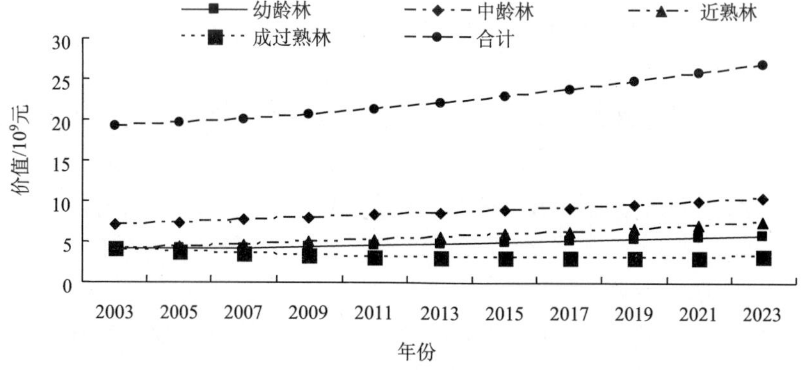

图 6-132　退耕还林工程人工防护林固碳释氧功能价值预测趋势图

功能价值增加了 1.70×10^5 万元，增幅 41.03%；中龄林增加了 3.41×10^5 万元，增幅 48.64%；近熟林增加了 3.51×10^5 万元，增幅 89.45%；成过熟林减少了 0.95×10^5 万元，降幅 22.70%。人工防护林固碳释氧功能价值 2023 年比 2003 年增加了 7.67×10^5 万元，增幅 39.81%。

总体而言，退耕还林工程防护林固碳释氧功能 2023 年较 2003 年总价值增加了 7.14×10^5 万元。

6.3.2.4 吸收二氧化硫功能价值量预测

由图 6-133 可知：2003～2023 年，天然防护林吸收二氧化硫功能总价值为 6.32×10^6 万元，吸收二氧化硫功能价值变化呈先减少后增加的变化趋势，预测期末 2023 年比 2003 年减少 16.51%，降至 2023 年 5.65×10^5 万元。不同林龄组林分对比可知，除天然成过熟林的吸收二氧化硫价值降低外，其余各龄级林分的吸收二氧化硫价值都是增加的。其中幼龄林 2023 年比 2003 年增加 52.80%，增至 9.99×10^3 万元；中龄林 2023 年比 2003 年增加 34.18%，增至 2.01×10^4 万元；近熟林 2023 年比 2003 年增加 53.36%，增至 1.58×10^4 万元；成过熟林 2023 年比 2003 年减少 70.49%，降至 1.06×10^4 万元。

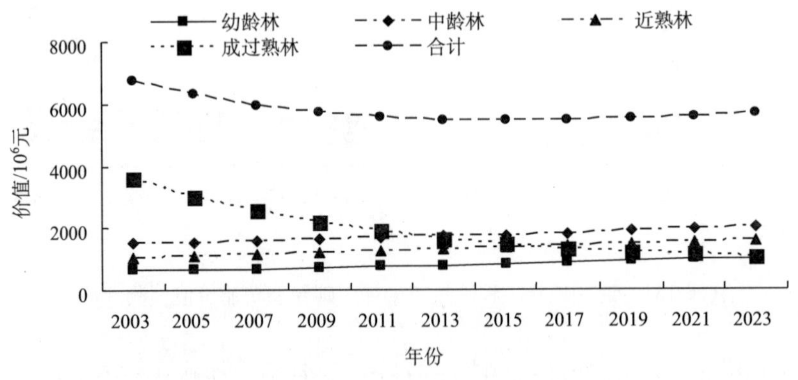

图 6-133 退耕还林工程天然防护林吸收二氧化硫功能价值预测趋势图

由图 6-134 可知：在预测期内，人工防护林吸收二氧化硫功能总价值呈逐渐增加的趋势，2023 年较 2003 年增加 39.81%，增至 5.67×10^4 万元。不同林龄组林分对比可知，人工防护林中成过熟林吸收二氧化硫功能价值降低，其他各龄级林分吸收二氧化硫功能价值均增加。其中，幼龄林 2023 年比 2003 年增加 41.03%，增至 1.23×10^4 万元；中龄林 2023 年比 2003 年增加 48.64%，增至 2.19×10^4 万元；近熟林 2023 年比 2003 年增加 89.45%，增至 1.56×10^4 万元；成过熟林 2023 年比 2003 年减少 22.70%，降至 6.81×10^3 万元。

综合分析可知：在天然防护林中，天然防护林在预测期内吸收二氧化硫功能总价值为 6.32×10^6 万元，人工防护林吸收二氧化硫功能总价值为 0.52×10^6 万元。天然防护林吸收二氧化硫功能价值在预测期内呈减少趋势，比预测期初减少了 16.51%，人工防

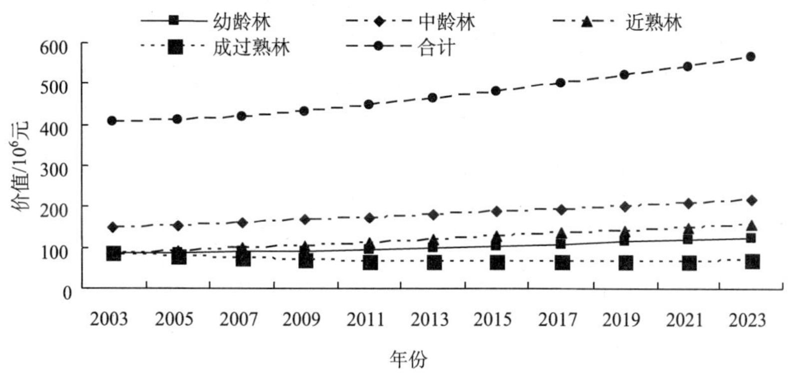

图 6-134　退耕还林工程人工防护林吸收二氧化硫功能价值预测趋势图

护林吸收二氧化硫功能价值呈增加趋势，增幅为 39.81%，天然防护林和人工防护林吸收二氧化硫功能总价值 2023 年较 2003 年减少 16.51%，降至 5.65×10^5 万元。

6.3.2.5　吸收氮氧化物功能价值量预测

由图 6-135 可知：2003～2023 年，天然防护林吸收氮氧化物功能价值呈先减少后增加的变化趋势，2015 年吸收氮氧化物功能价值最低。总体来看，天然防护林吸收氮氧化物功能价值从 2003 年的 4.37×10^4 万元降低到 2023 年 3.65×10^4 万元，减少了 7.22×10^3 万元，降幅 16.51%。不同林龄组林分对比可知，除天然成过熟林的吸收氮氧化物价值降低外，其余各龄级林分的吸收氮氧化物价值都是增加的。其中，幼龄林从 2003 年的 4.22×10^3 万元增加到 2023 年的 6.46×10^3 万元，增加了 2.23×10^3 万元，增幅 52.80%；中龄林从 2003 年的 9.68×10^3 万元增加到 2023 年的 1.30×10^4 万元，增加了 3.31×10^3 万元，增幅 34.18%；近熟林从 2003 年的 6.68×10^3 万元增加到 2023 年的 1.02×10^4 万元，增加了 3.56×10^3 万元，增幅 53.36%；成过熟林从 2003 年的 2.32×10^4 万元降低到 2023 年的 6.83×10^3 万元，减少了 1.63×10^4 万元，降幅 70.49%。

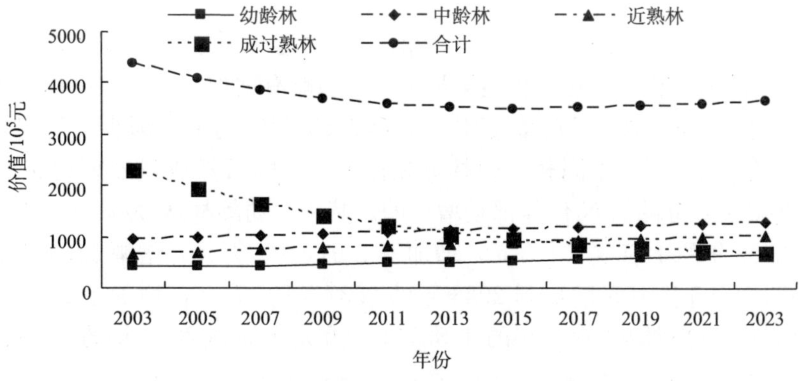

图 6-135　退耕还林工程天然防护林吸收氮氧化物功能价值预测趋势图

由图 6-136 可知：人工防护林吸收氮氧化物功能价值呈逐渐增加的趋势，人工防护林吸收氮氧化物功能价值从 2003 年的 2.62×10^3 万元增加到 2023 年 3.66×10^3 万元，增加了 1.04×10^3 万元，增幅 39.81%。不同林龄组林分对比可知，除人工成过熟林的吸收氮氧化物价值降低外，其余各龄级林分吸收氮氧化物功能价值都是增加的。其中，幼龄林从 2003 年的 5.64×10^2 万元增加到 2023 年的 7.95×10^2 万元，增加了 2.31×10^2 万元，增幅 41.03%；中龄林从 2003 年的 9.53×10^2 万元增加到 2023 年的 1.42×10^3 万元，增加了 4.64×10^2 万元，增幅 48.64%；近熟林从 2003 年的 5.34×10^2 万元增加到 2023 年的 1.01×10^3 万元，增加了 4.77×10^2 万元，增幅 89.45%；成过熟林从 2003 年的 5.69×10^2 万元降低到 2023 年的 4.40×10^2 万元，减少了 1.29×10^2 万元，降幅 22.70%。

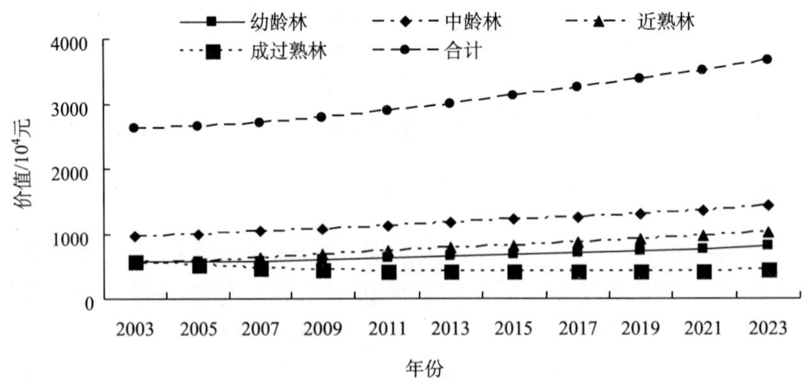

图 6-136　退耕还林工程人工防护林吸收氮氧化物功能价值预测趋势图

综合分析可知：从防护林的整体来看，天然防护林在预测期内吸收氮氧化物功能总价值 4.09×10^5 万元，人工防护林为 3.36×10^4 万元。防护林吸收氮氧化物功能价值从 2003 年的 5.46×10^4 万元降低到 2023 年 5.41×10^4 万元，减少了 5.12×10^2 万元，降幅 0.94%。

6.3.2.6　储 N 功能价值量预测

由图 6-137 可知：2003～2023 年，天然防护林储 N 功能价值变化规律为先减少后增加趋势，到 2015 年储 N 功能价值量最低，之后略有增加。天然防护林储 N 功能总价值从 2003 年的 3.15×10^4 万元降低到 2023 年 2.63×10^4 万元，减少了 5.21×10^3 万元，降幅 16.51%。天然用材不同林龄组林分相比而言，除天然成过熟林的储 N 价值降低外，其余各龄级林分的储 N 价值都是增加的。其中，幼龄林从 2003 年的 3.05×10^3 万元增加到 2023 年的 4.66×10^3 万元，增加了 1.61×10^3 万元，增幅 52.80%；中龄林从 2003 年的 6.98×10^3 万元增加到 2023 年的 9.37×10^3 万元，增加了 2.39×10^3 万元，增幅 34.18%；近熟林从 2003 年的 4.82×10^3 万元增加到 2023 年的 7.39×10^3 万元，增加了 2.57×10^3 万元，增幅 53.36%；成过熟林从 2003 年的 1.67×10^4 万元降低到 2023 年的 4.93×10^3 万元，减少了 1.18×10^4 万元，降幅 70.49%。

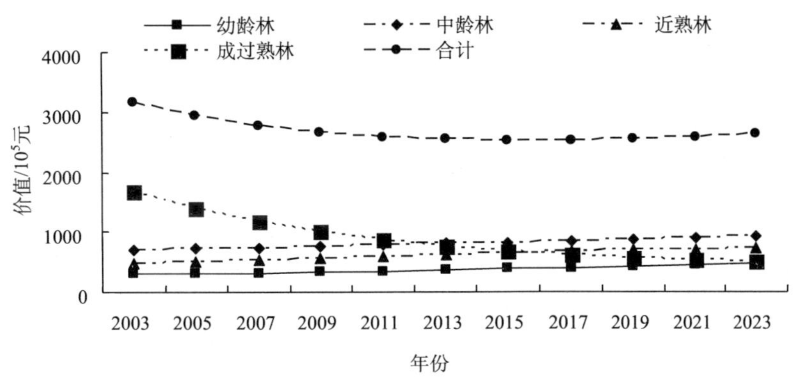

图 6-137　退耕还林工程天然防护林储 N 功能价值预测趋势图

由图 6-138 可知：人工防护林储 N 功能总价值持续增加趋势，人工防护林储 N 功能价值从 2003 年的 1.89×10^3 万元增加到 2023 年 2.64×10^3 万元，增加了 7.52×10^2 万元，升高 39.81%。人工防护林不同林龄组林分相比而言，除人工成过熟林的储 N 价值降低外，其他各龄级林分均不同程度增加。其中，幼龄林从 2003 年的 4.07×10^2 万元增加到 2023 年的 5.74×10^2 万元，增加了 1.67×10^2 万元，升高 41.03%；中龄林从 2003 年的 6.88×10^2 万元增加到 2023 年的 1.02×10^3 万元，增加了 3.34×10^2 万元，升高 48.64%；近熟林从 2003 年的 3.85×10^2 万元增加到 2023 年的 7.29×10^2 万元，增加了 3.44×10^2 万元，升高 89.45%；成过熟林从 2003 年的 4.11×10^2 万元降低到 2023 年的 3.17×10^2 万元，减少了 93.22 万元，降幅 22.70%。

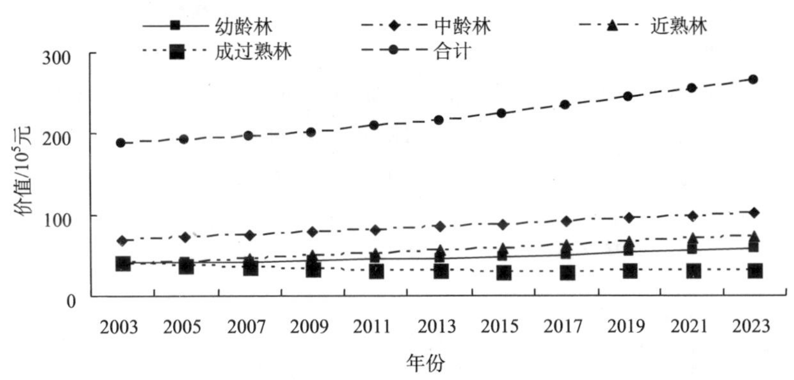

图 6-138　退耕还林工程人工防护林储 N 功能价值预测趋势图

综合分析可知：防护林储 N 功能价值从 2003 年的 3.94×10^4 万元降低到 2023 年 3.90×10^4 万元，减少了 3.70×10^2 万元，降幅 0.94%。

6.3.2.7　储 P 功能价值量预测

由图 6-139 可知：2003～2023 年，天然防护林储 P 功能价值总量呈先减少后增加的变化模式，2015 年天然防护林储 P 功能价值总量最低。整体来看，天然防护林储 P 功能价值总量减少，从 2003 年的 4.19×10³ 万元降低到 2023 年 3.50×10³ 万元，减少了 6.92×10² 万元，降幅 16.51%。天然防护林不同林龄组林分相比而言，天然成过熟林的储 P 价值降低，其余各龄级林分的储 P 价值均增加。幼龄林从 2003 年的 4.05×10² 万元增加到 2023 年的 6.19×10² 万元，增加了 2.14×10² 万元，增幅 52.80%；中龄林从 2003 年的 9.28×10² 万元增加到 2023 年的 1.25×10³ 万元，增加了 3.17×10² 万元，增幅 34.18%；近熟林从 2003 年的 6.40×10² 万元增加到 2023 年的 9.82×10² 万元，增加了 3.42×10² 万元，增幅 53.36%；成过熟林从 2003 年的 2.22×10³ 万元降低到 2023 年的 6.55×10² 万元，减少了 1.57×10³ 万元，降幅 70.49%。

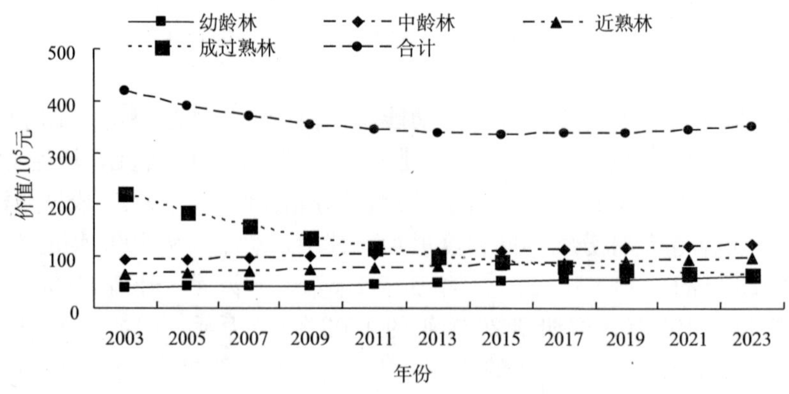

图 6-139　退耕还林工程天然防护林储 P 功能价值预测趋势图

由图 6-140 可知：人工防护林储 P 功能价值总量呈逐渐增加的趋势，从 2003 年的 2.51×10² 万元增加到 2023 年 3.51×10² 万元，增加了 1.00×10² 万元，增幅 39.81%。在人工防护林各龄级林分储 P 功能价值中，成过熟林储 P 功能价值降低，其他各龄级林分储 P 功能价值均增加。其中，幼龄林从 2003 年的 54.07 万元增加到 2023 年的 76.26 万元，增加了 22.19 万元，增幅 41.03%；中龄林从 2003 年的 91.41 万元增加到

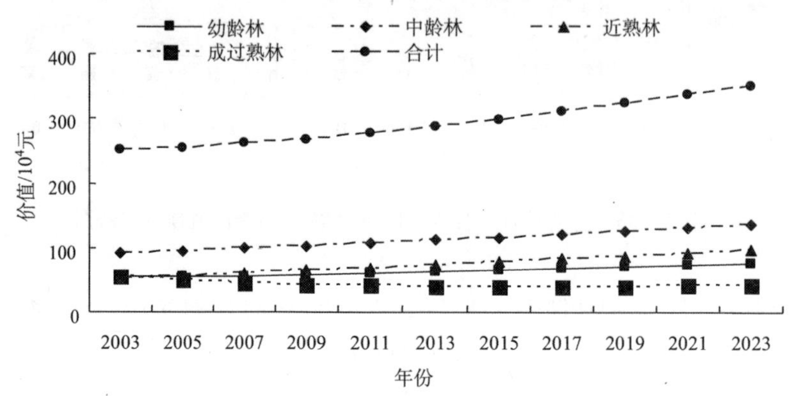

图 6-140　退耕还林工程人工防护林储 P 功能价值预测趋势图

2023 年的 1.36×10² 万元，增加了 44.46 万元，增幅 48.64%；近熟林从 2003 年的 51.17 万元增加到 2023 年的 96.95 万元，增加了 45.77 万元，增幅 89.45%；成过熟林从 2003 年的 54.59 万元降低到 2023 年的 42.20 万元，减少了 12.39 万元，降幅 22.70%。

防护林储 P 功能价值总量呈减少的趋势，从 2003 年的 5.24×10³ 万元降低到 2023 年 5.19×10³ 万元，减少了 49.13 万元，降幅 0.94%。

6.3.2.8　储 K 功能价值量预测

由图 6-141 可知：2003～2023 年，天然防护林储 K 功能价值总量呈先减少后增加的变化模式，到 2015 年储 K 功能价值总量最低，2023 年比 2003 年的 4.85×10³ 万元减少 16.51%，降至 2023 年 4.05×10³ 万元。天然防护林不同林龄组林分的储 K 功能相比而言，除天然成过熟林的储 K 价值降低外，其余各龄级林分的储 K 价值均是增加的。预计幼龄林 2023 年比 2003 年的 4.68×10² 万元增加 52.80%，增至 7.16×10² 万元；中龄林 2023 年比 2003 年的 1.07×10³ 万元增加 34.18%，增至 1.44×10³ 万元；近熟林 2023 年比 2003 年的 7.40×10² 万元增加 53.36%，增至 1.14×10³ 万元；成过熟林 2023 年比 2003 年的 2.57×10³ 万元减少 70.49%，降至 7.57×10² 万元。

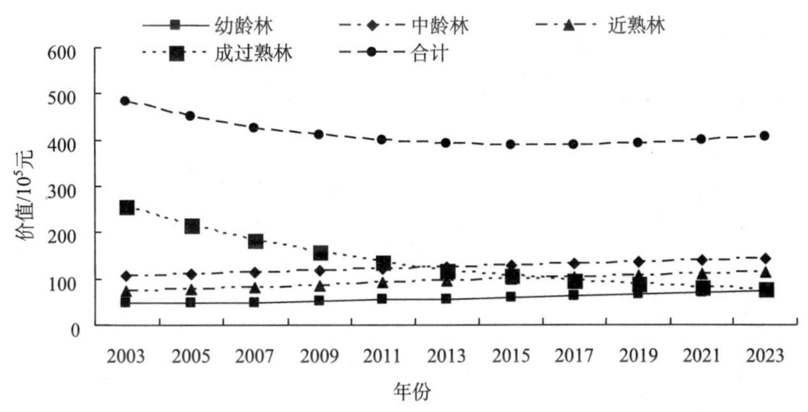

图 6-141　退耕还林工程天然防护林储 K 功能价值预测趋势图

由图 6-142 可知：在预测期内，人工防护林储 K 功能价值呈逐渐增加的趋势，人工防护林储 K 功能总价值 2023 年较 2003 年的 2.90×10² 万元增加 39.81%，增至 4.06×10² 万元。人工防护林中成过熟林储 K 功能价值降低，其他各龄级林分储 K 功能价值均增加。其中，幼龄林 2023 年比 2003 年的 62.50 万元增加 41.03%，增至 88.14 万元；中龄林 2023 年比 2003 年的 1.06×10² 万元增加 48.64%，增至 1.57×10² 万元；近熟林 2023 年比 2003 年的 59.14 万元增加 89.45%，增至 1.12×10² 万元；成过熟林 2023 年比 2003 年的 63.09 万元减少 22.70%，降至 48.77 万元。

总体看来，防护林储 K 功能价值 2023 年较 2003 年的 6.05×10³ 万元减少 0.94%，降至 6.00×10³ 万元。

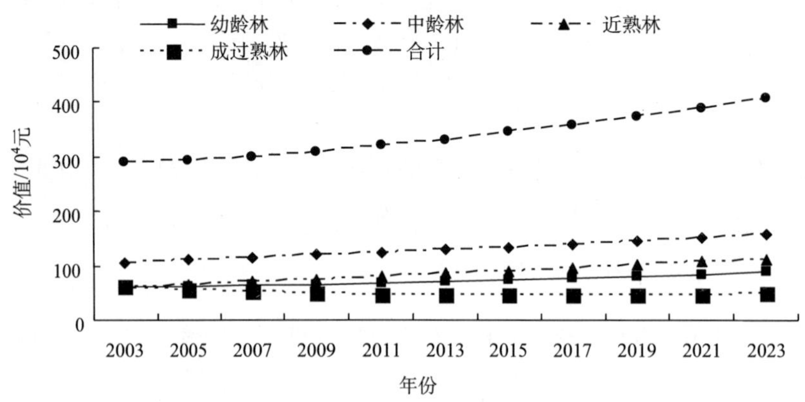

图 6-142 退耕还林工程人工防护林储 K 功能价值预测趋势图

6.3.2.9 滞尘功能价值量预测

由图 6-143 可知：2003～2023 年，天然防护林滞尘功能价值呈先减少后增加的变化模式，到 2015 年天然防护林滞尘功能价值最低，天然防护林滞尘功能价值 2023 年比 2003 年减少 16.51%，降至 2023 年 1.17×10^7 万元。不同林龄组林分对比可言，除天然成过熟林的滞尘价值降低外，其余各龄级林分的滞尘价值均增加。预计幼龄林 2023 年比 2003 年增加 52.80%，增至 2.07×10^6 万元；中龄林 2023 年比 2003 年增加 34.18%，增至 4.16×10^6 万元；近熟林 2023 年比 2003 年增加 53.36%，增至 3.28×10^6 万元；成过熟林 2023 年比 2003 年减少 70.49%，降至 2.19×10^6 万元。

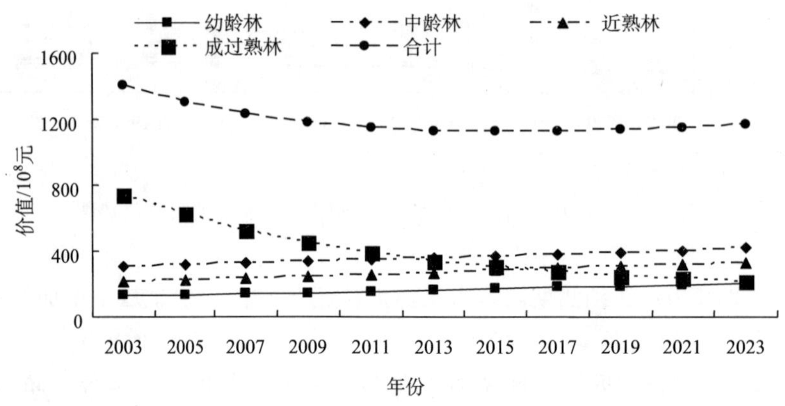

图 6-143 退耕还林工程天然防护林滞尘功能价值预测趋势图

由图 6-144 可知：人工防护林滞尘功能呈逐渐增长趋势，人工防护林滞尘功能总价值 2023 年较 2003 年增加 39.81%，增至 1.17×10^6 万元。不同林龄组林分对比可言，除天然成过熟林的滞尘价值降低外，其余各龄级林分的滞尘价值均增加。其中幼龄林 2023 年比 2003 年增加 41.03%，增至 2.55×10^5 万元；中龄林 2023 年比 2003 年增加

48.64%，增至 4.54×10^5 万元；近熟林 2023 年比 2003 年增加 89.45%，增至 3.24×10^5 万元；成过熟林 2023 年比 2003 年减少 22.70%，降至 1.41×10^5 万元。

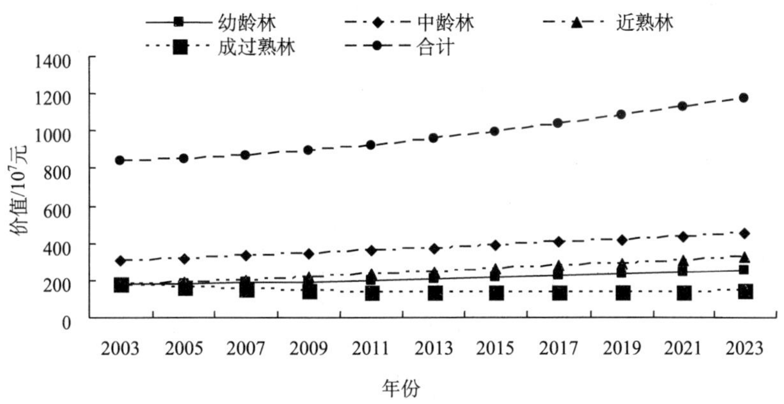

图 6-144　退耕还林工程人工防护林滞尘功能价值预测趋势图

综合分析可知，防护林滞尘功能总价值 2023 年较 2003 年减少 0.94%，降至 1.73×10^7 万元。

6.3.3　特用林生态服务功能价值预测

6.3.3.1　涵养水源功能价值量预测

由图 6-145 可以看出：2003～2023 年，天然特用林涵养水源功能价值量变化呈逐渐减少趋势，从 2003 年的 2.17×10^7 万元降低到 2023 年 1.43×10^7 万元，减少了 7.35×10^6 万元，降幅 33.89%。天然特用林不同林龄组林分涵养水源功能价值总量变化规律为成过熟林>中龄林>近熟林>幼龄林，除天然成过熟林的涵养水源价值降低外，其余各龄级林分的涵养水源价值均增加。其中，幼龄林从 2003 年的 1.01×10^6 万元增加到 2023 年的 1.96×10^6 万元，增加了 9.46×10^5 万元，增幅 93.56%；中龄林从 2003 年的 4.03×10^6 万元增加到 2023 年的 4.72×10^6 万元，增加了 6.98×10^5 万元，增幅

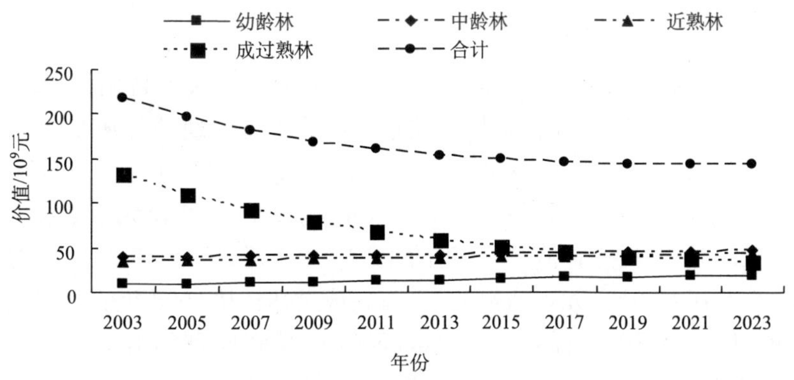

图 6-145　退耕还林工程天然特用林涵养水源功能价值预测趋势图

17.33%；近熟林从 2003 年的 3.43×10^6 万元增加到 2023 年的 4.26×10^6 万元，增加了 8.32×10^5 万元，增幅 24.23%；成过熟林从 2003 年的 1.32×10^7 万元降低到 2023 年的 3.40×10^6 万元，减少了 9.83×10^6 万元，降幅 74.31%。

由图 6-146 可知：2003～2023 年，人工特用林涵养水源功能总价值呈先减少后增长的趋势，2007 年最低，人工特用林涵养水源功能价值从 2003 年的 6.23×10^5 万元增加到 2023 年 7.10×10^5 万元，增加了 8.66×10^4 万元，增幅 13.90%。说明随天然林资源保护工程的实施，由于人工特用林中幼龄林、中龄林和近熟林的涵养水源功能的增加，导致人工特用林逐渐发挥了巨大的涵养水源效益。在人工特用林不同林龄组林分中，除成过熟林涵养水源功能价值有所降低外，其他各龄级林分均不同程度增加。其中，幼龄林从 2003 年的 6.00×10^4 万元增加到 2023 年的 9.81×10^4 万元，增加了 3.80×10^4 万元，增幅 63.35%；中龄林从 2003 年的 2.43×10^5 万元增加到 2023 年的 2.76×10^5 万元，增加了 3.29×10^4 万元，增幅 13.53%；近熟林从 2003 年的 1.32×10^5 万元增加到 2023 年的 2.25×10^5 万元，增加了 9.33×10^4 万元，增幅 70.61%；成过熟林从 2003 年的 1.88×10^5 万元降低到 2023 年的 1.10×10^5 万元，减少了 7.77×10^4 万元，降幅 41.43%。

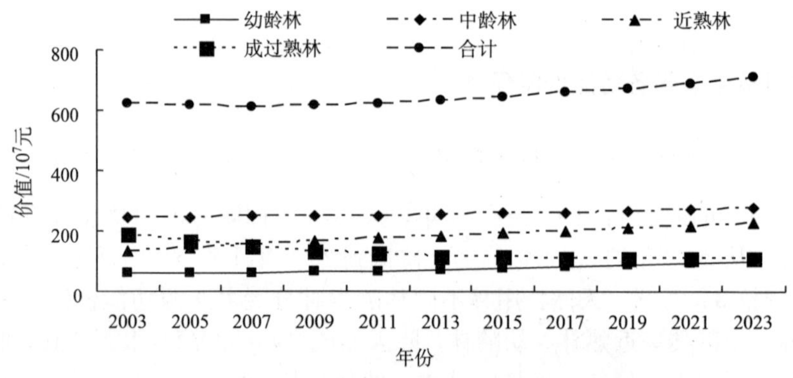

图 6-146　退耕还林工程人工特用林涵养水源功能价值预测趋势图

6.3.3.2　保育土壤功能价值量预测

由图 6-147 可知：预计 2003～2023 年，退耕还林工程天然特用林中，幼龄林、中龄林和近熟林的保育土壤价值将增加，成过熟林将下降。幼龄林从 2003 年的 4.48×10^3 万元增加到 2023 年的 8.68×10^3 万元，增加了 4.20×10^3 万元，增幅 93.56%；中龄林从 2003 年的 1.78×10^4 万元增加到 2023 年的 2.09×10^4 万元，增加了 3.09×10^3 万元，增幅 17.33%；近熟林从 2003 年的 1.94×10^5 万元增加到 2023 年的 2.41×10^5 万元，增加了 4.70×10^4 万元，增幅 24.23%；成过熟林从 2003 年的 7.47×10^5 万元降低到 2023 年的 1.92×10^5 万元，减少了 5.55×10^5 万元，降幅 74.31%。天然特用林保育土壤功能价值从 2003 年的 9.63×10^5 万元降低到 2023 年 4.62×10^5 万元，减少了 5.01×10^5 万元，降幅 51.99%。

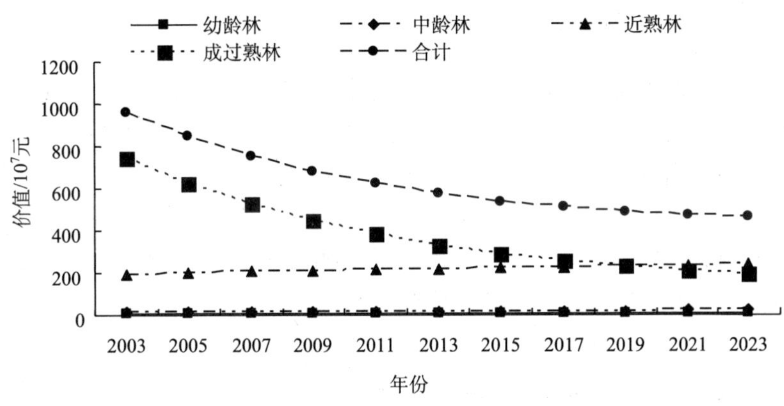

图 6-147　退耕还林工程天然特用林保育土壤功能价值预测趋势图

由图 6-148 可知：在预测期间，人工特用林保育土壤功能价值呈先减少后增加的趋势，最低值在 2009 年，人工特用林保育土壤功能价值从 2003 年的 1.94×10^4 万元增加到 2023 年 2.06×10^4 万元，增加了 1.20×10^3 万元，增幅 6.17%。在人工特用林中，不同林龄组林分的保育土壤功能价值量除成过熟林有所降低外，其他各龄级林分均不同程度增加，其中，幼龄林从 2003 年的 2.66×10^2 万元增加到 2023 年的 4.35×10^2 万元，增加了 1.69×10^2 万元，增幅 63.35%；中龄林从 2003 年的 1.08×10^3 万元增加到 2023 年的 1.22×10^3 万元，增加了 1.46×10^2 万元，增幅 13.53%；近熟林从 2003 年的 7.46×10^3 万元增加到 2023 年的 1.27×10^4 万元，增加了 5.27×10^3 万元，增幅 70.61%；成过熟林从 2003 年的 1.06×10^4 万元降低到 2023 年的 6.20×10^3 万元，减少了 4.39×10^3 万元，降幅 41.43%。

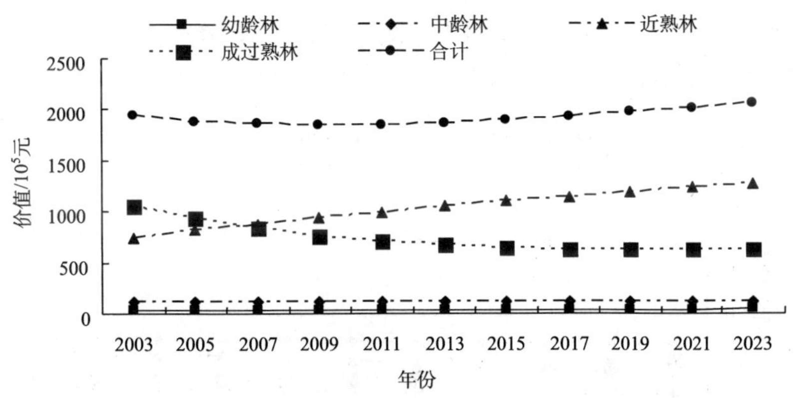

图 6-148　退耕还林工程人工特用林保育土壤功能价值预测趋势图

2003～2023 年，天然特用林保育土壤功能价值总量明显高于人工特用林。总体来看，特用林保育土壤功能价值从 2003 年的 9.82×10^5 万元降低到 2023 年 4.83×10^5 万元，减少了 5.00×10^5 万元，降幅 50.85%。

6.3.3.3　固碳释氧功能价值量预测

由图 6-149 可知：退耕还林工程天然特用林预计 2003～2023 年，幼龄林、中龄林和近熟林的固氮释氧功能价值均将增加，成过熟林将下降。截止到 2023 年，与 2003 年相比，幼龄林固碳释氧功能价值增加 109.29%，增至 2.58×10^6 万元；中龄林增加 15.63%，增至 6.28×10^6 万元；近熟林增加 20.79%，增至 5.77×10^6 万元；成过熟林减少 74.02%，降至 4.59×10^6 万元。天然特用林固氮释氧功能总价值 2023 年比 2003 年减少 33.96%，降至 2023 年 19.21×10^6 万元。

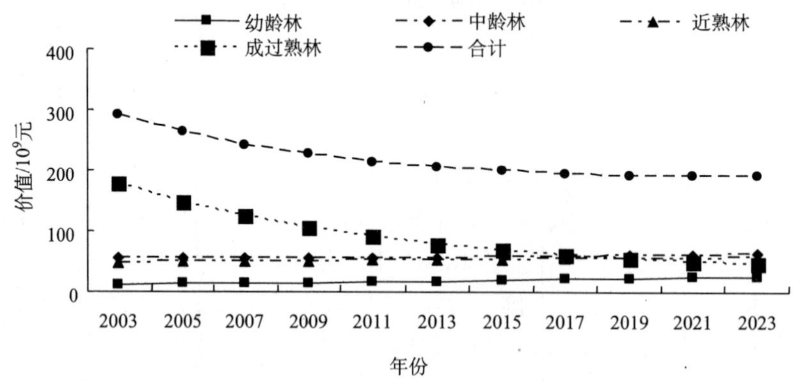

图 6-149　退耕还林工程天然特用林固碳释氧功能价值预测趋势图

由图 6-150 可知：人工特用林中成过熟林固氮释氧功能价值降低，其他各龄级林分固氮释氧功能价值均增加。2023 年比 2003 年幼龄林固氮释氧功能价值增加 63.35%，增至 2.74×10^4 万元；中龄林增加 13.53%，增至 7.71×10^4 万元；近熟林增加 70.61%，增至 6.29×10^4 万元；成过熟林减少 41.43%，降至 3.07×10^4 万元。人工特用林固氮释氧功能总价值 2023 年较 2003 年增加 13.90%，增至 19.81×10^4 万元。

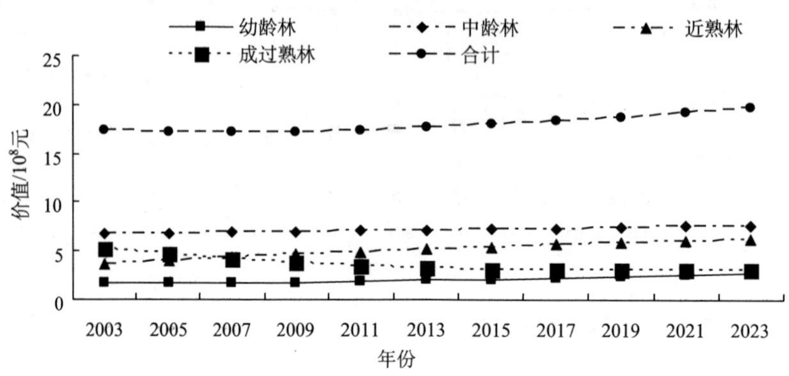

图 6-150　退耕还林工程人工特用林固碳释氧功能价值预测趋势图

总体而言，2023 年比 2003 年，退耕还林工程特用林固碳释氧功能总价值减少了 98.78×10^5 万元。

6.3.3.4　吸收二氧化硫功能价值量预测

由图 6-151 可知：2003～2023 年，天然特用林吸收二氧化硫功能总价值为 1.06×10^6 万元，吸收二氧化硫功能价值变化呈逐渐减少的变化趋势，天然特用林吸收二氧化硫功能总价值 2023 年比 2003 年减少 33.89%，降至 2023 年 8.42×10^4 万元。不同林龄组林分对比可知，幼龄林、中龄林和近熟林的吸收二氧化硫价值将增加，成过熟林将下降。预计幼龄林 2023 年比 2003 年增加 93.56%，增至 1.15×10^4 万元；中龄林 2023 年比 2003 年增加 17.33%，增至 2.77×10^4 万元；近熟林 2023 年比 2003 年增加 24.23%，增至 2.50×10^4 万元；成过熟林 2023 年比 2003 年减少 74.31%，降至 1.99×10^4 万元。

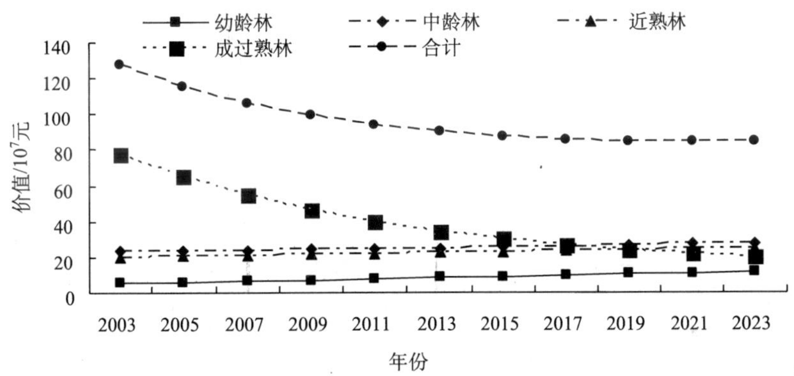

图 6-151　退耕还林工程天然特用林吸收二氧化硫功能价值预测趋势图

由图 6-152 可知：在预测期内，人工特用林吸收二氧化硫功能总价值呈先减少后增加的趋势，2007 年出现最小值，人工特用林吸收二氧化硫功能总价值 2023 年较 2003

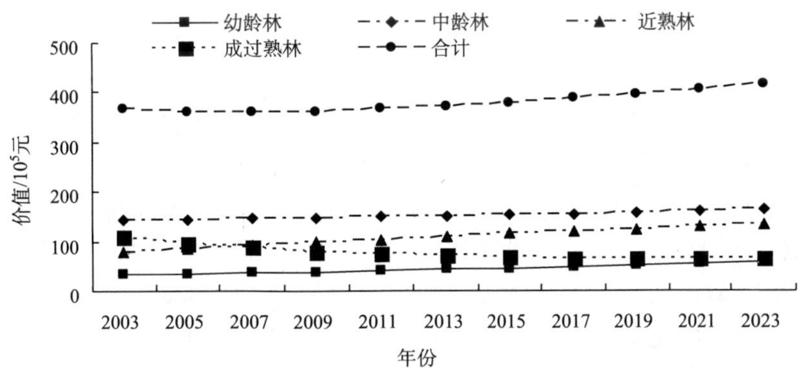

图 6-152　退耕还林工程人工特用林吸收二氧化硫功能价值预测趋势图

年增加 13.90%，增至 4.17×10³ 万元。不同林龄组林分对比可知，除成过熟林吸收二氧化硫功能价值降低外，其他各龄级林分吸收二氧化硫功能价值均增加。其中，幼龄林 2023 年比 2003 年增加 63.35%，增至 5.76×10² 万元；中龄林 2023 年比 2003 年增加 13.53%，增至 1.62×10³ 万元；近熟林 2023 年比 2003 年增加 70.61%，增至 1.32×10³ 万元；成过熟林 2023 年比 2003 年减少 41.43%，降至 6.45×10² 万元。

综合分析可知：在天然特用林中，天然特用林在预测期内吸收二氧化硫功能总价值为 1.06×10⁶ 万元，人工特用林吸收二氧化硫功能总价值为 4.2×10⁴ 万元。天然特用林吸收二氧化硫功能价值在预测期内呈减少趋势，特用林吸收二氧化硫功能总价值 2023 年较 2003 年减少 32.55%，降至 8.84×10⁴ 万元。

6.3.3.5　吸收氮氧化物功能价值量预测

由图 6-153 可知：2003～2023 年，天然特用林吸收氮氧化物功能价值呈逐渐减少的变化趋势，总体来看，天然特用林吸收氮氧化物功能总价值 2023 年比 2003 年的 8.23×10³ 万元减少 33.89%，降至 2023 年 5.44×10³ 万元。不同林龄组林分对比可知，幼龄林、中龄林和近熟林的吸收氮氧化物价值均将增加，成过熟林将下降，预计幼龄林 2023 年比 2003 年增加 93.56%，增至 7.43×10² 万元；中龄林 2023 年比 2003 年增加 17.33%，增至 1.79×10³ 万元；近熟林 2023 年比 2003 年增加 24.23%，增至 1.62×10³ 万元；成过熟林 2023 年比 2003 年减少 74.31%，降至 1.29×10³ 万元。

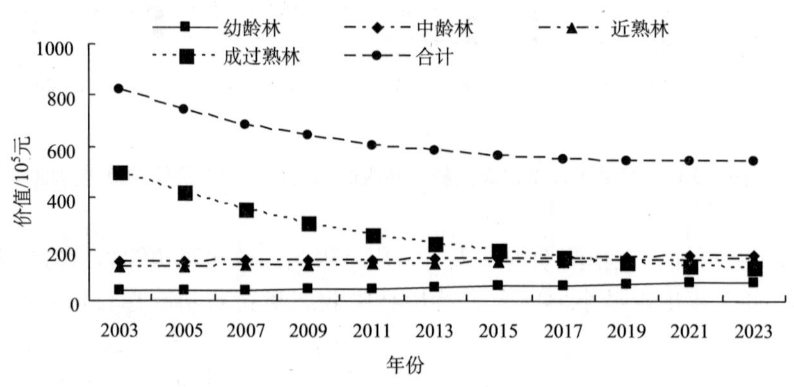

图 6-153　退耕还林工程天然特用林吸收氮氧化物功能价值预测趋势图

由图 6-154 可知：人工特用林吸收氮氧化物功能价值呈逐渐增加的趋势，人工特用林吸收氮氧化物功能总价值为 2023 年较 2003 年的 2.36×10² 万元增加 13.90%，增至 2.69×10² 万元。不同林龄组林分对比可知，成过熟林吸收氮氧化物功能价值降低，其他各龄级林分吸收氮氧化物功能价值均增加。预计幼龄林 2023 年比 2003 年增加 63.35%，增至 37.22 万元；中龄林 2023 年比 2003 年增加 13.53%，增至 1.05×10² 万元；近熟林 2023 年比 2003 年增加 70.61%，增至 85.56 万元；成过熟林 2023 年比 2003 年减少 41.43%，降至 41.68 万元。

综合分析可知：从特用林的整体来看，天然特用林在预测期内吸收氮氧化物功能总

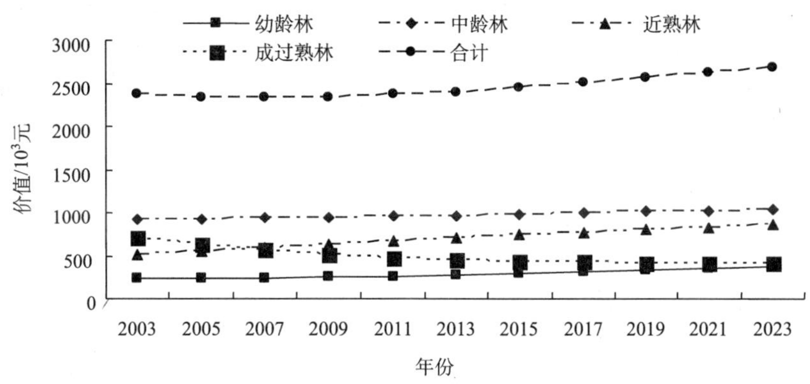

图 6-154　退耕还林工程人工特用林吸收氮氧化物功能价值预测趋势图

价值为 6.84×10^4 万元，人工特用林为 0.27×10^4 万元。特用林吸收氮氧化物功能总价值 2023 年较 2003 年的 8.47×10^3 万元降低 32.55%，降至 5.71×10^3 万元。

6.3.3.6　储 N 功能价值量预测

由图 6-155 可知：2003～2023 年，天然特用林储 N 功能价值变化呈现逐渐减少趋势，天然特用林储 N 功能总价值由 2003 年的 5.94×10^3 万元降低到 2023 年 3.93×10^3 万元，降幅 33.89%。天然用材不同林龄组林分相比而言，除天然幼龄林和近熟林的储 N 价值增加外，中龄林和成过熟林都是降低的。幼龄林由 2003 年的 2.77×10^2 万元增加到 2023 年的 5.36×10^2 万元，升高 93.56%；中龄林由 2003 年的 1.10×10^3 万元增加到 2023 年的 1.29×10^3 万元，升高 17.33%；近熟林由 2003 年的 9.40×10^2 万元增加到 2023 年的 1.17×10^3 万元，升高 24.23%；成过熟林由 2003 年的 3.62×10^3 万元降低到 2023 年的 9.30×10^2 万元，降低 74.31%。

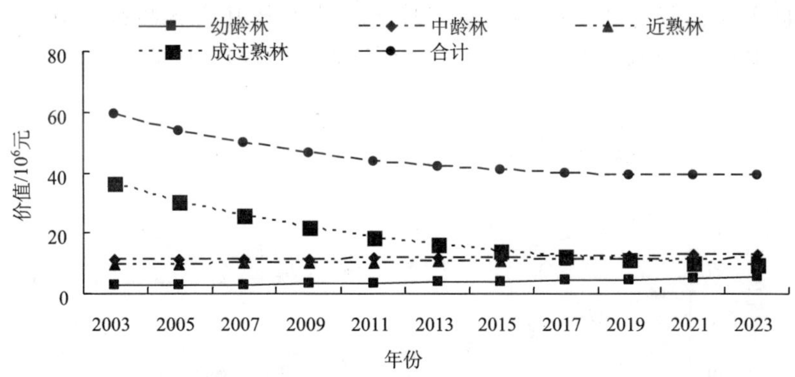

图 6-155　退耕还林工程天然特用林储 N 功能价值预测趋势图

由图 6-156 可知：人工特用林储 N 功能总价值呈现先减少后增加的趋势，最低值为 2007 年，人工特用林储 N 功能价值由 2003 年的 1.71×10^2 万元增加到 2023 年 1.94×

10^2 万元，升高 13.90%。人工特用林不同林龄组林分相比而言，幼龄林由 2003 年的 16.44 万元增加到 2023 年的 26.85 万元，升高 63.35%；中龄林由 2003 年的 66.60 万元增加到 2023 年的 75.61 万元，升高 13.53%；近熟林由 2003 年的 36.18 万元增加到 2023 年的 61.72 万元，升高 70.61%；成过熟林由 2003 年的 51.34 万元降低到 2023 年的 30.07 万元，降低 41.43%。

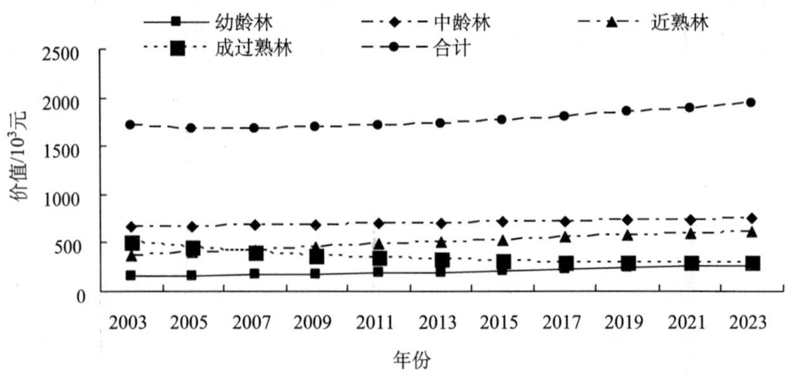

图 6-156　退耕还林工程人工特用林储 N 功能价值预测趋势图

总体而言，在退耕还林工程特用林储 N 功能价值从 2003 年的 6.11×10^3 万元降低到 2023 年 4.12×10^3 万元，降幅 32.55%。天然特用林储 N 功能价值明显高于人工特用林。

6.3.3.7　储 P 功能价值量预测

由图 6-157 可知：整体来看，天然特用林储 P 功能总价值 2023 年比 2003 年减少了 2.68×10^2 万元，降幅 33.89%。天然特用林不同林龄组林分相比而言，除天然成过熟林的储 P 价值降低外，退耕还林工程天然特用林其余各龄级林分的储 P 价值都是增加的。其中，幼龄林 2023 年比 2003 年增加了 34.45 万元，增幅 93.56%；中龄

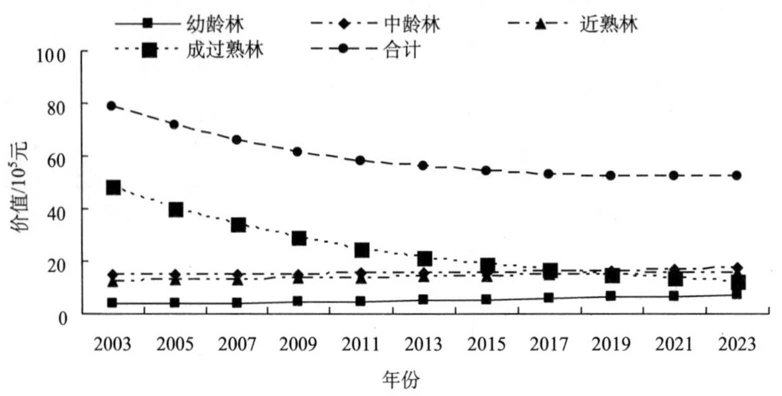

图 6-157　退耕还林工程天然特用林储 P 功能价值预测趋势图

林 2023 年比 2003 年增加了 25.39 万元，增幅 17.33%；近熟林 2023 年比 2003 年增加了 30.27 万元，增幅 24.23%；成过熟林 2023 年比 2003 年减少了 3.58×10^2 万元，降幅 74.31%。

由图 6-158 可知：人工特用林储 P 功能价值总量呈逐渐增加的趋势，人工特用林储 P 功能价值 2023 年比 2003 年增加了 3.15 万元，增幅 13.90%。在人工特用林各龄级林分储 P 功能价值中，除成过熟林储 P 功能价值有所降低外，其他各龄级林分储 P 功能价值都是增加的。其中，幼龄林 2023 年比 2003 年增加了 1.38 万元，增幅 63.35%；中龄林 2023 年比 2003 年增加了 1.20 万元，增幅 13.53%；近熟林 2023 年比 2003 年增加了 3.40 万元，增幅 70.61%；成过熟林 2023 年比 2003 年减少了 2.83 万元，降幅 41.43%。

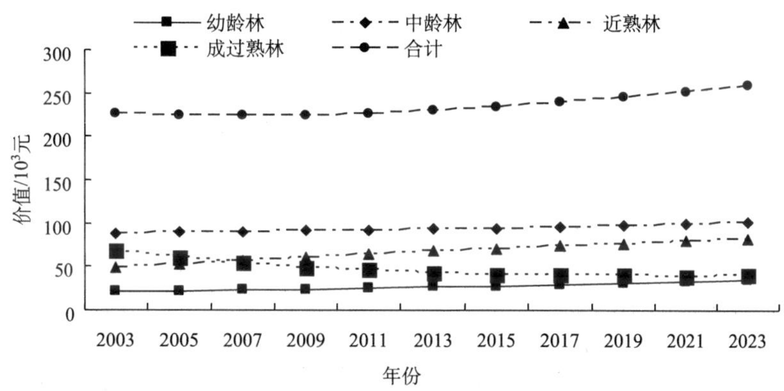

图 6-158　退耕还林工程人工特用林储 P 功能价值预测趋势图

特用林储 P 功能价值总量呈减少的趋势，特用林储 P 功能价值 2023 年比 2003 年减少了 2.64×10^2 万元，降幅 32.55%。

6.3.3.8　储 K 功能价值量预测

由图 6-159 可知：2003～2023 年，天然特用林储 K 功能价值总量呈逐渐减少的变化模式，天然特用林储 K 功能总价值 2023 年比 2003 年减少 33.89%，降至 2023 年 6.03×10^2 万元。天然特用林不同林龄组林分的储 K 功能相比而言，幼龄林、中龄林和近熟林的储 K 价值将增加，成过熟林将下降。其中幼龄林 2023 年比 2003 年增加 93.56%，增至 82.36 万元；中龄林 2023 年比 2003 年增加 17.33%，增至 1.99×10^2 万元；近熟林 2023 年比 2003 年增加 24.23%，增至 1.79×10^2 万元；成过熟林 2023 年比 2003 年减少 74.31%，降至 1.43×10^2 万元。

由图 6-160 可知：在预测期内，人工特用林储 K 功能价值呈先减少后逐渐增加的趋势，人工特用林储 K 功能总价值 2023 年较 2003 年增加 13.90%，增至 29.85 万元。人工特用林中成过熟林储 K 功能价值降低，其他各龄级林分储 K 功能价值均增加。其中，幼龄林 2023 年比 2003 年增加 63.35%，增至 4.13 万元；中龄林 2023 年比 2003 年增加

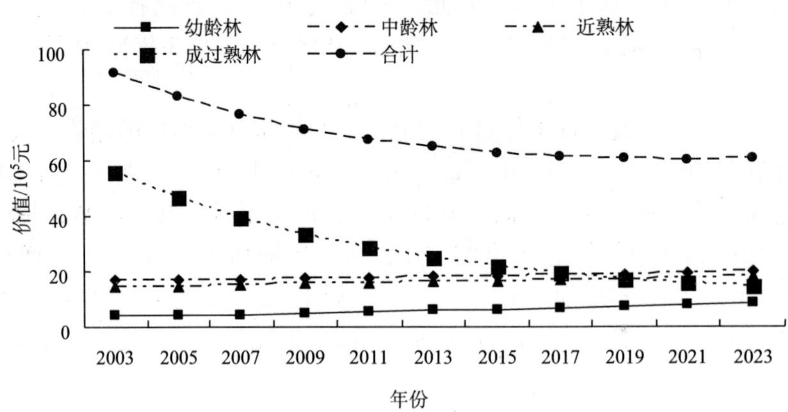

图 6-159　退耕还林工程天然特用林储 K 功能价值预测趋势图

13.53%，增至 11.62 万元；近熟林 2023 年比 2003 年增加 70.61%，增至 9.48 万元；成过熟林 2023 年比 2003 年减少 41.43%，降至 4.62 万元。

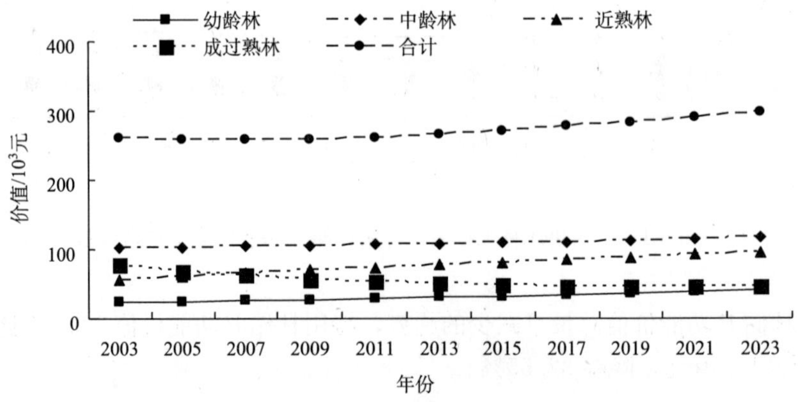

图 6-160　退耕还林工程人工特用林储 K 功能价值预测趋势图

总体看来，退耕还林工程特用林储 K 功能总价值 2023 年较 2003 年降低 32.55%，降至 6.33×10^2 万元。

6.3.3.9　滞尘功能价值量预测

由图 6-161 可知：2003～2023 年，天然特用林滞尘功能价值呈逐渐减少的变化模式，天然特用林滞尘功能价值从 2003 年的 2.64×10^6 万元降低到 2023 年 1.75×10^6 万元，减少了 8.95×10^5 万元，降幅 33.89%。不同林龄组林分对比可言，除天然成过熟林的滞尘价值降低外，其余各龄级林分的滞尘价值都是增加的。其中，幼龄林从 2003 年的 1.23×10^5 万元增加到 2023 年的 2.38×10^5 万元，增加了 1.15×10^5 万元，增幅 93.56%；中龄林从 2003 年的 4.90×10^5 万元增加到 2023 年的 5.75×10^5 万元，增加了 8.49×10^4 万元，增幅 17.33%；近熟林从 2003 年的 4.18×10^5 万元增加到 2023 年

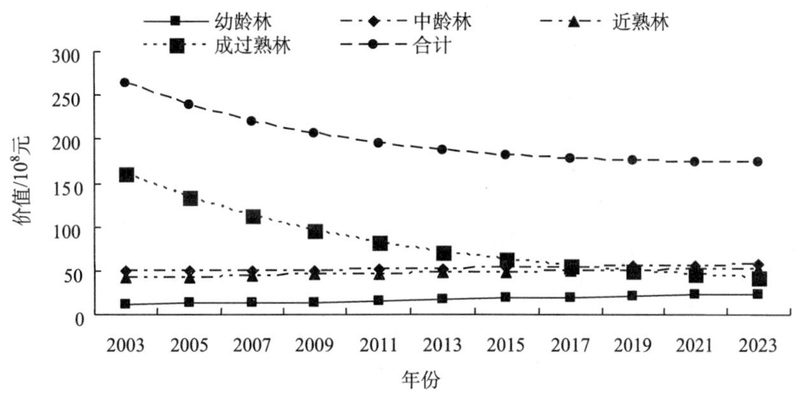

图 6-161　退耕还林工程天然特用林滞尘功能价值预测趋势图

的 5.19×10^5 万元，增加了 1.01×10^5 万元，增幅 24.23%；成过熟林从 2003 年的 1.61×10^6 万元降低到 2023 年的 4.13×10^5 万元，减少了 1.20×10^6 万元，降幅 74.31%。

由图 6-162 可知：人工特用林滞尘功能呈先减小后增长趋势，人工特用林滞尘功能价值从 2003 年的 7.58×10^4 万元增加到 2023 年 8.63×10^4 万元，增加了 1.05×10^4 万元，增幅 13.90%。人工特用林不同林龄组林分滞尘功能比较可知，除人工成过熟林的滞尘价值降低外，其余各龄级林分滞尘功能价值都是增加的。其中，幼龄林从 2003 年的 7.31×10^3 万元增加到 2023 年的 1.19×10^4 万元，增加了 4.63×10^3 万元，增幅 63.35%；中龄林从 2003 年的 2.96×10^4 万元增加到 2023 年的 3.36×10^4 万元，增加了 4.01×10^3 万元，增幅 13.53%；近熟林从 2003 年的 1.61×10^4 万元增加到 2023 年的 2.74×10^4 万元，增加了 1.14×10^4 万元，增幅 70.61%；成过熟林从 2003 年的 2.28×10^4 万元降低到 2023 年的 1.34×10^4 万元，减少了 9.45×10^3 万元，降幅 41.43%。

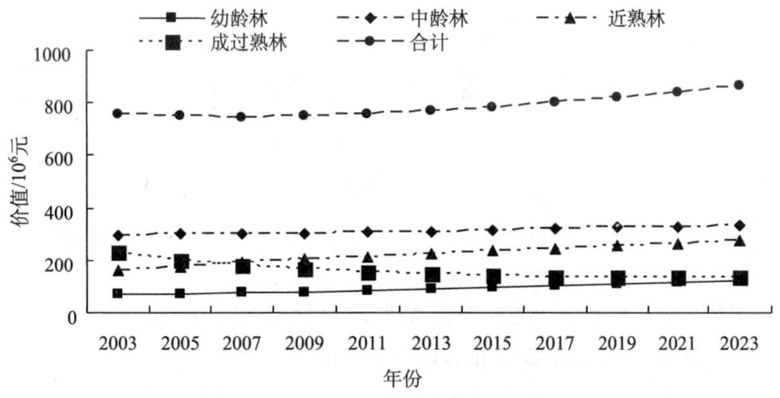

图 6-162　退耕还林工程人工特用林滞尘功能价值预测趋势图

综合分析可知，特用林滞尘功能总价值呈逐渐降低的趋势，特用林滞尘功能价值从2003年的2.72×10^6万元降低到2023年1.83×10^6万元，减少了8.84×10^5万元，降幅32.55%。

6.4　京津风沙源治理工程生态服务功能价值预测

6.4.1　用材林生态服务功能价值预测

6.4.1.1　涵养水源功能价值量预测

由图6-163可知：2003～2023年，天然用材林涵养水源功能价值量变化呈逐渐增加的趋势，天然用材林涵养水源功能价值从2003年的7.75×10^5万元增加到2023年1.29×10^6万元，增加了5.12×10^5万元，增幅为66.15%。天然用材林不同林龄组林分涵养水源功能价值总量变化规律为中龄林>幼龄林>近熟林>成过熟林，由图6-163可以看出，2003～2023年，京津风沙源治理工程天然用材林涵养水源功能价值，各龄级树种的涵养水源价值均是增加的。其中，幼龄林从2003年的2.33×10^5万元增加到2023年的2.72×10^5万元，增加了3.89×10^4万元，增幅为16.69%；中龄林从2003年的3.84×10^5万元增加到2023年的5.57×10^5万元，增加了1.73×10^5万元，增幅为44.96%；近熟林从2003年的4.54×10^4万元增加到2023年的3.38×10^5万元，增加了2.93×10^5万元，增幅为644.16%；成过熟林从2003年的1.12×10^5万元增加到2023年的1.20×10^5万元，增加了8.04×10^3万元，增幅为7.21%。

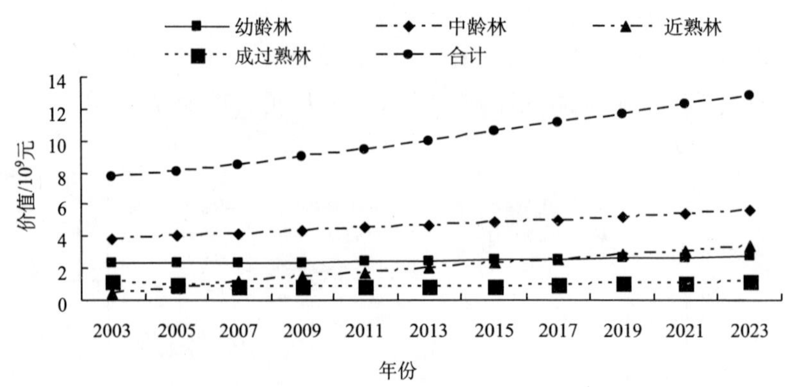

图6-163　京津风沙源治理工程天然用材林涵养水源功能价值预测趋势图

由图6-164可知：2003～2023年，人工用材林涵养水源功能总价值呈逐渐增长的趋势，人工用材林涵养水源功能价值从2003年的7.70×10^5万元增加到2023年1.07×10^6万元，增加了3.00×10^5万元，增幅为38.90%。说明随天然林资源保护工程的实施，由于人工用材林中幼龄林、中龄林和近熟林的涵养水源功能的增加，导致人工用材林逐渐发挥了巨大的涵养水源效益。在人工用材林不同林龄组林分中，各龄级林分涵养水源功能价值都是增加的。其中，幼龄林从 2003 年的 1.28×10^5 万元增加到 2023 年的 1.99×10^5 万元，增加了 7.03×10^4 万元，增幅为 54.84%；中龄林从 2003 年的 3.09×10^5 万元增加到 2023 年的 4.06×10^5 万元，增加了 9.73×10^4 万元，增幅为 31.52%；近熟林从 2003 年的 2.16×10^5 万元增加到 2023 年的 3.25×10^5 万元，增加了 1.09×10^5 万元，增幅为 50.60%；成过熟林从 2003 年的 1.18×10^5 万元增加到 2023 年的 1.41×10^5 万元，增加了 2.30×10^4 万元，增幅为 19.47%。

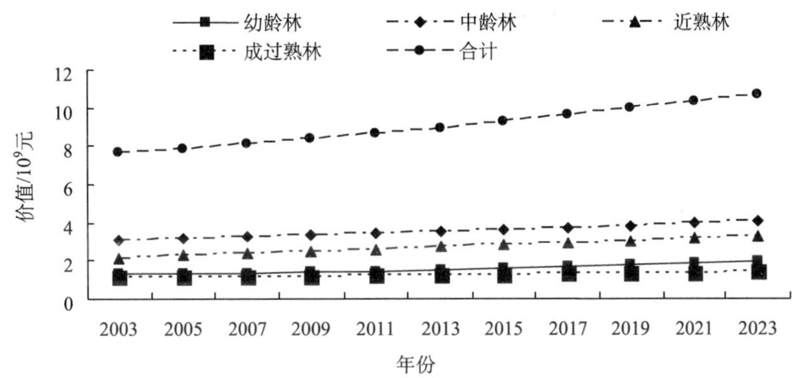

图 6-164　京津风沙源治理工程人工用材林涵养水源功能价值预测趋势图

用材林涵养水源功能总价值从 2003 年的 1.54×10^6 万元增加到 2023 年 2.36×10^6 万元，增加了 8.12×10^5 万元，增幅为 52.56%。

6.4.1.2　保育土壤功能价值量预测

由图 6-165 可知：天然用材林保育土壤功能价值预计在 2003～2023 年，各龄级树种的保育土壤价值均是增加的。幼龄林从 2003 年的 1.43×10^3 万元增加到 2023 年的 1.63×10^3 万元，增加了 2.39×10^2 万元，增幅 16.69%；中龄林从 2003 年的 2.36×10^3 万元增加到 2023 年的 3.42×10^3 万元，增加了 1.06×10^3 万元，增幅为 44.96%；近熟林从 2003 年的 1.85×10^3 万元增加到 2023 年的 1.37×10^4 万元，增加了 1.19×10^4 万元，增幅为 644.16%；成过熟林从 2003 年的 4.53×10^3 万元增加到 2023 年的 4.86×10^3 万元，增加了 3.27×10^2 万元，增幅为 7.21%。总体上，天然用材林保育土壤功能价值从 2003 年的 1.02×10^4 万元增加到 2023 年 2.37×10^4 万元，增加了 1.35×10^4 万元，增幅为 132.94%。

由图 6-166 可知：在预测期间，人工用材林保育土壤功能价值呈逐渐增加的趋势，且各龄级林分保育土壤功能价值都是增加的。其中，幼龄林从 2003 年的 7.86×10^2 万元增加到 2023 年的 1.22×10^3 万元，增加了 4.31×10^2 万元，增幅 54.84%；中龄林从 2003 年的 1.89×10^3 万元增加到 2023 年的 2.49 万元，增加了 5.97×10^2 万元，增幅 31.52%；近熟林从 2003 年的 8.76×10^3 万元增加到 2023 年的 1.32×10^4 万元，增加了 4.43×10^3 万元，增幅 50.60%；成过熟林从 2003 年的 4.79×10^3 万元降低到 2023 年的 5.72×10^3 万元，增加了 9.32×10^2 万元，增幅为 19.47%。总体上，人工用材林

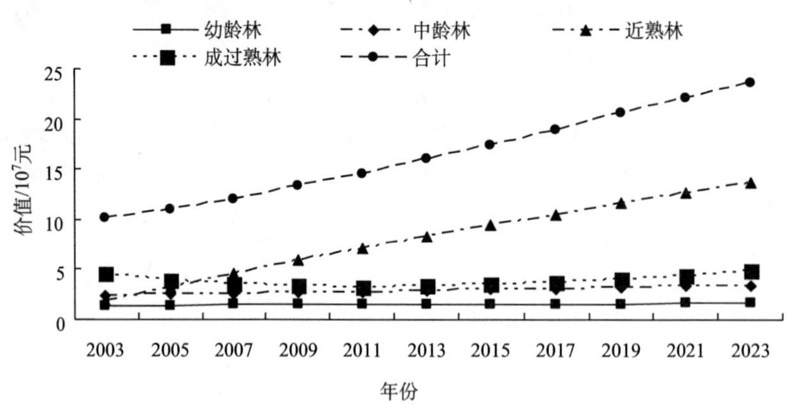

图 6-165 京津风沙源治理工程天然用材林保育土壤功能价值预测趋势图

保育土壤功能价值从 2003 年的 1.62×10^4 万元增加到 2023 年 2.26×10^4 万元，增加了 6.39×10^3 万元，增幅 39.40%。

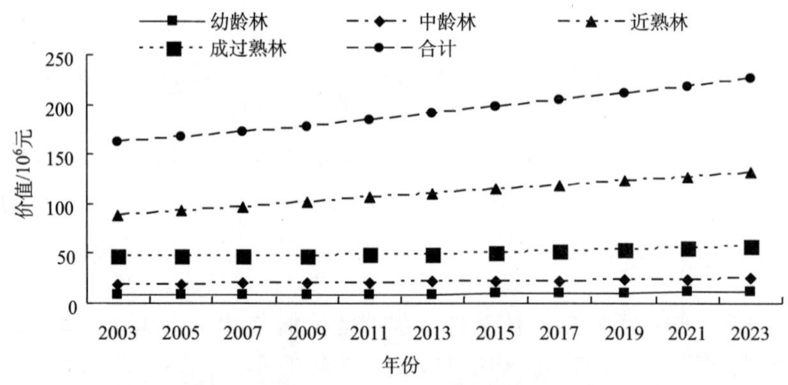

图 6-166 人工用材林保育土壤功能价值预测趋势图

总体来看，用材林保育土壤功能价值由 2003 年的 2.64×10^3 万元增加到 2023 年 4.63×10^3 万元，增幅为 75.42%。

6.4.1.3 固碳释氧功能价值量预测

京津风沙源治理工程用材林固碳释氧功能价值预测结果见图 6-167、图 6-168。

京津风沙源治理工程天然用材林固碳释氧功能价值预测结果见图 6-167。由图 6-167 可知：天然用材林各龄级林分固碳释氧功能价值都是增加的。截止到 2023 年，与 2003 年相比，幼龄林增加了 1.07×10^4 万元，增幅 16.69%；中龄林增加了 4.73×10^4 万元，增幅为 44.96%；近熟林增加了 8.01×10^4 万元，增幅 644.16%；成过熟林增加了 0.22×10^4 万元，增幅 7.2%。天然用材林固碳释氧功能总价值增加了 14.03×10^4 万元，增幅 66.15%。

京津风沙源治理工程人工用材林固碳释氧功能价值预测结果见图 6-168。由图 6-

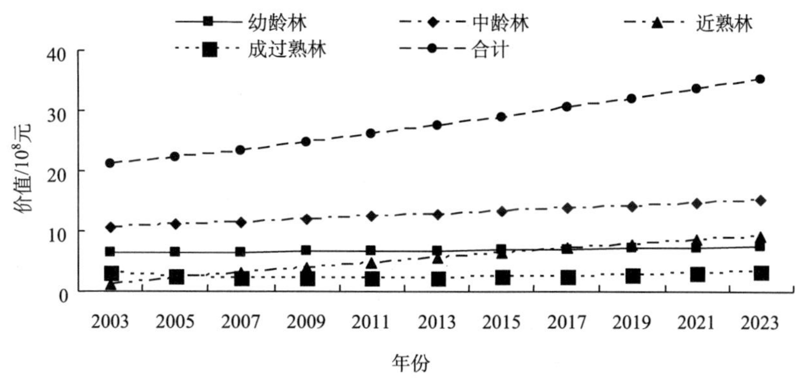

图 6-167　京津风沙源治理工程天然用材林固碳释氧功能价值预测趋势图

168 可知：人工用材林各龄级林分固碳释氧功能价值都是增加的。截止到 2023 年，与 2003 年相比，幼龄林增加了 1.93×10^4 万元，增幅 54.84%；中龄林增加了 2.66×10^4 万元，增幅为 31.52%；近熟林增加了 2，99×10^4 万元，增幅 50.60%；成过熟林增加了 0.63×10^4 万元，增幅 19.43%。人工用材林固碳释氧功能总价值增加了 8.21×10^4 万元，增幅 38.90%。

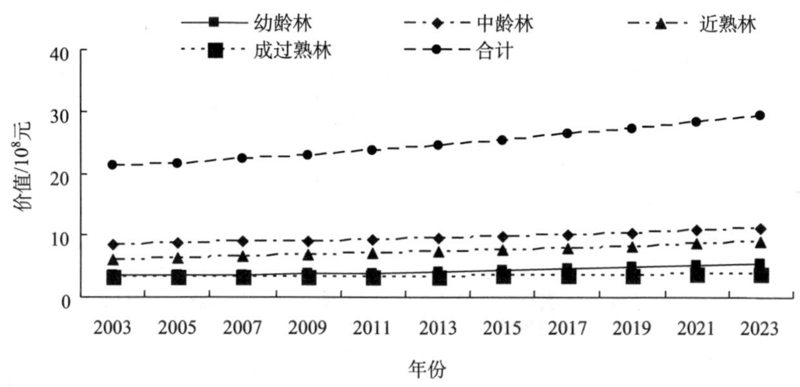

图 6-168　京津风沙源治理工程人工用材林固碳释氧功能价值预测趋势图

总体而言，2023 年比 2003 年，京津风沙源治理工程用材林固碳释氧功能总价值增加了 22.24×10^4 万元。

6.4.1.4　吸收二氧化硫功能价值量预测

由图 6-169 可知：2003～2023 年，天然用材林吸收二氧化硫功能总价值为 5.85×10^4 万元，吸收二氧化硫功能价值变化呈逐渐增加的变化趋势，天然用材林吸收二氧化硫功能价值 2023 年比 2003 年的 4.07×10^3 万元增加 66.15%，增至 2023 年的 6.76×10^3 万元。京津风沙源治理工程天然用材林预计 2003～2023 年，各龄级树种的吸收二氧化硫价值均是增加的。预计幼龄林 2023 年比 2003 年的 1.22×10^3 万元增加 16.69%，

增至 1.42×10^3 万元；中龄林 2023 年比 2003 年的 2.02×10^3 万元增加 9.08×10^2，增至 2.93×10^3 万元；近熟林 2023 年比 2003 年的 2.39×10^2 万元增加 644.16%，增至 1.78×10^3 万元；成过熟林 2023 年比 2003 年的 5.86×10^2 万元增加 7.21%，增加到 6.28×10^2 万元。

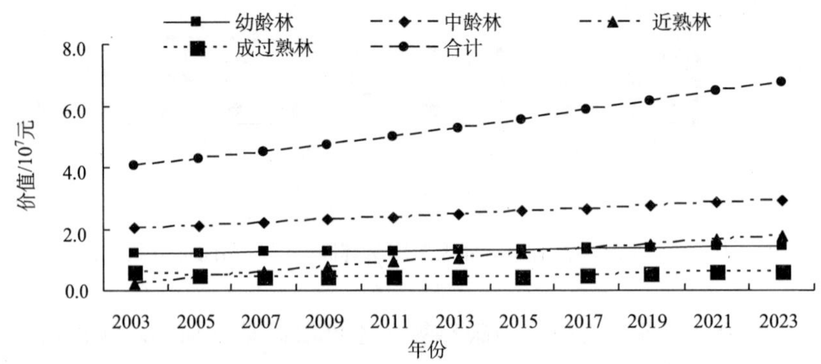

图 6-169　京津风沙源治理工程天然用材林吸收二氧化硫功能价值预测趋势图

由图 6-170 可知：在预测期内，人工用材林吸收二氧化硫功能总价值呈逐渐增加的趋势，人工用材林吸收二氧化硫功能价值 2023 年较 2003 年的 4.05×10^3 万元增加 38.90%，增至 5.62×10^3 万元。在此期间，京津风沙源治理工程人工用材林吸收二氧化硫功能价值，各龄级林分吸收二氧化硫功能价值都是增加的。其中，幼龄林 2023 年比 2003 年的 6.73×10^2 万元增加 54.84%，增至 1.04×10^3 万元；中龄林 2023 年比 2003 年的 1.62×10^3 万元增加 31.52%，增至 2.13×10^3 万元；近熟林 2023 年比 2003 年的 1.13×10^3 万元增加 50.60%，增至 1.71×10^3 万元；成过熟林 2023 年比 2003 年的 6.19×10^2 万元增加 19.47%，增至 7.40×10^2 万元。

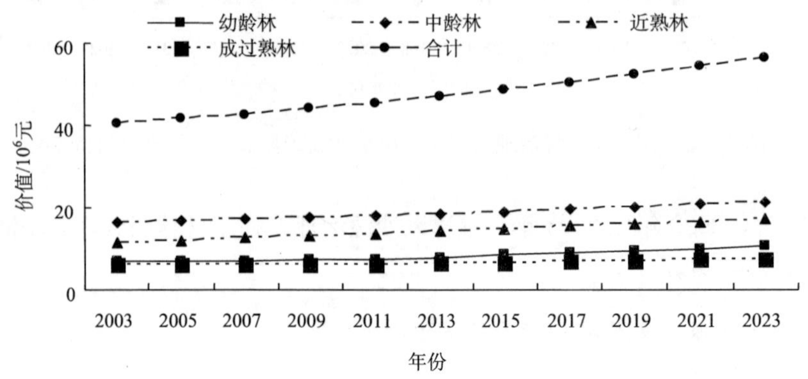

图 6-170　京津风沙源治理工程人工用材林吸收二氧化硫功能价值预测趋势图

综合分析可知：在天然用材林中，天然用材林在预测期内吸收二氧化硫功能总价值为 5.85×10^4 万元，人工用材林吸收二氧化硫功能总价值为 5.22×10^4 万元。天然用材林吸收二氧化硫功能价值在预测期内呈增加趋势，预测末期比预测初期增加了 66.15％，人工用材林吸收二氧化硫功能价值呈增加趋势，增幅为 38.90％，天然用材林和人工用材林吸收二氧化硫功能总价值 2023 年较 2003 年的 9.15×10^{2} 万元增加 46.04％，增至 1.34×10^{3} 万元。

6.4.1.5　吸收氮氧化物功能价值量预测

由图 6-171 可知：2003～2023 年，天然用材林吸收氮氧化物功能价值呈逐渐增加的变化趋势。总体来看，天然用材林吸收氮氧化物功能价值 2023 年比 2003 年增加 66.15％，增至 2023 年 167.12 万元。京津风沙源治理工程天然用材林预计 2003～2023 年，各龄级树种的吸收氮氧化物价值均是增加的。预计幼龄林 2023 年比 2003 年增加 16.69％，增至 35.33 万元；中龄林 2023 年比 2003 年增加 44.96％，增至 72.36 万元；近熟林 2023 年比 2003 年增加 644.16％，增至 43.90 万元；成过熟林 2023 年比 2003 年增加 7.21％，增至 15.53 万元。

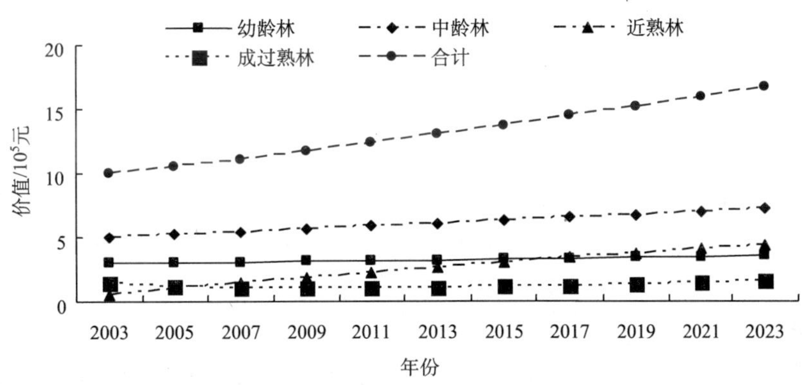

图 6-171　京津风沙源治理工程天然用材林吸收氮氧化物功能价值预测趋势图

由图 6-172 可知：人工用材林吸收氮氧化物功能价值呈逐渐增加的趋势，人工用材林吸收二氧化硫功能价值 2023 年较 2003 年增加 38.90％，增至 138.94 万元。人工用

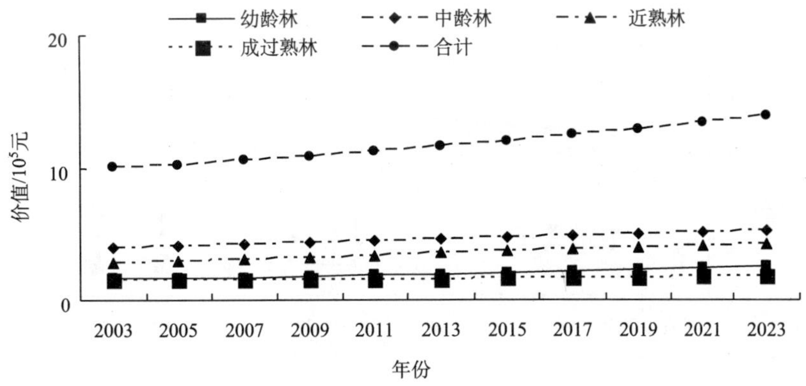

图 6-172　京津风沙源治理工程人工用材林吸收氮氧化物功能价值预测趋势图

材林吸收二氧化硫功能价值，各龄级林分吸收氮氧化物功能价值都是增加的。其中，幼龄林 2023 年比 2003 年增加 54.84%，增至 25.8 万元；中龄林 2023 年比 2003 年增加 31.52%，增至 52.71 万元；近熟林 2023 年比 2003 年增加 50.60%，增至 42.17 万元；成过熟林 2023 年比 2003 年增加 19.47，增至 18.28 万元。

综合分析可知：从用材林的整体来看，天然用材林在预测期内吸收氮氧化物功能总价值 1.44×10^3 万元，人工用材林为 1.30×10^3 万元。用材林吸收氮氧化物功能总价值 2023 年较 2003 年增加 46.04%，增至 33.03 万元。

6.4.1.6 储 N 功能价值量预测

由图 6-173 可知：2003～2023 年，天然用材林储 N 功能价值变化规律为逐年增加趋势。天然用材林储 N 功能价值 2023 年比 2003 年的 3.17×10^2 万元增加 66.15%，增至 2023 年的 5.27×10^2 万元。

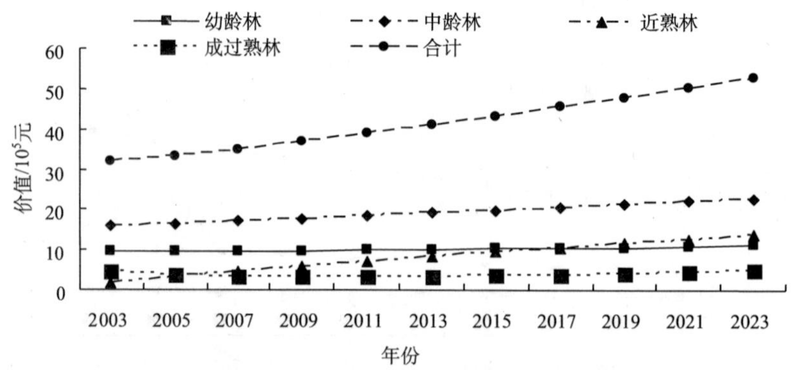

图 6-173 京津风沙源治理工程天然用材林储 N 功能价值预测趋势图

由图 6-174 可知：人工用材林不同林龄组林分相比而言，各龄级组均呈逐渐增加的趋势，其中，预计幼龄林 2023 年比 2003 年增加 54.84%，增至 81.33 万元；中龄林 2023 年比 2003 年增加 31.52%，增至 1.66×10^2 元；近熟林 2023 年比 2003 年增加

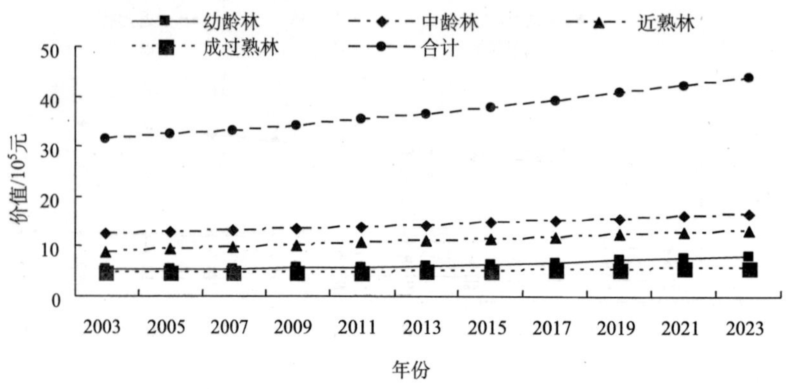

图 6-174 京津风沙源治理工程人工用材林储 N 功能价值预测趋势图

50.60%，增至 1.33×10^2 万元；成过熟林 2023 年比 2003 年增加 19.47%，增至 57.68 万元。总体上，人工用材林储 N 功能价值 2023 年较 2003 年的 3.15×10^2 万元增加 38.90%，增至 4.38×10^2 万元。

整体来看，幼龄林储 N 功能价值 2023 年较 2003 年增加 30.22%，增至 1.9×10^2 万元；中龄林 2023 年较 2003 年增加 38.98%，增至 3.95×10^2 万元；近熟林 2023 年较 2003 年增加 153.87%，增至 2.72×10^2 万元；成过熟林 2023 年较 2003 年增加 13.51%，增至 1.07×10^2 万元。用材林储 N 功能总价值 2023 年较 2003 年的 7.42×10^2 万元增加 52.56%，增至 9.66×10^2 万元。

6.4.1.7　储 P 功能价值量预测

由图 6-175 可知：2003～2023 年，天然用材林储 P 功能价值总量呈持续增加的变化模式，整体来看天然用材林储 P 功能价值由 2003 年的 46.73 万元增至 2023 年 77.64 万元，增幅 66.15%。天然用材林不同林龄组林分相比而言，幼龄林由 2003 年的 14.07 万元增加到 2023 年的 16.42 万元，升高 16.69%；中龄林由 2003 年的 23.19 万元增加到 2023 年的 33.62 万元，升高 44.96%；近熟林由 2003 年的 2.74 万元增加到 2023 年的 20.39 万元，升高 644.16%；成过熟林由 2003 年的 6.73 万元增加到 2023 年的 7.22 万元，升高 7.21%。

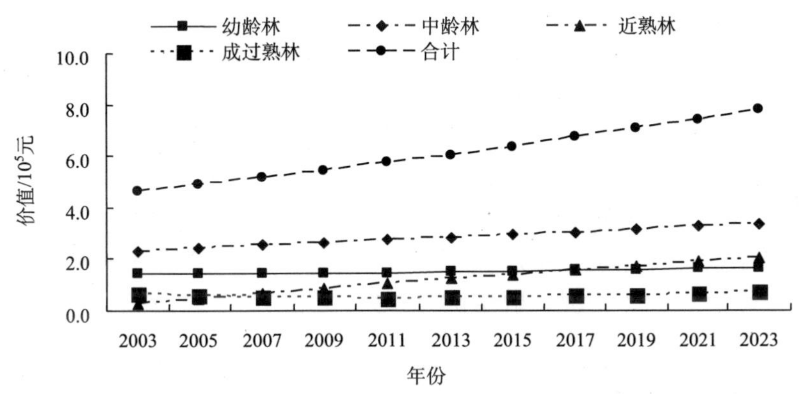

图 6-175　京津风沙源治理工程天然用材林储 P 功能价值预测趋势图

由图 6-176 可知：人工用材林储 P 功能价值总量呈逐渐增加的趋势，由 2003 年的 46.47 万元增加到 2023 年 64.55 万元，升高 38.90%。在人工用材林各龄级林分储 P 功能价值中，幼龄林由 2003 年的 7.73 万元增加到 2023 年的 11.98 万元，升高 54.84%；中龄林由 2003 年的 18.62 万元增加到 2023 年的 24.69 万元，升高 31.52%；近熟林由 2003 年的 13.01 万元增加到 2023 年的 19.59 万元，升高 50.60%；成过熟林由 2003 年的 7.11 万元增加到 2023 年的 8.49 万元，升高 19.47%。

用材林储 P 功能价值总量呈增加趋势，从 2003 年的 93.2 万元增加到 2023 年 142.2 万元，增加了 49 万元，增幅为 52.56%，天然用材林储 P 功能价值高于人工用材林。在用材林储 P 功能价值中，幼龄林从 2003 年的 21.8 万元增加到 2023 年的 28.39

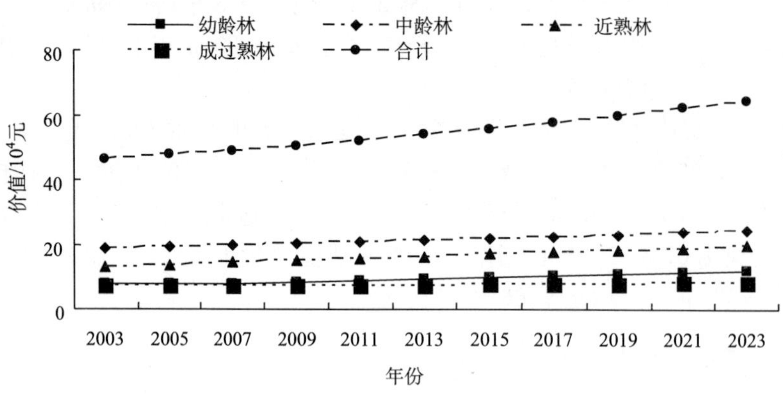

图 6-176　京津风沙源治理工程人工用材林储 P 功能价值预测趋势图

万元，增加了 6.6 万元，增幅为 30.22%；中龄林从 2003 年的 41.81 万元增加到 2023 年的 58.10 万元，增加了 16.3 万元，增幅为 38.98%；近熟林从 2003 年的 15.75 万元增加到 2023 年的 39.99 万元，增加了 24.2 万元，增幅为 153.87%；成过熟林从 2003 年的 13.84 万元增加到 2023 年的 15.71 万元，增加了 1.9 万元，增幅为 13.51%。

6.4.1.8　储 K 功能价值量预测

由图 6-177 可知：2003～2023 年，天然用材林储 K 功能价值总量呈持续增加的变化模式，到 2023 年比 2003 年增加了 36.3 万元，增幅 66.15%。天然用材林不同林龄组林分的储 K 功能相比而言，各龄级树种的储 K 价值均是增加的。其中，幼龄林 2023 年比 2003 年增加了 2.76 万元，增幅 16.69%；中龄林 2023 年比 2003 年增加了 12.2 万元，增幅 44.96%；近熟林 2023 年比 2003 年增加了 20.7 万元，增幅 644.16%；成过熟林 2023 年比 2003 年增加了 0.57 万元，增幅 7.21%。天然用材林储 K 功能价值 2023 年比 2003 年增加了 36.3 万元，增幅 66.15%。

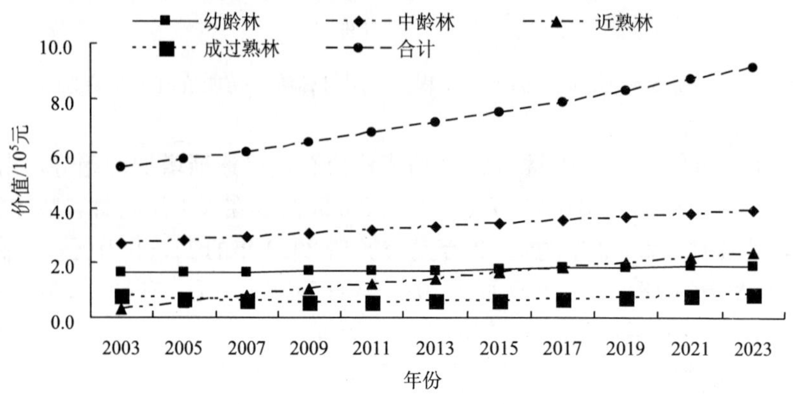

图 6-177　京津风沙源治理工程天然用材林储 K 功能价值预测趋势图

由图 6-178 可知：在预测期内，人工用材林储 K 功能价值呈逐渐增加的趋势，就不同林龄组而言，各龄级林分储 K 功能价值都是增加的。其中，幼龄林 2023 年比 2003 年增加了 4.98 万元，增幅 54.84%；中龄林 2023 年比 2003 年增加了 6.89 万元，增幅 31.52%；近熟林 2023 年比 2003 年增加了 7.73 万元，增幅 50.60%；成过熟林 2023 年比 2003 年增加了 1.63 万元，增幅 19.47%。人工用材林储 K 功能价值 2023 年比 2003 年增加了 21.2 万元，增幅 38.90%。

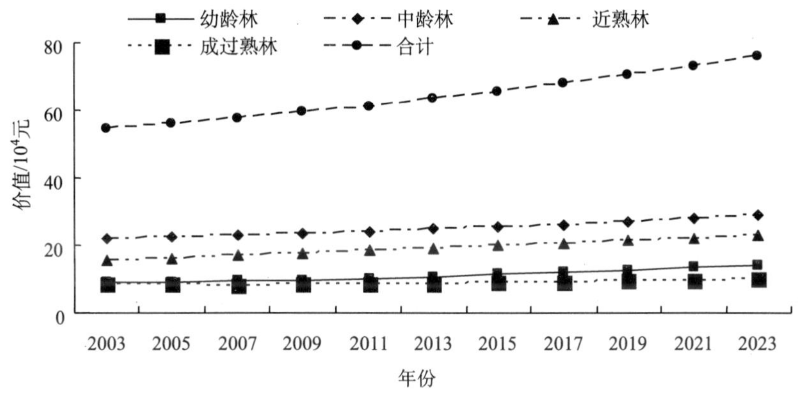

图 6-178　京津风沙源治理工程人工用材林储 K 功能价值预测趋势图

总体看来，用材林储 K 功能价值 2023 年比 2003 年增加了 57.5 万元，增幅 52.56%。

6.4.1.9　滞尘功能价值量预测

由图 6-179 可知：2003～2023 年，天然用材林滞尘功能价值呈持续增加的变化模式，到 2023 年比 2003 年增加 66.15%，增至 2023 年 1.42×10^5 万元。不同林龄组林分滞尘价值均是增加的。其中幼龄林 2023 年比 2003 年的 2.57×10^4 万元增加 16.69%，增至 3.00×10^4 万元；中龄林 2023 年比 2003 年的 4.24×10^4 万元增加 44.96%，增至 6.15×10^4 万元；近熟林 2023 年比 2003 年的 0.5×10^4 万元增加 644.16%，增至

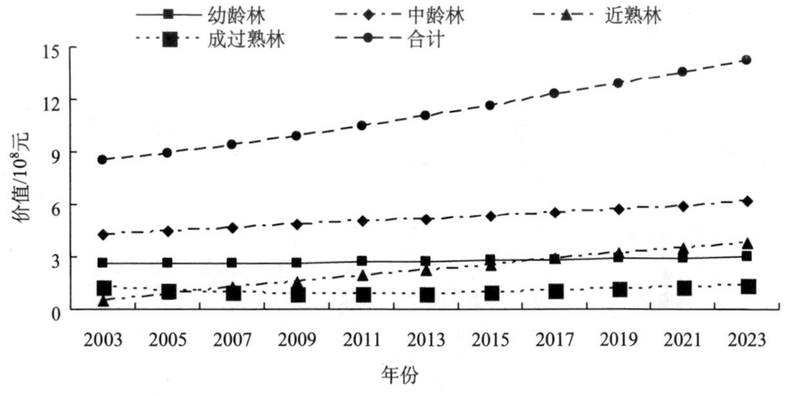

图 6-179　京津风沙源治理工程天然用材林滞尘功能价值预测趋势图

3.23×10⁴ 万元；成过熟林 2023 年比 2003 年的 1.23×10⁴ 万元增加 7.21%，增至 1.32×10⁴ 万元。

由图 6-180 可知：人工用材林滞尘功能呈逐渐增长趋势，2023 年较 2003 年增加 38.90%，增至 1.18×10⁵ 万元。人工用材林不同林龄组林分滞尘功能增加的。其中，幼龄林 2023 年比 2003 年增加 54.84%，增至 2.19×10⁴ 万元；中龄林 2023 年比 2003 年增加 31.52%，增至 4.48×10⁴ 万元；近熟林 2023 年比 2003 年增加 50.60%，增至 3.58×10⁴ 万元；成过熟林 2023 年比 2003 年增加 19.47%，增至 2.53×10³ 万元。

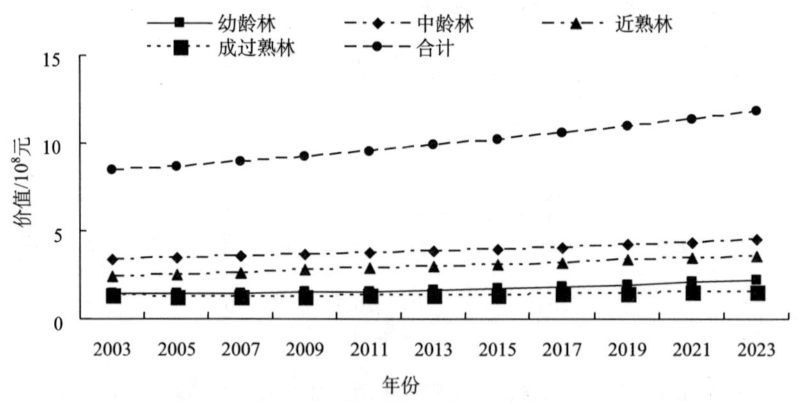

图 6-180　京津风沙源治理工程人工用材林滞尘功能价值预测趋势图

综合分析可知，用材林滞尘功能总价值呈逐渐增长的趋势，2023 年较 2003 年增加 52.56%，增至 2.60×10⁵ 万元。

6.4.2　防护林生态服务功能价值预测

6.4.2.1　涵养水源功能价值量预测

由图 6-181 可以看出：2003～2023 年，京津风沙源治理工程天然防护林涵养水源功能价值，各龄级林分的涵养水源价值都是增加的。其中，幼龄林 2023 年比 2003 年增

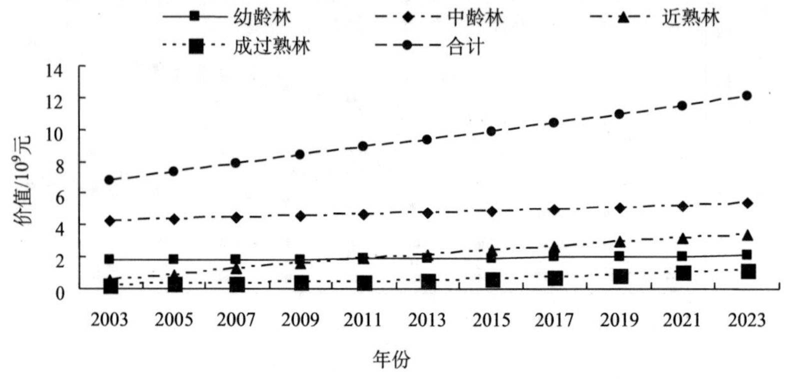

图 6-181　京津风沙源治理工程天然防护林涵养水源功能价值预测趋势图

加了 2.91×10^{4} 万元，增幅 15.89%；中龄林 2023 年比 2003 年增加了 1.16×10^{5} 万元，增幅 27.57%；近熟林 2023 年比 2003 年增加了 2.92×10^{5} 万元，增幅 571.78%；成过熟林 2023 年比 2003 年增加了 8.71×10^{4} 万元，增幅 330.91%。天然防护林涵养水源功能价值 2023 年比 2003 年增加了 5.24×10^{5} 万元，增幅 77.05%。

由图 6-182 可知：人工防护林涵养水源功能价值，除成过熟林涵养水源功能价值有所降低外，其他各龄级林分涵养水源功能价值都是增加的。其中，幼龄林 2023 年比 2003 年增加了 1.50×10^{5} 万元，增幅 209.70%；中龄林 2023 年比 2003 年增加了 1.09×10^{5} 万元，增幅 119.87%；近熟林 2023 年比 2003 年增加了 7.95×10^{3} 万元，增幅 5.64%；成过熟林 2023 年比 2003 年减少了 1.82×10^{5} 万元，降幅 65.58%。人工防护林涵养水源功能价值 2023 年比 2003 年增加了 8.49×10^{4} 万元，增幅 14.64%。

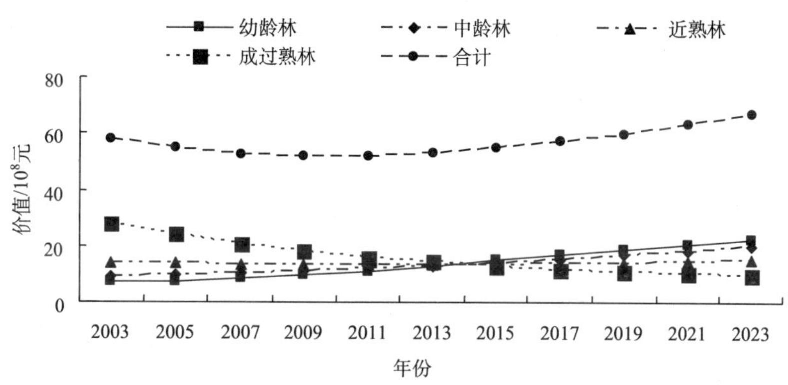

图 6-182　京津风沙源治理工程人工防护林涵养水源功能价值预测趋势图

总体看来，京津风沙源工程防护林涵养水源功能价值总量 2023 年比 2003 年增加了 6.09×10^{5} 万元，增幅 48.31%。

6.4.2.2　保育土壤功能价值量预测

由图 6-183 可知：2003～2023 年，在京津风沙源治理工程天然防护林保育土壤功能价值中，幼龄林由 2003 年的 1.12×10^{3} 万元增加到 2023 年的 1.30×10^{3} 万元，升高 15.89%；中龄林由 2003 年的 2.57×10^{3} 万元增加到 2023 年的 3.28×10^{3} 万元，升高 27.57%；近熟林由 2003 年的 2.07×10^{3} 万元增加到 2023 年的 1.39×10^{4} 万元，升高 571.78%；成过熟林由 2003 年的 1.07×10^{3} 万元增加到 2023 年的 4.61×10^{3} 万元，升高 330.91%。天然防护林保育土壤功能价值由 2003 年的 6.84×10^{3} 万元增至 2023 年 2.31×10^{4} 万元，增幅 238.18%。

由图 6-184 可知，在各龄级林分人工防护林保育土壤功能价值中，幼龄林由 2003 年的 4.38×10^{2} 万元增加到 2023 年的 1.36×10^{3} 万元，升高 209.70%；中龄林由 2003 年的 5.58×10^{2} 万元增加到 2023 年的 1.23×10^{3} 万元，升高 119.87%；近熟林由 2003 年的 5.73×10^{3} 万元增加到 2023 年的 6.05×10^{3} 万元，升高 5.64%；成过熟林由 2003 年的 1.13×10^{4} 万元降低到 2023 年的 3.87×10^{3} 万元，降低 65.58%。人工用材林保育

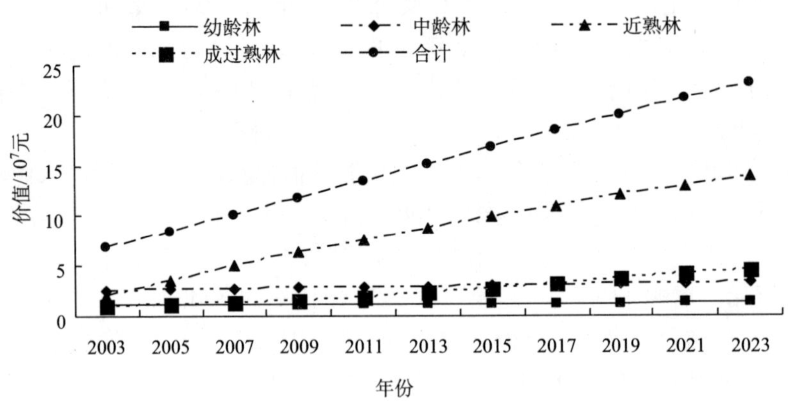

图 6-183　京津风沙源治理工程天然防护林保育土壤功能价值预测趋势图

土壤功能价值由 2003 年的 1.80×10^4 万元降低到 2023 年 1.25×10^4 万元，降幅为 30.44%。

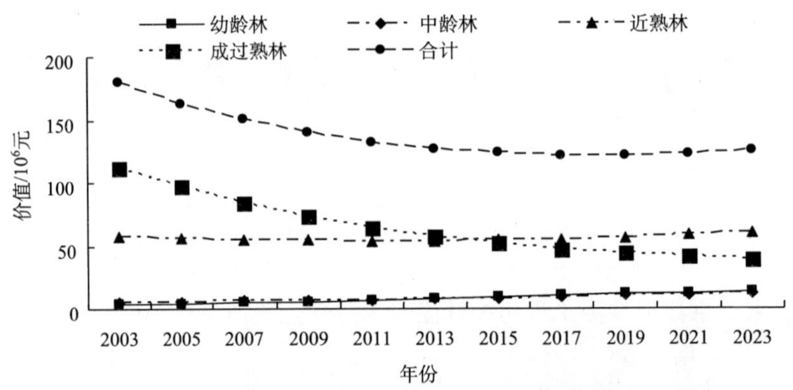

图 6-184　京津风沙源治理工程人工防护林保育土壤功能价值预测趋势图

综上所述，在京津风沙源治理工程防护林保育土壤功能价值中，防护林保育土壤功能价值从 2003 年的 2.48×10^4 万元增加到 2023 年 3.56×10^4 万元，增加了 1.08×10^4 万元，增幅 43.60%。

6.4.2.3　固碳释氧功能价值量预测

京津风沙源治理工程防护林固碳释氧功能价值预测结果见图 6-185、图 6-186。

京津风沙源治理工程天然防护林固碳释氧功能价值预测结果见图 6-185。由图 6-186 可知：天然防护林固碳释氧功能价值都是增加的。2023 年较 2003 年幼龄林增加 15.89%，增至 5.80×10^4 万元；中龄林增加 27.57%，增至 14.67×10^4 万元；近熟林增加 571.78%，增至 9.40×10^4 万元；成过熟林增加 330.91%，增至 3.11×10^4 万元。天然防护林固碳释氧功能总价值 2023 年较 2003 年增加 77.05%，增至 32.98×10^4 万元。

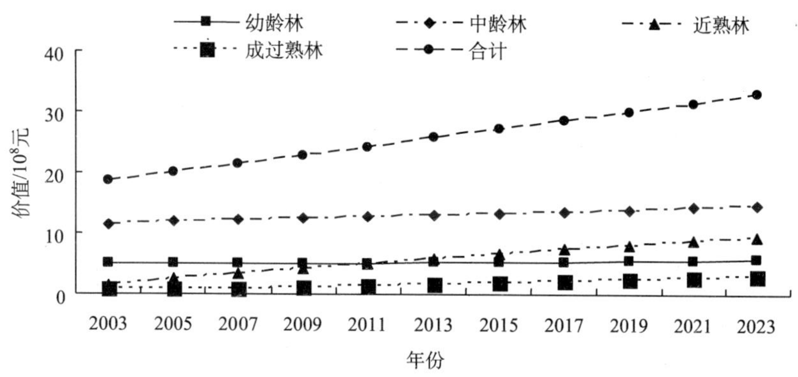

图 6-185　京津风沙源治理工程天然防护林固碳释氧功能价值预测趋势图

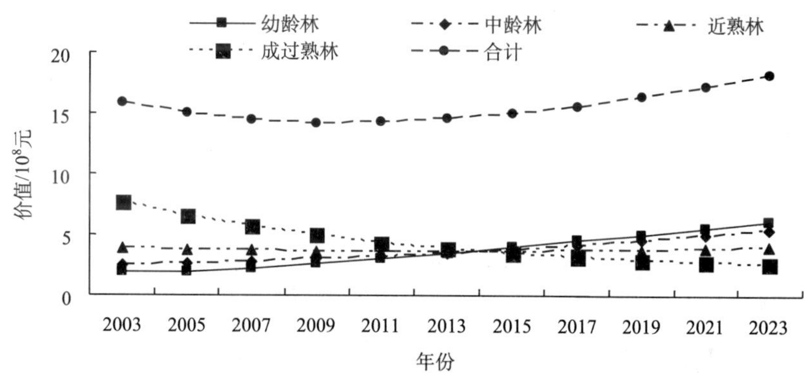

图 6-186　京津风沙源治理工程人工防护林固碳释氧功能价值预测趋势图

京津风沙源治理工程人工防护林固碳释氧功能价值预测结果见图 6-186。由图 6-186 可知：人工防护林固碳释氧功能价值中，2023 年较 2003 年幼龄林增加 209.70%，增至 6.06×10^4 万元；中龄林增加 119.87%，增至 5.48×10^4 万元；近熟林增加 5.64%，增至 4.08×10^4 万元；成过熟林降低 65.58%，降至 2.61×10^4 万元。除成过熟林外，其他各龄级林分固碳释氧功能价值均增加。人工防护林固碳释氧功能总价值 2023 年较 2003 年增加 14.64%，增至 18.22×10^4 万元。

总体而言，2023 年比 2003 年，京津风沙源治理工程防护林固碳释氧功能总价值增加了 16.68×10^4 万元。

6.4.2.4　吸收二氧化硫功能价值量预测

由图 6-187 可知：京津风沙源治理工程天然防护林吸收二氧化碳功能价值，各龄级林分的吸收二氧化碳价值都是增加的。预计幼龄林 2023 年比 2003 年增加 15.89%，增至 1.11×10^3 万元；近熟林 2023 年比 2003 年增加 571.78%，增至 1.80×10^3 万元；中龄林 2023 年比 2003 年增加 27.57%，增至 2.81×10^3 万元；成过熟林 2023 年比 2003

年增加 330.91%，增至 5.96×10² 万元。天然防护林吸收二氧化碳功能价值 2023 年比 2003 年增加 77.05%，增至 6.33×10³ 万元。

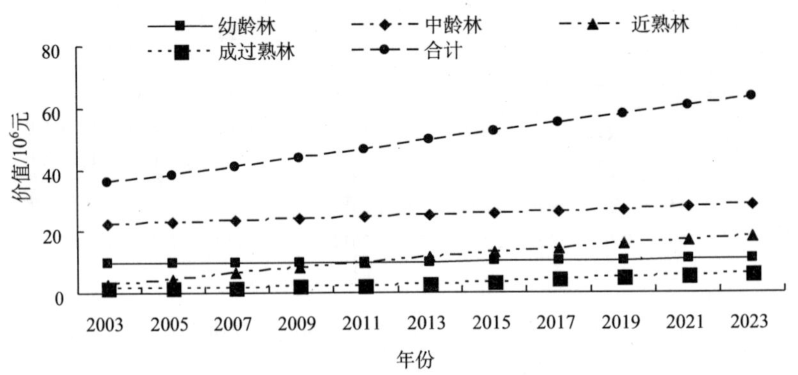

图 6-187　京津风沙源治理工程天然防护林吸收二氧化硫功能价值预测趋势图

由图 6-188 可知：人工防护林吸收二氧化碳功能价值，除成过熟林吸收二氧化碳功能价值有所降低外，其他各龄级林分吸收二氧化碳功能价值都是增加的。其中，幼龄林 2023 年比 2003 年增加 209.70%，增至 1.16×10³ 万元；中龄林 2023 年比 2003 年增加 119.87%，增至 1.05×10³ 万元；近熟林 2023 年比 2003 年增加 5.64%，增至 7.82×10² 万元；成过熟林 2023 年比 2003 年减少 65.58%，降至 5.01×10² 万元。人工防护林吸收二氧化碳功能价值 2023 年较 2003 年增加 14.64%，增至 3.49×10³ 万元。

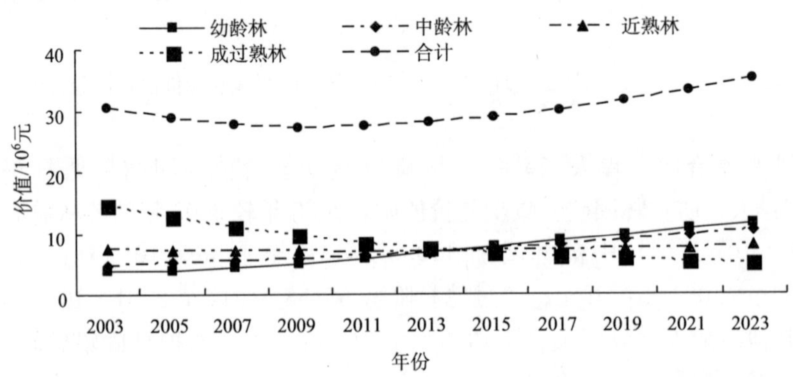

图 6-188　京津风沙源治理工程人工防护林吸收二氧化硫功能价值预测趋势图

从防护林的整体来看，防护林吸收二氧化碳功能价值 2023 年较 2003 年增加 48.31%，增至 9.82×10³ 万元。

6.4.2.5　吸收氮氧化物功能价值量预测

由图 6-189 可知：京津风沙源治理工程天然防护林预计 2003～2023 年，各龄级林分的吸收氮氧化物价值都是增加的。预计幼龄林 2023 年比 2003 年的 23.74 万元增加

15.89%，增至 27.51 万元；近熟林 2023 年比 2003 年的 6.63 万元增加 571.78%，增至 44.57 万元；中龄林 2023 年比 2003 年的 54.53 万元增加 27.57%，增至 69.56 万元；成过熟林 2023 年比 2003 年的 3.42 万元增加 330.91%，增至 14.72 万元。天然防护林吸收氮氧化物功能价值 2023 年比 2003 年的 88.32 万元增加 77.05%，增至 2023 年 156.36 万元。

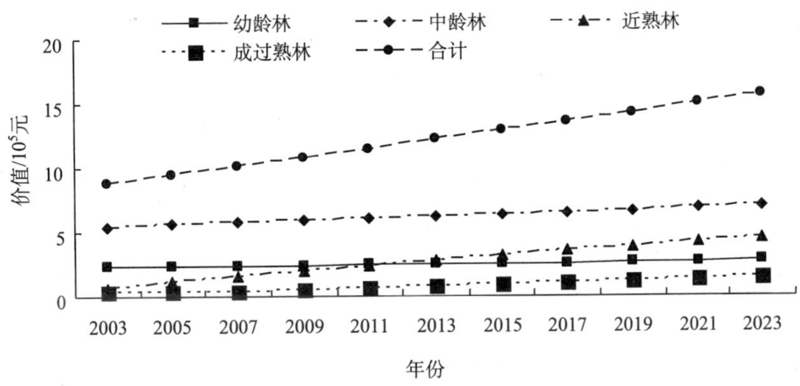

图 6-189　京津风沙源治理工程天然防护林吸收氮氧化物功能价值预测趋势图

由图 6-190 可知：在此期间，人工防护林吸收氮氧化物功能价值，除成过熟林吸收氮氧化物功能价值有所降低外，其他各龄级林分吸收氮氧化物功能价值都是增加的。其中，幼龄林 2023 年比 2003 年的 9.27 万元增加 209.70%，增至 28.71 万元；中龄林 2023 年比 2003 年的 11.81 万元增加 119.87%，增至 25.96 万元；近熟林 2023 年比 2003 年的 18.30 万元增加 5.64%，增至 19.34 万元；成过熟林 2023 年比 2003 年的 35.98 万元减少 65.58%，降至 12.38 万元。人工防护林吸收氮氧化物功能价值 2023 年较 2003 年的 75.36 万元增加 14.64%，增至 86.39 万元。

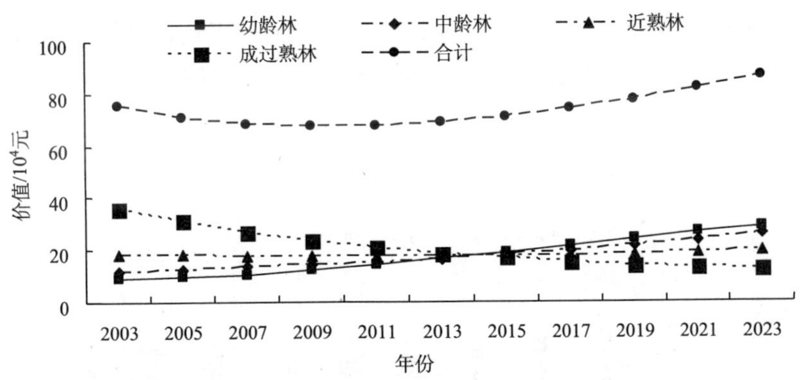

图 6-190　人工防护林吸收氮氧化物功能价值预测趋势图

综上所述，在京津风沙源治理工程防护林吸收氮氧化物功能价值中，防护林吸收氮氧化物功能价值 2023 年较 2003 年的 164 万元增加 48.31%，增至 243 万元。

6.4.2.6　储 N 功能价值量预测

由图 6-191 可知：京津风沙源治理工程天然防护林储 N 功能价值预计在 2003～2023 年，各龄级林分的储 N 价值都是增加的。其中，幼龄林从 2003 年的 74.89 万元增加到 2023 年的 86.79 万元，增加了 11.90 万元，增幅 15.89%；中龄林从 2003 年的 172 万元增加到 2023 年的 219 万元，增加了 47.42 万元，增幅 27.57%；近熟林从 2003 年的 20.93 万元增加到 2023 年的 141 万元，增加了 120.07 万元，增幅 571.78%；成过熟林从 2003 年的 10.78 万元增加到 2023 年的 46.45 万元，增加了 35.67 万元，增幅 330.91%。天然防护林储 N 功能价值从 2003 年的 278.61 万元增加到 2023 年 493.27 万元，增加了 214.66 万元，增幅 77.05%。

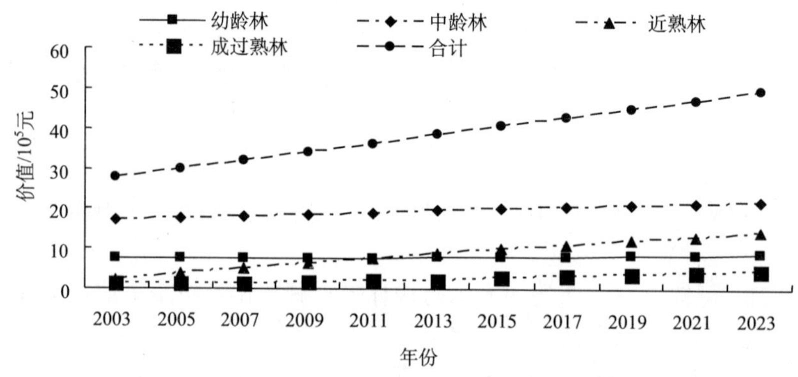

图 6-191　京津风沙源治理工程天然防护林储 N 功能价值预测趋势图

由图 6-192 可知：在此期间，人工防护林中除成过熟林储 N 功能价值有所降低外，其他各龄级林分储 N 功能价值都是增加的。其中，幼龄林从 2003 年的 29.25 万元增加到 2023 年的 90.58 万元，增加了 61.33 万元，增幅 209.70%；中龄林从 2003 年的 37.25 万元增加到 2023 年的 81.90 万元，增加了 44.65 万元，增幅 119.87%；近熟林从 2003 年的 57.74 万元增加到 2023 年的 60.99 万元，增加了 3.26 万元，增幅 5.64%；

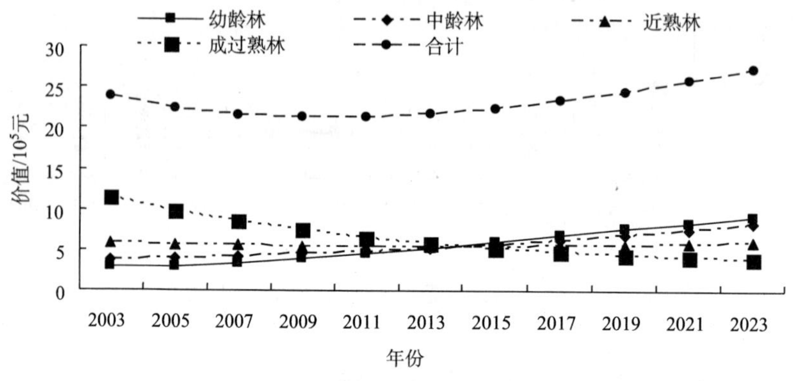

图 6-192　京津风沙源治理工程人工防护林储 N 功能价值预测趋势图

成过熟林从 2003 年的 113.50 万元降低到 2023 年的 39.06 万元，减少了 74.44 万元，降幅 65.58%。人工防护林储 N 功能价值从 2003 年的 237.75 万元增加到 2023 年 272.54 万元，增加了 34.80 万元，增幅 14.64%。

由图 6-191 和图 6-192 可知：防护林储 N 功能价值从 2003 年的 516 万元增加到 2023 年 766 万元，增加了 249 万元，增幅 48.31%。

6.4.2.7　储 P 功能价值量预测

由图 6-193 可知：预计 2003～2023 年，京津风沙源治理工程天然防护林储 P 功能价值，各龄级林分的储 P 价值都是增加的。幼龄林从 2003 年的 11.03 万元增加到 2023 年的 12.78 万元，增加了 1.75 万元，增幅 15.89%；中龄林从 2003 年的 25.33 万元增加到 2023 年的 32.32 万元，增加了 6.98 万元，增幅 27.57%；近熟林从 2003 年的 3.08 万元增加到 2023 年的 20.71 万元，增加了 17.62 万元，增幅 571.78%；成过熟林从 2003 年的 1.59 万元增加到 2023 年的 6.84 万元，增加了 5.25 万元，增幅 330.91%。天然防护林储 P 功能价值从 2003 年的 41.03 万元增加到 2023 年的 72.64 万元，增加了 31.61 万元，增幅 77.05%。

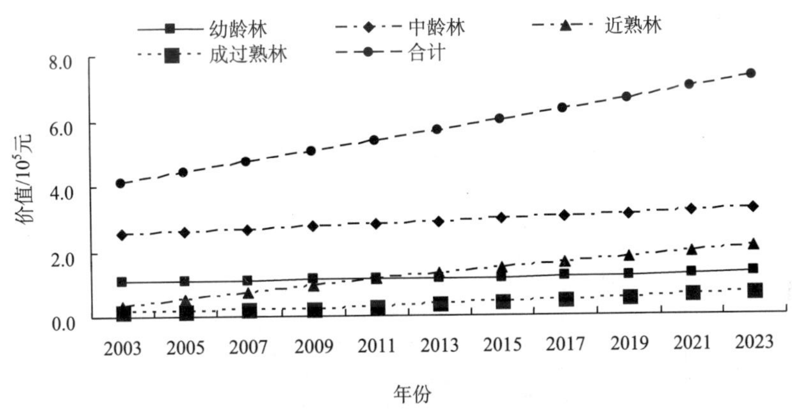

图 6-193　京津风沙源治理工程天然防护林储 P 功能价值预测趋势图

由图 6-194 可知：人工防护林在此期间，除成过熟林储 P 功能价值有所降低外，其他各龄级林分储 P 功能价值都是增加的。其中，幼龄林从 2003 年的 4.31 万元增加到 2023 年的 13.34 万元，增加了 9.03 万元，增幅 209.70%；中龄林从 2003 年的 5.49 万元增加到 2023 年的 12.06 万元，增加了 6.58 万元，增幅 119.87%；近熟林从 2003 年的 8.50 万元增加到 2023 年的 8.98 万元，增加了 0.48 万元，增幅 5.64%；成过熟林从 2003 年的 16.72 万元降低到 2023 年的 5.75 万元，减少了 10.96 万元，降幅 65.58%。人工防护林储 P 功能价值从 2003 年的 35.01 万元增加到 2023 年 40.14 万元，增加了 5.12 万元，增幅 14.64%。

综上所述，在京津风沙源治理工程防护林储 P 功能价值中，防护林储 P 功能价值从 2003 年的 76.04 万元增加到 2023 年 112.78 万元，增加了 36.74 万元，增幅 48.31%。

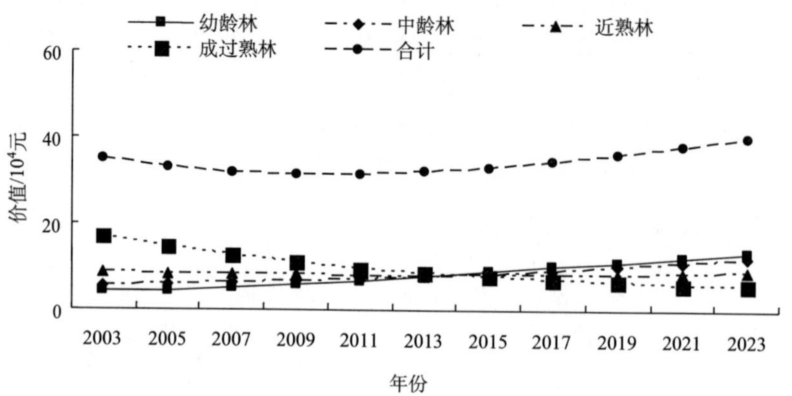

图 6-194　京津风沙源治理工程人工防护林储 P 功能价值预测趋势图

6.4.2.8　储 K 功能价值量预测

由图 6-195 可知：预计 2003～2023 年，京津风沙源治理工程天然用材林中各龄级林分的储 K 价值都是增加的。其中幼龄林 2023 年比 2003 年增加 15.89%，增至 15.01 万元；近熟林 2023 年比 2003 年增加 571.78%，增至 24.32 万元；中龄林 2023 年比 2003 年增加 27.57%，增至 37.96 万元；成过熟林 2023 年比 2003 年增加 330.91%，增至 8.03 万元。天然防护林储 K 功能价值 2023 年比 2003 年增加 77.05%，增至 2023 年 85.33 万元。

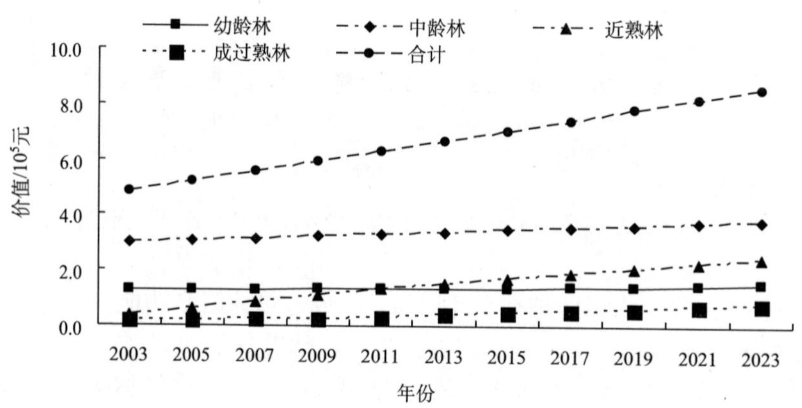

图 6-195　京津风沙源治理工程天然防护林储 K 功能价值预测趋势图

由图 6-196 可知：与此同时，人工防护林中成过熟林储 K 功能价值降低，其他各龄级林分储 K 功能价值均增加。其中，幼龄林 2023 年比 2003 年增加 209.70%，增至 15.67 万元；中龄林 2023 年比 2003 年增加 119.87%，增至 14.17 万元；近熟林 2023 年比 2003 年增加 5.64%，增至 10.55 万元；成过熟林 2023 年比 2003 年减少 65.58%，降至 6.76 万元。人工防护林储 K 功能价值 2023 年较 2003 年增加 14.64%，增至 47.15 万元。

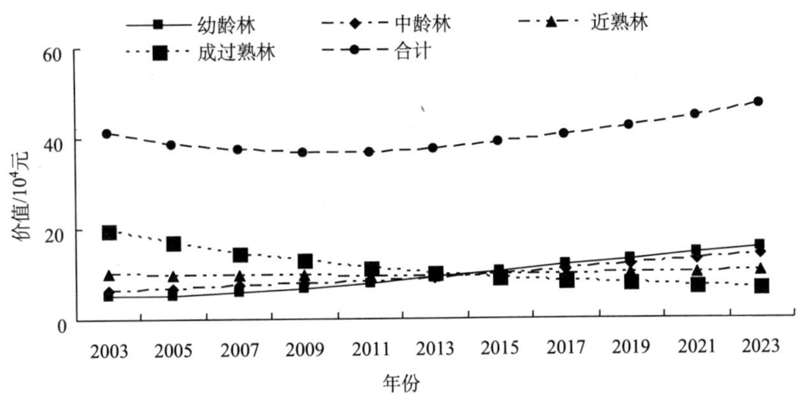

图 6-196　京津风沙源治理工程人工防护林储 K 功能价值预测趋势图

综上所述，总而言之，京津风沙源治理工程防护林储 K 功能价值中，防护林储 K 功能价值 2023 年较 2003 年增加 48.31%，增至 13.25 万元。

6.4.2.9　滞尘功能价值量预测

由图 6-197 可以看出：2003～2023 年，京津风沙源治理工程天然防护林滞尘功能价值，各龄级林分的滞尘价值都是增加的。其中，幼龄林从 2003 年的 2.02×10^4 万元增加到 2023 年的 2.34×10^4 万元，增加了 3.20×10^3 万元，增幅 15.89%；中龄林从 2003 年的 4.63×10^4 万元增加到 2023 年的 5.91×10^4 万元，增加了 1.28×10^4 万元，增幅 27.57%；近熟林从 2003 年的 5.63×10^3 万元增加到 2023 年的 3.79×10^4 万元，增加了 3.22×10^4 万元，增幅 571.78%；成过熟林从 2003 年的 2.90×10^3 万元增加到 2023 年的 1.25×10^4 万元，增加了 9.60×10^3 万元，增幅 330.91%。天然防护林滞尘功能价值从 2003 年的 7.50×10^4 万元增加到 2023 年 1.33×10^5 万元，增加了 5.78×10^4 万元，增幅 77.05%。

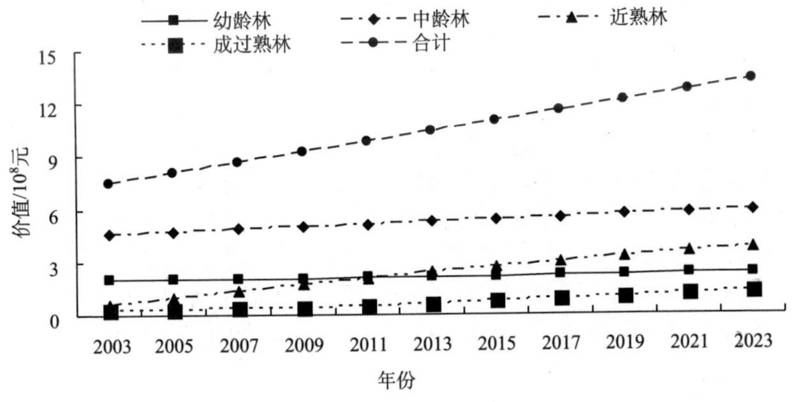

图 6-197　京津风沙源治理工程天然防护林滞尘功能价值预测趋势图

由图 6-198 可知：2003～2023 年，京津风沙源治理工程人工防护林滞尘功能价值，除成过熟林滞尘功能价值有所降低外，其他各龄级林分滞尘功能价值都是增加的。其中，幼龄林从 2003 年的 7.87×10^3 万元增加到 2023 年的 2.44×10^4 万元，增加了 1.65×10^4 万元，增幅 209.70％；中龄林从 2003 年的 1.00×10^4 万元增加到 2023 年的 2.21×10^4 万元，增加了 1.20×10^4 万元，增幅 119.87％；近熟林从 2003 年的 1.55×10^4 万元增加到 2023 年的 1.64×10^4 万元，增加了 8.76×10^3 万元，增幅 5.64％；成过熟林从 2003 年的 3.06×10^4 万元降低到 2023 年的 1.05×10^4 万元，减少了 2.00×10^4 万元，降幅 65.58％。人工防护林滞尘功能价值从 2003 年的 6.40×10^4 万元增加到 2023 年的 7.34×10^4 万元，增加了 9.37×10^3 万元，增幅 14.64％。

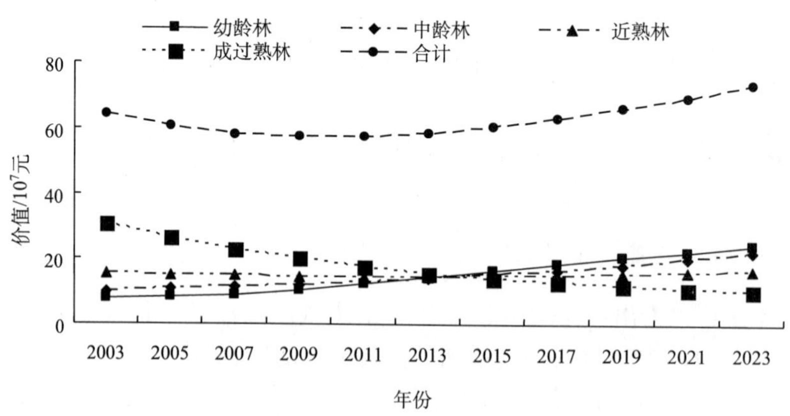

图 6-198 京津风沙源治理工程人工防护林滞尘功能价值预测趋势

总体上来看，京津风沙源治理工程防护林滞尘功能价值，从 2003 年的 1.39×10^5 万元增加到 2023 年的 2.06×10^5 万元，增加了 6.72×10^4 万元，增幅 48.31％。

6.4.3 特用林生态服务功能价值预测

6.4.3.1 涵养水源功能价值量预测

由图 6-199 可知：总体上来看，京津风沙源治理工程特用林各龄级林分涵养水源功能价值都是增加的。其中，幼龄林从 2003 年的 1.86×10^4 万元增加到 2023 年的 3.38×10^4 万元，增加了 1.52×10^4 万元，增幅 81.50％；中龄林从 2003 年的 1.01×10^5 万元增加到 2023 年的 1.09×10^5 万元，增加了 7.82×10^3 万元，增幅 7.75％；近熟林从 2003 年的 2.62×10^4 万元增加到 2023 年的 8.00×10^4 万元，增加了 5.38×10^4 万元，增幅 205.01％；成过熟林从 2003 年的 2.83×10^4 万元增加到 2023 年的 3.17×10^4 万元，增加了 3.39×10^3 万元，增幅 11.98％。特用林涵养水源功能价值从 2003 年的 1.74×10^5 万元增加到 2023 年的 2.54×10^5 万元，增加了 8.02×10^4 万元，增幅 46.04％。

6.4.3.2 保育土壤功能价值量预测

由图 6-200 可知：在京津风沙源治理工程特用林保育土壤功能总价值中，各龄级林

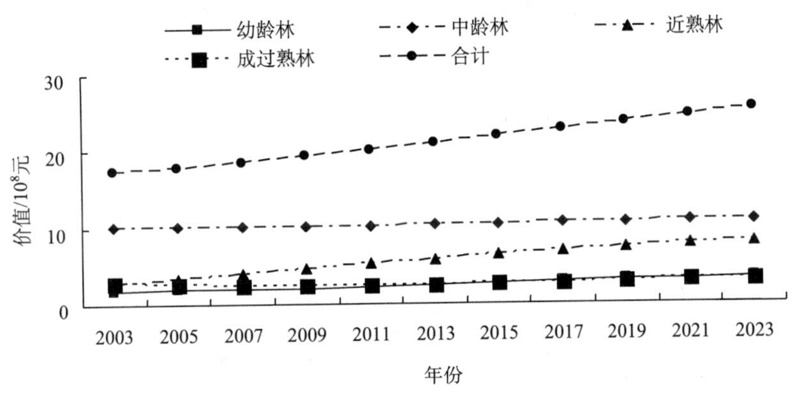

图 6-199　京津风沙源治理工程特用林涵养水源功能价值预测趋势图

分保育土壤功能价值都是增加的。幼龄林从 2003 年的 1.14×10^2 万元增加到 2023 年的 2.07×10^2 万元，增加了 93.14 万元，增幅 81.50%；中龄林从 2003 年的 6.19×10^2 万元增加到 2023 年的 6.67×10^2 万元，增加了 47.97 万元，增幅 7.75%；近熟林从 2003 年的 1.07×10^3 万元增加到 2023 年的 3.25×10^3 万元，增加了 2.18×10^3 万元，增幅 205.01%；成过熟林从 2003 年的 1.15×10^3 万元增加到 2023 年的 1.29×10^3 万元，增加了 1.38×10^2 万元，增幅 11.98%。特用林保育土壤功能价值从 2003 年的 2.95×10^3 万元增加到 2023 年的 5.41×10^3 万元，增加了 2.46×10^3 万元，增幅 83.53%。

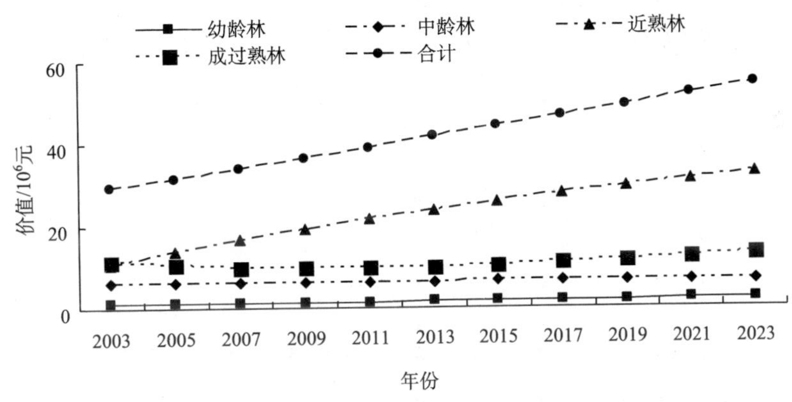

图 6-200　京津风沙源治理工程特用林保育土壤功能价值预测趋势图

6.4.3.3　固碳释氧功能价值量预测

由图 6-201 可知：在京津风沙源治理工程特用林固碳释氧功能总价值中，各龄级林分固碳释氧功能价值均增加。幼龄林 2023 年较 2003 年的 8.91×10^3 万元增加 5.84%，增至 9.43×10^3 万元；中龄林 2023 年较 2003 年的 2.46×10^4 万元增加 4.07%，增至 2.56×10^4 万元；近熟林 2023 年较 2003 年的 9.38×10^3 万元增加 118.55%，增至 2.05×10^4 万元；成过熟林 2023 年较 2003 年的 9.29×10^3 万元增加 1.29%，增至

9.41×10³ 万元。特用林固碳释氧功能总价值 2023 年较 2003 年的 5.218×10⁴ 万元增加 24.45%，增至 6.494×10⁴ 万元。

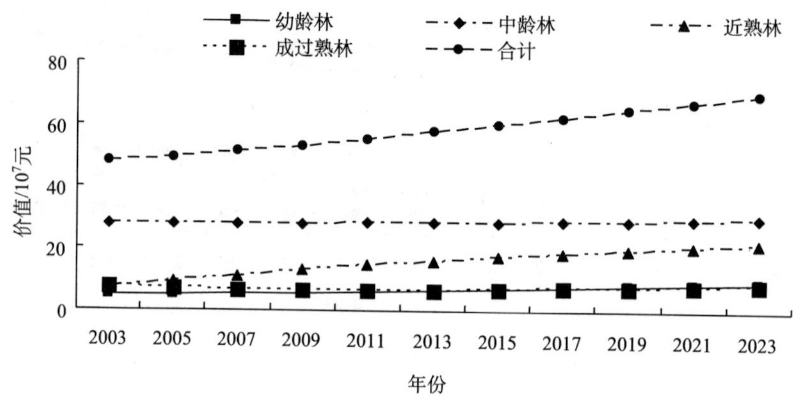

图 6-201 京津风沙源治理工程特用林固碳释氧功能价值预测趋势图

6.4.3.4 吸收二氧化硫功能价值量预测

由图 6-202 可知：从特用林的整体来看，各龄级林分吸收二氧化硫功能价值均增加。幼龄林 2023 年较 2003 年增加 81.50%，增至 1.72×10² 万元；中龄林 2023 年较 2003 年增加 7.75%，增至 5.72×10² 万元；近熟林 2023 年较 2003 年增加 205.01%，增至 4.20×10² 万元；成过熟林 2023 年较 2003 年增加 11.98%，增至 1.67×10² 万元。特用林吸收二氧化硫功能总价值 2023 年较 2003 年增加 46.04%，增至 1.34×10³ 万元。

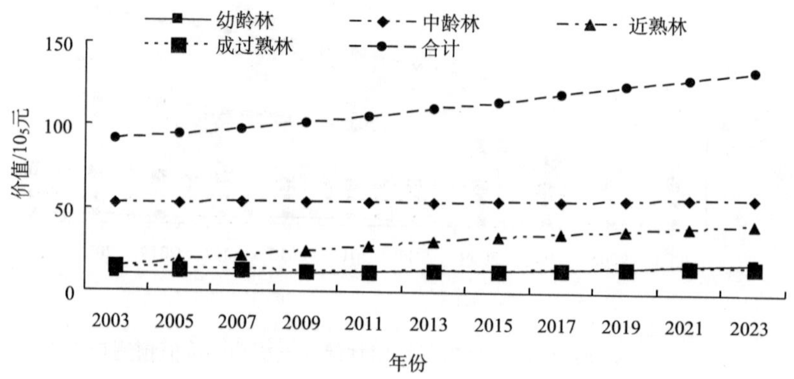

图 6-202 京津风沙源治理工程特用林吸收二氧化硫功能价值预测趋势图

6.4.3.5 吸收氮氧化物功能价值量预测

由图 6-203 可知：总体看来，特用林吸收氮氧化物功能价值中，幼龄林 2023 年较 2003 年增加 81.50%，增至 4.39 万元；中龄林 2023 年较 2003 年增加 7.75%，增至 14.13 万元；近熟林 2023 年较 2003 年增加 205.01%，增至 10.40 万元；成过熟林 2023

年较 2003 年增幅 11.98%，增至 4.12 万元。特用林吸收氮氧化物功能总价值 2023 年较 2003 年的 22.62 万元增加 46.04%，增至 33.03 万元。

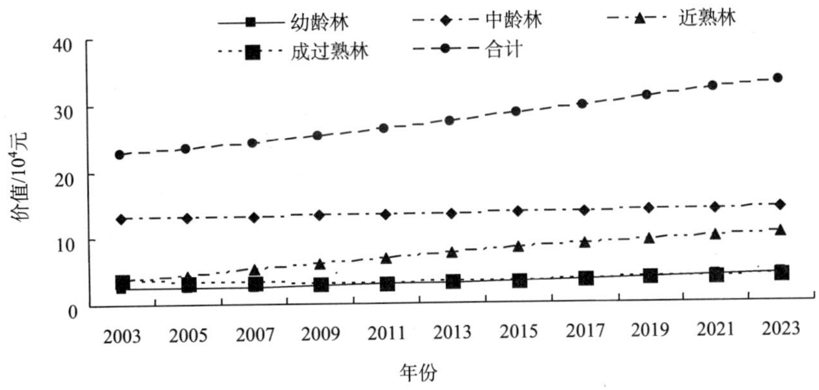

图 6-203　京津风沙源治理工程特用林吸收氮氧化物功能价值预测趋势图

6.4.3.6　储 N 功能价值量预测

由图 6-204 可知：在京津风沙源治理工程特用林各龄级林分储 N 功能价值中，幼龄林从 2003 年的 7.63 万元增加到 2023 年的 13.86 万元，增幅 81.50%；中龄林从 2003 年的 41.37 万元增加到 2023 年的 44.58 万元，增幅 7.75%；近熟林从 2003 年的 10.75 万元增加到 2023 年的 32.78 万元，增幅 205.01%；成过熟林从 2003 年的 11.60 万元增加到 2023 年的 12.99 万元，增幅 11.98%。特用林储 N 功能总价值从 2003 年的 71.35 万元增加到 2023 年 104.20 万元，增幅 46.04%。

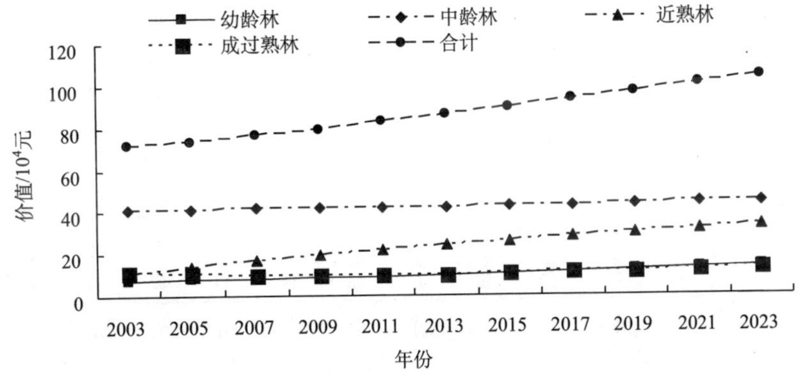

图 6-204　京津风沙源治理工程特用林储 N 功能价值预测趋势图

6.4.3.7　储 P 功能价值量预测

由图 6-205 可知：总体看来，京津风沙源治理工程特用林各龄级林分储 P 功能价值都是增加的。其中，幼龄林 2023 年比 2003 年增加了 0.92 万元，增幅 81.50%；中龄林 2023 年比 2003 年增加了 0.47 万元，增幅 7.75%；近熟林 2023 年比 2003 年增加了 3.24 万元，增幅 205.01%；成过熟林 2023 年比 2003 年增加了 0.20 万元，增幅 11.98%。特用林储 P 功能总价值 2023 年比 2003 年增加了 4.84 万元，增幅 46.04%。

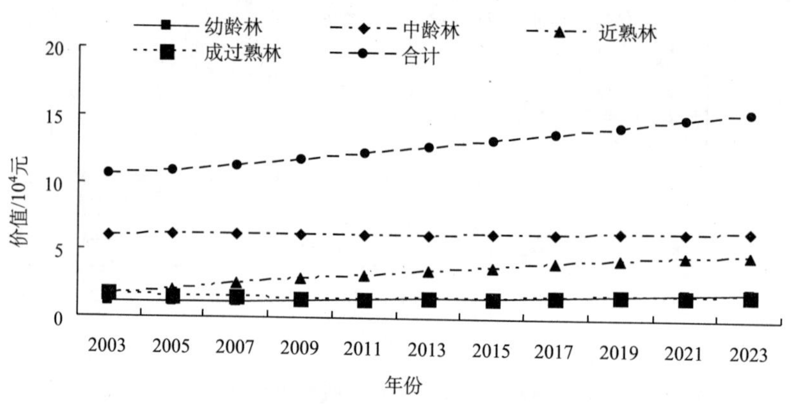

图 6-205　京津风沙源治理工程特用林储 P 功能价值预测趋势图

6.4.3.8　储 K 功能价值量预测

由图 6-206 可知：京津风沙源治理工程特用林各龄级林分储 K 功能价值都是增加的。幼龄林 2023 年较 2003 年增加 81.50%，增至 2.40 万元；中龄林 2023 年较 2003 年增加 7.75%，增至 7.71 万元；近熟林 2023 年较 2003 年增加 205.01%，增至 5.67 万元；成过熟林 2023 年较 2003 年增加 11.98%，增至 2.25 万元。特用林储 K 功能总价值 2023 年较 2003 年增加 46.04%，增至 18.02 万元。

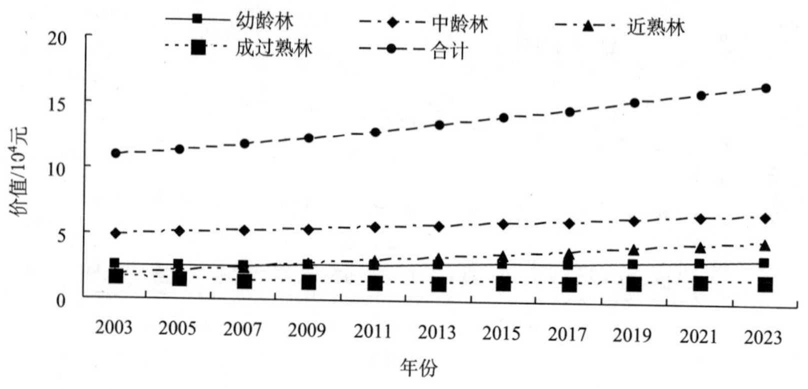

图 6-206　京津风沙源治理工程特用林储 K 功能价值预测趋势图

6.4.3.9　滞尘功能价值量预测

由图 6-207 可知：在京津风沙源治理工程特用林滞尘功能总价值中，各龄级林分滞尘功能价值均增加。幼龄林从 2003 年的 2.06×10^3 万元增加到 2023 年的 3.73×10^3 万元，增加了 1.68×10^3 万元，增幅 81.50%；中龄林从 2003 年的 1.11×10^4 万元增加到 2023 年的 1.20×10^4 万元，增加了 8.63×10^2 万元，增幅 7.75%；近熟林从 2003 年的 2.89×10^3 万元增加到 2023 年的 8.82×10^3 万元，增加了 5.93×10^3 万元，增幅 205.01%；成过熟林从 2003 年的 3.12×10^3 万元增加到 2023 年的 3.50×10^3 万元，增加了 3.74×10^2 万元，增幅 11.98%。特用林滞尘功能价值从 2003 年的 1.92×10^4 万元增加到 2023 年 2.81×10^4 万元，增加了 8.84×10^3 万元，增幅 46.04%。

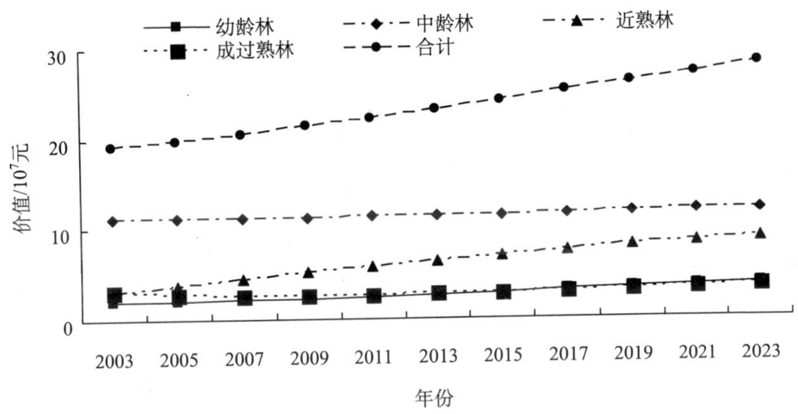

图 6-207　京津风沙源治理工程特用林滞尘功能价值预测趋势图

参考文献

安和芳，张奎平．2001．黑龙江省天然林资源保护工程生态效益评价．林业勘查设计，(2)：26，27

陈步峰，林明献，周光益，等．2000．尖峰岭热带山地雨林生态系统的水文生态效益．生态学报，20（3)：423-429

陈世东，翟洪波．2002．世界林业生态工程对比研究．生态学报，22（11)：1976-1985

陈仲新，张新时．2000．中国生态系统效益的价值．科学通报，45（1)：17-22

程根伟，钟祥浩．1992．防护林生态效益定量指标体系研究．水土保持学报，6（3)：79-86

董全．1999．生态公益：自然生态过程对人类的贡献．应用生态学报，10（2)：233-240

段绍光，吴明作，王慈民，等．2002．河南省天然林保护工程效益评价分析．北京林业大学学报，2（4)：38-40

段晓峰，许学工．2006．区域森林生态系统服务功能评价——以山东省为例．北京大学学报（自然科学版)，42（6):751-756

范世香，蒋德明，阿拉木萨，等．2001．论森林在水源涵养中的作用．辽宁林业科技，(5)：22-25

傅伯杰，刘世梁，马克明，等．2001．生态系统综合评价的内容与方法．生态学报，21（11)：1885-1892

高勇禄．1989．森林防护效益及计量方法的初步研究．生态学杂志，(4)：14-18

宫伟光．1997．防护林系区域性生态效益的评价．东北林业大学学报，28（1)：1-7

古丽努尔·沙布尔哈孜，尹林克，热合木都拉·阿地拉，等．2004．塔里木河中下游退耕还林还草综合生态效益评价研究．水土保持学报，18（5)：80-83

关文彬，王自力，陈建成，等．2002．贡嘎山地区森林生态系统服务功能价值评估．北京林业大学学报，24（4)：80-84

郭磊，陈建成，王顺彦，等．2006．正蓝旗京津风沙源治理工程综合效益评价．经济研究参考，30：39-44

国家林业局．1989．中国林业统计年鉴（1988)．北京：中国林业出版社

国家林业局．1994．中国林业统计年鉴（1993)．北京：中国林业出版社

国家林业局．1999．中国林业统计年鉴（1998)．北京：中国林业出版社

国家林业局．2004．中国林业统计年鉴（2003)．北京：中国林业出版社

国家林业局．2006．第六次全国森林资源清查森林资源专项分析．北京：中国林业出版社

国家统计局农村社会经济调查司．2005．中国农村统计年鉴（1989～2004)．北京：中国统计出版社

何婧娜，李卫忠，于丽政，等．2008．陕西省三北防护林体系工程建设现状、问题及展望．西北林学院学报，23（3):85-89

肖寒．2001．区域生态系统服务功能形成机制与评价方法研究．北京：中国科学院生态环境研究中心学位论文

侯元兆．2002．森林环境价值核算．北京：中国科学技术出版社

侯元兆，张佩昌，王琦，等．1995．中国森林资源核算研究．北京：中国林业出版社：112-139

贾晓娟，常庆瑞，薛阿亮，等．2008．黄土高原丘陵沟壑区退耕还林生态效应评价．水土保持通报，28（3)：182-185

蒋有绪．1992．中国林业发展目标战略研究——2000 年中国森林发展与环境效益预测．北京：中国科学技术出版社

靳芳．2005．中国森林生态系统价值评估研究．北京：北京林业大学博士学位论文

靳芳，鲁绍伟，余新晓，等．2005a．中国森林生态系统服务功能及其价值评价．应用生态学报，16（8）：1531-1536

靳芳，张振明，余新晓，等．2005b．甘肃祁连山森林生态系统服务功能及价值评估．中国水土保持科学，3（1)：53-56

赖亚飞，朱清科，张宇清，等．2006．吴旗县退耕还林生态效益价值评估．水土保持学报，20（3)：83-87

郎奎建，李胜，殷有，等．2000．林业生态工程 10 种森林生态效益计量理论和方法．东北林业大学学报，28（1)：

1-7

雷加富. 2005. 中国森林资源. 北京：中国林业出版社：89-95

雷效章，黄礼隆. 1996. 长江上游防护林体系不同林种的生态经济效益研究. 自然资源学报，11 (4)：625-631

雷效章，王金锡，彭培好，等. 1999. 中国生态林业工程效益评价指标体系. 自然资源学报，14 (2)：175-182

李长胜，王殿文，吴艳辉，等. 2005. 中国森林生态效益计量研究. 防护林科技，65 (2)：1-3

李金昌. 1999. 生态价值论. 重庆：重庆大学出版社

李蕾，刘黎明，谢花林，等. 2004. 退耕还林还草工程的土壤保持效益及其生态经济价值评估——以固原市原州区为例. 水土保持学报，18 (1)：161-164

李世荣，李文忠，李福源，等. 2006. 青海省大通县退耕还林生态功能综合评价. 水土保持通报，26 (2)：65-69

李晓明，梅莹，牛栋瑜. 2007. 退耕还林工程效益评价与对策建议——以合肥市郊区三县为例. 林业经济问题，27 (3)：243-248

李毅，任冬梅，黄清，等. 2003. 论林业重点工程的项目后评价. 林业经济，(8)：33-35

李哲敏，高春雨，张劲松，等. 2006. 退耕还林工程生态效益评价方法初探. 中国农业资源与区划，27 (6)：55-59

林德荣，支玲，高德华，等. 2008. 基于层次分析法的迁西县“三北”防护林工程社会影响评价. 北京林业大学学报，7 (1)：42-46

林业部西北华北东北防护林建设局. 1993. 中国三北防护林体系建设总体规划方案. 银川：宁夏人民出版社

刘黎明，李蕾，赖敏，等. 2005. 西部地区生态退耕的“效益问题”及其评价方法探讨. 生态环境，14 (5)：794-797

刘明光. 1998. 中国自然地理图集. 北京：中国地图出版社

刘世荣. 1996. 中国森林生态系统水文生态功能规律. 北京：中国林业出版社

刘拓. 2005. 土地沙漠化防治综合效益评价——以京津风沙源治理工程河北省沽源县为例. 绿色中国，22：25-29

刘煊章，田大伦，周志华. 1995. 杉木林生态系统净化水质功能的研究. 林业科学，31 (2)：193-199

刘勇. 2006. 中国林业生态工程后评价理论与应用研究. 北京：北京林业大学博士学位论文

刘勇，支玲，刑红，等. 2007. 林业生态工程综合效益后评价工作研究进展. 世界林业研究，20 (6)：1-7

鲁绍伟. 2006. 中国森林生态系统服务功能的动态分析与仿真预测. 北京：北京林业大学博士学位论文

罗传秀，潘安定，夏丽华. 2005. 鼎湖山森林生态服务功能及保护对策. 防护林科技，68 (5)：34-37

马国青，宋菲. 2004. 三北防护林工程区森林状况综合评价. 干旱区资源与环境，18 (5)：108-111

马世骏. 1983. 生态工程——生态系统原理的应用. 生态学杂志，4：20-22

满明骏，罗剑朝. 2006. 陕西省退耕还林工程生态效益评价. 安徽农业科技，34 (18)：4735-4737

米文宝，樊新刚，谢应忠，等. 2008. 宁南山区退耕还林还草效益评估研究. 干旱地区农业研究，26 (1)：118-125

慕长龙. 1998. 长江中上游防护林体系——综合效益评价研究. 北京：北京林业大学博士学位论文

欧阳志云，王效科，苗鸿. 1999. 中国陆地生态系统服务功能及其生态经济价值的初步研究. 生态学报，19 (5)：607-613

欧阳志云，肖寒，赵景柱，等. 2002. 海南岛生态系统服务功能及其生态价值研究. 见：侯元兆. 森林环境价值核算. 北京：中国科学技术出版社：187-208

庞恒才，安和芳，张奎平. 2001. 黑龙江省天然林资源保护工程生态效益评价. 林业勘查设计，118 (2)：26-29

裴卫国，张保卫，张莉河，等. 2008. 南天然林保护工程实施效益评价与生态补偿技术探讨. 中南林业调查规划，27 (3)：11-13

彭培好. 2003. 林业生态工程效益评价的软系统方法论及其应用. 成都：成都理工大学博士学位论文

钱贵霞，郭建军. 2007. 京津风沙源治理工程及生态经济影响解析. 农业经济问题，10：54-57

史立新，彭培好. 1997. 长江防护林（四川段）初期水土保持效益研究. 水土保持通报，17 (6)：54-58

史立新，彭培好. 1999. 人工措施对川中丘陵区防护林建设的影响. 山地学报，17 (1)：81-85

宋富强，杨改河，冯永忠，等. 2007. 黄土高原不同生态类型区退耕还林（草）综合效益评价指标体系构建研究.

干旱地区农业研究，25（3）：169-174
孙立达，朱金兆．1995．水土保持林体系综合效益研究与评价．北京：中国林业出版社
汪树生，杨光．2003．安徽省林业重点工程效益评价．安徽农业科学，31（5）：781-785
王辉，马立鹏．1994．甘肃省“三北”防护林体系工程建设效果评价分析．林业经济，（4）：55-60
王九龄．2002．中国林业生态环境建设．北京：人民日报出版社
王雷涛，尹林克，孙霞，等．2005．塔里木河中下游退耕还林还草地的评价方法研究．干旱区研究，22（4）：527-530
王礼先．1995．水土保持学．北京：中国林业出版社
王礼先．1998．林业生态工程学．北京：清华大学出版社
王礼先．2000．林业生态工程学（第二版）．北京：中国林业出版社
王敏．2005．全国退耕（牧）还林（草）·荒漠化防治·防护林建设可行性分析与效益评估及实践技术指导全书．北京：银声音像出版社
王启祥，张万才．2007．国有林区社区参与天然林保护的初步研究．甘肃林业科技，32（2）：37-40
王效科，冯宗炜．2000．中国森林生态系统中植物固定大气碳的潜力．生态学杂志，19（4）：72-74
王彦辉．2001．几个树种的林冠降雨特征．林业科学，37（4）：2-9
王志国．2000．林业生态工程学．北京：中国林业出版社
王珠娜，潘磊，余雪标，等．2007．退耕还林生态效益评价研究进展．西南林学院学报，27（1）：91-96
吴钢，肖寒，赵景柱，等．2001．长白山森林生态系统服务功能．中国科学（C辑），31（5）：471-480
吴旭实．2009．京津风沙源治理工程监测方法研究．北京：北京林业大学硕士学位论文
武瑞霞，尹玉和，赵翠平．2008．乌兰察布市天然林资源保护工程效益评价．防护林科技，84（3）：87-89
向劲松．2002．林业生态工程．北京：高等教育出版社
项雅娟，陆雍森．2004．生态服务功能与自然资本的研究进展．软科学，18（6）：12-14
肖兴威．2005．中国森林资源图集．北京：中国林业出版社
谢高地，鲁春霞，成升魁，等．2001．全球生态系统服务价值评估研究进展．资源科学，23（6）：5-9
徐孝庆．1992．森林综合效益计量评价．北京：中国林业出版社
杨吉华．1993．山丘地区森林保持水土效益的研究．水土保持学报，7（3）：47-52
杨建波，王丽．2003．退耕还林生态效益评价方法．中国土地科学，17（5）：54-58
杨旭东．2005．退耕还林工程效益评价案例分析——以湖北省秭归县中坝村为案例．绿色中国，4：27-29
尹少华，朱玉雯，尹峰，等．2008．退耕还林工程综合效益评价指标体系研究——湖南省案例．林业经济，5（8）：29-33
于丽政．2008．宁夏三北防护林综合评价与分析研究．咸阳：西北农林科技大学硕士学位论文
于丽政，李卫忠，何婧娜，等．2008．在宁夏三北防护林建设成效与问题研究．西北林学院学报，23（4）：228-232
余新晓，秦永胜，陈丽华，等．2002．北京山地森林生态系统服务功能及其价值初步研究．生态学报，22（5）：783-786
云正明，毕诸岱．2000．中国林业工程．北京：科学出版社
云正明，刘金铜．1998．生态工程学．北京：气象出版社
张美华．2005．退耕还林（草）工程理论与实践研究．北京：中国环境科学出版社
张万里，于民，杨晓光，等．2006．关于拜泉县三北防护林工程建设及发展趋势的探讨．防护林科技，（5）：67-70
张颖．2004．森林社会效益价值评价研究综述．世界林业研究，17（3）：6-11
赵景柱．2000．生态系统服务的物质量与价值评价方法的比较分析．应用生态学报，11（4）：290-292
赵同谦．2004．中国陆地生态系统服务功能及其价值评估研究．北京：中国科学院研究生院博士学位论文
支玲，李怒云，刘俊昌，等．2007．三北防护林体系建设工程的生态经济评价——以固原市原州区和辽宁省朝阳县为例．林业科学，43（11）：122-124
中国生物多样性国情研究报告编写组．1998．中国生物多样性国情研究报告．北京：中国环境科学出版社

中华人民共和国国家统计局. 1995. 中国统计年鉴（1994）. 北京：中国统计出版社

中华人民共和国国家统计局. 2000. 中国统计年鉴（1999）. 北京：中国统计出版社

中华人民共和国国家统计局. 2004. 中国统计年鉴（2003）. 北京：中国统计出版社

钟林生，吴楚材，肖笃宁，等. 1998. 森林旅游资源评价中的空气负离子研究. 生态学杂志，17（6）：56-60

周冰冰，李忠魁，侯兆元，等. 2000. 北京市森林资源价值. 北京：中国林业出版社

周广胜，张新时. 1996a. 全球气候变化的中国自然植被的净第一性生产力的研究. 植物生态学报，20（1）：11-19

周广胜，张新时. 1996b. 中国北方草原区自然植被的净第一性生产力研究. 北京：科学出版社

周国伟. 1999. 联合国1998年世界人口预测. 人口研究，23（3）：80

周国逸，余作岳，彭少麟，等. 1999. 小良试验站三种生态系统能量平衡的研究. 热带亚热带植物学报，7（2）：93-10

周红，张晓珊，缪杰. 2005. 贵州省退耕还林工程生态效益监测与评价初探. 研究报告，6：47-49

周少舟. 2008. 天然林资源保护工程效益评价. 北京：中国林业科学研究院博士学位论文

周晓峰，蒋敏元. 1999. 黑龙江省森林效益的计量、评价及补偿. 林业科学，5（3）：97-102

周晓峰. 1999. 中国森林与生态环境. 北京：中国林业出版社

周映梅. 2005. 退耕还林（草）工程效益监测与评估技术. 草业科学，22（1）：12-14

朱金兆. 1991. 水土保持林综合效益调查和评价. 北京：北京林业大学出版社

《中国水利年鉴》编辑委员会. 2000. 中国水利年鉴（1989～1999）. 北京：中国水利水电出版社

Costanza R, d'Arge R, de Groot R, et al. 1997. The value of the world's ecosystem services and natural capital. Nature, 387: 253-260

Costanza R. 2000. Social goals and the valuation of ecosystem services. Ecosystems, (3): 4-10

Daily G C, Alexander S, Ehrlich P R, et al. 1997. Ecosystem Service: Benefits Supplied to Human Societies by Natural Ecosystems. Washington, D C: Island Press

Dixon J A, Fallon Scura L, van't Hof T. 1993. Meeting ecological and economic goals: marine parks in the Caribbean. Ambio, 22 (2-3): 117-125

Groot R S. 1994. Evaluation of Environmental Funtions as a Tool in Planning, Management and Decision-Making. Wageningen: Lardbouwunivarsiteit

Loomis J, Kent P, Strange L, et al. 2000. Measuring the total economic value of restoring ecosystem services in an impaired river basin: results from a coutingent valuation survey. Ecological Economics, 33 (1): 103-117

Mitsch W J, Jorgensen S E. 1989. Ecological Engineering. An Introduction to Ecotechnology. New York: John Wiley and Sons, Inc.

Munasinghe M. 1992. Biodiversity protection policy. Environmental Valuation and Distribution Issues Ambio, 21 (3):227-236

Perrings C, Folke C, Maeler K G. 1992. The ecology and economics of biodiversity loss. The Research Agenda Ambio, 21 (3): 201-211

Tobias D, Mendelsohn R. 1991. Valuing ecotourism in a tropical rainforest reserve. Ambio, 20: 91-93